仿生设计与科技

第一届仿生设计与科技学术研讨会论文集

主　编　　曹福存　　王爱莉　　高家骥

编　委　　任　戬　　李　波　　黄磊昌

　　　　　孙　青　　杨滟珺　　石春爽

　　　　　刘　晖　　李囡囡　　张子健

　　　　　张　渊　　石　磊　　修　旭

　　　　　王明妍

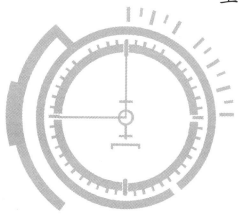

北京理工大学出版社
BEIJING INSTITUTE OF TECHNOLOGY PRESS

图书在版编目（CIP）数据

仿生设计与科技：第一届仿生设计与科技学术研讨会论文集 / 曹福存，王爱莉，高家骥主编. — 北京：北京理工大学出版社，2021.9

ISBN 978-7-5763-0356-8

Ⅰ. ①仿⋯ Ⅱ. ①曹⋯ ②王⋯ ③高⋯ Ⅲ. ①仿生－设计－文集 Ⅳ. ①TB47-53

中国版本图书馆CIP数据核字（2021）第190214号

出版发行 / 北京理工大学出版社有限责任公司
社　　址 / 北京市海淀区中关村南大街 5 号
邮　　编 / 100081
电　　话 / （010）68914775（总编室）
　　　　　（010）82562903（教材售后服务热线）
　　　　　（010）68944723（其他图书服务热线）
网　　址 / http：//www.bitpress.com.cn
经　　销 / 全国各地新华书店
印　　刷 / 三河市华骏印务包装有限公司
开　　本 / 787 毫米 ×1092 毫米　1/16
印　　张 / 29.25
字　　数 / 702 千字
版　　次 / 2021 年 9 月第 1 版　2021 年 9 月第 1 次印刷
定　　价 / 128.00 元

责任编辑 / 多海鹏
文案编辑 / 辛丽莉
责任校对 / 周瑞红
责任印制 / 李志强

图书出现印装质量问题，请拨打售后服务热线，本社负责调换

目录

第三部分
数字建筑、仿生建筑、仿生设计实践案例

第四部分

计算机图形和动画与仿生设计

第五部分

仿生设计理论

第六部分

国外文章

第一部分
Part I

生物艺术、仿生设计科技、人工智能与仿生设计

后人类语境下的生物艺术创作

杨艺，郭小宇

（大连工业大学，大连 116034）

［摘　要］**目的** 解析生物艺术创作的意义和方法。**方法** 我们将运用后人类主义思想理论和实践来展开研究，包括（1）在后人类主义文化和社会图景建构中阐释生物艺术创作的人文价值和社会意义；（2）将后人类科技的材料、应用与"关系美学"等艺术理论相结合，解读生物艺术创作的形式和原理，并挖掘生物艺术表达的艺术创新和美学价值。**结论** 生物艺术的创作实践将会紧密围绕后人类科学技术、材料及其应用后产生的社会、人文影响展开，其创作意义的核心应该是一场人类重新认识自我、定义自我、生成自我的思想实验和社会实践。借用美国人类学者唐娜·哈拉维提出的"克苏鲁季"概念，（克苏鲁，一个美国奇幻小说中的宇宙神怪，给人类建构的世界秩序带来打击，使其产生巨变），我们应该让这些思想实验和社会实践建立在艺术化认知世界的维度之上，游离于资本和科技至上的价值体系之外，像克苏鲁一样，给既有资本主义秩序和理性至上的科技观念带来颠覆性震撼和冲击，展现另一种认知后人类和探索后人类社会的可能。

［关键词］生物艺术；后人类主义；后人类科技；关系美学；克苏鲁季

引言：当代生物科技在基因工程、遗传学等领域不断取得突破，在生物性层面松动了很多既有的对于人的认知和定义，这深刻冲击了传统人文主义和社会学科中"人"的主体性地位。人文科学领域产生了后人类主义的哲学思辨，并围绕后人类的主体性这一命题进行了广泛的讨论，在各个社会人文领域引起了积极的反响。因此，以后人类主义为语境，探讨生物科技对于艺术创作的影响极具意义和价值。

1 艺术创作主体与表现主体的变化

自文艺复兴时代以来，以人为本的人文主义理念逐渐成为艺术创作的思想基石，尤其是在西方艺术创作中，"人"的角色一直占据主导地位，反映了人的主体性在人文主义中不可动摇的中心位置。人以外的客观世界一直扮演着与人主体性相对立的客体性角色，就好像蒙娜丽莎身后的风光，只能是昏暗悠远的背景，用以衬托中心地位的人性光辉。

伴随着基因、遗传学、神经元等领域的科技突破，人的主体性在身体层面被消解为体液、细胞、激素，在思维意识层面被消解为神经元突起之间的电化信号以及神经元网络，人文主义中"人"的主体性地位正在崩塌。这引发一系列的思考：今天的艺术以及明天的艺术是否还会是基于"人性"的创作？如果"人"不再是世界的中心，那么艺术是谁的艺术？艺术表现里，人与世界之间的关系又将如何？将文艺复兴时期艺术家 Giuseppe Arcimboldo 和当代生物艺术家 Edouardo 的艺术实践做比较性的研究，可以帮助我们针对以上问题找到思考的线索。

作为文艺复兴时期的另类创作者，Giuseppe Arcimboldo 的艺术作品将各种鲜花、水果组装成人物肖像（见图 1），在他的作品里，虽然画面中充斥着极其逼真的植物形象，却难以掩盖它

图 1 《威耳廷努斯》朱塞佩·阿尔钦博托
Fig.1 *Vertumnus* Giuseppe Arcimboldo

们作为世界客体的从属地位。与之产生强烈对比的是 400 多年后，在 2008 年，艺术家 Edoardo Kac 的艺术实践：培育（制造）一株含有艺术家身体基因的牵牛花 Edunia（见图 2），这个名字源自 Edouardo（艺术家名字）和 Petunia（牵牛花）的组合，其具体产生过程如下：

"（1）艺术家提取自身染色体 chromosome2，并在其中选取负责识别本体和异体的基因。（2）将艺术家的这部分基因片段嵌入细菌。（3）切开牵牛花叶片，让携带了艺术家基因的细菌'感染'叶片细胞，将叶片浸泡在抗生素液体中去除未携带新基因的细胞，直至细胞愈合'凝结成块'并重新生长。（4）将携带新基因的'凝结

块'种植于土中，生长出携带艺术家基因的牵牛花，基因特征表现在花瓣红色纹理上。"

图 2 Edunia 爱德华多·卡
Fig.2 *Edunia* Edouardo Kac

Edouardo 是牵牛花自然种属和人类 Edoardo Kac 的一次异化合成，来自生物基因技术的实现（而且在科技层面还只是一次入门级别难度的初级实验），但却足以引发我们在人类主体性地位上的忧虑和思考。回到之前的问题，这株牵牛花作为艺术作品还是一个简单的被欣赏的客体吗？它是否通过和人类作者的异化合成参与了艺术创作，成为艺术创作与表现的主体（至少一部分）？艺术家 Edouardo 在其中的身份是否也预示了人类在这个世界的中心地位已经开始松动和偏移？

此类生物艺术实践在当代科技的影响下层出不穷，解读过程中可以发现，科技的表现形式和概念在其中显示出极其重要的地位，同时，如果只停留在传统人文主义思想框架下，对这些艺术创作的价值和意义进行解读会显得单薄而缺乏深度。

比如，相对于古典主义艺术，这些创作创造了技艺吗？相对现代主义艺术，这些创作创造了形式吗？相对当代艺术，这些创作创造了观念吗？类比三个时期的艺术形态，似乎只有观念的创造可以用来解释生物艺术的创作价值和意义，然而，当我们以"人"为主体性去进一步解读时，或者说以"自然人""社会人"等一系列人文主义体系下的人的概念去解读时，我们又发

现，此类作品创作的观念已然超越以人为主体性的传统艺术体验和认知范围。其艺术价值和意义需要一个新的思想和理论框架来加持，才能充分诠释其中的创造力。

后人类主义思想关注当代科技对人类社会产生的巨大作用和深刻影响，其思想主旨为去人类中心化，解构二元对立的人与客观世界的关系，重构当代"人"的定义，在人与机器（智能），人与生物（自然与合成），人与地球（环境与资源）的关系重塑中展开对人类社会、文化、历史、政治、经济形态发展的思辨。将后人类主义思想引入对上述作品的解读，可以发现 Edoardo Kac 的生物艺术实践在表现材料、形式以及概念上都极具后人类主义思想特点。

1.1 活体的艺术"表现物"

在拉丁语系的西方语言中，常常用"Nature Morte"（法语），"Naturaleza Muerta"（西班牙语）来表述绘画艺术中的静物画概念，而"Nature Morte"与"Naturaleza Muerta"直译的意思都是"死亡的自然"，其语意中清晰地体现了艺术表现物被动的、静止的、封闭的传统状态，而 Petunia 作为生命体的存在，已然突破了"表现物"这一概念，更准确地表述，这应该是一次"艺术生成"，相对于 Giuseppe Arcimboldo 作品中"被表现"的植物瓜果，Petunia 完成的是一次"表现物"的自我表现，以其生命体特质展现出主动的、动态的、开放的艺术生成表现状态。

1.2 人（艺术家）不再独占创作者的主体性角色

Petunia 作为一株与 Edoardo Kac "合体"而"异化"了的活体生物，首先消解了 Edoardo Kac 本人作为个体自然人的独立存在属性，而这导致此次艺术实践创作者身份的模糊与不确定性，与其说是 Edoardo Kac 创作了 Petunia，不如说 Edoardo Kac 与 Petunia 的一次"杂交"生

成实践本身就是此次艺术的创作产物。异质化的生命活体介入，极大延展了艺术家的创作时间与空间，其生长状态、生命延续的多样性已然超越了艺术家创作的把控范畴，巧妙置换了艺术家在创作中的"独裁"权力，以一种分享、合作、开放的形式构成创作主体，其背后所蕴藏的不再是 Giuseppe Arcimboldo 作品中界限分明的自然客观存在与人类主观表现的二元对立，而是极具后人类思想色彩的重构世界的一元论认知和表现。

2 后人类主义语境的形成

"人是最近的发明，并且正在接近终点……人将被抹去，如同大海边沙地上的一张脸。"

——福柯

2000 年伊始，美国国家科学基金会（NSF）和美国商务部（DOC）资助了一份研究计划，调研出 4 门对未来人类社会发展具有引领作用的学科，分别为纳米科技、生物技术、信息技术、认知科学（Nanotechnology, Biotechnology, Informational, Cognitive）。这 4 门学科也被后人类主义学者称为"后人类福音的四大骑士"，基于这 4 个方向的科技探索和发展，一个复杂而又深刻的后人类社会的世界图景正在我们中间生成，而毫无疑问，艺术表现将在这幅图景的生成中扮演重要角色，就像她在整个人类社会的进程中从未缺席一样。

从文艺复兴扯起人文主义大旗的那一刻起，人类社会历经多次科学技术的更新迭代，社会意识形态的变更发展，以及与之对应的艺术表现形态的演化更迭，但以"人"为中心的人文主义理念一直贯穿其中，然而，伴随着当代科技（尤其是上述 4 个领域）的研究以及当代哲学、社会学领域的思辨，我们发现，人的曾经不可动摇的主体性正在迅速被消解，人不再是万物之灵，人类定义的基本参照系不断扩展，人、动物、地球、

机器之间越来越难以厘清界限，一种人类社会未曾面对的后人类化的主体性正在迅速生成。

人的身体无论是生命力还是物质性层面都在被消解为器官、体液、基因密码，人的思维正在被电信号、神经元通信的生物电和化学信号重构，人的自然属性和生物独立性正在人造物的挑战下即将荡然无存，在数字虚拟化的转变中消失，"人类这个主体已经陷入物种至上论的泥沼中太久了。"

2.1 我们就是塞伯格

自 20 世纪 60 年代，美国学者柯林斯和克兰由地外生存需求而引发了塞博格设想以来，人们对这种生物有机体和机器混合的"进化方式"一直热忱不减。著名学者唐娜·哈拉维在 1985 年的"塞伯格宣言"中更是直接宣示"我们就是塞伯格""塞伯格是我们的本体论"，塞伯格对人类而言不再仅仅是身体脑力机能的延展，而将有可能彻底成为未来人类物种的物理形式和生物属性。

澳大利艺术家 Stelarc 在 2015 年完成了一场为期 5 天的在线行为艺术"Re-wired / Re-mixed：Event for Dismembered Body"（见图3），在实施艺术行为的过程中，艺术家会佩戴视觉头显设备、耳机和一具外挂在右臂上的机械骨骼。在视觉上和听觉上，艺术家借助互联网通信，用头显设备实时地"看见"一个伦敦画廊里

发生的一切，用耳机实时地"听见"一个纽约画廊里发生的一切，而右臂上的机械骨骼可以被世界上任何角落的用户通过线上编程进行控制，进而作出完全脱离艺术家自身意识决定的动作行为。生理身体在一个地方，感官体验、意识指令却来自三个相隔千里的物理存在，与其说这是一次艺术家自导自演的电子化"肢解"，不如说这其实是一次塞伯格的现实版预演。

2.2 去人类中心化演变

在后人类主义思想中，有着明确的去人类中心化色彩，借用德勒兹和瓜塔理提出的后人类"成为他者"的哲学范式，罗西·布拉伊多蒂将后人类概念具体阐释为生成动物的后人类，生成机器的后人类，生成地球的后人类。后人类把万物尺度的"人"去中心化，将人与动物、机器、地球的相互关系视为彼此身份的构成要素，生命被视作一个相互作用的开放性过程，可以说这种流变的共生关系就是后人类的本质。

媒体艺术家萨沙·斯帕卡尔与生物学博士米莉亚那·瓦吉杰在 2013 年创作了生物艺术装置《细菌合鸣》（见图4），他们从自身身体上提取微

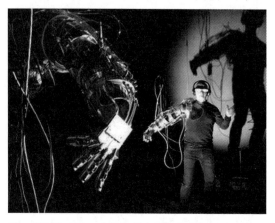

图3《重联/重构：身体解构事件》斯特拉克
Fig.3 *Re-wired/Re-mixed: Event for Dismembered Body* Stelarc

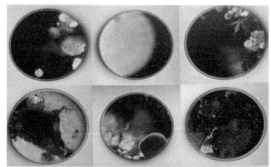

图4《细菌合鸣》萨沙·斯帕卡尔，米莉亚那·瓦吉杰
Fig.4 *Bacteria Symphony* Sasha Spakar, Miriana Wajhi

生物菌群样本并予以培养，通过观众行为的触发获取激发培养皿的电流信号，从而在微生物群落的生长状态与人类的互动中产生电音合奏的艺术表现。作品中，人类生命体与微生物的共生关系以一种平等的艺术协作方式得到诠释，展现了去人类中心化的后人类社会发展远景。

2.3 后人文主义的形成

古典人文主义思想中，笛卡儿认为"人是认知的主体"，康德将人归纳为"理性存在的社团"。以人为中心，理性至上的思维模式贯穿了整个人类现代化进程，纵然经历后现代解构、反人文主义的冲击，以万物之灵自居为基础的自我认知让"自然和文化之间，是一种给定与建构的二元论关系"，而随着当代科技的发展，自然物与文化物之间的界限正在被科技媒介取代和模糊，技术中介前提下，"自然和文化以一种连续性的一元化关系存在"，这种从二元对立到一元连续性的后人文主义方法论开启了一种新的思维模式，为探索人与技术、人与动物、人与环境之间的关系提供了全新的视角和方法。

来自哈佛大学工程与应用科学学院的博士后Wim Noorduin，通过纳米技术改变了晶体生长环境，以此在一美分背后的图案——林肯纪念堂台阶上"培植"出千万朵纳米级别的"鲜花"雕塑"Nano Flower"（见图5）。在后人语境下，

图5《纳米花朵》威姆·诺顿
Fig.5 *Nano Flower* Wim Noorduin

这种纳米级别的材料应用，与其说是高强显微镜下的微雕工艺展示，不如说是一种来自微观世界的"越境挑衅"，跨越造物主预设的物质边界，人类能力所及已经是原子级别的物理性控制，生物大分子的结构与功能中隐藏的生命信息将以此显露无遗，生命信息在纳米级的干预控制下将彻底消融原始的生命体概念，各种纳米颗粒之间的关联将是人类、动物、植物和物质世界共存的纬度与标准。

从 Giuseppe Arcimboldo 的人形植物，到 Edouardo 的异化活体 Edunia，再到 Wim Noorduin 的纳米玫瑰，艺术创作中的植物从属于人的客体，到与人共生的宏观的生命意义，再到生命体微观的物质化转换，其中传递的观念正符合上述后人类主义思想的认知轨迹。

无论是基因科技介入下的 Edunia 还是纳米技术呈现的纳米玫瑰，它们都不再是经典意义上的"给定的自然物"，其作为艺术作品的文化性也不再仅仅是人"建构的产物""自然和文化的连续性的一元关系"在 Edunia 的盛开中显露无遗。

3 后人类主义文化和社会图景下的生物艺术实践

"当代资本主义是生物政治的，在于其致力于控制一切活的生命。"

3.1 基因、激素、神经元科技消解的自由意志

"关于个体的生物遗传神经和媒体信息的数据库是真正的资本。"

借助基因、激素、神经元科技的进步，在人类意志的解析过程中，我们发现，人类一个决定的背后是一系列神经元的电化反应，这些反应或来自基因、激素控制的生物预设，或来自生理的随机反应。自由意志，这个在人文主义中被"神话"的泡沫似乎正在破碎。面对苹果，想吃和不

想吃之间是一道越来越细的篱障：一边是越来越不自信的人类自由意志；一边是蠢蠢欲动的意志复制和控制，一场完成对人类致命一击的完美"罪行"。

3.2 利益驱动下的分子生物科技、遗传学、基因技术的开发利用

无论是动物、植物还是人，地球上的生命体正在沦为全球性商品，被捆绑在资本逐利的车轮之上，转基因技术、克隆技术这些生物科技从商业的角度已然是商品价值产生和提升的新渠道。就像资本从未忽视其利益所在一样，我们也无法忽视这些科技及其产品对人类社会固有伦理、法律、道德层面的冲击，一个以资本为基础运行的社会经济体制，如何权衡二者之间的关系，能否在这些新矛盾中导向出解决之道，是后人类社会必须面对的挑战。

3.3 生成中的后人类艺术

在资本和科技的联合推动下，就像德勒兹理论的 becoming 生成那样，人、动物、机器、地球处在变异和重新生成的无限可能中，借用罗西·布拉伊多蒂在"后人类"一书中对人类主体性展现出的流变和开放性的生成分类，生物艺术形态可以做以下分述。

3.3.1 生成动物的后人类

沿着当今转基因技术、生物克隆技术的发展轨迹，人类已经有了"制造"动物的能力，这些动物或被当作科研对象，或被当作赚取商业利润的产品，动物物种科目正在因为人基于欲望的需求而被根本性改变。如果说一株杂交水稻、一只纯种的宠物狗还是人们在自然法则中进行的干预和选择，那么一颗嵌入鳕鱼抗冻基因的大豆和一只无性繁殖出来的克隆牛羊则可以被彻底形容为"人造生成"，而且人自己并不会置身于这场"动物生成"的过程之外，以对抗病毒为名，我们已经准备好了自己的胚胎转基因实验，不久的将来，或许还会以对抗死亡为名，克隆我们自己用

来蓄养器官。无论是动物还是人，都面临着一个已经到来的再生成过程，转基因和克隆生物体的生物扩展将成为后人类主体性的重要组成。

"人与动物并没有一成不变的本质，两者都处于生成之中，且是与……共同生成"（Manifestly Haraway 221）。

美国 Iowa State University 教授 Austin Stewart 以及其团队开发了一个技术上荒诞却艺术上极富现实意义的创作项目"Second Livestock"（见图 6），借助 VR 设备和技术营造虚拟感官体验，让密封在狭小、昏暗的养鸡场的母鸡"生存"在宽阔、阳光明媚的"自然"牧场里。

图6《第二生命畜养》奥斯丁·斯特沃尔
Fig.6 *Second Livestock* Austin Stewart

现代化工业饲养秉持的资本效率下，作为被剥削阶层的动物一方面提供了大量肉类蛋白质，成为人类数量迅猛增长的重要基础；另一方面从自然物种沦为现代工业产品，生命成长过程被替换成肉类蛋白的生产过程。从人工合成饲料，颠倒生理时钟，转基因科技应用，资本运营思路下，科技介入无所不用其极，随之而引发的类似疯牛病、人工激素滥用等生物和社会危机让我们陷入一系列关于动物伦理、动物保护及人道思考中无法自拔。

"Second Livestock"假借一种技术观点反讽了以上这种资本与科技合谋的人文主义困境，塞伯格化的母鸡（动物）会解决自己的社会身份困境吗？虚拟信息技术包装下的感官体验携带着思维逃逸是后人类主体摆脱现实宿命的方式吗？

而最后，突破意识认知的边界，人与动物还可以停留在现代主义的消费者与被消费品的二元对立关系中吗？

巴西裔美籍艺术家和学者 Edoardo Kac 在2000年创作了转基因作品"GFP Bunny"（见图7），通过与 INRA（法国国家农业研究院的生物科技实验室）合作，他将 Aequorea Victoria 水母的绿色荧光蛋白嵌入兔子的基因组中，这只转基因生成的兔子虽然在普通光线下仍然显现出白色绒毛、红色眼睛的自然属性特征，但在波长488 nm 的蓝光照射下却呈现出非凡的荧光绿色。

图7《GFP兔》爱德华多·卡
Fig.7 *GFP Bunnny* Edoardo Kac

这只诞生于科学实验室的兔子，没有像前文中提到的"肿瘤鼠"一样沦为人类殉道者，或者可以换取高额利润的商业产品，它被 Edoardo Kac 带回了家中，"成为我的家庭的一员"，并拥有了 Alba 这个名字，在后续创作实践中，Edoardo Kac 用一块巴黎街道名牌标示"Hommage de la France à la lapine verte en reconnaissance de sa contribution exceptionnelle a la défence du droite des nouveaux être vivants"（向捍卫新物种权利的绿兔子 Alba 作出的杰出贡献致敬）。

"路易斯·博格斯将动物分成三类：那些陪我们一起看电视的动物、那些我们食用的动物和那些我们害怕的动物"，分别对应人与动物的三种古典关系：恋母情结的、工具性的、狂想的。Alba 作为一个全新的生成动物是否可以被我们划分在上述关系中？剥离了肿瘤鼠的功利性，它是否预示着另一种人与动物全新关系的可能？带着后人类主义去人类中心地位的思路，Alba 以及它今后越来越多的生成物种（转基因动植物（Petunia，Alba），塞伯格，克隆人）急需一个极富现实意义的开放型的共生关系，一种类似 Haraway 所描述的"创造亲缘关系""不再重复人类的生产与再生产，不再延续自然生产无意义上的亲缘血脉，而是与地球万物多危物种，跨物种的动物、机器、地球创造性地建立"亲缘关系"。

3.3.2 生成机器的后人类

成为塞伯格的人类是机器还是人类，抑或是机器和人的杂交体？ 人工智能是一种新的智慧生物还是智能化的机器？这些问题都突显了以人为主体、机器为客体的二元论思路在当代科技产物下失语的困境。

瓜塔理发明了"自创生的主体"这个术语，不仅用来解释自组织系统的生命有机体——人类，而且还解释了非有机物质——机器，以"自创生系统"为概念基础，他建立了有机物、技术以及机器制品之间的本质联系，"将机器激进地重新定义为拥有智慧与生殖的双重性。"以此为思路，人与人工智能物的合体，或者人类思维意识在肉体消解后的虚拟网络化存在都将作为"机器"构成后人类的主体性。

"后人类困境迫使我们在结构性差异或者本体论范畴之间努力消除差异，有机和无机，生育的和制造的，肉体和金属，电路和神经系统之间。"

通过与澳大利西奥大学 Symbiotic 实验室，以及艺术小组"The Tissue Culture and Art Project"的合作，艺术家 Stelarc 创作了作品"Ear on arm"（见图8），利用人体细胞培育出一只人耳并移植到自己的手臂上，通过安装蓝牙通信系统实现人造器官的听觉功能。这是一次典型的机器与生物合成方式下进行的感观体验扩展，塞伯格化的生物机器形式在虚拟化和网络化方向拓展了后人类的主体性。

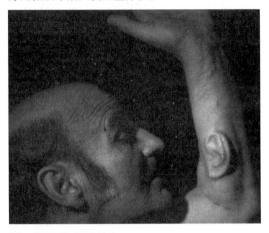

图8 《臂耳》斯特拉克
Fig.8 *Ear on arm* Stelarc Kac

3.3.3 生成地球的后人类

今天是一个被称为"人类纪"的时代，就像 Paul J.Crutzen 和 Eugene F.Stoermer 在论文 *Anthropocene* 中描述的那样，"在过去的三个世纪里人类数量增长了 10 倍，工业排放量在过去的一个世纪增长了 40 倍，消耗的能量增长了 16 倍，用水量增长了 9 倍，物种消亡速率是人类出现以前物种消亡速率的 1 000 倍。工业革命以来，科技推动的发展过程中，人类行为对地球的影响远大于地球自身的自然活动"，以此观点出发，我们不得不承认，人类的概念要比一个生物实体的概念大得多，人类正在开始作为一个地质力量参与地球的生成。人造动物、人造植物物种对自然环境的侵入，弥漫在空中，无处不在的电子信号所营造的电磁环境，人类自身的生物性异化，纳米级别的人造物质的生产，都让地球的自然属性逐渐消失，成为一颗半人造星球的远景似乎越来越近。

"一个以地球为中心的主体看上去会是什么样子？我们实际上居住在以技术为中介和全球运行的自然－文化连续统一体内。"

艺术家 Jacob Kirkegaard 在 2013—2015 年前往格陵兰岛实地考察了冰原消融的地理变化，通过记录不同阶段冰融声音制成了声音装置 "MELT"（见图 9），让人们有机会聆听这些水分子结构在微观世界的点滴变化，进而领略地球宏观上的气候和地理变迁，尤其是这些 350 年来未曾出现的冰原消融和海平面上升速度。

图9 *MELT* 贾科波·科克嘉德
Fig.9 *MELT* Jacob Kirkegaard

4 结语

"与人类季或资本季不同，克苏鲁季由正在发生的多种故事和与之一起变化生成的实践构成"。

在资本占主导推动力的科技发展背景下，科技的发展方向深受其背后资本利益的驱使和政治运作的影响，以此产生的社会作用和人文影响在资本主义全球经济体系下很容易落入"循规蹈矩"的商业利益至上的范式，而这会抑制后人类应有的思想与社会的流变生成趋向，已然被证明是滋生保守或者冒进发展思维的土壤。 面对上文所述的人类境遇，我们急需一种方法，激发更加活跃、灵活的思维方式和思想创造来应对更加多变、不稳定的世界发展架构。资本利益最大化的经济实践与其主导下的以效率生产为纬度的科技探索，都在这方面先天不足，而艺术创作作为探索和扩展世界认知的另一纬度在此时彰显出一定的意义。

后人类语境下的艺术创作，是人类重新认识自我、定义自我、生成自我的重要社会实践形式。借用学者哈拉维提出的"克苏鲁季"概念，（克苏鲁，一个美国奇幻小说中的宇宙神怪，给人类建构的世界秩序带来打击，使其产生巨变），我们寄希于这些社会实践可以游离于资本和科技至上的价值体系之外，像克苏鲁一样，给既有资本主义秩序带来颠覆性震撼和冲击，展现另一种认知后人类和探索后人类社会的可能。后人类主体性上的探索应该更多地被艺术纬度上的创造力所驱使。

参考文献

[1] 杨艺.嗨,新媒体——漫话新媒体艺术与设计[M].大连:大连理工大学出版社,2012:40-41.

[2] [法]米歇尔·福柯.词与物[M].上海三联书店,2001.

[3] [意]罗西·布拉伊多蒂.后人类[M].宋根成,译.开封：河南大学出版社,2016:98.

[4] [意]罗西·布拉伊多蒂.后人类[M].宋根成,译.开封：河南大学出版社,2016:110.

[5] [意]罗西·布拉伊多蒂.后人类[M].宋根成,译.开封：河南大学出版社,2016:201.

[6] [意]罗西·布拉伊多蒂.后人类[M].宋根成,译.开封：河南大学出版社,2016:87.

[7] [意]罗西·布拉伊多蒂.后人类[M].宋根成,译.开封：河南大学出版社,2016:257.

[8] [美]Donna J. Haraway.Manifestly Haraway [M].University of Minnesota Press,2016:221.

[9] [意]罗西·布拉伊多蒂.后人类[M].宋根成,译.开封：河南大学出版社,2016:101.

[10] [意]罗西·布拉伊多蒂.后人类[M].宋根成,译.开封：河南大学出版社,2016:39.

[11] [意]罗西·布拉伊多蒂.后人类[M].宋根成,译.开封：河南大学出版社,2016:89.

[12] [意]罗西·布拉伊多蒂.后人类[M].宋根成,译.开封：河南大学出版社,2016:191.

[13] [意]Paul J.Crutzen,Eugene F. Stoermer. Have we entered the "Anthropocene" [S]. IGBP,2000.

[14] [美]Donna J. Haraway. Staying with the Trouble: Making Kin in the Chthulucene[M]. Chthulucene.Durham:Duke University Press,2016:55.

奇点技术作为先锋艺术的新基础

胡阔

（大连工业大学，大连 116034）

[摘　要] **目的** 作为以创新为己任的当代艺术，形式与概念的实验基本穷尽，今天艺术家工作与作品多是对社会问题的呈现与批判，多是社会学的、审美的，为艺术史的延续等问题的触及与反应，本文尝试论述解决这一困境的一个方向。**方法** 将当代艺术与现代艺术发端时的状态做对比，现代艺术出现阶段是人类认识世界的重要时期，印象派、后印象派将人对客体的认知内化为对人本身的反思。现代艺术是人逻辑化认识世界的重要时期，这个方向的发展被杜尚现成品打断。视觉艺术被带入观念艺术，艺术与体制的矛盾成为艺术要表述的问题，这些问题到今天仍然被激烈地讨论着。艺术以实际功能再介入生活，但如果只是在艺术形式语言方面的更新，还是没有离开艺术自律的语境。当下大部分实验艺术在对世界的认知方面做出贡献，必须冲出这个大的自律。**结论** 奇点的概念与技术是先锋艺术再次成为先锋的新动力与新基础。奇点时代的技术、材料、算法作为他山之石是推动艺术前行的工具和动力。

[关键词] 奇点艺术；艺术史；现成品艺术；前卫艺术；生物艺术

引言：艺术与科学都是人们认识世界的方法，艺术直接面对一个现实，直接认知并用作品呈现知识。科学用证据、逻辑、技术来证明世界的存在。二者在近代各自独立、分别自律。当代艺术的特征是具有先锋性，不断开拓人们的视觉视野，引起思考而影响生活方式，但随着艺术的自律，脱离生活、屏蔽科技，并随着商业的介入迅速景观化，当代艺术失去了先锋性，艺术落入美学，美学是一个消极的词语。

1 艺术作为认知方法

人所有行为都可以看作是对世界的认知与改造，从原始朦胧感知开始发展出巫术等文明，都是对世界的认知与判断。从古希腊文明发展而来的科学概念，打断了人们朦胧一体的对世界的认知模式，将对世界的感受与认知作出越来越详细的划分，使人的认知逐渐庞大并形成各种系统，每个分支系统因为人们的专注，都有巨大进步，这个分工带来的效率与成果成为当下人们文明与文化的巨大骄傲，这个前进的态势不可阻碍。

但是进步总是有瓶颈或者极限的，其中有很多原因，有的是时代的局限，有的是分工过于精细而无法突破，这时需要新的视角和方法来突破。在这里以艺术的发展为思考对象，探索在分工下艺术发展进程中的问题及解决办法。

艺术是人认识世界的一种方法，往往从感觉

入手，比起科学的理性分析与论证艺术更加直接，直接面对一个现象既是现实，艺术家做出判断不需要证明，用作品呈现信息传达给他人。因为艺术的直接性，艺术思维是人们认识世界的一种迅速而特殊的方式，艺术以人的多感官为桥梁，尤其近代以人的视觉为主要信息来源，使艺术成为人们体现创新、表达思想的重要方法，尤其是当代艺术，更是创新的实验场。艺术史就是不断刷新人认知的刻度体现场。

2 艺术的先锋性

2.1 现代艺术的先锋性

艺术史是不断刷新人对世界认识的发现史，在艺术史上有地位的艺术家都是对其之前的艺术家思想与工作成果的继承，更是否定。被列入历史的作品对之前的艺术作品都具有先锋性，这在西方艺术史上更为鲜明。尤其是在近代艺术历史，现代艺术的发展阶段，更新推进的速度与力度之大，使人的认知产生巨大飞越，预示并代表着人类现代社会的样貌，不断更新人的存在思维。

例如，近代的印象派，将描绘看到的光影作为绘画的元素，使画面没有了古典绘画的稳重，将世界看成是光的构成，"印象"相对古典绘画来说是草图，不成熟或者不会画的意思，但却是艺术家的真实所见。这种描绘恍惚记录光影的绘画方法，也正对应当时人们从古典乡村生活到工业都市生活的过度，加快的节奏，疏离的人际关系。后印象派艺术家保罗·塞尚将山的形象简洁化，抽象出基础的几何形体，将人对客体的认知内化到人的反思与加工，是对人自身认知能力推进的表达，现代艺术是人逻辑化认识世界的重要时期，这时自然外物作为艺术"描绘"的对象，与古典时代作为母题的对象完全不同，绘画中的对象，例如印象派大师克劳德·莫奈画中的草垛，是用来呈现光色的工具，其本身不是描绘

的主题。这时绘画开始脱离传统一直以来人们要在画中观看的对象，绘画作品犹如实验的器皿，呈现艺术家所要的信息，普通观众开始看不懂艺术品要做什么，这就是现代艺术的开始，艺术走向非写实，也没有了叙事。然而最好还是记住，印象主义者的艺术目标跟文艺复兴时期发现自然以来建立的艺术传统并无二致。他们也想把自然画成我们看见的样子，他们跟保守派艺术家的争论在艺术目标方面少，在达到艺术目标的手段方面多。他们探索色彩的反射，实验粗放的笔法效果，目的是更完美地复制印象。事实上，直到出现印象主义才完全彻底地征服了自然，呈现在画家眼前的东西才样样可以作为绘画的母题。之后立体主义、抽象主义等艺术风格和思维，将艺术不断推向形式、最后内容就是形式，用美国艺术批评家格林伯格的理论来说"你看到什么就是什么"，看到即所得，看到一个色块就是色块，不象征什么，不代表什么，艺术自律了。俄国画家卡西米尔·塞文洛维奇·马列维奇作品《白底上的黑色方块》，将人要表现的视觉推向了极端，按照现代艺术的思路将绘画完结。

2.2 杜尚开创的先锋艺术

现代主义在自律这个方向的发展走到尽头，这时艺术家杜尚将现代艺术引向另外的方向，艺术被带入观念艺术，这引起了艺术史家与批评家的关注。

将概念引入艺术，杜尚将日常物放到本应该放置艺术品的美术馆，使人们看到或想到一件寻常物如何成为艺术品，或者说为什么一个是艺术品，一个不是艺术品，这引起了艺术批评界的争论与探讨。阿瑟·丹托认为艺术在客观上已经不能有向前发展的可能。艺术形式已经穷尽。艺术的形态与人的感官相连，但观念有大脑的思考就够了。批评家阿列西·艾尔雅维奇在《批判美学与当代艺术》中引用克罗齐的话说，如果一方面（如黑格尔所说）我们将艺术放在这样高的地位；

那么另一方面，我们就不应忘记，无论在内容还是形式上，艺术都不是精神所意识到的真正使人感兴趣的最高和绝对的途径。恰恰因为其形式，艺术局限于某种既定的内容。艺术只能反映某些有限的范畴和事实，以为要想成为艺术的内容，这种东西必须在其定义中就已包含进入感官世界的潜质，并且在感官世界中其本身和载体都必须是合宜的，犹如希腊的神。也就是说，比起观念来说，艺术的方法表达滞后，或者表达歧义。艺术家索尔·勒维在1967年这样界定概念主义：在观念艺术中，理念或者概念是作品最为重要的方面。如果某个艺术家使用艺术的概念形式，这就意味着所有的计划和决定都是事先做好的，而创作只是一种执行的过程。

杜尚将日常物如自行车轮直接以雕塑的艺术形式与观众见面，为什么杜尚的作品就是艺术品，丹托的回答是语境将一件作品提升为艺术品，就是说有历史或者艺术理论的背景才能理解现成品艺术。也就是说有概念背景，或者说有准备才能理解艺术。这将大部分观者拒之门外，无法理解。

杜尚作品及其方法将艺术与日常相混淆，其作品以及艺术是对艺术体制（博物馆、画廊、学院以及批评家等的工作）的对抗，这个体制正是一件物品是否成为艺术品的考核标准。当代艺术被看作现在人创新体现的最佳领域，谈到创新，德国批评家鲍里斯·格罗伊斯在其著作《论新》的导言里说："在我们这个被称为后现代的时代里，没有什么能比'新'这个话题更不合时宜的了：对'新'的追求通常会与乌托邦联系在一起，而这种追求所希望的往往是开启一段新的历史以及剧烈地改变人类在未来的生存条件。"然而，恰恰是这种希望在今天似乎已经消失殆尽。未来显然已经无法再承诺可以带来任何根本性的新事物，而人们所做的不过是想象如何对已有的事物进行无穷尽的变异。格罗伊斯认为，当下的新就是世俗物被划入，认可为艺术，同样已被称

为艺术的，被存入档案的艺术品可能被下放为世俗物，创新就是物在内外两个方面在交流、在运动、在经济。创新是变异，在当代艺术没有绝对的创新。

能被划进艺术品界内的物品就有价值，艺术品与日常物的差别是价值的判断，这个判断，这个机制是杜尚艺术品攻击的目标。德国前卫理论家彼得·比格尔将杜尚的作品及思路当成艺术先锋派的重要事件。杜尚的工作批判了西方艺术体制，比格尔提出的先锋派理论的核心就是反对艺术的自律。艺术是体制，不是个体作品。艺术作品不是个体的实体，而是在体制中生成的，正是这个体制决定了艺术功能。艺术应该回到生活，艺术要提醒人们对世界、对惯性生活的反思。现在先锋主义者的目的不是将艺术结合进此实践之中，相反，他们赞同唯美主义者对世界及其手段——目的理性的反对态度。与唯美主义者的不同之处在于，他们试图在艺术的基础上组织一种新的生活实践。

比格尔提出的先锋是对艺术体制，即是判断决定什么是艺术品这个体制的批判，这里的先锋性不是印象派艺术反对古典风格艺术的先锋性，不是一种艺术流派风格反对另外一种，而是对艺术界限的批判，艺术与体制的矛盾成为艺术要表述的问题。这是比格尔先锋派理论的特殊之处。先锋派力求打破自律艺术，将艺术与生活实践重新结合起来，生活艺术化。例如，达达主义反对一切的现行艺术体制，但很快便走向了完结，达达主义虽然让人们意识到自律艺术的问题，却没能为艺术的发展打开一条发展的道路与方法，只有摧毁，认为摧毁就是建设，没有重建，这是其缄默的原因。当代艺术的这些问题到今天仍然被激烈地讨论着。可以说，杜尚提出的问题今天还没有结局。

3 作为先锋的奇点时代艺术

如果要将艺术推进，只在艺术自律的语境下很难前行。要想解决艺术的发展、艺术创新等问题，艺术必要走出自律。当下大部分实验艺术，在此可称为当代艺术，要在视觉方面有创新，在对世界的认知方面艺术重新回到重要地位。奇点时代的技术、材料、算法作为他山之石是推动艺术前行的工具和动力。艺术要回到对世界认知之初，这是回答杜尚提出问题的一个重要或者可以说唯一的方式，因为先锋派的艺术理论没有未来的实践机会，先锋派本身无法形成体制与有序的方法（这个有序会成为新的体制），艺术作为关注生活认知世界的一种方法和维度，是艺术发展的必然方向，是艺术家工作的方向。当代艺术不仅要批判生活，更要介入生活，改变生活，这个改变就是改变分工，创新整合。

奇点时代概念的提出，是推进艺术发展的重要契机。"奇点"（Singularity）是一个英文单词，表示独特的事件以及种种奇异的影响。数学家用这个词来表示一个超越了任何限制的值，如除以一个越来越趋近于零的数，其结果将激增。奇点是改变我们对这个时代认知的颠覆性时刻，在奇点之后艺术必将改变。我们不能称"艺术奇点"，因为艺术本身没有奇点，而受制于技术；技术有奇点，它按自身规律发展和进化。技术奇点不但繁衍出奇点艺术，也创造出整个奇点社会。其实奇点时期生物艺术家想要的很简单，在生物身体融合非生物机器智能状态下，他们义无反顾地利用两者强智能来表现他们想要的艺术，这种艺术笔者称之为奇点艺术。

艺术将人认知世界回到人的精神，回到人的主观，才有最后马列维奇的抽象作品，代表绘画艺术的终结，是代表那个时代人们认知的极致的图像表达，马列维奇将一切还原为零，但这个零以后又该如何出发呢？这个出发就要回到整合，

整合科学与技术，回到艺术的起源"巫术""炼金术"回到艺术、物理、化学等还没有分科的那个现场，重新认知世界。借用阿列西·艾尔雅维奇在其《批判美学与当代艺术》中的一段话："这第二条艺术线索（杜尚提出的包括概念艺术、现成品艺术和流行艺术）经过 20 世纪的低调发展，最终主导了近现代艺术，因此我们才可能讨论占主导地位的艺术趋势。这既不是模仿，也不是任何意义上的再现（它不包含与所指或能指的联系）。"倘若非要将其视为艺术，非要赋予有趣性的话，与其说这需要一种不同的理论方法，还不如说这代表（或形成）着一种不同的艺术。原文中指的是没有未来的后现代、碎片化艺术。但在这里"不同的艺术"应该是奇点时代的艺术，是建立在量子物理、纳米技术、生物医学和强人工智能等技术和思维之上的艺术。以艺术的文学话语来说，仿佛回到现代主义之初的艺术。

4 结语

当代艺术创新与发展基本完结，如果没有新角度的提出，没有其他学科的整合，艺术没有存在的必要（当然装饰与审美还是可以的）。作为探索新视觉，新功能的当代艺术，必然重新向自然学习，而当代艺术的未来是奇点语境下的艺术发展，必然借助人工智能技术，必然是生物艺术等新艺术。

参考文献

[1][英]贡布里希.艺术的故事[M].范景中，杨成凯，译.桂林：广西美术出版社，2008：536.

[2][斯洛文尼亚]阿列西·艾尔雅维奇.批判美学与当代艺术[M].胡漫，译.上海：东方出版中心，2019：46.

[3][斯洛文尼亚]阿列西·艾尔雅维奇.批判美学与当代艺术[M].胡漫，译.上海：东方出版中

心，2019：53.

[4][德]鲍里斯·格罗伊斯.论新：文化档案库与世俗世界之间的价值交换[M].潘律，译.重庆：重庆大学出版社，2018：40.

[5]高名潞.论前卫艺术的本质与起源:文艺研究.[M]北京：艺术研究院，2008：90.

[6][德]彼得·比格尔.先锋派理论[M].高建平，译.北京：商务印书馆，2011：121.

[7][美]雷·库兹韦尔.奇点临近[M].董振华，李庆诚，译.北京:机械工业出版社，2011：10.

[8]谭力勤.奇点：颠覆性的生物艺术[M].广州：广东人民出版社，2019：11.

[9]谭力勤.奇点：颠覆性的生物艺术[M].广州：广东人民出版社，2019：12.

[10][斯洛文尼亚]阿列西·艾尔雅维奇.批判美学与当代艺术[M].胡漫，译.上海：东方出版中心，2019：64.

媒介嬗变中艺术的塑像

刘颖

（辽宁师范大学，大连 116029）

[摘　要] 一种新媒介的长处，将导致一种新文明的产生。**目的** 当我们从上帝视角解放出来，媒介的质料性于艺术实践中被再理解，以艺术媒介的嬗变为耦合点，探讨未来艺术的路径，以东方的包容之思构划未来艺术风貌，重思艺术与科技的关系，重构人与生命的关系。**方法** 基于对多种藻类的属性研究并将大量案例归纳融合，以实验结合案例分析，以媒介与文化的能指性链接，设计动态、有机、开放的表达。对媒介的干预和设计是分子层面的建构。**结论** 结合艺术实践可以想象未来艺术的冰山一角，从而得出：以生物媒介丛为中心"后艺术时代"的艺术形态是有生与无生的互乳，微观与宏观的转化，从而达到世界的共生。

[关键词] 藻媒介；耦合点；微观；共生

引言：从机械时代、电子时代、数字时代到生物时代，艺术实践中的媒介已从单纯的笔、颜色、影像延伸到生物医学、量子物理、人工智能等领域，且不以单一的形式出现在艺术实践中。媒介的研究不仅包括新材料和技术的研究，还是以更宏观的格局探索媒介的含混性和对艺术观念的冲击。艺术与科技的交融，把媒介直接当作环境语境来研究，突显了媒介越来越不可忽略的核心地位，尤其对于生物艺术。

1 媒介嬗变

1.1 理解媒介

如何理解媒介？以电灯为例，灯泡本身没有传递的内容但是却让人类从黑暗中解放出来，延伸了光明。在艺术实践中，媒介可以按照单体和集合的形式来理解。作为单体形式出现的媒介，它象征人类技术的普世概念主宰人类历史。当媒介以集合形式理解时，它不是简单的个体叠加，事实上它的效能大于单体媒介形式的总和，并朝文化的上层扩散。艺术与技术的融合成为每个时期先锋艺术家的重要突破手段，由边缘逐渐向焦点，从小众走向主流，我们对任何文明的了解始于这些文明所使用的媒介。

1.2 理解嬗变

艺术媒介的嬗变有两层含义：一是新型媒介包括新发现和技术创新；二是在生命和自然语境延伸下，媒介在艺术作品表达中的角色变化。媒介嬗变带来的冲击古已有之。新媒介总是在生产一些假设的未来，按照保罗·莱文森（Paul Levinson）的媒介补救理论，一种媒介必然在另一种更早的媒介中筑巢，比如人工智能就是计算机的顺势而生。21 世纪是生物世纪，有了更多关于生命的理论和科学实验成果支撑。迈克斯·泰格马克将生命分为三个层次：能生存繁衍的动植物为生命1.0；能学习新技能、会设计自己"软件"的为生命2.0；能同时改变软件、硬件，即意识与物理形态的为生命3.0。按照这种层次的划分，我们可以将媒介的层次理解为生物媒介、混合媒介及人工智能。

艺术媒介的嬗变首先将呈现智能由弱到强的发展。无论是传统媒介的新利用还是新媒介的发明，各个领域的媒介在艺术泛化中呈现出新的样态，纳米技术、虚拟技术、智能打印技术为艺术实现提供了科幻般的可能。其次，媒介将超越现实空间和时间的限制。现今已有分子层面的关注，转基因和基因编辑技术、生命体打印、虚拟现实技术，都在革新中拓展时空约束。再次，科技提供了连接自然和人造世界的强大工具，曾经局限于推测的想法日益趋向于现实。荷兰的实验项目共生（Symbiosis），利用细菌在培养皿中培养字母，实验用营养物质引导生长在培养基上的培养物，在最终死亡前会随着时间的推移繁殖和改变颜色。这种技术如果得到应用会减少资源浪费和环境污染，预示着未来的平面设计方式。

媒介不再是被操纵的物料，在艺术实践中是合作者，是调节者，这种艺术实践者与媒介持续地对话，含有赫拉克利特万物皆流与庄子天人合一的哲学思想基础。以生物中心主义的观点指导实践，后艺术时期艺术的呈现形式不再是静止的陈设，依靠科学技术，变化无穷，最终将会超越我们的常识和认知。

2 生物塑像

广义的生物艺术涵盖各种生物数据化、图像化、模仿和仿生后的重构形式的艺术作品。"生命"是生物媒介的根本属性，生物艺术的旨趣是生命形式的艺术引发的表达和哲学思考。生物艺术就是生命艺术形式，是有生命的衍生物和载体，是变化的

系统以实现精神和文化的愿望。生物媒介是一把钥匙，帮助艺术实践者推开生物艺术世界的大门。生物艺术实践中的实在就是世界。生物艺术形成的是实在的图像，这里的图像不是描绘的形式，而是显示，是一个可思的图像，也是有思想的图像，像的意义就是图像的本质。图像所表现的全部实在还包含最重要但容易被忽略的逻辑。逻辑的过程就是塑。生物艺术中的塑可能是物理现象、化学反应、发酵、腐烂、力势，一切变化、发生、和开放。这个过程看似虚无，但是以确凿的符号、文化心理、历史地理、潜意识作为内在支撑。生物艺术中应去图像化，塑像更为贴切。

3 艺术与未来

维尔纳·卡尔·海森堡（Werner Karl Heisenberg）认为："艺术家的创造性源于时代精神和个人之间的相互作用，而时代精神很大程度上是由科学创新决定的"。20世纪，科学家提出"生物中心主义（Biocentrism）"——生命创造了宇宙，而不是宇宙创造了生命。艺术实践者面临着一种前所未有的紧迫感，他们需要改变设计方法，重新考虑设计中的优先次序，打破学科壁垒，以整合所有系统寻求科学合力，大量证据表明现今世界依然是靠自然资源的快速消耗实现经济增值，采用生态无害的做法来进行资源管理显得迫在眉睫。人类一直在破坏自然，为什么不可以通过操纵和改变自然的生物结构来更好地与自然共存呢？人类不再被动地延续生命，而是预见进化，这种变革也是未来艺术的希望。

麻省理工学院的媒体艺术与科学实验室是窥探未来之路的前哨。内里·奥斯曼（Neri Oxman）的"介导物质组"正在实验微流芯片技术和3D打印生命材料；石井裕（Hiroshi Ishii）的可触媒体小组创造了"活的纳米动器"织物，能够根据穿着者的温度通过细菌打开或关闭材料

中的排气孔。可见，未来已来。

4 《浮生像》

藻，生命之始，万物之源。《浮生像》是笔者以微藻为媒介创作的生物艺术实验作品。

4.1 微藻媒介

微藻特指在显微镜下才能辨别其形态的微小藻类群体，由叶绿素提供光合场所的原生生物。此次作品主要运用小球藻栅藻复合型藻类样本。小球藻出现在 20 多亿年前，是地球上动植物中唯一能在 20 小时内增长 4 倍的生物。藻趋光性敏感，健康的藻类呈鲜绿色，藻液随着时间会出现绿色沉积。藻的生长繁殖需要有适宜的温度与营养成分，但过度和缺失都不利于藻类健康，根据实验掌握了藻类对于光、温度、营养的习性。

4.2 作品概述

浮生，一语双关，一是水中藻，二是芸芸众生，融合包容的东方思想。浮生是一种状态，渺小孤独，芸芸众生的依存与挣扎，但都存在具有"理想化"的终点。作品是有生命的，它是一直变化的。浮生构想的是具有实验性和科幻感的形式表现，以实验的形式，将媒介、作者、观者都纳入系统的反思性实践，不同于平常对笔、颜色的控制，生命体是参与到艺术实践中的热能力。

《浮生像 1》（见图 1）主题：偶像崇拜。《浮生像 1》是干预和控制光与微藻之间的关系，外

图1 《浮生像1》浮生系——偶像崇拜
Fig.1 Concept Image of Life No.1—Heathenism

显为颜色的层级变化，暗喻人、组织、社会对光的向往，对"神圣"的崇拜与矛盾。将装有藻类溶液的培养皿搭建成三角锥的整体形象，形成一个对光的层级差异，也形成一个完整的拟世界系统。《浮生像 1》是后两件作品的模型（见图 2 和图 3），或者说是初始状态。

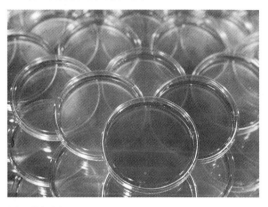

图2 俯视图
Fig.2 Vertical View

图3 侧视图
Fig.3 Side View

《浮生像 2》（见图 4）主题：身体政治。《浮生像 2》是利用 1 号作品的呈现形式对其进行异化来表达的。观者可随机将不同的溶液滴入培养皿内，改变培养条件。观者与藻类的互动使结果以一种不可预测的方式发生变化。此次作品表现身体政治世界的重构、重组和重塑，隐喻侵略行为和区域藩篱。初始状态对个体生命具有极端的统一性，权利借由身体广泛传播，调控社会中的每个个体生命。生命的符号也是作为符号的生命。观者以实验者的身份参与到

实践中。

图4《浮生像2》概念影像截图
Fig.4 Concept Image of Life No.2 Screenshot

《浮生像3》（见图5）主题：渡，《浮生像3》是通过光吸引形成一定的区域分布，游走机制是一种顿化。渡不是单一的宗教概念，文化层次和思想深度上是一种引领人们走出现世，是东方文化灵的牵引，进入高一级地理想高度。渡是一种最理想的牵引和摆渡。肉体上的此与精神上的彼是渡的核心。

图5《浮生像3》概念图
Fig.5 Concept Image of Life No.3

5 结语

生命概念泛化下媒介的思索，艺术与科技的发展具有同调性，其极限爆发是时间、空间在生物科学与量子智慧下引燃的。当生的语境拓展到碳基生命与硅基生命、自然生命与合成生命甚至是仿生领域后，艺术设计不仅具有美学单一的身份，更具备绿色、开放的技术功能。我们不是在"物的瓦解"而是在物的复活。当代因艺术终结而产生的焦虑已经被科技奇点般的发展所取代，而这些发展均有自己的生命。艺术实践者可以考虑基本的三层生命样态作为潜在的制造和形式机制，将生命作为设计核心本体来使用。艺术将向我们展示一个不在"自然"的现实世界。预言是一种立足于当下的感知能力，作为艺术实践者的我们不能成为"奇点遗民"。

参考文献

[1] [加]马歇尔·麦克卢汉.理解媒介:论人的延伸[M].何道宽,译.南京:译林出版社,2011:18-21.

[2] [美]保罗·文莱森.软利器:信息革命的自然历史与未来[M].何道宽,译.上海:复旦大学出版社,2011:3.

[3] [美]迈克斯·泰格马克.生命3.0[M].汪婕舒,译.杭州:浙江教育出版社,2018:87-97.

[4] [英]威廉·迈耶斯.生物设计:自然+科学+创造力[M].伦敦:泰晤士与哈德森出版社,2012:152-155.

[5] 谭力勤.颠覆性的生物艺术[M].广州:广东人民出版社,2019:24.

[6] [英]罗伊·阿斯科特.未来就是现在:艺术,技术和意识[M].周凌,译.北京:金城出版社,2012:163.

[7] [美]马格·乐芙乔依,克里斯蒂安·保罗.语境提供者:媒体艺术含义之条件[M].任爱凡,译.北京:金城出版社,2012:177.

[8] [美]罗伯特·兰扎,鲍勃·伯曼.生物中心主义[M].朱子文,译.重庆:重庆出版社,2018:132-133.

[9] [美]雷·库兹韦尔.奇点临近[M].李庆诚,译.北京:机械工业出版社,2011:122-125.

[10] [美]伊藤穰一,杰夫·豪.爆裂[M].张培,吴建英,译.北京:中信出版社,2017:271.

论盐湖艺术在人为调控下的综合利用

韩育沛

（大连外国语大学，大连 116044）

[摘 要] 盐湖不仅提供矿石资源，还以梦幻般的美丽外表为世人赞叹。但这种美丽并非凭空捏造，而是受气候地理的影响，逐渐堆积的盐分使湖水浸染色彩，同时盐湖的生物也使盐湖的色彩更加绚丽多彩。不论是水分、盐分还是生物培养，如今都可人为调控并以此开创艺术的新时代，在天然的画布绘制更多美丽的画面。在开采矿产资源的同时，应充分开发盐湖艺术的旅游资源，从实现经济价值、人文价值、艺术价值的最大化。**目的** 盐湖艺术在人为调控中探索全新发展模式，在人文与自然和谐统一的基础上全方位发展，并引导生物与艺术跨学科交流，开创全新的艺术表现形式。**方法** 从实践出发探寻盐湖艺术的开发价值和调控方式，比较中外盐湖开发模式与发展现状以借鉴其发展经验，并借助案例研究法模拟盐湖艺术的实际情况，证明盐湖艺术的可行性。**结论** 盐湖艺术作为全新的艺术形式虽鲜为人知，却拥有巨大潜力，在人文产业、资源产业具有广阔市场，逐渐成为中国新时代综合发展的标志之一。

[关键词] 盐湖；现代艺术；自然因素；人为调控；综合利用

引言：画家们总是关注画盘上颜色的叠加搭配，却已然忘记大自然所给出的答案。各地的盐湖不仅提供矿产便利，推动经济发展，同时也凭借着自身多彩的景色为全世界注目。但这份景色并非臆想而成，其成因主要有两点：其大多分布在干旱地区，因湖泊缺少降水，蒸发量远大于补给量，里面的盐分逐渐堆积，且盐分的差异也让湖水拥有不同的色彩；同时盐湖中生物的存在使盐湖更加绚丽多彩。这些因素在如今的科技背景下都是可以实现的，何不利用这一艺术形式在广阔天地间尽情创作。而且在中国哲学思想中，盐湖艺术既大又小，大即占据天地方圆，小即内部千变万化，再加上人工操控，即天地人合而为一。在资源开采与

人文开发之外，盐湖艺术也可作为突破口发展旅游业以发展经济。总而言之，盐湖艺术在综合利用下具有强劲的潜力得以开发。

1 关于盐湖艺术的认知

1.1 盐湖的概念

盐湖是咸水湖的一种，通常是指水中含盐度大于海水平均盐度的湖泊，其中也包括表面卤水干涸、由含盐沉积与晶间卤水组成的干盐湖。内陆盐水水体包括大小和深浅不等的盐湖和盐沼，其中有许多是间歇性水体。世界盐水湖总面积仅略小于淡水湖，我国湖泊总面积中有一半是盐水湖。中国的盐湖多处于北纬 40° 左右，属于世界盐湖带的东

缘，被称为中国盐湖带。

1.2 盐湖艺术的概念

盐湖艺术是指以天然的盐湖为主体，将各种自然因素与人为因素相结合的一种新的艺术形式。换言之，在盐湖内部构成元素基础上改变其色彩状态并加以调控，在不破坏人文自然和谐的基础上达到想要的视觉效果。盐湖艺术要由当地的气候、地理条件、光照温度及盐湖中的盐分、水分、各种生物所构成。

2 盐湖艺术的开发价值

2.1 盐湖艺术的美学价值

盐湖艺术的美感不仅仅是航拍摄影中几何图形的巧妙搭配，最关键的还是其本质之美。调色盘颜料般的质感，太阳光所反射出的光感，水面上山川、平原上的倒影，都将和水面的小景融为一体，又与水面外的景色和谐共生构成了盐湖艺术之美。

同时盐湖的颜色也是其艺术外在美的必备因素之一。多种因素的影响导致了湖面色块颜色的不同。澳大利亚西部的希勒湖中的微生物产生了丰富的β—胡萝卜素。而对该湖泊人为的区域划分，使之形成了不同程度的颜色分区。玫瑰色、品红…构成了这片世界最大水藻田奇妙梦幻的色彩组图。而且颜色间的界限分明又融合渐变，这时可以人为调整水分、盐分的含量与温度的高低，以此表现出梦寐以求且以言述的绮丽色彩。美国旧金山海湾边有一片美丽的五彩盐池，深红、粉红、金黄、翠绿，这里的"超级染匠"就是嗜盐微生物。在嗜盐细菌的体内都含有类胡萝卜素，它可以呈现红、橙、黄、绿等不同颜色。不同的嗜盐细菌所含的类胡萝卜素不同，这就造成了浓度不同的盐池有不同的色彩。又可以在不同季节通过改变微生物藻类的培育，在湖面显现独具时令风格的颜色，将中国古风色彩和现代趣

味融入其中，而不是一如往常单调乏味的白色，通过其外在美吸引观者驻足留步。

同时，盐湖艺术在现代艺术界也有深远意义。21世纪的艺术形式已然不局限于传统艺术，而是推崇艺术家与观者共同完成的互动装置艺术。在盐湖艺术中，艺术家的人为调控也只完成一半，其余皆由这天地万物的细微变化完成，当然过程中避免不了会有偶发性和不稳定性，但正因为其特性才能将当代艺术的核心表达和自然万物的出神入化体现得淋漓尽致。

而且研究盐湖艺术也是研究盐湖本身，盐湖生态系统是冰川、高原、湿地及冲积平原等生态系统的重要一环，在保持岩石—土壤—植被地质生态平衡中起着重要作用。随着全球变暖，我国生态环境会发生新的变化，加强地质生态学研究，对避免草地荒漠化、改善环境以及西部大开发和可持续发展具有重要意义。保持盐湖艺术的美感，同时也是在保护自然与人文环境的内在大美，一种宁静之美、和谐之美。

2.2 盐湖艺术的经济价值

2.2.1 进一步提升盐湖的原有价值

而在近现代经济发展过程中，200种盐类矿物对于基本化工、农业、建筑和医疗等领域是必不可少的，近年来盐湖借助其可以储热的特点，已经开始着力于盐水池太阳能的发电新方式，成为低碳节能的又一环保能源。近年来世界资源紧张，国外更多的是对太阳池盐田浓度梯度分布及传递现象的研究，这能有效节约能源，减少资源浪费。但太阳池目的与盐田目的并不完全相同，是以盐梯度效应利用太阳辐射来集热储能。同时将湖中生物作为农业基础，为盐湖周围千亩良田的开拓提供了良好前景。

2.2.2 开发新型经济价值

盐湖艺术在第二、第三产业也有巨大潜力。盐湖艺术在培养不同盐湖生物，同时还具有重要的生物价值。盐湖的艺术生物会带来不同类型的

经济价值，如获取新型蛋白质、非人工食用色素、多种化工科技或环保材料。同时盐湖艺术也是自然环境信息库和天然实验室。其中独特的嗜盐微生物资源，在科学研究及应用领域都具有重要价值。目前，盐藻、螺旋藻作为色素和食品已实现产业化生产，极端嗜盐菌生产依可多因的技术已投入应用。

2.3 盐湖艺术的人文价值

2.3.1 盐湖艺术的文化价值

说到底，盐湖艺术属于文化层面的一种，必须扎根于本土文化才可以持续发展。在中国的文化土壤上，并不缺少丰富的动力。所以将中国美学思想渗入艺术表达中，一方面是接地气，观者容易接受；另一方面，盐湖艺术也是继承发扬传统文化，实现中华民族伟大复兴文化的体现。文学与地理的良性互动，对盐湖地区非物质文化遗产传承与发展、运城文化旅游产业的发展都具有助推作用。文学的代入也能加强人们对于盐池生态环境保护的重视。

2.3.2 盐湖艺术的旅游价值

盐湖本身就是旅游景点，游客不仅是观者，也是盐湖艺术的共同创作者，充分发挥自己的想象将娱乐性、趣味性带入其中。多元化展现盐湖的视觉效果，将盐湖艺术的旅游潜力最大化开发出来。盐湖旅游有别于淡水湖泊旅游，在于其独特的自然景观条件和特色旅游项目，如盐水漂浮游、泥疗、盐路和盐屋等，这种资源利用开发方式目前处于起步阶段。

3 盐湖艺术中的人为操控

3.1 自身的综合调控

在解构并再次架构盐湖艺术的过程中，调节水分、盐分的量，提升水质，降低盐中杂质至关重要。水分、盐分相当于水彩中的水与颜料，把握着盐湖艺术色彩中纯灰、冷暖、深浅关系，其

中任何一个因素出现问题，会直接影响到最后画面效果的表达。

虽然气候和日照时间很难人为操纵，但可调整温差及光照的时间、角度。这不仅影响盐湖的蒸发量，同时会提升盐湖的光感、色泽，在色彩表现力上更进一步。

除了盐湖色块的几何图形和盐湖色块间的简单编排，更为重要的是不同色彩的巧妙安排。除盐湖本身的白色外，其他色彩皆源于湖中的微生物、藻类等生物。通过培育本地生物和提取他国盐湖的特殊藻类、微生物，将盐湖五彩缤纷的面貌展示于众人。

3.2 外来的借鉴参考

借鉴的前提是与本土盐湖类似的地理位置、气候条件，从而保证本土盐湖生物的存活率和盐湖艺术开发的可行性；其次是当地经济、人文要优于盐湖发展区，并加大本土文化宣传力度，提升本地软硬实力。所要借鉴学习的其一是着重引进一些优秀的盐湖生物，将盐湖的艺术视觉效果最大化展现；其二是参考水分、盐分结构，使得盐湖艺术表现力可以趋于完美。

4 盐湖艺术的案例实践分析

4.1 参考对象及其现状

运城盐湖位于山西省西南部运城市境内，地处晋南盆地腹地，是山西省最大的湖泊，世界第三大内陆湖泊，也是世界四大盐湖之一。此盐湖在表层下拥有种类、色彩丰富的各类盐体，是中国最早开发利用的盐湖之一，同时运城历史久远、文化底蕴厚重。但该盐湖的发展重点仍在工农业，还是粗放型的开采模式，无论是人文艺术还是经济发展的潜力都没有充分开发。

4.2 运城盐湖艺术的人为调控

4.2.1 自身创新发展

科学控制水分、盐分，以区域块面调整两者

的比例含量，根据艺术效果调节水质，将湖面色彩安排到位；根据运城气温、降水按季节调节温差光照，把湖面色彩的光泽韵律调到最佳；以不同的方式培育盐湖生物，增加盐湖艺术的色彩多样化，还可以根据季节的变化，培育不同的藻类及微生物，设计出丰富多彩的艺术表现方案；提升文化价值，将运城的悠久历史、文化底蕴与盐湖艺术相结合，和传统节日联动，以冰雪节、赏灯会等形式推出独特的运城盐湖艺术文化品牌。运城盐湖旅游资源不仅包括文化底蕴深厚的文学、艺术、曲艺作品，还有让游客康体美容的沐浴洗浴场所，满足旅游者精神享受、增长知识、放松身心的需要。

4.2.2 向外借鉴学习的方向

运城盐湖位于北纬35°，该气候为温带大陆性季风气候，夏季高温、降水充足，冬季严寒干燥。通过相关信息比对找到一个大致相符的个体——美国犹他州大盐湖。该盐湖地处北纬40°左右，气候隶属温带大陆性气候，夏季酷热湿度大，冬季严寒干燥，年气温变化大。同时其经济发展现状也优于运城市，在2018年，盐湖城的年度GDP总额约为900亿美元，其水平放在我国，相当于沈阳、昆明、温州之类二线城市的经济规模。再者，盐湖城可以提供优良的生活环境，它坐落在美国西部中心地带，气候温和且较为干燥，这正适合高科技企业的需要。这里可以进行多种户外娱乐和体育项目。

5 结语

总之，盐湖中的生物多样性及生态环境不仅蕴含着巨大的经济效益及矿产资源，同时也可以作为一种新的艺术形式。在人为调控下的盐湖艺术是现代综合资源利用的新型模式之一，也是未来艺术界与人文产业的发展源泉，其价值具有深远的影响潜力和开发前景，有待为我们去探究。

参考文献

[1]赵文.中国盐湖生态学[M].北京：科学出版社，2010（23）：53.

[2]佚名.世界最大粉红色水藻农场——色彩迷人似油画[J].北京农业，2013（23）：53.

[3]秦昭.嗜极微生物挑战生命极限[J].博物，2010（3）：38-43.

[4]孔凡晶，郑绵平，贾沁贤，等.我国盐湖生物学研究的回顾及展望[J].矿床地质，2002（21）：18-19.

[5]姜旭.西藏扎布耶盐湖水盐均衡研究[D].济南：济南大学，2013.

[6]孔凡晶，王现洁.青藏高原盐湖嗜盐微生物资源及应用前景[J].科技导报，2017，35（12）：27-31.

[7]王小芳，张文霞.文学地理视角下的运城盐池研究[J].辽宁教育行政学院学报，2018，35（05）：101-106.

[8]陈思萍.新疆盐湖旅游资源的开发利用[J].干旱环境监测，2004（3）：155-158.

[9]盛德华.运城盐湖旅游现状的调查与研究[J].山西师范大学学报（自然科学版），2013，27（01）：104-109.

[10]刘北辰.美国高科技企业的新基地:盐湖城[J].中国人才，1997（11）：34-34.

马斯克脑机接口或将开启高维度艺术时代

李冠华

（辽宁师范大学，大连 116030）

［摘　要］**目的** 诚如当今生化艺术在科学与技术领域的影响，艺术的创新始终对各时代科技与文化的发展有着至关重要的推动作用。马斯克脑机接口技术可用于高维度艺术呈现的创想，不仅能触及未来艺术的新形态，更能洞见未来科学与文化的走向。**方法** 沿着艺术由传统艺术、数字艺术、生化艺术一路而来的发展轨迹，并通过对各阶段艺术表现媒介的形态维度与思维维度的脉络进行梳理，并结合对马斯克脑机接口对表现高维度艺术在理论上与思维上的可行性的讨论，综合论证。**结论** 艺术媒介表现的维度无论是从技术支持，抑或受众潜在感官需求都存在着升维趋势；人类在感官经验积累的过程中，思维维度同步于媒介表现也存在着升维的倾向；脑机接口推动高维度空间的表现具有理论上的可行性，且已奠定了相当的文化与伦理的前期基础；高维度艺术媒介表现具有历史必然性，并因马斯克脑机接口的出现已近在眼前，艺术不应被人类所在的三维空间所束缚，它将拥有真正无限的可能。

［关键词］高维度艺术；脑机接口；媒介升维；思维维度；艺术媒介表现

引言：艺术的表现随着科技发展获得了越来越多的可能，同时艺术又赋予了科学以无限想象的空间。马斯克对脑机接口的展望，让艺术看到了四维表现的可能。这不仅是对未来艺术形态的探讨，也是对未来科学与文化研究趋向的深度挖掘，下文将从多个角度探讨、佐证这一可能的未来。

1 艺术媒介存在着内在的升维趋势

艺术需要借助媒介承载，艺术媒介的发展一定程度地决定了艺术未来可能的形态。在众多发展趋向中，维度渐升是与科学技术发展联系最为紧密的艺术媒介表现趋势之一。

1.1 新媒介技术指向的升维

首先，这一趋势体现在新媒介趋于升维的技术指向。回首过去的百年，艺术创作曾使用的各类新型媒介——动态影像、三维影像、虚拟现实、三维打印、声光电交互等，它们总能快速介入艺术家的创作过程，这些新媒介几乎都是在当时现有媒介的基础上，通过叠加空间、时间或其他感知维度而生成的，这些新增的维度为艺术表达增添了无穷了魅力。

1.2 媒介输出的升维倾向

其次，媒介升维趋势还体现在大众的意识层面。在现有关于媒介意识演化的研究结论中，大多着眼于媒介内容与受众文化和兴趣之间的相互推动，一定程度上忽略了人对媒介的选择与媒介维度之间的关系，也就鲜少有人关注到媒介意识的升维倾向。

自我技术的推陈出新最能体现人在媒介输出过程中媒介选择的变化趋向，如今自传、自画像等传统自我技术已趋于式微，无论是大咖还是小白，自拍已成为使用频率最高的自我技术，甚至部分赋闲的年轻人更是开启了他们的 Vlog 时代。这些逐渐趋于升维的自我技术形式恰好体现了我们在媒介输出时，潜意识会选择更高维度的媒介进行媒介表达。

1.3 媒介接受的升维倾向

相比于媒介输出的一方，媒介输入方的受众们也有选择的权利，这一选择同样呈现出一定的升维倾向。这里以跨媒介改编为例，在大众媒介创作中，小说、漫画向动画、影视改编的作品数远远高于反向改编的。由小说、漫画向动画、影视改编，不仅是空间维度的提升，还有时间维度的叠加，维度的提升极大地增加了作品所携带的信息量，这无疑是一个从冷媒介向热媒介演变的升温过程，尽管冷媒介会让观众获得更强的参与感，但在如今高速生活节奏下，受众思维趋于惰性，更热的高维度媒介对其感官的关照更能符合他们的潜在需求。

这两方面广义媒介的选择倾向，在艺术媒介的表现中自然同样适用。

1.4 艺术表现知识体系的升维

最后，艺术媒介的升维还体现在学科叠加产生的维度上。当下，几乎所有专业都看到了"跨学科"的重要性，艺术同样在各类学科中寻求着与自己的交集，如今在艺术界大放异彩的生化艺术即表现出丰富的学科维度，且如今的艺术仍然保持着对更多学科融合的渴求。

生化艺术，在拓宽学科维度的同时，还通过"生长"赋予了作品不同于传统视频线型的时间维度，成长的不确定性让时间维度得以不断膨胀，这也是更高维赋予艺术新的魅力。

2 现已打通的高维意识

尽管我们的生理感知受制于三维空间，没能再向前迈进，但思维却早已产生了缺口。

2.1 高维度空间的认知

量子物理作为近几年科研的热门方向，正不断颠覆着我们对世界固有的认知，高维空间也随之切入不同的研究领域，被频繁讨论。与此同时，受量子物理相关理论启发的大量文娱作品，更让大众原有的空间认知发生了松动，在知晓高维空间可能性的同时，自然奠定了四维艺术表现的文化基础。并且这一认知还间接影响了大众的思维模式，让其向更高维进发。神经网络——又一个热门研究方向，其在近些年突飞猛进的发展与应用，不能排除得益于高维度媒介思维影响的可能。

2.2 维度感知异样感的消解

随着虚拟成像技术的发展，我们早已习惯人工塑造的时空感知，有别于人体感知的时空体验很难再唤起我们生理上的绝对排斥。或许三维技术仍致力于表达更真实的空间，但这却可能只是升维趋势所带来的，从"现场"感到"在场"感的需求转变。

3 脑机接口为艺术表现赋能

脑机互联作为一种人机接口方式，是基于脑电信号实现人脑与计算机或其他电子设备通信和控制的系统。脑机互联的创想所带来的脑机接口概念，早在 40 多年前就已被提出，它肩负着医学领域的多种需求，经历了一个漫长的摸索阶段，直到近十几年才逐步实现初级的应用，尤以近年马斯克所创建的 Neuralink 公司表现得最为活跃。

3.1 前期技术铺垫

Neuralink 主张的脑机接口将不仅限于医疗

领域的应用，还将应用于健康人之间的交流，这是一个在几十年前或许会饱受争议的创想，然而21世纪的我们已进入一个人机融合的过渡期。如今，人工智能让机器更接近人的同时，人也在潜移默化中越来越赛博格化，人类正逐步拉短着自己与机器的距离，不断尝试彼此融合。同步于这样的时代背景，在大脑中永久接入电子设备，似乎也无须再恐慌、抗拒。

另一方面，早在 2009 年，美国加州大学伯克利分校的 Michel Maharbiz 教授就已成功将微型机械电子系统移植到昆虫等小型动物身上，让人可以通过电子信号遥控刺激动物的神经系统，从而达到一定程度上控制动物行为的目的。当此类高科技掌控动物的技术越来越广泛的进程中，人类也对脑机接口可操控人类感官从伦理上获得接受。

3.2 脑机接口理论上能带来高维度体验

Neuralink 自 2017 年由马斯克创立后，短短两年就开发出作为脑机互联关键技术的全新接口系统，并于 2020 年 8 月由马斯克携三只受验小猪向世界展示了该技术的动物实验成果——为猪脑植入其名为 Fitbit 的专有设备，在确保其无损健康的情况下实现对小猪大脑信息的读取。此次发布会中马斯克就该技术提出了大量未来可能的愿景，而正是这些脑机接口未来的可能性，让我看到高维度艺术表达将不再只是一个幻想。

三维以上的空间维度并非单纯的想象，不过是藏在了我们的感官之外。人类将自己"定位"做三维空间的生物，是因为我们的感官暂时停留在三维空间，我们生理上暂时无法感受到高维度空间的存在。但若信息能通过数字设备直接将信号传递给大脑，越过人体外部感知系统，打开我们生理上的禁锢，人类将不再受限于身体所在的三维空间，真的感受到四维甚至更高空间维度的美好。

4 脑机接口或将赋予四维艺术的可能

若脑机接口未来的发展真能如马斯克所说，其可能为四维艺术提供的将不仅仅是技术上的支撑，更将直接或间接地为四维或更高维度的艺术创作带来无限的可能。

4.1 四维空间艺术表现

因脑机接口技术将通过脑机互联设备直接将媒介信息传递给我们的大脑，如今生理上受限于三维空间的感知器官，将不能再阻碍我们对四维时空的感知，四维时空的艺术表现将呈现出截然不同于二维与三维媒介的形态，是一个崭新的承载艺术的平台，它不仅将具有所有新媒体曾表现出的心理与感知的双重刺激，还将能够携带明显多于现有媒介的信息量。

4.2 创作思维的变化

萨丕尔—沃尔夫假说认为语言既是思维的工具，又能够影响思维。艺术表现语言也是一种广义的语言，当我们习惯于利用脑机接口表达和接受四维艺术后，我们的思维也将持续升维，继而步入一个全新的境界，就像曾经传统电影及三维影像为我们带来的思维革命一般。未来的我们或许能够从四维的视角轻松解决现在仍困惑于我们的难题，甚至能看破我国古人传承下来的诸多思想与理论，这些又将反哺于四维艺术创作，为四维艺术的内容与背景增添更多元且深层次的文化内涵。

4.3 三维艺术创作的重新定位

人类在对所见与真实的长期研究中建立了透视的概念，通过对透视理论的不断完善，人类才得以真正掌握立体造型的表达方式。正如三维的投射是二维一般，四维的投射是三维。当我们从三维的视角绘制二维图像时，一切都变得轻松起来，同样，当我们以四维的感官与思维重新审视三维空间后，不仅技术上能够更轻松地驾驭，还可能获得大量全新的创作灵感。

与此同时，如无法突破三维空间的最小技术尺寸，揭示着硬件技术发展规律的摩尔定律，很可能在不久的将来迎来它的终点，而脑机接口可能带来的四维空间体验，未尝不是一个绝佳的突破口，只有硬件的不断革新，艺术创作的可能性才能愈发无穷无尽。

5 结语

四维及以上的高维度艺术媒介表现具有历史的必然性，马斯克脑机接口一次又一次突破性的进展，让四维艺术的可能离我们不再遥远，艺术的表现将彻底摆脱人体自身的限制，迎向真正属于它的自由。

参考文献

[1][加拿大]马歇尔·麦克卢汉. 理解媒介：论人的延伸[M]. 何道宽，译. 南京:译林出版社,2011.

[2][美]约翰·维维安. 大众传播媒介（第11版）[M]. 任海龙，常江，等，译. 北京.北京大学出版社,2020.

[3][法]米歇尔·福柯. 自我技术[M]. 汪民安，编. 北京:北京大学出版社,2016.

[4]彭兰. 新媒体用户研究：节点化、媒介化、赛博格化的人[M].北京:中国人民大学出版社,2020.

[5]何庆华,彭承琳,吴宝明. 脑机接口技术研究方法[J].重庆大学学报（自然科学版）,2002（12）:106-109.

[6]葛松,徐晶晶,赖舜男，等. 脑机接口：现状，问题与展望[J].生物化学与生物物理进展,2020（11）:1-35.

[7]麻省理工科技评论. 科技之巅3[M].北京:人民邮电出版社,2019.

[8]张佳欣,马斯克发布脑机接口系统[N].科技日报,2019-07-19.

[9]罗涛.交互设计语言与万物对话的艺术[M].北京:清华大学出版社,2018.

[10]谭力勤. 奇点：颠覆性的生物艺术[M].广州:广东人民出版社,2019.

生物艺术的范畴与价值讨论

王晓松

（大连工业大学，大连 116034）

[摘 要]文章主要讨论生物艺术的范畴与创作价值。**目的** 让更多人了解当代生物艺术的发展和创作手法，探讨科学、生命、人类与自然的伦理关系，反思人类的自身行为。**方法** 研究过程中利用调查、文献研究的方法。**结论** 生物艺术不是一个已经完全建立起来的艺术门类，它的范畴和定义依然存在着争论，主要有以下几种：以生命体和生命过程为对象的艺术、以生物基因工程技术为媒介的艺术、涉及生物媒介和生物主题的艺术。生物艺术启示人类的自我认知，包括：生命科学下反观人类身体概念、反思以人类为中心的主体立场。目前生物艺术工作存在一些问题和争议，生物技术已经成为艺术世界的一部分，通过将尖端技术推向公众，生物艺术引发了将生物学转变为技术伦理学的广泛思考。

[关键词]生物艺术；生命思考；人类自我认知；伦理问题

引言：人类文明与社会文化的发展进步离不开艺术和科学，艺术与科学的互动会让人们对世界有新角度的感悟。生物艺术融合科技与艺术不同学科间的合作，开拓了一个全新的领域来揭开生命的面纱，这是一个人类对生命的哲学探讨的议题。生物艺术在当代艺术领域中是一个相对偏僻的门类，由于科学性、技术性和伦理性等问题，它的实践和展示还不能被大部分人所理解和认知。在此背景下，我们有必要对生物艺术的相关问题展开讨论。

1 生物艺术范畴的争论

生物艺术作为一种崭新的当代艺术形式，是关于生命的、科学的、艺术的跨界研究，聚焦了众多文化目光，已经成为社会各界热议的话题之一。艺术界对于生物艺术的创作在很大程度上形成这样的看法，即以生物为载体，以科技为媒介的艺术实验。但是，由于生物艺术不是一个已经完全建立起来的艺术门类，生物艺术家的主观界定与技术手段又有所不同，所以它的范畴和定义依然存在着争论。

关于生物艺术，主要有以下几种范畴和定义的争论：

1.1 以生命体和生命过程为对象的艺术

大部分生物艺术家和理论家都认为生物艺术的载体是有生命的物质，瑞林思卡认为生物艺术"使用了活体组织、血液、基因、细菌或病毒等生物材料作为他们的'画布'"，张平杰也赞同生物艺术是以活的物体作为创作媒介的艺术实验。如果按照这个观点，中国生物艺术的开拓者李山2017年在生物艺术展上展出的作品《偏离》就该被排除了，因为以上这些材料都没用到。《偏离》中没有用任何生命的活体，主要使用了硅胶、树脂、铝合金材料，用人偶模型的下半身和蜻蜓的上半身结合，创造了一个前所未有的新物种"蜻蜓人"，隐喻把我们从身为人类的概念中解放出来，以更广泛的视角来审视自我。

1.2 以生物基因工程技术为媒介的艺术

美籍巴西裔艺术家爱德华多·卡茨对生物艺术的定义更严格，包括三个要素：①将生物材料改造为特定的外形或行为；②颠覆性地利用生物技术工具或进程；③在社会或环境整合下对生物体进行创造与转换。如果按照这个定义，很多之前的生物艺术创作都被排除了，如陈友桐的《植》、黄永砅的《世界剧场》、卡茨自己的《远程传送》等就都不算了，基本上只有应用基因工程技术的才算是生物艺术，这无疑是太偏太窄了。

1.3 涉及生物媒介和生物主题的艺术

罗伯特·麦歇尔运用"概念"和"媒介"两个要素来对之前的争论加以描述，他认为表现生物主题的油画《农场》、以生物实验器材为对象的照片《负86度的冰箱》、活体细菌绘画《原肠的形成》、克隆树木的作品《一棵树》都可以作为生物艺术。在这个基础上，詹森·豪瑟尔提出了一个生物艺术的定义，即生物艺术是涉及生物媒介和生物主题之特定隐喻的艺术作品。笔者也非常认同这个定义内涵。在这个定义下，那些传统的生命载体艺术如植物的艺术、动物的艺术、霉菌的艺术，虽然没有使用生物科技，但也可以放在生物艺术范畴内。所以这个"整全性"的定义具体来说就是：生物艺术包括以生命体和生命过程为对象的艺术、生物科技艺术、传统生命载体艺术，其中，生物科技艺术是最先锋、最主要的形式。

2 生物艺术启示人类的自我认知

生物艺术最突出的问题和最重要的价值在于启示人类的自我认知。它像一面镜子，照进人类的身体，让我们接触到这个由各种能量和欲望所构成的"本我"，从而为更深入地探寻人类精神意识上的"自我"开辟一条蹊径。卡茨曾经在一次采访中说道："作为一个艺术家，我所感兴趣的是思索遗传学对社会造成的多重影响。目前最迫切的任务是通过艺术创作揭示生命工程革命的一些隐含意义，创造出不同而多样的视野，让人们对自身有最根本的了解。"

2.1 生命科学下反观人类身体概念

随着生命科学的不断发展，神经科学使人们发现身体可以直接作出反应，而不完全依靠大脑来控制，它弱化了笛卡儿以来"我思故我在"的观点，即人类中心主义概念。这对人类中心的身体观提出了一个很大挑战，基于此，一些生物艺术去探寻我们在各个层面上或者是跟不同的物种之间的身体交互的可能，以反观哲学中我们的身体概念。

我们可以看到澳大利亚行为艺术家及科廷大学"交换解剖学"负责人蒂拉克，把自己的细胞植入手臂上，并放入听觉装置传声器，使这个"耳朵"可以和周围的观众互动。这个艺术项目已经超越人体的边界，超出了它所占据的地方空间。

女性艺术家马里昂·拉瓦尔的作品《让马在我的身体里活》也是在思考突破人的身体边界的可能。她将马血清注入自己的体内并同时注入免疫球蛋白来防止体内血液排斥。在整个艺术作品中，她穿上特制的马蹄鞋模仿给她提供血清的马走路和睡觉，在此期间她的身体对马血清没有产生排斥反应。而且艺术家还感觉到自己有了"超能力"，身体和以前不太一样，精神能够高度集中并拥有超强的感官，仿佛超越了人类。

2.2 反思以人类为中心的主体立场

生物艺术关于人类和自然发展的议题发出独立而深沉的思考，它特有的创作和思维方式，以及对生命的关注比其他艺术形式更为直接，能够激起观者更多的反思。生物艺术赋予艺术家新的思考"生命"和"自由"的工具，也让我们"回到人自身"反思以人类为中心的主体立场。

2017 年，李山的大型生物艺术展在上海当代艺术博物馆举办，强调"生命大同，解放生命"的核心思想，启发观众通过基因来寻找自我，从"人类"的概念中解放出来，以极宏大、极微观的视角来审视自我，重新看待人与其他生物的关系。作品《偏离》以人类与蜻蜓的嵌合体即"蜻蜓人"为内容，这不是一件完成品，而是一件生物艺术制作方案。李山指出：凭借这件作品想启发观众，作为人类，我们要不要通过基因来寻找自我，把自己看作一堆组织有序、永动不息的细胞群，从身为人类的概念中解放出来，以更广阔的视角来审视自我，重新看待人与蜻蜓的关系。他认为人类有没有从生物界的最高阶序上走下来的意愿是我们应该反省的问题。

卡茨的作品《比夜还黑》试图以人类的感知去感受蝙蝠的感知系统，用这个方法让我们尽量去企近其他生物的经验，挑战人类的视觉中心。通过这种体验来反观人类感知——我们人类看到的世界是真实的吗？蝙蝠看到的和我们不一样，难道是假的吗？若是假的，它们怎么也能适应这个世界呢？这起到了让人类自我反思反观的作用。

凯兹和祖尔的《猪之翼》提取猪的干细胞放在生物反应器进行培养、组织、分离之后形成一个翅膀形状的有机活体，他们提出，带翼的生物被人类文化分成两种固化的概念：天使和恶魔。而且展出结束后他们举办了"杀死仪式"，即取出这个有机物，让观众用手去触摸，当它受到手上细菌的污染之后就会死去。整个作品的过程将两个问题推到了观者面前并引发思考：一是人类认为自身是大自然的价值判断主体，并把自身利益作为一切事情的出发点和道德评判的依据；二是人类在很大程度上能够决定其他物种的生与死，很多动物的自由权、生存权被人类完全掌控。

3 生物艺术引发的问题和争议

生物艺术是一种颠覆传统艺术创作形式、紧跟着生物科学技术发展的新艺术门类，是生物与生命过程的艺术实践，并运用现代医学和生物学研究产生的生命意象。目前生物艺术工作存在一些问题和争议，带来了伦理学、科学、社会学和艺术学的探究。

3.1 伦理问题

随着生物艺术的出现，生物技术已经成为艺术世界的一部分。通过将尖端技术推向公众，生物艺术引发了对将生物学转变为技术伦理学的广泛思考。

美国生物艺术家格雷厄姆·贝利的绘画作品《猪狗人》直接提出了生物科技造成的社会伦理问题，这一画面令人瞠目结舌，心生畏惧。画面中看似挤在狗妈妈怀里吃奶的小狗，其实是一群长着猪头人手的怪物。当年卡茨"荧光兔"的问世在引起艺术界惊呼的同时也激起了社会的广泛争论，有人指责他是假借艺术家之名扮演着造物主的角色，所以与卡茨合作的法国生物遗传实验室最后迫于舆论压力拒绝艺术家领养这只小兔子。人类破解了基因图谱是科技发展的成果，但是如果得不到约束和规范而去滥用，违背了社会伦理道德，那这样的合成怪物今后将有可能随时出现在人们的身边。

生物艺术制造了伦理议题，但它本身也卷入到了伦理问题的思考之中。当一件作品不再依托于技法、手工创作，而是直接利用植物、动物体构成艺术关系时，让我们不禁产生一个疑问：这些艺术作品的制作和呈现过程本身是否突破或冲击了社会伦理的界限？

3.2 是科学还是艺术的争议

生物艺术绝大多数依赖于科学技术、材料创新和新科学领域的产生来实现完成，使人类艺术不断多元化、科技化。这种转变也让艺术家要学习新的认识论和科学技术的逻辑，生物艺术家要具备跨界知识、跨界技能才能更好地创作出艺术作品，艺术家和科学家之间的合作越来越多，而且科学家、生物学家要有艺术家的思维和意识进行实验和操作，才能更好参与到艺术品的创作中。

艺术与科学的这种互动逐渐模糊了二者之间的传统区别，这一方面是积极有希望的，但另一方面又引发新的争议：生物艺术是科学还是艺术？这些跨界的创造物是生物实验的结果还是纯粹的艺术作品？什么是生物实验与艺术创作的标准和界线？这些疑问需要解答，但不管是艺术家、科学家抑或是评论家都还在思索探究中。

4 结语

生物艺术是科技进步与时代发展的产物，艺术家正试图借用科学和艺术的融合互动来履行现代先知的义务，发出忠告：人类如果迷恋于疯狂的科学幻想，指望随意支配其他生物命运，破坏我们赖以生存的自然规律，其结局将是迷失自我走向灭亡。我们只是宇宙运行中的微粒尘埃，没有资格肆意改变整个世界。

参考文献

[1]李伟，张月.假借上帝之手——生物艺术的伦理及意义探究[J].美术大观，2017（10）：76-77.

[2]王博纳.生物艺术散谈[J].大众文艺，2020（11）：216-217.

[3]夏清绮，李山：三十年，生物艺术的独行者[J].艺术当代，2019（5）：22-27.

[4]谭求.浅析生物艺术[J].艺术生活——福州大学厦门工艺美术学院学报，2018（4）：20-23.

[5]苏霁虹.生物科学与艺术设计问题刍议[J].艺海，2020（3）：134-138.

[6]刘琼.艺术与科技的变奏——从机器美学到生物艺术[J].文艺理论研究，2020（4）：171-181.

智能时代雕塑本体论拓展研究

许毅博

（鲁迅美术学院，沈阳110000）

[摘　要] 在人工智能时代，雕塑的本体论范畴无法对当下正在发生的基于雕塑体系的相关跨媒介创作形态进行定义，越发多元的创作媒介对传统雕塑所表现出的特征进行着不断冲击与突破。**结论** 通过数字交互媒介、3D打印技术、当代艺术思维等方式对雕塑本体论重新定义并探讨未来雕塑呈现面貌的全新可能性，最终将雕塑本体论的范畴进行扩展，为雕塑艺术创作在新时代背景下的沿革开辟更广泛的路径。

[关键词] 雕塑；本体论；科技；交互；媒介

引言：科技与艺术自远古时代至21世纪的漫长发展过程中始终在相互拉扯，古希腊学派建立在哲学与科学基础上的美学思考，具象雕塑的材料的探索性转换，现成品装置的观念植入，数字绘画及3D打印对"灵光"的消解，交互媒体艺术的沉浸性对感官的入侵等，其间都体现出科技在当时所引发的媒介优势与魅力。因此，任何时代艺术都未曾脱离科技而独处，它们彼此成就，力量相互叠加。在这种彼此助力的情境中学科的壁垒在日趋瓦解，边界势必模糊，传统雕塑学科乃至艺术学科的本体论破壁将成为智能时代发展的必然结果。

1 科技与现实生活

近两年，由于科技领域的一些相关成果与人们的现实生活联系愈加紧密，例如基因编辑婴儿事件，中国南方科技大学生物系副教授贺建奎及其团队于2018年通过基因编辑技术，对一对双胞胎婴儿胚胎细胞的CCR5基因进行改造，尝试使婴儿获得可遗传的对部分艾滋病免疫力的争议性事件。尽管该实验经新闻报道后，所涉及的伦理等问题立刻引发质疑，100多名中国科学家在此消息公布后立刻发表联合签署的声明表示强烈谴责，称实验存在严重的生命伦理问题，并用"疯狂"形容这一实验，要求填补监管漏洞并指出该实验在技术上不但没有任何创新，反而突破了科学家的伦理道德底线，同时中国监管部门和国际医学专家亦对此表示愤怒。我们抛开事件的争议性，人类的自身探索与自我对抗经历数千年，科技对人类基因密码潘多拉魔盒的撬动已经成为定局。

再如华大科技汪建对基因科技领域的预测与实践成为现实版《美丽新世界》基因概念公司的翻版，但无论他是如悲观主义者认为的那样狂妄自大不切实际也好，抑或者如乐观主义者膜拜使得将他推向造物主神坛也罢，风口过后，成败终将同样把基因魔盒的开口越撬越大，而散发出的科技之光则使关注度居高不下。包括哈佛团队所研制的含有烟酰胺单核苷酸（NMN）抗衰老药物吸引了大量原始财富拥有者开始争先服用并且投入大量资金资助其继续研发。汪建本人为自己提前定制的墓碑上所雕刻的长达120年的寿命标注从另一方面也体现了他作为科研工作者的狂热与信念。

以上种种并非科技产业的爆炸式增容与发展，而是近期有关人类自身集体改善的科技命题备受媒体关注。它不同于间接性作用于人们生活的科技领域进步，如太空陶瓷材料的研发，即使改造了中国的航空航天地位，但并没有直接作用于现实生活中的人。由此，当基于智能时代的科技再次重回主流视野时，科技艺术将对整个艺术教育与艺术市场造成全新局面，并在其登顶后不再散去。

所以面对未来，如果你问明天的雕塑家像什么？那么小说家、杂货铺老板、导演这些职业明天又都会像什么？当工业生产模式在过去百年中从扁平集中走向多元分化后，势必在数字时代的顶峰再次相聚，那么多数主动或被迫催生的门类学科无疑将再次聚首。如果科技成了这个时代艺术的一剂肾上腺素，崭新的文艺复兴将成为艺术自身奇点之后的必然产物，那么雕塑家素养若不快速攀升，在智能时代将何去何从？

2 雕塑传统媒介的开放

回到具体问题中，如果你问明天的雕塑是否依旧需要实体物质作为创作媒介？我的答案是："不会"。这是第一轮被冲破的概念，它的确涉及雕塑本体的定义，同时也冲击艺术本体的界定。当然谈及艺术本体仿佛是一只无休无止的漩涡。安德鲁基佛在法兰西学会第一课就讲："艺术是什么，谁都不知道，当你想用语言去限定它时，它就消失了"。阿城在1999—2006年参演的影片

《小说：诗意的年代》中探讨过"诗意"，当有人问他诗意是什么，他说诗意当你在读一首诗的时候它就自然出现了，当你想要说出诗意时只能再读第二次。我们可以很精准地感受到两人在用极其形而上的比喻来形容艺术这个形而上的概念，但最终艺术是什么仍旧在那层昏黄灯光映射的薄纱之后。

那么，我们假设艺术是一个拥有准确概念的事物，艺术本体也可以用一个圆圈代替存在于我们的认知体系中概念，而雕塑由这个圆圈中的另一个小圆圈来划分出一个领地，旧的雕塑本体论强调雕塑需要"物体"在三维空间中的呈现。那么在这个科技驱动的时代下，这个"物体"将不再是物理实体。多元的交互媒介，虚拟增强现实，机械装置的介入将雕塑边缘推向非物理实体与多媒体共存。这不是未来，也不是明天，而是已经发生了。MIT麻省理工媒体实验室所研发的交互装置"InForm"10年前已经在探讨如何用数字交互模拟方式来联通千里之外的人。它通过数据的远程传输，将视频中采集的数字信号与机械装置进行通信并实时交互，使互联网两端的个体可以拥有真正"触碰"彼此的可能性，这正是将社会网络进行"非像素化"的实验。一端在解除人与人的疏离，一端也将"物质实体"的概念扩大化。这如同一波反向操作，我们的语言来描述实体的概念，而现下，数字媒介正在用它们的语言呈现我们的真实。这种结果显然无法用传统的定义来划分，那么我们把它放在雕塑的语境中则成了瓦解雕塑本体论壁垒的催化剂。

3 数字影像对雕塑媒介的"装饰"

退一步即使无法跳出本体论的漩涡，我们仍要面对互联网的高速发展搭建起观众与美术馆新"桥梁"的现实。信息传输技术的迅猛发展改写了百年来的美术馆格局，同样也将打破雕塑或者

艺术的界定，由数据和移动端构成的艺术形式也将进入雕塑本体的范围中。美术馆进行宣传和印刷的官网图片与架上绘画，雕塑及影像原作品之间的鸿沟，第一次被 gif、flash 形式的艺术冲击（由于 4G 网络的产生，移动端对数据量更大的动态图片影像信息包容性更强），从"更好地展示"成为独立的具有全新批评体系的艺术形式。雕塑与被 AR、VR 等数字媒介还原并再创造的过程中势必也会产生此种形式的全新艺术门类，并正式进入雕塑本体范畴。

值得探讨的是在沉浸式空间中进行思考创作的意义。伴随 VR、AR 等虚拟媒介的开发与广泛应用，艺术表达的形态从观众与作品的"平行对视"走向更深入的共生与交融，影像作品的呈现也更具侵略性。例如，2018 年作者在沈阳策划的一次主题为《数字共振》的展览中，学生王润舟将实时监控多通道影像投射到展厅特制的巨型三面墙体融合的空间中，展览中实时运用超大尺寸与高密度的影像监控信息包裹住被监视的主体观众，其本身形成了一种信息监控的吞噬性力量，这种作品呈现上的考量更具有沉浸式作品的特征意义。另一方面沉浸式作品在未来可以扩展的空间也是值得探讨的话题，当观众进入沉浸式空间中的那一刻，在上帝视角看来，观众正是这件装置作品中的一个元素，观众的进入以及观众进入后所呈现的气氛才完整弥合了作品的完整度。在这一刻，这件沉浸式影像作品的边界在何处？它是影像吗，是影像装置吗？这些概念上的疑问都同置在瓦解雕塑的本体概念中。

从 VR 元年开始，虽然始终被 VR 头盔多方面现实因素限制（VR 头盔是一种可穿戴的沉浸式媒介），但是其发展速度仍旧十分惊人。即使目前仍不能完全替代人们观感上百分之百的真实，但预期下一个五年，这种媒介的力量可能是颠覆式的。我们假设当 VR 设备的呈现效果趋近裸眼效果，承载设备变得更加轻便与器官化（接近隐形

眼镜或可以忽略质量的设备，甚至成为人类的数字化器官）之时，当下的美术馆、沉浸式新媒体博物馆等传统展馆将被抛弃。功能性空间，如餐厅、礼堂等将重新被定义。架上绘画、雕塑等传统画廊钟爱的收藏品也要被影像意义上的作品所剔除大半。

这个假设已经开始成为现实。在波士顿 Fan Pier 的 100Northern Avenue 大厅悬挂着一块宽 1.8m，高 4m 的巨大超清屏幕，常年播放着由 Refik Anadol Studios 数字艺术工作室开发的实时交互程序所影响的三维影像。它的计算方式来源于波士顿洛根机场，其传输来的基于对风的方向、强度以及温度的数据对大厅内这块无缝高分辨率 LED 屏幕中的影像进行干预。这种科技驱动下的视觉体验不但定义了传统架上绘画与雕塑在视觉方面所无法企及的新美学，而且为观看者提供了前所未有的近乎真实的视觉假象。对此作者进行了一些具体分析，第一，数字化影像的呈现在色域的广度与深度上远超传统绘画，如油画、水彩、水粉、丙烯等；第二，在空间的呈现上，基于色彩的丰富性，同时赋予三维引擎的高精度模拟处理，再加上艺术家对观众观看角度的透视同步性计算，作品最终的空间效果也远胜于常规的雕塑装置；第三，丰富的信息量，绘画或传统雕塑与装置具有稳定性与永恒性，但它如同视频中的单一静态针，承载的信息量自然无法与数字影像对等。

另一个趋势便是低维度空间的三维影像视觉营造。这是一个非常值得探讨的发展趋势，目前大致分成两个方面。一个方面是户外，我们看到很多楼体的投影 Mapping（通过投影仪或现实设备进行的影像物体匹配方式）、灯光秀等全部依赖被投射影像与建筑物表面的视觉匹配，建筑物表面的维度相较于自身高度与宽度通常是近乎扁平的，由此，视频在其表面对真实空间模拟、放大或压缩就成了主要表现方式。同时，我们可

以进行一下对比，在鲁伯特·桑德斯 2017 年导演的《攻壳机动队》中，繁华的街头巷尾高楼林立，利用全系投影、建筑物投影等方式营造了极具荒诞意味的后工业赛博世界，空中呈现的巨型人面三维广告、极具未来感的霓虹宣传条幅等，这些看似未来的媒介击中了传统户外雕塑装置媒介单一的困境。

另一方面是室内 Mapping，通常我们可以看到三面墙角落里的 Mapping、几何形体表面 Mapping（这种几何形体或者几何物也出现在户外空间中，投射原理一致）等方式。同时 D3 公司通过物体追踪技术在投射体表面进行数字定位，将投射的影像无延迟地与被投射物体的运动状态进行同步匹配，从而达到环绕式运动投射的全新可能性。而最近流行起来的沉浸式美术馆、博物馆更成了商业体范本，大型的礼堂、酒店、餐厅、酒吧，越来越多地抛弃掉传统墙面、地面、摆件、油画、雕塑等装修与装饰，而完全采用投影仪或 LED 屏幕来塑造空间的视觉质感，这种可以随意更换的"影像装饰"更具有灵活度与实用性，当然从商业成本上进行衡量更加具有符合这个时代的优势性。这种发展必将被资本利益驱使（大大降低作品的收藏成本，数字媒体的超强复制性与科技媒介的低廉成本所导致）。同时，虚拟影像技术的突破点从还原物理真实到超越物理真实、超越人的常规认识与想象这几个阶段开始不断探索。这种发展是人类对未知的探索与科学技术更迭间的牵引，我们可以把这种进程并入雕塑发展的"粉饰"阶段，但正是源于这种"粉饰"，雕塑的本体概念才更具有此时代的话题性。

4 结语

无论是虚拟影像或是 3D 打印，无论是动态雕塑或是掌握新的软体技能，它们都在改变千百年来的艺术体系规则，尽管这一次的重新制定让人感觉有些"不适"，有些"眩晕"，有些快，但这是智能时代与未来发展的惯性。我们不要期盼之后发展会和缓平顺，科技让全部事物进化周期成几何平方倍数发展，这是在遵循摩尔定律的曲线，周遭一切都是如此，无一例外。

在未来，艺术史真的在指导艺术实践吗？路一贯是前赴后继的。理论（艺术史）与实践（艺术创作）谁究竟是第一性？作为艺术工作者，不将顺艺术史就无法创作，这或许进入了投机者的行列。作者觉得创作者更应该了解的是历史发展中所需要艺术工作者直面的并以独特视角所要解决的隐性问题，而非完整的艺术史背景。在这样的过程中，社会进程成了牵动艺术发展的链条，艺术家在被"拖行"的过程中需要极度清醒。如果我们要在美术史中选择一个节点进行断代，我觉得今天就是最好的阶段，这种断代一定不是转折，仍旧是符合发展规律的，并且是极具开放性的包容艺术创作的媒介内驱力。

定义雕塑系统的理论工作者也许忽略了雕塑破壁者在此过程中所付出的精力与体力，而一些批评人仍然沉浸在雕塑中愚公般的情感投入与体力付出所带来的质朴感动，这是令人遗憾的，这也许代表了或者体现出年迈雕塑体制的保守与落后，抑或者带有堂吉诃德似的愚忠。如果说智能时代的雕塑与其他时期是否存在不连续的断层与裂痕，作者认为掌握话语权的批评界确实出现了新老交替的衔接空荡，但不可否认很多阅历深厚的雕塑批评家已经在努力尝试介入智能时代评判的全新语境，但这是艰难的，需要时间的雕琢，甚至最终也无计可施。

再次回到这个"突如其来"的时代，科技是使得中国雕塑得以有契机实现全球性对话的发令枪，并且不仅仅限于雕塑。显而易见，对话的可能性是对话人所站之地的平台高度是否对等。数字艺术、科技艺术扑面而来，这非但不是滚滚红尘中的一粒微尘，而是中国雕塑继续发展中可以摒弃传统雕塑脉络断层并与世界携手站立在同等高度的原动力与支撑点，也必然成为一个支撑中国雕塑争夺世界话语权的巨大机遇。作为一个时代的、率先尝试苦涩的先行者，或者说作为一个雕塑或艺术本体论的破壁者，当我们不知未来将如何发展时，请尽可能迈出脚步，并制定引导我们进入未来的规则。

参考文献

[1] [德]瓦尔特·本雅明.迎向灵光消逝的年代[M].许绮玲，林志明，译.桂林：广西师范大学出版社，2011.7: 57-111.

[2] [英]阿道司·赫胥黎.美丽新世界[M].王波，译.重庆：重庆出版社，2005.6:2-10.

[3] 韩炳哲.透明社会[M].北京：中信出版集团 2019.10:29-44.

[4] [加拿大]马歇尔·麦克卢汉.理解媒介——论人的延伸[M].何道宽，译.南京：译林出版社，2011: 26.

[5] [美]鲍勃·迪伦.鲍勃·迪伦诗歌全集[M].西川，等，译.桂林：广西师范大学出版社，2017: 8.

[6] [德]弗里德里希·威廉·尼采.悲剧的诞生[M].周国平，译.北京：生活·读书·新知三联书店，1986: 34.

[7] [美]苏珊·桑塔格.论摄影[M].黄灿，译.上海：上海译文出版社，2010: 1.

[8] [法]吉尔伯特·西蒙东.技术对象的存在形式[M].桂林：广西师范大学出版社，2015: 69.

从仿生人的科幻到人机交互的应急需求

刘军平[1]，董旭[2]

（1.应急管理大学（筹），北京100000；2.杭州二更网络科技有限公司，杭州310000）

[摘　要] 仿生人的科幻与人机交互的应急需求有着密切关系，通过最初在电影、科幻文学中出现的仿生人研究目的是探讨 Murphy 作为仿生人复活的第一阶段展现了多媒体的魅力，了解最新仿生人视线的技术条件。随着科学技术的迅猛发展，这些科幻的目的后来逐渐形成为人类服务的现实。1924 年，德国的汉克斯伯格医生首次在人类大脑上发现了信号，方法在这项技术基础上进一步探讨国内外科研界的仿生设计与脑机接口技术（Brain-Machine Interface,BMI）。在最近 20 年中逐渐趋于成熟，从仿生人的科幻变成了人机交互的现实，结论是人类在利用动物、机器等超人类的信息感知、应急逃生等方面的技术可以为人们的安全生产、正常的日常生活服务。

[关键词] 仿生人；脑机结合；艺术 科学

引言：人类自从原始社会制造一把石斧就开始建构人类肢体延伸的需求，从最初工具作为人类手臂的延伸到人脑延伸经过几千年的探索发展。但是，人的聪明才智不仅仅限于手臂的延伸、躯体的延伸以及外部肢体接触，还在探索大脑这个内部复杂体的运营。可以说，人们生活在人文环境与科学技术交相辉映的悖论发展之中，人类文明正在建构一个类似于本我又想超越本我的无止境探索中，从科幻的仿生人到现实脑机结合探索就是这个链条中的发展过程。仿生人最初出现在电影或文学作品中，经过科幻的大胆尝试与多次失败后，仿生人后来逐渐走进现实成为应急实用的需求。

1 仿生人在影视注视的不稳定原型

机器人凝视的情感和身体阉割是由于缺乏机械零件主导的肉身功能的整合，仿生人模棱两可的身份应该合并这些特性，成为同时拥有仿生人强大能力和人类情感的实体，视觉应该与情感相配合，但是Murphy的系统正在相互干扰。仿生人的凝视也可以与其他视觉效果进行传输和融合。在遇到Emil M.Antonowsky之后，Robocop将记录传输到警察计算机数据库，生成所发生事件的图像，Robocop将图像多次重新聚焦，然后调整进行面部识别。Emil M.Antonowsky的图像被分解直到被识别出来。再现的图像使Emil M.Antonowsky的面部特征更加突出。网格线还叠加在他的脸部的特征上，图像类似于草图的照片。

通过这些操作Robocop可以将自己标识为Alex Murphy，这是通过他人的身份和证言而产生的自我识别。

这幅画中画不是上文提到的"消极的视觉"，而是Robocop正在建立事件的档案，虽然Robocop的视觉系统可以主动寻找物体，但它会与物体本身发生冲突，而不是在物体上叠加网格。同样，Robocop的录制技术最初会捕获仿生视觉凝视的对象。CEO Jones在Robocop的操作系统中秘密安装了一个名为Directive 4的违规代码，导致系统崩溃，Robocop容易受到其模型的前身ED-209 机器人的伤害。在系统崩溃的情况下，Robocop的视觉系统受到严重损坏，需要进行重新校准。在他最初校准时，一名警官搭档Anne Lewis帮助进行了Robocop视觉系统的必要调整。Anne Lewis移动Murphy的枪臂，帮助他瞄准网格覆盖的目标。

2 影视中图形叙事中仿生人凝视的客观化和主观性

Robocop 对仿生人视线中涉及的理论的描述本身是过时的，但这部电影成功展现了多媒体的魅力，更新了仿生人视线的技术条件。例如，在漫画中，Robocop 在街道上遇到一群罪犯。场景中罪犯的现实位置干扰了观看者的视线：Robocop 距离太远，街区的路灯只能留下罪犯的剪影，这个场景最终成为仿生人视线中的一部分。电影中 Robocop 使用了热成像视觉，在显示热感图像的屏幕上出现了半透明的人物形象，与周围环境形成了鲜明的对比。Robocop 的未增强的视野与"现实顶点"距离很接近，但他的热成像视野却更接近"图片平面"，从而抽象化了视觉信息，唤起了人们对他凝视的媒介的关注。仿生人的视线越是从现实顶点上偏离，越是强调它作为凝视的虚假性，从而使主观镜头不再代表现实。随着图像离现实顶点越来越远，会受到更大

的外部控制。

"理想化版本"是虚拟图像与现实顶点之间的产物。虚拟身体不是真实地再现，而是通过影像技术的语言文化翻译的。虚拟物体的热成像构造可以传输到任意数量的设备，无论肤色如何都可以改变图像。例如，在现实世界的热像图中，对象变成一组电信号，多种颜色反映了不同的体温：躯干将为红色，并被黄色和绿色包围；腿部等四肢用蓝色表示，肘部周围为绿色和黄色，手掌为红色。热像仪所涉及的介导外观的变化体现了虚拟显示的关键问题：虚拟物体很少具有与材料物体相同的可视清晰度，从而将身份标记减少到颜色、形状和线条。仿生人的视线可以控制虚拟身体，但在 Robocop 自己身上也有明显的不稳定性。Alexander R.Galloway 指出，主观镜头通常用来表达"角色的异化或偏离"。随着主观镜头越来越不能代表现实，仿生人的心理也瓦解了，陷入了多种主观的感知系统之间。在现实的不同视觉表示并置中，由于仿生人努力在不同媒介表现形式的习惯之间挣扎，就会发生异化。在Robocop 中这种整合的仿生人视线代表了多种主观感知的不稳定并列，这两种主观感知无法完全控制。仿生人的视线用来确定目标的次数越来越多，作为肉身的本体受到的破坏也越多，图像叙事的特殊空间可以比其他媒体更好地显示仿生人的主观性。

3 影视中多媒体监视的凝视

物体的多种形态表现有助于多媒体系统干扰对单个物体的迷恋。在 Robocop 重新启动后，与单个对象的亲密关系逐渐消失，凝视从单个对象切换到大规模监视和数据收集，重新区分媒体景观中的个人。仿生人的凝视有助于增强对可疑犯罪分子的识别，但是副作用是仿生人的凝视也因为提供了过多的数据来处理而使自己困惑，找

不到答案。电影中的 Robocop 想恢复他的人类情感，在进行升级之后，他依然努力保持自己的情感，但是仿生系统容易受到情绪神经的破坏。"我想将真实世界的乐趣引入数码世界。我要将像素二维码从电脑中带到现实世界，将它们喷绘到物质世界的各个地方，人们通过手势和动作就可以操作它们。"Robocop 希望将人类情感与他的仿生身体系统集成，但是大量的监视数据与情感之间的紧张关系而变得复杂，在监视时，Robocop 必须用他的仿生人视觉系统将每个人身份确定。

仿生视线中的身体变成了威胁性和非威胁性共有的复合体。他们所构成的问题来自多任务和视线中信息的密集程度。从仿生人到脑机结合是人类面向未来的研发趋势。肉体和机械结合表明了人们技术上的力量，Robocop 表明了人类主体在控制论上的改进取得的不同程度的成功。在 Murphy 变成一个电子人时，他失去了自己的身份和将他定义为人类的情感。控制论中的人类成分边缘化的主题，体现在仿生人视线反复驱动的各个情节，使 Murphy 失去的人性和情感。电影 Robocop 中 Murphy 人性的机器人视线让他对自己所看到的东西和 Robocop 的身份有了更多掌控，但是在漫画中仿生人的凝视仍然不稳定。仿生人视线中的每个目标都使人类的主观越来越包含在 Robocop 的电子编程中。仿生人视线中的凝视，无论是否经过适当校准，都可以主观地了解仿生人后人类主义的社会含义，包括丧失身份、丧失人性和丧失控制。Robocop 在所有迭代中显示的不仅是反乌托邦的，而且以典型的赛博朋克方式，人类可以使用技术工具来实现控制机器并实现与控制论中的共生。

4 艺术与应急科学：人机结合的现实与未来走向

"脑机接口是连接脑与计算机的双向信息交互通道，通过记录神经元信号解析大脑意图，将解析结果映射为指令从而控制外围设备，同时外围机器端也可以通过脑机接口通道向生物端输入刺激命令或者反馈信息，从而达到驱动生物体的目的，以实现更为精细智能的控制。"人机结合完全实现了从科幻时期的想象到为人类需求的服务。由于人们生活中难免遇到不安全因素的干扰，有的残疾人需要一部分残缺的肢体，有的智力障碍人士需要借助外界因素来恢复或帮助其完成生活交流的目的。我国残疾人康复需要缺口达 2 472 人，老年痴呆症患者数量达 1 000 万，孤独人群超过 1 000 万（其中 0~14 岁儿童的数量超过 300 万），我国儿童受专注力问题影响超过 9 000 万，而人机结合的应急实用价值可以或多或少解决以上问题，可见实用需求与市场潜力巨大。

脑机结合目前分为嵌入式系统与外置系统，嵌入式系统可以将机械制造芯片等通过手术放进需求人的大脑或其他所需部位，让科学的因素来帮助残缺部分完成他的需求。外置系统是直接在残疾人所需的部分加上机械的肢体或披挂在人的脑外部进行干预或帮助。不管是嵌入式系统还是外置系统都是实现人与机械的完美结合。这种技术已经在许多案例中大量使用，帮助残疾人部分恢复了生活与生产，为人类在应急救援或恢复中完成了巨大的现实需求。我们生活在图像文化的奇观社会与现实需求中，视觉媒体和文化的可视化日益占主导地位，因此需要不同的理论框架来分析这些文化实例。视觉文化与视觉事件有关，消费者在视觉技术中寻求意义或愉悦感，其中存在着与作为视觉文化的赛博朋克的相关性，它可以协商后人类主义、信息技术、公司化、商品化、数字化以及我们当今技术文化的其他紧迫问题。这些还可以在可穿戴计算机上来实现："可穿戴设备定义为将多媒体技术、无线传播技术、计算机技术、传感器技术等融合，设计出便于人们携带的物品如衣服、腕带、手表等，通过接入局域网来帮助人们处理信息的工具"。仿生人与人机结合是对社会现实的一种建构，应将科幻与现实视为一种视觉文化，而不是将其定义为走向乌托邦的形式流派。

2019 年，Nature 报道了耶鲁大学研究团队将已死亡的猪大脑（4h）重新开启了正常的代谢功能。人机交互还体现在脑打字、脑控轮椅、智能家居操控、抑郁症治疗、多动症治疗、自闭症治疗、专注认知能力提升、沉浸式交互游戏、脑控游戏、情绪识别，在健康方面助力外骨骼、脑健康筛查、脑能力训练等。尤其是在人类应急状态下，可以借助人机结合的科学、技术、规划与管理等手段，帮助保障公众生命、健康和财产安全，促进社会和谐健康发展的有关活动。后人类主义状态下，虚拟性的大胆构想与现实需求成为代表自我的主导媒介，通常的虚拟性与现实有关，这些模拟将身体置于计算机生成的图像中。虽然后人类仿生人可能体现了人与仿生物之间的无缝关系，但仿生人仍然会将非科学的概念置入系统中，最终变成科学的现实需求。后人类的认知使个体机构复杂化，因此如果人类的本质是他人意志的自由，后人类并不是必然自由的，而是因为没有先验的方法来识别一个可以清楚地区别于自我意志的意志。

参考文献

[1]王跃明，潘纲，吴朝晖. 脑机交互界面[J].中国标准化，2013.

[2]赵志兴.美国麻省理工学院媒体实验室的创新研究[J].世界教育信息，2000（02）:17-18.

[3]冯永清.为他人作嫁衣:记美国麻省理工学院媒体实验室[J].科学，1998，50（06）:48-49.

[4]赵兴玉.美国麻省理工学院的媒体实验室[J].广播与电视技术，1997（06）:120.

[5]未名.媒体实验室:创造未来的实验室[J].中国科技信息，1997（11）:32.

[6]张润.媒体实验室——创造未来[J].世界博览，1996（11）:24-26.

[7]许鑫.可穿戴计算机设备的领域应用及其对信息服务的影响[J].图书情报工作，2015，59（13）:74-81.

人工智能时代传感器对仿生设计的作用与影响

柳明

（大连工业大学，大连 116034）

［摘　要］**目的** 在人工智能时代，仿生设计的发展已开始大量依赖于信息技术的辅助，其中传感器作为外界信息的获取工具，作用十分重要，因此，对仿生设计中的传感器运用进行专项研究是十分必要的。**方法** 跨学科研究法、文献观察法，案例分析法。**结论** 人类进入人工智能时代后，仿生设计逐渐由外观与结构仿生进入数据仿生的新阶段，数据仿生的前提条件是需要对外部环境进行信息的提取与数字转化，传感器在其中起到了至关重要的作用，列举实例说明传感器在仿生设计中获取外部数据的方法，结合实例阐明了传感器在仿生设计之中的作用：仿生设计要是"活"的设计，势必要与外界环境进行信息交换，传感器就是获取外部数据最为重要的工具。提出了传感器对仿生设计的影响：仿生方法的变化，审美方式的改变，传感器成了人的新延伸以及未来的思考。

［关键词］人工智能；传感器；仿生设计；数据仿生

引言：仿生设计起源于人类对于自然优胜形态的借鉴与模仿，从单纯外形模仿到复杂的结构模仿，随着科技的进步一直在不断变化，在人类科技进入人工智能时代时，仿生开始逐渐以数据仿生为主，更注重的是仿生物本身与外界环境的信息交流。在对外界环境的信息获取环节中，来自电子信息技术的传感器设备起到了至关重要的作用。

1 从外观与结构仿生到数据仿生

曾经的仿生设计，更多的是选择较为直观的仿生，如单纯外形上的模仿，以视觉层面的仿生为主；或者功能和结构的模仿，如飞机的设计来源于鸟类的飞行结构，更多地依赖于从生物学进行结构分析、从工程学科进行结构的再模仿。这样的仿生相对而言是较为自我封闭的，缺少与外界环境的沟通，不是真正"活"着的仿生设计。

随着计算机科学、电子学、生物学等科技的进步，这种情况有了质的发展与改变，仿生产品与周围环境沟通的本领被加强了，它们开始可以感知外部世界，并与其进行沟通与信息交流。例如，植物在空间环境中的信息流动可以通过传感器进行放大和数据提取，最后以图形等方式外化出来；一盏灯既可以做外形的仿生，还能感应环境光和人的心情来调节亮度和颜色；仿生机器人可以拥有电子五官，能够感知声音、气味，甚至拥有触觉。了解之后我们发现：几乎所有新兴的仿生设计都少不了一种重要的设备——传感器。

2 传感器的定义

传感器是一种检测设备，它可以将感受到的规定的被测量按照一定规律转换成可用的输出信号，通常由敏感元件和转换元件构成。传感器可以分为位移传感器、速度传感器、温湿度传感器、压力传感器等。现在被广泛应用在物联网、工业自动化、仿生设计、新媒体艺术等领域，小到自动感应水龙头，大到宇宙探索，都少不了传感器的身影。

3 传感器与仿生设计的关系

3.1 传感器自身就是仿生研究的产物

在电子与信息专业教材《传感器与检测技术》中明确写道："传感器起源于仿生研究，每一种生物在其生命周期内都需要经常与周围环境交换信息，因此所有生物都有感知周围环境或自身状态的器官或组织。如人的眼、耳、口、鼻、皮肤等，能够获取视觉、听觉、味觉、嗅觉、触觉等信息。传感器位于研究对象与测控系统之间的接口位置，是感知、获取与检测信息的窗口。"传感器本身就是仿生设计的产物，如最为常见的超声波测距传感器，就是模仿蝙蝠的生物结构创造的，蝙蝠敏捷的行动力是靠声音的发出与返回的时间差来判断方位与辨识物体，该传感器的两个雷达也是通过计算超声波的时间差计算距离的，蝙蝠是本能的生物活动，而传感器将时间差转换为可供处理的数据。可见，从传感器诞生之初，它就注定与仿生设计有着不可分割的关系

3.2 传感器是仿生设计获取外部信息

的基础单位

一款拥有人工智能的仿生产品，通常需要通过传感器从外部环境收集信息，中央处理器处理信息，外部设备输出信息这样几步重要的过程，一切都是围绕信息在执行。传感器是获取信息的工具，是动态仿生过程的基础单位。例如，一条仿生鱼进行水下探测，就需要判断水位、温度，水流方向，水的浑浊程度等外部条件，再根据这些条件决定游动的方向、速度等。从环境中获取到这些信息，都需要依靠一个又一个传感器来实现。一款仿生机器人大约需要安装几个到几十个传感器才能完成各种调用和执行指令。可以说，没有传感器，就没有人工智能时代下的仿生产品，它是真正"有生命"的仿生设计的基础。

4 仿生设计中传感器的典型应用

4.1 常见的仿生传感器

正如前文所说，传感器本身就起源于仿生研究，很多传感器的设计都是从生物界获得的灵感。如生物的五官本身就是非常好的参考模板，人类通过五官与外界进行信息交互，并将获取到的信息通过神经网络传递给大脑进行信息处理，这个过程和传感器获取信息的过程极为相似，因此，各种仿生五感的传感器一直都是传感器在仿生领域的热点话题。

例如，仿生味觉传感器，也被称为电子舌，是用味觉传感器阵列模拟舌头的味蕾结构对味道进行信息采集，将采集到的模拟信息进行定量的数据转换，将感性的味道体验转换为可供分析和处理的数据。

仿生皮肤，即仿生触觉传感器，是当下仿生传感器的研究热点之一。皮肤是人体最大的器官，也是与外界进行交互最重要的器官。它具有多种复杂的结构，有大量的神经与细胞组织，通

过这些可以感知外部世界的温湿度变化、压力变化等，将感知到的复杂信号转换为生物电信号，并发送给中枢神经系统进行处理。电子皮肤也正是模拟了这样的过程，它用传感器来模拟皮肤中的各种生物感知结构，如温湿度传感器获取的是温湿度信号，应变传感器获取的是受力产生的形变信息，几种传感器最终将这些信息都转换为可供处理的具体的电信号或数据值，并发送给中央处理系统进行数据调用。

仿生皮肤未来的应用范围值得人们拥有美好的畅想，它可以使仿生机器人拥有皮肤的触觉感知，可以使残障人士使用的义肢重新获得触觉，还可以使 VR 体验更真实，电影《头号玩家》中逼真的游戏感受的实现也不再是遥远的梦。

除此之外，还有很多生物传感器，如酶、微生物、细胞等，也都可以被转换为电信号进行量化，这都为仿生设计带来了无限可能。

4.2 传感器在一个完整仿生产品中的综合运用

当然，一个成熟的仿生作品在传感器方面的技术需求，绝不只是某一种单一的传感器就能够满足的。以著名的电子宠物狗 AIBO 为例，它是 SONY 公司开发的一款人工智能宠物，除了机械质感的外形，在其他方面与一只真实的宠物狗极为相像，它可以根据主人状态做出各种撒娇的动作，可以完成主人发出的语音或动作指令，这些主人行为信息的获取都是依靠 AIBO 内置的各种传感器来完成的。如在它的头部、下巴等处都安装了电容式触摸传感器，可以感受到主人的触摸动作，声音传感器可以获取声音指令，TOF 传感器可以感知周围环境的深度图像，用于识别和跟踪人体，两个测距传感器可以控制自身的行为和运动轨迹，还有 IMU 姿态传感器、光照传感器等多种传感器，正是这些传感器的使用，使 AIBO 不是一个只能执行固定任务的普通玩具狗，而是一个会和主人实时互动的人工智能宠物。

一条完成水下监测的仿生鱼，可能会安装有浑浊传感器、温度传感器、含氧量传感器。一只灵活的仿生机械手，要安装近百个传感器。波士顿动力公司创始人在 TED 大会上的演讲中说道，一个机器人，在内部是一台由电脑接收传感器信息并加以处理的机器，但同时它的外部是一个物理世界，还要包括重力、摩擦力、弹力等各种真实的物理参数。

由此可见，任意一款人工智能仿生物都是靠多种传感器的综合运用实现其功能的。传感器就是仿生物的感觉器官，是连接电子世界与物理世界的桥梁。

5 传感器对仿生设计带来的影响

5.1 从结构仿生到数据仿生

传感器最重要的特性就是将真实世界的物理信号转化为可被更加了解和操控的电子信号，一切真实世界都可以被数据化。仿生设计不再只是外观和结构上的仿生，更是一种数据仿生。一个仿生机器人不止能模仿人的动作，还能够像人类一样品尝味道，闻到气味，但它品尝的味道不是人类大脑接收到一种具体的生理感受，而是定量范围的数据味道。

5.2 从技术审美到数字审美

仿生设计从诞生起就与技术密不可分，带有极强的功能主义色彩。在发展初期，人们更多偏重对外观与结构的仿生，这时传统的艺术与技术审美在其中起着至关重要的作用。随着仿生技术进入到数据化仿生阶段，仿生物与环境的一切互动都是基于对数字信息的处理，它打破了传统的技术审美对于外观结构与功能化的审美标准，更倾向于对数字信息的获取与支配，都是隐藏在大量数据运算基础之上的。人们的思维方式、创作角度都发生了巨大变化，一切仿生功能都是显而易见的，但一切又都隐藏在虚空的数据中。

5.3 人的新延伸——作为媒介的传感器

麦克卢汉在《理解媒介》一书中提出"一切媒介都是人的延伸，是对人器官、感官的强化和放大。"强调了技术作为媒介对人类社会的影响，如服装是皮肤的延伸，服装既可保暖，更是身份、地位等附加价值的重要体现。该书更多倾向于从宏观的、社会学的角度探讨媒介与人的关系，而传感器作为物理与电子世界沟通的桥梁亦是一种媒介，它更多地关注了身体对外界刺激的反应，偏向于生物性，回归于对身体本身的关注。就如机械是体能的延伸，计算机是智力水平的延伸，而传感器更多的是人类感知能力的延伸，它将人的感知能力进一步放大。身体与媒介的关系，似乎比之前的任何阶段都更为紧密，也更为直观。

5.4 未来发展——机器的仿生化与人的仿机器化

随着科技的不断突破，可以预见到，机器一定会越发地向仿生化方向发展。而人类的发展却存在多种可能，传感器技术日益精细化和多样化，可能会使人类越发不再依赖自身感受器官的生物本能，各种芯片嵌入人体的技术日渐成熟，未来的身体可能会呈现半人半机器化的状态，人类将与机器共生。在思维方式上，我们从人工智能技术中获取便利的同时，也要时刻提醒自己不要麻木地深陷其中被其支配，更要保持警醒的认知和无尽的创造力。

6 结语

大量的实例证明，传感器作为一种检测设备，能够将外部真实世界的信号转换为可被量化的电子信号，是仿生设计获取外部信息的基础单位。传感器就是仿生物的感觉器官，是连接电子世界与物理世界的桥梁。因此，它也必然会给仿生设计带来一定程度的影响，使仿生设计的设计方向、审美倾向、媒介观等都产生不同程度的影响。最后，我们还要在机器仿生化已成必然的局势下时刻提醒自己不要麻木地深陷其中而被其支配。

参考文献

[1][巴西]Newton C. Braga.仿生学电子电路设计与应用[M].万皓,译.北京:人民邮电出版社,2017: 2-5.

[2]吴建平.传感器原理及应用[M].北京:机械工业出版社,2016: 2-8.

[3]胡向东.传感器与检测技术[M].北京:机械工业出版社,2016: 2.

[4]何建辉,李志军,汤明新,等.一种用于水下检测的仿生机器鱼[J].哈尔滨:科学技术创新,2020（26）:14-15.

[5]郭青,王明锋,廖头根,等.仿生味觉阵列传感器在植物浸膏味觉检测中的应用[J].食品工业,2019（40）:186-189.

[6]顾伟,侯成义,张青红,等.智能服装的现状及其发展趋势[J].上海:东华大学学报（自然科学版）,2019（12）:837-843.

[7]张景,马仲,李晟,等.仿生触觉传感器研究进展[J].中国科学:技术科学,2020（1）:1-16.

[8]余虹.审美文化导论[M].北京:高等教育出版社,2006: 181-189.

[9][加拿大]马歇尔麦克卢汉.理解媒介：论人的延伸[M]. 何道宽,译.南京:译林出版社,2011: 15.

[10][美]Ray Kurzweil.奇点临近[M]. 李庆诚,董振华,田源,译.北京:机械工业出版社,2018: 116-118.

再论机器人伦理困惑与解决路径

孙唯特

（南京艺术学院美术学院，南京 210013）

[摘　要] 随着数字技术的快速发展，人工智能技术逐渐渗透人类生活的各个领域。人工智能技术推动了人类社会发展的同时，给人类社会带来了根本性的生存危机和颠覆性冲击。在人工智能应用日益普及的今天，配偶机器人的诞生引发了值得关注的伦理困惑，形成前所未有的安全隐患，而这种安全隐患模糊不清，无法界定。**目的** 运用算法对人工智能情感进行识别和伦理界定，并嵌入各个关联链，有效构建人类人工智能伦理安全体系。**方法** 采用全球统一技术伦理标准，在法律上约束伦理行为，开发自身伦理监管系统，建立工具属性的终极机制，推动全球治理，构建人类命运共同体。**结论** 只有真正做到人工智能有效安全监管，才能克服目前存在的安全监管失灵和危害风险，使人工智能伦理朝着正向发展。

[关键词] 伦理困惑；伦理识别；伦理界定；解决路径

引言：在人工智能应用过程中我们遇到了前所未有的伦理困惑与挑战，需要谨慎地对待人工智能发展过程中出现的伦理问题，尤其是要有创新技术、方法来界定符合人类的伦理和制定出人工智能的伦理标准，才能有效控制和监管，才能让智能化回归正向的经济体中，为现代化经济体系做出贡献。

1 伦理的现实困惑

1.1 现实社会中的伦理困惑

随着人工智能技术的不断提高，应用成本降低，越来越多的机器人将会进入千家万户。2021年5月日本上映了电影《我的机器人女友》，着实让我们惊叹日本人工智能的发展，这款机器人已经颠覆了传统夫妻的关系。在科技的助力下，机器人的皮肤仿真性极高，功能越来越齐备，基本具备了情感和思维。从机器人的发展来看，机器人一旦代替配偶的所有功能，对人类的夫妻伦理冲击很大，将颠覆了人类原本的伦理关系。这种发展越来越让人类感觉不安，它将淡化人与人之间的关系，破坏家庭情感以致影响社会和谐，它甚至还将严重到会影响人类的繁殖进化。这种观点被大多数人认同，2018年，《凤凰网》统计上海单身人士达180万之多，单身男女比例4∶1，而全国大龄单身男女已近2亿。同时据《人民日报》统计未来30年中国将有3 000万"剩男"，男女比例严重失衡。还有在现实社会中，越来越多的年轻人用手机来打发无聊的时间，与外界交流越来越少，使年轻人的性格内向，越来越孤僻，这让他们忘记了如何与人交流，从而减少沟通，配偶机器人的问世解决了这部分人的困扰，甚至有一部分人认为配偶机器人是社会发展的必然趋势。

1.2 无法准确地界定伦理

有关伦理的界定研究是人工智能替代人类工作的重要基础。配偶机器人有没有办法约定其唯一性，在这种情况下，配偶机器人作为商品，品种多样，而一个人可以购买多种款型，从伦理层面来看，这种改变会对家庭形式产生重要影响，一夫一妻制家庭可能会因此而消亡。在这种情况下，婚姻的吸引力将会严重下降，不结婚的人群加剧增长，传统婚姻形式也会变得更加自由，这也引发了人类之间关系的担忧。还有如果配偶机器人攻击家里的客人，这样的事件出现如何界定？谁的责任？是开发者还是购买者？因此我们可以制定出跨媒介的持续社交的一个上限。

1.3 对伦理的机制和监管滞后

对于配偶机器人伦理问题的监管来说，机制、法律不可避免地滞后于时代发展，现行的监管机制和法律无法对配偶机器人伦理问题进行积极的引导和约束，配偶机器人的普及速度远远超过了摩尔定律，已与监管机制和法律之间不再平衡。配偶机器人的快速发展超前于现行的法规，在现实生活中伦理问题没有有效的机制保障，难以明确适用于现在的法律法规，或者已无法预测未来配偶机器人带来的伦理问题及危害，且现行的伦理监管方式不具有持续性，因此配偶机器人伦理的机制和监管滞后也大大限制了其发展和普及。

1.4 伦理界定的安全与失灵——背叛恐惧

配偶机器人的创新发展导致了传统的伦理和行为风险相互叠加交织，使安全性开始量变乃至质变。与此同时，配偶机器人的普及也加大了伦理与监管的信息不对称，对人类安全提出了伦理挑战。其根源一是配偶机器人没有作为人一样的地位和行为准则；二是作为具有工具属性的配偶机器人可以任人摆布和具有被动性；三是深度

学习后的突然事件的决策也无法遵循人类伦理标准，不能拥有和人一样的处事和行为。换言之，尽管技术不断提升，但是还会出现深度学习后人类无法控制的可能性，加上幻想未来配偶机器人失灵，会不会攻击人类，使人们越来越恐慌，到目前还没有任何一种有效的方法来应对。我们必须提前研究可能出现的伦理问题，提早制定标准和制度来规范、约束这种伦理行为。

2 应用中界定伦理的必要性

从日常生活中认识配偶机器人界定伦理的必要性。在宏观层面上，减少了艾滋病传播、减少犯罪现象、解决了男女失衡等，促进了社会的稳定发展；在法律上，冲破了伦理道德禁区，打破了法律上"一夫一妻"的制度。在微观层面上，考验着人与人之间的关系，缓解了人的需求，这些包含着各种家庭和人的伦理规范，要使这些规范成为社会发展所遵循的伦理，就要把握几个方向。

2.1 始终要用工具属性来界定伦理

以配偶机器人工具属性来研发，提升人类的生活品质，促进人类发展，在配偶机器人与人的关系上，就只有简单的工具指令和服从关系，每个人对自己的配偶机器人享有绝对的控制权和交流权。同时，大大延伸人的能力，解放人类的劳动力，成为人类很好的"伴侣"。在未来，配偶机器人可以更广泛、更全面起到"伴侣"的作用，就像人类制造了飞机和汽车，提供更复杂、更高效的工具属性，起到补充人类自身智能的作用。

2.2 始终要以服务人类生活来界定伦理

配偶机器人基于开发管理家庭型的如陪伴、家务、娱乐、护理等，要以服务人类生活为基本原则。改变人类生活状态，为日常生活提供便利，丰富配偶间的精神需求，让生活产生革命性的变化。此外，配偶机器人要朝着娱乐性强的方向发展，在方便配偶生活的同时，给彼此带去更

多的生活欢乐。

2.3 始终要以与人共存的原则来界定伦理

在配偶机器人的应用过程中，作为一个责任的载体，它必须遵守一定的道德规则，并对自己的行为后果拥有最起码的认知能力。不断贯彻"和谐"这一原则，丰富机器人伦理学的广度和深度，实现配偶机器人应用和人类发展的和谐相处，人机共存将成为人类社会的常态。

3 实现机器人应用中伦理正向的途径

人工智能快速发展，赋予了配偶机器人的伦理行为。但如果要符合人类自身的伦理规范，关键因素在于寻找符合人类情感伦理的路径，其基本原则就是正向原则。主要是引导配偶机器人带来预期伦理正导向幅度，本质上说，这是符合人类主观推断的、正面的，主观认为的一种不伤害人类且与人类共存的积极的伦理结果。在探寻伦理路径中要遵从伦理朝向正向的方向发展的规则。以此为基础，开发配偶机器人模拟人类的伦理道德，通过这种机制的发展，完善配偶机器人似人类的伦理道德。

3.1 在技术上制定伦理标准

不同文化、宗教和社会意识形态的存在使配偶机器人伦理的标准也不尽相同。伦理标准的制定必须是在民主的基础上，集中全社会的智慧。英国标准协会（British Standards Institute，BSI）在阿西莫夫三定律的基础上发布了一套更为复杂、成熟和与时俱进的机器人伦理指南。最终目的是保证人类生产出来的智能机器人能够融入人类社会现有的道德规范。这是业界第一个关于机器人伦理设计的公开标准。那么我国需要建立基于技术标准的国际统一化"程序伦理"规范，对机器人的数据使用、网络安全标准化建设，避免数据碎片化；实现配偶机器人算法决策公开透明，确保算法及决策可以有效接受国家标准协会和监管

机构审查；对配偶机器人伦理中的数据收集、分析、数据模型进行规范，数据应当准确并具有代表性，以防出现伦理不规范和歧视等行为，确保配偶机器人符合社会伦理道德标准。

3.2 在法律上约束人工智能伦理行为

现在各国已经意识到配偶机器人普及后将给人类社会带来巨大的伦理问题，都在着手开展立法探索。日本已经立法正式承认人类可以与机器人确立关系，规定了配偶机器人的合法性。应有效应对未来伦理风险挑战，约束配偶机器人的服务范围，并写进产品说明书中，要明确应用中的法律主体以及相关权利、义务和责任，建立和完善适用于人工智能伦理的法律法规体系。

3.3 研发自身伦理监管系统

随着技术的不断发展，机器人的深度学习，很多潜在的风险难以在研发阶段排除，因此加强配偶机器人系统自身的监管体系尤为重要。机器人系统自身监管体系是基于服务范围内的自身监管系统，对本职工作内的"程序伦理"、算法等即时监管，以纠正人为和产品本身的伦理行为偏差，要让伦理决策结果符合人类伦理基本规范，确保结果的一致性，且是正向的。研发自身伦理监管系统有利于配偶机器人伦理行为体系的技术布局，也有利于释放配偶机器人伦理监管技术的创新活力，提升有违人类行为的辨识和抵抗能力，才能实现配偶机器人伦理行为的有效监管。

3.4 建立工具属性的终极机制

终极机制是以工具为手段建立机器人，时刻对机器人进行伦理优化，延伸配偶机器人的服务范围。机器人一旦出现病毒、危害或影响人类安全的情况，并且软硬件都没有办法修复和优化，所有物理方法失效，那么最终要采用一键式终极机制，这也是配偶机器人应用中伦理的正向路径之一。

3.5 构建符合人类伦理的安全体系

开发过程要建立在以人为本的原则上，这

种构建是人类必要的一种防御性措施。首先是建立伦理的安全体系框架；其次是完成技术上的演化与推理，完善数据库、模型、算法；再次是约束和规范配偶机器人的行为，对程序中每一种伦理决策进行即时界定和识别，完善配偶机器人伦理安全体系框架下逐个决策的正向属性；最后是配偶机器人有拒绝人类粗暴和消极行为的决策能力，但前提是符合人类的伦理准则，且是正向的。只有严格按照伦理安全框架进行设计，才能为配偶机器人伦理安全提供开发依据。

打造伦理的安全体系建设，具有国家标准体系和国际竞争力的安全平台，为伦理安全体系发挥积极的推动作用，具有更加长远的战略意义。

3.6 创新伦理语境，推动全球治理，构建人类命运共同体

机器人的伦理问题是全球共同面临的问题，应明确技术开发的共同体、政府与国际组织各自的职责，创新人工智能伦理语境，开发程序伦理，引导全球各国积极参与其中。加强推进配偶机器人同性问题研究，深化机器人伦理的法律法规、行业监管等方面的交流合作，完善机器人伦理标准和安全标准的国际统一，推动配偶机器人伦理行为的全球治理，使配偶机器人更好地服务人类社会，构建人类命运共同体。

4 结语

近几年来，人工智能的普及和发展颠覆了原有开发系统的监管模式，无法对人工智能真正做到有效而安全的监管，特别是在人类情感与伦理识别与界定中，更是无法突破，唯有将情感识别和伦理界定的数字语言化，嵌入各个关联链，才能克服目前存在的安全监管失灵和危害风险。

事实上，虽然我们进入一个机器人的新时代，但是还没有真正做好应对机器人的伦理问题，只有准确地把握发展途径，互相促进，才能使配偶机器人伦理沿正向发展。

参考文献

[1]朱世强，王宣银.机器人技术及其应用[M].杭州：浙江大学出版社，2001.

[2]伍敏敏.人工智能伦理标准化体系初探[J].中国标准化，2018（21）:64-68.

[3]王东浩.机器人伦理问题探赜[J].未来与发展，2013（5）:18-21.

[4]余伟.机器人伦理问题探究[J].卷宗，2016（2）:1.

[5]陈伟光，袁静.人工智能全球治理:基于治理主体、结构和机制的分析[J].国际观察，2018（4）:23-37.

智能时代"被遗忘的"隐私伦理

纪景文

（大连艺术学院，大连 116600）

[摘 要] 大数据时代人工智能对人类生活的普及使数字生产劳动引发了新的伦理命题。依据福柯"全景监狱"的概念，融合数据库的庞大资源成为当下智能时代的一种隐喻，从而引发人类思考当下技术赋能与隐私意识之间二元对立的关系问题。**目的** 将隐私危机进一步推演为数据共享与保护、人类幸福与尊严之间的伦理困境。**方法** 通过利用数据信息被遗忘权的提出，强化在数字巨网中人类主体深度行动网络的透明度，实现个人信息及预测信息从被动利用转为主动选择。**结果** 为智能时代的隐私伦理开辟全新范式和信息自我赋能的崭新路径。在被遗忘权的实施过程中，同样使私权利与公权利在实践层面产生新的冲突，个体信息的被动遗忘也易引发人与人之间控制危机等相关的伦理风险。人作为世界的主体，在智能时代不仅要坚守道德底线与法律底线，并时刻对技术的进步与扩张保持思辨的态度，明确全面建立、健全隐私权的保护体系是迫在眉睫的伦理学命题。

[关键词] 大数据；全景监狱；隐私权；被遗忘权

引言：伴随着大数据技术的发展，智能媒体迎来了新一波的发展浪潮，而随着算法机制的不断成熟，促使人工智能技术逐渐渗透人类生理与心理的不同层面，成为正在崛起的支配力量。大数据也因其在经济、商业与政治上的潜力价值，被称为"未来的新石油"，成为与智能技术密切相关的从属地位资源。在这张数字巨网面前，每一个人都被技术赋权，获取了众多生活与工作的便利，但这便利的背后所隐藏的危局同样不容忽视。首当其冲应当引起重视的是日益严峻的隐私危机与人类急需提升的隐私意识之间的失衡关系。

1 "被遗忘的"隐私危机

1.1 权力之眼的注视

法国哲学家福柯依据早期英国哲学家边沁在 18 世纪提出的圆形监狱的概念并与当前数据库联系起来，提出了"超级全景监狱"理论，成为智能时代的一种隐喻。福柯认为，传统社会的权利与控制并没有销声匿迹，而是以更加全面而隐蔽的方式深入网络空间，人类依然处于"权力的眼睛"之下。在数字化的全景监狱中，人类始终被数据持续跟踪监控却无从得知监视主体的信息。相反，监视主体却可以通过各类智能应用和技术来轻易取信于人类进行信息的授权。技术通过不断形塑人类个体需求的方式，模糊和消解了公共与私密的界限，使人类从物理的场域中挣脱出来，屏幕变为人与人之间新的联通渠道，进而构建了二维码搭建的穹窿，而在这穹顶之下纵横交错的信息流动实际上是资本支配体系下市场运作的本质。

1.2 资本运作的调控

马克思在《资本论》中提出，资本成为"普照的光"。在以资本为主导的市场条件下，可以被数字化的个人数据也将被纳入资本逻辑的运作之中，从而成为使得资本完成价值增值的要素和环节。挖掘个人信息数据的社会价值和使用价值，包括消费推送、支付记录、人脸识别、虹膜识别、APR数据、实时监控等智能应用，都对个人信息的不当取用持续增加风险。身处智能时代人类的隐私观也在持续变化。它作为一种模糊的、具备个体差别的复合型意识形态，是社会建构的一种观念产物。这就意味着多数个体对隐私的认知和维护依然处于良莠不齐的状态。而在这个技术表征已逐渐被隐形的语境下，维护隐私最大的问题也转变为人类是否意识到在不经意的数字生产劳动过程中让渡了个人的隐私。技术与资本的强势联盟，增强了智能社会的控制作用，迫使个人数据在全景监狱中无处遁形，进而将当下这种隐私危机的事实和隐私观意识的失衡状态转变为新的伦理困境。

2 "被遗忘的"伦理困境

2.1 共享与隐私的悖论

由个人信息的隐私危机进一步引发的伦理困境主要包含两个方面，其一是数据共享与隐私保护之间的冲突。大数据技术建构的数字信息资源库是推进智慧社会建设进程中不可或缺的基站。而庞大的互联网络需要信息注入作为持续运作的动力。开放数据共享是技术发展不变的科学导向，实现数据共享社会取决于能否解决培养人类共享意识与维护隐私底线的矛盾。当下人类面对的大部分情况是个人数据的被动共享，从而增加

了隐私侵害的风险。

中共中央在19届四中全会中明确提出"建立、健全运用互联网、大数据、人工智能等技术手段进行行政管理的制度规则。推进数字政府建设，加强数据有序共享，依法保护个人信息"的决定，提出由隐私权转变为个人信息权，寻求共享与保护二者之间的平衡关系，使具备社会价值的信息由被动保护转换为主动公开，积极参与资本权力的运作，不断推进社会治理能力的现代化，将实现精确治理成为可能。诚然，在实现共享社会愿景的道路上，必须不断加固底线伦理原则，健全个人信息的道德体系、法律体系，对个人主观上拒绝公开，客观上不影响他人的个人信息实行全面保护。在切实提升人类共享意识的前提下，健全个人信息的保障体系。解决影响构建公平公开的隐私伦理环境的主要问题，信息维护的诉求才能得到全面重视。

2.2 幸福与尊严的悖论

其二是如何改善个人幸福与人格尊严的紧张关系。隐私危机引发的伦理困境急需被关注和探究的根本原因在于隐私权的本质属性。从哲学角度来说，隐私是人类个性以及人性的重要生成地，是由人的价值观念、审美体系、知识建构等多方面意识形态形成的内在精神世界，是人性最内核的体现，并外化为个人人格尊严的主要寓所。伴随时代的演进，现代社会的特殊性使数字形式出现的数据在生活中占据了重要地位，而通过数字比特大量凝聚出的信息使人类数字身份中隐私数据的地位上升，并超越了传统隐私的地位进入新的阶段。

而当下强大的数据分析处理能力促使智能算法比人类更了解其自身，并可以永不遗忘地、精确满足个人的需求，提供更加舒适幸福的生活。而这样的生活代价不菲，极易导致人类的数据隐私荡然无存。从个体伦理的角度来说，数据的全面公开，隐形践踏了人格尊严，人的个性被

深度侵蚀。而看似自由的信息支配权其实也被算法逐步归纳为一个个信息茧房，人类独特的精神世界开始消解，并逐步趋于同质化。这种隐私伦理的困境正是呼吁人类思考不经意或习惯性地让渡数据隐私换取更舒适的生活是否值得，在未来是否会付出更大的代价同样难以估计，这种伦理困境指引人们迫切努力去探索寻找隐私侵害的防御武器。

3 被遗忘的隐私权利

数据隐私的被动泄漏已成为难解的困局，提升人类对数据隐私的掌控权成为迫在眉睫的有效方法。加上数据隐私较之传统媒体时期已经发生重大变化。传统媒体时期的信息传递与存储受技术发展的限制和约束，信息实现的目的在于钻研如何被铭记；而智能时代比特化的信息早已实现传递与存储的虚拟方式，打破了物理界线，所以人类有权在智能时代选择将自己的数据被遗忘。

3.1 被遗忘权的提出

2016 年 4 月 27 日，欧盟议会投票通过《一般数据保护条例》（General Data Protection Regulation，GDPR），公民申请消除个人数据的处理机制在欧洲得以正式建立。人类的互联网活动产生数据，同样有权让数据被大数据互联网络所遗忘。被遗忘权的提出极大地拓展了隐私伦理的内涵，增加人类对信息支配的主动性，是保护隐私权的全新范式。这使人类在数字化全景监狱中将提供数据信息的行为由被动接纳变为主动选择，强化数据智能系统的透明度，将智能媒体的行动路径与人类主体的网络行动路线深度融合，明确数据信息取用的伦理关系。并厘清责任担当与权利诉求，倡导调适伦理困局的突破口。

3.1.1 已有信息被遗忘

被遗忘权针对的数据信息其中一类是已经通过网络行为产生的个人数据信息，这类信息作为已经生成并融入大数据网络进行计算的样本，对实际计算结果并不产生实质影响。在数据信息执行被遗忘权后，大数据网络会实时更新算法结果，以保证稳定的资源输入与输出。

3.1.2 预测信息被遗忘

大数据对隐私权的潜在威胁不仅体现在当下，而且还指向未来，隐私权的对象也不局限于那些既有的信息，而且是第二类：执行预测信息的被遗忘。这类信息还未生产，仅是大数据网络依据算法推测出的数据，尚未实施推送。而精确推送作为智能算法机制的重要目的之一，其对数据产生的预测结果，包括偏好信息、趋向信息等未来有可能威胁隐私权的数据同样应包含在被遗忘权的范畴中。

3.2 新的伦理动向

被遗忘权的导入带动了传统消极被动的隐私伦理向智能时代积极主动的隐私伦理转化，对数据隐私危机的解决开辟了新的路径，从道德意义的角度完善了伦理机制。但被遗忘权概念的提出同样意味着私权利与公权利在未来实践层面产生新的冲突。被遗忘权作为基于隐私自主权和信息控制权推导出来的私权利，在数据网络中必然会与言论自由、信息流通等公权利背道而驰，从而发生不可避免的需求冲突。数据信息持有者对被遗忘权的执行同样会产生新的风险。个体数据信息既已作为大数据样本是人类主体无法消除的，必须借助控制信息的组织或个人来进行消除。由此隐私持有者与消除隐私行动者之间又将产生新的伦理控制关系。

智能媒体伦理风险的实质是人与人之间的控制危机。从智能媒体的价值负载来看，智能媒体呈现的风险与威胁没有跳出人与人之间的关系，也没有超越人类已经面对的控制与反控制危机。因此，被遗忘权虽然作为隐私持有者的主动权利，但依然需要被执行。而执行过程中与公权利有对应的价值信息，尤其是涉及具体司法实践范畴的情况，公权利有权对相应的隐私信息拒绝执行被遗忘权。但这一切实施的道德前提是尊重隐私权作为基本人权的法律属性，不得进行任何无理由的侵害。保护隐私权比获取隐私持有者相关数据信息的自由和权利更为重要。

4 结语

智能时代的隐私危机是笼罩在数字化全景监狱中资本运作与信息流动中容易"被遗忘"的矛盾和隐患。人类在技术扩张的过程中导致数据安全危机频发，从而使人类陷入了建构共享意识与隐私意识的双重矛盾，以及个人需求与个人权利的双重困惑之中。被遗忘权作为隐私权的全新范式和导向，为人性的基本权利在新时代的语境中获得尊重与保障迈出了关键的一步，为今后的伦理健全机制上升到新的实践场域。正如康德所说"人类作为世界的主体，应具备永恒的尊严"。保证自身的权利和平等的隐私话语权不被遗忘和埋没的精神是当下无论多么精密的智能体都不具备的能力，是人类在智能时代持续发展自我赋能的不变价值导向，而不停扩展的网络权利和伦理疆域更是人类在认知上不断超越智能的永恒追问。

参考文献

[1] Mark Coeckelbergh. New Romantic Cyborgs. Romanticism Information Technology and the End of the Machine[M].London:MIT Press.2018:109,228-229.

[2]耿晓梦，喻国明.智能媒体伦理建构的基点与行动路线图——技术现实、伦理框架与价值调适[J].现代传播，2020（1）：12-16.

[3]别君华.智媒传播中的人机融合关系及其实践纬度[J].现代传播，2019（11）：32-36.

[4]段鹏，文喆，徐煜.技术变革视角下5G融媒体的智能转向与价值思考[J].现代传播，2020（2）：29-34.

[5]段伟文.人工智能时代的价值审度与伦理调适[J].中国人民大学学报，2017（6）：101.

[6] Taddeo M.Cyber Conflicts and Political Power in information Societies[J]. Minds and Machines,2017（27）：265-268.

[7]段伟文.机器人伦理的进路及其内涵[J].科学与社会，2015（2）：39.

[8]陈静.科技与伦理走向融合——论人工智能技术的人文化[J].学术界，2017（9）：111.

[9]孟伟，杨之林.人工智能技术的伦理问题——一种机遇现象学伦理学视角的审视[J].大连理工大学学报（社会科学版），2018（5）：116.

[10]靖鸣，娄翠.人工智能技术在新闻传播中伦理失范的思考[J].出版广角，2018（1）:10.

人工智能与仿生设计的现状与可行性方案分析[①]

赵新博

（辽宁对外经贸学院，大连 116052）

[摘　要] **目的** 近年来，随着人工智能相关研究的不断深入及其实践的广泛开展，人工智能已经从最初的计算机科学的一个分支领域逐渐向其他领域辐射，为跨学科、跨行业的交叉融合提供了新的视角。此外，仿生设计的研究领域也已远远超出传统认知，已经被赋予多学科交叉融合的新内涵。**方法** 通过对目前人工智能在仿生设计中的应用的研究梳理，并借鉴吸收相关领域的研究成果，探讨应用非接触式体感传感器进行智能化服装试穿，并根据采集到的用户表情、外界环境等诸多因素进行智能化推荐服务等趋势。**结论** 提出了一个应用非接触式体感传感器 Kinect 等相关设备进行智能化仿生服装设计与推荐的分析方案。并且进一步从技术可行性上进行了以实现为客户提供智能化的，应用仿生技术的服装等方向的应用探索。**思路** 借鉴国内外研究成果，把握研究方向，提出一个可行的分析方案。

[关键词] 跨学科；非接触式体感传感器；智能化推荐；仿生服装

引言：随着人工智能技术在各个领域的应用，近年来，服装设计领域也出现了诸如"智慧服装"等结合人工智能技术的应用研究与实践案例。本文结合前人的研究与实践成果，提出了一种借助非接触式体感传感器实现用户选装推荐系统的方案。

背景

人工智能（Artificial Intelligence）一词自从 1965 年被首次提出以来，已经过去 50 多年，近年来日渐流行。最初的人工智能属于计算机科学的一个分支，该研究领域主要有机器人、语义识别、图像识别、自然语言处理和专家推荐系统等。由于近年来人工智能的相关理论和技术日益成熟，其应用领域也在不断扩大。

仿生设计学（Design Bionics）是以仿生学与设计学为基础发展而来的一门新兴的边缘学科。由于仿生设计学研究范围非常广泛，人工智能与仿生学的研究领域都有向其他领域延伸的特性，所以人工智能与仿生学相互融合也成为一个有前景的发展趋势。

---

① 辽宁对外经贸学院博士基金项目（2020XJLXBSJJ02）。

1 相关研究与实践

1.1 人工智能与仿生

谢强列举了生物中的人工智能模式，阐述了人工智能与人类的关系。王启宁等通过对智能动力义肢仿生结构的分析研究，综述了控制方法、人体运动意图识别、复杂环境的智能义肢融合等问题。刘彦伟等提出了一种模仿昆虫攀爬动作的爪刺式双足爬壁机器人，并进行了相关分析。邱澜等介绍了作为仿生机器人重要组成部分的，高柔弹性仿生电子皮肤触觉传感器相关的研究进展。此外，软体机器人相关的研究占据了仿生研究的重要地位，傅珂杰等介绍了现有水下软体机器人中7类人工肌肉驱动方式，再根据水下软体机器人推进形式，按5种仿生运动形式介绍了现有的水下软体机器人，最后展望了水下软体机器人未来在水下勘探的应用前景。

1.2 服装设计中的仿生

服装设计方向的研究与实践中，仿生元素的运用已经出现多年。其中陈丽华结合目前海内外研究开发的仿生纺织品与服装进行了综述，包括仿生设计纺织品与服装、智能仿生纺织品与服装，详细介绍了各类仿生纺织品与服装的仿生原理、主要产品及其应用场景。牟娃莉等人根据从仿生整体人类历史中服装造型仿生设计的资料分析仿生设计的构成规则以及情感表达，从服装设计的视点表达了服装是人与大自然和谐共处的重要纽带。

1.3 人工智能与服装

人工智能在服装领域的应用有陈慧等人结合大变形温敏织物电子设备，设计并制备了温敏服装及数据采集系统，并采用温敏服装系统实时监测人体皮肤温度，实现了人体皮肤温度实时监测，在一定程度上减轻了医疗负担。易莉莉通过对人工智能设计发展的现状和趋势的分析，揭示了人工智能与服装设计可以利用多种软件、硬件的合成智能平台融入大型数据库，对服装的人工智能设计可能面临的问题，推进服装在人工智能设计方面实现良好发展提供了思路。马菡婧等论述了可穿戴智能电子服装近年来的研究进展和发展趋势，认为人工智能领域的发展使得可穿戴智能电子服装在未来智慧生活中扮演重要角色。任祥放等人从智能服装设计系统、老年人智能可穿戴服装评价体系和智能可穿戴服装VR场景体验模拟系统三个方向论述了老年人智能化健康监护问题。除此之外，唐登龙等人提出了一种基于云平台的个性化服装推荐系统，通过需求、设计双方在这一平台上的草图资源共享、协同设计，有利于解决目前服装设计系统不能体现个性色彩的问题。同时，有效集聚服装设计师和用户的创新，引导个性化发展。

2 服装推荐可行性分析

2.1 方案思路

结合相关研究梳理出来的成果，本文提出了一个应用非接触式体感传感器用于仿生服装设计的方案。这主要利用 Kinect 传感器识别人体及景物温度、人的表情、骨骼信息等，以进行合适的服装推荐。

2.2 技术分析

本方案传感器的软硬件开发环境如表1所示。开发语言为 C#，开发平台使用微软公司的 Visual Studio 2019，另外还需要安装微软公司为 Kinect 开发者提供的 SDK 工具包；硬件方面主要由一台微软公司开发的体感传感器 Kinect 与一台高性能笔记本电脑组成（见表1）。

表 1　软硬件配置
Tab.1 Hardware and software configuration

硬件配置		软件配置	
CPU	Intel i7	操作系统	Windows7 Pro（64bit）
内存	8 GB	开发语言	C#（WPF+Winform）
硬盘	256 GB SSD+500 GB 机械	开发平台	Visual Studio 2019
传感器	Microsoft Kinect	SDK	Kinect for Windows v1.8

其中，Kinect 安装有 3D 景深图像传感器，根据传感器说明书，该传感器具备可追踪到距离其 1.6 ～ 3.0m 范围内的人体骨骼信息，其中 Kinect for Windows SDK 最多可以支持全身 20 个骨骼特征点。

图 1 中的坐标系反映的是 Kinect 捕捉人体骨骼信息时的 3D 坐标。该坐标是相对应用程序窗口的左上角（0,0）而言的。为保证彩色图像和骨骼绘制的结果匹配，窗口的宽和高分别是 640 和 480。

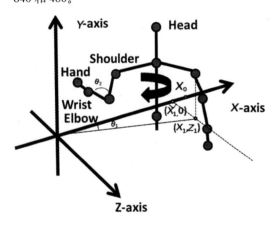

图1 上半身坐标
Fig.1 Coordinates of the upper body

此外，由于 Kinect 传感器具备红外感知功能，因此能够识别人体及周边温度，并用颜色标注，这样可以在设计师进行服装设计时，对"保暖"与"降温"等功能方面进行面料的选择与厚度的增减，以便能够设计出更舒适的服装。从用户的角度，用户可以利用此功能进行当天出行服装的选择，确保能够挑选出适合当时环境温度的服装。同时能够识别人体的表情，可以根据用户的情绪推荐符合的颜色、面料等。具备上述功能的"智能型"系统在技术上是可行的。

3 结语

人工智能一词自从 1965 年被提出以来，研究者们已经发展出众多研究领域，使之形成与众多研究互相交叉融合的趋势。同样被誉为新兴边缘科学的仿生学也具有多学科渗透的先天优势。尤其是在仿生设计的研究领域也已经突破传统认知。结合人工智能与仿生设计，本文提出了一个应用于智能化服装推荐方面的可行性分析方案，具体功能设计还需要进行详细论证，后续将会不断完善，付诸实施。

参考文献

[1]谢强.人工智能中的仿生学[J].科技导报,2016,34（07）:85-87.

[2]王启宁,郑恩昊,陈保君，等. 面向人机融合的智能动力下肢假肢研究现状与挑战[J].自动化学报, 2016, 42（12）:1780-1793.

[3]刘彦伟,刘三娃,梅涛，等.一种仿生爪刺式履带爬壁机器人设计与分析[J].机器人,2019,41（04）:526-533.

[4]邱澜,曹建国,周建辉，等.机器人柔弹性仿生电子皮肤研究进展[J].中南大学学报（自然科学版）,2019,50（05）:1065-1074.

[5]管清华,孙健,刘彦菊，等.气动软体机器人发展现状与趋势[J].中国科学:技术科学,2020,50（07）:897-934.

[6]王海涛,彭熙凤,林本末.软体机器人研究进展[J].华南理工大学学报（自然科学版）,2020,48

（02）:94-106.

[7]赵梦凡,常博,葛正浩,等.软体机器人制造工艺研究进展[J].微纳电子技术,2018,55（08）:606-612.

[8]吴枫,韩亚丽,李沈炎,等.柔性仿生驱动器研究综述[J].现代制造工程,2020（07）:146-156.

[9]傅珂杰,曹许诺,张桢,等.水下软体机器人柔性驱动方式及其仿生运动机理研究进展[J].科技导报,2017,35（18）:44-51.

[10]陈丽华.仿生纺织品与服装[J].北京服装学院学报（自然科学版）,2011,31（01）:70-76.

[11]牟娃莉.仿生元素在服装设计中的表现与应用[J].装饰,2013（04）:86-87.

[12]王蕾.论服装造型的仿生设计方法[J].艺术百家,2006（07）:61-64.

[13]陈慧,王玺,丁辛,等.基于全织物传感网络的温敏服装设计[J].纺织学报,2020,41（03）:118-123,129.

[14]易莉莉.人工智能与服装设计的融合模式及其要求[J].毛纺科技,2017,45（10）:81-85.

[15]马菡婧,田宝华,何源.可穿戴智能电子服装的研究进展[J].棉纺织技术,2020,48（02）:80-84.

[16]任祥放,沈雷,薛哲彬,等.老年人智能可穿戴服装协同设计系统构筹[J].装饰,2020（04）:112-115.

[17]唐登龙,李继云.个性化服装设计协同云平台的设计与实现[J].计算机应用与软件,2014,31（04）:85-88.

论人工智能介入下视觉艺术创作的美学思考

熊蕾，周泽阳

（武汉纺织大学，武汉 430073）

[摘　要]人工智能介入视觉艺术，本质上是基于计算机深度学习模仿某种艺术家的风格或者根据算法综合不同风格，创造出新的视觉艺术作品的一种技术性手段。随着其介入传统艺术创作的程度不断加深，产生了技术与艺术本质的追问。**目的** 在于系统梳理学界争议，从美学视角探讨人工智能介入下视觉艺术创作的价值与意义重构。**方法** 主要是运用文献分析法和案例比较法，分析人工智能技术与艺术形式、艺术生产以及艺术家的关系。**结论** 数字化时代技术的发展开放了解构艺术作品的原件和复制品差异的可能性，人工智能技术促进了绘画创作的生产方式转变，当人工智能技术介入艺术家们的创作程度不断加深时，艺术将更容易扮演一个联通人类文明发展的传播媒介，现阶段侧重关注的价值应该是其在艺术生产中所表现出的艺术创造力和精神，而非最终产生的结果。

[关键词]人工智能；视觉艺术；可复制性；克莱夫贝尔；审美思维

引言：人工智能是计算机工程科学的一个分支，随着深度学习的发展，其在如何实现智能模拟、延伸、渗透至现代人们的经济社会和日常生活各方面具有独特的科学意义和艺术魅力，逐渐被各行各业所普遍认可和广泛重视。"基于马克思的生产工艺学所揭示的人对自然的能动关系，也就体现为人所制造的生产工具对自然的能动关系。当今 AI 机器堪称人类最发达和最复杂的生产工具，其凸显出的一个基本问题是智能生产工具的物理性与生物性之间的关系。"人工智能作为工具推动了社会生产方式的变革，将 AI 应用到绘画艺术中实际上是将其作为生产工具去替代原来艺术家所完成的部分任务，其所创作的作品本义上是人们设置一定的规则，结合大数据分析，赋予计算机一定的自主性得到具有未知、偶发、随机特征的绘画作品。"从本质上来说，真正的创作意图包括在这套机制的设计动机中——也就是意图来自人类程序设计者，而非程序本身。从这个角度来说，目前人工智能与其说是艺术家不如说是程序设计者的艺术作品。"当今时代依托人工智能技术，绘画作品创作方式、呈现方式有了巨大的飞跃，甚至不需要艺术家。如谷歌人工智能算法"深梦（Deep Dream）"系统作画、北京大学高峰团队"道子"人工智能绘画系统，有着已经能够赶超人类视觉思维创意的发展趋势，甚至使用人工智能创作的画作出现在拍卖市场上，这些现象的出现重新定义解构和塑造人类的一种整体艺术视觉和思维想象，似乎正在给当代艺术打开一扇通往新世界的大门。

1 现状及特点

1.1 代表作品

由时间线索来梳理人工智能介入视觉艺术的发展历程（主要以绘画创作为例），从最早的传统计算机算法绘画到人工智能绘画，其最大的变化在于深度学习。20世纪70年代 AARON 的横空出世让人们认识了计算机绘画，此后的很长一段时间艺术家们用计算机尝试做出了诸多有趣的作品。1991年《亚伦密码》（*AARON'S CODE*）成为早期使用机器创作绘画的艺术家们的必读之书，该书详尽记述了 AARON 的迭代进化之路，艰辛而漫长的探索之路为人们展示了艺术和计算机技术之间第一次产生的深刻碰撞。人工智能技术介入绘画直到2000年后才开始逐渐发力。"深度梦境"以及 GAN 程序（生成对抗网络，Generative Adversarial Networks）的研发，让科技为传统的视觉艺术创作提供了新的身临其境的沟通模式，其艺术创造力和想象力上有了重大突破，增强了受众与艺术间的互动。

当下人工智能介入视觉艺术的应用尚处于起步阶段，学界对此的理论梳理逐步系统化，其与艺术生产、艺术家的关系以及艺术价值等问题都具有较大的挖掘空间。表1以绘画艺术为主，对人工智能介入视觉艺术发展中代表性事件、技术特点、意义等简单地进行了图表梳理。

表1 代表性作品
Tab.1 Representative works

时间	代表作品（事件）	作品特点	运用到的技术	意义
1973年	哈罗德·科恩首次将人工智能算法加入机器人绘画设备，让机器可以自主绘画	能够在不借助照片或其他输入参照物的情况下绘制肖像和静物作品	计算机程序	人工智能绘画的鼻祖
2006年	西蒙·科尔顿（Simon Colton）开发出软件 The Painting Fool	经过迭代能够根据人的情绪来绘制肖像	计算机软件、3D建模	21世纪 AI 绘图的第一个突破
2013年起	北京大学高峰团队"道子"人工智能绘画系统	对传统国画风格进行大量研究	机器深度学习	专注中国画风格研究，使其更懂国画
2014年	深度学习模型 GAN（生成式对抗网络）诞生	超强的图像分析技术	对抗式生成网络	图像分析的里程碑效果
2015年6月	谷歌"深度梦境"（Deep Dream）	能够进行机器原创视觉语言创作	人工神经网络算法	区别于传统的图像识别，拥有无穷想象力生命
2017年	罗格斯大学的艺术与人工智能实验室	能够生成抽象艺术作品	CAN（创造性对抗网络）	AI 艺术创作的绘画通过图灵测试
2017年	谷歌人工智能涂鸦大师 Auto Draw	识别和辅助用户涂鸦	机器深度学习	具有抽象思维和智能辅助
2017年	微软公司用计算机模仿伦勃朗生成的油画《下一个伦勃朗》（the Next Rembrandt）	对346件伦勃朗的作品进行分析	机器智能学习算法	推断出了伦勃朗下一件作品可能的面貌
2018年10月	Obvious 团体人工智能绘画作品《埃德蒙德·贝拉米》	通过学习上万幅18世纪肖像画作品创作的新作	GAN（对抗式生成网络）	人工智能作品登上拍卖舞台
2020年8月	微软团队联合中央美术学院让第八代人工智能小冰推出绘画作品集	验证了人工智能不仅能绘画创作也能稳定输出作品质量	机器深度学习	全球第一本人工智能创作的绘画集

1.2 对技术的追问

2018年10月25日，人工智能创作的画作《埃德蒙德·贝拉米》肖像，这个看似不起眼的作品，在纽约佳士得拍卖行拍出43.25万美元的价格，引起热议。从最初的岩画到当下的人工智能介入绘画，艺术与科技的联系不断加深，社会和学界都对人工智能是否能做艺术创新展开了深思和探讨。

澳大利亚学者芭芭拉·波尔特的著作《海德格尔眼中的艺术》第四章中专门用艺术生产中的案例对海德尔《技术的追问》做出了解读，她认为"就我们与技术的日常关系而言，任何事物，包括他的熟练劳动力，都是为了制造一件艺术作品的资源"。Mark Coeckelbergh 在 文 章 *Can Machines Create Art?* 中论述了机器创造艺术在特定情况有关的主要问题的标准，他认为"创造性的过程与结果标准和主观与客观标准之间的区别是不稳定的，不仅要考虑人或机器创造艺术的情况，还要考虑人与机器之间的合作"。陈蔓青指出"本雅明明确了'技术'是艺术创作的重要动力，并由此创立了'艺术生产论'，当下经济与科技高速发展，复制技术对艺术生产与艺术传播的全面介入，已成为必然的发展趋势"。新时代技术与艺术的关系应该从技术存在本身层面去探讨技术与人的关系。人工智能介入下的视觉艺术创作基础源于对于艺术家风格的模仿和学习，它能够帮助艺术家承担一部分前期作品分析工作，艺术家提供创意，借助人工智能来实施完成，这是一种更有效的合作。但从目前来看，人工智能现阶段无法脱离科学家和艺术家的帮助独立创作艺术作品。

2 艺术与新科技的关系

2.1 新技术作为艺术创作的新桥梁

通过对图表的简单梳理和分析，当前人工智能介入视觉艺术创作出的作品尚处于弱人工智能阶段，风格依赖于原有的绘画作品，基于原有风格进行二次创作。"科学家为人工智能设定了数据库与算法，从而导致其生成的作品呈现明显的同质化倾向。因此，缺乏自主意识与审美思维的人工智能至今仍无法取代人类的艺术创作。"人工智能视觉艺术创作在一定程度上完成了对原有绘画图像的解构和再创作，现阶段其基于深度学习的不断进化，做出执行方案，不能脱离设计者独立创作但具有持续学习的进化的延展性，产出的作品都是基于仿制和模仿，能否称作独立的艺术作品仍有待讨论。

张登峰讨论了人工智能的产生逻辑、美学限度以及未来发展等问题。他指出"人工智能创作需要艺术家和科技工作者强大的智力支持，并且它的创作始终无法创造转化，而仅仅是脱离了社会语境、丧失了历史文化蕴藉的制作行为"。在人机相互的控制与反控制中，扩大艺术家与新科技产物的对话维度，帮助艺术家寻找控制与失控下产生的新经验，有助于形成新艺术语言和视觉可能性。

人工智能技术现阶段只是作为生产视觉艺术作品的工具而存在，而不是独立创作艺术，创作艺术需要有人独立主观的思维，人工智能尚不具备独立思考分析创作的能力，因此它只是依赖于人类所开发的高级绘图产物。"很显然，如果你承认有意识、有目的地艺术创作是人类的专属，那么任何与人有关的智能艺术都将是人的艺术，故而人工智能艺术创造当然也就是人的智能施加于艺术的创造。"AI所创作的作品能够带来的是更加便捷的欣赏和保护艺术，能够让观众很容易欣赏到已故大师的传世名作，甚至是创作出属于自己的名作，但这一切的基础仍然是高度模仿，是否谈得上具有艺术美感也值得去讨论。

2.2 技术是为了更好地表达艺术语言

国内学者孙周兴在论文《人文科学如何面对人工智能时代》中强调"面对正在迫近的人工

智能时代，人文科学需要确认两个前提：其一是技术统治的确立，其二是全球一体化的现实。只有确认了这两点，人文科学才可能重新审视自己的处境，并且积极界定自己的未来使命。"技术能够为艺术创作的发展提供一定的保障，但炫耀技术不是最终目的，而是为了更好地表达艺术语言。人工智能现在作为高精技术的代表为绘画艺术创作拉低了入门门槛，开拓了无限的可能，提升了人们的审美甚至到未来人人都可以成为艺术家，实际上艺术本没有绝对的美与丑的评判标准。

一方面本雅明认为艺术灵韵性的内涵集中体现在艺术作品的独一无二性、膜拜价值以及距离感三个层次，他强调艺术品的可复制性导致其灵韵性下降，他对艺术品灵韵性的分析实际上是基于技术的进步对艺术带来的冲击。另一方面结合海德格尔对艺术与技术的关系展开分析，海德格尔认为现代性以一种技术性解蔽为特征，在技术性机器与现存之物的交界中，人类与其工具的关系变成了某种掌控的关系，这也使艺术脱离原有的框架成为可能。尽管海德格尔对技术在艺术中的运用持一定悲观态度，但不可否认的是当下艺术与科技的关系不断紧密，科技的持续进步不仅推动了艺术生产方式的转变，同时也为大众提供了更方便的手段欣赏到艺术大师的作品，因而技术手段的进步对本雅明的艺术灵韵性的观点赋予了现代性。

3 美学思考与挑战

3.1 人工智能尚不能取代艺术家

2017 年 11 月中央美术学院正式启动"EAST 战略"（Education, Art, Science and Technology），该战略依托中央美术学院视觉艺术高精尖创新中心，旨在建立全球顶尖科技艺术创新平台，对艺术与科技创造的关系展开丰富的理论探讨，迄今为止已连续举办三届"EAST 科技艺术季"。在多元的跨学科背景下，"人工智能创作需要艺术家和科技工作者强大的智力支持，并且它的创作始终无法向创造转化，而仅仅是脱离了社会语境、丧失了历史文化蕴藉的'制作'行为。"当下，人工智能介入下的视觉艺术创作仅仅发展几年，还处在初级阶段，因此其关于美的思考仍局限于模仿的基础上，如果未来能摆脱对于人的创作思考，那么或许它能成为真正的艺术品。

当新技术介入艺术创作中时，能够赋予其更多的可能性，人工智能的出现更使艺术不只是只能在博物馆、美术馆瞻仰的作品，同时也对艺术家构成了一定挑战。艺术评论家道格拉斯·戴维斯在他的文章 The Work of Art in the Age of Digital Reproduction（An Evolving Thesis: 1991—1995）中"谈到虚拟世界提升并非威胁灵韵存在的可能，数码技术的急速发展也会使复制品自身拥有独一无二的灵韵。"Jim Lucy 的文章 The Art & Science of Artificial Intelligence，Eizaburo Ohno 的论文 State of the "Fine"Art in the Age of Artificial Intelligence，论述了人工智能艺术行业离我们有多远，"作为未来的发展趋势艺术家要处理好与科技的关系，让科技服务创作而不是全然代替艺术家"。在视觉艺术创作领域，借助人工智能的数据分析，能够在图像分析、艺术史研究、拍卖数据库、真伪艺术品鉴定判断等方面比学者和艺术家更理智全民。但因为 AI 尚不具备人类完整的情感，所以艺术家们不会失业，艺术家与科学家们密切合作是未来艺术呈现多元化形式的重要途径之一，因而人们也能够更为便捷地欣赏和体验艺术的魅力。

3.2 有意味的形式

克莱夫·贝尔在其《艺术》一书中创新提出了"有意味的形式"这一美学论述，贝尔提出的审美假说给当时的艺术界确定了自身的价值和评判标准，以此概括出艺术作品的共同属性，具有一定开创价值。贝尔认为个人审美经验主要源于人们主观的心理感受，对艺术的审美力判断也因个人鉴赏能力的差异而有所不同。艺术品的色彩和线条所传达给我们的情感，应是创作者内心情感的表现，这种情感是目前人工智能介入艺术创作所达不到的效果。

艺术家创作中付诸审美情感时，代入了他对日常生活的见闻和观感，进而去用自己熟悉的创作风格赋予作品灵魂这种纯粹意义上的形式也是传达给观者最为别致的情感体验，即贝尔所论述的"有意味的形式"。而人工智能绘画不具备独立意义上的情感，它只是借助技术给艺术创作提供了新的可能，但却没有真正达到形式与内容的统一。

"随着复制技术的发展，人们一直在重新商定将新的形式，如商业化批量产品，划分到艺术领域，尽管审美目标可能与商业一致，但有时是被迫创新，将艺术改头换面以应对商业压力。"人工智能现在作为高精技术的代表为绘画艺术创作拉低了入门门槛，开拓了无限的可能，提升了人们的审美甚至到未来人人都可以成为艺术家，实际上艺术本没有绝对的美与丑的评判标准。艺术之所以成为艺术而不是一门普通的技术活，是因为在每一个艺术作品里都融入了创作者的情感和思考，能够使观众们得以产生共鸣，在艺术领域中创作者为他们的作品注入了灵魂，即便这是艺术家的潜意识状态，也足以让作品独具魅力。人工智能介入下的视觉艺术创作并未达到独立创作的地步，因而依赖算法的作品不具备独立情感，但至少对这种形式我们应该秉持肯定态度。

归根结底，人工智能介入视觉艺术创作，无非就是艺术家创作和展示媒介的不断迭代，无论通向何种形式创作，艺术家们不能丢掉艺术的内在本真性思考，否则创作出来的艺术作品没有具备艺术内在的灵魂。对于人工智能介入绘画的艺术价值，更侧重的应是艺术家借助技术创作的过程变化，而非刻意去关注最终所呈现的艺术效果或给它定义为某种流派风格。未来值得探索的发展应该是从模仿艺术作品的形象、用色到学习作品的精神，使其像艺术家那样具有独立的创造性和审美判断能力，最终创造出属于人工智能本身独一无二的艺术。

4 结语

近些年来，我国文化产业领域对于文化和科技的融合创新愈发重视，2017年的全国两会上，人工智能项目首次被正式编制写入全国政府工作报告。现阶段人工智能在文化艺术创作领域刚起步，难以使"艺术作品"充满感情色彩和独特故事，但不可否认的是在艺术多元化、技术多元化的今天我们理应辩证看待，不管艺术家通过何种方式给予我们审美情感，至少真正应该追求的不是所谓的艺术品形式而是其内在涵养。人工智能介入下的视觉艺术创作并未达到独立创作的地步，因而依赖算法的作品不具备独立情感，但至少对于这种形式创新我们应该秉持肯定态度。正视挑战，在挑战中发掘价值、抓住机遇，必将给人工智能介入视觉艺术创作领域源源不断地注入活力。

参考文献

[1]刘方喜.生产工艺学批判：人工智能引发文化哲学范式终极转型[J].学术月刊,2020,52（08）:5-15.

[2]周飞.人工智能数字绘画的艺术性思辨[J].湖北经济学院学报（人文社会科学版）,2017,14（07）:14-15,18.

[3]Mark Coecke lbergh. Can Machines Create Art?[J].Philosophy & Technology,2017,30（3）:285-303.

[4]陈蔓青.本雅明艺术生产理论及其影响探究

[D].合肥：安徽大学,2018.

[5]郑亚南.人工智能对图像文化的解构与重建[J].四川戏剧,2019（08）:34-36.

[6]张登峰.人工智能艺术的美学限度及其可能的未来[J].江汉学术,2019,38（01）:86-92.

[7]陈琦.从艺术发展的角度看人工智能将是不可回避的艺术命题[J].世界美术,2018（02）:127-128.

[8]欧阳友权.人工智能之于文艺创作的适恰性问题[J].社会科学战线,2018（11）:189-195.

[9]孙周兴.人文科学如何面对人工智能时代[J].哲学分析,2018,9（02）:35-41，196.

[10][美]沃特伯格．什么是艺术[M].李奉栖.等，译.重庆：重庆大学出版社，2011：334.

[11]Jim Lucy.The Art&Science of Artificial Intelligence[J].Electrical Wholesaling,2019.

[12][美]薇拉·佐尔伯格[M].原百玲，译.南京：译林出版社，2018：141.

互动媒介艺术帮助干预自闭症儿童的探索研究

许婷

（大连工业大学，大连 116034）

[摘 要] 在互联网＋时代，互动媒介艺术与其他学科如科技、生物等相交叉。**目的** 互动艺术服务于人类，需要考虑帮助越来越多需要被帮助的人群。**方法** 通过互动媒介艺术传递的双向性，考虑帮助自闭症儿童的可能性。运用互动媒介艺术的理论与方法，对国内外自闭症儿童的干预方法进行调研，深入探讨三个具体的案例——互动环境艺术、机器人互动设计及互动游戏艺术，对互动艺术服务于自闭症儿童进行数据分析。**结论** 探讨互动媒介艺术帮助干预自闭症儿童的可能性，为未来进一步观察研究和进行前期准备提供了理论基础。

[关键词] 互动媒介艺术；自闭症儿童；互动体验；干预治疗

1 概述和目的

在互联网＋的新时期，互动媒介艺术服务于社会，服务于人类，它的界定和普及对当下人类文明和未来的发展起到积极的推动作用。互动媒介艺术将艺术与科技相结合，作为艺术领域中一门跨领域的新型学科，有着广阔的发展前景。互动艺术需要考虑帮助越来越多需要帮助的人群，通过互动媒介艺术传递的双向性，考虑帮助自闭症儿童的可能性。

互动媒介艺术是呈现在各类媒介上的交错影响的艺术形式，它是以互动理念和互动技术为核心的新媒介艺术。"互动"一词的英文是"Interact"，动词，意思为互相作用、互相影响、相互制约、交互感应。后来随着科技的发展才被广泛地应用在计算机等电子媒介中，特指人－机或机－机之间的相互影响和作用。媒介，有至少

两种不同的解释，从广义上指二者发生关系的人或事物。Marshall Mcluhan 指出它可以作为人体的一种延伸。从狭义上讲，媒体是指电视、报刊、广播、广告及计算机网络等大众传播工具的总称。在互动媒介艺术中，媒介指的是任意传播工具，主要是基于电子的，但也有传统的像笔和纸一样的传播工具。艺术是借助特殊的物质材料与工具，用各种形式反映现实但又从现实中升华凝练，提升为更有典型性使其与部分人达到共鸣的社会意识形态，运用一定的审美能力和技巧，在心灵与审美对象的相互作用下进行的充满激情与活力的创造性劳动。

互动媒介艺术不同于传统艺术形式，传统艺术如音乐，听众只是在听。在传统绘画艺术中，观众只是在看画。

在互动媒介艺术作品中，艺术家放弃了他对作品的垄断权，即让体验者被动地接收信息。作

品本身与外界产生了互动，更多的人可以参与到作品中来，听众可以参与其中，给创作者信息反馈，绘画作品通过体验者的参与，艺术作品也会随之改变。作品和体验者的信息传递成为双向的。作品可以把信息传递给体验者，体验者可以把信息传递给作品，艺术作品可以因为不同体验者的参与而不断完善。作品与体验者的这种信息循环，利用不同媒介具备了互动的特征。其中新媒介主要是指如通过电、光媒介为载体，借用计算机或其他电子设备工具进行互动的艺术创作表达。互动媒介艺术存在于录像艺术、装置艺术、游戏艺术、通信与网络艺术、互动舞蹈与互动音乐艺术、虚拟现实、机器人等中。因此，它包含各种各样的方法和工具，其定义特征是其互动维度。

我们考虑用互动媒介艺术治愈自闭症儿童的可能性，互动媒介艺术不仅是中国艺术设计前沿学科，同时也需要考虑以人为本，为人类服务，需要将理论应用到实践中去，能够反过来检验是否这个理论能够帮助需要帮助的人。

2 自闭症儿童的相关研究

2.1 自闭症儿童在中国的发展现状

自闭症又称孤独症，有社会交往、语言沟通障碍，兴趣狭窄、刻板性和重复性行为等症状，是一种终身发育障碍。自闭症儿童分为阿斯伯格综合症、高功能自闭症儿童、非典型自闭症、严格的非语言自闭症儿童。他们存在社会互动、社会交流和社会想象等缺陷，包括语言沟通、共同关注和语用学等。除此以外，他们还存在一个常见的问题，即自我伤害和侵犯性。然而，对于发生在谱系障碍连续统一体中的自闭症儿童而言，每个孩子本身的症状都不相同。

据五彩鹿自闭症研究院最新发布的《中国自闭症教育康复行业发展状况报告3》数据显示，自闭症发病率逐年上升，自闭症儿童发病率已由

2009年的1/88，上升至现在的1/45。报告称，中国自闭症发病率达0.7%，目前已有超过1000万自闭症谱系障碍人群，其中12岁以下的儿童有200多万。

2001年全国残疾人联合会，公共卫生部和公安部进行的一项调查，显示了中国南方儿童严重残疾的教育服务。调查的目的是了解患有精神疾病的幼儿及其康复状况的患病率。在60124名出生——6岁的儿童样本中，只有61名被正式诊断为精神疾病，主要是自闭症患者。在这些儿童中，男孩50人，女孩11人，男女比例为5：1。中国早期关于自闭症儿童的文献很少，直到1982年，从医学、公共卫生方面对自闭症儿童的研究才只有大约100篇文章。并且从遗传特征和流行病学、心理学、精神病理学等领域对自闭症儿童进行研究。

除了医院和学校，以目前的国情来看，很多孩子还是主要集中在家长自发组织建立起来的机构上，主要依靠社会的帮助。家庭、学校对自闭症儿童治疗的研究及方法论主要还处在对国外的学习阶段。用艺术对自闭症儿童的研究，主要限于涂鸦、绘画这种形式，也会运用多感统训练法等进行治疗。

2.2 自闭症儿童治疗的先行研究

国际上干预的方法有应用行为分析。但澳大利亚最近的研究结论指出："最有效的干预是建立在儿童能力基础上或依赖于活动动机性的干预措施，是出于他们自己而不是外在的奖励"，有自闭症和沟通障碍儿童的治疗教育法。人们普遍认为，大多数患有自闭症的儿童从这种方法中受益，因此将视觉方法应用在他们的生活、教育中都是有益的。还有儿童提升疗法，如20世纪80年代在英国哈珀伯里Harperbury医院、学校出现了强化互动项目，最初被称为增强母亲。在音乐治疗方面，发现音乐对这群孩子有帮助的潜力，通过一名音乐老师与社交方面有巨大困难的

自闭症儿童进行几个月的沟通，他能够以听老师的声音来掌握改变声音、控制节奏、旋律和措辞的能力。

在对自闭症儿童的艺术治疗方面，通过艺术治疗法，显示艺术团体能够指导自闭症儿童感知发展，对思维能力、创造能力增强，情绪稳定发展，社会适应能力的提高起到良好的作用。

随着科学技术的发展，艺术与科技的结合，研究人员和治疗师正在寻求用更多的方法来帮助这些孩子生活、学习和体验。

通过使用虚拟现实艺术，孩子可以在虚拟的世界学习模拟现实生活，如过马路、交流等基本的生存技能。在虚拟场景中评估自闭症儿童是否有情感，是否能够凝视，可以将在虚拟世界中学到的知识转移到现实生活中。

在互动艺术环境中，孩子可以通过操纵杆或鼠标，通过触摸屏或他的动作与环境互动。或者通过将动画图像映射到墙壁上，实现真人和动画故事的互动。

一些研究人员已经探索了互动媒介艺术对自闭症儿童的治疗效果，通过对互动媒介艺术理论及案例进行更深入的研究，进一步探讨互动媒介艺术的优势、作用及对帮助干预自闭症儿童进行探索研究。

3 互动媒介艺术的优势：案例研究

在一些国家，科技发展更为发达，包括对自闭症儿童治疗的先行研究会有许多探索。

提到这些孩子面临的困难，如自闭症儿童主要的社会沟通障碍和行为重复性，让我们考虑需要一种新型方式探索治疗的可能性。而且从互动媒介艺术的本质来看，其互动性是典型特性。

它的互动多维性所带来的优势区别于其他艺术形式的优势，似乎很适合这群特殊人群。

例如：互动环境、互动机器人设计，互动游戏设计等。

3.1 Snozelen 案例

Snoezelen 是个多感官环境房间，最早由荷兰团队开发，后来应用于学校，之后又被机构和商业性的企业复制。它主要考虑自闭症人群，特别是为精神滞后人群设计的，并提供一种舒服的环境，增强平衡感。

Snozelen 项目提供多种模式的感官刺激，嗅觉如芳香疗法扩散器和各种气味，振动和触觉如各种振动器和身体按摩器，听觉如电子自然发声器，视觉如激光灯显示设备、戴镜子的互动式灯板、互动式光纤光学喷泉、光纤窗帘等。如孩子可以触摸光纤条，当他／她触摸时，光纤条逐渐变亮。反之，它能变暗。通过孩子触摸按钮，可以产生不同的声音。孩子把"电缆"当作画笔，可以产生光，像笔触一样呈现在墙面上。

Snozelen 提供了一个低敏感的环境，通过对精神发育迟滞和精神疾病所表现出攻击性和自我伤害的成人进行为期 10 周的观察，它可以有效地减少自伤和侵略行为的发生。

在 Snozelen 空间使用单向方差分析或变方分析，与日常生活活动（ADL）技能训练、职业技能训练比较行为的发生。在不同治疗条件对攻击行为的影响中发现了显著差异，$F(2, 132) = 15.01$，$p < 0.01$。Snoezelen 条件下的攻击性显著低于 ADL 技能训练（平均差异 =2.42，$p < 0.01$）和职业技能训练（平均差异 =0.93，$p < 0.05$）。在对自伤行为不同条件的影响中也发现了显著差异，$F(2.132) = 8.55$，$p < 0.01$。Snoezelen 条件下的自我伤害明显低于 ADL 技能训练期间（平均差异 =10.42，$p < 0.01$），并且低于职业技能训练期间。

Snozelen 提供了一个放松、安全的环境。增强体验者的趣味性，它让孩子们在玩中学，获得知识和信息。它对孩子自身是一种全新的体验方式，儿童干扰因素不会太多，空间相对放松，成人和儿童都可以参与体验，环境可以根据儿童的需要进行调整。

它与许多治疗师所说的一致，为自闭症儿童提供一个放松的环境比干扰他们甚至提供治疗更重要。

3.2 Kaspar 案例

Kaspar 是和正常孩子大小差不多的机器人，其表达的微妙变化加上简单的手势有效地传达了与特定情感相关的信息。机器人通过无线遥控器远程操作，机器人的运动与孩子产生互动。当孩子们表示他们感到无聊时，试验就停止了。

机器人被用在互动环境的基础上，促进和鼓励自闭症儿童的社交技能。例如，患有严重自闭症的六岁女孩 Kelly，她不会说话而且拒绝所有人的目光接触，甚至她的母亲也无法与她沟通。在一次试验中被介绍了 Kaspar，从一开始母亲的质疑，到凯莉主动表示想要接近机器人，之后与 Kaspar 探索了一段时间，开始与 Kaspar 进行互动，密切注意它的脸，特别是与 Kaspar 眼睛进行互动，甚至试图模仿它敲击手鼓。此外，Kelly 一度把手伸向试验者的手。

另一个例子是 Leroy，他是一个患有严重自闭症的孩子。当给他介绍了 Kaspar 时，Leroy 对机器人表现出极大的兴趣。他经常对机器人进行触觉探索，他与 Kaspar 的眼睛和眼睑进行互动。有趣的是，在后期阶段，他开始触摸和探索自己的眼睛，以及探索他老师的眼睛和脸。最后，每周一次，在与 Kaspar 玩了几个星期后，Leroy 开始与他的老师分享他的兴奋。Leroy 表现出一种对其他人的意识，或者更确切地说——正在关注 Kaspar 行为的某些特征。Kaspar 更有可能被理解为是注意共同存在的其他人。因此，Kaspar 促进了共享情感反应和在查看模仿互动中的相关点处共同存在其他人行为的可能性。因此，通过儿童与 Kaspar 的互动，可以增强共同关注的可能性。

机器人为儿童，特别是为那些自闭症儿童提供了一个安全的互动环境。互动性增强了趣味性和放松感，但是在两个孩子之间的互动中，如果一个孩子打另一个孩子，他可能反击或受伤。在机器人或其他互动艺术环境中，这些不会发生。孩子可以控制和操纵这个物体，但是因为机器人留下的在身体上不受影响并且不会受到伤害，孩子可以在安全、放松的环境中感受并获得信息或知识。

3.3 TRPG 是一款互动式桌面游戏

桌面角色扮演游戏是一种桌面互动游戏。桌上角色扮演游戏一般需要 3 ~ 5 人参与，在这个 TRPG 游戏中，游戏主持者是作者或者工作人员，player 是受到诊断的 23 个 ASD 儿童（Asperger 症的 5 个），其中高功能自闭症 8 名，广泛性发达障害 7 个，非特定的广泛发达障碍者 3 人，扮演战士、魔术师等角色，通过互动交流，用记录纸、骰子、书写工具等按设定好的规则进行游戏。

他们 3 ~ 6 人为一组，共 5 组，每个组共 5 次会话，一个月一次，进行与同伴之间的自发性发言。在这里，人与人的交流本身就是一种互动，这种互动每个人都参与其中。通过有复数意见意义互换结果，促进 ASD 儿童自主发声的积极变化，通过互动游戏，实现"共识建立"。

因此，说明通过互动游戏，能够促进自闭症儿童发声的培养，使他们形成共识。不仅能培养孩子们的沟通能力，还能增强他们的自信心。这对他们自身生活、学习能力的增强，与朋友相处和在学校学习都是有益的。

上述三个案例从不同维度反映了互动媒介艺术的作用和优势，其能够增加趣味性、轻松感；增加共同关注的可能性；能够促进共识的建立。

互动媒介艺术不论是在中国还是在国际上都是前沿领域，对自闭症儿童也还处于初步的探索阶段，它不仅与科技、生物等领域相结合，甚至将医学与教育相结合。目前的理论指导为未来项目的进一步开展做理论基础，也说明互动媒介艺术在人类医疗健康领域也有着研究和实践潜力。

4 结语

本文主要探讨了互动媒介艺术帮助需要帮助的人尤其是自闭症儿童群体。调研了这类人群在中国的发展现状，国际上相关的干预方式如应用行为分析、治疗教育法、孩子携升疗法、强化互动项目、音乐治疗、艺术治疗及与科技相结合的互动媒介艺术在治愈这类群体的探索，重点讨论了三个互动媒介艺术的相关案例，探讨了其对帮助干预自闭症儿童所起到的作用。互动媒介艺术可以使这群孩子感到放松，可能会增强共同关注，不同类型的互动作品或产品适合不同的孩子。虽然互动媒介艺术不论是在中国还是在国际都是前沿领域，对人们尤其是自闭症儿童也还处于初步的探索阶段，但是通过理论研究，为未来针对中国自闭症儿童试验做理论研究指导，为未来项目的进一步开展做理论基础。在互联网＋时代下和跨学科交叉的背景下，互动媒介艺术为人类的健康发展做出自己独特的贡献，认证了互动媒介艺术在人类医疗健康领域也有着理论和实践研究的潜力。

参考文献

[1]许婷.互动媒介艺术[M].沈阳:辽宁美术出版社，2012.

[2]白雪竹，李颜妮.互动艺术创新思维[M].北京:中国轻工业出版社，2007.

[3] Marshall McLuhan. Understanding Media: The Extensions of Man[M]. Cambridge. MIT Press, 1994.

[4] 陈玲.新媒体艺术史纲:走向整合的旅程[M].北京:清华大学出版社，2007：112.

[5] Woolner A. Using interactive digital media to engage children on the autistic spectrum, A thesis submitted in partial fulfillment of the University's requirements for the Degree of Doctor of Philosophy[EB/OL].[2011-02]. http://curve.coventry.ac.uk/open.2009.

[6] Ephraim G. A brief introduction to augmented mothering [J]. Playtrack Pamphlet, Harpebury Hospital School, Radlet Herts, 1986. 22.

[7] Neugebauer, Lutz.The importance of music therapy for encouraging latent potential in developmentally challenged children, In Music Therapy Today [J]. A Quarterly Journal of Studies in Music and music Therapy , 2005. 4: 656-677.

[8]郭法奇.儿童观与教育·杜威思考的维度与内涵 [J].河北师范大学学报，2020，22（5）：6-11.

基于仿生分形的声音艺术可视化动态演绎

曾嵘[1]，李炳国[2]

（1.鲁迅美术学院，大连116650；2.东西大学，釜山 617716）

摘 要：探讨基于仿生分形图像基础上的声音艺术动态可视化表征方法。**目的** 针对声音感知原理与视觉映射过程展开，研究声音特征信息数据的采样、量化及算法。**方法** 以 Processing 处理模式为研究对象，利用 Minim library 扩展库的采样和频谱转化能力，设计相应的算法提取并分析，实时映射到图形变量中，实现动态可视化图像的转化，建立声音数据与仿生分形图像之间的联系。**结论** 为声音艺术的视觉化提供了具体的表达形式，完成了初阶的实验结果，实践了对可视化动态设计表达的尝试，论证了声音数据与视觉映射之间的关联与逻辑互动。

［关键词］仿生分形；可视化；声音感知；视觉映射；频谱转化

引言：仿生学通过模仿学习生物的形态、行为、功能、结构、组织和系统，需要对自然生命基本特征有更为充足的认识，分形理论从数学的角度揭开了自然界复杂、无规则结构的规律性，从而"代表了自然界许多对象具有的普适性，分形已成为模拟复杂自然界的一条新途径"。仿生分形通过表现生命体微观到宏观的自相似性造就极高的设计有序度，通过反复迭代模拟生物自然生长形态形成的计算机图像，其仿真效果具备自然的生命特点，带来介于虚拟与真实之间的不同感知体验。

Processing 是一种为艺术家和设计师研发的基于 Java 的编程语言和环境，现已发展为功能强大的设计和原型制作工具，非常适合用来设计动态交互和复杂的数据可视化。我们基于 Processing 进行了一项技术实验，对乐音的数据特征提取并分析，通过分形图形进行可视化表达

设计，整体上提升了声音艺术的视觉感知，实现了多媒介元素的深层次互动。

1 分形拟态仿生图像

几何学中将部分与整体以某种形式自相似的形，称为分形。自然界存在的许多对象都呈现分形的特征，用分形理论来表述自然形态简单而有效，可以从根本上反映对象的自然规律性。植物的生长是植物细胞按一定的遗传规律不断发育、分裂的过程，这种按规律分裂的过程可以近似地看成是递归、迭代过程，这与分形的产生极为相似。在此意义上，人们可以认为一种植物对应一个迭代函数系统，人们甚至可以通过改变该系统的某些参数来模拟植物的变异过程。

"自然界的许多对象都是如此复杂和不规则，如树枝、云彩、海浪、山峦、地貌以及海岸

线等，"其分形结构与特征直接决定了生物形体的独特性。例如，羊齿植物、菜花和雪花等，它们的每一分支和嫩枝都与其整体非常相似，其生成规则保证了每个分支是整树按某种方法减缩比例的重现。分形的造型特征包括自相似性、分数维度、混沌的动态性、无限的延展性，形体非线性特征具有强大的生命力和应用价值。分形理论自诞生以来就被认为是解释自然事物的新的认知原则，分形理论、混沌理论也是目前学界研究非线性现象的首要方法，并逐渐成为认知过程中的重要工具。针对自然生物的模拟与仿真分形以数学为基础，利用迭代、递归等技术进行调控，也是计算机图形图像学领域一直在进行的研究课题。

模拟自然植物的常用分形（图1）生成方法主要有两种：林登迈尔L—系统、迭代函数IFS系统。后面针对L—系统作出详细介绍。

图1 计算机算法生成的分形图形
Fig.1 Fractal graphics generated by computer algorithms

2 分形仿生图像构建

分形几何的基本性质是通过对自身进行按规则复制而构成，具有自相似性（Self-similarity），计算机合成的分形图形具备精确的自相似性，而自然物的结构属于近似自相似，同时具有伸缩对称性（Scale invariance）和自放射性（Self-affinity），极好地证明了反复的迭代是自然物的本质特征，也是分形的基本特征。自相似不是一种平淡无奇的、无意义的性质，它是生成

图形的一种非常有力的方法，我们可以使用简便的分形迭代法制作一些图形，来达到模拟生物形态的目的。

Lindenmayer系统是描述植物形态与生长的一种分形生成方法，它可以通过改变少量参数，包括分支角、节点或分支点之间的距离（节间长度）和每个分支点的分支数来模拟不同的树木生长模式。植物形态带有大量分枝结构并在每一个分枝尽头都有一个终点，L—系统可通过递归方式不断迭代初始状态，重写几何体替换每个内部端点，平行地运用其规则同时替换成指定的字符串。L—系统主要应用在植物建模中，通过控制不同"代"的字符、节点来设计语法规则和字符解释集，构造出各种美丽的树木和花草，由于L—系统的表达式较为简洁，还可以交互地改变树的结构与形状。实验中我们使用L—系统分形方法在Processing中构建了一棵简单的分形树，其形态随参数变化而变化（图2）。实际上我们可以理解分形树并没有具象的样式，其形态可以因分枝角和节点的数目、大小、距离角度而随机变化，可以说每一次生成得到的效果都不会完全相同，这也体现出仿生分形独特的趣味性。实验将以分形树为载体从声音数据的感知入手，依托Processing平台强大的底层编程能力和多样的扩展库，实现对声音播放控制、振幅数据分析、快速傅里叶变换等处理，完成对频率、振幅等关键性声音参数的值域分析与可视化呈现。

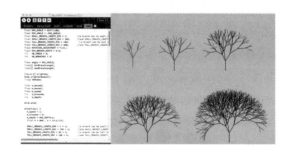

图2 代码生成的分形树
Fig. 2 Fractal tree for code generation

3 声音信息的数字化

3.1 声音感知与映射

可视化首先通过声音的感知与数据的分析过程展开，由声音数据采集、处理和分析三个步骤组成。可视化的生成需要建立一种映射关系，把实时数据通过映射关系转化为视觉。声音可视化着重基于听觉与视觉的交互、转化、表达，在可视化的设计过程中存在多种映射模式和媒介，用于传达可能被思想和动作激发或表达感情的观念。比过程中通常需要提取音高、音值、音强和音色等数据值，与频率、持续时间、振幅和频谱分布等物理量对应，再经过代码处理并根据实时的声音变化生成动态图像。

数字技术实现交互类声音视觉化的基本原理是设计者自定义声音与视觉图像的转换规则，根据规则运用相应计算编程软件和科学技术手段完成声音视觉化的程序。

3.2 声音采样与量化

将声音模拟信号转化为数字信号的过程叫作采样。我们通过采样和量化实现波形声音模拟量的数字化，按照一定的采样频率获取模拟信号的振动强度。采样频率即每秒内测量波形振幅的次数；样本大小即用于储存振幅级的位数。奈奎斯特定律指出，采样频率决定声音可被数字化和储存的最大频率，采样频率必须是样本声音最高频率的两倍。由此可知采样的频率越高，声音的失真度就越小，数据量也越大，因此具体的采样率需要根据实际的应用来确定。音频文件采样频率默认值为 44.1 kHz，用于具有 1 024 个采样缓冲区的立体声输入，取 1/10 s 内的数据。要对数字信号进行分析操作还需进行量化，把连续波形转变为离散化的数字，将整个幅度划分为有限个量化阶距的集合，幅度的划分可以是等间距或不等间距的，把纳入某个阶距内的样本值赋予相同的量化值。

3.3 乐理分析与结果

人耳对声音的主观评价可以由听觉感知特征来表征，听觉感知特征是综合了声学和乐理知识的音频特征。声音的主要特征有响度、音调、节奏和音色，音调（Pitch）作为声音的关键特征，对于感知音乐旋律起着重要作用。声音波形的基频所产生的听得最清楚的音称为基音，各次谐波的微小振动所产生的声音称为泛音。音调的变化主要是基于基音的音高变化，通过对音调序列的分析捕捉演奏中复杂的频谱变化，能够让人们对声音产生更为直观的理解。音高与频率之间的变化并非线性关系，音高的变化与两个频率相对变化的对数成正比，音高还与声音的响度及波形有关，因此可以提取响度与音调特征并根据信号频谱进行运算。

实验中选择的样本是基于现场演奏的乐曲，基本由规则振动产生，是具有明显音高的谐波（Partial）声音。谐波包含基频与其他频率为基频整数倍的正弦分量，其能量集中于基频的倍数关系。这表明器乐演奏中声音都是以指数分布的，在演奏过程中主要的特征差异体现在乐理方面，即基音频率本身以及其与泛音频率的偏离程度上。

3.4 时域与频域特征提取

音频特征是对音频内容的紧致反映，用来刻画音频信号的特定方面，有时域特征、频域谱特征、T-F特征、统计特征、感知特征、中层特征、高层特征等数十种。音频特性表现为时间特性（时域）和频率特性（频域）。时间特性主要是指声音统一形状的波形重复出现周期的长短，在一个周期内信号变化的速率以及相应的振幅。而频率特性表示信号的各频率成分，以及各频率成分的振幅和相位。然而声音信号的叠加是复杂的组合，因此我们不能直接处理时域信号，必须转换到频域上。

3.5 频谱转化过程

时域波形的叠加必须转换为频域波形，音高及其时值特征的提取是对于音乐信号进行频谱分析的关键，也是认识音乐信号和处理音频最有效的手段。Minim Library 是 Processing 中的音频扩展库，它可以调用实时的声音时值信号，监控单声道和立体声输入并提供灵活、合理、便捷的计算方式。声明对象并用 new 构造函数名，进行对象实例化和函数调用，获取音频缓冲区大小和采样率，函数 getFreq（）允许查询频谱的频率，以及函数 getBandWidth（）将会返回频谱中每个频带的带宽。

每个频带的中心频率表示为时域信号的采样速率，且等于频带的索引除以频带的总数。频带的数量等于时域信号的长度，其访问频率波段指数小于长度的一半，某一点的频率幅值表示在全时域范围及整个信号中有一个含有此频率的三角函数组分。实验中所采用的三个频带为频谱中心频率、线性平均中心频率和对数平均中心频率。

3.6 快速傅里叶变换

FFT（Fast Fourier Transform，快速傅里叶变换）是 Minim Library 中将时域信号转换为频域信号生成频谱的重要工具，利用快速傅里叶变换对音频信号进行分析，分析的结果用于图像生成。在频率能量模式下使用 FFT 来获得频谱，再将频谱分成频带，并且通过函数 linAverages（　）跟踪其对数平均值。实验中使用了以下代码以转换缓冲区数据：

in = minim.getLineIn（　）；

fftLin = new FFT（in.bufferSize（　）；

in.sampleRate（　））；

fftLin.linAverages（30）；

这段代码可以用来获取三个特定频谱的振幅，得到频率的数值并将其转换为能够通过视觉效果反映出的参数，调用之前完成的极坐标中的分形树

生成可视化动态图像。代码计算了平均频率，较为简单地求出整个频谱中几个频带的平均值。采用了更接近于人类的听觉方式的对数分组求值方式，将频谱分为 10 个八度音程，再分成 30 个线性间隔的平均值，第一个、第二个值的平均值是 faudioY 值，以 faudioX 作为第四、第五个值的平均值来调节（图 3）。选择最适合视觉效果的频率，并与现场声音采样保持同步，生成的频谱图中可以清楚地看到线性平均中心频率与对数平均中心频率的差异。

faudioY=faudio$^{[0]}$+faudio$^{[1]}$/2；

faudioX=faudio$^{[3]}$+faudio$^{[4]}$/2；

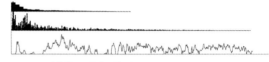

图3 FFT转化后的频谱对比图

Fig. 3 FFT conversion frequency spectrum comparison chart

4 声音数据的视觉映射

4.1 可视化图像的生成

声音与视觉信息之间需要建立起某些属性上的关联，以实现信息的转化与生成，这一关联手段被称为"映射（Mapping）"，可视化的动态图像可以认为是声音频谱与视觉之间的一种映射关系，是声音数据结构映射关系的视觉体现。数字技术能够将数据的变化范围进行动态匹配以实现映射，通过算法的逻辑完成互动。因此 Processing 构建可视化图像的基本思路就是：通过算法提取音频信号瞬时音调或响度的数值变化范围，将数字化的实时声音信息对应到 Processing 的任何图形变量中进行匹配，从而改变图像元素的形态产生视觉效果的相应变化。

可视化图形中的动态变化体现频谱的具体变化，其映射关系可以用函数来表示。如确定频谱数

据，再设定一组由频谱数据对应可视化结果之间参数映射的函数，把频谱数据定义为 x，可视化结果定义为 y，视觉通道定义为 $y=f(x)$，表示出频谱数据和视觉之间的关系，就形成了映射函数与动态方式之间的规则。这样，通过编码精确地转换为数字信号的声源就可以经函数运算生成视觉图像，呈现出声音数据与视觉效果之间的互动。

4.2 实验模型的映射方式

在实验中采用现场演奏音乐作为可视化对象，提取音频转化为实时动态效果。与计算机图形学中常见的平滑、线性的运动不同，自然界的运动通常是随机和非线性的，我们通过缓冲区构造 FFT 生成频谱图来模仿自然属性，具体的算法如下：音频通过采样量化，以所得数据特征分量控制分形树图像中所有线条长度变化、运动的加速度变化以及分枝角度的变化；频率越高，线条越密集，振幅越高，线条越长，相位改变，线条的角度左右移动；鼠标的方位变化对应图形的长度和宽度。使用函数 draw () 在标签中定义布尔值来生成可视化图像。draw () 函数每帧执行一次，程序不断调用该函数，刷新画面来形成动态变化。图像形态根据输入音量的高低和频率而实时变化（图4）。那么，在声音播放的同时，频谱变量对应到分形树的各个参数中，分形树就呈现出"舞动"的效果。

由于频谱变化实时控制分形树的形态，因

此乐音的响度和频率发生显著的强烈振动时，频谱数值变化较强，视觉效果能产生比较明显的形变，尤其是乐音表现某一较强单音时，分形树会骤然变形，动态的加速反应与柔和的自然摆动结合能创造出比较生动的动态效果。树枝变量会不断更新来映射当前数据，通过分形树图像的缩放体现出声音频谱的变化。

为体现生动性，实验算法中还增加了按键实时切换的应用，由人工操控键盘以增加控制模式。当按下空格键时可随机切换分形树的数量和位置，使分形树群组改变样式；按下 B 键切换端点形态，生成不同的开花效果；分别按下 M 和 N 键则可以提升速度或降低速度。

4.3 噪声模拟的自然效果

Perlin 噪声是指自然噪声生成算法，其原理就是基于插值来平滑变化趋势，将不同频率下的噪声叠加在一起形成噪声函数，这样可以更好地模拟出自然的效果。实验中使用了 Perlin 噪声的算法增加了在视觉上自然风动现象的模拟，枝叶随着音频的输入而摆动，图5展示了同一组分形树（速度 ≈ 7.04）频率变化时产生的风摆形态。形态变化与速度参数成正比，在缺省参数下效果并不是很明显，这是考虑到乐曲的听觉感受。这个效果很适合根据音乐的不同风格而实施操作，比如在演奏较为狂野奔放的交响乐时，通过键盘控制提高速度参数就可以产生很明显的形态变

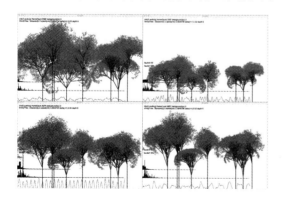

图4 可视化图像效果
Fig.4 Visualizing image effects

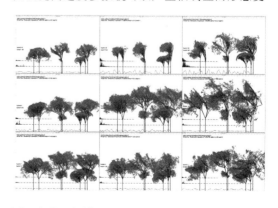

图5 自然风摆效果
Fig.5 Natural wind pendulum effect

化，形成较为强烈的视觉冲击。

　　Perlin 噪声的作用是生成随机数，可以对图像进行视觉提升，也可以进一步实现数据可视化。利用 Perlin 噪声还可以控制粒子运动而生成动态，其运动方向随鼠标的移动而改变。丁是我们通过移动鼠标方位就可以调整图像的宽度和高度，即单一分形树的具象形态。图6中黑色小圆点代表鼠标所处位置变化，分形树的形态随之发生的实时变化。

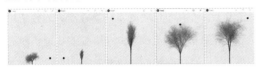

图6 鼠标控制形态变化
Fig. 6 Morphological changes under mouse control

　　由此我们通过实验建立了在声音数据和仿生分形图像之间的联系，由一个分形几何图像通过一套交互指令完成声音的数据映射实现了动态的视觉呈现。

5 结论

　　音乐在现场演奏时，人们对声音的感知和认知是通过音响传递优美的旋律。随着多媒体技术的不断发展，传统视觉艺术在观念、技术及形式上都有了创新，数字多媒体技术能够让音乐视觉艺术有更好的表现。在实际项目应用中，现场音乐的互动体验取决于音乐与观众之间的交流方式，节奏的律动因为增添了可视化效果而产生更加美好的沉浸感。仿生分形因其形象逼真的自然属性能够重新定义并提升观众对音乐演奏的感知效果，突破了以往抽象几何形态图表式可视化的束缚，对计算机图形学的应用有着很前沿的引领作用。

　　本文通过声音的感知与数据的分析展开，采用现场演奏乐曲旋律为样本，通过 Processing 平台的 Minim library 实现提取和转化，分离出三

个特定频谱的振幅，得到频率的数值并将其转换为能够通过视觉效果反映出的参数，根据数据的变化范围进行动态匹配以实现映射。以仿生分形算法图像为实践案例，完成了声学基础上的数据特征提取，总结了模仿自然属性的视觉映射规则，实现了计算机图像动态可视化表达。研究了可视化动态效果生成的理论与实践方法，在计算机图形图像学方面做出一些尝试，完成了声音视觉化的初步结果。在舞台表现的新媒体时代，仿生分形在可视化领域的应用研究还有很大的外延空间，需要进一步深入探讨和研究。本文的写作较为仓促，在诸多方面存在不足，实验内容也有待提高，疏漏和失当之处还请读者予以批评指正。

参考文献

　　[1] 陈颙,陈凌.分形几何学[M].北京:地震出版社, 1998:25.

　　[2] 朱华,姬翠翠.分形理论及其应用[M].北京:科学出版社, 2011:54.

　　[3] 伯努瓦·B·曼德布罗特.大自然的分形几何学[M].陈守吉,凌复华，译. 上海:上海远东出版社,1998:421.

　　[4] 赵耀,王祥.基于声学可视化技术的交互式空间数字设计研究[J].装饰,2020（04）:96-99.

　　[5] 金思雨,覃京燕.基于计算机图像风格迁移的音乐可视化智能设计研究[J].包装工程,2020,41（16）:193-198.

　　[6] 九州连线.任远：可视化的本质是寻求"映射"[EB/OL].（2018-10-22）[2010-02-17].https://www.sohu.com/a/270533821_634549.

　　[7] 李雨蒙.交互类声音视觉化的设计表现方法研究[D].大连:大连理工大学,2019.

　　[8] 时康凯.音频特征提取的改进及可视化方法的研究[D].北京:北京工业大学,2017.

　　[9] 王志强,郭宁,傅向华.基于粒子群算法优化的音频特征应用研究[J].计算机科学,2014,41

（10）:45-49.

[10] 张巍.伪装语音的听觉识别研究[J].科技视界,2016（13）:10-12.

[11] 李伟,李硕.理解数字声音——基于一般音频/环境声的计算机听觉综述[J].复旦大学学报（自然科学版）,2019,58（03）:269-313.

[12] 石鑫,李雪艳.基于Processing平台的声音可视化运用[J].艺海,2020（10）:102-103.

[13] 张屹南.音乐可视化设计中的多通道映射模式研究[J].设计艺术研究,2014,4（04）:58-63，69.

[14] 薛舒阳.媒介融合下视觉艺术的创新[J].艺术工作,2019（04）:102-104.

仿生设计在AI应用中的伦理性思考

石春爽，王爱莉，杨滟珺

（大连工业大学，大连 116034）

［摘　要］AI 在应用中展现了无比强大的技术优势，人类生活也因为 AI 的介入而产生了巨大变化，智能机器人将参与到人类的社会生活，从而使人机关系变得更为复杂。**目的** 关注人工智能发展过程中所带来的人与机器的关系、人与人的关系等问题，引发人们对仿生设计在 AI 应用中所带来的伦理问题进行深刻思考。**方法** 通过调查法、文献研究法、信息研究方法等，搜集相关事例，分析文献资料，通过对信息的收集、加工和整理，揭示 AI 在应用中带给人类的困扰。**结论** 人机共存时代产生的人机关系问题，实质上还是人与科技发明者的关系问题，在全球人工智能快速发展的当下，我们应当加快对伦理规范和法律制度的研究，积极思考如何从立法角度避免机器人对人类的伤害。

［关键词］人工智能；仿生设计；伦理；机器人

引言：仿生设计的本意是指模仿生物的形态、结构或功能，把其应用到设计领域，以完成设计目的。当今世界仿生设计在人工智能中的应用飞速发展，人类世界智能化的趋势势不可挡。人工智能（Artificial Intelligence，AI）是指通过普通计算机程序来呈现人类智能的技术。AI 可以模拟人的意识和思维信息的过程，建构跟人类相似或者超越人类的推理、规划、学习、交流、感知、使用工具和操控机械的能力等。而该能力是基于仿生学、认知心理学以及基于概率论和经济学的算法等知识体系建立起来的。很多人把人工智能直接等同于机器人，其实机器人大体包含两种。一种是自动化机器人（工业机器人、仿生动物机器人），这种机器人只能针对特定的工作任务设定程序，依照编程执行重复的一系列运动。这种机器人并不等同于 AI，它们不具有人工智能内涵。另一种就是人工智能机器人，即 AI 仿生人（也称 AI 机器人，包括 AI 仿生人体器官）。AI 仿生人不一定具有人类的外部形态，但它是具有某些人工智能功能的自动化机器人。AI 仿生人也包含 AI 仿生人体器官，它同样具有语言理解、逻辑推理、判断归纳等方面的能力。近年来，国内外都在大力发展具有类人或超人的 AI 仿生技术。控制论之父维纳奠定了计算机伦理学的基础，他曾说："这些机器的趋势是要在所有层面上取代人类，而非只是用机器能源和力量取代人类的能源和力量。很显然，这种新的取代将对我们的生活产生深远影响。"智能机器人的出现使人机关系变得更为复杂，机器人逐渐具备了自主意识，这催生了人工智能的伦理学、计算机伦理学等伦理学问题。在 20 世纪 70 年代，美国计算机专家沃尔特·曼纳注意到计算机伦理问题日益突出，因而确立了"计算机伦理学"。计算机、互联网、大数据和人工智能的发展亦面临诸多伦理问题挑战，如网络安全、个人隐私、基因修饰、合成生命、人工智能等，仿生设计在 AI 应用中所带来的伦理问题对人类社会的影响日益深远，不断呈现出潜在的伦理风险，从而引发我们对下文提到的相关问题进行思考。

1 AI仿生人体器官可能带来的技术成瘾问题

当人类遭遇疾病或者意外而导致身体致病致残时，或者当人们存在天生的身体缺陷问题时，仿生人体器官技术可以使人类重新获得健康。比如，犹他大学的研究团队开发了一种假肢腿，通过 AI 可以分析使用者在行走时的数据，预测与感知使用者打算进行的活动，从而协助被截肢者走得更平衡、更轻松，并让假肢自动适应使用者的动作与步伐，协助使用者跨越或避开障碍。近日，京东数科联合清华大学自主开发出一款可穿戴 AI 仿生手，通过神经接口实现与大脑的连接，帮助伤残人士完成像叠衣服、拉拉链、开关门、握笔写字等数十种日常用到的精细动作。毋庸置疑，AI 仿生技术正在让人类身体获得重新被塑造的可能，而这种再造是否会引发一些负面后果呢？当人类不再惧怕身体的病变时，会不会因此而不再努力改变自己不良的生活方式？会不会放弃循序渐进的健身方式？当人们对仿生器官的依赖成为习惯时，是否会导致自身能力的退化？更有甚者，人们会不会用健康的器官去更换机器器官，以便使自己变得更完美更强大呢？正如美容成瘾一样。由此带来的技术成瘾问题可能会导致人类对自我认知的混乱，AI 仿生人和人身体上的仿生器官使人类的自然属性日渐模糊，人类的进化将取决于科技的发展而不是优胜劣汰的自然法则。

2 AI创作者的知识产权问题

2018 年，美国的 AI 研究者斯蒂芬·泰勒分别向美国专利局（USPTO）和欧洲专利局（EPO）提交了专利申请，申报由他自己研发的人工智能 DABUS 独立设计发明的产品。结果美国和欧洲专利局都拒绝了这两项专利申请。拒绝理由都是在现行法律实行之下，只有人类才能申请并持有专利。这类 AI 创作者的存在并非个案，现在，谷歌已经可以通过 AI 来设计更加优化的芯片。2021 年初，医学领域的一项研究正是利用机器学习的方式从上亿个分子的库中筛选出一种强大的新型抗生素。AI 通过大量数据进行学习，研究学习结果并进行新的发明，最后创造出全新的知识、产品和工艺，这种发明对于人类而言是难以在短时间内实现的。但 AI 是非人类，一旦作为非人主体可以申请专利，那么这些专利所涉及的版权归属以及相关收益该如何分配等，会由此引发一系列问题。世界知识产权组织已经就"AI 专利权"的问题开始调研，希望能够尽快提出针对 AI 发明专利确认问题的解决方案并形成可以供公众执行的法律制度。

3 AI换脸技术导致真假难辨

AI 换脸技术就是利用人工智能算法，将一个人的脸合成到另一个人的视频中。该技术已经发展为包括视频伪造、声音伪造、文本伪造和微表情合成等多模态视频欺骗技术。这个技术的结果就是能够让任何人变成任何人，而且操作非常简单。利用这种技术，影视作品在后期制作中可以随意更换片中的演员而不用重新拍摄。换脸工具 Deepfake 风行全球后引发了诸如色情视频泛滥、欺诈手段更隐秘、身份识别困难和社会信任危机等方面的问题。2019 年 4 月，我国民法典人格权编草案二审稿提交十三届全国人大常委会第十次会议审议，其中对人体基因胚胎科研活动、AI换脸、人体试验、个人信息保护等问题作出了规范，民法典人格权编草案二审稿拟规定：任何组织或者个人不得以丑化、污损，或者利用信息技术手段伪造等方式侵害他人的肖像权。民法典人格权编草案二审稿对AI换脸的规定，是在对利用新技术的人和行为进行必要规范，对人工智能新技术的滥用敲响了警钟。

4 AI仿生人将对人类社会角色产生冲击

在未来，很多城市化比较强的，或者需要投入劳动比较多的职业一定会被人工智能取代，甚至一些人类社会的角色也会被人工智能取代。例如，2014年微软（亚洲）互联网工程院推出的微软小冰（即"红棉小冰"）是一款人工智能伴侣虚拟机器人。小冰具有多重身份：音乐人、主持人、诗人、儿童有声读物创作者、画家、设计师等。近日，小冰公司发布了面向个人用户的首个虚拟人类产品线，可定制每个人的虚拟男友，小冰框架要成为"虚拟人类"的操作系统，孕育出千千万万不同的AI个体为人类服务。未来微软小冰可按照每个人类用户的需求，为他们定制化地创造各种类型的人工智能虚拟人类，功能覆盖陪伴、情感交流、智能助手、内容创造等各种应用类别。除了微软小冰，在人机围棋大战中，AI也显示出了其超强的学习能力。2017年，人工智能棋手AIphaGO Zero以悬殊比分战胜了其同类AIphaGo Master，AIphaGO Zero从新手成为大师只用了40天。在短短几天内积累了人类数千年的知识，如此恐怖的学习能力让我们人类自愧不如。由以上案例可见，AI仿生人超强的学习能力，以及被人类设定的完美性格和工作能力，是人类穷极一生都无法超越的，这使得人类无法与AI竞争大部分就业岗位。

在2021年举办的CES2021国际消费电子产品展上，日本一家公司推出了一只毛茸茸的电子宠物——Moflin。Moflin手感好，还会互动撒娇，会发出萌化了的声音，做出可爱的动作，它几乎囊括了人们对于"可爱动物"的所有期待。Moflin拥有像动物一样的进化情感能力，它能够对主人的各种动作和声音做出不同的反应。AI宠物给喜爱宠物的人带来了更加多样化的选择，人们对真实动物的依赖可以转移到仿生宠物身上。人类也面临同样的问题，当人类可以与自己喜爱的人工智能机器人一起进行大部分社会活动时，人类是否还会去感受和选择爱情、婚姻、繁衍后代等？如果人类跟自己定制的AI仿生人交朋友或者谈情说爱，当人类陷入虚拟的情感中后，又该如何保持清醒的独立人格？在日本，被称为"日本机器人之父"的石黑浩教授及其团队研发的一款智能机器人，名为ERICA，被设定是一名23岁的女性，ERICA不仅漂亮，而且能与人流畅对话和表达情绪。随着科技的发展，类似于ERICA这样的仿生人将会被创造得越来越接近人类，直至最终融入人类社会而令人难以分辨。当仿生人与人类共同成为社会的主要构成角色时，人类的智慧是能否足以显示人作为高等生物的自然优势呢？人类在对待人工智能机器人与自然人时是否会产生错乱呢？人类是否能够有足够的科技力量掌控人工智能机器人而不会反被其操控呢？这些问题都值得我们深思。

5 AI对人类隐私的影响

人们如果想要享受AI技术带来的诸多人性和便利体验，就需要将自己的个人数据和网络行为越来越多地交给使用此技术的平台，科技让现代人进入了集体"裸奔"时代。以无人驾驶技术为例，乘客表面上虽享受到人工智能技术的便利，实际上只能被迫将出行习惯、工作地址等个人隐私上传给汽车服务商，从而失去隐私和自由选择的权利。谷歌的海量用户和数据是推进 AI 研发的最大优势和基石，其 Android 全球用户去年就超过了 20 亿（不包括中国大陆），而搜索、邮箱、视频、浏览器和地图等诸多产品几年前就突破了 10 亿级别。谷歌几乎免费为全球用户提供完整的一套互联网服务，而这些海量数据一旦泄露将会对当事人造成怎样的影响不言而喻。当人们使用数字设备时，传感器和人工智能无处不在地收集个人信息，可以说，现代人是用牺牲个人隐私来交换互联网科技所带来的便利和享受。

6 对AI仿生人的道德界定和法律规范

未来社会中，AI 仿生人会跟人类共同分享这个世界，如何通过法律法规或道德标准来规范人工智能的社会行为越来越值得我们深思，仿生人的决策有可能导致意外甚至犯罪，谁应当承担后果？又该如何制裁？人工智能的发明者又该面临怎样的法律权利与义务？这些问题都值得人类积极探讨。目前，全球针对新技术领域的法规显然已经滞后于现实发展，如何在技术发展和现实需求之间取得平衡，无疑对相关立法研究提出了巨大挑战。

著名物理学家斯蒂芬·霍金曾多次提出"人工智能威胁论"，他认为如果让机器获得超越人类智力水平的智能，就会对人类的主导性甚至存续造成威胁。人类社会即将进入人机共存的时代，人机关系问题实质上还是人与人的关系问题，即人与科技发明者的关系问题。如果对仿生设计在 AI 应用中的伦理性问题缺乏前瞻性的思考，那么很可能会引发一些难以控制的安全隐患。欧盟、日本等人工智能技术起步较早的地区和国家，已经意识到人工智能进入人类社会生活后将会带来的安全与伦理问题，并已着手开展立法研究。2019 年 7 月 24 日，中共中央深改委第九次会议审议通过了《国家科技伦理委员会组建

方案》，表明了我国对构建科技伦理治理体系前所未有的高度重视。在全球人工智能快速发展的当下，我们应该加快伦理规范限定和法律制约方面的研究，积极做好应对措施，明确人工智能应用中的法律主体以及相关权利、义务和责任，建立和完善适应智能时代的法律法规体系。

参考文献

[1]刘刚.中小学人工智能教育与教育人工智能化[J].中国现代教育装备,2019.18.

[2]吴静.人工智能算法在电信运营商用户信用评级中的应用研究[D].济南：山东大学,2019.

[3]龙坤，马钺，朱启超.深度伪造对国家安全的挑战及应对[J].信息安全与通信保密,2019（10）：21-34.

[4]刘胜男.智能机器人:正在悄然改变媒体生态[J].中国传媒科技,2015（9）：17-19.

[5]石霖，曹峰.人工智能发展带来的安全问题与策略研究[J].信息通信技术与政策,2018.（04）.15-17.

[6]李伦.技术伦理学：关切人类未来的伦理学[J].中国社会科学网：中国社会科学报,2020（9）.

[7]纪鹏冲.人工智能法学研究的当下困境分析[J].法制与社会,2021（02）:174-176.

[8]孙明春.人工智能技术发展中的伦理规范与行业自律[N].第一财经日报,2021-01-14(A11).

[9]姚万勤.人工智能影响现行法律制度前瞻[N].人民法院报,2017-11-25（02）.

数字虚拟角色认同感：仿生拟真度与物种的影响

神雨丹[1]，李金泽[2]

（1.北京理工大学珠海学院,珠海519088；2.北京理工大学珠海学院，珠海519088，曼谷吞武里大学，曼谷10170）

[摘　要] **目的** 基于恐怖谷理论观点，探讨数字虚拟角色的仿生设计中，仿生拟真度高低与仿生物种差异对虚拟角色认同感的影响。**方法** 采用量化研究方法，以2（仿生拟真度高／低）×2（是否人类仿生）二因子线上实验法进行数据收集，共收集有效样本342份，使用SPSS进行数据分析。**结果** 在数字虚拟角色的认同感上，高拟真仿生组与低拟真仿生组没有显著区别，但人类仿生组与非人类仿生组两者的平均分数达显著差异。针对人类仿生角色，高拟真度的人类仿生角色，其认同感、喜爱度均显著高于低拟真度的人类仿生角色。然而，针对非人类仿生角色，低拟真度的非人类仿生角色，其亲和力、喜爱度均显著高于高拟真度的人类仿生角色。**结论** 人们会受到拟真程度高低以及仿生物种差异的影响而对数字虚拟角色产生不同的认同感和喜爱度，以此实证研究为数字虚拟角色设计与相关数字产品开发提供理论支持，并提出设计实践建议。

[关键词] 仿生拟真度；仿生物种；数字虚拟角色；认同感；亲和力；喜爱度

1　研究背景与目的

恐怖谷（Uncanny Valley）理论预测，人们将对越来越多的仿生机器人产生青睐，但高度逼真又非真实人类的仿生形象会引发人们的不安和恐惧。类似于人类但不完全等同人类的人造角色唤起了观看者的负面认知和评价，这一观点随后在不同领域的研究中得到验证，包括数字虚拟角色的设计。

研究者从不同角度探讨这种恐怖谷效应的产生机制。类别不确定性观点认为，怪异感和恐惧感源于人们对所见的物体是什么类别表示怀疑，例如它是否具有生命，是否属于人类，类别感知

的模糊和歧义等。感知不协调理论则认为，人们对人类复制品形象感到恐惧，是因为其特征与人类相似性不匹配引起的。除了仿生人形象以外，研究者观察到非人类仿生物，同样具有恐怖谷效应。因此我们思考，仿生形象的现实相似性与仿生物种差异到底在恐怖谷效应中起了何种作用，以及如何影响人们的情感反应？

本研究运用恐怖谷理论观点，探讨数字虚拟角色的仿生造型设计中仿生拟真度高低与仿生物种差异对虚拟角色认同感的影响，以期为数字虚拟角色的设计开发提出有效建议。

2 文献回顾

此前研究发现，虚拟角色的逼真程度会影响人们对它的主观感受和认可接受。Kätsyri 等人对比了绘画人脸和 CG 人脸形象，发现不拟真的人脸触发了更大的镇定感，而逼真的 CG 人脸引起了微弱的恐怖谷效应。

有研究者聚焦于物种类别角度研究恐怖谷效应，针对非人类对象，或者试图让参与者将连续变化体细分为"人类"和"非人类"类别。Ferrey 等以两个实验测量了参与者对计算机生成的人类及动物形态的情感反应，发现经典恐怖谷效应的情感趋势在所有连续区域都发生了，包括非人类的物种类别。

此外，Ho 和 MacDorman 发现人的特征通常比非人的特征更讨人喜欢，人类相似度与喜好度之间存在高度相关性。因此，推出本研究的两个研究假设：

H1：高拟真度数字虚拟角色认同感低于低拟真度数字虚拟角色。

H2：人类仿生数字虚拟角色认同感高于非人类仿生数字虚拟角色。

Mori 在他的原始论文中将恐怖谷效应的因变量称为 shinwakan，但在此后的研究中，shinwakan 被翻译成不同的词，如熟悉度、亲和力、讨人喜欢和融洽的关系。被翻译出来的不同词语所代表的含义和测量题项并不相同，以至于恐怖谷效应的研究结果有时矛盾。

Cheetham 等的研究以熟悉度进行测量并没有出现恐怖谷效应，因为熟悉度随着人类形象的相似度增加，而模棱两可的人造角色的熟悉度并不遵循这种规律。Kätsyri 等因此认为测试恐怖谷效应时，应将主观亲和力与主观（而非客观）的人体相似性测量进行对比。

Kätsyri 等人研究者在电影片段中对比卡通、半现实和人类角色，发现卡通人物获得了最高的

陌生等级和最低的喜好等级。Yuan 等人分别使用 2D 卡通漫画虚拟形象和 3D 照片级虚拟现实角色形象进行亲和力、可信赖性和使用偏好研究测试，结果是参与者认为逼真的头像更加值得信赖和具有更高的亲和力，并且更喜欢将其作为虚拟代理。这些研究发现与经典的恐怖谷理论观点并不完全吻合。不吻合的原因值得进一步细分探究，因此，本文提出以下两个研究问题：

RQ1：不同拟真程度的人类仿生角色组，亲和力、认同感和喜爱度是否有显著差异？

RQ2：不同拟真程度的非人类仿生角色组，亲和力、认同感和喜爱度是否有显著差异？

3 研究方法

3.1 实验设计
本研究采用量化研究方法，以数字虚拟角色的仿生拟真度高／低、仿生物种是否为人类开展 2×2 在线实验。参与者被随机分组接触 4 种图片刺激物之一，根据所见图片填答问卷。

3.2 研究对象
本研究的研究对象为中国在校大学生和中高职学生，招募方式包括透过微信群组和课堂招募发放网络问卷。

3.3 实验流程
首先以六人焦点小组方式，讨论数字虚拟角色仿生设计的图片刺激物选择和仿生拟真程度差异。研究者根据焦点小组意见，从 8 种虚拟角色图片中选定 4 种作为实验刺激物，并将此结果作为在线实验前测的根据。

在线实验前测主要进行仿生拟真程度操弄，样本为 40 人小量样本。受测者被随机分组阅读其中一种数字虚拟角色图片，填答仿生拟真程度测量题项。受测者的仿生拟真程度感知平均分数达显著差异，完成正式实验之仿生拟真度操弄准备。

正式实验进行时间为 2020 年 11 月，参与者被随机分组接触 4 种图片刺激物之一，根据所见图片填答问卷，共收到有效数据 342 份。其中，男性 81 人（26%），女性 253 人（74%）。教育程度为中专生 79 人（23.1%）、大学生 255 人（74.6%）及研究生 8 人（2.3%），平均年龄为 19.4 岁。

3.4 实验刺激物

实验刺激物选自《底特律：成为人类》和《宝可梦》两款游戏中虚拟数字角色卡拉和妙蛙，以静态图片方式呈现，分别代表（1）仿生拟真度低 × 人类仿生；（2）仿生拟真度高 × 人类仿生；（3）仿生拟真度低 × 非人类仿生；（4）仿生拟真度高 × 非人类仿生。

3.5 变项测量

本研究测量了亲和力（参照 Kim, et al., 2012, Cronbach's Alpha：0.93）、认同感（包括相似性认同感、期望性认同感、临场体验认同感三个维度，参照 Van Looy et al., 2012, Cronbach's Alpha=0.96）、喜爱度（参照 Van Vugt et al., 2007, Cronbach's Alpha=0.94）和基本人口数据。除基本人口数据，其他变项测量采用李克特七点量表，1 表示非常不同意，7 表示非常同意。

4 分析结果

4.1 操弄检验

仿生拟真度的操弄检验以独立样本 T 检定进行，首先，仿生拟真度的 Levene's test 未达显著差异（$F=2.4$, $p=0.12$），显示样本的离散程度没有显著差异。数据显示，低拟真度组（$M=4.2$, $SD=1.44$）与高拟真度组（$M=4.8$, $SD=1.21$）的平均分数达显著差异（$t=-4.09$, $p<0.000$），高拟真度组的平均分数显著高于低拟真度组，显示操弄成功。

4.2 假设分析

本研究使用 SPSS 软件分析数据，研究假设一的检验以独立样本 T 检定进行。首先将（1）、（3）组样本作为低拟真度组，（2）、（4）组样本作为高拟真度组。在数字虚拟角色的认同感上，高拟真度组（$M=4.09$, $SD=1.64$）与低拟真度组（$M=4.04$, $SD=1.42$）没有显著区别（$t=-0.29$, $p>0.05$）。故 H1 不成立。

当（1）、（2）组样本作为人类仿生角色组，（3）、（4）组样本作为非人类仿生角色组，在数字虚拟角色的认同感上，人类仿生组（$M=4.26$, $SD=1.51$）与非人类仿生组（$M=3.86$, $SD=1.52$）两者的平均分数达显著差异（$t=2.43$, $p<0.05$），显示人类仿生数字虚拟角色认同感显著高于非人类仿生数字虚拟角色，故 H2 得到支持。进一步分析认同感的三个维度，结果显示：人类仿生组（$M=4.17$, $SD=1.57$）与非人类仿生组（$M=3.85$, $SD=1.58$）的相似性认同感无显著差异（$t=1.85$, $p>0.05$）；人类仿生组（$M=4.36$, $SD=1.69$）与非人类仿生组（$M=3.65$, $SD=1.75$）的期望性认同感显著差异（$t=3.81$, $p<0.000$）；人类仿生组（$M=4.26$, $SD=1.64$）与非人类仿生组（$M=4.09$, $SD=1.57$）的临场体验认同感无显著差异（$t=0.99$, $p>0.05$）（见表1）。

表1 不同仿生拟真度与仿生物种的数字虚拟角色认同感对比

Tab.1 Comparison of digital virtual characters acceptance of bionic verisimilitude degree and bionic species

维度	样本数（N）	均值（M）	标准差（SD）	t 值
仿生拟真度（Bionic Verisimilitude Degree）				
低拟真度（Low Verisimilitude）	181	4.04	1.42	−0.29
高拟真度（High Berisimilitude）	161	4.09	1.64	

维度	样本数（N）	均值（M）	标准差（SD）	t 值
仿生物种（Bionic Species）				
人类仿生（Human）	171	4.26	1.51	2.43*
非人类仿生（Non-human）	171	3.86	1.52	

注：*p < 0.05; ** p < 0.01; *** p < 0.001.

通过独立样本 T 检定分析低拟真度与高拟真度的人类仿生角色组的亲和力、认同感和喜爱度，结果显示在亲和力上，低拟真人类组（$M=4.60$，$SD=1.38$）与高拟真人类组（$M=4.66$，$SD=1.57$）无显著差异（$t=-0.29$，$p>0.05$）。在认同感上，低拟真人类组（$M=4.03$，$SD=1.45$）与高拟真人类组（$M=4.53$，$SD=1.55$）达显著差异（$t=-2.20$，$p<0.05$）。在喜爱度上，低拟真人类组（$M=4.23$，$SD=1.48$）与高拟真人类组（$M=4.80$，$SD=1.49$）达显著差异（$t=-2.49$，$p<0.05$）。也就是说，高拟真度的人类仿生角色，其认同感、喜爱度均显著高于低拟真度的人类仿生角色，而亲和力方面两者无显著差异。

低拟真度与高拟真度非人类仿生角色组的亲和力、认同感和喜爱度对比通过独立样本 T 检定进行分析，结果显示在亲和力上，低拟真非人类组（$M=4.97$，$SD=1.43$）与高拟真非人类组（$M=4.48$，$SD=1.65$）有显著差异（$t=2.08$，$p<0.05$）。在认同感上，低拟真非人类组（$M=4.05$，$SD=1.39$）与高拟真非人类组（$M=3.65$，$SD=1.63$）无显著差异（$t=1.74$，$p>0.05$）。在喜爱度上，低拟真非人类组（$M=4.66$，$SD=1.51$）与高拟真非人类组（$M=4.13$，$SD=1.69$）达显著差异（$t=2.18$，$p<0.05$）。也就是说，低拟真度的非人类仿生角色，其亲和力、喜爱度均显著高于高拟真度的人类仿生角色，而认同感方面两者无显著差异。（见表2）

表2. 人类/非人类仿生数字虚拟角色的亲和力、认同感和喜爱度对比

Tab. 2 Human/non-human bionic digital virtual characters affinity, acceptance and likeability of human

维度	样本	人类（Human）		非人类（Non-human）	
		低拟真度（LV）	高拟真度（HV）	低拟真度（LV）	高拟真度（HV）
亲和力（Affinity）	样本数（N）	91	80	90	81
	均值（M）	4.6	4.66	4.97	4.48
	标准差（SD）	1.38	1.57	1.43	1.65
	t 值	−0.29		2.08*	
认同感（Acceptance）	样本数（N）	91	80	90	81
	均值（M）	4.03	4.53	4.05	3.65
	标准差（SD）	1.45	1.55	1.39	1.63
	t 值	−2.2*		1.74	
喜爱度（Likeability）	样本数（N）	91	80	90	81
	均值（M）	4.23	4.8	4.66	4.13
	标准差（SD）	1.48	1.49	1.51	1.69
	t 值	−2.49*		2.18*	

注：*p < 0.05; ** p < 0.01; *** p < 0.001.

5 讨论、建议与研究限制

本文检视仿生拟真度和仿生物种差异对数字虚拟角色认同感的作用，研究结果表明不同的仿生拟真程度整体上对角色认同感没有显著影响。但是，仿生物种的差异对角色认同感发挥作用，人类仿生数字虚拟角色认同感显著高于非人类仿生数字虚拟角色。此发现与恐怖谷理论的经典论述不完全一致。可能的解释是恐怖谷效应最初的构想主要针对类人角色提出，它并不能涵盖所有的非人类物种，因为人类对自身物种的识别更加敏感。此外，除了拟真度高低以外，人们对数字虚拟角色的主观感受存在复杂的机制。例如，个人对某物种原有好恶情感等影响因素，在恐怖理论里并未得到充分讨论。

本研究同时测量了恐怖谷效应中经常混用的几个因变量，参与者对亲和力、认同感、喜爱度的认知结果并不相同。测量变项的厘清和对比，有助于对恐怖谷理论意涵加以扩展，重新思考并可能提出新的解释。

本研究的另一个有趣发现是面对人类与非人类的仿生造型，人们的喜好态度完全不同。围绕以人类为仿生原型的数字虚拟角色，相比拟真度低的二维角色形象，人们对在材质肌理、结构比例上拟真度高的三维角色形象有更强烈的认同感和更高的喜爱度。然而，针对以非人类动物为仿生原型的数字虚拟角色，人们认为更卡通化的低拟真二维角色亲和力更佳，对其喜爱度也更高。也就是说，对于数字虚拟角色的设计开发，若是人类形态仿生，建议采用高拟真度风格和形式。相反，如果是非人类形态的仿生造型设计，建议采取更卡通化的低拟真方式，才能有效避免恐怖谷效应，获得人们更多的青睐。

本研究限制至少包含以下两项。第一，作为刺激物的数字虚拟角色以静态图片方式展示，并且数量非常有限。未来研究可考虑增加动态型或者互动型数字虚拟仿生角色，以符合实际设计与使用情境。第二，此研究所收集有效样本大多数是大学生样本，平均年龄约20岁，这是相对年轻的便利样本。针对不同年龄阶段的观看者与使用者，仿生拟真度与仿生物种差异对角色认同感的影响或许不同，值得未来进一步研究。

参考文献

[1]Mori, Masahiro. Bukimi no tani [J]. Energy, 1970, 7：33-35.

[2]Chattopadhyay Debaleena, Karl F. MacDorman. Familiar faces rendered strange: Why inconsistent realism drives characters into the uncanny valley[J]. Journal of Vision, 2016 (11)：7.

[3]Kätsyri Jari, Beatrice de Gelder, Tapio Takala. Virtual faces evoke only a weak uncanny valley effect: An empirical investigation with controlled virtual face images[J]. Perception,2019,48(10)：968-991.

[4]Ferrey Anne E., Tyler J. Burleigh, Mark J. Fenske. Stimulus—category competition, inhibition, and affective devaluation: a novel account of the uncanny valley [J]. Frontiers in Psychology, 2015, 6：249.

[5]Ho Chin-Chang, Karl F. MacDorman. Revisiting the uncanny valley theory: Developing and validating an alternative to the Godspeed indices[J]. Computers in Human Behavior, 2010, 26 (6)：1508-1518.

[6]Cheetham, Marcus, Pascal Suter, et al. Perceptual discrimination difficulty and familiarity in the uncanny valley: more like a "Happy Valley"[J]. Frontiers in Psychology, 2014, 5: 1219.

[7]Kätsyri, Jari, Meeri Mäkäräinen, et al. Testing the "uncanny valley"hypothesis in semirealistic computer—animated film characters: An empirical evaluation of natural film stimuli[J]. International Journal of Human—Computer Studies, 2017, 97：149-161.

[8]Yuan Lingyao, Alan Dennis, Kai Riemer. Crossing the Uncanny Valley? [C]. Proceedings of the 52nd Hawaii International Conference on System Sciences, 2019.

仿生表演学在数字合成影像技术中的应用与传播

靳志刚[1]，陈燕[2]

（1.中国戏曲学院导演系 北京 100073；2.中国戏曲学院新媒体艺术系 北京 100073）

[摘　要] 仿生表演学与数字影像技术融合是时代发展的必然结果。**目的** 表演源于两千多年前的古希腊，在宗教祭祀上演员们穿上皮毛画上胡子，模仿动物的神态，最惟妙惟肖的那个演员获得的掌声最多，这就是最传统的仿生表演，将现代仿生表演与数字影像技术结合可以促进二者的发展。**方法** 现代仿生表演将"动物模拟"作为重要的训练手段，达到演员内心与外部形体的统一，结合影像合成技术，将表演与科技空前融合最大限度满足观众的视听感受。**结果** 电影诞生以来，人类以多种可能达到的方法，将抽象多义的理解投射到物质的电影胶片上。随着技术水平的日趋完善，数字影像合成科技与仿生表演这项古老的艺术手段飞跃式融合将是一条必经之路。**结论** 随着数字时代的进步发展，仿生表演将以各种形式走进人类的生活，要从艺术与技术相融合的角度入手，从理论到实践对此领域进行深入探索，提供全方位的研究。

[关键词] 仿生表演学；动物模拟；数字合成；影像；四度空间；镜像

引言：表演最初源于两千年前人类对大自然的敬畏，正是未知激荡起人类的好奇心才产生了原始的模仿。仿生学既是一个科学领域也应该是一个艺术范畴，在这样的背景下应运而生了仿生表演学，它将表演回归到认识大自然的本真阶段。在 5G 来临的大时代背景下，如何将仿生表演学与数字合成影像技术发挥出更大的应用功能是需要着重思考的问题。

1 仿生表演学在当代社会中的实践与应用

1.1 仿生表演学是真实的内心感受

仿生学这个词汇从 20 世纪 60 年代被确认，

之后随着时间的推移它被赋予更多的理论属性，它不是一个独立存在学科，而是一个综合概念的总成，与它并列前进的还有很多不同的专业方向，其中表演也与它有着千丝万缕的联系。

表演从模仿开始，演员从生活中观察身边的小动物，熟练掌握它们的坐卧行走，研究动物的骨骼结构，用自己的肢体展现动物的外部形态，而且还要体验它们的内心感受。这种模拟仿生表演通过真实的形体动作与丰富的内心感受，强化演员的肢体表达能力，训练演员的真实情感体验与感受。艺术来源于生活，更来源于自然。演员表演从来就没有离开过"仿生"，不仅要模仿动物，还要模仿植物，这样的模仿不仅是一种训练手段，更是一种创作成果。

1.2 仿生元素一直渗透在我们身边

演员既是创作者又是最终的呈现者，演员具有双重身份，它是整部作品中最重要的环节。艺术创作过程中演员需要提取不同的灵感和创作素材，而最直接的创作灵感莫过于对于自然界的提取。仿生学为人类科技发明、工程原理创作带来了灵感来源和重大帮助，还将艺术创作带入一个全新的研究领域。虽然仿生学这门学科建立的时间不长，但仿生元素却从原始社会开始就与人类的艺术文化和社会文化有着密不可分的联系。仿生学是从复制自然以及从自然界获得想法以及提供灵感的学科。而在表演创作不断发展过程中，仿生元素也一直与表演保持着密切的联系，表演不仅是对自然的模拟，更是从原始社会的文化中汲取营养。

仿生表演其实很早就已经走入了我们的生活，只是它离我们太近以至于都没有引起我们的关注。电视剧《西游记》里面机灵顽皮的悟空与憨实呆蠢的八戒应该算是最早的仿生表演了。

2 数字合成影像实现了将仿生表演艺术与科学技术的终极融合

2.1 数字电影与电影中的数字技术

数字电影（Digital Film）指电影前期拍摄、后期制作以及成品的放映全部采用数字技术拍摄制作完成，在电影后期特技合成运用计算机处理数字化后的音、视频信号的方法，实现的特殊效果。数字技术最早被应用在电影业中主要是在电影制作后期用来进行特技的制作和合成，它在电影制作过程中的功能主要可分为两类：（1）直接用电脑创作并生成影片中所需要的影像对象，主要是指 2D、3D 电脑动画（Animator）技术，例如，《侏罗纪公园》中的"恐龙"形象、《异形》中的"异形"等；（2）用电脑对摄影机拍摄图像进行处理，产生影片所需的视觉效果，主要指影像合成（Composite）技术。

2.2 数字视觉影像合成镜像

镜像是指一组连续镜头中的画面影像，这里的影像专指数字技术处理后合成的连续画面。电影数字合成技术是为电影画面特技视觉效果更臻完美而运用的高科技手段。它是建立在高画面品质（高分辨率和高色彩位深）、高运算速度基础上的数字复合影像。数字视觉影像的合成是当代影视剧特殊效果制作中占比最大的部分。过去用传统的光学方式进行影像合成，合成的影像越多，画面质量越差。而如今因数字技术的应用，影像合成质量和特殊效果等都使电影的表现力得到很大的提高。作为电影数字视觉影像的手段，画面的合成效果有着不可动摇的重要地位，它已不再是被动地拼贴，而升华为有意识的视觉影像的创造。《阿甘正传》中阿甘跟总统握手的场面是展示数字合成技术无限应用潜力的最好例子。

3 仿生表演学与数字影像合成法

3.1 安迪·瑟金斯的仿生表演创作方法

说到仿生表演，那就不得不提起英国演员安迪·瑟金斯。在 2004 年电影《金刚》中安迪被安排为动作捕捉金刚一角，接到这个任务后安迪每天都到伦敦动物园和 4 头大猩猩朝夕相处，他尝试着与猩猩进行情感沟通，两个月后这几只大猩猩已经熟识了每天给它们带来可口美食的朋友，见到安迪时嘴里都发出欢快的声音，形体也异常兴奋。安迪还专门去自然博物馆研究大猩猩的骨骼结构，与动物学家探讨猩猩的智力与情感等问题。并模拟搭建猩猩生活的场景，进行大量跳跃与翻滚训练，以此熟悉猩猩的形体表达。但是，电影中的金刚是一只长期在外生活没有被驯化的大猩猩，最终，安迪决定去卢旺达寻找野生山地大猩猩。在当地向导的帮助下安迪看到了野生大猩猩，这让他亢奋不已，他把观察到的仔细记录下来，回到营地又进行了对比性的训练。经过这次的野外观察仿生训练，安迪对大猩猩的认知程度已经堪比一名专业人士。由于长时间的形体仿生模仿训练，安迪的气质都开始发生变化，很多朋友见到从卢旺达回来的安迪都会大吃一惊，平时温文尔雅的安迪不见了，出现在他们面前的是一个目光犀利，有着原始光芒的野人。导演约翰逊这样形容他："当我喊开拍时，我甚至都不敢再凝视安迪的眼睛，他的眼睛是有杀伤力的，我们都像害怕金刚一样害怕他，我不知道下一秒会发生什么"。最终，安迪在剧中把金刚演绎得活灵活现，安迪就是金刚，金刚也正是安迪。

3.2 仿生表演法与数字捕捉技术的融合

2017 年，好莱坞科幻大片《猩球崛起 3》上映，观众被电影中 2 000 多只猩猩的场景震撼，里面的大猩猩会说话、骑马、开枪打仗。安迪扮演猩猩领袖凯撒，他再一次用自己"影帝"级别的仿生表演征服了全世界的影迷，细腻的肢体语言、狂野逼真的外部表现让观众时常恍惚自己是在一个真实的还是虚幻的空间。

在安迪之前，动作捕捉只是个纯技术工种，是他通过指环王里的咕噜、金刚、猩球崛起里的凯撒等一系列传神的演绎，将其变成一种独特的艺术。安迪认为，表演捕捉和真人演绎一样，关键是对角色心理的揣摩，其次才是通过动作和神情去表现。动作捕捉更准确地说应该是数字化妆手段，可以让演员饰演之前演不了的角色。但演员是动作捕捉的核心，没有了不起的演员，动作捕捉就无从谈起。因此，技术只是手段，而仿生表演才是精髓。

4 仿生表演学与数字合成影像的未来

21 世纪应该树立大仿生的学科概念，它应该包含对艺术、自然和精神领域的探索。在这样的环境背景下将表演学与仿生学结合起来，充满

了未知探索的空间。仿生表演学与数字影像的结合把人类的创造力推向了一个更高的领域，让之前在脑海中游动的思想变成眼睛能看到的现实，这是一次艺术与技术超越性的壮举。这样的合成应用促进了电影、电视的高速发展，引领了整个行业的蓬勃兴起。将仿生表演学设定为创作基础，数字合成影像就是一种手段，将仿生元素融于现代生活中将成为下一个时代的热点。

4.1 仿生表演学在现代教育的辅助与应用

现代教育是一种创新的手段与模式，最终目的就是要最大限度地教育和感化人。在这样的语境下，结合知识类型传授的手段，加上仿生表演学的介入可以大力开发教育的深度与广度。在不远的将来，科学课上我们可以走进蜜蜂的生活，通过数字技术走进蜂巢，看一看蜂王和蜂后的家是什么样子的；有一天对大海感兴趣了也可以跟随小丑鱼一起去感受海洋的魅力。这一切都可以通过仿生表演和映像来完成，之前深不可测的领域在技术与艺术结合那一刻都变得可能，它不仅仅是一段可以观看的视频，更是一种可以走进的生活。

4.2 体育运动与游戏开发设计与应用

现代电子游戏引进仿生表演，抛弃了之前游戏中造型虚假、动作僵硬的顽疾，使用捕捉和合成技术最大限度地使场景与人物更为逼真。随着游戏产业的发展，需要大量的仿生表演体验，培养大量游戏设计开发程序员具有仿生表演学的知识，将数字游戏产业带入更高领域。

追求身体健康是人类锲而不舍的最高理想，跳舞机就是通过视频中的人物或者动物的模拟起到锻炼的功能。为了适应当代的需要，要做定向人群的设计与推广，不同定位要有不同的仿生表演体验。如为了提高专业游泳运动员的成绩，让他们模仿海豚的游泳节奏，使用仿生表演法刺激运动员的大脑，产生心理暗示，可以使运动员在

身心的控制中创造好成绩。

4.3 仿生表演为当代装饰人文设计提供深度情感体验

从仿生学的起源与发展进行分析，找出自然元素与社会元素并融入其中，这样的设计理念早已深入人心。对待仿生设计的最好态度就是捕捉和研究，从表演学创作理念中挖掘与仿生学相关的元素，进一步通过对仿生表演学中的衍生形式进行分析归类，也是当下艺术设计研究中的一大亮点。作为一名优秀的艺术设计师，首先你要对设计的作品有原始情感，应该带着温度去创作才能做出有温度的作品。就像一个好的编剧他（她）一定要用真心去体验自己笔下的人物情感才能写出打动观众的语句一样，运用仿生表演学也会让你对自己从事的领域保持高度的热情，身临其境地感受创作的魅力，这是其他手段与方法所不能够给予的。

4.4 仿生表演学对情感交流与心理健康的互动辅助

最近看到一则新闻，在韩国一档电视栏目中妈妈因为车祸失去了年仅五岁的女儿而悲痛欲绝，栏目组决定帮助妈妈把女儿"复活"。一个专业的团队把她女儿的照片通过扫描建模，在女儿五岁生日的当天让她出现在妈妈面前，妈妈戴着VR眼镜和女儿一起过了生日，并且合唱了生日快乐歌，最后女儿化成一只蝴蝶飞走了，通过电视直播无数人流下了激动的眼泪。团队就包括了仿生表演专家和数字影像合成的工程师，情感关怀才是艺术和技术的最高境界，这个事件也给我们指出了今后仿生表演学的专业走向，唯有真情才是打动我们的力量。

5 结语

时代的进步，社会的发展，科学技术已经悄然融入了我们的生活中，并且正在默默地改变我们对未来的认知。传统与现代，科技与文明正环伺在我们左右，唯有抱着包容开放的态度才能正视把握前进的方向，这才是一个多元而丰富的世界。

参考文献

[1]顾建华，张占国.美学与美育词典［M］.北京:学苑出版社，1999：2.

[2]许南明.电影艺术词典［M］.北京：中国电影出版社，1986：12.

[3]王淑琰，林通.影视演员表演入门［M］.北京：中国广播电视出版社，1998：6.

[4]欧纳斯特·林格伦.论电影艺术［M］.何力，李庄藩，译.北京：中国电影出版社，1993：10.

[5]玛丽·奥勃莱恩.电影表演［M］.纪令仪，译.北京：中国电影出版社，1993：1.

[6]贝拉·巴拉兹.电影美学［M］.何力，译.北京：中国电影出版社，2000：5.

[7]林洪桐.表演艺术教程［M］.北京：北京广播学院出版社，2000：3.

[8]C·格拉西莫夫.电影导演的培养［M］.富澜，译.北京：中国电影出版社，1991：1.

[9]雷·哈里豪森.电影概念艺术［M］.徐辰，译.北京：北京联合出版公司，2005：4.

[10]阿波罗.帝国崛起电影艺术设定画集［M］.带泽胜，译.北京：中国长安出版社，2014：7.

镜花水月——漫游人工神经网络的迷幻仿生实境

陈弘正

（山东职业学院，济南 250104）

[摘　要] 2015 年谷歌发表了以人工神经网络深度学习为基础的"深度梦境"演算法，这是一个反转了传统图像辨识的特征撷取路径，改由人工神经网络反演出隐含的图像特征，并反复迭代、强化、深化后将原图像映射至一个有着迷幻动物、几何造型镶嵌其中的异世界。这种如梦似幻的视觉奇遇展示的绝不仅仅是一种争奇夺艳的图像处理滤镜这么简单，它所启发的是透过仿生的人工神经网络如何看待及演绎世界的观点。这样的观点进一步构造了一种以物种特征重新组装、拼贴甚而突现的仿生视界。本文将透过实例的演算来深入凝视这样一个个奇特又迷人的场景，并试图找出通往此一迷幻世界的钥匙。

[关键词] 深度梦境；人工神经网络；人工智能艺术；观光凝视

引言：谷歌于 2015 年公开的深度梦境技术应用预先训练卷积神经网络 ImageNet 及深度学习库 Caffe，透过反向及迭代式的运算神经网络的梯度上升响应，使输入图像摇身一变成为充满由演算法产生的幻想物体——鸟类羽毛、狗眼、城堡、建筑相融合的奇幻梦境；这种运用模仿人类大脑视觉认知运作的人工神经网络构建的各种特征神经元，作为图像转化为无尽的镶嵌着生物或其他真实物体的特殊"视界"，不仅仅是作为另一个供大众茶余饭后猎奇的话题，其隐含的仿生观点的视角引起许多计算机艺术家、仿生艺术家的关注与思考。

1　谷歌深度梦境原理及简例

传统的图像人工神经网络的原理为透过多层神经元堆叠成的网络，在巨量输入图像下逐步调整网络权重以达到辨识的目标。每一层神经网络由浅至深对应图像的不同层次的图像特征，如边缘或角通常属于较浅层的特征。动物耳朵、眼睛则属于较深层神经元辨识出的结构，近年来风行的深度学习即透过此层层加相的原理让演算法辨识出目标物件的完整信息。而深度梦境演算法的思维则反其道而行，它透过事先训练的网络，寻找输入图像中相似的特征，以香蕉为例，透过深度梦境演算法，抽取图像中类似香蕉的特征，进一步将其调整为神经网络认为香蕉应该有的样子。这个调整过程主要是透过原始图像在神经网络中一次又一次地迭代，最终类似香蕉（或其他的已训练好的物件或特征）的幻觉结构会在原图像中突现出来，这个过程就像梦境般，真实与虚拟的物介再难有区别。

从谷歌目前公开的线上深梦产生器来看，我们可以透过指定不同的神经元层来强化相异抽象级别的特征，也就是说所产生的梦境特征的复杂程度取决于所选取的神经元层级。一般来说，较低层次的图层往往会产生笔画或简单的类似装饰的图案，因为这些图层对边缘和方向等基本特征很敏感。而对于较深层次的图层而言，它们将足以在图像中突现或镶嵌局部的复杂特征，甚至是完整的物体；而以这样的结果作为输入图像至网络中迭代运算，会促成一个强化特征或形态的反馈回路。举例来说，一开始有点像一只鸟的一朵云或是一部分云，借由这样的反馈回路，会愈加强化自身的特征使之更像一只鸟。这种"过度解释"的机制正如梦境的生成一般，日有所思，夜有所梦，甚至是放大其在真实世界的大小或特征。

有趣的是，由于原先谷歌的深梦其图像识别的能力源自著名的数据集 ImageNet 的一个较小的子集。这个子集主要是由包括 120 个犬类的细粒度分类而来的，而这也是目前深梦中常出现狗的造型的主要原因。此外，使用这项技术，我们可以做的不仅仅是观察云而已。我们可以将它应用于任何类型的图像。由于输入的特征会使神经网络偏向于某些特征的解释，所以结果会因图像的种类而有很大不同。例如，水平线上往往趋于填满了塔楼和宝塔，岩石和树木变成了建筑物，以及鸟和昆虫常常会出现在树叶的图像中。

图 1 为本研究运用谷歌深度梦境线上产生器计算的仿生实境示例。图 1 (a) 取材自山东职业学院冬日的雪景，照片的特点为两侧的树与覆雪的人行道，马路中一红衣人为照片中的亮点。由左向右分别是原始照片及第一次、第三次计算的照片。图中间为第一张深梦作品，采用最正常 (Normal) 的起始深度 (Inception depth)，这里的正常谷歌并无明确指出其量值，仅作为相对值的参考，此外，此作品对应的神经网络层深度为 15 层。第二张图 (图的右侧) 则为由前一张作品迭代二次的计算结果。仔细观看二次迭代的变化可以发现几点特征：(1) 两侧树干的枝干交会处会出现各种犬类的头，大小及种类不一；(2) 各式不同类型的眼睛随机出现在画面中，除了前项犬类头上的眼睛外，天空、地面、雪地里都可以看到；(3) 随着迭代深度的增加，画面中央突现出一个类似犬头但蛇身的奇特生物。图 1 (b) 取材自台湾地区苗栗的鸣凤古道，照片中有着明显的光影对比及数量庞大的树叶，可借此测试深度梦境的演算法对此类特征的响应，此系列

（a）

（b）

图1 谷歌深度梦境仿生示例

Fig.1 Google deep dream bionic example （a）Scene in the snow；（b）Mountain forest path

（a）雪中即景；（b）山林小径

图像的设定方式同上雪景的设定，可借以比较不同照片下迭代所造成效果的差异。其特征简述如下：（1）在原图中前景的阴影区域（包括照片左前方的大石头及右前方的树木）皆浮现深黑色的犬头，而远景（左上角）较明亮的区域则浮现两只肤色淡（白色、黄色）的小型犬；（2）照片中央上方树叶密布处浮现与上一例类似蛇身（或似青蛙的下腹部）、前方大石左侧阴暗处布满似青蛙的生物，另外也意外地出现一只站立在中间大石上的橘黄色鸟；（3）眼睛特征充斥整个画面，包括地面步道、大树树干、远方大片光亮处等。简而言之，深度梦境演算法确实将一些特有的特征或造型放大其特点，随着迭代次数的增加，图中将显现出更多仿生的奇幻生物。

2 《溪山渔隐图》深度梦境的观光凝视

图 2 为《溪山渔隐图》与其深度梦境图像的比较，在此仅列出原画第三段卷尾部分。此画为明代画家唐寅创作的一幅绢本设色水墨画，乾隆御笔题诗，诗曰："或憩溪亭或漾舟，竿丝原不为槎头。底须姓氏询张孟，总是人间第一流。"而唐寅则题曰："茶灶鱼竿养野心，水田漠漠树阴阴。太平时节英雄懒，湖海无边草泽深。唐寅画。"本画主题可概分为秋季、湖海、山石、树木、扁舟和茅屋、烹茶、饮酒、垂钓、横笛等 9 类，其构图上表现大开大合，通过留白、烟云分开、墨法调节、拉大浓淡差距等手法，来加大空间感和疏朗感。全卷构图采用三段式。第一段描绘一片生长着丹枫青松的山坡与突出溪上的奇树；第二段描绘的是溪山的景色和人物的活动，特别是山石与瀑布溪涧的描写颇为动人；第三段回到人与自然景物的互动，亦点明此画映照出的画家心境。

为了更好地捕捉及转化《溪山渔隐图》中的特征及笔触，采用以谷歌深梦为基底开发的 Deep Dreamer 软件，其中针对不同的特征有较针对性的刻画。图 2（b）为强调结构特征的深梦图像，以游客凝视的观点可以归纳几点：（1）部分岩石与树木变成的建筑物，画亮点的茅屋成了精致的欧式别墅，岩石则转化为同色系的植被，零星的小凉亭和车辆在别墅旁出现，充满了田园风

（a）

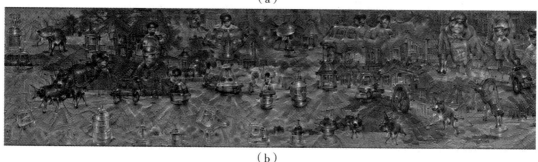

（b）

图2 《溪山渔隐图》与其深度梦境图像的比较
Fig.2 Comparison between *Hermit Angler on a Mountain Stream* and its dream image

格；（2）画中的一叶扁舟与其上垂钓的老翁化身为庭园中的小车与园丁充满趣味；（3）水面波光潋滟化身为波纹状的地表及植被，其几何走向与地表的物体（车辆、动物等）一致、错落有致；（4）在各处皆有眼睛样子奇特的似人生物及似犬生物，也有好几只生物拼凑而成的四不像生物。以游客凝视的观点来看这一幅奇特／奇趣的《梦境——溪山渔隐图》颇有童趣，不似以照片生成的景像那样奇幻，反倒成为一幅象卷轴式游戏的场景图，令人惊喜。

3 结语

本研究重新思考谷歌深度梦境演算法中存在的仿生运算思维，以人工神经元为基底的机器学习架构标志了以仿效人类智能的起点，特别是视觉图像辨识上，多层次的神经元代表不同层次的图像特征；而深度梦境演算法反其道而行，运用梯度上升修正输入图像的管道将神经元辨识的特征嵌入，再多次迭代出类似梦境的局部放大、奇幻动物等图像。这个过程代表着仿生神经元所突现的虚实交杂的仿生之物的形成机制，如同镜花水月般，在作品与观者之间形成一个奇妙且个人的凝视体验；而将深度梦境演算法运用于中国水墨化的仿生实境更是展现了令人惊喜的效果，本研究限于篇幅只能略作着墨，未来将持续探索水墨画人工智能特征撷取、辨识以至于生成的研究工作。

参考文献

[1]Keisuke Suzuki, Warrick Roseboom, David J. Schwartzman, et al. Hallucination machine: Simulating altered perceptual phenomenology with a Deep-Dream Virtual Reality platform [J]. Artificial Life Conference Proceedings, 2018(30): 111−112.

[2]Keisuke Suzuki, Wanick Roseboom, David J. Schwartzman, et al. A Deep-Dream Virtual Reality platform for studying altered perceptual Phenomenology [J] .Sci Rep, 2017(7): 15982.

[3]B. Ashalatha, M. Babu Reddy. Fusion of images based on DeepDream of CNN and laplacian pyramid [C]. International Journal of Innovations in Engineering and Technology, 2018(10): 106−109.

[4]Steve DiPaola, Liane Gabora, Graeme McCaig. Informing artificial intelligence generative techniques using cognitive theories of human creativity [J]. Procedia Computer Science, 2018(145): 158−168.

[5]Feng Tao, Xiaohui Zou, Danni Ren. The art of human intelligence and the technology of artificial intelligence: Artificial intelligence visual art research [P]. International Federation for Information Processing, 2018(539): 146−155.

[6]Adam Roberts , Cinjon Resnick, Diego Ardila , et al. Audio DeepDream: optimizing raw audio with convolutional networks [C]. International Society for Music Information Retrieval Conference, Google Brain, 2016.

[7]Aaron Hertzmann. Can computers create Art? [J] Arts,2018(7): 18.

[8]Ernest Edmonds. Algorithmic art machines [J]. Arts, 2018(7): 3.

[9]Ahmed Elgammal, Bingchen Liu, Mohamed Elhoseiny, et al. CAN: Creative adversarial networks generating "Art" by learning about styles and deviating from style norms [C]. International Conference on Computational Creativity, 2017.

[10]Seymour Simmons. Drawing in the digital age: Observations and implications for education [J]. Arts, 2019(8): 33.

[11]Alexander Mordvintsev , Christopher

Olah Mike Tyka. DeepDream － a code example for visualizing neural networks [EB/OL]. https://tinyurl. com/yy2eopmx.

[12]Alexander Mordvintsev，Christopher Olah Mike Tyka. Inceptionism: Going deeper into neural networks [EB/OL]. https://tinyurl.com/ycwvtbmq.

[13]刘俊利. 基于TensorFlow 的Deep Dream模型研究与实现[J].现代计算机，2019（9）:92－95.

CHANG Xin-yuan. Research and implementation of Deep Dream model based on tensorflow [J]. Modern Computer, 2019(9):92－95

[14]张眠溪. 唐寅《溪山渔隐图》考析[J]. 中国书画, 2013,9.44－63.

[15]单国强. 古书画史论集[B]. 紫禁城出版社, 2004.12：193.

[16]J. Urry, J. Larsen. The tourist gaze 3.0 [B]. Sage Publications, 2011:283.

第二部分
Part II

3D打印技术与材料、可持续设计与仿生设计

4D打印技术的艺术设计应用及展望

李囡囡，王爱莉

（大连工业大学，大连 116034）

[摘 要] **目的** 随着科学技术的逐渐发展和完善，智能材料与技术带来了个性化设计，本文主要研究与探索 4D 打印技术在艺术设计领域中的应用进展。**方法** 对相关专业文献资料进行综合整理，回顾性总结 4D 打印技术的概念、现状和优势，分析在文创产品设计、当代艺术首饰设计、产品效果展示等方面的应用。**结论** 4D 打印技术打开新的创意空间，同时简化制造环节，提高了艺术设计的效率，为艺术设计产业带来了全新的发展方向。艺术家、设计师可以探索与材料的互动方式，未来智能材料自组装设计多变的各种可能性，创造新的美学价值。4D 打印技术改变传统生产过程，打开商业形态模式的新局面，因此该技术的发展会对艺术设计领域带来新的历程。

[关键词] 4D 打印技术；艺术设计；应用及展望

引言：随着时代科技发展的进步，4D 打印技术不仅体现在对作品的完整打印上，也能使艺术作品的灵感转变成现实直观地展现出来。当前 4D 打印技术在艺术设计上的应用还处于不成熟的阶段，有许多技术和材料问题有待思考和改进，但 4D 打印技术对艺术领域方面的设计依然有非常大的影响。

1 4D打印技术的概念

4D 打印与 3D 打印的区别在于多了一个时间纬度，而第四维度是可以让物体根据时间的变化进行自我改变。在使 4D 打印时，设计师可以利用相关软件设置打印的时间和模型，随后会根据触发介质刺激把材料变形为设定模型的形状。更加通俗地讲，4D 打印技术是能够自动把材料进行变形，设计师把设计的模型放入物料中，4D 打印不需要连接任何设备，可以直接进行自动折叠成所需要的形状。其中形状记忆聚合物材料是 4D 打印技术中最为关键的部分。

2 4D打印技术的现状以及特点

2.1 4D 打印技术的发展现状

从现阶段来看，在大众视野中普遍认知的是 3D 打印技术，4D 打印技术出现的时间相对来说比较短，但是 4D 打印技术的发展速度在逐步上升。麻省科技设计公司研发的会根据穿着者体型进行自我调节的 4D 裙子是艺术设计应用成功的第一件作品，它开启了 4D 打印时代。随后 4D 打印技术在各国发展开来，各个国家也在积极地对 4D 打印技术存在的问题进行分析、研究和改进。

2.2 4D 打印技术的优势

4D 打印技术能够在很大程度上降低制造、原料、人员的成本，在应用时只需把设计的内容放入智能材料中。4D 打印会随着时间进行自主变形，打印出设计师所设计的内容，直接成型，减少了时间和人员的消耗。在一定程度上能够更好地传递设计师的艺术情感，把艺术家的抽象思维变成现实，让艺术家的思想得到切实的体现，也能够使艺术设计得到更加广泛的认同和应用。4D 打印技术还可以解决设计和制作上的难点，利用形状记忆聚合物材料把艺术设计者的思维设计精髓展现出来，通过把它们最小化，解决工艺制作人员的难题。并且还可以进行各种材料的不同搭配，让艺术作品走在艺术时尚界的前沿阵地。

3 4D打印技术在艺术设计上的应用

3.1 在文化艺术产品设计上的应用

随着我国对传统文化和国学重视度的提高，人民也跟随着国家的脚步开始追求生活品质和精神文明，文创产品逐渐出现在大众的视野中。尤其是文创产品的设计要求比较高，既要体现出我国历史文化，传达出民族美和地域美，也要符合当前大众的审美观念，把文化韵味和经济价值进行有机结合，工艺制作和设计要求比较高，而 4D 打印技术可以有效地解决这些问题。例如，最近销售和口碑比较火爆的故宫口红在设计和制造中应用了 4D 分层打印技术，把设计模型放入物料中，设定相应时间，可以将口红外壳中的图形和细节根据设计师的思维直观地用实物展现出来，既能够让设计师的思维得到准确的应用，也可以减少工艺制作上遇到的难题，节约成本。

3.2 在当代艺术首饰设计上的应用

随着社会经济的快速发展，首饰业的市场也在逐步扩大。从发展现状来看，首饰业的市场不再是只面对女性消费者，很大一部分首饰企业也开始转向男性消费者，尤其是在一些价值比较贵重和实用性比较强的首饰上，部分男性的消费比例远大于女性。尤其是当代的审美观念在逐渐简约化，要求设计师在简约大方中体现出首饰的美，还要增加首饰的实用性，这对当代首饰设计和制作的要求提高了一个档次。对此，设计师们采用 4D 打印为当代艺术首饰业注入活力。例如，在首饰原材料的选取上增加了多样性，利用 4D 打印技术，可以使各种材料进行无限、不同种类的搭配，如把陶瓷和金属进行搭配，设计出简约大方的手表或者项链，利用 4D 打印把材料进行自主变形，随着时间的推移达到所需要的形状。

3.3 在艺术设计产品效果展示上的应用

在传统艺术设计作品工艺制作中，许多工艺制作产品结果与设计师所想表达的思想相违背，不能对艺术的设计进行提前检验，只能通过成品检验设计的优良，在一定程度上浪费了原料和成本，在后续制作中也不能保证成品与符合标准的成品质量相同，人工制作也不能反映出设计中的细节和瑕疵。4D 打印技术可以有效地反映出设计的效果，也能够避免样品模具与最终成品的差异较大而使整个设计受到影响的情况。例如，4D 打印的实物是根据设计师的思想直接制作出来的，可以明确显示出设计中存在的瑕疵，设计师可以根据瑕疵进行具有针对性的调整，并且可以利用 4D 打印技术对原石进行模拟，展示出设计的效果。还可以根据符合标准的打印成品，利用记忆合金进行类似复制的制作，为艺术设计产品的效果展示提供准确性和快捷性，也能节约产品设计和制作的成本。

4 4D打印技术在艺术设计市场的前景展望

4.1 4D 打印技术在艺术设计行业的

新生

从科技发展的现状来看，在艺术性产品的设计上，4D打印技术的应用前景非常广泛。智能材料的发展让艺术设计作品不再是无生命的状态，而是具有惊人的生命力。设计师将创意概念与智能材料通过软件建立好变形的架构，在适当的介质中能够实现自我组装成型。以往的艺术家也多通过手工方式进行创作，花费过多的时间在一些基础制造工艺上面，4D打印技术可以帮助设计师解决这一难题，通过其技术把设计师想表达的艺术设计思维准确地展现出来，也能够解决工艺制作上的困难，把设计品推向高水平的工艺设计，增加艺术性产品的美观创意性和实用性，让传统艺术设计和工艺制作面临极大的冲击，也为其提供了全新选择和机遇。

4.2 4D打印技术对艺术型产品的开发价值和意义

随着时代的发展，艺术设计中不只要体现出艺术的美感，也要蕴含历史、科学等价值内容，通过对艺术产品的设计，发扬当代的精神文明和历史文化，提高人们的精神素质。再加上，VR和AR技术在大众生活的普遍应用，以三维立体感为基础，把艺术设计中含有的历史文化和精神文明展示出来。再应用4D打印技术的时间维度，把具有设计价值和精神意义的艺术设计产品开发出来。4D打印技术把开发具有生命的艺术设计产品作为发展和考虑的方向，让艺术产品能够展现出独特的魅力，丰富人们的艺术精神。4D打印技术对寻找艺术设计开发价值的意义重大，在满足人们精神世界中具有极其重要的作用。

4.3 4D打印技术的发展市场和影响

从目前来看，当代消费者在艺术设计方面的消费方向主要是在设计创意上。因此，在设计产品时，可以结合潮流技术进行设计，激发消费者的好奇心理，扩大消费市场。并且从当前阶段来说，大众对4D打印技术的接触程度不高，很容易激发出大部分人的消费热情。而且4D打印技术的发展前景非常广阔，可以在文化、饰品、服饰等领域中应用。4D打印技术的制作效率非常高，即"有设计，见产品"，省去了许多制作流程，提高了工艺效率，使消费者能够在短时间内拿到自己订购的商品。4D打印技术推动着生产和消费市场的进步，促进了消费水平。

5 结语

总而言之，4D打印技术对艺术设计有着十分重要的意义，在艺术设计和艺术产品工艺制作领域中产生了重要影响，推动了艺术设计的发展和创新。但也要意识到自身技术的不足，及时进行改进，切实发挥自身优势。

参考文献

[1]闫胜昝.论4D打印技术助推文创产品记忆属性设计开发[J].艺术科技,2019,32（12）:30-31，73.

[2]宋波,卓林蓉,温银堂,等.4D打印技术的现状与未来[J].电加工与模具,2018,343（06）:5-11，34.

[3]何牧.浅析4D打印在当代艺术首饰中的革新发展[J].艺术科技,2016,29（03）:108.

3D数字建模仿生设计

邹可

（东北师范大学人文学院，长春 130117）

[摘　要] **目的** 当前人们生活品质逐渐提升，开始追求精神生活，对雕塑设计提出更高的要求。在雕塑设计中，常用图形应用软件优势各异。在数字图形软件发展下，更有利于艺术设计者创作出更多雕塑作品。**方法** 对形体仿生原理进行分析，通过实例探究的方式，从结构静力、整体稳定性、地震反应等方面着手，探究仿生雕塑的结构性能。对雕塑结构设计与优化措施加以阐述，整体动力性能与稳定性得到全面提升。**结论** 综上所述，在研究中，对雕塑结构设计方法进行分析，重点探究结构静力、稳定性与动力性等方面。在三维激光扫描技术下，使雕塑建模更加高精度、低成本，为后续数值模拟与设计优化提供可靠的模型。根据关键指标分析结论可得，在杆件应力小及材料利用效率不高、各子结构变形得到有效协调情况下通过应力比优化使雕塑结构得以优化完善，更具艺术价值。

[关键词] 3D数字建模；仿生设计；有限元分析；雕塑设计

引言：当前人们生活品质逐渐提升，开始追求精神生活，对雕塑设计提出更高要求。在雕塑设计中，常用图形应用软件优势各异，一般采用3D数字技术构建多边模型营造出贴近现实的环境，使雕塑作品得以充分展示，还可利用AUTOCAD精准制图，对雕塑体积和预算进行测量和规划。在数字图形软件发展下，更有利于艺术设计者创作出更多的雕塑作品。

程，在此过程中，不但要保障外观形象美感与特点，还要与常规建筑外观相较突出独特性。该种建筑设计原理是当前提高建筑外观特色的有效方式，由于生物体本身经过长期的发展需要不断调整自身的结构及组织以适应所处的生存环境，因此，其呈现的体态极为稳定合理。因此，需提炼出生物形态的特点，将其合理融入实际的设计环节，这属于对常规设计的合理补充。

1 形态仿生原理

形态仿生是指建筑物外观形象仿生，主要利用模仿与类比等方式，提取对象的形态特征，将得到的结果融入建筑物的外部设计中，以构建独特的形象。形态仿生并非对生物体形态简单复制，而是在生物体形态基础上完成建筑设计的过

2 仿生雕塑的结构性能分析

2.1 结构分析建模

2.1.1 项目简介

本文以某市湿地公园中"飞禽"仿生雕塑为例，该雕塑主要分为头部、主体与尾部三个部分。该建模的主体采用立体钢管桁架拱，其跨度

超过 12 m，整体高度达到 8 m，头尾端都采用悬挑的处理方式，跨度分别为 5.56 m 和 2.95 m。材料主要选用 Q235B 钢材，焊条为 E4303，杆件之间相互搭接，主体由钢管桁架构成，单拱桁架之间设置横向与斜撑，结构头端采取截面框架结构，此部分是整体结构的子结构，和主体结构之间为跨中连接的方式，子结构的尾端是变截面框架结构。

2.1.2 有限元建模

对雕塑结构杆件实际连接与边界条件综合分析后，利用 Midas Gen 构建出模型。基于此模型，结合框架的实际受荷状况，适当增加荷载。针对雕塑结构分别开展静力、动力与整体稳定性分析。其中，静力分析的作用在于检验荷载作用下结构内力与位移情况能否满足规定标准；动力分析可对结构自振频率、振型等进行分析，并通过计算得到具体的响应值；利用结构稳定性进一步探究线性及非线性，线性分析能估计出在理想弹性情况下雕塑框架临近失稳的荷载数值，后者预测在缺陷状态下的失稳荷载数值。

2.1.3 结构荷载作用

该项目设计荷载与作用如下：主体结构恒荷载为 $1.0\,\text{kN/m}^2$，活荷载为 $0.5\,\text{kN/m}^2$；利用程序自动计算雕塑结构自重；在风荷载方面，项目设计基本风压为 $0.4\,\text{kN/m}^2$；主拱承重结构风荷载标准值计算公式如下：

$$w_k = \beta_z \mu_s \mu_z = W$$

式中，w_k 代表风荷载数值，单位为 kN/m^2；β_z 代表风荷载体型系数；w 代表基本风压，单位为 kN/m^2；μ_s 代表风压高度变化数值；μ_z 代表高度 z 位置风振数值。垂直方向，利用人工输入得出风荷载数值，之后借助特定的软件程序具备的自动导荷，将纵向荷载转化成弦杆线荷载。水平方向，结构头端的框架不属于常规的规则性结构，且相对高度偏低，在忽略水平向作用力的情况下，仅考虑节点荷载的参数，并融入

主体结构。

2.2 结构有限元分析

2.2.1 结构静力

在荷载组合作用下，对雕塑位移情况进行分析，关键在于悬挑结构及各阶段易出现位移的问题。根据分析结果可知，在既定的荷载情况下，结构位移在 X 向最大值为主体钢管支座附近，结构 Y 位移最大值为头部结构，Z 向最大值为尾部结构。根据整体位移云图可知，位移从悬挑端朝着主拱连接端逐渐缩小，雕塑结构的最大位移数值定于尾部子结构节点上，数值为 19.5 mm。

2.2.2 整体稳定性

在线稳定性方面，忽视初始缺陷以及不确定因素的影响，单纯对整体稳定性进行计算，可得出结构线性稳定临界荷载数值，提高整体稳定性效率。根据稳定性分析结果可知，一是在常规工况下，雕塑构件开始屈曲的数值为 49.19，这意味着雕塑结构整体稳定性理想；二是当荷载数值不断增加后，尾部杆件失稳，支座周围弦杆失稳，二者均属于非结构整体失稳，但局部失稳不会影响整体稳定。

2.2.3 地震反应

在结构自振特性基础上，对结构动力特性进行分析，在地震作用下动力时程分析分为两种类型。在本文研究中，针对仿生雕塑自振特性进行分析，对不同频率相应振型进行计算。在软件中利用子空间迭代方式，针对该结构进行模态分析。根据分析结果可知，仿生雕塑中的第 Ⅰ 阶振型主要包括头部、尾部与主体结构，整体结构为扭转形态。该结构中的第 1～4 阶都属于整体振动，直至第 5 阶可能遇到局部振动的情况，由此可得子结构和主体结构二者的刚度差不高，且低阶的振动形变协调性较强，整体存在耗能性。

3 仿生雕塑结构设计与优化

为了提高飞禽雕塑的艺术价值，使雕塑造型更加独特，各结构间的变形与受力符合规定，整体结构更加合理。在项目结构设计中，在符合约束条件情况下，应通过结构合理调整设计模式，提高实际的设计效果。具体的设计内容涉及目标函数及变量数值等，其中前者表示和框架性能控制标准相适应，质量值最低的指标，而后者则表示框架的尺寸及应用材料的有关参数。此外，还包括约束参数，如位移、稳定指标等。

3.1 应力比优化

飞禽雕塑结构静力、整体稳定等指标均符合规定。在地震作用下，对建筑的抗震能力有更高的要求。基于静力分析，杠杆单元应力与其冗余承载力及材料浪费情况呈反比，需要对应力比加以优化，注重调整材料截面的参数，并对调整前后各类有关抗震效果的指标加以计算对比，以确保优化的有效性。将优化完毕的杆件截面参数录入软件中，并对优化前后的分析结果进行重新计算。

3.1.1 强度控制指标检验

该项指标的公式可表示为 $I=\dfrac{[\sigma]A}{\gamma\sigma A}$ 式中，$[\sigma]$ 是指应用材料的许用应力值；A 表示结构的净截面积；γ 代表的是结构重要系数。在该雕塑中，可采用 $1：1$ 的比例。A 通过分析调整前后的各类参数对比可得，经过优化后的结构，截面积有所减小，且相应的结构强度呈下降的趋势。但按照相关的划分标准可得，优化后的该项指标仍可达到 a 级，这意味着优化后的调度中各个结构杆件强度均可满足标准，因截面积缩小，可节约更多资本投入，且结构强度仍然满足标准，即优化有效。

3.1.2 位移指标检验

因该项指标没有固定的计算公式，可根据优

化前后子结构位移最大值在位移限制参数比进行分析，根据分析结果可知，静力荷载下雕塑 Z 向位移的控制作用最为明显。将优化结构对比后，各子结构竖向位移能够满足静力作用下位移极限的规定，说明雕塑结构在各类荷载下位移数值与要求相符。

雕塑动载控制指标公式可表示为 $I_d=\dfrac{[\Delta s]}{r_0 \Delta s\max}$ 式中，$[\Delta d]$ 是指动力荷载下的容许位移；$\Delta s\max$ 代表的是动力荷载下最大组合位移；r_0 代表的是结构重要性系数。经过优化后，子结构中位移最大值占比有所提升，在应力比基础上进行结构优化，并未使结构整体变形得到有效改善。但是，雕塑的动载位移控制要求得到满足，能够与结构位移规范相符合。

3.1.3 稳定性指标检验

该项指标的计算公式为 $I_k=\dfrac{Q}{rk\,(qQ+qG)}$ 式中，Q 代表的是仿生雕塑结构，在标准荷载作用下的承载力最值；k 代表的是安全系数，根据弹性全过程分析，可将 k 的数值确定为 4.2，根据弹塑性分析时 k 的数值应为 2；r 代表的是结构重要性数值，取 $1：1$；qG 代表的是恒荷载标准值；而 qQ 则表示动态的荷载标准值。利用对调整前后的结构稳定性指标进行分析，该指标与优化前相比有所降低。并按照本文提到的划分方式，调整后的结构稳定性达到 a 级标准，同时，调整后结构的稳定程度和既定的指标标准相符，说明结构不会出现失稳受损情况。

3.2 优化后结构调整

雕塑结构变形数值在合理范围内，且确保不易因过度位移导致整体结构的功能性不复存在。经准确计算，雕塑结构中的 Z 结构稳定性较差，位移问题较为严重，具体的位移比值在 30% 左右，该数值表明雕塑结构整体不够协调。在雕塑设计中，艺术效果不断增加，使子结构悬挑跨度与主体结构变形不够协调，难以发挥理想的抵抗荷载效果。在应力调整计划落实后，需对相应的位移情况加以审核，以掌握实际的变形协调度，确保整体变形得以协调。对此，应在应力优化后对结构进行调整，使雕塑尾部结构悬挑快速缩小 900 mm，高度增加 100 mm，在重构模型后计算。将优化前后的结果进行对比可知，不同子结构竖向位移应满足静力作用下位移限制要求，在优化完毕后，最大位移在位移限值中的占比应有所降低，且各子结构之间的差异比值需在原有的基础上下降 50% 左右，经过调整应力比，使变形情况得以缓解，同时还可提高雕塑的艺术感。在合理调整后，整体结构的抗震能力得到有效须强，且各类指标也达到既定的标准，无须重新计算。

3.3 设计方法创新

在上文分析的基础上，提出雕塑快速建模方法，具体如下：一是对仿生雕塑的"小样"进行设计；二是以"小样"为基础，对雕塑展开初步的结构设定；三是合理建立稳定的结构性能系统；四是利用快速建模，强化对各个结构性能参数的评估；五是基于分析评估结果，选出最佳的框架结构；六是建立结构性能调控系统，并对方案调整行为展开有效性验证；七是完善设计图纸。通过上述流程，可将雕塑样品转变为大体型雕塑工程，从形态仿生转变为结构仿生，设计者可通过灵活调整指标的方式，保障雕塑结构安全

性。该设计思路清晰、操作便捷，可作为通用设计法在仿生雕塑中广泛应用。

4 结论

综上所述，在本文研究中，对雕塑结构设计方法进行分析，重点探究结构静力、稳定性与动力性等方面内容。在三维激光扫描技术下，使雕塑建模更加高精度、低成本，为后续数值模拟与设计优化提供可靠的模型。根据关键指标分析结论可得，在杆件应力小及材料利用效率不高、各子结构变形得到有效协调情况下，通过应力比优化使雕塑结构得以优化完善，更具艺术价值。

参考文献

[1]杨文昌.仿生雕塑结构设计及评估方法研究[D].广州：中南林业科技大学,2019.

[2]施雨晗,余日季.3D数字雕刻技术在三维角色设计与模型制作中的应用研究[J].传播力研究,2019,003（033）:282-283.

[3]穆正知.基于典型蝶翅的仿生功能表面设计制造及性能研究[D].长春：吉林大学,2019.

[4]秦建华，张丽莉.数字软件技术在雕塑设计中的应用[J].美与时代（上）,2019,000（011）:34-35.

关于3D打印技术与材料在艺术领域的应用与思考

朱雪旭，丛帅

（鲁迅美术学院，大连 116650）

［摘　要］3D 打印技术是一种在 21 世纪备受世界各国广泛关注的一体制造成型技术。其具有节省材料、精度较高以及简化生产过程等优点，是传统生产制造方式所无法比拟的。虽然这种技术起源于 19 世纪末的美国，但是真正开启大规模应用的时间却是近 20 年。**目的** 分析 3D 打印技术包含艺术领域在内的各种专业领域以及研究方向，打破我们对 3D 打印技术的应用方向仅仅局限于技术创新与工业制造且距离艺术领域相对较遥远的固有思维。**方法** 作为艺术设计类的在读研究生，以艺术生独有的视角，分析 3D 打印技术为依托的艺术创作新形式。**结论** 采用文献法和调查分析方法，结合知名艺术家和其作品来表达对当前 3D 打印技术的思考，并畅想 3D 打印技术在艺术领域中可应用的范围及其未来的发展。

［关键词］3D 打印；创新；艺术；艺术设计

引言：第一届仿生设计与科技学术研讨会于 2020 年 12 月 27—29 日在辽宁大连召开。作为鲁迅美术学院艺术设计类的在读研究生，我们认为应该广泛了解大众设计类行业的发展，由于研讨会内容与设计领域有关，所以我们对这次研讨会十分关注，希望利用自己所学的专业领域的知识，以一名艺术生的视角，来阐述我们眼中设计与新兴科学技术对艺术的影响，以下便是我们关于 3D 打印技术在艺术领域中应用的思考。

1 3D打印技术的概况

1.1 3D 打印技术的起源

关于 3D 打印的起源众说纷纭，通过查到的资料显示最接近 3D 打印技术原理的实际应用记录，可以溯源到 19 世纪末的照相雕塑和地貌成型技术。

1860 年，法国人弗朗索瓦·威勒姆首次设计出一种获取物体的三维图像的多角度成像方法。这种技术被称为照相雕塑，它的工作原理是将 24 台照相机按照一定位置和角度围成一个正圆形并进行拍摄，然后使用与相机连接的对应角度的高精度切割机塑造想要获取的模型的轮廓。

1892 年，约瑟夫·布兰瑟发明了一种运用蜡板多层叠加的方法，用于制作其工作需要的等高线地形图。这种方法是指在需要制作的蜡板上提前压印好地形等高线，并对蜡板进行细致切割，最后将切割好的蜡板层层堆叠起来，形成一种实体的等高线地形模型。

直到 1983 年，紫外线设备生产商 UVP 公司副总裁胡尔，在工作中观察到公司通过使用紫外光照射那些原本是液态的树脂涂层，来硬化纸制品和家具表面。受这一过程的启发，胡尔想到如果能够让光敏聚合物受紫外线的照射，一层一层地通过这一过程叠加在一起变成固体，就能够将任何可以想象的三维物体变成现实，这一过程也就是现在的立体光固化技术的源头，即利用紫外线照射光敏树脂堆叠成型的技术。他立刻将这一想法申请了专利，并于 1986 年 3 月 11 日获得专利授权。

1.2 3D 打印技术的概念和特点

3D 打印技术是一种快速成型技术，也被称为增材制造。它是一种以数字模型文件为制作图纸，运用粉末状固体或液体等可黏合或凝固的材料逐层铺设来构造物体的技术。常用于工业设计以及模具的制造等领域，如今已经有零部件使用 3D 打印技术打印而成，并被应用于市场的例子。该项技术随科技发展得逐渐成熟，已经在一些有特殊需要的领域中被直接利用生产并使用。

科技与数字化的发展的确给设计带来了巨大的方便。3D 打印技术最为突出的特点就是远超传统制造业的便捷与低损耗。传统生产制造工艺下的制造业，需要制作复杂的模具或极其精密的加工制造，且会产生非常多的材料浪费。而 3D 打印技术只需要直接使用计算机图形数据和 3D 打印机，就可以生成生产者所需要的任何形状的产品且几乎没有材料浪费，从而有效地缩短产品的研制周期，降低材料消耗并提高生产率。

3D 打印技术同时也具备较高的制造精度，这种较高的生产精度为部分行业带来了福音。例如：在医疗行业中，利用 3D 打印技术可以将患者需要替换的骨骼或器官完美复制，为医疗工作者解决了可移植的人体器官长期短缺问题，也为患者减轻甚至消除了排异的痛苦。

但从另一方面来说，3D 打印技术也具有技术使用成本较高的特点，3D 打印技术的应用需要较高的专业知识，且设备价格昂贵。而且，3D 打印技术需要随应用场景的不同来选取特定的操作软件与硬件设备，这也成为该技术的一个应用门槛。

2 3D 打印技术在艺术设计领域的应用

通常来说，艺术工作是一项专业性要求较高的工作。在 3D 打印这一技术出现以前，艺术设计是一项极其耗费艺术工作者想象力的工作。大多数设计人员只能通过设计方案和图纸来想象最终设计产品的实体效果，即使设计过程中使用计算机作为效果参考，也无法体会到设计成品在手的触感和观感。3D 打印技术在艺术领域的实践应用为艺术设计带来了便利，艺术设计人员在计算机上特定软件的一些操作，就可以通过 3D 打印技术将设计转化为实体。

随着 3D 打印技术的不断发展，其逐渐应用在艺术创作领域。在创作传统造型艺术的过程中，艺术家想要完成心中所想的复杂形态的艺术作品，从一定情况来说是困难且耗时的，而 3D 打印这一呈现方式能快速和高效地完成造型相对复杂的设计。

传统雕塑艺术需要雕塑家对其想表现的对象有详细的观察，然后再运用传统雕塑技法把心中的创作想法或概念制作成小稿。制作小稿这一过程会反复进行多次，经过多次的对比和取舍，最后再进行实际作品的最终创作和塑造，以上的传统过程既耗时又烦琐。而使用 3D 打印技术制作雕塑，可以获得极为复杂和精准的造型，并且可以随意进行等比例的放大和缩小。其不仅在雕塑的创作构思阶段可以通过现有资料的导入来快捷再现物象造型，节省前期资料准备时间，更可以在小稿的创作阶段利用 3D 打印技术在短时间内制作出不同的小稿，以便加以取舍和推敲，节约了大量的人力、物力。

除此以外，这一技术相对突破了思维局限，让创意在艺术创作领域中得以充分呈现。中国美术学院的专业教师沈烈毅，在 2006 年 8 月开始将 3D 打印技术运用到艺术创作实践中，用 3D 打印技术将创作好的虚拟造型制作成实体作品，从而制作出通过手工难以完成并在形状上突破人们想象的艺术作品。沈烈毅老师创作的第一个 3D 打印作品，名字叫作《聚》，从形状上看有许多不同风格的椅子往中心变形、靠拢。这件艺术作品如果用手工来做，细节塑造极其困难，但是通过 3D 打印技术就可以较轻松地解决这一技术难题。

3D 打印在艺术绘画领域也有应用，传统绘画都是在平面上完成，而 3D 打印技术就像给每幅画注入了新"生命"，把绘画变得立体，可以拿在手里，不只有视觉的欺骗，还变成了真真实实的立体作品。混合画法画家芭芭拉·泰勒·哈里斯最近就使用 3D 打印笔创作了一系列震撼人心的作品《Spirit of the Wind》。3D 打印技术可以在空气中书写，帮助艺术家把想象力从平面上解放出来。当艺术家运用三维空间逻辑和色彩搭配逻辑把平面组成 3D 立体图形那一刻，作品的视觉冲击感会非常震撼。自从有了 3D 打印技术，艺术家的思考由平面思维变成了立体思维，如何从平面成立体，增加了设计难度，这也对他们今后几何图形理解有更好的铺垫作用。

作为艺术领域的学习与工作者，我们认为 3D 打印技术在艺术设计领域的应用十分广泛，以上的例子也仅仅是九牛一毛，未来的应用将会更加广泛与深入。但从目前来看，3D 打印技术无法替代艺术本身，就像一支画笔、一块橡皮一样，他们的存在是为了更加方便各种艺术形式的表达，所以我认为 3D 打印技术在艺术设计领域的应用潜力会不断被发掘出来，为艺术领域的发展助力。

3 3D打印技术在艺术领域中的思考与发展建议

3.1 对 3D 打印应用的思考

首先我们必须看到，就像任何一项技术都不可能做到十全十美，无法取得绝对地位一样，3D 打印技术虽然有很多令人为之惊叹的优点，但就现在而言不可能替代任何一项艺术门类。这是因为，一些艺术门类所追求的是 3D 打印技术无法实现的特殊材质和其材质所附有的文化内涵。比如玉石工艺品的雕琢技术固然重要，但材质之美及其所拥有的文化内涵却是玉石工艺品的灵魂。所以我们不得不正视以下几个问题：(1) 3D 打印时代的艺术，灵韵是否会消失？3D 打印技术可以通过同一个指令复制出无数个一模一样的作品，但却消解了艺术品所追求的个性和地域特色。(2) 由于极易复制，将难以保护著作权和所有权，这是否会减弱追求原创的动力？(3) 在商业利益的驱使下，一些所谓的艺术从业者过分急功近利，直接模仿和复制优秀作品。综上所述，3D 打印技术的出现会不会弊大于利？

3.2 3D 打印技术在艺术领域中的发展建议

3D 打印技术对复杂结构和创意实现具有极强的包容度，使其在艺术领域发挥着越来越重要的作用。但是，3D 打印技术的新型艺术作品，其刚度、强度和耐久性等综合性能还有待进一步验证。3D 打印在绘画中的应用范围还比较窄，人们的思维还停留在二维空间和对新事物的旁观阶段。

作为一名新时代艺术的设计参与人员，我认为 3D 打印技术在艺术设计领域中需要注重 3D 打印技术的优势发挥，但是很多人对 3D 打印技术应用的出发点实际上是出于一种盲目的跟风行为。部分艺术设计领域工作者认为这种技术很先进，有新鲜感，实际上并未充分了解 3D 打印技术，这种盲目的使用不仅无法对艺术设计起到应有的积极作用，反而会影响到最终的艺术设计效果。只有合理化进行先进技术的应用才能达到技术本身发展与艺术领域的双赢。

另一个问题是 3D 打印技术如何真正发挥出其技术优势，材料的选择与应用也需要注重。不同艺术设计对 3D 打印技术所能用到的材料要求并不完全相同，相同或不同类型的材料在不同规格的情况下都会对 3D 打印产品产生不同的影响。"工欲善其事，必先利其器"，如果将 3D 打印技术应用在艺术设计领域中，那么就需要对其技术特点和材料选择进行深入的学习和了解，并结合艺术作品所需要的效果和特点进行材料选取和工具使用。3D 打印技术本身是一种工具，并不是不可或缺的存在，对于没有合适材料支持的艺术作品也不能强行使用 3D 打印技术。任何一件艺术品都需要经过严谨的设计与创作，对 3D 打印技术的应用也应当保持严肃认真的态度。

3D 打印技术的兴起与应用，使之成为艺术领域革新的手段之一，艺术领域革新是一项永无止境的任务。我们应立足现代科学技术的实际，用发展的眼光看待 3D 打印技术的进程，以更加积极的、开放的心态借鉴各个艺术领域在 3D 打印技术的经验，努力把 3D 打印技术和艺术领域与时代科技接轨。

4 结语

传统的艺术设计行业，有着短至十几年，长至上千年的沉淀和积累。3D 打印技术的产生与出现推动了艺术创作领域的创新，然而此项技术在应用上也需要专业的硬件和软件支持。从某些角度来看，3D 打印技术并未全面应用到艺术创作领域中，普通的艺术创作者更是受 3D 打印技术使用的技术难度和技术使用成本的限制，从而缺少实际接触和使用的机会。但是 3D 打印从专业领域转化成民用科技，已是时代趋势。作为一种新技术，它挑战和影响着传统工业与产业，在未来甚至还会影响艺术创作理念。它的巨大潜能必然会给艺术家、设计师和普通大众带来极高的热情，使之从不同领域进行实践，最大化地开拓一切技术与人类社会相交的可能性。在这样一个消费时代、一个个性化时代，进行产品定制、在产品设计中融入消费者的个人情感，无疑迎合了市场需求，3D 打印技术及其产品在未来必将成为我们生活中的一部分。3D 打印技术的广泛应用时代正在来临。

参考文献

[1]叶小峰.数字化3D打印与艺术设计[J].艺术教育,2019（01）:242-245.

[2]李建华,姚禹.数字化科技——3D打印技术对设计领域的影响[J].艺术品鉴,2019（17）:282-283.

[3]陈珊宇,林广波.3D打印技术在艺术领域的应用现状[J].艺术大观,2020（20）:135-136.

[4]黄德荃.3D打印技术与当代工艺美术[J].装饰,2015（01）:33-35.

[5]杨晓红.3D打印技术在艺术设计领域中的应用研究[J].艺术科技,2016,29（11）:16,112.

[6]朱金龙,赵寒涛.3D打印技术对传统艺术设计行业的影响与挑战[J].黑龙江科学,2015,6（06）:72-73.

[7]黄德荃.3D打印极致盛放[J].装饰,2015（08）:52-57.

3D打印技术在仿生雕塑制作中的运用

刘水

（东北师范大学人文学院，长春 130117）

[摘　要]**目的** 随着时代的进步，3D 打印技术的完善为很多行业带来了新的发展机遇。雕塑作为传统艺术能够为人们带来精神上的享受，通过与 3D 打印技术的融合能够使雕塑艺术发挥出最佳效果。**方法** 在仿真雕塑作品的创作过程中，雕塑创作者可以将计算机作为雕塑作品的创作平台，结合各类三维软件来开展仿真雕塑作品的创作。此类仿真雕塑作品在创作前期会通过计算机来完成雕塑模型的构建，然后还可以利用计算机优异的计算能力来完成对模型数据的计算，通过这种方式得出的模型数据往往会具有较高的精确度。而且在仿真雕塑的创作中，利用计算机还能够表现出手工难以完成的雕塑艺术效果。**结论** 3D 打印技术在仿生雕塑制作中的运用非常关键。通过 3D 打印技术能够让仿生雕塑在其制作变得更加简单的同时提升仿真雕塑作品的整体质量。相信随着更多人意识到在仿真雕塑作品中加入 3D 打印技术的重要性，仿真雕塑制作一定会变得更加完善。

[关键词]3D 打印技术；仿生雕塑制作；雕塑艺术

引言：现如今，3D 打印技术逐渐成熟，通过 3D 打印技术能够完成快速成型。不同于传统打印，3D 打印技术在使用期间不仅能够节约打印时间，还能提升打印效率与质量。在仿生雕塑的制作过程中，通过 3D 打印技术还能够提升雕塑的观赏价值。因此，有必要对 3D 打印技术在仿生雕塑制作中的运用展开分析。

1 仿真雕塑制作中3D打印技术的意义

在仿真雕塑的制作过程中，3D 打印技术的应用可以改变单一的艺术创作手段。仿真雕塑的制作主要依靠手工技艺，手工技艺的传承虽然保证了雕塑艺术品的独特性，但却影响了雕塑艺术品的创作效率。而在仿真雕塑制作时加入 3D 打印技术，就可以在保证雕塑质量的同时提升雕塑的创作效率。而且，3D 打印技术的使用还能够丰富仿真雕塑的创作模式，让仿真雕塑的创作过程变得更加简单。3D 打印技术可以让雕塑创作者将更多时间、精力放在仿真雕塑的设计过程中，而仿真雕塑的创作实现则可以通过 3D 打印技术来完成，这种雕塑创作方式既可以将创作者的创作意图通过科学手段表现出来，又能够为创作者保留更多精力以投入到雕塑设计中。除此之外，传统雕塑作品由于技术问题，还会导致雕塑创作者的部分设计想法无法实现，而 3D 打印技术则能够将很多无法实现的设计理念表达出来，这样就可以有效拓展雕塑创作者的创作思路。

2 3D打印技术在仿真雕塑制作中的作用

2.1 提升艺术作品的效果预知性

在仿真雕塑作品中，传统的艺术创作在前期创作上非常依赖素描，即在前期创作过程中会通过素描将仿真雕塑作品以平面效果的方式展现出来。这种方式在实际创作过程中本身便具有一定的缺陷，因为相较于素描的平面效果而言，仿真雕塑作品完成后属于立体的物品，平面效果图往往难以符合雕塑作品的制作要求，而在仿真雕塑制作中引入 3D 打印技术之后，便可以通过 3D 打印技术中的快速成型技术来完成仿真雕塑作品的前期创作。而且相较于平面设计而言，采用 3D 打印技术可以完成空间层面的雕塑设计，无论是雕塑的整体观感还是细节都会得到大幅提升。除此之外，采用 3D 打印技术还能够大幅降低仿真雕塑作品的艺术创作过程，通过数字化技术可以对雕塑作品中的各项数据参数进行实时更改，还可以满足对艺术作品的缩小与放大的需求。对于仿真雕塑制作而言，艺术创作过程由平面向空间转化之后能够大幅提升雕塑创作者的创作效率，节约仿真雕塑作品的创作时间，通过提前预知仿真雕塑作品的创作结果可以大幅提升仿真雕塑的创作质量。

2.2 优化仿真雕塑艺术作品的创作手段

在进行仿真雕塑艺术作品创作时，传统的创作手段会将手工技巧作为创作核心。比如通过手工捏制而成的泥塑，就是在手工制作的基础之上通过对泥巴进行翻模处理来完成后续的泥塑创作。在泥巴塑型结束后，虽然泥塑创作者会通过金属浇筑、铸铁等方式来完成对泥塑的处理。但是泥塑的创作核心依然是手工技巧，还有通过石膏材质完成的石膏像，其制作主体都是创作者的手工技巧。但是需要注意的是，以手工技巧为主导的仿真雕塑在制作过程中非常容易受到各种外

界因素的干扰，而且雕塑创作者的劳动量也会得到显著提升。而在加入 3D 打印技术后，雕塑创作者便可以通过 3D 软件来完成对仿真雕塑图像的快速生成，以此来将图像中雕塑的艺术思想表现出来。雕塑创作者可以在此基础上完成对仿真雕塑的材料选取等操作，保证仿真雕塑制作完成后能够完全实现雕塑的设计理念。以建筑工程为例，3D 打印技术能在短时间内将工程模型打印出来，这种打印方式无论是效率还是质量都远远高于手工绘制。因此相较于传统雕塑创作而言，3D 打印技术的加入能够大幅优化仿真雕塑的创作手段。

2.3 仿真雕塑作品艺术形式的创新

在仿真雕塑作品的艺术创作过程中，通常会强调对于铸铜、树脂材料的了解。在雕塑作品中利用树脂材料能够有效地保证雕塑作品的整体质量。我国很多城市都会在广场中建造仿真雕塑作品，这部分雕塑作品都是雕塑艺术形式的外在表现。在引入 3D 打印技术后，能够使雕塑作品内的艺术形式变得更加丰富。比如经过 3D 打印技术呈现出的各类动作雕塑作品，便可以通过采用工业零部件来表现出工业对于自然环境造成的影响。对于仿真雕塑作品而言，3D 打印技术的加入完全可以丰富雕塑作品的艺术形态。

2.4 简化雕塑创作的后期过程

传统雕塑作品在设计期间往往会涉及非常多的创作内容，因此雕塑的设计过程相对比较复杂。比如在进行金融雕塑的过程中，雕塑创作者要在雕塑的创作过程中从纸上、泥塑上完成对雕塑小稿的构思，然后通过放大来完成确定量，并在材料加入模具之后再进行雕塑作品的后期处理。在雕塑作品的创作过程中，需要面对雕塑的翻模问题，而采用 3D 打印技术则可以在数字化技术的帮助下完成对雕塑作品的创作过程模拟，大幅降低创作时的失败风险问题。而且通过对雕塑作品后期创作的简化还能够有效降低雕塑创作

者的劳动量，有助于雕塑创作者精力的集中。

3 3D打印技术在仿真雕塑制作中的应用

3.1 仿真雕塑作品的创作前期

在仿真雕塑作品的创作前期，需要雕塑创作者用手工创作的方式来完成基础创作，然后通过3D打印技术完成对3D模型数据信息的获取，通过计算机能够在模型数据的基础上开展对仿真雕塑作品的二次创作，并将二次创作通过3D打印技术来完成成品的输出。若发现成品中具有不足之处，则可以通过计算机来完成对仿真雕塑作品细节方面的修改。另外，还可以通过计算机来完成雕塑作品中的部分前期创作，在输出成品之后再利用手工创作的形式完成对仿真雕塑作品的修整。这种创作模式的优势就是通过将手工、计算机两种仿真雕塑的创作方式相融合，以此来发挥各自的优势。纽约大都会博物馆的Met3D黑客马拉松活动是一种创意活动，所有艺术家都可以根据自身的创意，通过电脑来对博物馆中的雕塑作品进行创意方面的改动，无论是对雕塑的局部改动还是将自己的创意加入雕塑作品中，都有可能触发新的灵感。这种创意活动虽然无法保证全部作品的质量，但却是对3D打印技术的一种运用、探索。

3.2 结合计算机优点进行仿真雕塑的创作

在仿真雕塑作品的创作过程中，雕塑创作者可以将计算机作为雕塑作品的创作平台，结合各类三维软件来开展仿真雕塑作品的创作。此类仿真雕塑作品在创作前期会通过计算机来完成雕塑模型的构建，然后还可以利用计算机优异的计算能力来完成对模型数据的计算，通过这种方式得出的模型数据往往具有较高的精确度。而且在仿真雕塑的创作中，利用计算机还能表现出手工难以完成的雕塑艺术效果。比如美国的著名雕塑家

芭丝谢芭·格罗斯曼以及凯文·麦克都在对参数化的雕塑方式进行尝试，通过三维软件来实现具有规律变化的雕塑艺术形态。这些例子都代表了3D打印技术能够在仿真雕塑制作过程中发挥独一无二的优势，通过计算机来完成对雕塑的形态安排，可以让观者感受到雕塑作品中的严谨性。通过3D打印技术进行的雕塑创作，由于计算机技术的加入让大量手工操作被替代，在解放雕塑创作者双手的同时，使雕塑创作者可以将更多的时间、精力投入到雕塑的设计创作阶段中。而且3D打印技术在实际应用过程中还可以帮助雕塑创作者对仿真雕塑进行推算，通过对仿真雕塑空间造型的延展，能够协助雕塑创作者打开思路。除此之外，3D打印技术的介入还可以让另一部分非雕塑专业的艺术家们将脑海中的各种艺术想法通过计算机表现出来，让仿真雕塑可以与其他艺术形式相互之间进行适当的融合，为仿真雕塑带来更多发展空间。对于雕塑创作者而言，还可以通过采用多种不同的表现形式来完善仿真雕塑作品。

3.3 结合材料特点来完成仿真雕塑的创作

3D打印技术对仿真雕塑的影响非常大，不同的3D打印材料其代表的材料特性各有不同。通常情况下，采用尼龙材料会使仿真雕塑在成形之后具有弹性效果，而采用石膏材料制作而成的仿真雕塑则会变得更加细腻、易碎。在仿真雕塑的制作过程中，材料属性的不同可以让雕塑创作者们创作出更多具有鲜明风格特点的雕塑作品。比如雕塑家乔恩迪·赫维茨利，其创作出的微观纳米雕塑作品便只有在显微镜的作用之下才能够让人们欣赏到。而美国雕塑家肖恩·霍普则认为3D打印技术在雕塑作品的创作中不再只是单纯的数据参数的输出工具，而是可以创作出独一无二雕塑作品的伟大发明。他通过将3D打印机的原有结构布局进行调整，便可以通过打印偏差来完成完全随机的立体作品，虽然这种方式无法作用在仿真

雕塑的制作中，但是依然代表了 3D 打印技术在雕塑创作中存在各种优异的特性。通常情况下，雕塑家在进行仿真雕塑作品的创作过程中会尽量将材料的特性与优势发挥出来，但是由于可供选择的雕塑材料非常有限且成本偏高，所以高额的雕塑成本很容易影响到雕塑家对于雕塑作品的创作，通过 3D 打印技术便能够将仿真雕塑成本降到最低。

4 结语

总而言之，3D 打印技术在仿生雕塑制作中的运用非常关键。通过 3D 打印技术能够让仿生雕塑在其制作变得更加简单的同时提升仿真雕塑作品的整体质量。相信随着更多人意识到在仿真雕塑作品中加入 3D 打印技术的重要性，仿真雕塑制作一定会变得更加完善。

参考文献

[1]张迪.基于数字技术的雕塑艺术创作方法分析[J].轻纺工业与技术,2020,49（08）:52-53.

[2]杨静如.面向3D打印的图像透雕系统设计与关键问题研究[D].济南：山东大学,2020.

[3]王超.3D打印技术对现代雕塑创作的影响分析[J].科技资讯,2020,18（14）:50-52.

[4]王亚娟.3D打印雕塑作品"凝聚"系列创作实践[D].厦门：厦门大学,2018.

[5]陈常娟.3D打印技术在纺织服装产品设计中的应用[J].上海纺织科技.2020（08）：1-4,8.

[6]张慧梅，冯淑莹.3D打印技术在电子电路板制造中的应用探究[J].江西化工，2020（04）175-176.

[7]周志军，刘轶，马睿，等．多工作箱砂型3D打印机机械结构设计[J].机械设计与制造工程，2020（08）48-50.

[8]王欣，游颖，姜天翔，等.面向3D打印过程的产品工艺设计和优化[J].湖北工业大学学报，2020（04）：39-42.

[9]吴旭辰．"寒香凌梅壶"的仿生工艺之美[J].山东陶瓷，2020（03）：48.

[10]朱自瑛.基于耦合仿生的多模态交互设计方法研究[J].包装工程，2020，（12）12：99-105.

3D打印技术与材料

姜林[1]，高子剑[2]

（1.鲁迅美术学院，大连 116650；2.辽宁拜斯特三维智造云科技有限公司，沈阳 110031）

[摘 要] 从 1986 年第一台 3D 打印机诞生至今，3D 打印已经发展 30 多年了，其在军工、医学、航天、汽车等多个领域应用广泛。随着科技日益蓬勃地提高与壮大，3D 打印技术进入更多大众的视野，近年来逐步踏入广泛艺术与美学设计领域。**目的** 从最早的塑形作为插入点，逐渐向建筑、服装等行业发展；从引发我们思考，到打印完整的大型雕塑。**方法** 通过不同的材质和雕塑各部分的拼接和雕刻技术来寻求新的交互方式。**结论** 无论从狭义的技术层面或是广义上的突破和创新，还是材料的多样性如生物材料、金属材料、光聚合材料，通过多次试验完成新的大型雕塑作品，得出新的雕塑作品和输出新的 IP 形象，线下参加展览和活动。通过技术和艺术的结合，探讨 3D 打印技术与材料的更多可能性，并与美术结合发展新型的雕塑作品，从而达到双赢，为未来的发展作出新的贡献。

[关键词] 雕塑；技术；材料；未来发展

引言：随着 3D 智能制造技术的不断发展，其也应用在新材料领域中，复合材料 3D 智能制造技术是通过先进的数控雕刻设备，快速设计生产各类美陈道具、聚脲苯板造型、砂岩雕塑和软体造型等一系列产业链制品，通过 3D 智能制造技术生产的产品，其制作周期可控制在一星期至一个月，复合材料的 3D 智能制造技术产品质量高，制作周期短，生产成本低。辽宁拜斯三维智造云科技有限公司与鲁迅美术学院共同成立文旅三维智造工作室，从而让我们的产品表现出它的艺术高度和文化深度。

1 3D打印的新材料

由于新技术上升到新的梯度，对现代造型设计的个性化起到了催化作用，使设计师在视觉效果的追求更加多样化，从木质材料开始逐步壮大到现在的数控泡雕、玻璃钢雕塑、聚脲、亚克力、金属等多种材质的雕刻。甚至高轻度、高强度的复合材料需求在快速增长。从艺术品的单件生产模式正式转化为数字化小批量制作的进步，正是得益于 3D 打印材料的稳定性进步，量产的同时使用时间和保存期限得到进一步延长，同时在运输和使用中材料损失大大降低。

2 3D打印的新技术

在讨论新的技术之前首先要明白到底什么是 3D 打印技术，作为现代的新型雕塑手段，其以数字文件为基础，运用特定材料，通过逐层叠加、逐层剥离等方式来构成或浮雕或立体物品的造物技术。我们从传统的 2D 打印时代，本质得到了技术上突破的新型技术，它不单单是数字上的革新，而是从平面到立体的突破。

2.1 三维智造云和三维科技

从早期起步的手动控制人工操作到现在的技术又有了新的突破，如最新的三维智造云技术，自适应设计自动化接单，已经初步实现离人操作系统的构造，与互联网结合。从人力制造到解放双手，通过云端服务器注册登录，不仅可以选择历史方案，也可以在线变更数字文件，实时观看虚拟产品设计；三维科技中的扫描建模以及虚拟现实等科技应用相互融合，大大缩短设计成本和制作时间，提高精密度。设计完成后利用虚拟现实技术进行演示和模拟，能在身残之前发现设计缺陷，最大限度降低错误的发生概率。

2.2 技术成熟性及可靠性

三维智造云主营业务为3D数字化小批量智能定制，依托公司在新材料领域的技术经验，实现各类工业品、艺术品的大小批量定制。拜斯特目前拥有全球同行业数量最多的数控装备，通过三维智造机床、智能机械手臂、3D打印机器人工作站、雕塑大师系列3D雕刻机实现生产流程无人化。

3 3D打印技术与材料在雕塑中的运用

3.1 视觉表达更加直接

3D打印技术与材料成了表现设计师抽象思维概念的一种新方式和手法。雕塑作为艺术作品中的一大门类属于专业性相对集中的系统性艺术表达形式。一件雕塑的创作和新的IP形象生成需要具备专业素养并熟知事物造型设计科学知识的人才完成，本身其理论知识涉及方面复杂多变，对人的实际操作能力有着极高的要求。但在雕塑创作过程中初期的草图设计是不能从空间立体的方向展开，即使在早期部分设计师包括艺术家通过数字文件展示，也不能做到利用3D打印

技术直接展现雕塑成果。但是通过科技的进步，加上大量的实践积累得到了新的发展。

3.2 视觉效果更加丰富

雕塑主要的制作方法分为两种，其一是做减法；其二是从零到有再到成。传统雕塑作品制作材料也因为制作过程不同分成了两大类：第一种是使用整块的大理石、玉石、木质材料等通过雕刻向内推进进行提取来获得成品；第二种是通过建立内部支撑逐层叠加黏土或石膏来达到目的。

十年前科技的憧憬让我们对未来的技术革新和创造有了新的方向，而今通过3D打印技术和材料的发展来看，十年后的今天我们可以明确地发现新型材料的表面肌理、体积量感等的传达效果明显不同。玻璃钢和聚脲等材料的表面处理技术使雕塑的颜色饱和度与显色度得到显著提升，包括其颜色的固色技术的成长，室外雕塑作品光照褪色、雨水侵蚀、风力侵蚀得以控制，更好地保留颜色。

4 3D打印技术和材料未来发展方向的设想

4.1 3D打印技术未来发展方向的设想

全球进入信息时代的今天，信息传播的质与速变化也如同海浪一般难以设想，从早期一台打印机基本的稳定性都无法实现到现在的多台联机打印；从预设的小型工艺品到如今覆盖的范围和行业的惊人变化，不仅仅在美学设计中的变革，从航空航海制造业到建筑家装产业，到服装医疗设施以及药品制作等也得到飞速发展。

和雕塑作品结合，是否有一天可以在线下展览中与人产生交互，通过扫描手绘平面作品现场雕塑制作产出属于个人独有的IP形象；大型城市雕塑作品能否做到整件一次性打印输出；微观精微雕塑作品是否可以突破现有纳米级的单位大小，而作为打印机的形式、大小、功能是否能够

突破未来可期。具体到实践操作，激光、热塑、吹塑、挤压、聚合等会随着新型材料的出现而源源不断地呈现。

4.2 3D 打印材料未来发展方向的设想

无论何种材料都脱离不了三种状态：固态、液态与气态。现如今固态材料的粉状、丝状、层片状，到液态材料和气态材料的种类繁多复杂，比如固态金属、液态金属的应用已经相对达到初步效果，但气态金属材料用于制造精微超薄零件等方向的研究。

雕塑创作是雕塑家的思维情感与表达方式的物化，3D 打印可以促进雕塑艺术在材料上的多元拓展。在高科技发展日新月异的今天，雕塑家应该采取自由、开放的态度来引进这项新技术，为我所用，在更为广阔的领域去探索和创新。

5 结语

3D 打印技术与材料的未来发展对雕塑设计和 IP 形象设计产生了直接影响，因为 3D 打印技术和材料的革新使艺术领域同样焕发出新，为艺术设计的进步做出重要贡献。但 3D 打印技术和材料虽然完成初步的发展，但未来还有很多可能等待着我们去发现。愿有一天可以让优秀的技术普及到每一个设计人手中，带来更多积极影响。

参考文献

[1]朱金龙，赵寒涛.3D打印技术对传统艺术设计行业的影响与挑战[J].黑龙江科学，2007（06）：77-80.

[2]付航，李鹏．3D打印技术在产品设计中应用概况[J].美与时代（城市版），2015（10）:22-24.

[3]杨晓红.3D打印技术在艺术设计领域中的应用研究[J].艺术科技,2016,29（11）:16,112.

[4]马美琪,王孟荃,黎文广，等.3D打印技术在动漫衍生品开发中的应用[J].美与时代（上），2017（05）.

[5]彭高思媛.3D打印技术在动漫衍生产品开发的应用[D].北京：北京印刷学院，2015.

[6]艾瑞咨询．2020年中国动漫产业研究报告[R].艾瑞咨询，2020.

[7]刘海涛.光固化三维打印成形材料的研究与应用[D].武汉：华中科技大学，2009.

[8]陈士凯.了不起的3D打印[M].北京：人民邮电出版社，2014.

[9]徐旺.3D打印[M].北京：清华大学出版社，2014.

[10]郭少豪.3D打印:改变世界的新机遇新浪潮[M].北京：清华大学出版社.2013.

可持续发展理念下的包装仿生设计

王新，王靓

（齐鲁工业大学，济南 250300）

[摘　要] **目的** 现代科学技术应用于人们的日常生活中，离不开设计这一连接纽带。在环境污染、资源短缺的大背景下，设计如何遵循可持续发展理念，促进自然与人类相对的和谐共处，是当前面临的全球性问题。当今是高速发展的时代，人们对包装设计的要求从保护、运输、存储等功能，更多地向审美、环保方面转换。包装仿生设计可以使包装返璞归真，符合可持续设计的要求。仿生在包装设计的运用能够有效缓解过度包装带来的资源浪费，并积极促进人们环保意识的觉醒。**方法** 以可持续发展的理念为切入点，了解仿生设计的基本内容，分析仿生在包装设计中的应用，对国内外优质案例进行解读、反思。**结果** 以此为依据探讨包装仿生设计，促进其可持续性发展。**结论** 包装仿生设计从多角度推动了可持续设计的发展，促进了人、环境、包装的相对平衡。仿生运用于包装设计中，有效缓解环境、资源等问题，也体现了设计源于自然，并最终回归自然的良性循环。

[关键词] 包装仿生设计；可持续发展；自然；环保

引言：工业化推动社会加速发展，但所产生的环境问题是我们无法逃避的，包装行业目前造成的污染也是有目共睹的。设计应以可持续发展理念作为前提，促进人与环境和谐发展。仿生学在包装设计中的运用，一方面使包装设计更加贴近自然，更节约、环保；另一方面带给消费者更加健康的生活，顺应可持续发展理念。

1 可持续发展与仿生设计

1.1 可持续发展

美丽中国的奋斗目标和人类命运共同体的构建，都需要可持续发展的推动。可持续发展分为制度、理念、发展模式和手段 4 部分，其中制度包括生态文明，理念包括创新、协调、绿色、开放、共享，手段包括绿色、循环、低碳。此外，还有发展模式，达到天人合一的境界。

1987 年，受联合国委托，以挪威首相布伦特兰夫人为首的世界环境与发展委员会提交了一份著名的报告《我们共同的未来》。报告指出，一方面人类经济迅速增长，另一方面自然界遭到严重破坏，而经济增长的很大一部分是从自然界中吸取原料的，需要找到一条新的发展道路，一条直到遥远的未来都能支持人类进步的道路——这就是可持续发展的道路。可持续发展的含义我们通常默认为"既满足当代人的需求，又不损害后代人满足其自身需求的能力的发展"。

回想人类社会从原始文明、农业文明逐渐过渡到工业文明，再到现在的生态文明，每步入一个新的阶段，都是值得我们反思和总结的。

1.2 仿生设计

仿生设计是仿生学与设计完美融合而形成的交叉学科。对于仿生设计的概念，最简明的含义就是"对自然中的生物进行模仿、模拟的设计"。路易斯·科拉尼曾这样说："自然本身是最高明的设计师。设计要遵从自然，汲取于自然，使它与人类的聪明才智融为一体。"仿生设计正是对自然进行研究，遵从师法自然的原则，力求达到天人合一的境界。

现代设计以讲究功能为主，追求形式上的简洁、简约，造型上的单一、直接。在物质极为丰富的今天，人们更加追求精神层面的情感传达，仿生设计作为一股不染尘世的清流，给人们的心灵带来一丝慰藉。

2 包装仿生设计发展的必然性

包装的生命周期比较短，随时面临被丢弃的可能，包装在使用完毕后变成废弃物，也会随之产生诸多污染问题，危害人类赖以生存的环境。在此严峻的形势下，将仿生运用于包装设计中是迫切的也是必然的。

包装仿生设计从原材料便可入手，采用可回收、自然的原料代替高污染的塑料、金属，当包装的使用价值完成，回收材料时还可以继续加工进而重复、循环使用。仿生设计是作为一种全新的理念融入目前的包装设计中，随着它的向前发展，必然能够使包装设计的未来发展更为宽广。因此，从包装设计的长久发展来看，仿生的加入也是必不可少的。

3 仿生设计在包装中的运用

3.1 形态仿生的包装设计

形态仿生是对自然界生物的外部形态进行模仿，自然界的生物多种多样，作为设计师的灵感来源，算是当前最本真的材料。无论是怎样的仿生形式，都是经过提取融合的，并不是单纯模仿生物原来的样本，而是经过对其多次的不断创造，最终获得的形态。在包装设计中，有些是直接对生物形态提取并运用其中，也就是具象的包装仿生设计。此外，通过对生物基本形态的观察，提取最具有特征的形态，并加入一些变化，也可以组成新的形态，便是抽象的包装仿生设计。包装造型对自然界生物的形态模仿，不但要与生物系统的基本原理相结合，还应以设计理念为导向，最终服务于设计，运用于设计。

3.1.1 具象形态仿生的包装设计

自然界的各种生物均具备不同的形态和功能，长时间的进化和不断的演变，它们逐渐形成了适应现在各种自然环境的生存形态。具象形态仿生是较为逼真的模仿自然界生物，将形态特征直接暴露出来，让消费者在购买商品的过程中更直观地看到商品外观。其实仿生设计离我们的生活并不遥远，在商场的果冻售卖区有各种形态的包装，葡萄口味的设计成葡萄形状，芒果口味的是芒果形状，这便是最接近我们生活的一种具象形态仿生的包装设计。

具象形态仿生的包装有一个非常显著的优势，就是具有形态的确定性。生态的形态是不会随心所欲地进行改变的，因此运用具象形态仿生进行包装设计，所设计出的效果是容易被消费者所接受的，不同口味的商品对应不同的水果形态，既直观又容易解读。

3.1.2 抽象形态仿生的包装设计

抽象形态仿生是相对具象形态仿生来说的，它注重通过简洁的形象传达深层次的意味。抽象的物品总是耐人寻味的，抽象形态仿生的包装设计也是如此。克拉尼的茶具设计就将卵形特有的圆滑曲线运用于茶具之中，同时还考虑到它的适应性。从外观来看没有过多修饰，只有精简的线条，但依然不失趣味。

3.2 结构仿生的包装设计

结构仿生是指对自然界生物不同结构层次的形态进行研究，通过仿生对材料、结构加以模仿的方式。生物结构能够决定自然界中各生物的形式与种类，也是自然选择与不断进化的重要内容，具备独特的含义与鲜明的基本特征。结构仿生的包装主要是对自然界生物的内部形态分析研究，在包装上加以运用。包装作为产品的"无声销售员"，结构仿生的运用可以从外观上给人的视觉带来更好的效果。

在包装的运输环节，需要满足节省空间、牢固稳定等条件，而结构仿生的包装设计的出现顺利解决了这一问题。易碎易碰类的物品，在其外层添加蜂窝结构的纸板，能够使其运输更加方便。这种蜂窝结构的纸板便是人们通过对蜂巢内部结构进行研究后应用于包装设计中的。

3.3 色彩仿生的包装设计

色彩仿生是通过对自然界生物的各种色彩进行取样，再次应用到包装设计的版面中。包装色彩的仿生，能够较好地烘托出包装物的良好状态，同时也可以结合包装的造型，共同把包装仿生设计的灵动力展示出来。对于色彩仿生的运用，一般在产品和服装设计中运用得比较多，迷彩服的设计便是服装设计中最经典的例子。迷彩服的色彩便于在自然中行走、躲藏而不轻易被敌方发现，大大增加了安全性。对于包装设计中的色彩仿生，多是模仿一些较为鲜艳，带给人美好感觉的色彩。众所周知，包装的色彩是最重要的基本要素之一，直接影响消费者的购买体验。

饱和度高的色彩会给人带来一种真实、清晰的感觉，对人们的视觉刺激也是较为强烈的。啤酒的外观包装多为绿色系或黄色系，绿色给人清新、自然、纯净的感觉，是大自然众多植物的颜色；黄色系则源于啤酒的原料小麦的颜色，黄色使人充满活力、能量，这也正是啤酒所想传达给人们的意蕴。绿色和黄色这两种色彩在啤酒包装中的运用，正是对色彩仿生进行了合理的提取运用。

3.4 肌理仿生的包装设计

肌理对人们的视觉具有很大影响。自然界中生物的肌理主要是为了服务于功能，肌理按类别可以分为动物肌理和植物肌理，按感官体验可以分为视觉肌理和触觉肌理。动物世界里的豹子身体表层生长着复杂的花纹，这是用来保护、隐蔽自己的，鲨鱼的表皮具有纹理，也是为了在水中游得更快，减少阻力。

肌理仿生运用于包装设计，可以增加外观形态的表现力，还能表现得更加真实，吸引消费者的目光。物体表面的肌理能够体现细微的差异，肌理的变化带给人不同的感受。水果的纹理经常被设计师提取并运用在包装设计中，充满趣味感。例如，Kleenex-Slice of Summer 纸巾包装设计，便是采用了西瓜、橙子等水果的肌理，通过手绘的形式重现了真实感。包装设计成三角形的抽纸盒，从外观看起来像是一块真实的西瓜，或一块真实的橙子的仿生形式，这样的仿生包装通过对肌理的仿生，达到了很好的视觉效果，更好地展示了品牌独特的个性。

3.5 功能仿生的包装设计

功能仿生是对自然界中生物的功能原理进行研究，并将其应用于现有的技术系统，以促进产品的更新和开发。人类经常从各种动物、鱼类、虫类、鸟类等自然界的生物中，把某些功能特性提取，尝试在更多的方面能够模仿动植物的各项功能。在产品设计中，功能仿生运用较为广泛，例如，Diane Dupire 设计的喷壶，便是以大象的长鼻子作为灵感来源。但在包装设计中功能仿生的运用也是必不可少的，我们都知道生鲜是不易保存的，即便是在科技如此发达的时代。生鲜在运输过程中会滋生微生物，变色变质都是需要解决的。科学家通过对鲨鱼皮肤表皮进行研究，并参考其表皮试图做出抗菌材料，用来应对生鲜运输过程中包装所面临的问题。我们应站在包装的角度考虑，通过对生物体的功能研究，将功能仿生运用于包装，力求促进包装设计的可持续发展。

4 仿生包装设计顺应可持续发展理念

目前消费异化的问题，导致消费者一味追求高端、时尚、有品位，能够彰显自身地位的商品，而商家为了赚取更多的利润，便不断推陈出新，各式各样刺激消费者感官的包装应运而出。包装以奢华、上档次为荣，所产生的大量废弃物是违背可持续发展理念的。

仿生设计是模仿自然生物的特质所开展的设计，提倡回归自然，将仿生思维运用到包装设计中，可以促进未来包装的环保性、节约性、可持续性。包装仿生设计的原材料从自然中提取，设计灵感从自然中寻找，从设计环节到最终的回收利用环节，都是将污染和排放维持在最低范围的，这样的良性循环才能促进可持续发展。

5 结语

科学技术是把尖锐的双刃剑，我们要将科技运用在促进社会与自然的可持续发展上。包装设计目前的发展加剧了对自然环境的破坏，那就应该剔除糟粕，推陈出新，将仿生设计合理地运用其中，遵循自然法则，找寻人类与自然和谐共处的方式。

参考文献

[1] 张梅.可持续发展的理念及全球实践[J].国际问题研究,2012（03）:107-119.

[2] 于帆.仿生设计的理念与趋势[J].装饰,2013（04）:25-27.

[3] 谷博.现代包装仿生设计的时代需求研究[J].包装工程,2011,32（12）:112-115.

[4] 姜蕾歌.仿生设计在蜂蜜容器包装设计中的应用[J].包装工程,2009,30（03）:193-195.

[5] 王艺湘.仿生学在包装设计中的运用[J].包装工程,2006（02）:270-272.

[6] 彭一清.仿生形态在香水包装容器造型设计中的运用[J].中国包装,2012,32（09）:22-27.

[7] 于帆,殷润元.仿生设计系统分析[J].包装工程,2008（06）:141-144.

[8] 王唯茵.现代消费心理下的包装仿生设计[J].包装工程,2012,33（24）:91-94.

[9] 王唯茵.包装仿生设计中视触觉的表达[J].中国包装,2012,32（08）:25-28.

[10] 周伯军.工业设计中的仿生设计与应用[J].包装工程,2008（01）:151-153.

可持续发展理念下产品包装中仿生设计的研究

刘灿光，王靓

（齐鲁工业大学，济南 250306）

[摘　要]**目的**　在产品包装的设计和包装材料的选择上融入可持续发展的理念，同时引入以自然界中生物为研究对象的仿生设计来提升产品包装的亲和力，激发消费者对产品的青睐度。**方法**　通过对仿生案例相关资料进行收集、整理和归纳，并调研可降解与可循环利用的包装材料。**结论**　对于产品包装设计分别从结构仿生、形态仿生、色彩仿生、肌理仿生 4 个方面进行了案例分析，同时在包装的材料上强调减少无谓的资源消耗，重视可循环材料的研发与使用。仿生设计和可循环材料的融入不仅顺应了生态文明和可持续发展的时代主题，也对以后产品包装设计提供了值得参考的经验。

[关键词] 可持续设计；仿生设计；包装设计；可循环

引言：随着物质生活水平的提高，人们对产品的包装也提出了更高的要求。包装是消费者对产品的第一直观体验，是产品个性与信息的主要传递媒介，具有创意的包装设计可以提升产品的竞争力，所以产品包装在设计上需要不断地创新和改进。仿生设计是近些年来设计的一个趋势，其提倡设计应回归自然，拉近产品与人之间的距离，这对包装设计的创新有很大帮助。当前我国废弃包装的污染比较严重。习近平总书记在十八届五中全会提出了具有战略性的五大新发展理念，其中绿色发展理念强调了要解决人与自然和谐的问题，在仿生包装中融合绿色设计是利国利民的表现。通过对仿生包装案例的分析，总结案例中的创新思路，并融入可持续发展理念，实现师法自然，人与自然和谐相处，为今后的包装设计提供参考。

1 对仿生设计和可持续发展理念的理解

1.1 仿生设计的概述

仿生设计是在仿生学和设计学的基础上发展起来的一门新兴学科。仿生设计是建立在动物、植物等自然生物所具有的外部形态和内部结构的认知基础上，人工制品模仿生物形态的过程。仿生设计以自然界生物的结构、形态、色彩、肌理为研究对象。最初是源于人类对生存的需要进而对大自然进行模仿，经过长期的经验积累，这种模仿大自然的生物系统逐渐应用到生活中，发展至今已经广为接受，并广泛地应用到各个领域中。而仿生包装设计是借助艺术想象，对动物、植物等自然生物体典型艺术特征进行取舍、提炼后进行的创新性模拟设计。仿生为人类想象提供条件，突破墨守成规，推陈出新，使包装更具灵气和活力。

1.2 可持续发展理念的概述

在以石油化工为原材料的包装对资源的浪费和对环境的污染日益严重的背景下，提出以可持续发展理念为理论基础指导设计实践。可持续发展的定义国际比较被认同的是1987年世界环境与发展委员会（WCED）的定义。在《我们共同的未来》的报告中，WCED首次正式地将可持续发展定义为"满足当代人类的需求而不损害子孙后代满足他们自己需求的能力"；可持续发展同时也是"一个资源利用、投资取向、技术发展以及政策变化都协调一致，不断促进满足人类现在和将来需求之潜力的变化过程"。可持续发展与资源、生态环境、建筑等与之相关的城市建设、人类发展有着密切的联系，而在产品的包装中，可持续发展要求包装在实现自身功能的同时能够做到包装材料的循环回收、再生利用、无污染，这就要求设计师优先考虑绿色环保、可降解的包装材料，同时也要求消费者有较强的环保意识，积极配合产品包装的分类处理。

2 产品包装中的仿生设计

2.1 天然的包装

在自然界中存在着许多形态优美的包装，这是自然界中的生物不断进化的结果，为了生存和适应环境它们都是有着独特造型的自然包装，而这些无数的生物形态正是设计师取之不尽的形态素材，进而激发出设计师的设计灵感与思想火花，汲取自然界中生物形态优美、合理的一面，将其融入包装设计之中，使具有生物形态特点的产品同其模仿对象一样，在形态上有其"生存的空间"。伟大的自然界中存在着许许多多天然形成的自然包装形态，其非常巧妙的结构与造型可以说是包装的最佳典范。我们常见的橘子，它在包装的功能和形态上是比较完美的例子，它亮丽

的颜色和光滑的表皮可以引起人们的注意，增加消费者的购买欲望。在橘皮的下层，橘络包裹着果肉，它可以保护果肉防止水分流失，在它每一瓣橘子上都缠有橘丝，更是将果肉紧紧地固定在一起，起到缓冲的作用，这就像缓冲包装，不得不让我们叹服大自然的鬼斧神工。

2.2 仿生原理下的包装

我们知道产品的包装主要具有4种功能，即保护功能、方便功能、销售功能、审美功能，随着商品种类的增多、消费者审美趣味的提高，消费者精神方面的需求也在提升。德国著名的设计大师科拉尼说过"设计的基础应来自诞生于大自然的生命所呈现的真理之中"，所以在包装设计中借鉴仿生原理，可以碰撞出更多的火花。仿生包装通过借鉴大自然中生物的结构、形态、色彩、肌理等要素，根据产品的需要合理地运用到包装设计中，可以在消费者的心智中建立起一种产品与生物之间的联系，从而使设计出的包装具有艺术性、趣味性，可以在消费者心中产生共鸣。同时仿生设计运用在包装中也提醒着人们对大自然的关注，珍惜和保护我们现在生存的大自然。

3 可持续发展理念下仿生包装的研究

3.1 可持续发展理念下包装设计的结构仿生

千姿百态的自然界物种在设计过程中给予了设计师更多的灵感，生物本身所具有的结构美感对于包装设计具有重要的模仿价值。结构仿生是设计师常用的手段，即通过观察某些生物特殊的内外结构，并通过优化将其运用到设计中。在对自然界的生物进行结构模仿时，设计师需要对自然界中的生物结构进行研究和分析，选择出产品特性与生物结构相适宜的结构原型，再结合设计师的丰富联想，选择适当的环保材料，做出包装

造型，从而完成最能体现产品特色的仿生包装。如泰国品牌 Supha Bee Farm 的蜂蜜包装，包装受到蜂巢框架结构的启发，包装的盒型对蜂巢结构进行模仿。设计师选择把蜂蜜瓶嵌入蜂箱，这样顾客拆包装时就会像从蜂箱中取出蜂蜜一样，包装不仅还原了蜂巢的结构，还在运输过程中有效地保护了产品。在仿生设计包装中也遵循着可持续发展的理念，外包装盒型采用的是橡木材质，蜂巢的纸张材料主要是植物纤维素，它们都是可降解可循环的环保材料；盛装蜂蜜的容器主要是由纯碱、石灰石和石英制成，容器可以通过原型复用、原料回收、回炉再造等方式进行循环利用。

3.2 可持续发展理念下包装设计的形态仿生

事物的意象越具体，它所呈现在人们面前的特征就越明显。形态仿生是对自然形态的直接模仿，用来展示产品特征。在产品包装进行形态仿生设计中，将自然界中生物的形态特征经过提炼、概括、夸张等手法处理后应用到产品包装设计中去，使产品设计的外观形态和仿生对象产生关联。如天佑德青稞酒包装，包装运用自然中叶子的形态进行设计，灵感来源于印度用叶子作为餐具的一种方式，用"一片叶子"作为造型，意在表达包装的生态环保，让消费者一目了然，传达产品是原生态、无污染原料所酿造的青稞酒，此外包装材质运用可降解的环保纸浆，节省成本、空间，避免过度包装，手提的设计更加体现人性化与环保的理念。

3.3 可持续发展理念下包装设计的色彩仿生

色彩仿生有别于传统意义上的形态仿生，色彩仿生主要指通过对自然色彩的采集，应用到产品包装设计中，达到一种人类对美感的视觉享受。而自然色彩的应用可以完全脱离形态的束缚，独立成为仿生设计中的一种方法。这就要求

设计师在产品包装设计中汲取大自然绚丽的色彩，用不同的色彩搭配技巧进行运用。如中秋推出的小罐蓝诗月礼盒，这套包装基于探究中国人情感色调认知下的蓝色，尤其是饱和度高、明度低的蓝色，是最能让人联想到夜空的。这种颜色可以使消费者感受到浓郁的色彩印象与厚重感，给人带来宁静的体验。这套包装设计运用了中秋赏月这一传统习俗，以夜空中的自然蓝色为原型进行提炼与设计，准确诠释了这种"中国的中秋蓝色"，体现小罐茶对色彩仿生的准确应用。小罐茶在包装材料上有别于以纸袋、塑料袋以及铁盒为主的传统茶叶包装，它运用了铝罐。它是唯一一种能覆盖其回收和再生成本的包装材料，实用且环保成为它最大的优势。

3.4 可持续发展理念下包装设计的肌理仿生

自然中生物肌理为包装的表现形式增添异彩，自然生物的肌理不仅仅是一种触觉的表象，更是表达了产品的内在情感。肌理仿生设计是指设计师为了作品能够在表面纹理上达到一定的审美效果，让消费者具有一定的情感体验，而在设计的过程中模拟和借鉴自然物表面的纹理质感和组织结构特征。通过把生物肌理的还原设计应用到产品包装中，带给消费者具体的感官体验，来增强产品形态的表现力，从而使产品更加具有吸引力。这是以母鸡为造型的鸡蛋包装，使用切合自然气息的草编材料，独特的天然纹理触感提升了产品的优势，鲜明的设计除了可用作鸡蛋包装，还能循环利用当作手提袋，一举两得。

4 结语

本文通过对相关仿生包装案例的分析表明，产品包装的仿生设计走可持续发展路线是实现人与自然和谐相处的重要方法。在产品包装中主要是在结构、形态、色彩、肌理方面进行仿生设

计，同时要想实现仿生包装的可持续发展，从包装源头——材料开始，选择环保、无污染、可回收利用、可降解的材料才是有益于环境、有益于健康的持续之道。随着消费者的环保意识不断增强以及科学技术的不断进步，未来包装设计将呈现以可持续发展为主题的绿色设计为发展方向，研究、设计环保的包装装潢、包装结构和包装材料，是我国包装设计所面临的重要课题。

参考文献

[1] 于帆,陈燕.仿生造型设计[M].武汉:华中科技大学出版社,2005:05-06.

[2] 姜美君.农产品仿生包装设计研究[D].杭州：浙江农林大学,2019.

[3] 邬建国,郭晓川,杨稢,等.什么是可持续性科学?[J].应用生态学报,2014,25（01）:1-11.

[4] 王艺湘.仿生学在包装设计中的运用[J].包装工程,2006（02）:270-272.

[5] 吴菲.现代包装设计中仿生设计的应用研究[D].保定：河北大学,2009.

[6] 谢洁.包装设计实用价值与审美价值探析[J].包装工程,2014,35（08）:85-87,100.

[7] 蔡翠芳.生命之美——包装中的仿生设计[J].中国包装工业,2013（14）:18.

[8] 马泽群,苟锐,黄强苓.仿生设计在工业设计领域的困境及策略[J].包装工程,2013,34（20）:111-113,128.

[9] [美]鲁道夫·阿恩海姆.视觉思维[M]滕守尧,译.成都:四川人民出版社,2019:170-173.

[10] 王颖.儿童食品包装设计中仿生设计的应用研究[J].美与时代（上）,2017（06）:103-106.

共享单车的可持续和仿生设计研究

荣毅，王巍

（齐鲁工业大学（山东省科学院），济南 250353）

［摘　要］**目的** 为了提升仿生设计在产品创新中的应用，扩展基于仿生设计学的产品创新策略，提升和优化共享单车设计方案，改善共享单车的用户体验，增加单车的使用寿命。**方法** 从仿生设计和可持续设计的概念出发，深入探讨仿生设计在共享单车设计中的应用价值，再结合各种实例对仿生设计和可持续设计在共享单车设计中的具体应用进行论述。**结论** 以仿生设计和可持续设计为基础，为共享单车产品设计提供了更加明确的方向，同时展现了不同模块所适用的仿生设计和可持续设计手法，实现了共享单车的产品设计与仿生设计、可持续设计相结合，提高了生物特征在产品创新设计中的利用效率，满足用户的情感需求，缩短了产品设计周期，改善了共享单车产业的环境，还达到了寻求艺术与技术、个性与大众、自然与人类的和谐统一。

［关键词］仿生设计；可持续设计；共享单车；功能结构

引言：伴随着城市化进程的加快，共享单车因为其方便、快捷、经济和环保已经逐渐成为人们最受欢迎的出行方式之一。在各种品牌的共享单车如雨后春笋般涌现的同时，人们对共享单车这一产品设计的审美性和功能性要求也发生着变化，很多品牌从仿生设计的角度，对单车的形态、色彩、功能和结构进行了创新，从而获得共享单车的可持续发展以及经济效益。

1 仿生设计在共享单车中的应用

仿生设计学作为一种人性化的设计理念，通过将仿生的元素融入产品设计中，很容易将产品自身隐藏的特质和自然情绪体现出来，进而拉近产品与人之间的距离。在共享单车领域内，设计师可以通过形态仿生、色彩仿生、肌理与质感仿生等方法，将仿生与设计相结合，创新出更人性化的共享单车产品。

1.1 形态仿生设计应用

自然形态是仿生设计活动中仿生对象的主要来源，同时"形"也是共享单车设计的核心要素，"形"包括单车的整体轮廓、空间结构以及各个部件之间的连接结构等。

设计师 Jia LingHu 基于人体骨骼肌肉的形态仿生设计了一款名为"Zapfina"的单车（图1）。

图1 "Zapfina"单车
Fig.1 "Zapfina" bicycle

这款自行车"Z"字形车身框架就像人体关节一样，能够吸收冲击力，保护车链和齿轮等运动部件。此结构既提高了单车的耐用性，同时也保证了使用者的骑行安全。设计师通过运用形态仿生，将仿生与设计相结合，创造出了这款个性的单车。

来自吉林大学的一位研究生在其毕业创作（图2）中以骏马和公牛的外形作为仿生对象对自行车的造型进行了设计。作者将骏马和公牛代表性的形体符号进行了抽象处理，使单车整体造型既体现出了骏马优美的形体线条，又蕴含了公牛所具有的力量感。

图2 来自吉林大学的仿生设计毕业创作
Fig. 2 Bionic design from Jilin University

国外一些品牌把形态仿生运用到自行车同类产品——电动自行车中，也在车体的形态上作出了创新，体现了品牌追求艺术与技术、自然与人类的和谐统一。

奥迪一款概念碳纤维电动自行车"Wrthersee"（图3）是由慕尼黑概念设计工作室设计的，通过对昆虫形态的仿生，结合自行车赛车的设计原则，最终打造了这款仿生设计产品。法国雷诺推出的电动自行车"508E-BIKE"（图4），其设计灵感来自雄狮的外形，设计师通过捕捉雄狮形体中背部、腿部、腹部的线条，将这些力量感的线条汇聚于车身造型设计中，使整个车身彰显出一种向前冲刺的律动感。这两款运用形态仿生设计而成的概念电动车对共享单车设计有很大的参考价值。

图3 仿生电动车"Wrthersee"
Fig. 3 Bionic electric vehicle "Wrthersee"

图4 仿生电动车"508E-BIKE"
Fig. 4 Bionic electric vehicle "508E-Bike"

1.2 色彩仿生设计应用

色彩仿生是通过自然生物系统优异的色彩功能和形式而进行色彩感觉仿生，有选择性地应用于产品的色彩设计中。

在共享单车的各大品牌中，许多品牌的色彩选择都是抓住了人们视觉和心理对色彩的敏感，值得一提的是 ofo 品牌运用了马蜂的自然警戒色——黄色（图5），马蜂身上黄黑相间的条纹可以使敌害易于识别，避免自身遭到攻击。于是 ofo 公司就选用了黑色和黄色进行单车的色彩搭配（图6）。首先，共享单车的用户相比开车的人群相对危险，而在道路上黄色的车身能够让驾驶者注意到这带有提醒意味的色彩，保护了共享单车用户行驶的安全；其次 ofo 在车篮、踏板和锁架上均采用了黑色来均衡整个车身的颜色，即使路面车辆数量过多，过路的行人和司机也不会有较大的心理压力。在共享单车的设计中加入色彩仿生可以使单车在区别于其他品牌的同时，增加

图5 马蜂的黄色 　图6 Ofo共享单车的颜色
Fig. 5 The yellow of hornets 　Fig. 6 Ofo Shared bikes color

用户行驶的安全感。

1.3 肌理与质感仿生设计应用

肌理指的是物体表面的纹理、结构组织给人的视觉和触觉感受，是表达人们对产品表面纹理特征的感受。在共享单车的设计中，不同的材质、不同的加工方式可以产生不同的肌理效果，将自然的肌理和质感作为设计特征，来表达共享单车的品质和风格，已成为共享单车设计中不可缺少的视觉要素。

用户在阴雨天气使用共享单车时，常常苦恼于单车座位与车把上较多的雨水难以快速清洁。这样会大大降低用户在阴雨天气使用共享单车的体验感。而池塘中的莲花能够"出淤泥而不染，濯清涟而不妖"，正是因为荷叶表面具有纳米尺度的褶皱（图7），这种微观层面的褶皱肌理反而使其具有排斥任何外来附着物的属性，因此具备自清洁和不附着的功能（图8）。在共享单车的车座和车把上可以使用这种肌理仿生材质来优化用户在阴雨天气的使用感受。

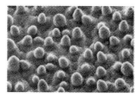
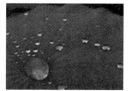

图7 显微镜下荷叶的纳米结构
Fig.7 The nanostructures of lotus leaf under a microscope

图8 荷叶的不附着现象
Fig. 8 Non-attachment of lotus leaf

共享单车在夜晚的识别度很低，不利于共享单车的夜间使用。科学家发现萤火虫不仅具有很高的发光效率，而且发出的冷光一般都很柔和，对人眼的刺激很小，光的强度也比较高。因此，设计师可以在共享单车的脚踏板、车把、辐条等关键位置装配作为生物光源的荧光素和荧光酶，便于用户在夜间寻找空闲的单车以及减少交通事故的发生。

2 可持续设计在共享单车中的应用

2.1 共享单车的不可持续现状

如今的共享单车公司面临众多需要日常维护的单车，而绝大多数共享单车公司选择了最简单和低成本的处理方式，即对大量的废旧单车不再处理，直接抛弃。这种行为违背了共享单车"低碳出行"的宗旨，造成了一定程度上的环境污染以及严重的资源浪费。

2.2 共享单车的可持续设计策略

可持续设计源于可持续发展的理念，可持续发展是在满足当前社会需求的同时，而不阻碍未来社会的发展。何人可教授的可持续设计定义为"可持续设计是一种构建及开发可持续解决方案的策略设计活动，均衡考虑经济、环境、道德和社会问题，以再思考的设计引导和满足消费需求，维持需求的持续满足。"

2.3 共享单车的可持续设计策略

2.3.1 共享单车的车身结构改良

目前市面上的共享单车都是一体化结构，部分零件的损坏会直接导致整个单车被弃用，这是目前导致共享单车大量报废的主要原因。因此，实现共享单车模块化结构成为改善这一状况的必要途径，共享单车品牌可以设计出多模块化的单车，实现损坏单个部件可以更换单个零件的方法去延长共享单车的寿命，而且也可以更换单一模块来实现共享单车的更新换代。同时，也可以进行模块化车身的折叠来减少城市公共空间的占用。

2.3.2 共享单车的车身材料改进

目前，市面上共享单车通常使用钢、铝合金以及合成塑料来打造车体，导致单车成本高达2 000元，同时废弃的单车造成了大量的资源浪费；此外，钢、铝合金难以被微生物分解，也造成了环境污染。因此，可以使用天然可降解的材料。综合木材、竹材、钢材的强度比较（表1），笔者更建议使用竹材和木材作为车身的主要材料对单车进行升级换代。一方面木材和竹材成本较低,可以从共享单车生产源头上降低成本,保护环境。另一方面木材和竹材在我国分布广泛,同时生长周期也比较短,相比于钢材有很大优势,此外,竹材作为车身主要材料具有很大的优势。

表1 竹材、木材、钢材的强度比较
Tab.1 Bamboo, wood, steel strength comparison

项目	竹材			
	毛竹	刚竹	淡竹	麻竹
抗拉 /MPa	197	286	184	197
抗拉 /MPa	65	55	36	42

项目	木材			
	杉木	红松	麻栎	檫树
抗拉 /MPa	78	99	145	111
抗拉 /MPa	40	33	58	47

项目	钢材			
	软钢	半软钢	半硬钢	硬钢
抗拉 /MPa	382	444	520	>730
抗拉 /MPa	430	500	600	

3 结语

共享单车很好地解决了人们"最后一公里出行"的问题,有效地整合了资源,最大化地实现了人们的绿色健康出行,成为人们最喜爱的出行交通方式之一。但目前的共享单车仍有非常大的改良设计空间,针对目前出现的许多问题,在当今经济环境前提下提出共享单车的仿生设计与可持续设计策略,从共享单车的车架结构、车身材料与车身色彩上进行改良设计,有利于实现共享单车市场的绿色发展,同时也有利于环境的保护与经济的发展。

参考文献

[1]宋正华.仿生设计在家用健身器材中的应用研究[J].包装工程,2016,37(4):84-87.

[2]冯海涛.电动自行车车身造型仿生设计研究[D].长春:吉林大学,2016.

[3]许永生.产品造型设计中仿生因素的研究[D].四川:西南交通大学,2016.

[4]刘青春,何霞.产品仿生设计探究[J].包装工程,2006(2):194-196.

[5]江牧.工业设计仿生的价值所在[J].装饰,2015(12),12-19.

[6]代菊英.产品设计中的仿生方法研究[D].江苏:南京航空航天大学,2007.

[7]王朝侠,徐从意.仿生设计在产品趣味性设计中的应用[J].包装工程,2017,38(14):193-197.

[8]殷晓晨,丁鑫,陈佩琳等.简化设计理念在共享单车设计中的应用研究[J].设计,2019(23).

[9]王艳.共享经济下共享单车的可持续设计方法研究[J].中国包装,2020,40(06),50-53.

[10]徐文静.基于产品服务系统的产品生命周期设计研究——以共享单车为例[D].武汉:武汉理工大学,2018.

闽台两地可持续包装设计①

汤博云

（泉州师范学院，泉州 362000）

[摘 要]随着永续经营观念在世界各国迅速张开，"人文为本、永续发展"的设计已成为全球的共识，其中，"可持续设计""绿色包装设计"是当今设计发展的重点。**目的** 为了达成通过分析掌握消费者的消费喜好而助力地方特产发展的目的，选定闽南、台湾地区伴手礼包装——茶叶包装作为研究对象，探讨闽南、台湾地区文化特色的代表项目和包装图形、色彩、文字的视觉表现与地方文化特色间的关联性，探讨闽台两地可持续性包装的发展趋势。**方法** 综合对比闽台两地茶叶包装在图形、色彩、材质等方面的差异，采用案例分析和综合比对探讨闽南地区与台湾地区可持续包装设计。**结论** ①闽南地区茶包装在包装材质上趋向多元化；台湾地区的茶包装在色彩上趋向多元化。②台湾地区善用具象或半具象的图形；闽南地区较多用抽象图形。③台湾地区消费者比大陆消费者重视色彩属性，大陆则比台湾地区消费者重视样式属性。④伴手礼产品属性对消费者购买意愿有正向影响；品牌知名度对消费者购买意愿有正向影响。

[关键词]绿色设计；茶叶包装；商品价值

引言：最近几年，地方特色产业蓬勃发展，推动了观光旅游，而在旅游过程中民众有购买当地知名伴手礼的习惯；而在闽南、台湾地区之间，茶叶是观光客最爱的伴手礼之一，其茶叶礼盒市场竞争激烈是可预期的。伴手礼经常以在地文化特色作为包装设计的要求。因此地方文化特色如何在伴手礼包装设计中呈现，成为本研究欲探讨的主题。本研究主要以闽南、台湾地区受大众喜欢的茶叶品牌，如闽南的茶叶品牌——八马、日春、华祥苑、熹茗等；台湾地区的茶叶品牌——天仁茗茶、峰圃茶行、小茶栽堂、有记茗茶等品牌为研究样本。本研究的基本思路是如何透过包装视觉设计，以具有环保、低成本与少量包装等方式，呈现地方文化风貌于伴手礼包装视觉设计上，传递闽南文化特色与伴手礼之间的关联性。借由创意手法转化应用于伴手礼包装设计表现上，重新了解闽南、台湾地区文化，了解当地特产，塑造地方产品品牌形象，并将地方代表的元素转换应用于伴手礼包装上作为推广手法，使闽南优质的伴手礼赋予新生命。

1 闽台两地茶包装视觉设计分析

茶包装视觉设计通过图形、色彩、材质三方面进行分析。

① 基金项目：2018 年福建省教育厅中青年教师教育科研项目"闽台两地伴手礼茶叶包装研究"（JAS180309）研究成果之一。

1.1 茶包装设计之图形运用

图形是包装整体的表现，在设计上利用插画、摄影、图案等作为传达的视觉形象。包装设计上，适当地运用独创一格图形设计来创造出有效的视觉吸引力，不但可以增加商品的艺术效果，烘托出其品牌精神，也能引起消费者的共鸣，以期激起消费者的购买欲望。好的包装之图形设计能够暗示内容物的优劣，让人联想到有关产品的质量，更主导着整个包装成功与失败的关键。

台湾地区早期的茶叶包装受到外销事业繁盛的影响，茶商为了迎合外销当地的消费文化，其图形设计的表现形式及题材倾向多元文化的发展。其后随着政权的交替，西方艺术文化与设计思潮的引进，使国内美术教育及环境得以提升，加上印刷技术的进步，让茶叶包装视觉图形设计变化更为多样。依其包装图形表现形式的不同，大致可以分为具象图形、半具象图形、抽象图形三种。

（1）具象图形：对自然物、人造物的形象，用写实性、描绘性、感情性的手法来表现，让消费者一眼就能看出图形传达意义的表现方式，其特征是容易让人由已知的经验直接引起识别与联想，也是最能具体说明内容物并强调产品的真实感。常用的表现技巧以摄影、插画、简图等方式呈现。

（2）半具象图形：将具象的题材加以单纯化或变形，使其介于写实与抽象表现之间。这种表现图形主要是受到近代绘画观念、思潮及现代设计理论的影响，特别讲究简洁、易辨认、理性等表现形式，让人巧妙地结合画面的具象性与心理上的抽象性，从而产生趣味感。

（3）抽象图形：利用"点""线""面"三元素作理性规划或随意排列组合构成的表现形式。抽象图形往往因具有隐喻性、简洁性，也容易使人产生一种强烈的视觉冲击效果，达成促销的包装机能。

1.2 茶包装设计的色彩运用

"色彩"对人们的视觉是最直接的刺激，可使人们产生情绪的变化，间接影响人们的判断，因此，善用色彩可以改善图、文的易读性，增加传达效果，同时也可以借由色彩来暗示商品的信息，刺激消费者的视觉，从而产生"视觉联想"，并透过包装上的色彩运用来达到美化产品外观，提升商品价值的目的。由于人类视觉对色彩感应程度比对形态的感应程度来得快，因此，在茶叶市售种类繁多的商品中，"色彩"往往扮演着区别商品、口味或性质的重要角色，利用不同颜色对应不同种类的产品，不但可以有效帮助茶商推销产品，也可以加深人们对于产品的印象。

透过不同的包装色彩计划及文字符号所隐含的意涵，让茶叶包装成了"无声的销售员"，消费者能够透过阅读茶装上的符号来清楚选购所需的商品及质量，同时也借由各种不同颜色的包装展示来为传统茶装带来年轻活泼的新气象，这种设计表现手法目前也广泛被应用在茶包礼盒上。尤其在 2000 年以后，台湾地区茶行逐渐以品牌营销为主要销售策略，茶商为了加深人们对其品牌包装的印象，透过良好的包装色彩计划来帮助人们更容易去认识品牌，辨别商品，如王德传茶行的红色包装，借由单一的色彩来吸引消费者的注意，成为有力的品牌识别的传达工具。

茶包包装的色彩运用，从市面贩售的大部分都会以绿色、黄色为主，其颜色运用的灵感来自茶叶、茶汤的颜色，或是依照茶叶品种的名称来区分。绿色在运用上符合大自然清新、自然的感觉。以阿里山高山茶茶包和天仁茗茶的茉香绿茶茶包为例，两者都以绿色为主，跟茶叶的颜色有最直接的关联，而天仁茗茶的茉香绿茶茶包因茶叶品种为绿茶，配合绿色的包装，可以让消费者立刻做联想。因此包装的颜色，必须呼应到茶叶的特性。

1.3 茶包装设计的材质分析

包装概念的构成条件必须有可包装物以及包装物。人类自采用天然包装材料，演进到工业生产包装材料，以及发展包装新技术和机械化、自动化包装，促进今日工业包装的模式，包装材料的发展与运用，有主导性的地位。

包装设计不但要建立起正确的、创新的设计理念，更需要针对包装材料做深入地研究与评估，才能够运用自如，创造更优良的包装。

1）包装材料

包装材料必须应商品本身做调整，需了解材料的特性、加工性、适用性、经济性、便利性、废物处理性等，它们在包装设计中有着主导性的地位。而包装材料包含纸类、木头、金属、塑胶、玻璃、缓冲性材料、辅助性材料等。

2）包装形式

包装的形式影响到产品本身与销售目的，包装形式不同会适合不同类型的产品，包装形式与包装材料一样要考虑到合适性。而包装形式包含桶类、盒箱类、筒类、瓶类、编织类、壳类、台类、袋类、包里类，辅助材则包含束扎材、缓冲材、标示材、服务用品。

包装材料在科学技术上的研发，针对材料方面的努力就是研发更多可以取代伤害生态环境的包装材料，或是研发可重复利用的包装材料。

绿色包装已经成为目前包装设计的主要参考准则，在设计茶叶包装之初，应以绿色包装为诉求，甚至在设计的包装上也告知消费者要珍惜地球、爱惜资源，以达到永续经营的目的。

2 闽台两地茶包装特色

2.1 地域文化

华祥苑国宾茶作为 2017 年厦门金砖会议的指定用茶，其包装设计正式、华贵，采用纸质、铁质作为主要包装材料，并加上中国结，用来突出地域文化特色。

天仁茗茶将高山采茶风景的图像呈现在包装盒上，象征产地风光与优良质量与产地来源的保证。台茶外销数量自 20 世纪 80 年代逐年减少，以外销为主的北部低海拔茶区失去海外市场后，又受限于劳力短缺与茶树老化，加上茶叶成本过高且质量不佳，使北部茶园面积日渐缩减。业者为节省成本，便积极开垦台湾地区中南部高海拔山区茶园，成功掀起"高山茶"热潮，也带动台湾地区茶叶走向高质量及高价位的贩售模式。于是，高山采茶风景便开始出现在包装盒上，象征产地风光与优良的茶叶质量。

2.2 跨域合作

自台湾地区茶叶从外销转为内销后，面对国外低价进口茶叶的竞争，茶行除积极发展高价位的茶叶市场，也推出异业合作的营销策略，以提升产品亲和力及本地性。例如，天仁茗茶曾与日本三丽鸥公司合作，推出 Hello Kitty 茶罐系列，抢攻年轻女性市场，透过缤纷可爱的包装，融合传统艺术与现代生活美学，成功拓展新的客群。此外，茶商也借由具有纪念价值的限量茶叶包装塑造特殊性，如墓北市茶商公会于 2009 年与台北市商业处合作，推出茶郊妈祖 120 周年纪念四两茶包，不仅创造话题，也吸引消费者注意。

3 结语

本研究发现闽南地区茶包装多用红色表示吉祥，包装材质上趋向多元化；台湾地区的茶包装的色彩很多元，多种颜色都会作为主色调。从图像上看，台湾地区善用具象或半具象的图形；闽南地区较多用抽象图形。台湾地区消费者比大陆消费者重视色彩属性，大陆则比台湾地区消费者重视样式属性。

本研究证实结果发现显示品牌知名度对消费者购买意愿有正向影响；当消费者越喜爱价格促

销其购买意愿越高；伴手礼产品属性对消费者购买意愿有正向影响；伴手礼商店属性对消费者购买意愿有正向影响。最后根据验证分析结果，提供日后学者研究参考依据及给予伴手礼业者营销的应用。

参考文献

[1]龙冬阳.商业包装设计[M].台北:柠檬黄文化事业有限公司,1994.

[2]王炳南.包装设计[M].北京:文化发展出版社,2016.

[3]金子修也,廖志忠.包装设计[M].台北:博远出版有限公司,2005.

[4]Cristea Adina, Captain Gabriela, Stoenescu Roxana-Denisa. Country-of-Origin Effects on Perceived Brand Positioning[J]. Procedia Economics and Finance 2015, 23: 422–427.

[5]Goodman-Deane J. Waller S. Bradley M., et al. Integrating the packaging and product experience in food and beverages [J]. A volume in Woodhead Publishing Series in Food Science, Technology and Nutrition,2016: 37–57.

[6]陈俊宏,黄雅卿,伍小玲.商业包装设计对提升商品价值感之探讨——以不同涉入程度商品为例[J].商业设计学报,2005（9）:63.

[7]刘晓芳,杨轶.日本包装设计精粹[M].北京:中国轻工业出版社,2001.

[8]林建煌.消费心理学[M].台北:六合出版社,2002.

[9]李亚杰,何明泉.商品意象设计指标权重之研究[J].设计学报,2011（16）:41-64.

[10]甘锦秀,张福昌.闽南民俗文化特色的月饼包装设计研究[J].南京艺术学院学报（美术与设计版）,2009（12）:214-216.

嬷嬷神文化对可持续设计与
仿生设计的影响

胡宝花，夏佳

（大连工业大学，大连 116034）

[摘 要] **目的** 因为萨满"嬷嬷神"是萨满原始信仰中世间万物"神性化"的化身，是萨满文化中重要的精神载体。当下我们随着时代的快节奏发展，渐渐缺失了一些敬畏之心，通过嬷嬷神文化我们可以了解到敬畏之心不仅仅是敬畏神明，还有敬畏自然、敬畏法律、敬畏道德、敬畏科学，从古今典籍中汲取知识，在经验见识下获得感悟，以理性客观的角度，以谦虚谨慎的态度去感知世间的一切，融入这个世界。**方法** 用心去感知周围的事物，充分运用五感去寻找与自然的契合点，时刻保持敬畏心与好奇心，控制尺度，在不影响生态文明的基础上，充分发挥自己的主观能动性，从而实现自己的价值。**结论** 人类与自然从来就不是你死我活的敌对关系，我们与自然是处于一种微妙的动态平衡之中，有核心内涵的设计往往给人以一种精神上的满足感，从而传递出我们内心最诚挚的思想，引起大众的共鸣与响应。

[关键词] 满族嬷嬷神文化；可持续设计；仿生设计；文化传承

引言：嬷嬷神是萨满原始信仰中最典型的代表，萨满们依靠众多"神服"与"神器"的辅助完成神事活动，萨满祭祀活动的神圣性不言而喻。这神圣性正是依靠嬷嬷神所蕴含的原始信仰的力量所表现出来的，而人的参与使灵魂与自然之间真正建立了神圣的关联，从而使人与自然的联系变得更为密切，而这种密切感在一定程度上对现代的可持续发展与仿生设计产生了不可估量的启示。

1 嬷嬷神文化之万物有灵观念对二者的影响

在繁荣庞大的原始人与神灵的世界里，首先要对与他们生活直接相关的环境进行改造和崇拜，从而产生萨满教的自然崇拜。

原始先民们信奉万物有灵，因此自然界中的一切事物都可以变为萨满教神坛上所祭祀的神灵。其中包括天地日月、山石湖海、风雨雷电、鹰熊蛇狼，囊括了自然界的一切生灵与事物。实际上这些原始的自然崇拜与人的社会存在有着密切关系，具有近山者拜山、靠水者敬水等地域及气候特色，反映出人们祈求粮食丰收、吃饱穿暖的实际需要。

万物有灵，生生不息，所谓存在即有意义，地球从古至今所呈现出的生命形态以及展示出的生命独特性，是我们难以想象到的，自然万物在自身的进化过程中呈现多种多样的特性，这种特性表现出的是一种当下人类难以解释的精致性与必然性。在人类文明的初始萌芽时期，人类直觉地感知到生物表达的自然特性，因此在人类生活中的诸多方面逐渐形成了一种以模仿为主要表现形式的造物理念，这种原生的设计体现的是人们对自然最为朴素的认知，此后这种认知经过不断的发展、完善，逐渐形成了人类社会的造物文明史。

自然界中的生物巧妙的生存方式几乎到处都可以看到，其中暗含着自然的内在规律与和谐平稳的一种定律，在一种动态平衡发展变化之中，逐步与自然形成了局部与整体的关系。自然万物从自身同质不同形特性及不同质亦同形的呈现方式不断引发着人类源源不断的设计灵感。大千世界所具有的这种特殊的原生状态，其暗含的功能在潜移默化之中的启迪并影响着人类的智慧。人类是在生活中偶然性发现自然之美的，如人们根据磁体与磁场的相应关系，设计了可分南北方位的指南针。鲁班用带刺的树叶发明了锯子，相传其还制造出能飞的木鸟……冥冥之中，自然造物的奥秘在一点一点地启发着早期人类的创造，人们也努力以自己的方式呈现、表达出自然启迪之下对自然的敬畏与热爱之情。

2 嬷嬷神文化之天人融合观念对二者的影响

嬷嬷神文化中的"天人融合"与儒家思想中的"天人合一"以及道家老子的"道可道，非常道"表述的是相同的含义。在"道可道，非常道"中的"道"即"自然"，他所强调的是人与自然之间的关系，所谓的"天人融合"实质上所表达的是人要努力做到与自然保持一种平衡、稳定的状态，去追寻与自然的契合，只有这样才能更好地帮助自身的发展。大道自然，实则是要我

们遵从事物的发展规律去设计一些东西，在设计期间应该学会认识自然、感受自然、理解自然、研究自然，从而使我们的设计作品源于自然又可归于自然。因为人类作为地球数百万生物之一的生灵，本身也是自然生态系统中有机组成环节的一部分。这也就在一定程度上表示出人类的行为处事必须参与并融入自然生态的大循环之中，并且要符合于自然生态大循环的发展规律。所有动物都受到大自然既定秩序的约束，自然而然便成为自然的盲从者，但是由于人类与其他生物的差异性，人类有自己的思想与意识，而逐步参与了自然界的运动，导致了我们对自然的关系处于一种矛盾的状态：一方面我们依赖于自然，另一方面我们也在对抗着自然。随着科学技术的不断发展，我们不断发展着自身的社会，由此我们从"第一自然"逐步走向了"第二自然"，但实际上人类文化在一定程度上造成了人与自然的对立。

不知从何时起人与自然的关系变为"人类主宰自然""人类是自然的主人"，所运用的科学技术变为"战胜自然""统治自然"的手段和工具，当下人类树立了一种要求更精、更快、更炫的生活标准，同时也在不断追求一种更高、更快、更好的生活水平。这一切仿佛更加适用于当下一种病态快节奏式的人类社会，但因此也彻底改变和打乱了自然界中原有的生态平衡，颠覆了生物的伦理基础，"工具理性"逐步代替"人文理性"，人逐渐凌驾于世间万物之上，成为万物的主宰。如此的价值观、消费观极大地破坏着自然的秩序，也使人类整体生存环境面临前所未有的恶化。为使人类可以更好地发展，无论是"可持续设计"还是"仿生设计"，都应该以"天人融合"为设计的灵感来源与动力，从而做功在当代，利在千秋的一些设计产品，从而更好地造福人类，造福自然。

3 嬷嬷神文化之自然共生观念对二者的影响

不同的自然环境为人类提供的物质资源不同，从而形成了不同的思想文化体系，因此不同地区对同一事物的理解有着自己独特的思考角度与方式方法，这些在一定程度上体现的是一种差异性。因为地缘而产生的地缘文化差异，这些文化有着自己独特的区域特色、民族特色及文化特色。虽然人们从自然中所获得的理解不尽相同，但是不可否认的是，在大多数的文化背景下，人与自然是一种鱼和水的关系，密切联系，不可分割。

嬷嬷神文化中强调"自然共生"，即传递的是一种天地与我共生，万物与我唯一的理念，它所强调的是一种自然万物之间和谐共生的状态与氛围。整个自然界时刻处于一种动态平衡中，大自然有着自净能力与自我调节的功能，在自然界中的任何一环都不可缺失，每种生物都在其应有的岗位之上发挥着自己特有的功效，因此，"自然共生"所传递的是人与自然一种相对稳定的动态平衡状态。

随着时代的不断发展，人类在生产制造方面的能力不断提高，最初人们是利用自然物作为设计制作的材料，此后演变为人们在利用自然物作为材料的同时也发明生产人造材料。但是许多人造材料并不融于自然也非降解性材料，因此对自然构成了威胁，并且对自然界的生物也造成了很多不良影响。同时人们无节制地过度生产，也在一定程度上激化了自然与人类之间的关系，因此也引起了自然对于人类设计制造活动的"抵制"。百因必有果，其实说到底许多自然不利于人类的反应行为，实则也是人类为过度无节制的生产活动所付出的代价。

无论是仿生设计还是可持续设计都清楚地告诉我们，真正的设计应当是促进人与自然和谐相处的工具，而不是造成人类与自然分离抗衡的罪魁祸首。人类在当下快节奏社会发展过程之中，逐渐失去了对于自然的敬畏心理。而实际上，真正的设计大师是自然，自然造物的奥秘是无穷无尽的，依旧可以为我们提供很多设计灵感与思路，设计与自然关系，可以理解为是一种从物质到精神的联系。在设计作品中，人类热爱自然、审视自然的天性应当在设计中得到充分的应用与展示，将仿生设计或可持续设计的设计产物作为媒介，通过它我们可以清晰地将人类与自然亲密贴近。因为人与物实则都有着共同的自然属性，皆是大自然中一分子，皆在自然之中发挥着一定的重要作用，因此决定了彼此的和谐关系，但是人有不同于其他生物的特性，又决定了人与自然的抗衡关系，人在进化过程中不断发展和完善设计产物，最终使设计产物源于自然而又可归于自然，使人与自然得以达到一种动态平衡，最终学会重新学会欣赏自然，从而正视自然的作用与意义，同时教会有限生命的人类保持对自然的永恒敬畏。

4 嬷嬷神文化与二者当下的现状

萨满"嬷嬷神"是萨满原始信仰中世间万物"神性化"的化身，是萨满文化中重要的精神载体。它所传递的对自然的敬仰逐渐演化为成一种强调万物有灵、天人融合、自然共生的意识，是当下可持续设计和仿生设计过程中都应秉承的一种精神。

优秀的仿生设计作品或者可持续设计作品应当是充分展现各个民族、国家、地区的民族性与自然的原生性相互融合后而产生的经典设计，所传递出的理念是将理想中的天地与现实生活场所进行人为的互动统一，正因为现代快节奏的生活生产模式，所以造成了一系列不可控制的结果，因此需要更为沉稳、更为内在、更为古老的自然特性对此进行中和发展，从而帮助自然更好地提高其自净能力，同样有利于当下人们找到心灵的安稳。在科学技术快速发展的同时，我们必须用人文情感的力量去取得二者之间的一种动态平衡，即高科技与高情感之间的平衡。

因此，嬷嬷神文化作为满族萨满文化中的典型文化，在反映东北特色的地域文化与人文文化的同时，在一定程度上也反映出中华民族对于自然的一种敬畏与尊重，在历史的长河中发挥着不可估量的作用，以至于当下的可持续设计和仿生设计都可以在其中找到一定的灵感与创意。它时时刻刻传递着人与自然和谐共生的理念，从而传递着自然的信号，启发着一代又一代设计师在自然中寻找专属的表达语言与符号，因此，当下我们应该转变设计角度，将"以人为本"转变为以"人与自然和谐"为本，将人与自然和谐共生作为当下乃至未来的发展方向，因为这不仅仅是为我们自己负责，更是对后人负责，为未来负责任的表现。

参考文献

[1] 郭淑云，王宏刚.活着的萨满：中国萨满教[M].沈阳：辽宁人民出版社，2001.

[2] 本书编委会.繁荣·和谐·振兴：辽宁省哲学社会科学首届学术年会获奖成果文集[M].沈阳：东北大学出版社，2007.

[3] 谷颖.满族萨满神话载体——神服、神器探析[J].关东学刊，2017（7）：83-88.

[4] 刘桂腾.乌拉鼓语吉林满族关氏与汉军常氏萨满祭祀仪式音乐考察[J].中国音乐，2003，（3）：23-28.

[5] 谢斌.生态哲学与现代管理学的人性假设[J].成都大学学报（社会科学版），2003（3）：23-28.

[6] 周至禹.设计与自然[M].重庆：重庆大学出版社，2015.

[7] 徐婕.浅谈人与自然关系失衡的价值观根源[J].郑州大学学报（哲学社会科学版），2007（5）：17-20.

[8] 孟祥荣，王成名，邹丽明.试论萨满文化资源的经济功能[J].长春师范学院学报：人文社会科学版，2012，31（4）：195-198.

[9] 冯达伟.工业设计中仿生设计的运用[J].工业设计，2017（08）：65-66.

[10] 喻士阁.当代中国城市景观设计伦理研究[D].武汉：武汉理工大学，2012.

基于仿生设计下的食品包装可持续性研究

祝彤，王靓

（齐鲁工业大学，济南 250301）

[摘　要] 自古以来，自然界中各种各样生物的特性吸引着人类去模仿，它们也自然地成为人类科学技术以及各种发明的重要来源。在仿生设计的同时，人与环境如何和谐发展成为设计师越来越关注的话题。包装在我们身边随处可见，与我们的生活密不可分，尤其是食品包装，在所有商品包装中占有很大比例，食品包装的即用即弃给生活环境带来污染与破坏，这导致地球的压力日益增大。随着社会对环境问题日益重视，可持续性包装设计已经成为一种发展趋势。**目的** 探索仿生设计下食品包装的可持续性。**方法** 对仿生食品包装设计的现状进行总结并分析其优势和不足。**结论** 在选材与仿生设计分类两个方面找寻对食品包装可持续性的策略方法，以此对进行仿生食品包装的设计师提供借鉴和交流。

[关键词] 仿生设计；仿生元素；食品包装设计；可持续性

引言：目前，商品的同质化现象越来越普遍，设计师力求以更加差异化的形态去展现相似商品的包装设计，以满足人们对包装越来越高的要求。大部分食品包装的"一次性使用"使环境污染以及资源浪费问题日益严重，随着社会越来越重视低碳环保以及人与自然的和谐相处，仿生设计包装逐渐火热，如何在仿生设计下达到食品包装的可持续性成为包装行业越发关注的焦点，也是设计师对今后包装设计的进一步发展趋势。

1 仿生设计的起源

人类仿生的思想历史久远，但仿生学真正成为一门独立学科是在 20 世纪 60 年代的美国，当时仿生学的定义是"模仿生物原理来建造技术系统，或者使人造技术系统具有类似生物特征的科学"。仿生设计是在仿生学的基础上发展而来的，可以说是仿生学的进一步延续。仿生设计以先进的科学技术为基础，以自然生物为设计媒介，更好地将技术与艺术融合。"仿生设计是最新鲜、最具活力的设计创新方法，是设计回归自然、追求人性化的具体可行的方法，正逐渐成为设计发展过程中新的亮点。"

20 世纪 80 年代，仿生设计已经在建筑设计、室内设计、服装设计等领域发展形成一股潮流和趋势，近几年仿生设计也更多被运用到包装设计上，为包装设计带来了新的机遇与挑战。仿生设计把生态绿色的自然观融入包装设计中，传达人与自然环境和谐相处的目的，与生态设计和可持续发展的时代主题相适应。

2 包装设计中的仿生元素

仿生设计研究自然界生物体的各种不同的方面，根据包装设计所涉及的部分，总结出了形态、结构、色彩、肌理、功能5种包装设计中仿生的元素。

2.1 形态的仿生

仿生物形态的设计，强调对生物外部特征的进一步把握与描绘，它是仿生设计的主要内容，任何产品的仿生设计都离不开对形态的表现。在仿生要素中，形态是第一位的，没有形的奠基任何设计都无从谈起，包装的仿生设计也是如此。

2.2 结构的仿生

物竞天择，世间万物的特征结构都是自然进化的结果。对生物结构的仿生之前要对其本质功能进行详细的探索与分析。包装结构的仿生通过结合包装本身的设计目的，在自然生物结构的基础上进行创新，使其更加符合人们的要求与审美。

2.3 色彩的仿生

自然界万物本质的色彩，丰富人们生活与视野的同时也被赋予不同的表达含义，使色彩有了冷色与暖色之分，亮色与暗色之别。在食品包装设计中，模仿生物色彩可带给人原生态自然的感觉，使食品本身更加具有表现力与新鲜感。

2.4 肌理的仿生

自然生物表面的肌理与质感，可以丰富人们的视觉审美，对生物本身来说是一种代表自身某种功能的需要。对肌理与质感的仿生，可以使食品包装更贴近自然，进一步增强食品包装的表现力，我们利用这些丰富的表面肌理，通过各种材料表现手法和技术，创造出一种新的深层意境的视觉语言，感受更为生动的审美意蕴。

2.5 功能的仿生

包装的功能就是指它对包装产生的积极作用，带来的正面影响，仿生物功能的食品包装可以更好地完善其售销功能、保护功能、方便功能和心理功能等。简单来说，大部分包装设计都有着保护产品的功能。

3 食品包装仿生设计的优势与不足

3.1 优势

仿生包装设计让设计回归自然，自然界生命的象征附着在设计形态中，使仿生食品包装设计更贴近自然，以更加绿色的形态抓住消费者的眼球，令其无法抗拒。仿生食品包装设计在这种美好和谐氛围的驱使下，加深消费者与商品的自然融合与亲近感，使消费者更能感受到食品的绿色与天然，在提高企业知名度的同时也对食品的销售起到一定的促进作用。

3.2 不足

仿生设计的创造性思维，是人类实现与自然界和谐共处的重要方法，仿生的目的是使人与自然能够更好地和谐相处。仿生包装设计相对于包装设计有着很明显的优势，但也存在着一些不足之处，随着仿生设计在食品包装中的应用愈加广泛，越来越多的仿生食品包装设计只是"为了仿生而仿生"，即更多地注重食品的销售而忽略仿生食品包装设计与自然和谐发展及可持续的初衷。例如，为了达到仿生食品包装更加真实而使用更多的材料还原大自然的生物特性；部分仿生食品包装设计的形态结构复杂，使包装在生产过程中使用了大量人力、物力；部分异形结构的仿生食品包装设计运输中的空间占有量低，一定程度上浪费了运输资源等。

4 仿生设计下食品包装可持续性的策略方法

包装的可持续性也可称为"绿色包装"，指对生态环境和人体健康无害，能循环复用和再生利用，可促进国民发展可持续的包装。也就是说，包装从选材、制作、使用、回收和废弃的整个过程都应该符合人与环境可持续发展的要求。

仿生设计之下的食品包装，其优势远超于其不足之处，为了使仿生设计能够在以后的包装设计中被更广泛更延续性地使用，以及在人与自然能够和谐相处的目标之下，通过包装的选材及5种仿生元素的分析，找出如下策略或方法。

4.1 包装选材可持续性

仿生设计之下的食品包装选材是十分重要的。第一，选择天然无公害的材料。一些企业不顾国内及国际上相关环保法规的要求，使用非环保性甚至含有害物质的材料做包装，忽视包装的安全性，给产品使用者带来严重的安全隐患。食品包装相对其他包装较为特殊，食品安全健康一直是人们的首要关注目标，所以食品包装的天然无公害材料是首选，离开安全的材料，所有的包装设计都是徒劳的。第二，选用可降解的包装设计材料。使用可降解再生的包装材料，是现阶段发展可持续性包装材料最切实可行的一步，是保护环境、促进包装材料再循环利用的一种最积极的废弃物回收处理方法。第三，选用比较容易回收再利用的包装材料是实现可持续性的有效途径之一。材料的选择要充分考虑到包装丢弃后的可回收性以及回收的包装废弃物经过加工后可以有效地再次利用，适应社会的可持续发展。第四，用最少的材料，发挥最大的效用。尽可能选用一种材料进行包装设计，比如包装与提手或盖子等用与包装本身同样的材料，可以减少包装回收时材料分离的人力、物力。

4.2 基于仿生设计元素的可持续性

自然界中万物的形态大多是不规则的，所以在形态的仿生设计中要注重包装叠放的稳定，如商场中包装的摆放以及运输中包装的叠放，在运输中充分利用空间和保持稳定可以在一定程度上节约资源。同样，在结构的仿生设计中，要考虑

包装内的空间结构与食品占用契合度的问题，在节约包装材料质量的基础上使包装内空间利用率达到最高。在色彩的仿生设计中，一方面要注意印染的位置，即印染油墨不可与食物直接接触，防止油墨的成分对食物造成污染，也可以选择标签式的印染方式，在传达食物本身应有的数据外可以节约印刷和包装材料成本。另一方面需要注意印刷油墨的选用，除了包装材料的环保化外也应注重油墨环保化。大豆油墨是一种可持续发展的新能源，在纸面上使用大豆油墨印刷，在回收后能够更容易地脱墨，非常有利于回收利用。除此之外还有非芳香烃溶剂油墨（如醇、脂溶性油墨）、水性油墨、UV油墨等环保油墨。为了节约成本，在设计中尽量减少色彩的使用。在肌理的仿生设计中，要考虑包装中肌理的制作成本，为了降低生产成本可以采用包装材料与肌理一同成型（一压成型）的制作方式，部分生物肌理可以采用凸印的方式在包装盒成形的过程中制作完成。在功能的仿生设计中，注重包装对食物的保护功能，在运输过程中方便排列以及注意堆放时对于产品的挤压状况，在能够保证产品完好的情况下进行仿生，可以达到包装经久耐用的效果。

除此之外，食品包装设计的可持续性一方面可以选择"从简仿生"，首先，只用其中一种仿生元素或在一种仿生元素的基础上做出简化，如在肌理仿生设计中只选择把肌理设计到包装中消费者接触最多的部分，此设计既简化了仿生又可以使消费者接触到仿生的肌理质感。其次，包装形象的简约化是利用精简的信息传达耐人寻味的意境，在烦琐中保持清晰的脉络，给消费者留下深刻的整体印象。即遵循极简主义的审美意识，采用简约的造型。另一方面，在包装设计与消费者的互动中，设计师可以通过引导的方式使消费者发掘食品包装中可以被间接利用的功能，以此延长包装设计的生命周期，也就是包装功能的延展性。每种包装材料都有利有弊，可降解、可回

收的包装材料有时不可以满足某些食品商品的需求，为了保证包装的可持续性，在设计时可以考虑包装在使用结束后作为一种其他的效用。包装功能的延展性是增加包装的效用利用，以此达到包装可持续性的目的。

5 结语

环境问题的严重性被越来越多的人关注，仿生食品包装设计的可持续性在迎合消费者审美需求的情况下顺应自然发展趋势，是人与自然和谐相处的有效途径。在仿生设计下注重包装的可持续发展，可以使仿生包装设计有越来越宽阔的发展道路，这也会是我国包装设计的大势所趋。

参考文献

[1] 于帆，陈嬿.仿生造型设计[M].武汉:华中科技大学出版社,2005.

[2] 刘晓陶.生态美术丛书:生态设计[M].济南:山东美术出版社,2006.

[3] 谷博.现代包装仿生设计的时代需求研究[J].包装工程,2011,32（12）:112-115.

[4] 赵婷婷.仿生设计在食品包装中的应用研究[D].北京：北京交通大学,2012.

[5] 原研哉.设计中的设计[M].朱锷,译.桂林:广西师范大学出版社,2010.

[6] 梁丹.基于绿色设计理念指导下的现代食品包装研究[J].中国包装工业, 2014（22）: 149.

[7] 戴雪红，黄蜜.基于低碳经济时代下包装低碳设计的实现途径[J].包装工程,2011（8）:75-78.

[8] [美]莎拉,罗纳凯莉,埃迪斯·埃特科特.包装设计法则[M].刘鹏、庄威,译.南昌:江西美术出版社,2011.

[9] 陈瞻.低碳经济背景下的包装设计策略[J].包装工程,2010（17）:158-161.

[10] 王家.蒲草材料在淮扬特色食品包装低碳设计中的应用分析[J].南京艺术学院学报, 2014（2）: 149-151.

以可持续设计思维探究文化创意产品的设计

王伟欣[1,2]

（1.大连工业大学，大连 116034；2.哈尔滨师范大学，哈尔滨 150025）

[摘 要] **目的** 近年我国文化创意产品的设计与开发得到蓬勃发展，优秀的文化创意产品不仅可以让历史文化资源有更好的发挥，也使知识产权、文化品牌的开发获得了更大的价值。但在其带来可观经济收益的同时，部分文化创意产品的快消费属性在一定程度上加重了资源浪费和环境污染，一系列设计问题有待解决。**方法** 结合可持续设计理念，文化创意产品的设计应从轻量化、可循环的角度进行思考，寻求符合当下环境、社会需求的文化创意产品设计方法与原则，应用现代科技使环境、文化、科技、创意在文化创意产品的设计过程中达到相互协调的目的。**结论** 文化创意产品具有审美、功能、内涵的特点，其不仅是文化的衍生品，也可在日常中引导人们的消费思维。设计师需要从可持续发展的视角出发，将其与现代科技相结合，运用循环材料，增加模块化设计，旨在推动可持续设计趋势，鼓励消费者的环保意识。

[关键词] 可持续；设计；文创产品；文化

引言：近年来我国文化创意产业蓬勃发展，作为体现国家"软实力"的重要方面，文化创意产业成为我国新时期的朝阳产业，随之而来的是文化创意产品的空前繁荣。文化创意产品设计是对文化内容的设计，是源于文化主题，经由创意转化，通过知识产权的开发和运用的高附加值产品。对其设计的深入思考和研究在当下设计领域中是十分必要的。

1 国内文化创意产品的现状

目前我国文化创意产品的开发和设计多处于速成式设计阶段，以文创旅游纪念品为例，许多产品没有承载地方文化特征，同质化严重、粗制滥造的纪念品随处可见，消费者随手购买也轻易丢弃，造成物质资源和文化资源的严重浪费。如常见的旅游纪念品设计，普遍将当地地理标志图像复制、印刷于笔记本、徽章、水杯等日常品之上，文化内涵没有经过深入挖掘，文化元素没有经过深加工，即将"代表性"形象元素直白地呈现于商品之上。这样的产品不能适应消费者旅游购物观念的转变，即不仅要满足游客文化生活的物质要求，还需具备审美功能，一方面有一般旅游商品的实用性、便携性特点，另一方面具有独特的文化内涵，如文化传承、艺术审美性、纪念价值等。

市场上多数文化创意产品的生产多与普通消费品一样，采用量产化的制造模式，缺乏文化产品的特殊属性，造成文创产品泛滥，而文创精品却寥寥无几的市场局面。品牌价值和品牌主题的文化精髓并没有以一种适宜的特有形式展现出来，而这样的文创产品往往是没有灵魂的产品。产品文化资源整合度不高，缺乏观念创新和深层次思考的设计构成了无形文化资源的浪费，没有与文化传播主体匹配的产品，也形成了有形物质资源的浪费，这样的设计不能正确传递文化元素，也不能引导正确的消费和生活方式，没有形成可持续设计的有效循环。

2 可持续设计理念

可持续发展理念是既满足当代人的需要，又不对后代人满足其需要能力构成危害的发展，而可持续设计则要求设计师通过设计行为来引导消费者实现"可持续"的实践过程。可持续设计是低碳环保，不对环境造成威胁，又能满足消费者的审美享受和使用功能的设计。可持续设计的概念首先是设计产品应减少物质方面自然资源的损耗，在产品使用过程中以及使用后不对环境造成污染。比较常见的是可持续设计行为注重环保材料与生态材料的选用，后期废旧材料可循环利用，这是在物质层面的可持续设计。另一方面，对于文化品牌的开发，文化资源的转化也应从一定程度上进行可持续设计和可持续创新，一个粗制滥造的文化产品，文化元素没有经过创意转化继而生产出的产品称不上文化创意产品，其存在等同于对于文化资源的浪费。作为设计师应从设计源头把控产品将带来的物质影响和知识文化影响，在设计领域有针对性地进行可持续设计研究和实践，才能达到可持续发展的目标。

3 以可持续设计思维探究文化创意产品的设计

3.1 环境资源可持续利用

今天的中国不再需要以大量消耗自然环境为代价换取经济利益的增长，不再需要速成设计和低质产品，对于文化品牌的建立和文化内涵的输出，我们需要打造文化创意精品，文创产品的设计和开发急需向重创意、轻量化方向发展。在设计上，文化创意产品是具有高附加值的消费品，要体现文化元素的传承与宣传功能，在让产品满足创意需求具备吸引力的同时，更应注重资源节约与可持续设计的思考，在设计的源头引导消费，以文化创意产品引导低碳可持续的生活方式，是设计的重要功能。让环保消费成为主流引导消费者的观念，设计师不仅要在设计之初进行创意设想和缜密思考，更应对产品的整个流通使用过程负责，考虑产品整个生命周期和后续回收利用等问题。整合、简化、模块化的可持续设计思维的运用，使设计产品形成闭环循环使用系统。

3.2 文化资源可持续创新

文化资源是文化经济发展的基础与核心，是文化经济生产经营原料的各种物质要素和精神要素的集合，文化消费对人们的文化观念具有重要导向作用，而文创产品是文化资源重要的载体，对于文创产品的开发要有全面的整体策划，包括文化创意的产生、文化产品设计流程的管理、产品生产管理及后期文化品牌形象的建立和宣传策划都需要全局的设计和管理。文化创意产品的开发应包括以下几个方面：首先，对文化资源的深入分析形成文化内容的编辑与整合；其次，产品设计师对文化内容的转化形成文化创意产品，并选择可持续使用且不破坏环境的创意承载体；最后，文化创意产品经过推广继而进入市场，消费者在消费过程中一方面感受其文化价值，另一方面也被其可持续设计理念所引导。

文创产品设计的重点在于深入挖掘文化内容，掌握文化主题特性，并以一种受众乐于接受的形式出现在文创市场上。如2019年故宫推出的石狮造型雪糕，受到大批游客青睐并引爆社交媒体，这样的产品即便是快消费品，也不是消费者转身便会忘记的商品，是赋予文化内涵且对消费者具有实用价值的文创精品，以可持续的设计思维支撑产品的可持续设计。所以，从设计思维的起始点融入可持续观念，使文化元素可持续利用，才能将创新理念进行实践并转化到创意产品的设计中，推陈出新、源源不断地实践文创产品的可持续设计。

3.3 文化信息的可持续宣传

文化品牌主体应充分发挥手机移动端和网络媒体的作用，持续宣传其品牌文化内容，通过平台点对点推送相关信息，可以助力文化内容的深层次植入。以博物馆文创为例，持续地推送与其展览主题相关的文化信息，可引发人们对其展览内容和文创产品的长时间关注，是树立品牌形象、加深品牌文化和促进品牌宣传的长久策略。

另一方面，文化创意产品可以是通过手机移动端进行销售的虚拟数字产品，这类特殊的文创产品除可以满足普通文创产品的功能之外，也通过手机移动端传递文化信息并引导人们的交通、旅游、食品、购物等方方面面，在一定程度上虚拟文创产品比实体产品更加有利于物理环境资源的保护，是可持续设计思维的延续和实践。

4 结语

可持续设计理念可以在一定程度上减少物质资源浪费和环境消耗，从产品源头入手，引导消费者的环保意识和低碳生活方式；可持续设计思维的引入能够提高文化创意产品的文化内涵，提高创新层次，有利于打造文创设计精品；文化信

息的可持续宣传可以使文化内容与消费者持续沟通，使文化元素更加深入延续，利用多媒体平台的可持续宣传是文化品牌形象和文创产品宣传的重要手段。

参考文献

[1] 陈仁杰.再议"可持续设计"[J].设计艺术，2014：77-81.

[2] 李丹.基于可持续性设计思想的产品再设计[J].包装工程，2007：168-169.

[3] 秦路芳.可持续理念的持久性方法在产品设计中的应用[D].济南：山东工艺美术学院，2016.82.

[4] 覃京燕.可持续设计与文化创意产业发展的关系研究[J].现代传播，2011:165-166.

[5] 田丁.环境意识下的人性化产品设计研究[D].合肥：合肥工业大学，2008：42.

[6] 田琳.国内旅游纪念品管理问题研究进展述评[J].经营者，2013：36-38.

[7] 徐妍.概念产品的可持续设计研究[D].北京：北京服装学院，2011：55.

[8] 张洁.浅析真正的可持续蕴含于不可持续之中[J].科技创新与应用，2013：141.

[9] 林明华.创意产品开发模式[M].北京：经济管理出版社，2014:62.

[10] 刘静伟.设计思维[M].北京：化学工业出版社，2014:90.

可持续视角下的产品设计材料选择与创新①

邓小妹

（华北电力大学，保定 071003）

[摘　要] 可持续设计是一个永恒的话题。**目的** 在可持续视角下审视产品设计过程中材料的选用，从原材料的获得、生产过程中的污染、产生的废弃物和重复利用的可能性等方面进行评估，帮助设计师在设计实践中建立起选用生态设计方案的意识。**方法** 在此基础上，以材料为设计创新驱动，探讨如何科学合理地进行材料的选择，实现人、产品、环境的系统性和谐。**结论** 采用文献法和调查分析法，在论述可持续设计内涵和重要性的基础上，通过对目前产品材料选择中出现的问题进行梳理，提出可持续视角下材料思维创新的策略。

[关键词] 可持续设计；产品设计；材料选择；材料创新

引言：随着社会经济和科学技术的快速发展，各行各业的竞争越来越激烈，人类的生存环境也不断受到挑战，如何实现人与自然的可持续发展变得尤为重要。材料是产品设计的物质基础和载体，小到一根曲别针，大到一架飞机，都需要利用材料进行制作。在设计过程中，材料是影响产品性能的重要因素之一。从可持续的视角出发，对产品设计过程中材料的选择进行分析，使企业和设计师认识到材料的可持续设计所带来的竞争优势，促进工业设计产品的开发。

1 产品可持续设计

可持续发展是人类发展必须遵循的总体原则，而生态原则则是实现可持续发展的必由之路。基于可持续发展的艺术设计，无论是从宏观还是微观的角度，首先必须符合生态原则。艺术设计自身的特殊性及其在整体生态系统中的地位，决定了在当今社会可持续发展的进程中艺术设计应担负的社会责任，同时也决定了其与其他学科为可持续发展做贡献的不同方式。"产品可持续设计"的定义：一种基于产品设计创新性、整合性和系统性思维方式的，开发可持续性产品以及构建可持续解决方案的设计活动，通过不断开发和验证的设计方法和工具，系统性地化解阻碍生态、经济、社会和文化等可持续发展的问题，以自然环境与人工环境均处于有机和谐的状态为最终目的。

2 产品设计中材料的发展

纵观人类的发展史，很多时代都是以材料的名称进行命名，"石器时代""青铜器时代"……

① "中央高校基本科研业务费专项资金资助"（2019MS149）。

体现了材料在人类发展史上的重要作用。材料技术的进步是导致设计变革的重要因素。从材料的发展来看，石器时代的兽皮和黏土是最原始的天然材料。20世纪，大多数材料是根据物理或化学原理制成的，如高分子材料和合金材料。直到20世纪50年代，金属陶瓷等复合材料才开始出现。21世纪信息技术的出现带来了材料和工艺的变化，可供设计师选择的材料种类越来越丰富。

2.1 金属材料

金属材料具有良好的使用性能和加工性能，表现在硬度、强度、电导率和机械性能等方面。例如，使用金属材料制造汽车可以保证汽车具有高强度，能够实现高速运行，并确保驾驶员的安全。另外，在机床上使用的工具也采用高硬度的金属材料，可用于车削、切割等。良好的性能是金属材料在工业设计中得到广泛应用的主要原因。

2.2 高分子材料

高分子材料的主要特点是能耗低、效率高、使用方便。它们也是工业领域中应用最广泛的材料之一。高分子材料的应用不仅可以提高工作效率，还可以为企业节约成本，带来更高的经济效益。聚合物成型技术的不成熟阻碍了高分子材料的应用，但国内外学者对其应用前景仍然持乐观态度。因此，研究聚合物材料的成型技术，做好技术创新工作，可以促进聚合物技术的应用，对社会经济发展产生积极的影响。

3 产品设计中材料选择的原则

3.1 使用性原则

材料选择的最基本要求就是其性质应能满足产品的功能和使用需求，达到所期望的使用寿命，同时也能够满足产品对结构、工作环境及安全性等方面的要求。

3.2 工艺性原则

产品的用材应有良好的工艺性能，符合产品生产中成型、加工和表面处理等工艺的要求，并与现有的加工设备和工艺技术相适应。

3.3 经济性原则

综合考虑材料对产品整个生命周期成本的影响以获得最佳的技术经济效益。

3.4 环境性原则

应尽量以不破坏或少破坏生态环境为原则。

3.5 美学原则

从材料角度构思，善于发现、体现和利用材料的美感，在材料美的感染和启示下，把构思和想象与材料的材质效果相融合而进行设计创作。

4 可持续视角下的材料选择与创新应用

环境协调性是指具有良好的使用性能、对资源和能源消耗少、对生态环境污染小，可再生利用率高，在材料的制备、使用、废弃整个过程中的性质。可持续视角下的材料选择与创新就是将材料的环境协调性置于首位，从原材料的可持续、加工工艺的可持续、回收利用的可持续等方面展开，力求全面关注材料利用的可持续性。

4.1 原材料的可持续

材料是产品设计的基础，从原材料的获得开始考虑，就是从产品生命周期的源点对材料获得过程中对环境的损害等进行评估，优先选择生长速度快，再生能力强，生产周期短，资源丰富，在原材料的获取过程中对环境污染小的材料。

竹材的生长速度快，每年能将其生物量扩大30%，在我国云南、四川、浙江一带竹材资源丰富，是一种可持续发展的材料资源。竹材表面光滑、纹理通直、色泽淡雅、材质坚韧；它本身薄壁中空的自然形态从力学的角度来讲是一种极佳的筒体结构，具有质量轻、强度高、便于加工成型等优点；同时竹质产品在制造过程中可主要利用竹材的韧性进行加工，能源消耗少。

4.2 加工工艺的可持续

材料和工艺是产品设计的物质技术条件，是实现产品设计的必要条件。伴随着我国科技的发展，产品成型工艺和表面处理工艺日益丰富。从加工工艺的可持续考虑，就是要优先选择加工过程中能源消耗小、对材料的回收利用影响小、对产品的限制因素少的工艺方法。

例如，与传统的电镀工艺不同，非晶态金属电镀的加工是运用化学沉积法。所制得的涂层为单相，无化学偏析，性能良好。非晶态金属电镀过程可无电流完成，能耗低，经济环保，相当一部分发达国家已经开始将其应用于航空、火车、化工、食品机械和制药机械。纳米喷涂的基本原理是化学反应，借助特殊的设备和表面处理原料在被喷涂物体表面实现金属光泽。该技术的优点是不使用重金属，所有的原材料都可以回收利用。与传统的导电涂料工艺相比，其成本投资仅为 1/30，加工后的产品不受材料、体积、尺寸、形状等因素的限制，目前已在汽车、电器、电脑、手机等行业得到应用。

4.3 回收利用的可持续

在产品设计领域倡导可持续发展理念，从材料的回收利用角度切实提高消费者的生态意识。设计师在方案设计之初就考虑产品废弃后的回收问题，通过产品功能的延续、功能的转化再利用、回收再造等实现可持续。

例如，Nike Grind 项目致力于回收和再生"废料"，是耐克推动实现"Move to Zero"（零碳排放和零废弃物）目标的一个重要实践。通过该项目，耐克从供应链中收集具有回收价值的剩余材料，并转化成创新的运动产品。2020 年耐克运用 Nike Grind 技术将回收自 50 000 名消费者的旧鞋进行拆解和再次加工，其中旧鞋鞋底被制作成可重复利用的橡胶颗粒材质，为武汉市碧云小学铺设了总面积约 1 000 平方米的篮球场。

5 结语

可持续设计理念直接反映了国家工业的发展趋势，也是中国传统文化思想的重要体现。文章总结了产品设计中材料选择的一般原则，从整个产品的生命周期考虑，系统提出原材料选择的可持续、加工工艺选择的可持续和回收利用的可持续，力争为相关设计人员提供一定的指导。

参考文献

[1] 周浩明.基于"全生命周期评价"的可持续设计思路与方法[J].工业工程设计,2020（3）:25-34.

[2] 周熹.产品可持续设计的4D系统观[J].包装工程,2020（14）:10-15.

[3] 刘立红.产品设计工程基础[M].上海:上海人民美术出版社,2005.

[4] Liu Jiangeng, WANG Gongfang. Exploring the application of building energy saving and new material technology in engineering design [J]. Architectural Development, 2019, 003 (011): 16-17.

[5] 江湘云.设计材料及加工工艺[M].北京:北京理工大学出版社,2003.

[6] 侯玉飞,寇俊伟.新材料与工业设计未来发展的关系及影响研究[J].大众文学,2017（5）.

[7] 常方圆,曹亚威，等.新型材料在现代家具设计与制造中的应用[J].家具,2015（2）:31-37.

可持续设计思维在仿生设计中的应用与研究

张秋妍，孙光伟

（鲁迅美术学院，大连 116650）

［摘　要］自然界的万事万物在浩瀚的历史进程中，是人类一切设计研究最初的起点，仿生设计是人们为推进发展对大自然进行的模仿与构想；由于人类社会飞速发展，人们的社会生产活动从自然界中汲取大量"养分"以供所需，而大部分的物质被变成废料排入大自然；可持续作为新的发展方式被应用于仿生设计中，将对其产生深远的影响。**目的** 将可持续设计思维运用在仿生设计中，在实现人们对回归自然的诉求的同时，为人类的生存和发展创造更有利的条件，让设计成为一条连接人与自然的桥梁。**方法** 尊重自然规律，研究怎样利用可持续资源，延长产品的使用周期和实用性。**结论** 这样的设计，不仅能满足人们的新鲜感，还可以唤醒人们正视自然，为未来设计的发展带来连绵不断的活力与动力。

［关键词］可持续设计；仿生设计；未来设计；自然；发展

引言：著名设计师路易吉·科拉尼曾经说过，设计的基础应来自诞生于大自然的生命所呈现的真理之中，可见大自然巧妙的设计才是最好的启蒙老师，近年来仿生设计思维作为新兴设计被带入设计领域，并被越来越多的消费者所喜爱。无论社会如何发展，人类一切活动都离不开自然界，在这样的背景下为了持续发展，绿色环保节约资源势在必行。虽然在我国古时仿生设计已经人们运用到生活中，但真正被系统地作为一种设计思想的时间还比较短，国内的理论知识较多，而真正的实践设计较少，将绿色环保的可持续设计思维运用到仿生设计中，不仅能使仿生设计的发展更进一步，体现当今绿色环保的主题，还能更好地认识和利用自然规律，以此来促进社会发展与进步。

1 仿生设计

1.1 仿生设计的历史

早在公元前三千多年，有智慧的人们就为了抵御野兽的袭击而仿照鸟类筑巢，在我国秦汉时期就有关于仿照动物本能、生活习性等的发明的记载，如用于军事联络的风筝、模仿鸟类飞行而设计的"翅膀"、模仿鱼类的胸鳍和尾鳍用于水上运输自由的双桨和单橹等；外国也有着相似的发展历程。这些都足以证明古时的人们运用自己的观察能力了解自然界，再结合自己的智慧发明为己所用，便有了如今仿生设计的思想雏形，也为我们今天仿生设计的发展奠定了基础。

1.2 近代仿生设计的研究

时间来到近现代，仿生设计学作为一门新兴

的交叉学科，结合了仿生学与设计学，其兴起的时间尚短，要想深入地研究仿生设计，必须从它的艺术审美性、创新性、自然科学性以及商业性等方面入手思考，当今的大多数仿生设计是从外观或者功能上对自然界进行模仿并创新，比如受到野猪闻刺鼻气味用长嘴拱地得以存活下来所启发而设计的防毒面具、从船蛆钻洞行为获得灵感而发明的盾构机、模仿甲壳虫外形设计的甲壳虫汽车，等等。仿生设计需要研究者们善于观察自然和积累生活经验，调动了自己丰富的想象力，加以灵活巧妙地提炼概况，了解规律、利用规律为己所用，并传递自然绿色的生态理念。

1.3 仿生设计的特性

第一仿生设计具有科学的自然特性，仿生在于模仿看得见、摸得着的自然对象，依据生物本身的自然属性——自我更新与修复的特点，斐波那契通过对兔子繁殖的观察研究掌握了自然界的规律，将其命名为斐波那契数列，也就是我们所熟悉的黄金比例分割线，被后世的设计师们奉为金科玉律；第二仿生设计具有艺术审美性，我国古时倡导"天人合一"的哲学思想，仿生设计正与此思想相符，设计满足人们所需的同时，也具有大自然的独特美感，如古时随着制作水平与人们审美能力的提高，参考动物的外形而发明的龙船，等等；第三仿生设计具有商业性，以人为本的科学发展观告诉我们，人是推动社会发展的主要力量，人作为消费者，仿生设计用其独特的性质吸引消费，引导消费、促进消费、刺激消费，进而能更好地推动社会进步；第四仿生设计具有无限创新性，只要自然界的存在，可模仿和学习研究的对象就一直存在，创造的力量也无穷无尽，以生物为蓝本的创新拥有着无限的活力。

2 可持续设计

2.1 可持续发展

在世界飞速发展的今天，大自然出现很多不容忽视的问题：如全球变暖、环境污染以及自然资源越来越短缺，等等，都是人类社会飞速发展而造成的后果，如若不重视起来，将会给地球造成不可逆转的伤害。大自然的力量不可低估，所以可持续发展迅速成为中国未来发展和建设的主导思路，"可持续发展"就是既满足当代人的需求，又不对后代人所需要的能力构成危害的发展。随着社会和科学技术的进步，许多产品的创造确实方便了我们的生活，但是随之而来的有关环境保护问题也越来越多，对于设计工作者来说，除了要设计出优异的产品，更重要的是作为地球上的一分子要承担起对社会环境的一份责任。

2.2 设计的含义

设计是人类生存发展的过程中为了进步和适应世界而作出的创新。在设计产业发达的时代背景下，我们将可持续发展与设计相结合形成一套服务社会、服务人类、服务大自然的成熟体系。这套体系既重视实现人的社会价值，又充分体现自然界的生态价值。每样产品被设计出来后，除了要思考它的实用性和使用周期，还应该注意它所使用的材料是否可以被分解或者回收再利用。

2.3 可持续与设计相结合

简单地说，可持续发展设计就是深入地研究人、环境、经济三者的关系，三者相互作用，相互影响。目前人类面临最重要的问题是如何最大限度地减少资源的浪费，阻止资源进一步枯竭，尤其是不可再生资源；如何使用最低的生产成本生产出最有效的产品然后再最大限度地使产品发挥出它的最大价值，如产品的材料应该进行分类回收再利用。

将可持续发展与设计理念相结合无疑是一

场革命性的碰撞。目前看来，现在的可持续发展设计距离目标有一定差距，若想完全实现可持续发展，以现有的水平相当困难，它需要社会不断发展生产力，经济水平不断提升，人们对可持续发展越来越重视。这样才能实现能源的回收再利用，保护环境，为我子孙后代造福，实现人与自然和谐发展。

3 可持续思维运用到仿生设计中的意义

许多生物为了适应岁月的更迭和变迁，想办法生存下来，他们靠着自身的力量与恶劣的生存环境相抗衡，人类就根据这些生物的顽强生存方式来创造出各种各样的产品以方便我们的生活。比如模仿蜻蜓的飞行方式发明了直升机；模仿蝙蝠的声波和触觉形式发明了声呐与雷达；模仿萤火虫的发光原理设计出了"人工冷光"等。

如今，我们面临着地球环境不断恶化，资源越来越稀少的问题和濒危动物越来越多的现状，我们就应该采取"仿生设计与可持续发展"相结合的手段来保证子孙后代可用资源的充足以及弥补为了社会发展而给地球造成的伤害。虽然仿生设计为人类提供了无穷无尽的便利，但是如果与可持续思维脱离开来，继续无休止地向大自然索取，这种为人类造福的科学技术反过来就可能毁灭人类。可持续发展为仿生设计提供了思想源泉，我们要在功能、形态、结构方面把仿生和可持续发展结合起来。这样丰富产品的种类，实现产品的多样化才能满足人们的日常需求。我们要有"可持续发展思维"，减少对大自然的损坏，把自然法则和仿生设计结合起来才能保护大自然，节约资源，造福于子孙后代。

4 在仿生设计中应用可持续思维的前景与趋势

当今世界工业化现代化飞速发展，高效率为社会带来了无尽资源与财富的同时，过度浪费也成为目前社会所面临的艰巨问题之一。为了可持续发展，唯有绿色环保理念才能应对危机，仿生设计的新兴设计思想与可持续设计的思想相结合，不仅能极大地体现仿生设计的特性，更能让可持续的成果与人类的利益最大化。将生物界内的能源充分利用，形成合理的规律，维持生态系统的和谐，如巴黎的"防烟雾"大厦，其外形和结构的设计运用了仿生学的构思，以环保为主的原材料则运用了可持续发展的思想，利用绿色能源技术，并采用太阳能发电以及植物的光合作用来净化空气，以此来倡导绿色发展的思想；美国环境大师威廉·麦克多诺运用仿生思想设计了一座"树纹塔"摩天大楼，使建筑能像树木那样"拥有"光合作用的能力，他充分利用了太阳能与自然光，实现了建筑和环境一体化的设计，为建筑设计的绿色可持续发展添砖加瓦。

设计师应具有将人与自然环境相统一的能力，应成为沟通人与自然的一座桥梁。随着高科技社会的高速发展，千篇一律的设计作品也因快节奏的生活而层出不穷，如何表达商品设计的个性，也成为不可避免的话题，仿生设计所具有的无限创新性正是解决这一问题的有效方式，以环境可持续发展为目标，加上运用仿生设计，充分利用其特性，这将是一个为社会造福、保护自然、利用规律的大好趋势，拥有无限的发展前景。

5 结语

从远古时代人类就开始模仿自然，而自工业时代机械化大生产后，由于科技的飞速发展与社会日新月异的变化，思想的进步与对物质资源的需求量越来越大,致使人与自然的关系越来越远,而仿生设计便是拉近两者关系的纽带。随着时代的进步,仿生设计已经越来越流行,越来越走进大众视野,新时代的仿生设计已经不仅仅是仿照生物的生活习性取其长处,时代变迁使人们的眼界开阔,审美要求提高,因此现在更应该侧重的是形态仿生、功能仿生和文化仿生,这些都使人们在更了解大自然的同时增强了审美体验和适应了个性需求。仿生设计不仅推动了产品的发展,也为我们的生活提供了便利条件,但是地球资源已经不堪重负,越来越多的环境问题日渐严重,这使我们需要有"可持续发展"的思维,运用到仿生设计中,避免不可再生资源的进一步浪费,阻止资源的枯竭以及地球环境问题的进一步恶化。

虽然仿生思维为人类造福,但是如果脱离可持续发展思维就无法保证子孙后代有充足的资源可以利用,所以设计师应该遵守自然法则,尊重自然规律,尽量使用可回收再利用的资源,延长产品的使用周期和实用性,避免不可再生资源的过度使用。这样把仿生设计与可持续发展结合实现人与自然和谐共处。

参考文献

[1] 姚平,路易吉·科拉尼.仿生设计传奇[J].产品设计,2004:72-89.

[2] 刘斯荣,贾婧.浅析仿生设计在城市公共空间设计中的应用[J].价值工程,2012,31(3):83.

[3] 吴菲.现代包装设计中仿生设计的应用研究[D].保定:河北大学,2009.

[4] 张莉.仿生设计在包装结构中的应用研究[D].重庆:四川美术学院,2015.

[5] 马进军.可持续发展设计的趋势与建议[J].科技创业月刊,2011(3):137-139.

[6] 赵磊磊.浅析可持续发展设计及其应用[J].大观,2016(5):79-80.

[7]米宝山.仿生设计思维与可持续发展[C].中国机械工程学会.2004年国际工业设计研讨会暨第9届全国工业设计学术年会论文集.2004:642-645.

[8]秦怡.仿生设计中的中国植物造型元素库研究[D].无锡:江南大学,2008.

[9]孙路平.仿生设计在可持续性服装中的创新应用研究[D].济南:齐鲁工业大学,2018.

[10]罗仕鉴,张宇飞,边泽,等.产品外形仿生设计研究现状与进展[J].机械工程学报,2018,54(21):138-155.

[11]郭南初.产品形态仿生设计关键技术研究[D].武汉:武汉理工大学,2012.

可循环利用材料结合科技融入的公共艺术实践

蒋坤

（鲁迅美术学院，大连 10178）

［摘　要］**目的** 运用可循环利用材料在公共艺术实践范围中起到相对应的新作用，科技手段的融入确保了公共艺术实践的可行性，在实践中相对应的社会层面文化内在深入思考也是艺术作品实践是否会产生深远影响的重要现实意义。**方法** 在运用可循环利用材料艺术实践中，结合"科技"主要表现在"仿生设计"层面的造型仿生设计上结合已有的可循环利用材料，结合仿生设计公共艺术作品，探讨了可循环利用材料结合仿生设计创造性发展的艺术实践，并对此类艺术实践提出了在特定环境的公共艺术呈现思考和研究。**结论** 在结合大量的公共艺术作品实践过程中，艺术实践分析和思路整理等过程，为公共艺术从业者提供结合社会环境等综合因素如何生成新的公共艺术创作思维方式，拓展了创造性发展的空间。

［关键词］可循环利用材料；科技；仿生设计；公共艺术

1 介绍

公共艺术形式呈现多样化，可循环材料再利用和科技手段融入艺术创作中，使作品的呈现和作品信息传达变得更多元化。结合可循环材料的再利用思维模式，当下可视化、人机交互等科技的高速发展，城市发展中公共艺术的现实意义，在过去 10 年的研究中为可循环利用材料结合科技融入的公共艺术实践提供了一定的依据。本文在前人对该问题研究的基础上，综述了该艺术实践的方法、过程和呈现，以及未来该艺术实践的发展趋势，为探讨该艺术实践创造性发展的作品呈现提供依据。

2 目的

人文科技、人工智能、5G、大数据等多样化的科技应用融入人们生活，人们的文化生活最先反映科技的变革。东北地区，老工业基地背景下振兴东北，文化先行至关重要，公共艺术与科技结合的呈现方式是一个需要探究的课题，直接影响城市文化的发展趋向。如何将老工业背景下的可循环再生材料与当下科技进步结合到公共文化艺术呈现，如何更好地体现出社会发展进程与未来，是我们需要认真思考和研究的课题和实践。

3 思维

东北地区曾经是世界重要的老重工业发达地

区，几乎每个城市都有重要的重工业机构，譬如本溪市就有"第一铁厂""第二电厂"等重要的工业遗存。"变废为宝"既是民生又是文化建设需要。运用旧工业产品再利用，结合科技、仿生设计、人工智能设计制作城市中的公共艺术，既是课题也是挑战。在大量的公共艺术实践中，除结绳而治作品以外，还有图1所示作品。

《无人演奏的大提琴》 《金戈铁马》

《三脚金蟾》 《打开电视看世界》

《岂其食鱼》

《无声之枪》 《琵琶行》

图1 公共艺术实践作品
Fig. 1 Practical works of public art

在大量的公共艺术作品实践中，将仿生设计、交互设计等一系列现代科技手段运用到公共艺术作品中，使公共艺术作品更具有感官上的体验，更具有时代感，准确传达出艺术家的思想和观念。

4 方法

在可循环利用材料的公共艺术作品设计和实施过程中，选择不同造型、结构的金属材料，是一个需要艺术实践者反复思考、反复解构的研究过程。灵活运用仿生设计的科技手段来作为该类型艺术实践创作的基础，如图2和图3所示。

图2 利用仿生设计手段的艺术实践作品
Fig. 2 Practical works of art using bionic design

图1、图2说明：可循环利用金属装置作品《会呼吸的螃蟹》沈阳莫子山公园，传统手段与新技术只要稍微有一点结合就会碰撞出火花，金属螃蟹加上塑料内脏再加上 LED 和传感器，一只《会呼吸的螃蟹》就诞生了，会呼吸就多了点噱头，也使得原本冷冰冰的金属"鲜活"了。

艺术创作是从无到有的实践过程，但在已有固定材料或素材面前，艺术家、设计师就需要结合现有材料，运用解构、重组等创作方式进行再设计、再创作。可循环利用材料的特点就是已经具备一定程度的工业设计或产品设计过程，选择什么材料的元件（金属元件的分类复杂，硬度、结合度等多个因素制约着不同元件的拼接方式和手段）是艺术实践中很重要的研究过程，需要对工业设计、材料、解构等多个方向进行深入研究和思考。元件与元件之间需要较多的仿生设计手段进行拼接和组合，在解构合理性方面需要更多的理论思考和研究，当然要有相对成熟的实践经验和相关科学支撑。

灵活运用可循环利用材料结合科技融入的公共艺术实践研究是振兴东北、文化先行的重要文化承载和现实手段。在实践中既要依附于可循环利用材料结构的研究，也要强调创新性思考和梳理，结构、重组、再造作为依托和运用仿生设计手段，使东北地区特有的工业遗存焕发出新的生命力，更多地展现出公共艺术对城市文化前瞻性的思考和实践。

在该艺术实践中，对每个筛选出来的可循环材料进行造型分析，结合整体造型进行拼接再利用，视觉化表现出整体造型后再进行细节调整，通过仿生设计思维构建出作品的细节。

环保、可循环利用材料等意识不断增强，更深刻地影响了东北地区的老工业传统行业。大量的金属可循环利用材料出现在各大废品转化行业中，才使公共艺术实践者有机会面对大量的金属可循环利用材料的公共艺术作品设计和实施。运用东北地区老工业遗留产品，结合人机交互、仿生设计、材料科学等科技手段，解构重塑富含历史和科技的公共艺术作品，起到启迪、萌发等文化思考，有利于振兴东北、文化先行的语境和时代需要。

图3 结绳而治
Fig.3 Rule with rope

图3说明：可循环利用金属装置作品《结绳而治》深圳湾人才公园。 名称：《结绳而治》；作者：蒋坤、李明千、孔帅；类别：公共艺术雕塑；材料：白钢、光感感应器、发声器、交互系统、塑料等；创作时间：2018年10月18日；创作地址：鲁迅美术学院；解释：此公共艺术雕塑由主创蒋坤与李明千、孔帅联合创作，利用白钢的材质与感应发生器、交互系统等多种材料的结合，产生出视觉与听觉、"硬与软"的感官上的对比。《结绳而治》原指上古没有文字，用结绳记事的方法治理天下。后也指社会清平，不用法律治国的空想。出自《周易·系辞下》："上古结绳而治，后世圣人易之以书契。"

5 设计过程

（1）创作意识整理，查阅资料，调研公共艺术作品思路的呈现；

（2）创意整体造型设计；

（3）选择合适的可循环再生材料；

（4）运用仿生设计、计算机数字化模拟组建等科技手段进行虚拟设计；

（5）结合虚拟设计，进行作品实际制作；

（6）整体调整，取舍，收尾；

（7）作品安装与保养等。

从可循环材料结合仿生设计、计算机数字化模拟组建等科技手段进行虚拟设计、拼接。首先对原材料进行三维扫描，将三维模型在计算机上进行模拟拼接仿生设计，建立虚拟模型后，再进行实际焊接和安装。公共艺术的特质是交互性和参与性，在设计中可以采用传动、传感器、灯光、影像的科技表现手段融入其中。

公共艺术本体形态的设计与实践是作品呈现最重要的体现和展示，可循环材料利用在某种层面上丰富了作品的复杂程度，填充了更多的观赏性和可思考性，更多的元件拼接使作品更为丰富和复杂。

公共艺术形式的展现方式繁多，运用可循环利用材料拼接作为艺术作品展现形式更为新颖和突显。可利用材料结合公共艺术、结合科技手段来进行创作的展现形式是符合当下语境的重要艺术创作手段和实践。运用科技手段和创作观念，结合创新性思考和实施方法、技巧是一个科技与文化意识形体相结合的重要体现，以及审美意识等综合内容。

6 设计呈现

城市中公共艺术作品建设的独特性，与城市特有的文化重塑息息相关。公共艺术是城市文化的重要组成部分，也是一座城市的气质所在。可以说，中国的城市转型发展正在步入"美学时代"，人们对"美的城市"的追求、对艺术化生存方式的探索从未停止。老工业遗存的再利用，既有情感依存，又有时代创新，随着城市发展越来越强调城市整体设计的关键作用，文化的重要性日益凸显，以艺术为门径的城市设计实践也日益增多。"艺术导向的城市设计"和"软城市"理念的提出，旨在用艺术思维和城市设计激活、优化城市公共空间品质，以"艺术塑造城市"为指向，构建宜人的、丰富多彩的人文活动空间体系，彰显城市品格，活跃城市人文氛围，激发创新活力。

7 未来趋势

东北地区的老工业遗存，需要的是艺术家、艺术实践者等多个艺术实践引领文化艺术走向的重要组成部分，如何运营可利用的金属废弃材料，再设计公共艺术作品有着相对必要的思想共识需要和思考。当下，东北大量的重工业建筑遗存、重工业设备遗存、重工业产品积压等充斥着社会群众的视野和思想认识，大多数东北社会群众都有着工业情感，在这样的语境下，利用可循环金属材料作为公共艺术的实践手段，集合人机交互、人工智能等多个科技手段融入作品中，科技与重工业遗留相结合更有力地实践在东北地区公共艺术实践中。

8 未来研究

《国务院关于振兴东北老工业基地的措施》中对东北老工业基地计划进行多项举措和相关政策。作为指导性文件，对社会人文等相关方向也做出了很多理论依据和要求，作为艺术工作者，做好老工业基地的转型和转化，利用好可循环材料作为实践手段，在公共艺术作品实践、公共文化服务中实现振兴东北文化崛起的文化艺术引领作用。在艺术实践中，引用东北特有的老工业遗产，以废弃工业产品为公共艺术构成元件，结合人工智能、可视化大数据、人机交互等科技手段为依托，设计制作更多的符合东北老工业基地特色的公共艺术作品。

参考文献

[1] [法]法国亦西文化. 法国公共艺术[M]. 吉林：辽宁科学技术出版社，2008.

[2] 陈新生,陈瑶. 欧洲城市公共艺术[M].北京：机械工业出版社， 2012.

[3] 永辉. 国外城市环境艺术设计百例丛书[M] 北京：中国建筑工业出版社，2002.

[4] 国家发展改革委.国务院关于振兴东北老工业基地的措施[Z].中共中央国务院，2016.

[5] AiLi Wang. New Biomimicry Tool for Visual Design: Three Categories and Their Suggestions[D]. 沈阳：辽宁美术出版社，2018.

[6] 周敬.公共艺术设计[M].北京：知识产权出版社，2005.

[7] 郭媛媛，郭婷婷.公共艺术设计[M]. 北京：北京大学出版社出版,2017.

[8] 李华清.美国公共艺术发展现状和美国艺术教育的考察[J].艺术评论,2017(5).

[9] 罗仙平.金属矿山选矿废水净化与资源化利用现状与研究发展方向[J].中国矿业,2006(15).

[10] 魏树和,周启星,刘睿.重金属污染土壤修复中杂草资源的利用[J].自然资源学报,2005,20(3):423-440

[11] Benyus, J. 仿生学：创新灵感来自大自然[M].纽约：哈珀·柯林斯出版社,1997.

[12]Bar Cohen, Y.仿生学利用自然来激发人类的创新[J].生物灵感与仿生学,2006,1(1):1-12.

[13] Gamage A., R.Hyde. 基于仿生学的生态可持续设计模型[J].建筑科学评论,2012,55(3): 224-235.

[14] Bogatyreva O., Pahl. A.-K., VincentJ. 用生物学丰富特里兹[R].TRIZ未来世界会议记录,2016:301-308.

[15] Baumeister, D. 仿生学资源手册：知识和最佳实践的种子库[J].米苏拉：仿生学,2012(3): 8.

[16] Helms M.,Vattam S. S., Goel A. K. 生物灵感设计：工艺和产品[J].设计研究,2009,30(5): 606-622.

[17] Vattam S.,Helms.M., GoelA. 生物灵感设计中创造性类比的内容描述[C].2010, 24（4）：467-481.

[18] 徐碧娟,陆永恩.成都工商管理学院简介[M].成都：西南交通大学出版社,2016.

[19] Collins, P. 现代建筑中不断变化的理想[M]. 多伦多：麦吉尔女王出版社,1998:1750-1950.

[20] Vattam S., Helms M.E., GoelA.K..工程设计中受生物启发的创新：认知研究[R]. 技术报告GIT-GVU-07-07,乔治亚理工学院图形、可视化和可用性中心,2007.

[21] Shu, L.H. 仿生设计的自然语言方法。工程设计、分析和制造的人工智能[J].2010, 24（4）：507-519.

[22] 沈飞. 论科学与艺术[J].装饰,2005（04）:38-39.

[23]刘涛.科学与艺术融合下的创新教育理论研究[J]. 高等农业教育,2012 （07）:23-25,43.

可持续型文化创意旅游发展策略研究

石磊

（大连工业大学, 大连 161034）

[摘 要] **目的** 城市建设离不开当地文化的基础，这也是发展旅游业的重要支持，而可持续型的旅游是现代各大旅游业建设的重点，也是吸引游客了解当地文化的重要参考。**方法** 因此利用可持续特征的文化创意将游客吸引到当地的旅游中去，这是未来旅游业发展的重要目标和展现形态。从目前来看，文化创意旅游在可持续意识加持下有了较好的发展，但是也存在一定的"瓶颈"。**结论** 这就需要将可持续理念和文化创意旅游的内在联系进行认真研究，然后通过结果分析来构建未来可持续文化创意型旅游发展的具体方向和措施。

[关键词] 可持续型；文化创意；旅游；发展策略

引言：当前，在进行旅游的开发建设的过程中，需要将旅游项目和文化进行有机的结合，并且通过对文化的挖掘来进行融合发展，或者是在进行旅游产业和文化产业融合的过程中进行相应文化产业的紧密结合，让其文化发展以及旅游建设结合在一起，从而可以进行共同发展建设。

1 可持续与文化创意旅游的相关联系和含义

从微观角度来讲，可持续与创意旅游主要在动态方面有着相似的地方。目前可持续主要是在产业中注重能源循环利用的相关政策，并且通过逐步加强这种能源循环观念，将现有资源的作用发挥到最大，这样不仅可以让一些无用资源得以有效发挥，同时也极大地落实可持续工作的主要内容和目标。文化创意旅游主要是在传统旅游形式和模式基础上将文化相关理念和旅游相互结合，通过其特点与特征的相互融合和碰撞，创建出一种具有文化内涵的可持续旅游产业，总体而言，可持续与文化创意在一定程度上都是以一种动态微观形式向人们展现，进而经过旅游产业的新型发展，让人们在文化理念的基础上加强环保意识。

2 可持续基础下文化创意旅游未来的发展策略

2.1 融合科技手段

文化旅游和科技的融合是未来的发展趋势。科技手段让内容的呈现更为丰富多彩，比如做《西游记》的舞台演出，以前表现力是很有限的，但现在孙悟空的金箍棒可以在现场用虚拟的投影装置使它变长、变短、消失或重现，像变魔术一样，可以更为有力、更为直观地呈现很多内容，增强表现力和互动效果。再比如旅游景点要宣传当地的文化故事，可以用虚拟的影像表演，还可以请虚拟歌手来开演唱会，等等。未来，虚拟表演在旅游演艺中占的比重可能会越来越大。运用高科技设备可以直接增强体验感，包括声光电的控制，运用 VR、AR 技术做沉浸式的体验和互动游戏，等等。科技和旅游的结合还可能催生导游机器人或者陪伴机器人，机器人可以给游客提供各种辅助服务，随时随地提供讲解，甚至陪游客一起玩互动游戏……科技表达的方式越来越多，文化旅游与科技相结合能够创造出各种有趣、好看、好玩的东西，文化旅游与科技的融合会极大地提升城市文化旅游的体验感和吸引力，推动整个文化旅游产业创新升级。

2.2 在文化创意旅游中加强游客的节能环保意识宣传

旅游行业的主要目的就是宣扬自身文化，推动当地经济发展，如今很多城市已经将旅游行业作为城市发展的重点产业，如三亚、西安等，这些具有一定当地文化特色的地区为当地旅游业发展创建了良好的优势条件。而对于游客而言，旅游首要的是放松心情，在心情愉悦的基础上再关注当地文化和景观建设。轻松愉悦的心情离不开干净和美丽的城市建设，因此节能环保理念在游客游玩时占据着重要地位，也是游客为了真正放松心情所需要关注的重点问题。

2.3 利用非物质文化遗产资源优势

旅游和文化相结合的过程中，需要注重对于文化旅游产品的开发利用，通过对于各种民间艺术、舞蹈以及工艺美术等各方面传统技艺以及工艺进行研究，进而对其进行科学的管理分析，并且进行进一步的开发，从而对于非物质传统文化遗产进行和旅游相结合的研究，并且对其进行进一步的管理。通过采用生产性的保护方法和形式来对其进行合理的利用，从而为旅游业以及文化产业方面注入新鲜的血液来帮助其进行进一步的发展。除此之外，还可以对其进行更多艺术形式

的编排，比如将带有地方民族特色的文化带入相应的旅游发展中去。

2.4 将节能环保理念和文化创意旅游融合创新

可持续型的核心就是对能源的有效利用和循环使用，促进能源应用的可持续发展，在这种资源有效整合的理念下可以使能源在各行业中得到广泛应用，不但可以将能源有效循环利用，还可以为建设清洁型城市作出突出贡献。从文化创意旅游建设方面来看，它也是一种在传统旅游业基础上作出的创新和升级，将不同文化融合在旅游产业中实现文化的碰撞，进而建立一种具有当地文化内涵的新型旅游产业。将节能环保与文化创意相互融合可以为当地旅游产业建立一种新型的发展模式，同时创造出一种新型文化产业元素，最终将多维度产业建设作为城市未来发展的主要目标，推动城市各个产业的总体生产力发展，这也是未来城市建设中主要的建设趋势。

3 结语

在进行旅游和可持续文化相结合的发展推动过程中，需要根据具体的发展方法进行进一步的管理，并且结合相应的各方面措施来进行文化的挖掘和推进发展，让相应的旅游具有丰富的文化底蕴，通过对其进行具体的研究分析，通过科学的方法和相关的管理规定来将其和具体的旅游情况进行有机结合，让游客可以在旅游的过程中同时体会到文化的魅力，推动文化的宣传发展，促进人民对于当地文化的了解。

参考文献

[1]陶丽萍,徐自立.文化与旅游产业融合发展的模式与路径[J].武汉：武汉轻工大学学报,2019,38(6):85-90.

[2]吴洪梅.节能环保型文化创意旅游发展策略

探讨[J].沈阳:中国地名,2019（11）:37.

[3] 陶建光.节能环保型文化创意旅游发展策略研究[J].哈尔滨:环境科学与管理,2018（01）:19-22.

[4] 何岩.新时代文化创意产业的融合发展研究[J].哈尔滨:中外企业家,2019(09):204.

[5] 韩弘.经济发展新常态下文化创意产业创新与发展研究[J].长春:现代营销（下旬刊）,2019(09):66-67.

[6] 高长春,康瑜珊.城市经济发展与文化创意产业交互作用研究[J].昆明:时代金融,2019(09):102-103.

"共生"视域下的仿生设计与可持续设计研究

朴昱彤，孙青，王子傲

（大连工业大学，大连 116034）

[摘　要] **目的** 共生是自然界中两种不同生物之间所形成的关系。在"共生"视域下，将仿生学引入设计思维。借鉴生物演进的自然规律与功能形态的有机特征，将设计与"生物圈"相融合，探究仿生设计在未来艺术设计领域中的更多可能和发展，为实现人与自然的和谐共生、互利共生提供理论基础。**方法** 从哲学、仿生学、生物学等角度进行分析归纳总结。**结论** 自然界中的有机体在生命机制的作用下，通过与外界环境之间持续的能量和物质交换，使自身的功能和形态得到优化与完善。"天人合一"的中国传统哲学思想对于人与自然的关系和当代设计具有重要的启示意义。人与自然本是一体共生的关系，面对机械化生产带来的过度消费和过度设计，设计应该回归到"自然为本"的理念。

[关键词] 共生；仿生设计；可持续设计；自然为本

引言：21 世纪是工业化发展的时代，高速城市化、工业化的社会发展给人们生活带来了新的生活体验。但是资源过度消耗、生态环境恶化等环境问题，以及商品经济导致的过度消费等社会问题也逐渐被全球各界广泛关注。在人类长期的生存发展过程中，城市与自然一直都是人类重要的构成要素。然而城市产生的代谢废物，无法与自然生态循环有机融合。不仅如此，伴随着经济发展，市场经济所带来的商品更新迭代，产品制作销售的过程中也在过度消耗能源。人类模仿生物形态，创造适合生产制作的工具，是设计活动的重要源泉之一，将仿生学融入设计思维之中，将共生互利的自然法则融入人类社会生活中，对未来设计具有重要意义。

1 概述

共生是自然界中两种不同的密切接触的生物之间所形成的互利关系。美国生物学家马古利斯将"共生"概念在达尔文自然选择论的基础上进行解释："共生是不同生物种类成员在不同生活周期中重要组合部分的联合。"基于对"共生"这一概念的理解与分析，生物在与环境相互适应的过程中具有共生关系的生物物种或生命体之间互利互惠、相互依存，这也是物种自然选择的本能行为。不仅如此，这种有利于生存的优势个体特征表现会随着繁衍传递过程中愈发明显。在自然界中，人与自然生态长期相互适应过程体现出物种自然选择的过程，形成与生态环境相适应的生理结构（包括人的形态和代谢方式）以及与这种结构匹配的生活习性。

仿生学这一概念是 1960 年由美国斯蒂尔博士提出的。斯蒂尔把仿生学定义为"模仿生物原理来建造技术系统，或者使人造技术系统具有或类似于生物特征的科学"。斯蒂尔认为，仿生学是一门从自然角度来解决问题的综合性交叉学科，通过研究生物系统的结构、功能、能量转换等各种优异的特性，并把它们应用到技术系统的综合性科学。人类进入 21 世纪，全球化、知识经济、信息社会、后工业社会等全新的浪潮席卷而来。人与自然本是一体共生的关系，面对机械化生产带来的过度消费和过度设计，设计应该回归到"自然为本"的理念。在经济为主导的工业化现代社会，将仿生学加入设计思维，减少产品的能源消耗与污染，使产品与环境更加融洽，对构建社会环境可持续发展，人与自然和谐共生具有重要意义。

2 "共生"视角下的仿生设计与可持续设计

在自然界中，生物万象一直都是人类活动模仿学习的对象。马克思曾在《1844 年经济学哲学手稿》中提出："人化的自然"是被人的实践活动改造过并打上人的目的和意志烙印的自然。人类活动从生理演化和文化演化两种形式将自然生态向"人化自然生态"转化。生命演化过程，是人与自然生态长期相互适应的过程，形成与生态环境相适应的生理结构（包括人的形态和代谢方式）以及与这种结构匹配的生活习性。所以，仿生设计也是融合自然哲学创新设计，是探索设计形态非常重要的途径之一。

2.1 "共生"视域下的仿生设计

仿生设计根据生物系统特征来划分可以分为：形态仿生设计、肌理质感仿生和仿生物结构。传统仿生设计往往只注重形态的单一模仿，追求

表面的生物造型设计，缺乏对产品本身的结构性与功能性的设计研究。以仿生植物为例，城市中的仿真植物是模仿植物形态，运用高仿真材料设计制作而成的。一方面，城市中设计仿真植物是为了方便人们生活审美，改善城市环境。这种形态仿生设计，在造型设计方面给予了产品生命、自然等抽象象征符号，进而来呈现人特定的观念与情感。另一方面，植物本身具有释放氧气、减弱噪声等生态功能，设计师在复制植物的形态造型，忽视了对植物的功能与结构的分析研究，使产品的生产过程过度消耗能源，最终导致产品成为城市新的污染源。仿真植物虽然在城市环境设计中起到了美化城市环境的作用，但是其单一的功能性缺乏对植物的功能多元化与环境污染方面的思考。仿生设计应注重对其模仿的生命活动特征，从结构上、功能上进行设计，以"共生"为设计视角，更好地利用资源和技术，延长产品的生命周期，从而构建人与自然"和谐共生"的生态关系。

2.2 "共生"视域下的可持续设计

可持续发展最初被描述为"满足当代人需求又不损害后代人需求的发展"，是强调环境质量和环境投入在提高人们实际收入和改善生活质量中的重要作用设计，可以被定义为可持续设计。资源分配、环境污染、城市改造与设计有紧密的关系。从宏观角度来看，产品的生产过程"原料—产品—废料"是非循环性的。基于"共生"视域下的可持续性设计，产品的生命周期完成应尽量减少废物排放，做到物尽其用，将废物再利用。最终实现"原料—产品—废料"转变为"原料—产品—新产品原料"的产品生产流程。

周浩明教授曾在《可持续设计是一种风格或者流派吗？》中提到，可持续设计应在尊重自然、顺应自然的前提下，首先考虑如何更加有效利用自然的可再生资源，减少对不可再生资源的消耗，减轻对地球环境的破坏，同时创造出更为

舒适的居住生活与工作环境。这就要求设计师合理利用自然资源，从维护自然生态的角度出发进行设计，而不仅仅是从造型方面出发进行设计。在自然共生的视角下的可持续设计，可以有效利用自然的可再生资源，削弱人类改造自然的环节中的不可逆影响，使产品生产周期与自然发展规律融合。

以常见的包装废弃物的再利用为例，塑料是包装废弃物中占比较大的材料之一，塑料具有成本低廉、可塑性强、结实耐用等特点。但是不可降解的塑料包装不仅在制作过程中产生大量空气污染，同时这种"白色污染"还会在生物圈中不断循环，最终对自然环境造成不可逆的危害。在进行可持续设计时，设计师从师法自然，从自然共生的视角去考虑，通过发散性思维与材料特性分析研究，优化设计结构或材料，优化产品生产流程，使资源得到最有效的利用。植物秸秆作为农业生产中的废料往往被焚烧处理，但是如果将植物秸秆经过加工处理可以替代传统制作的塑料包装产品，不仅将废料循环成为新的产品，且产品周期中又实现了绿色可降解，融入生物圈进行良性循环。在可持续设计思想的影响下，设计不再停留于形式与外表，而朝着内涵与深度方向发展，更加注重探索人的需求以及创造美好的自然生活环境。

3 结语

人类发展的过程，从自然界的各种生物形态、功能特征中获得启示，设计制造新的工具和产品。当今，人类文明已经走过漫长的顺应自然、改造自然的历史，未来将是生态文明的时代。人是自然的造物，现代设计中多角度的仿生设计，将造型、功能等方面综合考量始终是好的设计标准与价值尺度。将设计回归到人与自然的和谐关系设计，让人类城市生活重新投入自然的怀抱，生活将更加心旷神怡。

参考文献

[1]温怀远. 人与自然共生发展研究[D].延安：延安大学出版社,2020.

[2][美]林恩·马古利斯 生物共生的行星——进化的新景观[M].易凡，译.上海：上海科学技术出版社，1999：79.

[3]于学斌. 产品仿生设计目标功能语义关联法研究[D].北京：北京服装学院,2008.

[4] 马克思，恩格斯.马克思恩格斯选集（1-4卷）[M]．北京：北京出版社,2012.

[5] 严克. 基于可持续设计理念的包袋设计研究[D].上海：东华大学,2017.

[6] 张晓健,陈超.住宅的可持续发展——浅议生态小区建设[J].中国住宅设施,2004（12）:16-20.

[7] 李昕,潜铁宇. 和谐与共生——产品仿生设计的生物学原理[A]. 中国机械工程学会工业设计分会.Proceedings of the 2007 International Conference on Industrial Design（Volume 1/2）[C].中国机械工程学会工业设计分会:中国机械工程学会,2007:3.

[8] 刘璇. 基于低碳经济下的仿生设计[D].保定：华北电力大学,2012.

[9] 吴铮.生态转换与人机共生:人类与人工智能存在的关系研究[J].人民论坛·学术前沿,2020（11）:108-111.

[10] 迟金颖. 师法自然，设计空间[D].济南：山东师范大学,2013.

[11] 蔡江宇. 现代符号学在生态设计中的延伸[A]. 中国科学技术协会、广东省人民政府.第十七届中国科协年会——分1 经济高速发展下的生态保护与生态文明建设研讨会论文集[C].中国科学技术协会、广东省人民政府:中国科学技术协会学会学术部,2015:4.

[12] 向泓兴,杨瑷伊.仿生设计在产品设计中的应用分析[A].中国环球文化出版社、华教创新（北京）文化传媒有限公司.2020年南国博览学术研讨会论文集（一）[C].中国环球文化出版社、华教创新（北京）文化传媒有限公司:华教创新（北京）文化传媒有限公司,2020:4.

[13] 连善芝.现代家具可持续设计的方法与路径研究[D].南京:南京林业大学,2019.

可持续发展理念下的仿生室内设计研究与应用

张晓红

（吉林建筑大学，长春 130118）

[摘　要] **目的** 随着社会经济的不断发展，传统意义上的室内设计逐渐被完善精进，人们对室内空间的要求也在不断变化，仿生设计与可持续设计为满足现代人而生。**方法** 以现代人为研究群体，仿生设计在室内设计中的应用愈加广泛，智能的 3D 打印地板，其材料以及制作方法相对新颖，随心定制且更加环保，几乎无废料产生。"Anima"系列的作品将厨余垃圾变废为宝，制作成餐具和容器，呼吁人们减少浪费的同时，提高了有限资源的利用率。由液压成型金属制成的家具，使超轻建筑成为可能。由两个网状结构组成的混凝土面板，与实心混凝土面板有同等强度的同时，材料的使用量减少了 80%，也满足了人们回归自然的想法。**结论** 仿生设计满足了人们情感方面、人文方面的需求，提升生活品质，并更加环保。从环保、可持续的理念出发，探讨仿生设计在当代室内设计中的应用。

[关键词] 可持续；仿生设计；室内设计；应用研究

引言：室内设计与生活息息相关，工业化的进步导致周围环境恶化与环境资源的枯竭，"人与自然"的"和谐共生"逐渐被重视，随着社会经济的发展，人们的需求也在不断变化，回归自然与可持续理念下的仿生设计理念慢慢在室内设计中兴起并流行起来。

1 可持续仿生室内设计的基本原理

可持续发展是指人类的发展不能超越环境的更新能力，在满足需求的同时，不过多透支资源。仿生设计在生活中已经比较普遍，结合科学、技术、艺术等原理进行综合性融合，通过自然生物的形态、结构、形体、色彩和肌理等元素进行提取与创新，在可持续发展理念下仿生室内设计的研究尤为重要。

1.1 仿生设计的基本原理

仿生设计也被称为设计仿生学，是建立在仿生学和设计学两大学科的交叉渗透和互相融合的基础上发展出的独立的、新兴的学科。仿生设计既包含了经济与文化的相交叉性，也包含了设计语言的多样性，以及思维创造的灵活性，符合当今发展潮流的同时也满足了消费者的情感需求。

1.2 仿生设计思维

随着科学技术和生产的发展，仿生学应运而生，仿生设计思维也逐渐进入人们的生活。人类模仿生物形态、构造、机能创造出各式各样生产及生活用品，被视为人类设计活动的重要源泉。一般意义的仿生设计是指利用某一种生物或植物的独有特点以及形态构造而制造出的技术系统，类似于模仿生物圈中的"食物链"原理，将"食物链"中的每个特定环节进行有效利用，以达到闭合状态的完整"生态系统"。运用这种发展系统，模拟使用于生活中，以达到尽量无废料产生以及节约化生产，以此循环往复成就可持续仿生设计的发展。

在资源紧缺、环境污染较为受大众所重视的今天，将室内设计与仿生设计相结合，把每一环节的设计引入生态系统的循环之中，显得尤为重要，模仿生物圈中食物链的人为物体创造，在实践中也早有利用。

1.3 可持续发展的选择

仿生设计无疑是可持续发展的最优选择，仿生设计思维强调回归自然，提倡健康、绿色的适度消费原则。在如今高消费理念的生活中，高档商品不再是以消耗物质与金钱的多少来衡量，而是以知识与智慧的含量为标准，仿生设计在室内设计中的使用，既满足了可持续发展的理念，又满足了当今流行趋势以及人们对于回归自然又追求新颖的渴求。

在室内设计中，将传统的室内设计融入仿生设计，从设计到施工再到使用，改变了生产以及消费的传统观念，室内设计的各个环节被纳入物质能量的无限循环中。

2 仿生设计在室内设计中的应用方法

2.1 形态仿生在室内设计中的应用方法

形态仿生设计可分为具象与抽象两种。

（1）具象仿生设计一般是指客观存在能够真实体验的形态，其中包括自然界的动植物体、生态环境、人造品等。其设计方法是以自然形态为设计元素，将设计元素进行归纳与夸张想象，从

而设计出崭新的艺术品。这种设计手法一般是通过"形拟"的方式，让使用者产生共鸣与想象，从而进行使用与欣赏。因自然形态较为贴近人们的生活，所以能够得到广大使用者的认同。近年来家居用品中运用了许多仿生元素，颇受广大使用者的青睐，许多以动物和植物为原型，加入设计师的想象力与各地方特有的民俗文化，形成了趣味化的具象仿生设计。

（2）抽象仿生设计是与具象仿生设计相对而言的，是对客观事物的特征进行概括、总结，表现在具体的设计中。抽象仿生设计属于高层次的思维创意活动。抽象的仿生设计产品表示的是具体形象，它主要表现的是形象意义，因此抽象仿生设计手法逐渐被人喜爱。抽象仿生设计的产品多以高度概括或简化的方式呈现。

2.2 结构仿生在室内设计中的应用方法

结构仿生设计，是运用现代科学技术来提炼自然界生物的结构特点和规律，通过设计的方式创造出新的仿生结构系统。

室内设计中家居用品的仿生设计案例较为多见，设计师将自然界的生物进行提炼创造出独特的造型元素，利用创造型设计思维和现代设计理念，应用到室内设计中，产品既舒适又符合人体工程学，颇受现代人喜爱。

2.3 形体仿生在室内设计中的应用方法

形体仿生法是指设计师通过自然形体或人类形体的形态特征进行符号化的提炼，运用艺术加工处理从而将产品展现给人们的过程。家居用品设计的形体仿生主要体现在对人体、动物体的符号化提炼中，通过创意的设计手法，创作出富有现代感和人体心里舒适度最默契结合的室内家居用品，从而创造出具有生命力的作品。

2.4 色彩和肌理仿生在室内设计中的应用方法

色彩仿生设计主要是利用不同色彩引发的色彩心理的差异性，提炼出相应的色彩符号运用到设计中。色彩之间的对比能够引起人们心理上的共鸣，在室内设计中的应用也较为广泛。

3 案例分析

3.1 智能 3D 打印地板

智能 3D 打印地板让人们不用在固定的模式中做出选择，科技不仅能让室内设计中的家具随心定制，还能更加环保减少废料。荷兰 Aectual 公司展示了其漂亮的可持续 3D 打印地板（图 1）。他们使用巨大的机器人 3D 打印机为这些地板打造框架，并用植物制成生物塑料来打印它们。由于使用了可回收和环境友善材料，

图1 3D 打印地板
Fig. 1 3D Printed floor

这些地板生产产生的废物非常少或根本没有。地板可以适合任何形状和大小的空间，自成一体，并可以创造出各种设计，从传统图案到自定义图案。可以说是可持续发展与创造力的完美结合。

3.2 "Anima" 系列变废为宝的厨余垃圾

厨余垃圾除了变肥料还能变成什么？日本设计师荒木功介告诉你，它还能变成餐具和容器。由剩菜、肉骨、豆腐为原料制成的食器，大大颠覆了我们对环保餐具的既定印象，这些食器尤为特别，不仅具有实用价值，更具有收藏价值（图2）。这个珍藏系列名为"Anima"，旨在让用户在日常生活中反思自己的消费习惯。所有的产品都是由碳化的蔬菜废料与动物胶混合制成，最后使用 Urushi 日本漆涂抹表层，食器因此更加坚固，色泽也更加光亮。源自漆树树液的漆，还具有抗菌功效。创作过程中，也遵循古法使用米和豆腐来调整漆的黏性。他的最新系列"Anima-memorial service"，还有字面上"告别式"，是向这些被吃掉的生命致敬的意思，将剩食烧成炭，好似火化仪式，它们碳化、被制成餐具，也有了新的生命（图2）。

图2 Anima系列
Fig. 2 Anima series

3.3 塑形技术 FIDU

波兰 Zieta 公司开发了一种名为 FIDU 的革命性技术。这项技术使得能够利用大规模生产工艺和量身定做的塑形方法，创造出创新的仿生形状和完全可回收的物体。Zieta 展示了一系列用这种技术

图3 塑形技术
Fig. 3 Shaping technique

制作的充气金属家具。例如，凳子是由液压成型金属制成的：两片金属按照凳子的轮廓焊接在一起，然后在压力下充满液体。然后将凳腿弯曲到位（图3）。Zieta 目前正致力于将这项技术应用于

建筑立面元素，以及工业超轻建筑。

4 结语

仿生设计是一种与当代发展需求相吻合的设计，并且符合当代设计发展的趋势。仿生设计方法的应用，不仅可以表现独特的美感，也注重产品个性、自然、返璞归真的物化表现，可以创造出不同于大众的特别产品，也赋予了产品情感化的象征，能够让使用者以不同的方式产生情感共鸣，让设计产品与使用者共同回归自然。仿生设计在室内设计中的应用，更加贴近人们的生活，满足人们物质需求的同时，也满足了人们情感化的需求，相对，传统的室内设计，仿生设计的应用更加具有亲和力、宜人性，符合现代人回归自然的需求，有效地减少了人们生活中的压力，也更加符合可持续发展的理念，实现了合理利用有限资源，减少了废料的产生。在将来的仿生设计领域，会有越来越多的设计师投身其中。

参考文献

[1] 赵强,王林.仿生理念在家用产品设计中的运用分析[J].北京印刷学院学报,2020（09）：71-75.

[2] 孙菁菁.基于仿生设计在室内家具中的应用与研究[J].科技与创新,2020（03）:153-154,157.

[3] 王一雯.仿生元素在室内空间界面设计中的应用与研究[D].长春:吉林艺术学院.2019.

[4] 张俊杰,张乘风.仿生设计在现代室内空间中的应用研究[J].家具与室内装饰,2018（08）:96-97.

[5] 郑飞.室内装饰设计中仿生设计的应用[J].江西建材,2015（10）:47-48.

[6] 解梦姣.浅谈仿生设计在小空间室内设计中的应用[J].艺术品鉴,2017（09）:07.

[7] 刘芳芳.仿生设计在室内家居用品设计中的应用方法[J].艺术科技,2013（05）:228.

[8] 李沁媛,牟杨.室内装饰设计中仿生设计的应用探讨[J].建材与装饰,2017（30）:94.

[9] 邵宇.仿生设计在现代精品度假酒店室内装饰艺术设计中的应用[D].昆明:昆明理工大学,2013.

[10] 王亚平.仿生设计思维在室内节能创新中的探析[J].艺术教育,2014（07）:191.

[11] 杨军侠.色彩仿生的特点及其在室内设计中的应用[J].西南林业大学学报（社会科学）,2018（05）:54-57.

[12] 沈倩.论仿生学在室内设计中的应用[J].包装世界,2017（05）:88-89.

Rural Regional Memory: the Way of Rural Sustainable Development in Liaoning Province

Xia Jia

(Dalian Polytechnic University,Dalian,116034)

Abstract

This study is targeted at the way of sustainable rural development in Liaoning Province—the feasibility of art intervention in rural construction. According to the conclusion of the investigation in rural areas of Liaoning Province, this study defines the way of rural sustainable development in Liaoning Province as the intervention of art, puts forward a new perspective of art intervention in rural reconstruction, and puts forward the establishment of regional memory. Make it a new model of rural sustainable development, and make the traditional culture continue and inherit. Through investigation and feedback, the new way of art intervention in rural construction is proposed. It is hoped that this study can really mobilize the subjective initiative of local villagers, make them actively participate in the reconstruction of the rural areas, fully display the local traditional culture, make the traditional culture be inherited and carried forward, improve the rural environment, reshape cultural beliefs, and promote the sustainable development of Liaoning rural areas.

Key words: art intervention, sustainable development

Introduction

The sustainable development of rural areas is related to the protection and rejuvenation of Chinese traditional culture, the sustainable development of rural economy, and even the future development of China.

The sustainable development of rural areas has always been a matter of great concern to the Chinese government. At the Fifth Plenary Session of the 16th Central Committee of the Communist Party of China on the major historical task of building a new socialist countryside, specific requirements were put forward, such as "development of production, well-off life, civilized rural style, clean and tidy village appearance, and democratic management".

"Beautiful countryside" was first proposed in this period. The Ministry of Agriculture of the People's Republic of China launched the "Beautiful countryside" construction activity in 2013, and officially released the ten models of beautiful rural construction in February 2014, providing a model and reference for the sustainable development of rural areas in China.

In this context, many artists and designers also began to intervene in the construction of the countryside from different angles. However, through the investigation in many villages, it is found that most of the art involved in rural reconstruction, in the process of promoting there are still many problems. On the one hand, it is the pursuit of short-term and efficient rural reconstruction, such as rapid economic returns, or the rapid promotion of rural tourism and cultural and creative products. If you don't see obvious results in a short period of time, the project will easily die. On the other hand, some projects have not been built on the basis of local regional culture, and have not been reconstructed according to the local regional characteristics. This has resulted in the reconstruction of the countryside is floating on the surface, without deep-seated cultural support, and unable to produce emotional links with local residents. The sustainable development of rural areas needs a normative theoretical support. To guide the work of art intervention in rural reconstruction with theory.

Regional memory theory

Regional memory is the cultural memory of a region, an accurate reflection of the natural landscape and cultural landscape with the most regional characteristics, the refining and symbolic generalization of the regional image, and the brand image of this region. Regional memory can be a sign that this region is different from other regions. Connect with people by making a deep impression on them.

The village is the root of traditional culture. The decline of the village leads to the fault of traditional culture, the disappearance of traditional rituals and no inheritance of traditional handicraft. The development of high-tech and post-modern trend of thought provide us with a new mode of rural development thinking.

There are many ethnic minorities in Liaoning Province, among which Manchu is the largest minority in Liaoning Province. Influenced by Manchu traditional culture, many customs and traditional culture in Liaoning have obvious Manchu characteristics. At present, there are Manchu villages and Manchu autonomous counties in Jinzhou and Dandong. Traditional handicrafts are famous for Yiwulu Mountain paper cutting and traditional Manchu embroidery. A song-and-dance duet popular in the Northeast of China and yangko also have obvious local characteristics.

Distinct regional characteristics are the premise of regional memory. We can study the characteristics of local traditional culture, extract the symbolic generalization, apply these symbols with local characteristics to the design of art works or rural public facilities and rural public space, and establish regional memory through art intervention.

In this way, we not only protect the local traditional culture, but also show the distinctive characteristics of this area which is different from other regions. This way also brings a new life style to the local villagers, who are proud of the local culture and feel that life is more interesting and valuable. In this way to achieve sustainable development of rural areas in Liaoning Province.

Methods

The intervention of art can be realized in many ways.

1.Art works are created from the perspective of regional culture to establish regional memory

Intervene in rural construction from the perspective of traditional spiritual belief.

Liaoning's diverse cultures blend and penetrate each other, forming a traditional culture with strong regional characteristics. It is the product of objective natural ecology and the imprint of natural structure on national spirit. Manchu believe in Shamanism and believe that "everything in the world has soul or natural spirit". From the perspective of spiritual belief that everything in the world has soul or natural spirit, the intervention of art can refine the representative Manchu traditional graphic symbols, and use art to awaken the forgotten spirit of a region. Works of art can be integrated into the local natural environment to form symbiotic works.

In a project we did in 2013, we painted on the side of the stairs, integrating the stairs and the natural landscape above the stairs into one picture. With the passage of time, the trees grew higher and stronger. With the change of seasons, the color of the leaves will change constantly，then the painting is constantly changing. The whole work is like a tree with vitality, constantly growing and changing. It's a way of integrating art with the natural environment, This way of common growth is also a manifestation of the spirit of all things.

The function of idle traditional houses is transformed into a breakthrough point to intervene in rural construction.

The traditional dwellings in Liaoning are well preserved in many Manchu villages. These dwellings are the buildings with northeast characteristics and the substantial embodiment of material spirit. By means of art intervention, the function of traditional dwellings is transformed. Combining the concept of art with the original symbols of rural cultural elements, the residential function of traditional dwellings can be transformed into functional buildings with cultural communication functions, such as art galleries, handicraft shops, bookstores, etc., which will not destroy the original symbols of rural cultural elements, but also form the transformation of residential functions to form the regional memory of Liaoning Province.

Take traditional handicrafts and traditional rituals as the breakthrough point to intervene in rural construction

Liaoning traditional handicrafts and traditional rituals condense the spirit of a region, which is the embodiment of national beliefs. Manchu paper cutting and embroidery, from the modeling point of view, its shape is exaggerated, concise and ingenious. From the color point of view, the color contrast is strong, mainly with cold and warm colors, which reflects the regional characteristics of Liaoning Province with four distinct seasons. A song–and–dance duet popular in the Northeast of China and yangko embody the folk symbols of behavior, and their starting points and role location reflect the original beliefs. The traditional ceremony also contains folk symbols of sound, and the way of expressing meaning by sound also reflects the unique thinking mode of Liaoning people.

Artists can extract the strong regional visual, behavioral and auditory folk symbols, as a starting point to create art works, combined with rural public space or public facilities, which not only has the function but also reflects the characteristics of Liaoning regional culture, forming the regional memory of Liaoning.

2. Art forms regional memory from the perspective of emotion

Rural culture can form a kind of emotional memory through traditional houses, people's living customs, traditional handicrafts, traditional rituals, which is the villagers' sense of identity, pride and belonging to the regional culture. Traditional dwellings are closely related to villagers' daily life. Handicrafts and folk customs bear the spiritual sustenance of villagers. Traditional rituals embody the values of generations of villagers. We can extract architectural forms and construction techniques with strong regional characteristics from traditional buildings; extract shapes, colors and forms from traditional handicrafts; extract spiritual beliefs or behavioral symbols displayed in traditional rituals; and design these contents abstractly and symbolize them. Taking these redesigned symbols as the breakthrough point for the creation of art works, it can well reflect the regional culture of Liaoning and form the symbol that distinguishes Liaoning from other regions.

In 2015, we carried out the community image reconstruction of Xinhua community in Ganjingzi District of Dalian city. Before the reconstruction project, we first collected the information of the community residents, and understood their life customs by visiting the community residents. After information collection, we sort out and analyze the information we have learned, and take the analysis results as a part of the creative content. We constantly solicited the opinions of some residents in the creation process, so that the residents could participate in the modification of the works, and finally formed a complete design work. With their participation, residents will feel that the artistic works presented in the community are closely related to their life. This is a kind of association, through which the sense of identity or belonging will narrow the distance between people and works of art.

3. Works of art are linked with villagers in the form of semi-finished products to form regional memory

In the past, many ways of art intervention were one-way intervention, and there was no link with local villagers. Villagers did not understand the meaning of art works, and art works could not be integrated into the life of rural residents. For the villages and villagers, this form of art intervention was a stiff and intrusive existence. The vitality of such works of art is weak and incompatible with the state of the countryside. Therefore, the intervention of art should be able to produce a certain link with the production and life of local villagers, and can also form art works through the participation of village names in joint creation. From the relationship between artists or designers and villagers, artists or designers are no longer the only creators. Villagers are also a part of the works.

In 2014, our Dalian Zoo project is to create art with semi-finished products, and draw our stories on the side of the stairs. When tourists stand on the stairs, they form a connection with our paintings and become a part of the paintings. The tourists standing in front of the stairs will see the complete works, and the tourists standing on the stairs will also become a part of the works. Our works are constantly changing as tourists move around, just as stories are going on all the time. At this time, tourists are not only appreciators, but also participants.

Artists or designers can also set up works through guidance, and villagers can use them to complete works. For example, we can make art works functional, and the process of villagers' use is also part of the works. Villagers are not only participants, but also beneficiaries of art works. This kind of link is a two-way communication between artists or designers and villagers, works of art and life.

Conclusion

This paper puts forward a new perspective of art intervention in rural construction. Starting from regional culture, it explores various forms of art intervention, integrates regional culture into rural design, and proposes to establish regional memory. Regional memory can become a new business card of the place, and it is the display of characteristic rural culture. This kind of local business card can boost local economic development. The new intervention point can become a new model of rural sustainable development. The purpose of this paper is to continue and inherit the regional traditional culture, mobilize the subjective initiative of local villagers, improve the rural environment, reshape the rural cultural beliefs, and promote the sustainable development of rural areas in Liaoning Province.

References

[1] Jiang Fan. Manchu ecology and folk culture [M] . China Social Sciences Press, 2006 : 121.

[2] Zhang Jiasheng. History of Manchu culture [M] . Liaoning Nationalities Press, 2013.

[3] Zeng Li. The contemporary evolution of native aesthetics—Take Dali local artists' rural art practice as an example [J] . Grand View of Art, 2007 : 120.

[4] Tan Yu, Du Shoushuai. Application of regional culture in beautiful rural design [J] . Popular literature and art, 2018, 53.

[5] Mei Ceying , Liu Yi. Qingtian project: the path and experience of art intervention in rural revitalization [J] . Art Obesrvation, 2020（07）: 2.

第三部分
Part III

数字建筑、仿生建筑、
仿生设计实践案例

基于群落稳定性的垂直森林建筑潜力评估研究

熊磊[1]，王铬[1]，朱柏葳[2]，冯鑫[3]

（1.广州美术学院，广州 510220；2.澳门科技大学，澳门 999078；3.东北师范大学，长春130000）

[摘　要] **目的** 构建垂直森林建筑群落稳定性的评估框架，在此视角下评估现实案例的潜力并探讨相应的改善策略。**方法** 应用混合式多属性决策模型来构建基于群落稳定性的垂直森林建筑潜力评估框架。基于此，厘清评估框架中各项指标的分属类别与重要度。然后调查中国垂直森林建筑实践案例，进行设计案例评估分析并明确绩效排序选择。**结论** 该评估框架由 14 项指标组成，经主成分分析后，这些指标被归纳在 4 个构面之下，其中重要度最高的一项构面是生态环境（D3），这表明生态环境的特征与品质在很大程度上决定着垂直森林建筑的群落稳定性。该构面下，林相完整性（C31）和栖地多样性（C33）是最为重要的两项指标，这意味着与城市绿地环境设计相近，设计师应注重在此类建筑结构追踪配置多层次、多种类的地被、灌木、乔木，同时保持生境群落中物种数量，使其满足基本都市型生物需求。

[关键词] 垂直森林；潜力评估；改善策略；群落稳定性

引言：基于当前城市人口的发展趋势，学者们推测在未来 30 年，全球 70% 的人口将居住在城市地区。同时考虑到当下日益显著且难以逆转的气候变化，关注城市生态问题比以往任何时候都更加紧迫。最大限度地降低城市中建筑物对自然环境的负面影响，尝试建立建筑物与生态系统之间的联系，已经成为许多建筑师和学者在实践、调查研究工作中的核心目标。意大利建筑师斯特凡诺·伯艾里（Stefano Boeri）构思了名为"垂直生长的森林"的生态建筑方案，其灵感来自意大利随处可见的爬满爬山虎的建筑。此设计概念实质上是在倡导将生物界作为主要元素融入建筑结构中，进而促进人与植物之间的自然共存。在 2019 年国际建筑环境周上，胥一波博士指出，"垂直森林"实际上是建立建筑和生态系统之间联系的有效方案，旨在通过吸收细尘和二氧化碳来补偿建筑物对城市的负面环境影响，同时释放氧气并改善周围的小气候。2014 年，第一个垂直森林原型在意大利米兰得以实现。垂直森林项目作为都市森林化的一部分，就是通过以树木和植物覆盖建筑外部作为全新的建筑模型，引入对当下环境的反思和探索，同时也开启建筑设计一个全新视角。发展至今，从全球各地的实践项目来看，垂直森林建筑将垂直致密化造林的新模式引入城市，创造了一个新的生物多样性系统，并以创新的建筑面貌呈现未来的都市生活模式。不难发现，此类实践项目最显著的设计特征便是将建筑结构与自然界的群落生境结构相结合，因此，垂直森林建筑的群落稳定性是关乎其能否持续产生生态价值落实设计理念的重要影响因素。然而，先前研究却鲜少将建筑物视为一个完整的群落生境来讨论如何增进其稳定性，甚至垂直森林建筑之群落稳定性的评估框架仍未基于相关文献和现实案例中的经验知识得以构建，这导致对此类实践项目方案设计阶段和建成后的群落稳定性评估作业变得难以开展。本研究的目的是构建垂直森林建筑群落稳定性的评估框架，在此视角下评估现实案例的潜力并探讨相应的改善策略。首先，本研究将对相关文献进行归纳分析以提取关键影响要素来初步构建评估指标框架。其次，基于问卷施测通过探索性因素分析（EFA）来检定评估指标的信效度，并进一步对评估指标进行分类构建层级结构体系。然后，通过收集专家问卷应用层次分析法（AHP）来训练评估框架中各项指标／构面间的相对权重。最后，本研究应用优劣解距离法（TOPSIS）来完成对所选现实案例的绩效表现评估分析，进而基于群落稳定性的评估分析来讨论不同现实设计案例的改善策略。

1 基于文献回顾初步构建评估框架

通过对建筑学、生态学、植物学等相关领域文献资料的回顾，本研究构建了一个包含14项指标的评估框架（表1），而这些被提取出的指标源自先前研究中那些被学者们视为影响垂直森林建筑群落生境稳定性的关键要素。作为此类建设项目群落生境的物质载体，树木和泥土对建筑的承重结构带来了巨大挑战，同时对楼面和屋面设计提出了新的要求。此类建筑对楼板材料性能和方案承载、悬挑能力的要求较高，同时还应尽量减小结构构件的尺寸。此类建筑的设计方案还应着重考虑植物的抗性标准，尤其是抗风的能力。在实际建造过程中，甚至近千棵树木都应经过风

洞试验的细致检测。一般而言，建筑师会倾向选择那些容易培育且能固定微小粉尘的植物，同时也可营造森林的视觉效果。另一方面，由于植物有腐蚀性，对楼层的防水和防潮要求也非常高。同时，建筑方案的阳台绿化技术还需为垂直森林高空生长的植物设置具备多重的安全防护措施，能够确保其总体安全。因此，建筑师不但需要研究植物的结构稳定性，还需分析植物物种及其几何形状，方案中应详细分析风力气候、风吸力、温度和湿度、水和营养素的供给，以及呈现树根如何在含有植物轻型基质的载具中生长等。

表1 初步构建的评估框架
Tab.1 Preliminary constructed evaluation framework

评估指标	评估语义尺度（1~5）	引用
结构的承载性能	1. 极弱；2. 较弱；3. 普通；4. 较强；5. 极强	[8,9]
植物的抗性标准	1. 极弱；2. 较弱；3. 普通；4. 较强；5. 极强	[10]
楼层的防水防潮	1. 极差；2. 较差；3. 普通；4. 较好；5. 极好	[11,12]
安全防护措施	1. 缺乏；2. 不足；3. 一般；4. 充足；5. 极佳	[9]
绿化面积	1. 缺乏；2. 不足；3. 一般；4. 充足；5. 极佳	[13]
绿地形状	1. 极差；2. 较差；3. 普通；4. 较好；5. 极好	[14]
绿地间距离	1. 过远；2. 不适；3. 一般；4. 适中；5. 极佳	[15,16]
景观连接度	1. 极差；2. 较差；3. 普通；4. 较好；5. 极好	[17]
栖地多样性	1. 缺乏；2. 不足；3. 一般；4. 充足；5. 极佳	[15,17]
栖地破碎性	1. 严重；2. 较重；3. 一般；4. 轻微；5. 无	[18]
林相完整性	1. 极差；2. 较差；3. 普通；4. 较好；5. 极好	[19]
维护的便利性	1. 极差；2. 较差；3. 普通；4. 较好；5. 极好	[9]
植物灌溉系统	1. 极差；2. 较差；3. 普通；4. 较好；5. 极好	[20]
价值观的建立	1. 缺乏；2. 不足；3. 一般；4. 充足；5. 极佳	[21]

从景观空间结构来看，群落的多样性被广泛视为群落稳定性的一个重要准则。垂直森林建筑的

绿化面积越大，其内部可容许较多样的生物，且具有较复杂的食物链，因而达到较高等的营养层级。其次，绿地的形状与边缘特性是动物与植物聚集与散布的重要因素。越密实的形状，越有利于内部资源的保护性；内凹的形状，有利于强化与周围的互动性；棋盘网络或错综复杂的形状，易于产生一个运输和传送的系统。此外，建筑结构中绿地间的距离过远，将会降低绿地间交互作用的种群数目，增加物种灭绝的可能性。建筑设计方案应当充分描述景观群落中各元素（如植栽、水体……）所提供的环境是否有利于生物群体在不同栖地间迁徙、觅食的程度。

从群落生态性来看，若垂直森林建筑能够营造出多样的栖地，可显著增进其生境群落的稳定性，多样性是指一定面积内，其栖地面积、边境形状、地形、水陆域面积、植物背景环境种类数量的比例。倘若切实将建筑物视作一个整体的群落生境，在建筑结构和立面形态设计的影响下，项目方案中所营造的栖地可能会过于破碎，该方案可被推测在一段时间内出现群落衰退和物种减少的现象。另外，在建筑结构中规划配置多层次的植物和多种类的植群，将有助于防止降水对绿地土壤的直接冲刷及拦截因风所扬起富含矿物质养分的表土，而多种类的植群则可固持不同的养分。

另一方面，有别于以往高层建筑的日常维护与管理是垂直森林建筑群落稳定性的重要影响因素，建筑师在方案阶段应当考虑到维护的便捷程度和行动效率，甚至有现实案例配置了一部专门运送维护人员上下的电梯。由于此类项目必然涉及植物灌溉问题，现实案例表明灌溉系统已成为此类建筑项目的关键设计组成部分。在设计过程中，如何使建筑在拥有绿植的同时消耗最少的能源／成本，使项目成为真正绿色的建筑是设计师着重考虑的问题。因此，追求更加智能化和节能环保的管理，已成为垂直森林建筑的灌溉系统的

主要设计目标和方案评价准则之一。此外，建筑师在方案中所输出的价值观也是判断该方案群落稳定性潜能的重要因素之一。方案若能通过不同的媒介提供良好的环境教育功能，不仅能提供居民知识，还可让居民发展环境态度和价值观，培养居民对周遭环境的认知并接受责任，采取行动以解决威胁群落稳定性的问题，旨在为来自海峡两岸乃至国际关注"仿生设计与科技"创新的设计研究人员提供有关信息技术、创新设计的交流平台，包括各设计领域的仿生设计、生物艺术、艺术与科技、可持续设计及其他相关领域。

2 研究方法

在初步构建的评估框架基础上，制作本研究中的调查问卷，应用探索性因素分析法（EFA）来对评估框架中的各项指标进行可靠性分析，并依据指标之间的相关性进行指标分类，明确评估构面。然后，制作专家调查问卷，应用层次分析法（AHP）来基于专家意见训练指标权重。最后，本研究将在群落稳定性的视角下对垂直森林建筑的设计方案进行潜力评估分析，应用优劣解距离法（TOPSIS）来明确不同设计方案间的优劣，进而基于评估结果明确现实案例的绩效排序方案。

本研究共发放三轮调查问卷，主要受访者为来自本研究领域内的建筑师和专家学者，第一轮EFA问卷（1～7尺度），面向具有3年以上工作经验的建筑师，共发放56份，回收有效问卷47份；第二轮AHP问卷，主要面向具有8年以上研究经验的专家学者，共发放11份，回收有效问卷9份；在发放第三轮绩效评估问卷之前，先让9位专家学者熟悉所选设计案例的背景资料，阅读参考案例设计图纸，然后回收到9份绩效评估问卷（0～10尺度）。

3 结果与讨论

EFA 调查问卷共包含 14 项，采用李克特七点量表，分数越高代表该项指标对垂直森林建筑的群落稳定性的影响程度越高。以探索性因素分析检验因素结构，采用主成分分析法、最大直交转轴，以特征值大于 1 为取舍，将因素负荷量小于 0.5 的题目删除。结果表明，该量表可解释变异量为 74.241%，KMO 值为 0.902，整体一致性信度（Cronbach α）为 0.831。经因素分析，本研究发现 14 项评估要素可分属于 4 个构面之下：形态结构（$D1$）、社区管理（$D2$）、生态环境（$D3$）、构造节点（$D4$）（见表 2）。

表2 探索性因素分析结果
Tab.2 Exploratory factor analysis results

N=47	形态结构（$D1$）	社区管理（$D2$）	生态环境（$D3$）	构造节点（$D4$）
绿地间距离（$C11$）	0.932			
绿化面积（$C12$）	0.930			
绿地形状（$C13$）	0.859			
景观连接度（$C14$）	0.710			
植物灌溉系统（$C21$）	－	0.958		
维护的便利性（$C22$）	－	0.930		
价值观的建立（$C23$）	－	0.885		
林相完整性（$C31$）	－		0.971	
栖地破碎性（$C32$）	－		0.902	
栖地多样性（$C33$）	－		0.727	
安全防护措施（$C41$）	－			0.916
楼层的防水防潮（$C42$）	－			0.915
植物的抗性标准（$C43$）	－			0.841
结构的承载性能（$C44$）	－			0.798
可解释变异量	74.241%			

本研究应用 AHP 技术来整合专家意见，获取评估框架中各构面之间和构面下指标之间的相对权重。每组 AHP 调查问卷的专家意见都经过了一致性检定（见图1），结果表明，4 个评估构面

中最为重要的构面是生态环境（$D3$），其次是社区管理（$D2$），其余依次是构造节点（$D4$）和形态结构（$D1$）。其中 $D3$ 构面下相对重要度最高的指标是 $C31$，其次是指标 $C33$，最后是指标 $C32$。该评估框架中 14 项评估指标之间的全局权重如图 1 所示，相对重要度最高的前三项是林相完整性（$C31$）、栖地多样性（$C33$）、植物的抗性标准（$C43$）；最低的三项是绿地形状（$C13$）、楼层的防水防潮（$C42$）、绿地间距离（$C11$）。

构面	局部权重	指标	局部权重	全局权重
形态结构（$D1$）	0.104	绿地间距离（$C11$）	0.138	0.014
		绿化面积（$C12$）	0.255	0.027
		绿地形状（$C13$）	0.073	0.008
		景观连接度（$C14$）	0.534	0.056
社区管理（$D2$）	0.197	植物灌溉系统（$C21$）	0.347	0.068
		维护的便利性（$C22$）	0.149	0.029
		价值观的建立（$C23$）	0.504	0.099
生态环境（$D3$）	0.530	林相完整性（$C31$）	0.455	0.241
		栖地破碎性（$C32$）	0.150	0.080
		栖地多样性（$C23$）	0.395	0.209
构造节点（$D4$）	0.169	安全防护措施（$C41$）	0.148	0.025
		楼层防水防潮（$C42$）	0.078	0.013
		植物的抗性标准（$C43$）	0.596	0.101
		结构的承载性能（$C41$）	0.187	0.030

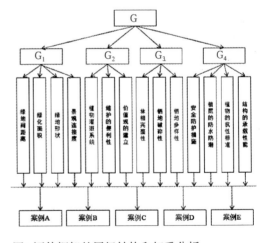

图1 评估框架的层级结构和权重分析

Fig .1 Hierarchical structure and weight analysis of the evaluation framework

进入现实案例的绩效评估分析阶段，本研究选择5个近年来在中国的现实案例进行群落稳定性评估。由于这些案例大多都在施工建设期间，因此，本研究主要依据这些现实案例的设计图纸和相关信息资料来进行评估分析。这5个案例分别是南京垂直森林、柳州垂直森林、成都城市森林花园、黄冈垂直森林、株洲垂直森林。通过TOPSIS分析，本研究对这5个中国垂直森林建筑案例进行了绩效表现排序，如表3所示。以设计图纸与背景资料来看，最具群落稳定性潜力的案例是南京垂直森林，其次是黄冈垂直森林，而株洲垂直森林是群落稳定性表现最差的设计案例。

表3 现实设计案例之群落稳定性评估结果
Tab.3 Results of performance evaluation in realistic cases

1. 南京垂直森林	2. 黄冈垂直森林	3. 柳州垂直森林	4. 成都城市森林花园	5. 株洲垂直森林
$d+$ （0.018）	$d+$ （0.032）	$d+$ （0.042）	$d+$ （0.067）	$d+$ （0.070）
$D-$ （0.133）	$d-$ （0.179）	$d-$ （0.205）	$d-$ （0.259）	$d-$ （0.264）
R （0.882）	R （0.848）	R （0.830）	R （0.794）	R （0.791）

5 结语

本研究的主要贡献：在群落稳定性视角下，为垂直森林建筑构建评估框架；厘清评估框架的层级结构关系，为各项指标分配相对权重；应用评估框架针对现实案例，结合方案设计图纸与资料进行绩效表现评估分析，进而明确潜力绩效排序方案。本研究所构建的评估框架由14项指标组成，经主成分分析后，这些指标被归纳在4个构面之下，其中重要度最高的一项构面是生态环境（D3），这表明生态环境的特征与品质在很大程度上决定着垂直森林建筑的群落稳定性。该构面下，林相完整性（C31）和栖地多样性（C33）是最为重要的两项指标，这意味着与城市绿地环境设计相近，设计师应注重在此类建筑结构追踪配置多层次、多种类的地被、灌木、乔木，同时保持生境群落中物种的数量，使其满足基本都市型生物需求。

本研究的限制是对于现实案例的评测目前只能参考方案图纸和相关背景资料，无法进行使用后评估。换言之，本研究为建设前对未来此类项目之群落稳定性判断的预测，建筑可持续发展的潜力评估做出了贡献。另一方面，在本研究中填答调查问卷的受访专家大多来自建筑学相关领域内的学者与设计师，并未包括相关部门的决策者和建造方代表，未来可组织来自产官学三方的专家小组接受问卷施测。在研究方法方面，未来研究可尝试在绩效表现评估阶段，应用非加法式运算的技术；在指标权重训练阶段可应用松绑因子独立性假设的分析技术。

参考文献

[1] Yan H E, Yu-Sha L. Analysis of the development trend of modern urban landscape design [J]. Construction & Design for Engineering,2018.

[2] Mostafavi, Mohsen. Ecological urbanism [M]. Zurich: Lars Müller Publishers,2016.

[3] Boeri S.Urban vitality through inventive public places: new projects in italy [J].Harvard Design Magaline,2012(35).

[4] Thomas L. A vertical forest, instructions booklet for the prototype of a forest city [J].Urban design（SPRING）, 2019: 49.

[5] Melanie MüllerBoscaro. A vertical forest in milan. green high-rise buildings in the centre of the italian metropolis [J].

Japanese Journal of Physical Fitness & Sports Medicine, 2019, 9（1）：35-36.

[6]斟一波，斯坦法诺·博埃里. 从"垂直森林"到"森林之城"一个非人类中心主义的城市现象［J］. 时代建筑,2016, 000（006）：66-71.

[7] Anran L Yun Z, Yuting T, et al. Taking the "vertical forest"as an example to explore the sustainable development of green high-rise buildings［J］. Shanxi Architecture, 2018.

[8] 张晓丽，李钧超. 生态视野下的空中森林建筑要点［J］. 科学时代,2013, 000（018），1-2.

[9] Boeri S, Yibo X U. Biodiversity vertical forest in milan［J］.Time + Architecture, 2015.

[10] Zhang Z W , Sui X , Zou Z , etal. Study on Wind Loading of Trees in the High-rise Building with Vertical Forest［J］. The 7th International Symposium on Computational Wind Engineering, 2018.

[11] Bin T , Yong T , Yaying G , et al. Analysis on plant landscape creation in "vertical forest"at milan［J］.Journal of Chinese Urban Forestry,2015.

[12] 斟一波. "垂直森林"设计建造与改善城市环境的思考［J］. 中国花卉园艺, 2019,451（19）:12-12.

[13] Budd W W. Land mosaics: the ecology of landscapes and regions［J］. Landscape & Urban Planning, 1996,36（3）：229-231.

[14] Bo-Feng C. Comparison on spatial scale analysis methods in landscape ecology ［J］. Acta Ecologica Sinica,2008,28（5），2279-2287.

[15] 陈婉仪. 都市生态嵌块体评估指标体系之研究［D］. 朝阳科技大学建筑系建筑及都市设计硕士班学位论文,2013.

[16] 陈彦良. 以景观生态学观点探讨都市生态网络之研究——以台中市为例［D］.台中：东海大学景观学系硕士学位论文，2002.

[17]王军，傅伯杰，陈利顶. 景观生态规划的原理和方法［J］. 资源科学, 1999, 21（2）:71-76.

[18]刘晖，王晶懋，吴小辉. 生境营造的实验性研究［J］. 中国园林, 2017（3）.

[19]叶敏青，姜立，张雷，等. 绿色建筑技术中的生态绿化——绿色建筑中的植物配置及计算机模拟［J］. 加快可再生能源应用,推动绿色建筑发展——国际绿色建筑与建筑节能大会暨新技术与产品博览会, 2010:241-244.

[20]陈浩良. 垂直森林建筑的灌溉系统分析. 现代园艺［J］.现代园艺, 2018, 371（23）：121-122.

[21]Ghazalli A. J. , Brack C. , Bai X. , et al. Physical and non-physical benefits of vertical greenery systems: a review ［J］. Journal of Urban Technology, 2019: 26.

自然观下岭南园林门窗中的仿生艺术研究

许岱珺

（南京艺术学院，南京 10331）

[摘 要] 自然观是连接传统师法自然与现代仿生理念的纽带。**目的** 以自然观的视角分析岭南园林建筑门窗的结构特征与装饰纹样，归纳岭南园林建筑门窗中的仿生艺术特征，从而具体化古代自然观的哲学表达和美学思想。**方法** 采用实地调研和归纳分析的方法，探讨自然观下的仿生设计和仿生设计中的自然观，通过梳理门窗构件的名称、结构和装饰中的仿生艺术，总结岭南园林建筑门窗具有仿生命名、形意仿生与形声仿生以及色彩仿生的艺术特点。**结论** 以此仿生艺术特征为基础，一方面明晰古代造物与现代仿生设计皆以"自然"为源的关系，另一方面从仿生设计的角度分析自然观影响下的传统造物，帮助理解建筑装修装饰的深层文化意义与造物思想观念，并促进传统造物设计思想理论研究的深入。

[关键词] 仿生设计；自然观；园林建筑；岭南园林门窗；应用研究

引言："设计一向处于主导我们文化的两个极之间，一极是技术和工业现实，另一极是以人为尺度的生产和社会乌托邦。"仿生设计来源于仿生学，仿生学作为一门学说，其关注点集中于自然生态、生命系统理念的表达。仿生设计是仿生学研究在设计领域的一种实践，仿生设计的对象与结果在功能和人文方面与自然主义的美学观有密切的关系。"中国仿生设计的发展是中华文化传统中对自然万物生灵的敬畏与崇拜，期望与自然和谐共处朴素心态的体现"，中国古代仿生又称为"象生""观物取象""制器尚象"是传统造物设计的基本方法，而师法自然则是造物的基本原则。仿生设计与师法自然虽产生的时代和文化背景不同，但都建立在对自然和自然物观察与模仿的基础之上。园林建筑的建造过程也是造物

的过程，建筑中的门窗槅扇作为物件，承载了许多观念与信息，从自然观的角度出发，通过仿生设计的设计方法来分析和研究岭南园林建筑的仿生艺术，有助于理解建筑装修装饰的深层文化意义与造物思想观念。

1 自然观下的仿生设计

"自然"一是指"万物""象""天地"等客观事物，二是以道家思想为代表的自然哲学观，《老子》中对自然的阐释有"人法地，地法天，天法道，道法自然""道生之，德畜之，物形之，势成之，是以万物莫不尊道而贵德。道之尊，德之贵，夫莫之命而常自然。"这里的自然是不加干涉的状态，这种自然而然的状态经过"魏晋南北朝

'美学的自觉'时代的发展，再到宋朝'绚烂之极归于平淡'的思想，自然遂成为我国古代艺术创作的一条重要的审美标准"。自然不仅是自然物或生态，还是造物的来源，更是审美的对象和标准。园林建筑较之其他类型建筑而言更讲求"自然""虽由人作，宛若天开"是计成在《园冶》中提出的造园理论，也是园林的审美标准之一，其意在追求园林营造过程中人工与人工的和谐，人工在自然中的融入。门窗槅扇是建筑的一部分，也是人工物的一种，是自然与人工在空间上的分界点，该界面一方面界定了内外空间的性质，另一方面又在命名、纹样和颜色层面融入自然元素。

1.1 构件名称的拟人表达

仿生命名是指在构件以生物器官或生物状态命名的一种仿生应用，槅扇在结构上由不可移动的框槛与可移动的槅扇两部分组成，其中框槛部分中的上中下槛和抱框用于连接檐柱檐枋或金柱金枋，而槅扇部分包括横披、抹头、边挺、仔边、槅心、绦环板、裙板等。这些构件的命名体现出两种仿生特点，一是将建筑看作人体，通过使用额、头、眉、心等器官名称直接表示构件所在位置，如上槛（宋称额）、抹头、槅心。"额"与"头"皆属人体上部，以此类器官命名的构件皆处于建筑整体或结构部分的上端，而"心"则多表示中间位置。服装是人体的另一种表达方式，以服装暗示器官，在表现空间位置的同时更传达出服饰所带来的装饰美感。绦环板宋称腰华版，"绦"的解释有《说文》扁绪也，《玉篇》缨饰也，《广韵》编丝绳也，意为用丝线编织成的花边或扁平的带子。此类带子多用在腰间起到固定衣物和装饰的作用，因此"绦"成了"腰"的指代。随着槅扇装饰的复杂化，绦环板也会有1～3个的数量变化，其位置不仅仅局限在槅扇的中部，因此"绦"的带状意象更符合建筑装饰特征的表达。再如裙板，宋称障水板，位于腰抹头与下抹头之间或下槛之上槅心之下，用于阻挡

雨水的溅入。裙板位置如裙装，属于下半部分的构件，其所占面积仅次槅心，裙板在视觉上起到压低槅扇重心并统一装饰比例的效果。槅扇数量依开间面阔大小而定，一般为4～6扇，槅扇开启与关闭的运动过程，能让人联想到裙摆摇曳中展开与遮掩的状态。

建筑构件名称除了以人体器官或服饰来命名外，另有部分名称显示出拟人的特征，如抱框、横披、中槛（宋称挂空槛）、抹头等，此类名称以人的行为动作来形容构件在建筑中的状态。抱框位于下槛与上槛之间，紧贴檐柱或金柱，抱框为纵向结构，它与横向的上中下槛形成框架结构，紧紧抱柱内在的槅扇，以"抱"的动作生动描述了框槛与槅扇之间包含的关系。唐及唐以前的室内空间多以帐幔之物来组织划分，人需要将帐幔或"挂"或"披"或"架"于大木结构之间。宋代小木作逐渐发展并取代帐幔，织物虽变成了木材，但部分构件样式和名称仍保留帐幔时期的特征，如罩落、横披。"披"是人为动作，《说文》："披，从旁持曰披"。"披"的动作从一侧起始，由高处垂落，而横披窗所在建筑位置一般较高并在横向成为一个整体，横披窗在槅扇之上在视觉上产生"披"的感受。

1.2 形意仿生与形声仿生

形态仿生"是将自然生物对象表面形态特征的局部或者整体的优质特性应用到产品的造型上，让人们按照视觉习惯产生自然的联想"。而"形意仿生"是利用直观的形象表达非本身意义的内容，其设计过程由自然生物对象到形象意义的赋予，再到形态的抽象提取。"自然生态形态不仅仅是形式符号，而且还是传统文化，社会意识及价值观的凝结。""形声仿生"以传统文化为内核，通过谐音或假借，将符号化的文化通过具体形象表达出来。古建筑槅扇中的装饰内容集中于槅心、绦环板和裙板三个部位，槛窗的装饰集中于窗芯中，若槛墙部分为木制则也有平面或

立体的装饰。由于槅心与窗芯是采光的主要区域，因此装饰通常为棂条拼接而成的几何透雕样式，双层棂条中间夹玻璃，既采光又防风雨。槅心还具备装饰功能，中国民居装饰装修具有意匠特征，"它的表现是充分运用我国传统的象征、寓意和祈望的手法，将民族的哲理、伦理等思想和审美意义结合起来"，形意仿生与形声仿生在槅心的造型中多有体现。

形意仿生与形声仿生的对象可分为植物、动物与器物，临池别馆明间双耳窗门由细密的冰纹花隔断涂金假窗装饰，冰裂纹的称呼来源于瓷烧制中纹片产生形如冰片破裂的样式。槅扇中的冰裂纹看似凌乱但实则有规律，计成《园冶》装折篇对冰裂式有如下描述："冰裂，惟风窗之最宜者，其文致减雅，信画如意，可以上疏下密之妙"。冰裂纹在形态上仿自然冰裂效果，又因冰裂纹早期出自瓷器，因此冰裂有仿博古器物之意。窗门冰裂纹内嵌芭蕉叶形假窗，蕉叶纹最早出现在商周时期的青铜器上，唐宋以后运用到其他领域，蕉叶在中国古代寓意霸业、建业，同时蕉叶又是岭南热带植物的代表之一，具有岭南地域特色。蕉叶假窗内另有十字葫芦套古钱葵式图案，葫芦纹是中国最古老的吉祥符号之一，葫芦文化的象征意义有多种，大致可分为吉祥、生殖、宗教、辟邪意义，在实际生活应用中另有其他派生意义。葫芦因其形"丰满"寓意吉祥，芦内多种子寓意子孙繁荣。葫芦外形对称，给人以平衡之感，其单边轮廓形似数字"3"，而"三"代表了创世之源，神话中葫芦还有消灾驱难、辟邪镇物和救济生人的传说，葫芦音似"福禄"，因此还有幸福与爵禄的寓意。铜钱纹外为圆圈，中有内向弧形方格，自秦始皇统一货币之后，其财富象征就开始流行起来，寓意招财进宝。临池别馆中的铜钱纹中的方形由十字葫芦的底部构成，体现了"福"与"禄"的结合。

深柳堂立面由8扇槅扇和左右两侧的槛窗组成，槛窗分为三部分，上端横披窗、中段槛窗以及下部槛墙。槛窗部分由3组9扇支摘窗组成，窗芯为龟背锦纹中心内嵌八边形玻璃画。龟背纹形似龟背，以六边形为基本单位，连缀形成的四方连续纹样。龟在古代为"四灵"之一，《洪范·五行》记载："龟之言久也。千岁而灵。此禽兽而知吉凶也。"象征长寿，龟背纹早在远古时期就有使用，纹路简洁而富有变化，规整又庄重，龟背纹镶嵌彩色玻璃让厅堂空间在庄重的氛围中更显生气。

1.3 图腾的色彩符号与装饰的四季色彩

"人类对色彩的应用和认知经过了文艺复兴之前的'自然思辨阶段'，文艺复兴到19世纪的'科学思辨阶段'和20世纪的'现代思辨阶段'，艺术中的色彩知觉分析起来并不是纯粹的知觉，文化环境对色彩的选择起了很大影响。"夏民族的首领为鲧，鲧后代的其中一支为番禺族，番禺族南迁至越聚居，此为番禺地名之来源。《列子·黄帝篇》云："夏后氏蛇身人面"，说明夏后氏以蛇为图腾，越为人其后裔，亦以蛇为图腾。《礼记·檀弓》曰："夏后氏尚黑。"作为夏族后裔之越人有尚黑之俗，服饰、建筑色彩均为黑色，这种习俗已有4000年之久。岭南园林建筑以黑为主，其色彩同样受到远古图腾文化的影响，图腾文化被色彩符号所取代，从设计的角度来看这是一种色彩的仿生，将色彩与自然生物的本质属性和生命特征应用在人造物上，产生视觉的暗示和相关联想。

岭南建筑槅扇与槛窗的槅心部分常使用彩色玻璃夹纱，彩色玻璃依赖欧洲进口，将颜料熔融指定颜色的玻璃胎上形成套色玻璃，这种工艺也源于欧洲，玻璃画心部分多用化学药剂雕刻中国花鸟，彩色玻璃的运用体现了欧洲技术以及本土文化的结合。套色玻璃以蓝色、绿色、黄色、红色、银白色和紫色为常用，其中蓝、绿、银白最为常见。窗扇在建筑中不属于承重结构，因此可以依据季节或心情的变换更换窗扇，暖色调的红与黄给人夏秋的视觉感受，而蓝、白等冷色调则有冬日的视觉体验，透过绿色玻璃看到的室外景色皆为绿色，让人产生春意盎然之感。由于套色玻璃具有逆光效果，玻璃在室内的色彩观看效果比室外更为绚丽。套色玻璃窗的颜色和大自然季节性色彩产生联系，在装饰建筑空间的同时不仅带来不同的视觉温度，并引发了对自然环境的联想。

2 仿生设计中的自然观

早期中西方的自然观有着明显的对立特征，西方认为"'自然'是没有价值意义的'物质素材'"。但在文艺复兴之后人们开始重视和崇敬自然，现代主义设计萌芽之后人们更是重视对自然关系的探索与经营。色诺克拉欣提出艺术"模仿自然并高于自然"的观念，认为对自然的模仿要有选择性和概括性，18世纪的英国启蒙运动哲学家、美学家夏夫兹博里在《论人、习俗、意见与时代等的特征》中将大宇宙的和谐称为"第一性美"，第二类是"赋予形式的形式"，仿生设计中的自然美是人工产品的优势。艺术哲学家弗·威·约·封谢·林则认为艺术作品是自然和自由的综合，倡导人、物与自然的和谐关系与可持续发展理念。

仿生设计作为一种学科和理论在20世纪后被提出，但仿生设计的方法，或是仿生行为却早已有之。《易经·系辞上》中记录了"八卦"的设计来源"仰则观象于天，俯则观法于地，观鸟兽之文，与地之宜，近取诸身，远取诸物，于是始作八卦，以通神明之德以类万物之情。"八卦作为一种符号产生于人们实践过程中，对自然的长期观察以及规律的提取。"器者尚其象"是中国传统设计理论，《易经·系辞上》："以言者尚其辞，以动者尚其动，以制器者尚其象，以卜筮者尚其占。"其中"象"的内容涵盖了"即象""象理""象德"，既有自然物或人造物的形

象还有自然规律和文化意境，人的造物行为由"观物取象"到"制器尚象"，这是对"象"的认识过程也是创造过程。"象"来源于自然，而自然物又由"道"生成和规定，《周易·系辞下》解释："一阴一阳之为道。"老子《道德经》："道生一，一生二，二生三，三生万物。""道"是宇宙最原始最基础的存在，是事物变化最根本的动力、归宿与规律。道生万物中"万物"包括天、地、人，"人法地，地法天，天法道，道法自然"。"道"将人与自然的关系"合一"，"象"是"道"的表现形式，而"器"成为人与自然关系的物象表达，这种"制器"理论充分体现了中国古代设计中的自然观。岭南园林建筑门窗构件名称的拟人表达，装饰色彩和形象皆取材于自然，将古人的自然观贯通于各构件中。

3 结语

岭南园林建筑门窗是器物的一种，仿生手法在园林建筑门窗中的使用离不开古代的图腾崇拜，先秦的自然哲学观以及象生的造物思想的影响，这些思想观念的来源皆为自然，并综合形成了自然观。自然观的形成有赖于造物活动的具体表现，而造物活动又受自然观的影响从而形成自然的审美标准。岭南园林建筑门窗中名称命名的拟人化，装饰形象的自然化，吉祥文化的自然物表达以及图腾的色彩符号化和装饰色彩的四季选择，这几个方面的仿生设计，一方面归纳总结了从仿生设计的角度分析传统自然观及自然观影响下的造物，另一方面还对传统造物的设计思想和设计理论的研究起到积极作用。

参考文献

[1]蔡江宇,王金玲.设计类研究生设计理论参考丛书·仿生设计研究[M].北京:中国建筑工业出版社,2013.

[2]东丙兴.老子新解[M].郑州：中州古籍出版社,2008.

[3]张亚林,姜现甲.先秦"自然"观及其在古代陶瓷仿生造型上的体现[J].南京艺术学院学报,2012:159-167.

[4]陆元鼎,陆琦.中国民居装饰装修艺术[M].上海:上海科学技术出版社,1992.

[5]吴庆洲.建筑哲理、意匠与文化[M].北京:中国建筑工业出版社,2005.

[6]王强.中国传统器具的设计观[J].包装工程,2009:152-154.

[7]朱建宁."立象以尽意,重画以尽情"——试论意境理论的文化内涵与创作方法[J].中国园林,2016:37-45.

[8]吴卫光.粤东客家民居的槅扇装饰分析[J].美术学报,2009:44-51.

[9]黄湘菡.岭南景园建筑中窗户的色彩研究[J].美术教育研究, 2019:82-84.

[10]薛颖,郑潇童.岭南特色满洲窗的求新嬗变[J].古建园林技术,2019:14-17.

从波士顿《人造树》看植物仿生公共艺术的发展

王鹤

（天津大学建筑学院，天津 300072）

[摘　要] **目的** 通过对波士顿《人造树》案例分析，以探索植物仿生公共艺术在城市景观、基础设施建设等方面的应用前景，同时，探讨植物仿生公共艺术在未来发展中可能受到的制约。**方法** 运用案例分析法，综合设计学、仿生学等理论对波士顿《人造树》项目的背景、形式、环境功能、布置模式、生态实现进行深度案例分析，以总结出植物仿生公共艺术能够运用于城市基础设施建设的设计原则与理论。**结论** 植物仿生公共艺术具有易于融入环境，易于优化环境，易于承载功能等优势，前景广阔，但需要在设计中综合成本、技术与全寿命期问题等要素。将对植物的采用从对形态的模仿深化、升华到对其机制机理的灵活运用，使其在提升中国环境品质，助力生态文明建设发挥更为重要的作用。

[关键词] 人造树；植物仿生公共艺术；设计学；新型城市景观设施

引言：植物仿生公共艺术是近年来在世界范围内兴起的新一类集艺术、设施特征于一体的新型城市景观设施。其特点是采用植物的形态，综合利用太阳能、风能等清洁能源，实现遮阳、照明、定位、信息标识等多种现代化功能。由于植物在公共环境中已经广泛存在，因此，这些采用植物形态的公共艺术设施更容易与城市景观融为一体。运用动态技术更不容易引起人们的警觉和反感。因此得到广泛的普及。代表作有英格兰的《未来之花》《鲜花》，苏格兰的《凤凰之花》，迪拜的《智能棕榈树》，新加坡的《超级树》等。需要看到，在气候环境变化越来越引起全球重视的背景下，清洁、低碳、可持续发展的植物仿生型公共艺术的崛起必然有其社会需求，有其相对于其他传统类型公共艺术所独有的优势，但也会在理念上面临一些误区，在技术、成本上面临一些普及的障碍。2010年以后，从建设技术起点最高，应用规模最大的波士顿空气净化树项目上，这些优势体现得格外明显。但其并未完全实施也说明了植物仿生公共艺术在发展中可能会遇到的一些障碍，可谓在正反两个方面都颇具代表性。所以本文从这一项目的背景，所担负的环境功能以及布置的方式对这一案例进行了深度解析，以更好"把脉"植物仿生公共艺术的未来发展，从而为植物仿生技术在生态文明中国的早日普及做出贡献。

1 《人造树》项目的背景

波士顿（Boston）位于美国东北部大西洋

沿岸，创建于1630年，是美国历史最悠久、最具文化内涵的城市之一。现在是美国马萨诸塞州的首府和最大城市，是美国东北部高等教育和医疗保健的中心，是全美人口受教育程度最高的城市，全球化程度高。仅在波士顿周边的大波士顿地区，就有超过100所高校，最为人熟知的莫过于麻省理工学院。

在这样一座科技、金融、教育高度发达的城市，大规模推行植物仿生型公共艺术有深厚的社会基础、技术积淀和财力支撑。秉持"新奇、创意和环保"理念的非营利城市规划组织"重塑波士顿"（SHIFT Boston）在生态建筑技术与城市艺术营建方面颇为活跃。

从2010年10月下旬起，"重塑波士顿"组织开始为美国绿色建筑委员会城市树木建设项目展开招标。两个项目小组就为波士顿（以及其他城市）开发人造城市树林等相关产品提出方案。项目书要求，此类人造树林不需要沙子或水就能实现自然树功能，能够提升二氧化碳转化效率并为不适宜自然树生长的地区提供环境保护。巴黎汇流工作室马里奥·卡塞雷斯（Mario Caceres）和克里斯蒂安·堪瑙尼克（Christian Canonico）提出了他们富于创新精神的概念性设计，一举中标并开始建设。

2 《人造树》的环境功能

这一方案的核心是被称为《人造树》（Treepods）的空气净化设施。外形模仿龙血树（见图1）。龙血树是龙舌兰科，龙血树属乔木，通常生长在干旱的半沙漠区域，高可达4 m，皮灰色。龙血树株形优美规整，叶形叶色多姿多彩，也是现代室内装饰的优良观叶植物。经过形态优化设计的《人造树》既高度忠实于原始形态，又进行了细节的美化，有力地实现提升环境品质的目标。

图1 龙血树的形态
Fig.1 The form of dragon

项目的重点是通过大量树木形态的空气净化设备实现自身效能，每棵Treepods在美化空间环境之外每年可吸收9万吨二氧化碳。这也与龙血树的一种鲜明特色有关，其受伤后会流出一种血色的液体。这种液体是一种暗红色的树脂，中药名为"血竭"或"麒麟竭"，有药用活血功能，可以治疗筋骨疼痛，还被认为具有防腐功能。

在进行二氧化碳吸收时，具体的流程技术含量较高，人造树树梢有大量与空气的接触点，其内含生态碱性树脂，和周围的空气通过化学反应过滤空气中的二氧化碳，释放含氧量更高的纯净空气。反之，碱性树脂装满二氧化碳并和水反应后，会以碳酸化合物的形式储存起来。设计者称这一流程为"湿度摇摆"（"Humidity swing"），并坦言具体的设计灵感与其说像树的枝干，更像人类肺部的工作原理。

此类化学反应对电力需求较高，《人造树》首先通过技术门槛大大降低了太阳能板获取太阳能，以减少对外部接入电源的需求，降低全寿命期维护成本。由于能量有缺口，设计还引入动能发电原理，通过设置吊床、跷跷板等游乐设施吸引人们参与，既锻炼身体又能为设备补充电能。当然，一部分电力将用于晚间作品自身发电照明，成为城市景观的有机组成部分。而且树木本身将以回收再利用的塑料瓶为主要原料。该项目推广在世界范围内引起较高关注，我国央视"新闻频道"为此制作过节目。

在项目的推进过程中，有人质疑为何不种

植真正的树木？"重塑波士顿"组织的人士认为"人造树对于一些污染等级高到自然树很难种起来的城市来说效果将非常明显。"与这个理由比起来，人造树对二氧化碳的吸收和对空气的净化能力远远强于天然树木可能是更主要的原因。但最重要的是人造树不依赖阳光和土壤，可以安排在都市越来越多的室内空间，有力改善空气质量。

当然，项目推进中一个事先没有引起足够重视的问题是碳捕捉技术。事实上，现在在工业领域，从排放废气中捕捉碳是一项很成熟的技术。难度在于如何处理捕捉到的碳，不论是深埋或其他办法都代价不菲且有逃逸的风险。因此《人造树》项目如何解决这一问题，可能是该项目批量生产并推广急需解决的障碍。

3 《人造树》项目的布置方式

就单一公共艺术或空气净化设施来说，《人造树》项目是很成功的，其技术含量在当前的植物仿生型艺术中占据领先地位。但考虑到该计划未来的规模，也许有一些需要关注的地方，策划方计划设立独立单一树体、三个单一体组成六边形结构树体（见图2）以及由大批人造树编织成

图2《人造树》概念图
Fig. 2 "Treepods" conceptual graph

城市树群，最终的计划是让 Treepods 组成的网络覆盖波士顿城区。这样的场景富于科技感和未来感，但不可避免会带来高昂的成本，目前没有

找到成本金额，但以其高度忠实于原始形态的造型和使用的较复杂碳捕捉技术来看，成本应当不低，即使单株成本会随着大批量生产而下降，在经济不发达的城市（他们可能对此有着更大的需求）普及也有很大的难度。

不过从《人造树》开拓的这一借鉴植物布置密度与模式，集中布置设施的思路，却被以后的功能型类植物仿生公共艺术所忠实延续了下来，通过数量的不同和搭配的模式变化，它们可以承担不同的功能，并且适应成本的高低起伏，从而更好地发挥自身的作用。

4 由《人造树》看植物仿生公共艺术的未来发展

从《人造树》的发展中，我们可以一窥植物仿生公共艺术当前几个重要的发展趋势。

4.1 形态上越发逼真 进一步融入都市环境

相对于传统形式的作品，植物仿生型公共艺术更容易融入都市环境。因为天然树木首先就是都市中不可缺少的固有景观之一，模仿树木造型、尺度的公共艺术是不会让人感到突兀的，高度忠实于植物原型的《人造树》就是这方面最突出的案例之一。总体而言，此类公共艺术在空间中的排布方式将更近似于景观园林而非传统雕塑，更重视"嵌入"城市环境。

4.2 功能越发强化且实用 推广普及门槛降低

当代公共艺术对生态性要求越来越高，在许多国家还要受到相应法规制约。由于植物本身就具有遮阴、通过光合作用转化能量、吸收二氧化碳并释放氧气等功能。因此植物仿生型公共艺术具有这些功能就变得顺理成章。由于新材料、新技术的采用，植物型公共艺术的此类功能远远强于同尺度的天然树（暂不计成本问题），这在当前城市热岛效

应加剧、空间日渐逼仄、空气污染状况愈发严峻的形势下具有积极意义。而且占地面积越来越小，随着材料和工艺的普及，能够在越来越多的作品上去使用。普及门槛变得降低对于很多中小城市，哪怕是技术不是非常成熟，也可以使用更为简单的类植物仿生公共艺术，来实现基本的照明遮阳、改善环境等城市基础设施所必备的功能。

5 由《人造树》总结植物仿生公共艺术的设计规律

要想系统梳理、总结并掌握植物仿生型公共艺术的设计原则，当代设计师就有必要深入了解植物和仿生学两个概念。仿生学本身就是一门边缘学科，是研究生物系统的结构、特质、功能、能量转换、信息控制等各种优异的特征，并把它们应用到技术系统，改善已有的技术工程设备，并创造出新的工艺过程、建筑构型、自动化装置等技术系统的综合性科学。而植物仿生学是人们通过模拟植物的外形、结构、特征等各个方面来创造有利于人类生存使用的工具、生活的居所等。其中最为人们所熟知的就是树叶的光合作用为太阳能发电提供了借鉴，近年来，各领域的学者也在探索如何利用树叶形态为建筑顶棚设计提供参照，如何利用植物根茎的形态与机制为风电设施提供参照。

6 结语

《人造树》的设想在一定程度上超前了它所在的时代，在当时的技术背景下，一些设想难以实施，一些技术又过于昂贵。但是经过这一项目的探索发展，到今天又经过一系列植物仿生公共艺术的发展，如今大多数植物仿生型公共艺术都已能在夜景照明中实现低能耗和能源自给（当然这也离不开 LED 光源的普及）。新一代技术的成熟与廉价，加之设计思想日益成熟，无论是基础

设施供应商还是艺术家个人，都能比较恰当地处理植物形态、功能、工艺之间的平衡，使作品有更大的概率付诸实施，这正是 2010 年后世界范围内形态相对简单、功能越发成熟、注重成组布置的植物仿生公共艺术普及开来的主要原因。

囿于篇幅，本文总结的植物仿生公共艺术的发展只限于少数案例，难以全面概括这一新兴的仿生艺术形式对人类社会发展的影响，作用仅在于初步扩展设计者们的想象力，增进对植物的兴趣，对植物的重视，为后续了解植物仿生公共艺术的发展，掌握正确的设计方法，提升中国城市基础设施的艺术化、生态化奠定基础。

参考文献

[1] 张苏卉,周敏.波士顿绿道公共艺术的生态策略与启示[J].美术大观,2019（08）:127-129.

[2] 刘培卫,张玉秀,何明军.海南龙血树的形态组织学研究[J].植物研究,2017,37（05）:645-650.

[3] 王林峰.龙血树的生存智慧[J].思维与智慧,2018（02）:27.

[4] 王鹤.植物仿生学在公共艺术设计中运用的最新趋势探究[J].设计艺术（山东工艺美术学院学报）,2016（01）:105-110.

[5] 胡哲,陈可欣.LEED指引下的公共艺术绿色评价体系[N].中华建筑报,2013-12-13（010）.

[6] 王鹤.从《未来之花》看欧美生态公共艺术前沿探索[J].公共艺术,2014（03）:36-41.

[7] 武文婷,何丛芊,赵衡宇,等.植物结构仿生学在工业设计中的应用研究[J].浙江工业大学学报,2008（03）:343-348.

[8] 陈丹丹.仿生植物用于建筑遮阳防热及其效果优化研究[D].厦门：华侨大学,2020.

[9] 张峰.基于根茎构型的风电基础仿生设计及其性能分析[D].哈尔滨：哈尔滨工程大学,2015.

[10] 王鹤.植物仿生公共艺术[M].北京,机械工业出版社,2020.

系统论体系下临时建筑壳体延展仿生设计研究

李金泽，神雨丹，王飞宇，李姝

（北京理工大学珠海学院,珠海519088，曼谷吞武里大学，曼谷10170）

[摘　要] **目的** 目前临时性建筑作为一种新型的建筑形式被广泛地应用于各个领域，由于它建造成本低廉，建筑生命结束后拆除的空间用地可以得到再次利用，因此保证了建筑空间的延展和可续。利用仿生学原理和案例对建筑的结构和空间进行设计和研究，可以丰富建筑的外观和空间的形式，增加空间的乐趣和体验。**方法** 利用建筑仿生原理总结自然界中的壳体昆虫结构和外观特点，分析它的结构和应用可能性，根据不同的空间形式，进一步梳理不同展示性空间的功能和需求。**结论** 临时性建筑以轻型简易的外观被应用于大量的临时性空间中，利用系统论对临时性建筑和空间进行论述，进一步促使空间多样化，结构系统化，同时丰富了空间的形式和功能的多元化。系统分析总结未来临时性建筑空间的建造趋势和发展方向，提出仿生建筑结构应用原理和可持续性空间的空间营造趋势。

[关键词] 系统论；壳体结构；仿生设计；临时建筑

1 研究目的与研究背景

社会的发展，新型合成仿生材料的不断更新和涌现，利用仿生原理对建筑的进一步设计，促使建筑的体量和构造方式得到空前的发展，以建筑的功能性和目的性为主的营建方式越发显著并受到极大欢迎。以建筑的存在方式来看，临时性建筑是指必须在一定的时间内拆除，且结构简易的构筑物或其他相关设施，一般它的使用期限不会超过两年。临时性建筑由最初作为一种临时性构建和搭建而存在的建筑到近几年功能性得到逐渐的拓展，以会展、展示、救灾安置房等方式存在并逐渐兴起向更广阔的空间延伸，由于其具备拆卸容易、组装简单、不受地点和构建时间的限制、营建工时少等特点被应用于各个领域，如简易的施工临时性用房、临时性的策展大厅及相关临时性构筑物等。

以系统论为原理结合自然仿生等纵向延展为临时性建筑及构筑物做进一步研究、论证和系统构建，这将极大地增加临时性建筑构建的合理性、结构性和美观性，同时，优化人类的生存环境。

2 系统体系与建筑延展

在临时性建筑的使用和设计过程中，建筑从设计到施工再到使用，整个过程中是一种创造性的演变和设计过程，是对文化、自然和使用的人的一种宏观的设计协同，这种协同承载了建筑本身的创造理念、设计理念、使用舒适度和内外价值的深层次延展，更是将多维度的建造关系、抽象的文化关系、价值内涵系统化的过程，是一种静态和动态的隐性结构体，更是一种设计的表达再造过程。在系统论中，开放性、自组织性、复杂性、整体性、关联性、等级结构性、动态平衡性、时序性等，被认为是所有系统的共同的基本特征。临时性建筑在营建过程中受建造周边环境的影响，包括内部环境和外部环境，各个营建部位和关键节点不仅仅是各个部分的系统的搭接，应更侧重于营建后是否满足使用者的需求和人类人工构建的生存环境的和谐。为此临时性建筑应在建筑构建的环节中从结构、体验、设计等关键环节随环境的变化而做出适当的修正和调整。

新时代下信息构建和传输的速度持续加快，智能建筑涌现，临时性建筑作为一种快速的营建建筑将在使用和设计定位上重点探索"服务"和"体验"的深层次创新，作为建筑抽象功能的外延，现代建筑中"功能的服务"和"居住及功能操作的体验"在临时性、功能性建筑的设计过程中具有"整合性""集成性""应急性"三个维度的研究和设计价值。

3 临时性建筑构建要素

临时性建筑系统设计和构建包括理念、具体结构、工艺、具体设计等基本要素，一般情况下涉及组装类的构筑物时，构建的过程中尽量使用相对少数的构筑原件，简化施工过程，力求整体简单明了，构件的互换性要灵活，方便更换。构筑物中墙体、地基、柱子等建筑构建作为建筑的重要组成要素存在于建筑的内部，是建筑营建体系中不可或缺的重要组成部分，在施工的过程中要求采用的材料和构件要结实而体轻。梁板、墙体、柱子等基础构件是结构受力的重要构成要素，在施工上主要的承重构件要求连接点和方法

力求简单，方便拆卸。

以系统的眼光、手段、思维来统筹观察建筑的各个组成部分，许多客体因素就会被揭示出来，如从整个建筑体量的承重受力来看，临时性建筑在营造过程中关键构筑部件中可以大致分为受弯、受拉、受压、受扭等不同的构建要素和部分，每种构建要素受不同的材料特性和位置影响又分为不同的组合样式和构建模式。临时性建筑在营建的过程中，从构建的整体来系统地组建各个组成要素中的客体元素，元素客体系统化了，整个建筑主体也将系统化，使整个建筑更加紧凑、清晰和完整。这就使营建过程和设计过程增加了系统思维和系统方法，在各个组成要素中得以更加细致地认识和观察到一些局部连接过程中的问题从而摆脱弊病。

4 仿生与建筑壳体延展

仿生设计是以生物界的某些生物体的功能组织或形象构成为基础进行构思和设计，仿生设计大体分为形态仿生、结构仿生和功能仿生三大类别，如表1。通过观察生物体的内外部特征进行思维设计和加工，通过形态美感性特征、内部、外部结构特征和客观功能性原理等方式在被观察物体上进行提取和加工。在建筑仿生的设计上更多的是在设计和思考过程中结合建筑构思的实际情况寻找被观察物的设计规律，它是一种再造的过程，主要是用来丰富和完善建筑内部和外部的一种再造手段，促进和完善建筑内部的功能布局，使之形成合理的设计。目的是为使用者提供一种更加健康合理的具有一定欣赏价值的居住体验或是操作体验。建筑的壳体一般指建筑顶部的层状结构，能够起到遮阴避雨的作用。就其壳体结构来看它的受力点是外力作用在壳体结构的表面。常见的从空间构建的层面上看一般有平面的结构和曲面的结构两种形态，从壳体结构来看

它的厚度一般小于壳体的其他尺寸，具有良好的传力性和延展性。例如图1由陈可石教授主持设计的中国广东珠海市珠海大剧院，整体设计就像是一大一小的两个贝壳，一到夜晚就像月光一样晶莹剔透，大贝壳外表的框架是钢结构，总用钢量约1万吨，其中大贝壳用钢量约6 500吨，由4 500根左右的杆件组成。构件特点为弧形、所有的环向杆件都为弯扭，异型构件的比例达到了80%，具有一定的缓冲和延展能力，可以抵抗90kg的风压和十二级的台风，弧形的外墙采用分段浇筑的方法精准定位。

表1 仿生设计分类
Tab.1 Classification of bionic design

类别	举例	结构	特点
形态仿生	蝴蝶仿生、蜗牛楼梯等	脉络及壳体支撑	形态美感特征抽取加工
结构仿生	脊椎椅仿生设计、蜂巢椅仿生设计等	骨骼结构与节点	自然生物由内而外的结构特征提取
功能仿生	车头设计等	外观结构，功能性仿生	生物的客观功能原理与特征提取

图1 仿生设计——中国广东珠海市珠海大剧院
Fig. 1 Bionic design — Zhuhai Grand Theater, Zhuhai City, Guangdong Province, China (Author shot)

5 结语

5.1 建筑、人和环境

临时性建筑由于其施工和构建元素相对简单不受地域限制可以随时拆卸和组装，因而被应用于各个领域，从建筑、环境、人和空间的角度来看，临时性建筑更需要为使用的人创造一种健康可续的、合理的居住体验方式或是观赏和功能性的体验感受。在环保和可续的角度如拆卸的过程中可以反复组装和使用，零部件方便更换等不同的方式促使建筑本身可以循环持续。在整个设计中结合新颖的设计理念和丰富合理的构建元件进行系统的规划和设计，强调"创造"和"创新"，这包括新型材料的创造和合理空间的创新，使人类的生活更加健康合理、和谐。

5.2 体系、事和空间

从设计的体系、事和空间来看，需要建立系统的设计理念，整合各个步骤的设计要素，系统化地分析各个基础构成要素，事就是使用者在空间中的活动轨迹和活动需求，只有分析透使用者的习惯才能获得更好的居住或是观赏体验。临时性的建筑存在时间相对较短，在施工和建筑存在年限上更需要注意，在规划上需要协调使用者和建造者的多方需求，包括未来的发展与生存环境以及存在时间的限制等。

5.3 仿生、物和结构

建筑壳体结构的仿生就是需要把自然界的"物"研究清楚，包括各种动物和植物，系统地提取元素后结合实际情况和相关需求进行感性和理性方面的再加工和再设计，要求分析透彻，需要综合原理、材料、结构、工艺、形态、色彩等特点和元素从内外两个因素着手进行设计建立系统的设计理论，理解"物"本质，完善"事"的需求，创造"新"的体验。

参考文献

[1]Xiao Yiqiang.Development analysis of the concept of "Temporary Building" [J]. Journal of Architecture, 2002(07):57-58.

[2]Su Ting, Zhang Ming. Practice of temporary construction based on rapid construction — Notes

on the design of security check facilities at the Main Entrance of 2019 Shanghai Urban Space Art Exhibition Venue [J]. Architectural Techniques, 2020(06) :58−63

[3] Li Shuangzhe. Exploration of prefabricated temporary building — A light steel structure housing system for rapid construction [J]. Residential Science and Technology, 2020(05):41−43

[4]Chen Chuhan, Li Yongchang. Container renovation of temporary construction means — Design of temporary resettlement housing after earthquake [J]. Building Materials and Decoration, 2018(17):109−109.

[5]Wang Shaosen, Zhao Yamin, Tan Xulu. Systematic analysis of adaptability of contemporary regional architecture [J]. Urban Architecture, 2017(19):20−24.

[6]Li Gang.Bionic architecture idea [J]. Journal of Hebei Institute of Architecture and Engineering, 2000(02):65−66.

[7]Li Zuoyong. Bionics in architecture [J]. Huazhong Architecture, 2000(01):103−103.

[8] Lin Jianxin.Contemporary architecture and bionics [J]. Contemporary Construction, 1996(06):38−38.

[9]Li Guanghui, Yang Zisheng, Wu Jinhong. Discussion on bionic construction design [J]. Shanxi Architecture, 2008(03) :85−86.

[10] Xu Yanqing.On the application of bionic design elements in architectural design [J]. Science and Technology Innovation Guide. 2009(02) :46−46.

广州市区小型水库景观的仿生设计策略

李宏

（广东机电职业技术学院，广州 510508）

[摘 要] 为了解决广州城市内涝问题，利用仿生景观装置有效收集雨水、利用雨水。**目的** 以此达到广州市区小型水库科学实用功能与景观美观。**方法** 利用大自然中植物对冲洪水以及干旱等极端天气的自组织特性，探寻植物是如何适应与解决雨涝天气所带来危害的，仿照植物的自组织能力进行广州市区小型水库景观仿生设计。**结论** 建构更适合广州的防洪储水网络系统，并推导出使城市景观装置与城市防洪、储水、用水形成一体化的景观体系，以此保障广州居民的安全性与便捷性。

[关键词] 广州市；仿生；植物自组织策略；小型水库景观

1 问题

近年来，地球受到二氧化碳的影响，全球气候变暖，伴随着城市化的发展，城市内部"热岛效应"愈加严重（如图1，图片来源www.gwp.org），随之而来的极端天气使得积水较多，内涝问题严重。广州有句童谣"落大雨，水浸街……"常被拿来调侃城市水浸。近年来的内涝愈加严重，一方面与全球气候变暖，海平面升高，极端天气加剧有关；另一方面则与河涌的逐渐消失，排水泄洪的功能失效有关。据"全球水伙伴（GWP）"公布的数据显示，大致在20世纪80年代以来的30余年，珠江三角洲水面已经上升80 mm（如图2，图片来源：www.gwp.org），但很多中华人民共和国成立前的市政排水口并未提高，一旦珠江江面升

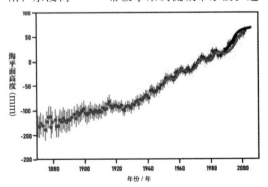

图1 全球海平面高度变化

Fig. 1 Global sea level height change

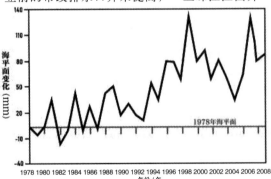

图2 珠三角海平面变化

Fig. 2 Sea level change in the Pearl River Delta

高，排水口就会被掩埋在珠江水位下，因此排水就尤为慢了。这也导致广州水浸街的情形愈演愈烈，未来在不加干预的情况下将更加频繁地出现"城市看海"的场景。推算到2050年的相对海平面的上升值，广州岸段海平面将上升50 cm，现状50年一遇的风暴潮将变为10年一遇，而长江三角洲地区，百年一遇的风暴潮将变为50年一遇，海洋灾害对城市的威胁将更加频繁。在面对城市的内涝问题上，广州的排水系统就像其他传统城市的排水系统一样，都是以"排"为主，即处理和排除生活污水和雨水工程。这种只强调"排"而没有"治"的工程，即使增多了城市排水管，也无法缓解城市内涝问题，相反会影响原有生态资源，造成水资源匮乏、水污染，这种滞后的排水系统更加不能应对越来越严重的城市暴雨灾害。

2 策略

面对越来越严重的城市水浸问题，俞孔坚教授就在《城市景观之路：与市长交流》一文中提到"河流两侧的自然湿地如同海绵，调节河水丰简，缓解自然灾害。"由此在国内正式提出了"海绵城市"的概念。2013年12月12日首次在北京举行的"中央城镇化工作会议"中，习近平总书记也指出："城市排水不仅要排除污水，还要将有限的雨水留下来，应用自然力量排水，建设可以实现自然渗透和自然净化的海绵城市。"这里的"海绵城市"顾名思义，就是使城市能够像海绵一样，在适应环境变化和应对自然灾害等方面具有良好的"弹性"，下雨时吸水、蓄水、渗水、净水，需要时将蓄存的水"释放"并加以利用。虽然我国的淡水资源总量较多，但是人均淡水资源严重匮乏，仅为世界的1/4，而我国城市雨水资源利用率非常低，还不到10%，大量的水资源都白白浪费掉了。由此看出，我国雨水资源利用与人均淡水短缺形成了矛盾。

因此，本研究以广州一城为背景，希望能借助仿生设计手段，设计艺术仿生小型景观水库，思考城市与水能互利共存，当大雨如期而至时该景观水库能够有效储水以减缓城市排水设施的负担，积水时能够作为临时疏洪的枢纽，水库中的积水可以用作运用植物浇灌、临时消防用水以及城市广场的直饮水等功能，由此减少城市中暴雨后的内涝灾害，增加雨水渗透效率，有效利用雨水，以达到海绵城市的效应。

3 策略实施——仿生的设计

3.1 运用仿生学向挺水植物学习

仿生学（Bionics）是"人类模仿生物系统原理来设计或建造技术系统，或者使人造技术系统具有或类似于生物系统特征的一门科学"。经过数亿万年进化的生物体早已适应生存环境，其生存机制自然具备合理性。在我们的自然环境中，每当遇到自然灾害，总是会有些植物能够死里逃生，或者在灾难中能够毅然挺立，比如大范围的洪涝灾害中，多条道路都被摧毁，农作物被淹，然而有些植物却不受暴雨的影响。

设计初期，观察自然界中的植物是如何应对雨水造成的影响的，以此来探寻生物是如何适应于解决极端雨水所带来的灾害的。在自然界中，首先观察挺水植物在水中氧气的传递方式，挺水植物是指植物的根、根状茎或地下茎生长在水底泥土中，茎、叶绝大部分挺出水面的植物，其根系发达，常常肉质化，而且一般比主干要长很多，因为它要尽可能地吸取到地下很深处的水分；茎的内部呈隔离状，为了储水，常常肉质化，含有大量的薄壁细胞；叶常常厚而小，气孔密度增加，表皮常有浓密的表皮毛或白色的蜡质，还有很发达的储水组织。比如常见的"莲"就是挺水植物，莲藕是莲的地下茎，其叶柄中的通气组织和地下根茎的通气组织相连，这样就可以将空气中的氧气泵到地下，供给地下根茎呼吸。此外，还有一些浮叶植物和漂浮植物自带游泳圈，它们的叶片或叶柄上有特殊的气囊，无论水有多深，始终漂浮在水面和空气接触，比如浮叶植物通常是根扎在底泥中，它的叶柄将叶片送到水面上，而在面对水淹胁迫时，其叶柄可以快速响应，迅速伸长，使叶片始终可以与空气接触，只要叶片与空气接触，植物就不会因缺少氧气被憋死。总的说来，通气组织和气囊是水生植物可以在水中甚至暴雨中生存的必要条件。

3.2 形体衍生

观察荷叶凹下的中心部位，通常能看到在积水中有气泡产生，这个荷叶的中心就叫"心碟"（图3）。结合挺水植物的通气组织结构和气囊，

图3 莲叶的形态
Fig. 3 Morphology of lotus leaves

图4 藕的断面
Fig. 4 Cross section of lotus root

在显微镜下观察荷叶的叶面和心碟就会发现布满了气孔，其主要是负责叶柄以及根茎（藕）之间的空气循环（图4）。将莲藕横截面的气孔形态运用正五边形数列转译，并将莲藕的横断面进行外扩延展，继续观察浮萍的叶柄横切面，再运用斐波那契的数列形式进行转移，并将其进行外扩延展，由此，发现两者生长都具有一定的规律性，利用碎形理论衍生的原理归纳总结出挺水植物叶柄的拓扑形态（图5）。再运用荷叶的形态转译手法，生成景观水库的形态，以此试图解释大自然的复杂结构与衍生行为（图6）。

图5 挺水植物叶柄拓扑形态
Fig. 5 Leaf petiole topological morphology of emergent plants

图6 莲叶形态的仿生景观装置
Fig. 6 Bionic landscape device in the form of lotus leaf

3.3 功能性

考虑到在不同雨量下，水库仿生装置应具有不同的功能形态，大雨时在达到水库存水临界点

后通过储水网络联通以减少地面积水，小雨时可以积极储水并进行有效遮雨，下雨过后可以遮阳并提供水源浇灌地面以达到降温的作用。并通过储存的雨水用于紧急的消防设施、浇灌城市植物花草，经过滤后的水可做开放景观中的直饮水，以方便市民取水饮用。装置体上的水量显示，能让人们切身地感受到水资源的存量，让人们时刻能谨慎对待用水。并且装置侧壁的预警装置也能随时播报天气情况以及随时发出暴雨天气的预警，让人们随时能做好防范工作（图7）。

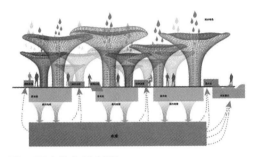

图7　雨水收集及利用

Fig. 7 Rainwater collection and utilization

3.4 材料的使用

该仿生艺术装置景观水库，除了具有渗透储水的功能，还可与人互动。作为城市储水的指标，也一直在提醒着人们需要节约用水，建立共同维护水资源的意识。主要使用的材料为记忆金属，目前所研发并量产应用的记忆金属，可以感知不同的温度而产生形变，并在一定温度条件下恢复到最初的形状；顶部还有类似齿肋赤藓芒的

图8　仿生储水景观装置在城市空间中的应用

Fig. 8 Application of bionic water storage landscape device in urban space

吸水树脂材料；内部核心筒则运用胶合板、吸水树脂、聚乙烯等材料，以此适应环境的湿度，从而很好地贯穿上部与下部；下部则运用浮动建筑与阿基米德原理制作空气气囊，使下半部分可以承受装置的重量力（图8）。

3.5 建立储水网络

为有效抵抗城市洪水，本景观装置的储水池以模块化来建立，一个模块蓄水池的水库储水量可达 120 m³，内部覆盖着 0.8 mm 厚的塑料薄膜。根据广州市区各地雨量的峰值不同，以及各地区排水能力不同，景观装置的安放位置以及安放数按需而记，不能一概而定。广州在城市发展中城市建设侵占行洪江道的地方非常多，例如，20 世纪 60 年代修建的大沙头水运码头比 1949 年之前多伸出江中达 100 m；河南滨江路兴建，又填江成陆，使河道变窄 20 ~ 70 m。因此，广州海珠广场长堤地面高程仅 1.8 m，但洪水位多达 2m，故经常被淹，那么在诸如此类的城市节点中，应当多散点放置泄洪储水景观水库装置，当暴雨将降至时，连通景观水库与河涌，加快泄洪，防止地表径流增多，以此达到有效蓄水防洪的目的。

4 结语

借助仿生学的手段，设计创新仿生小型水库景观，建立多功能的海绵城市储水网络，把雨水储存起来以提供减灾和缓解城市极端天气带来的灾害影响，并提供城市的植物灌溉、适时洒水帮助城市降温、城市广场的直饮水饮用、让市民借此装置感知水资源状况以及作为景观装置提供市民短暂停留和遮阳的功能。

参考文献

[1] 吴庆洲.城市内涝：借鉴古代经验，防暴雨城市涝灾[J].中国三峡，2012（4）：20-27.

[2] 王芳，田素珍.海平面上升对珠江三角洲地区的社会经济及环境影响研究[J].中国减灾，2000（10）.

[3] 李平日.从地理学视角看广州河涌治理[J].热带地理，2003（3）.

[4] 李兵.基于"海绵城市"理念的雨水渗蓄试验研究[J].中国市政工程，2015（06）：12-16.

[5] 丑宛如.向自然学习的仿生设计[J].实践设计学报，2013（10）：36-41.

[6]江佳纯.新生物经济时代的原创思维——仿生（Biomimicry）设计思考与研发方法学[J].农业生技产业季刊，2018（55）：79-85.

[7] Matthews,Philip GD. Anatomy of the gas canal system of Nelumbo nucifera[J]. Aquatic botany, 2006（85.2）：147-154.

[8] P Ying G Han, Z Mao, et al. The anatomy of lotus fibersfound in petioles of Nelumbo nucifera[J]. Aquatic botany, 2011 （95.2）:167-171.

[9] Vogel S. Contributions to the functionalanatomy and biology of Nelumbo nucifera （Nelumbonaceae） I. Pathways of aircirculation[J]. Plant Systematics and Evolution, 2004（249.1）：9-25.

仿生建筑设计研究

刘润孟

（东北大学，沈阳110819）

［摘　要］继往开来，建筑发展的每一个阶段都离不开对于自然元素的模仿和解构，师法自然的设计方式往往能够得到精彩绝伦、妙趣横生的效果。**目的** 为促进仿生建筑设计的发展带来创新性的理念和参考。**方法** 采用了归纳法、案例分析法、文献研究法等方法，从实际案例出发，探讨建筑结构、建筑功能、建筑形式的仿生设计，基于可持续发展理念剖析了仿生建筑设计的未来发展。**结论** 仿生建筑设计的发展可以为建筑设计提供新思维，保证建筑建造及使用周期的安全，低能耗及高效率。

［关键词］仿生建筑设计；可持续设计；生态设计；师法自然

引言：当人们对科技时代的理性、冷漠感觉到厌倦之后，便越来越向往自然、人性的生活方式。运用仿生理念设计的建筑具有经济性、稳定性和结构合理性等特点。自然形态具有强大的生命力，仿生建筑是师法自然的结果，将仿生理念应用于建筑设计可以为建筑设计提供新思维，为建筑领域的发展添砖加瓦，让人更诗意地栖居。

1 仿生建筑的概述

仿生建筑是以自然界的某些生物或物质的结构和形象作为参考和研究对象，探索其中内含的构造规律，并将这些规律应用于建筑形体结构和建筑功能布局等方面的，高效、合理的建筑物。简单地理解，仿生建筑就是建筑设计师仿照自然生物、物质的某种形态、结构而重新创建的一种新型建筑，这些建筑在外在形象以及功能上都与自然界中的某些生物、物质具有共同点。

2 建筑的结构仿生

建筑的结构仿生是吸取自然界中某些生物或物质的结构构造的规律，通过类推的方法运用建筑设计中的仿生设计方法。常见建筑结构的仿生设计手法主要有壳结构、膜结构、拱形结构等方法，以下对壳结构、膜结构、拱形结构等方法做出简要的解释分析。

2.1 壳结构

壳结构的仿生来源主要取自于蛋壳、贝类外壳、龟壳等壳类物质的特性，壳结构可以分散外力，具有很好的抗打击性，不易损伤。与此同时，壳结构还具有外壁轻薄、张力优异的优点，因此在欧洲早期就广泛地被应用于教堂的穹顶建造上。在现代，远近闻名的东京巨蛋就是典型的壳结构建筑。

2.2 膜结构

膜结构的仿生来源主要取自于细胞膜、肥皂泡等，常被用作覆盖结构应用于建筑设计上。膜结构自重较轻，在承受外力时会形成胀压模式，将外力均匀分散于结构表面，加强自身的结构稳定性，1970 年大阪世博会美国馆便属于膜结构建筑。

2.3 拱形结构

拱形结构的仿生来源往往被认为取自于中生代时期的恐龙，恐龙本身自重非常大，在运动过程中恐龙的重心位于腰部，其重力通过重心均匀地分散在四肢，因此具有非常强大的荷载能力。而恐龙的腰部恰好就呈现出拱形的形态，采用拱形结构设计的建筑具有强大的承载力，得到广泛的应用。我国古代的赵州桥、法国巴黎的凯旋门、西班牙巴塞罗那的凯旋门都是典型的拱形结构的建筑。

3 建筑的功能仿生

在现代建筑设计中，建筑的功能仿生设计主要是立足于科学技术对生物或物质的功能进行应用。建筑功能的仿生设计往往对于建筑的空间规划具有非同凡响的作用，北欧现代主义之父阿尔瓦·阿尔托采取的流畅、充满人性化的处理，是非常典型的成功案例。阿尔托在设计德国的不来梅公寓时，其平面布局的灵感就取材于蝴蝶，他别具一格地将室内空间中的服务区域和卧室比作蝴蝶的蝶身和蝶翼，如此造就的空间布局合理，流线建筑的功能仿生主要是在建筑设计中，针对自然界中的某些生物或物质的功能特性进行模仿的设计手法。

4 建筑的形式仿生

建筑的形式仿生是将自然界的生物或者肌理、色彩的特征应用于建筑设计中的设计手段。早在维多利亚时代，维多利亚风格的室内设计中就已经出现用砍刀加工灰泥来模仿天然斧剁石肌理的装饰手法。美国现代主义大师弗兰克·赖特在设计流水别墅时，着意要建造一个与周围自然环境和谐相生的建筑。流水别墅构建于瀑布之上，层与层之间扭曲盘结，仿佛自然界中恣意交错的山石。与此同时，建筑的色彩也取自于环境，与周围的自然风景和谐有机地融合在了一起。流水别墅是一座非常成功的现代主义建筑，也是一个人性的、风格独特的现代主义建筑，一座典型的"有机建筑"。

5 仿生建筑的未来发展趋势

传统的仿生建筑，多是利用结构仿生、功能仿生、形式仿生等传统的仿生设计手段，对于仿生设计的考虑还不够全面、系统。随着科学技术的进步，这几种仿生设计手段虽然依旧常见，但是已经和当代科技相融合，产生了更多妙趣横生的成果。

大自然的生物圈是一个复杂的动态系统，自然界中的空气流动，雨、雪、风体现着种种自然能量应用和形态的变化。人类用仿生学理念，通过局部的动态调节，使整个建筑系统可以更好地适应终端使用者的需求和周遭环境的状态，这被称为动态仿生建筑。人类的功能需求往往也随着周遭环境的变化而变化，当建筑设计师开始对仿生建筑的动态功能进行考虑和研究时，便可以归为仿生动态建筑的应用和研究范畴了。

仿生动态建筑在太阳能仿生技术、自然通风和散热仿生技术、仿生代谢系统方面都有着丰富的研究成果。以荷兰鹿特丹的建筑项目城市仙人掌为例，建筑设计师利用植物光合作用中的"叶序"原理以及从属于"叶序"原理的"互生"原理进行仿生设计，建筑的形态借助了"叶序"原理，使建筑采光、通风更加优越。建筑每层还布置了植物，植物借助自然采光可以实现良好的光合作用，实现了自我循环和净化的目的，十分亲近自然。动态建筑更贴近于自然和人性，注重与科学技术相融合，在未来仿生建筑设计的发展中，仿生动态建筑将发挥重要的作用。

在自然的变迁中，人类不过只是微不足道的个体。因此，对待自然，我们要怀着敬畏之心。自然是人类最好的导师，通过类推对手法，人们得以吸收生物的、物质的优质特性并运用到建筑设计中。在仿生建筑的未来发展中，应该遵循客观规律，崇尚真实和自然，着重自然资源的节约和生态环境的保护，发展绿色、健康、耐久的系统化设计。建筑设计师应该立足于国内外优秀的建筑实例和建筑理论，为自然人性的生活方式服务，为构建与自然环境和谐相生的多元化建筑环境服务。

6 结语

将仿生理念应用于建筑设计不仅可以获得更多的思路和灵感，还可以赋予建筑以美学价值。利用结构仿生、功能仿生、形式仿生等多种设计策略，可以多角度地探索仿生建筑的设计语汇，推动自然健康的生活方式。在未来建筑的变迁中，仿生建筑将会成为建筑领域的主流趋势，促进仿生建筑理念与科学技术相融合，将会给未来的建筑、城市发展带来全新的变革。

参考文献

[1] 孙旺.仿生理念下的公共建筑结构设计与应用研究[J].中国住宅设施,2020（05）:46-47.

[2] 王雪松,王莉英.建筑结构仿生的形体建构模式初探[J].城市建筑,2007（08）:11-12.

[3] 李思雅.仿生设计在高校图书馆空间中的应用研究[D].大连：大连工业大学,2019.

[4] 段少飞.论仿生学在建筑设计中的应用[J].山西建筑,2019,45（02）:12-13.

[5] 宋治冶.建筑结构分类与建筑造型[J].科学技术创新,2018（31）:108-109.

[6] 林洁.仿生学在建筑设计中的应用[J].科技致富向导,2015（08）:176.

[7] 林艳.浅析仿生结构形式在建筑中的运用[J].居舍,2020（22）:197-198.

[8] 王嘉亮.仿生·动态·可持续[D].天津：天津大学,2011.

[9] 陈子颖.过去、现代和未来:未来城市发展构想——基于高层动态仿生建筑的探讨[J].艺术与设计（理论）,2018,2（09）:59-61.

[10] 吕从娜,闫启文.仿生建筑的类型及未来发展趋势[J].美术大观,2007（10）:80-81.

仿生建筑设计

袁媛

（吉林建筑大学，长春 130000）

[摘 要]随着新时代飞速发展，设计师们钟爱利用仿生学的设计方法进行建筑设计。**目的** 使建筑结构也能充分装饰建筑，收获极具运动感的美学效应，达到一举多得的效果。但是过于具象的仿生设计手法会使仿生建筑失去其与生俱来的感性与趣味性，变得呆板无聊甚至让人厌烦，这是仿生建筑一直以来为人诟病之处。如何能使仿生建筑自身优势最大地呈现出来呢？**方式** 在建筑形态设计时，从材质或形态等方面抽象描绘生物即可，把握人的心理特点，在建筑设计中留出更多的空间去供人发挥联想、想象。**结论** 只要合理把握仿生建筑拟态的尺度，便能把仿生建筑自身优势最大化，抓住这一关键之处进行设计必然能设计出为人喜爱的优秀仿生建筑作品。

[关键词]仿生建筑设计；人的心理特点；建筑形态仿生；仿生建筑趣味性

引言：当今社会科技文化的发展日新月异，各行各业思想文化、技术手段碰撞包容，建筑行业也迎来了翻天覆地的变化，在各种风格的建筑销声匿迹后，人们开始在自然界中寻找新的设计思路，仿生建筑就此活跃在人们的视野之中。在人们探索仿生建筑设计发展道路时也闹过一些笑话，设计了一些非常荒谬可笑的"仿生"建筑，使仿生建筑一时间成为"众矢之的"，使人谈之色变，但是仿生建筑领域也从不乏优秀的仿生建筑作品，那么如何设计出为人喜爱的仿生建筑，这就需要合理把握人的心理因素。本文的目的是研究从人的心理出发探究仿生建筑的设计策略，因为仿生建筑比其他类型的建筑更需要人的联想与想象去配合建筑形态展现，因此把握人的心理与情感要素对于仿生建筑设计拟态尺度问题变得尤为关键。

1 形态仿生建筑概述

形态仿生建筑是仿生建筑设计的重要内容之一。它是把优美的生物形态提取经过二次设计创造赋予到建筑的形态上去，去寻求建筑形态的新发展方向，因此回到自然中去进行设计必定成为建筑师的使命。人类社会经济发展使人与自然的矛盾激化，人们渴望回归自然。不断发展的科学技术又为我们研究仿生建筑提供保障，这为形态仿生建筑逐步发展创作提供有利条件。

形态仿生建筑并不是简单地向自然界中的各种生物进行单纯的类比分析，还需要人为地分析提取生物结构或形态中可以借鉴的合理的部分再进行加工创新，结合建筑自身优缺点，进行综合设计，并非直白地对生物形态、结构进行"生搬硬套"，抽象地提取生物最为经典的形态以及其他特点作为灵感来源便足以做出打动人心的仿生建筑作品。仿生建筑无疑是可持续发展的建筑，既能解决建筑与环境不匹配的问题，又能满足人类经济文化发展的需要。

2 人的情感及心理特点概述

人是社会的产物，人的本能决定了人有足够的想象与情感。去接受建筑抽象形态仿生的"暗示"，人的社会属性决定了人无时无刻不在接受来自外界的各种信息的暗示，对于仿生建筑的形态暗示，人有足够的"共情"能力去联想建筑形态所仿照的生物。但是人也同时被社会性所困扰，不同的人有不同的社会经验、地域文化、学习程度等，这些因素都将影响人接受仿生建筑形态的暗示，对于仿生建筑产生不同的形态联想，更能增添仿生建筑形态的吸引力，更多的吸引力对于仿生建筑来说也同样意味着更多的"喜爱"，因为人总愿意为一些难以想通难以解决的问题投入更多的精力，越困难的问题就会激起越高的胜负欲，也会带来解决问题后更多的满足感，使人得到自身价值的满足感会，在心理上就会更加喜爱这样的建筑，所以根据人的这一心理便可得出形态仿生建筑的设计策略——仿生建筑形态最大化抽象表达以及仿生建筑某些特定角度形态变化，等等。

3 建筑形态的仿生设计策略

从古至今，大自然都是人类学习和模仿的对象，建筑形态的仿生设计是对自然界中的动物、植物等各种生物的形态，在人类对其经典形象认知的基础上，人为地再创作，提炼升华生物的形象，并结合建筑的功能、场地等各种条件形成全新的建筑形象，表达人对于自然的尊重与喜爱之情。但是形态仿生建筑模拟生物形态的尺度，是需要慎重考虑与把握的。

3.1 仿生建筑形态最大化抽象表达

形态仿生是极具戏剧效果的仿生手段，抽象形态仿生主要是具体的物象经过抽象简化，保留其主要的可供人识别的特征。也就是说，抽象仿生只用简单的线条或几何图形来体现模仿对象的主要特点。信任人的接受暗示的本能，大胆地利用生物抽象的形态进行设计，抓住所仿照的生物最具代表性的特点，人脑会自动接受建筑形态的暗示，在脑中匹配与之相符合的生物要素，抽象形态主要是利用人的想象与联想能力，在脑海中产生模仿对象的具体形态。

说起抽象仿生建筑不得不提起澳大利亚的象征悉尼歌剧院，洁白的弧形开口仿佛海滩上一片片洁白的贝壳。建筑外观看起来拥有漂亮的弧线与闪亮的贝壳般的光泽，很像"薄壳结构"的建筑，但它实际上是用钢筋混凝土拱肋结构建造，是一件完美的抽象形态仿生作品。其经典之处便在于"似像非像"的朦胧感，留给观众想象与联想的空间更多，同时有另一些人认为建筑的形态也像盛满风的白色船帆，那么这便是基于不同生活环境、不同见识阅历的人群提出的新颖美妙的看法，形态仿生建筑的优势也在此展现得淋漓尽致。吸引更多观众的注意，轻而易举地把建筑的造型印在人们的脑海，制造更多"舆论"来丰富自身形象，完全恰当地把握了观众的心理与情绪，成为当之无愧的城市地标建筑。

而太过于的具象建筑形态设计则丧失了想象与联想的乐趣，如近些年被刷屏的最丑建筑——福禄寿天子大酒店。2011 年 1 月 13 日，一项相当非正式的调查显示，河北省三河市天子酒店当选为全中国最难看的建筑，究其原因便是其太过于具象的建筑形态，丧失对建筑外形联想的乐趣，只剩呆板荒谬可笑，与周围建筑格格不入，成为异类，一时间骂声一片。未经艺术处理的仿生形态建筑设计，难以长久保持建筑的吸引力，太过直白的建筑仿生主题表述在形态上毫无美的感受。另类的建筑形态确实能短时间收获人们的关注，但是仿生形态建筑最重要的便是在建筑设计中保留生物的趣味性，并且合理利用，为建筑提供更多的附加价值。

3.2 仿生建筑某些特定角度形态变化

仿生形态建筑由于抽象的设计，在设计时可以尝试在某些特定角度展现建筑形态全貌或是改变建筑形态"姿态"，提升仿生形态建筑的持续吸引力，建筑毕竟是供人使用、为人服务的，受到人的评价，那么取悦观众有着极其重要的现实意义。仿生建筑其自身仿生的优势便于吸引人的注意，配合有效的设计策略便能使仿生建筑在形态方面收获的利益最大化。因为人本身具有强烈的好奇心，而仿生形态建筑抽象的形态会使观众好奇心比其他类型建筑更加浓烈，不断探索建筑不同的观赏角度，获取信息，持续验证自己脑中联想的形态，在此探索过程中暗示出稍有不同仿生形态或是展现仿生形态的全貌，会使观众得到持续的满足感，从而进一步提高对仿生形态建筑的评价。

4 结语

格雷格林恩曾经说过："仿生建筑的出现标志着建筑设计和构造技法从现代主义机械式的零部件搭配时代迈向了更具活力、更进步的仿生建筑时代。"的确，仿生形态建筑对生物的模仿是对未来建筑发展方向的重要探索，但是我们需要巧妙地把握仿生形态建筑的拟态尺度，稍有不慎便可使仿生形态建筑变得荒谬可笑，甚至令人厌烦。把握观众的心理去设计仿生形态建筑，针对人特殊的心理特点再设计仿生形态建筑，便能大大减少仿生形态建筑的"差评率"，因为仿生形态建筑自身的特殊性，更加注重人的心理因素在仿生建筑形态最终表达过程的作用，合理利用人的情感与心理特点便能更好地推动仿生形态建筑

向前发展。

参考文献

[1] 刘静.仿生建筑学在空间结构中的运用[D].天津：天津大学,2005.

[2] 吕鑫.建筑形象的仿生设计研究[D].哈尔滨：哈尔滨工业大学,2007.

[3] 仓力佳.生态建筑的仿生研究[D].武汉：华中科技大学,2005.

[4] 孙启微.生命力的展现——浅谈仿生建筑设计[J].科技创新导报,2008（13）:158-159.

[5] 何炳德.新仿生建筑：人造生命时代的新建筑领域[M].北京：中国建筑工业出版社,2009:23-25.

[6] 蔡江宇.仿生设计研究[M].北京：中国建筑工业出版社,2013:17-20.

[7] 戴志中.建筑创作构思解析：生态仿生[M].中国计划出版社,2013:56-60.

[8] 许启尧.仿生建筑[M].北京知识产权出版社,2008:31-40.

[9] 黄滢.师法自然：建筑仿生设计[M].武汉：华中科技大学出版社,2013:113-115.

[10] 徐伯初.仿生设计概论[M].北京：中国建筑工业出版社,2016:10-15.

颠覆性技术驱动下的未来景观设计研究

宫一路，毕善华

（大连工业大学，大连116034）

[摘 要]**目的** 颠覆性技术驱动下的未来景观设计，旨在探索未来景观面临的困境与机遇，为其转型发展提供一种新的思路。**方法** 在"未来人居"的逻辑框架下，通过观察过去10年休闲行为及公共空间的变化，推演未来10年景观发展变化趋势。**结论** 未来景观的发展离不开休闲行为人本化的"认识论"和颠覆性技术支撑的"方法论"。颠覆性技术对生活方式及景观需求的影响，主要表现在线上、线下休闲行为复杂对冲，景观空间活力失衡，以及休闲需求失配。未来景观转型，应构建自上而下的"智慧景观体系"，创新"线上线下"协同运营管理机制，提升景观空间功能混合度，支持"全龄化、个性化"休闲方案定制，形成"用户行为——景观空间"的大数据反馈机制。

[关键词]颠覆性技术驱动；"未来人居"；第四次工业革命；风景园林

引言：以大数据、云计算、人工智能、区块链、传感网与物联网、混合实境等颠覆性技术为代表的第四次工业革命，引发了城市空间中交通、就业、居住、游憩、安全、公共服务、社会保障等全领域以及居民生活中衣、食、住、行、游、购、娱、育、医等全方位的颠覆性革命。颠覆性技术的发展及在城市领域的应用，驱动了智慧城市、健康城市的产生和发展，进而形成对未来城市和未来人居的思考与讨论。在未来人居的逻辑框架下，颠覆性技术、社会需求、人类行为与城市空间之间的关系成为重要议题，未来城市空间的演化、机制、设计方法、运营模式等成为重要研究内容。景观空间作为城市空间中的重要组成部分，承担着维护城市绿色生态环境、提供休闲游憩功能、改善人居环境质量等诸多职能。

颠覆性技术对休闲行为及景观空间带来了怎样的影响？在颠覆性技术的影响下，未来景观面临着哪些困境与机遇？未来景观及未来景观空间该如何转型？这些问题还需回归到未来人居的逻辑框架下，从城市景观发展的历史性变化出发及对未来景观发展趋势角度进行深入分析，以期为未来景观的发展建设提供参考。

1 未来人居的逻辑框架

1.1 未来城市与未来城市空间

在《国家"十四五"科技发展规划》与《国家中长期科学和技术发展规划纲要（2021—2035年）》编制的背景下，中国工程院院士吴志强提出了对未来城市的判断。龙瀛等人提出了面向未来城市空间创造与实践的"新城市科学"研究框架，他将城市空间过去 10 年和未来 10 年已经发生和预计发生的变化进行了分类，讨论了生活方式变化对城市空间变化的影响。

1.2 人本主义与智慧社会

十九大报告提出，要突出颠覆性技术创新，为建设智慧社会提供有力支撑。《智慧社会：大数据与社会物理学》一书中描绘了智慧社会的特征内涵。智慧社会的本质是未来城市人本化的发展，即从居民社会生活需求的角度出发，利用新数据、新技术环境，激发社会活力，推动社会创新，推进社会保障与社会治理能力，最终实现人居环境质量的综合提升。秦萧等人在此基础上探讨未来城市的研究范式，提出了基于智慧社会理念的未来城市人本化发展的三个维度。首先，颠覆性技术的发展与应用应理性回归人本需求的导向。其次，未来城市需建立完整的生态产业链。最后，未来城市应实行精准、高效的社会治理。

1.3 未来人居框架下的未来景观

在未来城市、智慧社会等未来人居的逻辑框架下，未来景观的发展同样离不开休闲行为人本

化的"认识论"和颠覆性技术支撑的"方法论"。未来景观的逻辑框架实质是讨论个体休闲行为、颠覆性技术和未来景观空间三者的相互作用关系和演化趋势，如图 1 所示。

2 颠覆性技术对休闲行为及景观空间需求的影响

2.1 线上、线下休闲行为的复杂对冲

第四次工业革命影响了全球社会原子个体，尤其是移动互联网的出现直接导致线上线下休闲行为的剧烈演进。关于手机屏幕使用时间的一项调查和应用抖音数据对城市空间活力的一项研究都充分表明线下、线上休闲存在着复杂的"现象级"转化关系。移动互联网的使用主体和智能手机的友好群体同时面向中、青年群体，他们的线上休闲时间绝对侵占了线下休闲时间，并且线上线下休闲行为交织演进、密不可分。随着全面二孩政策和人口老龄化的发展趋势，中国人口规模迅速增加，人口年龄结构不断老化。而婴幼儿、少年以及老年群体是移动互联网及智能手机的

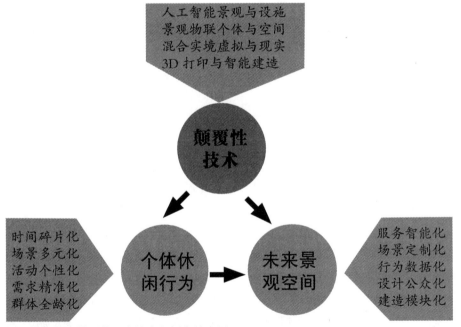

图1 仿生储水景观装置在城市空间中的应用
Fig. 1 Application of bionic water storage landscape device in urban space

"弱势群体"，他们的休闲行为依赖线下景观空间的供给。随着该类人群总量的不断攀升，线下休闲行为总量随之提高。因此，线上、线下休闲行为的剧烈演进不只是线上休闲行为侵占线下休闲行为的简单转换，而是加持了"人口年龄结构演化"以及"智能手机友好性"的线上、线下休闲行为复杂的对冲过程。

2.2 城市公共空间活力的严重失衡

对城市公共空间活力进行持续和深入的观察与分析发现，丧失活力只是表象，其实质是城市公共空间利用方式的失衡。主要表现在以下4个层面：(1)使用群体的严重失衡。线下城市公共空间使用主体面向"老""幼"两部分群体，该类群体对阳光、空气以及户外活动较"中""青"年群体有更高的需求。(2)使用时段的严重失衡。由于"老""幼"两部分群体的生活习惯和作息时间所致，城市公共空间使用时段集中在早饭前、晚饭后以及上午10点、下午2点阳光充足的时段。(3)不同类型公共空间活力的失衡。由于老年群体出行距离的限制，距离社区较近的社区公园、综合性公园以及城市广场通常使用频率较高。由于儿童活动对场地和设施的特殊要求，综合性公园中的儿童活动区、儿童公园、专类动植物园以及海洋馆等使用频率较高。而以中、青年群体为使用主体的城市商业办公类公共空间，具有明显的衰败现象。(4)同一公共空间中不同类型场地的活力分异。一些特殊的休闲群体对某一类活动具有持续的热爱和坚持，如球类体育活动、户外瑜伽、自组织乐队、广场舞等，通常会选择固定的场地以及固定的时段从事相应的休闲活动，这使同一公共空间中不同场地的活力差异巨大。

2.3 休闲需求与功能供给的严重失配

随着中国城镇化进程从制度城镇化到资本城镇化再到现在正在经历的知识城镇化浪潮，未来注重对城乡场景空间品质的塑造。自1978年起，

中国的城市公共空间发展经历了4个时期的历史变革。无论是城市公共空间更新还是智慧化改造，其实质都是针对环境和设施的存量规划，而其功能仍然是面向大众的传统功能，其空间使用方式仍然是对所有人开放的自由组织形式，即城市公共空间的内核"功能与空间"没有真正地实现智慧化。个体行为需求在颠覆性技术和知识城镇化的驱动下，已经形成休闲活动个性化、休闲群体全龄化、休闲空间定制化等需求，目前城市公共空间的功能与需求供给严重失配。

3 颠覆性技术影响下的未来景观转型

3.1 景观空间功能混合度的提升

对城市总体空间来说，小簇群形态、城市精细用地、城市功能混合是未来城市的发展趋势。颠覆性技术产生了新的就业方式和新的居住方式。办公、居住等城市主要功能的混合化、复合化、小型化、碎片化，使未来城市空间个性化、独立化的趋势显现，社会群体的隔离加剧。景观空间作为城市空间的重要组成部分，势必也要将功能混合度的提升作为转型的重要内容，适配未来人居和城市空间的转型。

3.2 提供全龄化、个性化的休闲活动

我们推理，未来休闲行为将以家庭、社群进行连接，以兴趣为导向进行集聚。面对存量规划的城市公共空间，在有限的空间资源条件下，对现有的空间进行分时使用和私人定制，将成为未来景观智慧化改造的一大趋势。我们畅想，未来城市公共空间能够通过大数据平台进行联网，各类休闲群体都可通过"云景观"进行线上预约并定制专属的景观空间，以满足不同的休闲活动和需求。通过公众参与实现景观空间内部的设计改造，通过人工智能分析实现景观功能的设施配置，通过3D打印和智能建造实现景观场景的模块化更新。尤其关注城市居民从婴儿期、幼儿期

到青年期、中前期再到老年期、晚年期成长发展的人本化需求，补充现有城市公共空间没有专门提供孕婴景观、幼儿景观等特殊景观类型的空白。构建自上而下的"智慧景观体系"，创新"线上线下"协同运营管理模式，从而实现景观空间的共享与景观功能的智慧化。

3.3 景观数据创新与大数据应用

数字技术是风景园林学科的前沿技术以及行业升级转型的新需求，数字技术的应用离不开景观数据动态信息采集和共享。城市新数据的崛起形成了多样的大数据和开源数据。与城市空间数据相比，城市公共空间内部的景观数据来源十分有限。城市新数据中建成环境数据的尺度通常面向街区和街道，对街区内城市公共空间的适用性不高。因此，未来景观的数据挖掘需要依赖传感器与物联网，通过"景观物联"创新景观新数据环境，形成"用户行为——景观空间"的大数据反馈机制，进而提高景观空间研究与建造的科学性和智能性。

4 结语

科技发展加速了人居形态的变革，颠覆性技术对人类生产生活方式的影响，最终投影在城市空间中。由于空间迭代的滞后性，新旧空间融合共存、交替演进的过程中，势必出现新的空间形式与设计范式。新的空间形态的背后是新的社会组织方式，以及未来城市与智慧社会的人本化驱动。景观空间作为城市空间不可或缺的一部分，将与城市空间共同演进，不断探索其空间原型与新型。在此过程中，"云景观""智慧景观""景观物联"等颠覆性技术与景观结合的新业态将不断涌现，共同服务于未来人居。

参考文献

[1] 吴志强. 人工智能推演未来城市规划[J]. 经济导刊, 2020, 250（1）: 58-62.

[2] 龙瀛. 颠覆性技术驱动下的未来人居——来自新城市科学和未来城市等视角[J]. 建筑学报, 2020, 618（Z1）: 34-40.

[3] 彭特兰. 智慧社会:大数据与社会物理学[M]. 汪小帆, 汪容, 译. 杭州: 浙江人民出版社, 2015.

[4] 秦萧,甄峰,魏宗财. 未来城市研究范式探讨——数据驱动抑或人本驱动[J]. 地理科学, 2019, 39（1）: 31-40.

[5] 龙瀛,李派.基于抖音数据的北京城市空间活力分析研究[EB/OL]. ［2020-7-2］. https://www.beijingcitylab.com/projects—1/45—digital—twin—of—beijing.

[6] 翟振武,陈佳鞠,李龙.2015—2100年中国人口与老龄化变动趋势[J].人口研究,2017,41（04）:60-71.

[7] 官一路,黄磊昌,高家骥.空间构成在城市公共空间设计中的应用[J].绿色科技,2020（11）:1-4, 35.

[8] Yilu Gong, Xueming Li, Xueping Cong, et al. Research on the complexity of forms and structures of urban green spaces based on fractal models [J].Complexity, 2020(2):1-11.

[9] 武前波.知识经济背景下中国城镇化的第三次浪潮[J].经济地理,2020,40（09）:62-69.

[10] 北京城市实验室. 腾讯·WeSpace·未来城市空间 [R].北京城市实验室BCL, 2020.

[11] 官一路,黄磊昌,毕善华.面向数字景观教育的风景园林混合式教学改革探索[J].山西建筑,2020,46（15）:183-185.

沉浸式虚拟现实数字建筑设计新思路

宋柏峰

（鲁迅美术学院，大连 116000）

［摘 要］虚拟现实技术的快速发展，对数字内容的互动性和体验感提出了更高的要求，落后的呈现方式和交互模式都已经不能满足新环境的需要，也并没有真正意义上实现虚拟现实中人与科技的真实交互。**目的** 试图探索虚拟环境的真实感知以及虚实环境融合的一致性理论与方法。**方法** 在背景资料的搜集中，着重比较现今 PC 端数字建筑设计与沉浸式（VR）数字建筑设计的异同之处，分析沉浸式（VR）数字建筑设计的优势与设计特性。**结论** 以体验为核心的数字建筑设计新思路并以此为延伸，旨在针对沉浸式虚拟现实数字建筑做出特定调整，才是真正适合它的艺术手段。

［关键词］虚拟现实；数字建筑；真实建筑；沉浸式；体验感

引言：传统的数字建筑设计的展示手段仅局限于动画形式，虽然也能够看清整体建筑的全貌，但是缺少自主性，也无法真实地体验空间感、光照度与时间感，只能按照设计师提前设定好的摄像机路径来看。而利用虚拟现实技术搭配穿戴式外接头显设备来体验的话，就可以很好地解决这一问题。虚拟现实在数字建筑设计中的应用一直是人们关注的焦点。其漫游系统与传统建筑漫游的表现手段相比，能够实现多维、自主、交互式地从不同角度游览建筑。

1 传统数字建筑设计概述

传统数字建筑设计，是设计师对建筑本身的空间与功能的设计与规划，以及对建筑外形的构架等用 PC 端软件技术通过三维仿真建造模拟出来，并且运用摄像机镜头动画，为人们展示建筑的空间、格局、地势、外观、材质、内饰等，让人们可以在虚拟建筑中看到其全貌。传统数字建筑设计的呈现方式多为视频动画的形式，这是三维动画领域中一个极其重要的领域。

从 20 世纪 90 年代开始，建筑从工程图、效果图绘制发展到 20 世纪的动画漫游，提供了越来越拟真的效果。早期技术应用上的局限性和制作方法的单一，呈现出来的效果也比较乏味，类似于沿着轨道拍摄像机。但是随着现代软件技术的发展与设计创作手法的多样，传统数字建筑设计的呈现方式虽然变化不大，但是呈现的最终效果却是越来越多元化、艺术化。从前期的模型制作精度越来越高，材质贴图的制作效果越来越逼真，到后期渲染器的综合处理越来越灵活等，无不体现着技术上的升级换代，随之而来的就是最终制作出来成品动画视频水准越来越真实。

但是有时也避免不了受到很多大环境的条件所制约，从事传统数字建筑行业的设计师人才达到饱和，但他们的制作成品效果反而受到限制而变得机械化，整体呈现出缺乏创新意识的状态，创作设计出来的数字建筑成品，往往只是能够满足商业化的需求，渐渐缺少了对于美学的追求。传统意义上的数字建筑设计展示方式于交互方式主要是基于 PC 端电脑主机，也就是键盘、鼠标以及游戏手柄等。其作用是代替体验者来实现位移、旋转、缩放等一些基础功能。由于它的操作局限性，其实是无法实现体验者对于真实体验感的追求的，所以也都是千篇一律，没有太大的闪光点与吸引力。按照某一种模式，即使有再多的变化，但好像总是无法超脱它带来的限制，达不到那种真正意义上的真实体验感。

此时虚拟现实行业的兴起，对于传统的数字建筑设计行业不免也是一种来自新鲜血液的碰撞。随着虚拟现实技术正逐步广泛应用于城市规划、环境建设等领域，对于数字建筑设计整体呈现方式都有质的飞跃，无论是从交互性上、真实性上还是体验感上的呈现效果，都是传统方式所无法达到的。

2 虚拟现实沉浸式体验概念及优势

虚拟现实技术（ Virtual Reality，VR），又称灵境技术，是以沉浸性、交互性和构想性为基本特征的计算机高级人机界面。这是一个新的时代产物，是专业技术的一个方向性转变。虚拟现实技术的本质就是创造一个搭载用户体验的虚幻空间场景，利用视觉、听觉、空间感等方式让体验者沉浸其中。体验者以第一人称的视角体验观看并参与到数字建筑设计中。就是把体验者本人在场景中所体验的一切转换为真实发生们，使体验者沉浸在虚幻里面，却又认为自己在真实之中。

第一人称视角是 VR 的特性也是它的最大优势之一。第一人称视角能营造出超强的代入感，就好比自己是整个世界的主角。作为第一人称视角的主角，我们在虚拟现实沉浸式数字建筑体验中能感受到的沉浸式交互乐趣，是可以根据自己喜欢的方式随意切换观察角度、所在位置、基本风格等信息的，甚至可以对其中数字建筑的部分控制信息进行选择和修改，并对比不同的风格，按照自己较为喜欢的方式进行体验。同时搭载的引擎可依靠大数据的分析，智能地给我们带来适合每个人定制的独特体验。

沉浸式体验相较于传统主流端最大的优势还有其给体验者带来的交互性能更强，体验者在沉浸场景中所体验的感受也有所不同。我们人类本身作为会思考能想象的生物，与一些由电子显像元件而组成的电子屏幕之间所形成的物理上的隔绝，也是观者本体大脑在接受屏幕信息后所产生的代入感不完全、体验不沉浸的精神链接的断裂，这也就是传统数字建筑设计的呈现方式中所产生的弊端。而虚拟现实技术的产生便很好地解决了这个问题。虚拟现实中用户的载体——沉浸式场景体验，它在整个虚拟现实技术呈现的效果中占据着绝对的核心位置，这种特质使之广泛地应用于数字建筑设计中。

3 基于虚拟现实技术的沉浸式数字建筑设计

从 20 世纪 80 年代末至今，学者们对于虚拟现实技术方面的研究从未停止。而在近年，随着计算机技术与虚拟技术的发展，特别是虚拟引擎的不断改进，以及虚拟外接设备的大规模开发投入使用，使整个行业的开发门槛逐渐变低，也进一步促进了虚拟现实在各个行业中的普及与发展。

沉浸式数字建筑设计可按照多种方式分类，不同的分类方法参考与探究的本质也各不相同。

按照沉浸式数字建筑设计的存在性来区分，可以分成真实场景和虚拟场景。作为一种新的艺术形式、新的行业载体出现，促进着时代的进步，真实、虚拟性沉浸式数字建筑设计各有特色，所涉及领域也各有不同。

真实性沉浸式数字建筑设计可以按照直观的字面去理解，即对真实存在的实际建筑物体对象进行等比模拟还原。其最大的特点就是高度精准地还原其真实建筑的构架、体量、环境等，在虚拟现实所搭载的引擎中还原其真实性，达到距离千里但仿佛又置身其中的感觉。这类沉浸式数字建筑设计主要应用于一些真实场景的还厚与宽，进行线上的虚拟观光。这类沉浸式数字建筑的制作需要以现实对象的一些具体数据作为参考，还有对于周边环境等细节还原的要求越高，越可以做到"身临其境"的效果。

虚拟性沉浸式数字建筑设计就是指客观上本不存在的、完全通过设计者虚构出来的数字建筑，进行线上的虚拟搭建。虚拟性沉浸式数字建筑设计是一种越来越广泛的应用，相对真实场景建筑，虚拟性沉浸式数字建筑设计所涉及的领域更加广泛，更为灵活，从建筑设计、城市规划等都有涉及。

4 结语

沉浸式虚拟现实数字建筑设计在当今应用越来越多，在不同的行业领域所展现出的效果也有所不同。在不断高速发展、不断发生变化的社会，这并不是只注重一个事物的功能，而是人们的审美在不断提高。在沉浸式虚拟现实数字建筑设计中，扎实的表现基础和独特的艺术风格同样重要，风格的不同同样会给观者带来不同的视觉体验。沉浸式虚拟现实数字建筑设计的风格化，会对未来虚拟场景的应用有很大影响，除了建筑行业、游戏行业，还可能会对教育行业、

心理治疗等有影响。相信随着对虚拟现实技术的不断探索，对场景建筑艺术的不断研究，沉浸式虚拟现实数字建筑设计定会对社会有更加重要的影响。

参考文献

[1] 周耀平.沉浸式特效影院工程的关键建筑技术[J].现代电影技术,2020（2）：11-16.

[2] 杨雨星，魏佳.园林与建筑：景观空间中的艺术沉浸探究[J].吉林艺术学院学报,2019（12）:23-29.

[3] 钟文敏.基于沉浸式VR技术的建筑空间体验及评价[D].深圳：深圳大学,2018.

[4] 王庄林.沉浸在墨尔本建筑艺术世界[J].中国房地信息,2008（8）:66-67.

[5] 杨智刚.虚拟现实技术在建筑设计领域的发展及应用[J].造纸装备及材料,2020（8）：137-138.

[6] 翟立兴.虚拟现实技术在建筑设计中的应用探析[J].江西建材,2020（7）：72-73.

[7] 夏艺博.虚拟现实视角下我国传统建筑表现形式的创新应用[J].智库时代,2019（1）:164-165.

[8] 吴建伟.研究虚拟现实动画在建筑展示设计中的意义[J].计算机产品与流通,2019（4）：83.

[9] 李永民，纪克玲.浅谈虚拟现实技术应用对未来多领域的影响[J].职业,2019（7）：124-125.

[10] 石鹏明.虚拟现实目前的应用前景分析[J].中国新通信,2019（9）：126.

[11] 张爱琳，王翔羽.VR技术在建筑安全培训中的应用[J].居舍,2019（33）：21-25.

仿生设计理念下的鼻部填充物造型设计研究①

刘亚娟，常雨露

（辽宁科技大学，鞍山114000）

[摘　要]医美整形已进入被公众接受的时代。**目的** 以满足不同受众群体对医美整形鼻部造型的不同需求，采用仿生设计理念与医美"鼻部填充物"的造型相融合的方法进行设计研究。**方法** 在此基础上根据受众诉求，结合人体面部美学原理，探索如何依托仿生设计理念进行"鼻部填充物"的造型设计，采用3D智能设计软件模拟研制出满足个需的"仿生自体骨填充物"方案。**结论** 采用文献收集及案例分析法，对"鼻部填充物"设计进行实际应用研究，得出如何应用仿生设计理念进行"鼻部填充物"的设计，找出可持续性发展方案及其应用及价值。

[关键词]仿生设计；鼻部填充物；医美；造型设计

引言：仿生设计学是建立在仿生学和设计学基础上的一门新型学科，具有艺术科学性、多学科交叉性与融合性的特点。顾名思义，其设计来源一般是自然万物，因其鲜明的特点和优势，已被广泛应用在现代的各种设计上。医美整形在逐渐被公众接受的这个时代，对大多数女性来说，这是她们修整自身外表缺陷、提高女性魅力的有效途径。医美从固定的职业需要发展为日常生活的常态，也是人民大众物质生活和精神状态快速发展的伴生需求。而鼻子作为五官之一，又位于人面部的中心，不仅对五官美度有极其重要的作用，也是人类思维里的"门面"，故鼻部整形便逐渐在医美中占据重要位置，成为爱美者们的首选。因手术耗费时间长，风险必然会存在，整形手术作为外科手术的一类，便不可忽视即便再小的风险。而对大众来说，整形所伴随的风险也是最令人难以接受的。因此，如何对鼻部整形进行创新，是当下迫在眉睫的问题。

1 传统医美鼻部填充物造型研究分析

医美整形正在以不可阻挡的趋势迅猛发展，经数据统计，皮肤管理、眼部整形和鼻部整形是当下最受欢迎的项目。而目前整个医美整形中有关鼻子的内容也是相当丰富的，这也印证了大众对于鼻这个"门面"的重视程度，故对这类手术的创新也极其重要。

当今在鼻部整形中多数时候都会用到填充材

---

① 本课题为辽宁省教育厅青年基金项目《辽宁特色资源——"四宝"文化产品开发研究》论文，项目编号为2019LNQN11。

料，不仅使用日趋广泛，对于它的研究也从未停止。目前临床上常用的鼻部填充材料大致分为4类：一是生物材料，如自体软骨和异体软骨、胶原等；二是合成材料，如常用的固体硅胶、膨体等；三是玻尿酸；四是自体脂肪。

就目前的临床经验，玻尿酸填充虽然简单易实施，只需注射到鼻子需要调整的部位，并在成型时用手调整成需要的形状即可，但对医生的经验要求很高，且成型后形态较差，很容易扩散到其他地方，使鼻梁变宽。而自体脂肪填充在鼻部填充上运用较少，因其硬度不够，无法很好地塑形，且很容易代谢，效果不持久。因此，现临床上绝大多数使用固体材料进行鼻部填充。

常用填充物为自体软骨和固体硅胶或膨体。手术过程由医生先切取受术者自身肋骨上的软骨或耳软骨，在术中将取出的肋骨或耳软骨按照术前制定的造型方案进行手动雕刻，用作鼻小柱填充。再将术前受术者选定的硅胶或膨体进行手动雕刻，用作山根与鼻梁的填充。此手术过程耗时过长，安全系数低，术后呈现效果不保障，对施术者的经验和操作要求过高。

现存的4种鼻部填充材料都能满足一部分功能，但缺点突出，无法综合地满足鼻部整形的期望效果。

鼻部填充物发展至今，虽然逐渐成熟，但问题也逐渐清晰。假体不自然且取自体骨使受术者难以接受、手术耗时久、顾客满意度不高等成了亟待解决的问题。而通过分析仿生设计的理念，简单来说可以总结为术前通过与患者沟通进行设计，并通过3D技术模拟研制出满足受术者脸型，也能满足受术者需求的"仿生自体骨填充物"方案，从不同的角度上让设计更加科学、更加接近自然，这也是鼻部整形所想达到的效果；同时节省了术中医者雕刻填充物的时间，造型方案的形成也不再需要医者凭借术中的了解和想象来雕刻，将患者对取自体骨的顾虑降到最低，受众面积扩大，风险也降低了很

多，且顾客满意度大幅提高；在术前完成鼻部填充物的量身定做，让造型一方面契合自身，一方面达到预期，这不仅有利于达到理想疗效，也能尽可能去减少医院手术人为因素的影响。

2 仿生设计理念植入鼻部填充物造型设计方案

仿生设计在现代设计中的应用越来越普遍，且在医美整形中逐渐有了一席之地。随着鼻部造型技术的提高及受众的需求升级，仿生设计的概念开始变得重要，而仿生设计"师从自然"的设计理念符合现代医美整形的发展趋势，也能极大地满足受众的心理需求。

2.1 研究案例——"仿生自体骨填充物"的造型设计

2.1.1 确定设计目标
针对研究背景和分析确定需要达到的预期目标：(1) 符合医患要求且符合实际；(2) 后续并发症发生的概率减小；(3) 满足"自然"的要求。

2.1.2 仿生意向选取
针对目前需要解决的问题，"仿生自体骨填充物"的造型需提前完成，并且能够根据受术者的需求和自身情况来综合完成，给出鼻支架稳定，外形满足预期要求的方案：支撑部分以受术者人体鼻部骨骼为标准，形成契合不易滑动脱落的结构，外表面造型以医生和受术者两者讨论结果为准，制定一个符合需求的方案，再由3D造型雕刻。由此，选择的仿生意向就是人本身，结合鼻部整形，做到源于自然贴近自然。

2.1.3 造型设计方法
1. 脸型定位
首先根据受术者本身脸型和现有鼻型，以及诉求，定位几种适合的鼻型以供选择。通常来说，圆脸型不适合大而高的鼻子，长脸及方形脸适合较长而高的鼻，前额部低者鼻根部不适合太

高，反之额弓较高、眼窝凹陷者鼻根部可以高一些。脸型是"仿生自体骨填充物"造型设计最基础的参考。

2）鼻根定位（黄金点）

设计或手术之前对于鼻根的定位至关重要，通常确定的方法采用两内眦连线的中点和两眉头连线的中点，两者连线之中点为鼻根部，此点也称为"黄金点"。对于塌鼻患者来说，"黄金点"位置极低，在设计时需要将此点相应上移。

3）三向观测

正面观察：整体的鼻背往往都是三角锥形，男女之间的成角大小不一有区别，男性一般略大于女性，而同等条件下重度鞍鼻又要大一点。通过这点确定需要雕刻的"仿生自体骨填充物"的鼻翼脚宽窄和鼻背角度。但两个边缘必须尽量薄，避免填充物植入后鼻背两侧会有台阶状的错误畸形。

侧面观察：从黄金点到鼻尖位置，根据鼻面角和额鼻角，可以找出填充的凹陷部位，确定一个大致形状，鼻背处的凹陷便是整个填充物的支撑点，此时基本确定大致形状、有无驼峰去雕刻内表面；从黄金点到鼻小柱之间水平的长度作为填充物需要的长度。如图1侧面观察示意。

图1 侧面观察示意
Fig. 1 Cue the side view

仰面观察：观察患者现有整个鼻尖的形状和角度，以此来确定填充物后表面腹侧与背侧的角度；确定患者最适宜的鼻尖高度和鼻尖角度，若鼻尖角度相差很多，术后会出现张力过大鼻尖穿透或者鼻尖留下明显的植入

图2 仰面观察示意
Fig 2 Elevation view

痕迹。如图2仰面观察示意。

4）外形商定

通过三向观测，确定无法改变的既定数据和整形的适宜数据，根据患者的诉求、脸型和医者的基本建议来确定整形数据：

（1）正面观察若鼻根较低，填充物鼻根部需要偏厚，反之略偏薄。

（2）从鼻根处到医患协定的理想鼻尖高度的连线，加上三向观测确定的凹陷形状，从侧向看也就是填充物需要的厚度及纵向剖开的形状。

（3）根据最后确定的适宜的鼻尖形状和角度来雕刻填充物鼻尖部分的外表面，但鼻头部分应该略薄一些，且鼻小柱部分也需要窄而薄同时垂直于鼻梁部分。

5）面部美容参数

在基本设计和外形确定后，因每个人除了脸型之外，面部各器官都有差异，所以设计时必须考虑有关的面部美容参数：

（1）鼻长度是鼻根点到鼻尖点的直线距离，而外鼻长度是面部长度的1/3，通常是6～7.5cm。

（2）正常人鼻子根部的宽度是1cm左右，女微窄，男略宽。

（3）正常人鼻根部的高度都不低于9mm，女性是11mm，男性是12mm左右。而鼻尖的高度男性大概26mm、女性23mm。隆鼻前后的差值就是鼻部填充物在鼻尖处的厚度。

（4）有一些与"仿生自体骨填充物"雕刻有关的角度需要记得，这些角是调整整体面部协调的关键，如下：

鼻面角是前额到切牙线与前额到鼻背线的角，一般为29～33°；

额鼻角，即鼻背与眉间所形成的角，正常是120°上下；

鼻唇角是鼻小柱前段到鼻底与鼻底到唇红之间的角，一般为90～120°。

6）模拟研制

将数据整合，最后根据受众的不同脸型、鼻型，结合需求的诉求，通过3D智能设计软件模拟研制出相应的"仿生自体骨填充物"方案。

（1）圆脸型。圆脸的人整体五官不要出现太多线条，圆润一些更好。圆圆的脸型，鼻子就不适合太高、太窄，这样会让整个脸部不协调，只有鼻部一个不和谐的焦点。圆脸型需要精致的韩式小翘鼻，线条较为圆润，山根相对欧式鼻更平缓，不显得突兀，这样的鼻子能与其他五官和谐搭配，短一点翘一点更加乖巧，重要的是能突出眼睛和唇的轮廓。

（2）长脸型。脸比较长的人，就不适合短鼻子，会显得五官比例失调，下颌骨显得偏长。如果脸型比较长，又比较窄的话，鼻子就应该挺拔，并且细长，这样才能配合整个脸型。因此选择欧式长鼻能使脸部比例协调，气质突出。

（3）方脸型。方脸型棱角分明，方脸型的人鼻子不宜细窄纤巧，而应该是相应地宽粗些，可以根据眼距拓宽山根和鼻头。挺拔宽阔的鼻型，可以起到强调五官的存在感和立体感，弱化方脸轮廓的刻板印象。

（4）前额低平。前额低平，就是从侧面看上去额头不饱满。如果鼻子过高、过挺，反而会使侧面轮廓更加突兀，更突出前额的低平。这样的脸型，鼻子高矮就要适度。如果实在是钟情于高挺的鼻形，就要附加进行丰额头的手术，才能衬托出鼻部的美和整体的和谐。

3 仿生设计理念融入鼻部填充物造型设计的验证分析

3.1 实际调研数据分析

40例自体骨移植术后满意度调查见表1。

表1 自体骨移植术后及术后6个月满意度
Tab. 1 Satisfaction of autogenous bone graft after operation and 6 months after operation

时间	例数	鼻背部	鼻头部	鼻根部
术后	40	40	39	40
6个月	40	39	38	40

综上所述，对于鼻部整形这类手术，可以尽量采用手术成功率高、效果最好的自体肋软骨作为整形材料，以提高手术的成功率和就医人员的满意度，不仅术后风险更低，手术效果也能保留更长时间。同时借助现代科技的力量，利用3D智能软件，提前制定出自体肋软骨的雕刻方案，不仅是医患同时商量参与的一步，还是打消患者对于自体软骨移植的疑虑的关键性步骤。

3.2 验证前景及价值

本次研究的"仿生自体骨填充物"的优势在于，在现代科技的帮助下很大程度地杜绝了人为想象雕刻填充物的失误率，且在受术者的参与协定下，术后风险和医患隐患都大大减小。综合分析现存的各类鼻部填充物，自体骨移植填充是当前较受欢迎的鼻部填充整形术。在它的基础上，利用仿生设计的思维极大程度地去创新改善它，"量身定做"可视化整形方案，让它本身更容易被接受且很大程度地得到优化，从而降低手术风险，降低手术难度，更好地满足造型要求及术后效果，普及更多的人群。

4 结语

鼻部整形日益流行的现在，爱美人士对于鼻部整形的向往与忧虑始终是同时存在的，自体软骨移植在加入仿生设计的思维后，不仅受术方案可视化和透明化，受术者的参与感也会让手术者的焦虑感降到最低。仿生设计"师法自然"的理念与现代女性日益增加的对于鼻部整形的需求不谋而合，但我们不能依靠想象毫无根据地仿生，故如何科学、有效、安全地实现"仿生自体骨填充物"的研究便是本文的重点。

参考文献

[1] 许愿.都2018了，你"医美"了吗？[J].Big Data大数据,2018.

[2] 俞宝梁.华西医科大学附属第一医院整形科（61004）[J].实用美容整形外科杂志，1994,5（1）：6.

[3] 王积恩.新编美容手术图解[M].北京:新时代出版社,1997.

[4] 栾杰.鼻整形假体的数字化三维模拟与辅助设计[J].中国实用美容整形外科,2004,2（1）:29.

[5] 甘贻运,王兵,罗少军,等.隆鼻层次与 SMAS 的关系 [J].中国美容医学,2001:4（2）:95-96.

[6] 高景恒.美容外科学[M].北京：科学技术出版社,2003.

[7] 艾玉峰,柳大烈.美容外科学[M].北京:北京科学出版社,1993.

[8] 王文俊,何琪,邵小萍,等.固体硅胶假体隆鼻术的雕刻技巧[J].中国美容医学,2007,16（7）:930.

[9] 播宝华,艾玉峰,郭树忠,等.隆鼻术中固态假体雕刻技巧[J].中国美容医学,2001,10（3）:225.

[10] 涂智文.肋软骨在鼻整形手术中的应用[J].山东大学耳鼻喉眼学报,2018,32（01）:3-6.

公共艺术设计视角下的大连城市文化建设研究

田甜

（大连工业大学，大连 116034）

[摘　要] **目的** 为了能够反映城市文化特色，公共设施作为城市文化系统化建设的一部分，设计时应与城市环境形成和谐统一的风格。大连能源之忧日益加剧，已经成为大连经济振兴的当务之急。而风生水起的新能源开发，为大连的经济社会发展提供了新思路。对新能源的开发利用也是实现城市公共设施可持续性设计理念的有效途径之一。**方法** 首先通过文献资料的收集整理，问卷、实地考察了解目前公共设施发展的现状，目前大连市新能源的构成和特点，分析大连新能源的优势和发展点，分析大连的地域文化特色。然后进行抽象设计提炼创作新作品。**结果** 用仿生设计的手法设计一系列具有大连特色的新能源公共设施方案，总结大连公共设施的发展新方向。**结论** 如果能利用大连的新能源优势来设计具有大连文化特色的公共设施，将会反映一个城市特有的景观风貌、人文风采，表现大连的气质和风格，显示出大连的经济状况。

[关键词] 公共设施；城市文化；大连；新能源；仿生设计

引言：公共设施是公共艺术的重要组成部分，公共艺术作品可以反映并向公众推广属于这个城市的文化形态。而公共设施也是属于公共艺术很重要的一部分。它们不仅装点了城市的空间，而且给人们的城市生活带来了便利。一件优秀的公共设施除了要求具有良好的功能性以外，还需要给人们带来美的享受。比如我们现在的街道路灯和公共交通候车亭等公共设施，不仅仅需要提供普通的使用功能方面的设计需求，而且造型设计也属于公共艺术的一部分。

1 目前国内外新能源公共设施发展现状

在现阶段的社会发展中，能源紧缺问题变得越来越常见。但是如何让纳入城市系统规划建设的公共设施更加节约能源并且也利用新能源资源是目前城市建设需要解决的问题。而各种新能源都有各自的优点和缺点，它们如何能和属于公共艺术的公共设施结合，也是个亟待解决的问题。

西方发达国家目前也做了很多新能源公共设施的尝试，比如纽约布莱恩公园的太阳能手机充电桩设计。这个产品设施可以让路过的游客随时为手机充电。还有把充电站和躺椅结合起来，上面太阳能聚能板可以给人们提供遮挡。人们可以用身体让太阳能座椅调整角度永远追逐着太阳。在躺椅上休息的同时利用太阳能给计算机等电子产品充电，即使日落后依然可以使用。

目前国内的新能源公共设施处于起步阶段，大多是太阳能路灯、风能路灯和太阳能候车亭等，也偶尔有太阳能充电座椅类的。总之，新能源公共设施目前尚处于开发阶段，应用种类较少，多为风能、太阳能。

2 大连市新能源在公共设施领域的应用

大连市新能源发展——"十三五"规划中提到了要调节电源结构、注重能源生产和环境保护。目前市政府也越来越重视新能源的发展和应用。大连目前新能源应用主要是太阳能和风力发电，但新能源和可再生能源开发不足。

大连的新能源在公共设施方面的应用还属于起步阶段，新能源技术并没有普及，应用也不是特别广泛，只是涵盖了几个领域。虽然有的设施已经有应用新能源的技术，但是整体造型呆板，没有艺术特色，更没有什么美感，没有反映出大连这个城市的浪漫精神与现代特色，更没有什么城市文化可言。因此，这些公共设施算不上城市公共艺术作品，只能算是有使用功能的公共产品，并没有精神审美功能，也不能宣传大连的城市文化。

3 富有大连文化特色的新能源公共设施设计

要想做富有大连文化特色的新能源公共设施设计，需要分两步走，第一步要分析大连现有文化、建筑、景观、自然等独特的城市氛围和文化，找到可以发掘和传承的设计点；第二步要把发掘出的和可以传承的设计点和新能源公共设施进行巧妙地结合。

我们找到大连的地标性建筑，首先从地标建筑来分析大连的历史、大连的文化特色和大连的未来发展之路。把每个地标建筑的风格和可以提取出来若干的设计元素进行分析整理，并且和公共设施进行艺术化的结合，设计方法上选用仿生法，在形态设计上吸取大连地域元素，从而加强公共设施与城市文化的联系纽带。

我们找到了若干个大连的地标性建筑物，其中选择了几个典型案例进行再设计，如大连贝壳博物馆等。大连市贝壳博物馆位于星海广场附近，代表大连是一个地理位置和自然环境非常好的海滨城市。在这个太阳能公共候车亭的设计上，融合了大连当地的地标性建筑特色，提取了其中造型的独特元素，应用到候车亭的外观设计中去。既反映了大连本地文化，同时造型优美，功能合理。

设计作品运用仿生设计的手法，形态抽象来源于海洋中的贝壳造型，提取了博物馆屋顶的流畅完美弧线和贝壳的形态，为当地的候车亭赋予形式美感和海滨城市的地域文化特色。候车亭顶部贝壳曲面的材料上采用柔性的太阳能薄膜电池板，增大太阳能电池板的吸收面积，可以更有效地利用太阳能资源。

在挖掘大连城市文化时还进行了有主题的大连特色分析。比如集中分析大连某一个特定场所的文化特色，为某一个特定区域设计属于本区域的、特色的新能源公共设施，让新能源公共设施也适合于这个区域系统的风格。

大连森林动物园位于滨海路和白云山风景区内，也是大连著名的旅游观光景点。我们运用仿生设计的手法，抽取了几种动物头部和嘴部造型，来做成这款针对大连森林动物园设计的娱乐形式的公共座椅，人们坐在上面休息时可以互动娱乐。通过跷跷板的运动形式实现坐在动物嘴巴中的惊险刺激的画面感觉。底部跷跷板运动产生的机械能通过转换器收集起来转换成电能在椅子靠背呈现可爱的图案以及时间。

4 结语

目前，大连的新能源在公共设施上的应用种类还比较少。此次研究的设计都是把公共设施当作一个主体，研究如何把新能源引入并且完美结合。同时，公共设施还需要有公共艺术的特色，也就是要有大连本地的特色和文化体现。这些设计是有一定难度的，不仅要有新技术还要体现当地人文特色。

参考文献

[1] 李光一，李昱茜，谷萍，等. 大连地区太阳能资源分布特征及区划[J]，山东气象，2014，34（03）：27-31.

[2] 高家骥,李萌,阎岩. 城市主题公共艺术建设项目的现状及对策研究——以大连市为例[J]. 湖南包装,2017,175，52-54.

[3] 王英武，孙祝寿. 新能源发展背景下我国风能产业现状及前景分析[J]. 中国电力教育，2011（003）：81-82.

[4] 钱峰，徐雪梅. 新能源技术背景下的公共设施创新设计探析[J].大众文艺，2016，（7）：137.

基于海绵城市理念的城市规划方法探讨

宗言

（长春工程学院，长春 130021）

[摘　要] **目的** 探讨我国城市规划与海绵城市理念相融合的建设方法，对水资源进行合理的储藏、循环和利用，为保障城市居民生活质量、提升城市生态系统功能和减少城市洪涝灾害的发生提供新思路，以达到缓解城市内涝、改善城市水环境、修复城市生态的美好愿景。**方法** 概括总结海绵城市理念的概念及主要思想，分析现行海绵城市相关案例及文献，归纳总结当下城市规划中海绵城市建设的局限性，构建海绵城市发展的新框架。**结论** 明确海绵城市与城市规划相融合的整体思路，有效利用城市湿地进行海绵城市建设；充分延展海绵城市道路设计；在城市公共设施中融入生态设计；建设仿生人工海绵体等技术手段，最终实现海绵城市理念下的城市规划，打造人和生态共赢的居住环境。

[关键词] 海绵城市；城市规划；城市水环境；发展方向

引言：在我国城市化的快速进程下，城市建设迅速发展，城市中的不透水硬质面积不断增加，加之极端气候的影响，近年来我国城市内涝、城市水污染等问题频发，不仅给社会造成严重的负面影响，而且给国家造成严重的经济损失，甚至危及人民的生命安全。为减少城市洪涝灾害带来的伤害，改善水环境，我国大力推行"海绵城市"的理念。海绵城市理念正是将城市进行海绵体的仿生设计，利用人工技术手段将城市这个庞大的有机体回归自然，以此改善城市水环境，避免洪涝灾害，保证在必要时提供足够的居民用水，确保城市居民的生活质量。

1 海绵城市的概念

海绵城市，顾名思义，即将城市进行海绵般的仿生设计，使城市在应对水资源及水环境的问题中像海绵一样富有弹性，下雨时吸水、蓄水、渗水、净水，需要时将蓄存的水释放并加以循环利用，让水恢复本态，在城市迁移活动中更加"自然"。在我国海绵城市概念实践与探索中，北京大学俞孔坚教授和李迪华教授做出了重要贡献。随着实践成果逐一呈现，海绵城市建设思想逐渐成熟，2014 年 10 月我国住房和城乡建设部，为贯彻习近平总书记讲话及中央城镇化工作会议精神，落实《国务院关于加强城市基础设施建设的意见》（国发〔2013〕36 号）、《国务院办公厅关于做好城市排水防涝设施建设工作的通知》（国办发〔2013〕23号）要求，建设自然积存、自然渗透、自然净化的海绵城市，编制并印发了海绵城市建设技术指南。至此，我国海绵城市理念从国家层面得到了肯定及诠释，进入了全面建设的新高度。

2 存在的问题

2.1 城市规划建设思路陈旧

传统城市规划思想难以打破，部分设计师依然维持传统规划设计手法，只关注土地开发建设强度及经济效益，并不能将规划重心放置在生态保护、生态修护中。很多城市规划的决策者不具备相关的专业知识，同时他们也没有很好地借助专业人员的技术、充分采纳专业人员的建议，在进行城市规划管理时其主观意识较为强烈，对海绵城市理念不够重视，导致城市规划设计与海绵城市理念不和谐。部分城市在城市规划中虽已认识到水体系统的重要性，但在城市规划中对系统运输的位置和道路往往考虑较为周全，却忽略了水体系统的质量规划，并不能系统、全面地进行海绵城市建设。

2.2 表现形式不合理

我国目前对海绵城市的规划大多是基于文字表述上的，在规划成果的要求中缺乏对平面图纸或立体模型的硬性要求，无法真正指导规划实施。因为对于文字的理解是存在一定个体差异的，所以在进行城市规划时往往会产生不一样的理解，各执己见，从而出现分歧，无法达成一致，这样的状态在一定程度上阻碍了海绵城市的建设。因此，针对城市规划最好以立体模型或者平面图纸的形式来表现，从而确保海绵城市理念的有效实施，城市的稳定与持续发展。

2.3 未形成海绵城市与国土空间规划的整体思路

海绵城市理念从提出之日起便被作为专项规划独立进行，并未与其他规划良好融合，实施建设过程中难免造成设计冲突或浪费。而当下我国的城市规划已从"多规并行"转变为"多规合一"的国土空间规划，海绵城市应贯彻到国土空间全体系中，自上而下、从全面到详细地契合国土空间规划。

3 发展思路

3.1 坚定海绵城市与城市规划建设的整体思路

海绵城市的建设过程与市政、水利、园林、交通等各个部门都存在密切的联系，需要多部门紧密合作、相互协作。因此对海绵城市规划的设计人员有了更高的要求，在进行海绵城市规划时，要对各项资料进行有效收集，并加以科学分析，如水环境综合数据、生态保护情况、市政建设情况等，通过分析评估城市水资源承载力，结合城市的自然生态环境，明确制定城市的发展方向和发展目标。在进行城市规划的过程中，应该对城市原有的湖泊、河流、池塘以及湿地等生态系统进行保护，尽量降低城市开发对原有生态系统造成的影响及破坏，将原有的涵养水源功能进行有效保护。综合分析城市降雨量，科学预估判断城市排水能力，对于降雨量较大的城市，更应该将市政建设与生态修复结合进行，对现有林地、湿地、草地进行保护，修复已破坏掉的城市生态系统，提高城市自然生态系统吸收和净化的功能。

3.2 有效利用城市湿地

城市湿地是城市水体的组成部分，也是防范洪涝、接纳及处理雨水径流的重要途径，在海绵城市建设中对城市湿地进行合理的规划是重要环节，应摒弃传统城市发展中一味追求经济效益，对城市湿地进行的任意破坏、填埋，应将城市湿地以合理保留、因地制宜、规范修复等为原则进行规划。

湿地的水循环系统要根据湿地原有的情况进行规划，水循环系统应具有存储、净化以及吸纳功能，水陆交接生态驳岸系统在满足自然条件、生物系统的需求下进行合理的改造，最大限度地保护河岸，维护河岸的生态系统。在对驳岸的规划中，要利用各种资源丰富驳岸的景观，使驳岸具有观赏性，对湿地植物进行合理的规划设计，因地制宜地对各种植物进行搭配，构建丰富多样的水陆景观，同时对城市湿地的净水功能进行强化。在进行城市湿地设计时，我们可以对一些优秀的城市湿地设计进行效仿，如法国巴黎里尔水生公园，其由多道路堤和多个湖泊交错，形成十字形的网格，在湿地滩种植大量的植物，当水流经过时，植物会对水流进行初次过滤，之后水流流入第一个湖泊，再通过种植柳树的沟渠进入第二个湖泊，柳树在水流经过时能够吸收水中的大量营养物质，第二个湖泊种植芦苇等水生植物以此来吸收水中的磷酸盐和亚硝酸盐，经过多次过滤和净化的水流最终进入公园中心湖，在这里利用紫外线完成消毒过程，这样的水流可以达到游泳水的标准。这样的设计方式不仅保护了生态环境，也为居民提供了一个休闲娱乐的场所，同时促进了水的循环利用。

3.3 海绵城市道路设计

道路用地是城市用地的重要组成部分，是城市市政管线的主要承载体，也是城市内涝灾害发生的主要地点。传统城市道路设计绿化标高高于路面标高，地块内雨水汇集至路面，再完全依靠市政管网排水系统进行雨水疏导。一旦管径设计有误，或因日常绿化灌溉造成淤泥堵塞，市政排水能力便大大降低，这是造成城市内涝的直接原因。此外人工绿化需要人为定期进行浇灌，在消耗人力、财力的同时，也违背了水资源循环利用

的原则。经过多年研究及实践，海绵城市道路设计通过抬高路面、在绿化中增加雨水收集装置、增加步行砖渗水缝等技术手段均已成熟，在未来城市规划中应广泛应用，延展至城市大部分路面设计中，以实现海绵城市建设。

3.4 城市公共设施生态设计

城市公共设施是城市建筑的重要组成部分，而传统的城市公共设施在设计之初大多未考虑雨水收集的功能，在进行城市建设时可对城市公共设施进行合理的改造，它们占地面积多、建筑面积大，是对现有城市建筑进行仿生海绵改造的重要切入点。可结合建筑功能，增设屋顶花园及雨水花园，屋顶花园不仅能够增加城市绿化、改善城市环境，更是雨水收集、雨水储蓄的重要设施。收集储蓄的雨水又可用于花园及室内植物的灌溉，能够有效节约水资源消耗，实现海绵城市规划。

3.5 建设人工仿生海绵体

在海绵城市理念的城市规划中，我们不仅可以人为改造海绵体，还可以建设仿生人工海绵体，增加城市中海绵体数量，提高城市对雨水的收集面积和储存能力。建设仿生人工海绵体可以通过多种方式来实现，如建设绿色建筑设计理念的仿生海绵体，净化水资源进而增加水的利用率；在大型停车场建设再生水的通道和设施，以实现水资源的循环利用；将广场地面、道路地面等设计为透水式，让雨水能够充分下渗，避免内涝；建设蓄水池，当雨量过大，雨水不能充分下渗时，可以利用蓄水池存储雨水，储存的雨水可以用于浇灌绿化带等；在一些较为缺水的地区建造仿甲虫集雾器，其模拟了甲虫从雾气中取水的方式，当温度低于空气时，就会产生雾水，将雾水进行收集，收集的水可以用于浇灌植物。

4 结语

在新形势下海绵城市有效推动了绿色城市建

设、低碳城市建设、智慧城市建设的发展，是城市双修的重要措施及手段。基于海绵城市理念的城市规划进行的探讨和研究，可实现对雨水的循环利用及吸收，提高水资源的利用率，使生态环境和城市发展和谐共存，保证城市稳定、持续的发展。

参考文献

［1］车生泉，谢长坤，陈丹，等.海绵城市理论与技术发展沿革及构建途径[J].中国园林，2015.

［2］杨阳，林广思.海绵城市概念与思想[J].南方建筑，2015.

［3］中华人民共和国住房和城乡建设部.住房城乡建设部关于印发海绵城市建设技术指南——低影响开发雨水系统构建（试行）的通知[Z].www.mohurd.gov.cn,2014.

［4］李华阳.当下科学技术对设计艺术性表达的重要性——浅析海绵城市的技术与环境设计的融合[J].西部皮革,2020.

［5］刘芳.基于海绵城市理念的城市规划研究[J].科技创新导报期刊，2019.

［6］高玉华，李乃元.海绵城市建设规划的几个要点探讨[J].建筑·建材·装饰期刊，2017.

［7］李晶，张莉，尹勇.绿色生态城区海绵城市建设规划设计思路探析[J].科技创新导报期刊，2018.

［8］俞孔坚，李迪华.城市景观之路[M].北京：中国建筑出版社，2003.

［9］徐振强.我国海绵城市试点示范申报策略研究与能力建设建议[J].建筑科技，2015.

［10］张彦婷.上海市拓展型屋顶绿化基质层对雨水的滞蓄及净化作用研究[D].上海：上海交通大学，2015.

景观设计中形态仿生设计方法研究

吴春丽

（长春人文学院，长春130000）

[摘　要] **目的** 将形态仿生设计应用于现代景观设计，把自然界中生物的形态通过各种设计手法表现在景观中，达到人与自然和谐统一，满足人们返璞归真、回归自然的情感需求是形态仿生设计的主要目的。然而在景观形态仿生设计方面目前出现了一些生硬的仿生物形态，导致"形态庸俗"的问题。因此，景观形态仿生设计需要有系统的理论依据。通过论证形态仿生设计的规律和方法，为形态仿生设计提供依据，使形态仿生设计有理论可依，有方法可循。**方法** 运用案例分析、理论分析、设计实践、总结归纳等研究方法。**结论** 景观形态仿生设计中可以运用形态模拟再现、形态转译创新、形态象征、隐喻等设计方法。

[关键词] 形态仿生；仿生设计；景观设计；形态模拟；形态创新；形态象征；形态隐喻

引言：人类的发展在很大程度上源于对自然的模仿，"师法自然"的美学观念也加快了艺术创造的进程。自然界中生物的结构、形态、生存法则给人类启发和引导，因此也使人类在很多领域尝试仿生设计。人的创造欲是科技创新的根本动力，自然和社会是我们认知和创新服务的对象，也是我们学习的最好的老师。

1 仿生设计概述

1.1 仿生设计的概念

仿生学是一门综合性边缘学科，它是生命科学与工程技术科学相互渗透、彼此结合而产生的。仿生设计学是在仿生学和设计学的基础上发展起来的，它是以"结构、功能、声音、色彩、形貌"等为研究对象的学科。仿生设计是人类为了与自然生态环境相协调，保持生态平衡所做的努力和探求的方法。仿生设计学可以说是仿生学的延续和发展，为设计提供新的思想、新的原理和新的方法途径。现在，仿生设计已经被运用到现代设计中的各个领域，它必将成为未来设计领域中的重要方法之一。

1.2 形态仿生设计

目前对仿生设计的研究与实践主要在仿生物形态、仿生物肌理质感、仿生物结构、仿生物功能、仿生物色彩和仿生物意象方面。其中仿生物形态的设计是仿生设计的主要内容，强调对生物外部形态美感特征与人类审美需求的表现。

形态仿生设计主要对生物体的外部形态以及象征寓意进行模仿，并通过相应的艺术处理手段，将之运用到设计中，创造出具有创新性和突破性的艺术作品。

1.3 仿生设计的特点

（1）多学科性。仿生设计涉及数学、生物学、工程学、心理学、材料学、物理学、化学、力学、色彩学等多个自然科学，是一个跨学科和学科交融的新兴学科。因此，运用仿生设计要对相关科学知识有一定了解，要有严谨的科学观。

（2）生态性。仿生设计灵感来源于自然，模仿自然生物的生存状态和适应环境的能力。因此仿生设计更具备与自然和谐发展的特征，遵循自然界发展的规律，更能够提供给人类和自然共生的空间环境。以模仿生物为主要手段的仿生设计天生就具有环境友好性，与生态设计的理念有着天然的默契。

（3）设计无限性。自然界的无穷无尽为仿生设计提供了无限可能。因为仿生设计的原型是自然生物，因为自然生物是无限的，所以仿生设计是无边际的。今天我们在各个学科上的仿生设计仅是冰山一角，生命在地球上已经存在 42 亿年，可挖掘和探索的能被应用于设计中的内容不可估量，因此仿生设计潜能无穷。

2 景观形态仿生设计优势

2.1 自然美与人造美的糅融

现今的自然观不是简单的回归，而是对人类与自然之间和谐发展的理性再思考后的成果。仿生设计是人类社会生产活动与自然界的契合点，使人类社会与自然达到了高度的统一。景观设计本身就是要与自然融合，而形态仿生设计又是源于自然，这样来源于自然灵感而设计的人造物回归于自然环境会具有非常强的契合度，一切顺其自然。如模仿鸟巢而设计的儿童游乐设施，从材料到造型都是仿鸟巢而设计，这种充满浓厚自然气息的设计将孩子吸引到"鸟巢"中，激起了孩子巨大的兴趣，同时也引起了孩子对生物的生活环境的探索。

2.2 人类想象力的激发

植物和动物造型是最能激发人类兴趣和想象力的事物。自然界的"物竞天择，适者生存"造就了几近完美的动植物，这些"优良的设计"实

例保持着生态平衡的同时也为人类提供丰富的形态世界。景观的仿生形态设计把形形色色的生物世界转化为身边触手可及或者身临其中的物化形态空间，让人体验、感受、想象、交流。

动植物形态是最容易被人感知的形态，也是最易产生共鸣的形态，同时也是最富有想象空间的形态。例如，蚂蚁形态的公共艺术将蚂蚁形体放大，儿童如骑士般在蚂蚁背上，这种只有在童话世界里的场景给孩子无限的思维扩散和乐趣。

2.3 景观情感的传达

仿生设计是人对自然界自觉感受和心理认知的发展结果。在马斯洛需求论中人类的精神需求是需求的高级阶段，景观中的情感空间设计也是空间营造的高级阶段。情感是人类生活的一部分，是人类心理中最复杂的体验，影响着人们如何感知、如何行为和如何思维。情感空间设计是在设计过程中，以设计空间的物质功能为基础，充分展现其精神功能，向使用者传达情感，进而使使用者产生情感共鸣。

3 景观形态仿生设计方法

3.1 形态模拟再现

形态仿生设计最简单直接的方法是生物形态的简单模仿与再现，这个方法也是应用最为普遍的。形态再现的设计方法是一种具象化的模仿，通常保留自然形态的原始状貌，进行简单的艺术加工与创造，直观地将自然形象应用于景观设计中，将自然界的和谐美体现到现实生活中，将设计师对自然生态界的精神寄托和向往完全展现出来，给人以亲切、生动的视觉感受。在形态模拟再现设计方法中又有整体形态模仿和局部形态模仿的方法。

3.1.1 整体形态模仿

整体形态模仿是在景观设计中对生物的整体形象进行具象化与直观化的模仿。这种方法直观

易懂，最容易被感知和理解设计的构思意图。我国古代许多城市布局中就有使用整体形态模仿的方法，如杭州凤凰古城、开封卧牛古城、广州五羊城等都是在空间布局上使用了仿生设计，这也在一定程度上开通了仿生学在景观设计应用上的先河，为我们现在的仿生设计奠定了基础。

3.1.2 局部形态模仿

局部形态模仿是截取模仿对象的局部形态特征进行再现的设计方法，这种方法突出了自然形态的某些代表性特征或者元素。例如，中国轨道车辆头部设计，主要选取鹰、鲨鱼和中华鲟的头部形态特征。以头部口器和眼睛的线条形成车窗

要分为几何形态、有机形态和偶然形态。张唐景观设计事务所设计的大鱼公园中的游乐设施由鱼的形象抽象而成。

3.2.2 艺术变形转译法

艺术变形转译是在原生物形态基础上的艺术转化，这种方法更侧重于形态美感的表达。首先要对模仿的原生物的艺术美有感悟，能够提炼其自身存在的艺术元素，然后再根据美学法则进行艺术变形，最终形成具有很好视觉影响力的景观作品。

在学生课程作业设计的青岛海洋馆方案中，应用艺术变形转译法将海螺外形进行艺术变形，最后形成了海洋馆设计方案（如图1）。

外轮廓，以仿生对象头部形态的凹凸形成头部基本形态，点、线、面元素结合，突出不同动势的线条特征。

图1 仿生学运用推演
Fig1 The application of bionics to deduction

3.2 形态转译创新

形态转译创新是基于模仿对象形态的创新和优化，可以说是一种抽象化的造型设计方法。与形态再现强调"形似"不同的是，形态转译创新强调"神似"。这种设计方法要求设计者具有更高的审美能力和艺术理解力。

3.2.1 抽象转译法

抽象法是在原生物形态基础上进行的艺术概括与变型设计，这种方法主要是对形体本质特征的反映。将模仿的生物特征进行反复推敲，提炼出最能体现生物形态特征的元素或符号，运用分割、变异、渐变、重组等艺术手法进行概括，最后创新出仿生形态。这种抽象的设计方法所创造的景观形态具有更强的形式美感，更符合现代人的审美需求，同时能够使景观设计主题充满隐喻性，展现出暗示和想象的主观感受。抽象形态主

3.3 形态象征、隐喻

形态象征和隐喻是借助自然生物的外在形态的相似性，进行整体加工和提炼实现另一个物体的实体展现，并勾起人们的联想与思考。遵循"外师造化，中心得源"的原则，通过景观形态模拟来隐喻心中的思想情怀。

3.3.1 形态象征

象征就是根据事物之间的某种联系，借助某人、某物的具体形象（象征体），以表现某种抽象的概念，思想和情感。仿生形态设计中的象征设计方法是模仿生物形态并借用其内涵意义的一种设计方法。就如白鸽的造型象征和平，莲花的形态象征纯洁一样。

3.3.2 形态隐喻

正如爱奥尼柱式隐喻女性，多立克柱式隐喻男性一样，许多仿生景观设计所采用的设计理念及设计元素会起到隐喻的效果。仿生形态设计中

的隐喻手法是通过形式上的处理，引用文化内涵来暗示景观与传统文化，景观与历史，景观与社会，人与自然的关系，狭义上讲就是景观形式中的意义表达。这种设计方法注重形态的暗示、联想、回忆等，使人感受到景观表面所看不见的东西，更强调空间带给人的情感变化。

4 结语

仿生设计为现代设计的发展提供了新的方向，并充当了人类社会与自然界沟通信息的"纽带"。自然界千姿百态、精巧奇妙的形态给景观设计提供了取之不尽的设计源泉，形态仿生的设计方法为景观设计提供了全新的手段和思维方式。仿生设计使景观设计更具有亲和力，同时也吻合"回归自然""返璞归真"的理念和发展潮流。灵活巧妙地运用形态仿生设计能够创造更丰富的景观空间。

参考文献

[1]路甬祥.仿生学的意义与发展[J].科学中国人,2004（04）:22-24.

[2]黄滢.师法自然:建筑仿生设计（源于自然的灵性建筑）[M].武汉:华中科技大学出版社,2013:2-3.

[3]丁小夏.浅析仿生设计在景观园林中的应用[J].科技信息,2013（18）:192.

[4]徐伯初,陆冀宁.仿生设计概论[M].成都:西南交通大学出版社,2016:152.

[5]杨晓姝.仿生建筑的美学价值初探［J］.山西建筑,2008（04）:34.

[6]王媛.大自然的灵感——浅谈仿生设计美学的价值[J].中国艺术,2015（02）:106-107.

[7]徐伯初,陆冀宁.仿生设计概论[M].成都：西南交通大学出版社,2016:152.

[8]罗东然,徐雷.仿生设计在产品中的美学分析[J].视觉设计:2017（6）:71.

[9]孙宁娜,董佳丽.仿生设计[M].长沙：湖南大学出版社,2010:17.

景观生态学视角下湿地公园生态景区设计初探[①]

肖霄

（阜阳师范大学信息工程学院，阜阳 236037）

[摘　要] **目的** 以景观生态学理论的视角为出发点，结合生态旅游开发原则与基础，从湿地公园布局规划角度着手，结合湿地公园景观生态特征及其地域文化特色进行再规划设计，力求经济效益与生态效益共同发展。**方法** 基于景观生态学理论的视角下进行论述，结合湿地景观及其特征并融合地域文化，建设打造生态文化旅游景观。**结论** 城市湿地公园的开发有利于生态环境的可持续发展，又在一定程度上提高了当地的经济发展水平。

[关键词] 景观生态学；湿地公园；生态景区设计；旅游规划

引言：伴随着国家经济发展水平的提高与现代化城市进程的加快，人们的生活节奏愈发快速、紧张，快速化的城市发展进程让人们产生了亲近自然的强烈需求。另外，生态旅游项目有国家政策的支持，符合国家发展策略。这一举措能够达到保护环境可持续发展与提高经济效益的共同发展。

1 研究背景目的与方法

1.1 研究背景

城市湿地公园开发区别于传统旅游业，在原有的基础上丰富了人们出游的选择范围，增强了湿地地区的旅游竞争力，带动提高了当地的经济水平，促进了区域之间的交流与发展，在一定程度上传承并发扬了区域文化，延续场地的历史记忆。湿地生态系统在一定程度上具有脆弱性与独特性，但是正因为湿地系统的特殊性，要求我们在生态旅游规划的同时必须重视其生态脆弱性，这一特性则要求我们必须在科学的理论指导下进行合理规划。该旅游方式现正处于新兴发展阶段，本文的相关研究就是在这个研究背景下提出的。

1.2 研究的意义及目的

城市湿地公园的开发有利于生态环境的可持续发展，又在一定程度上提高了当地的经济发展水平。本文以景观生态学理论的视角为出发点，结合生态旅游开发原则与基础，从湿地公园布局规划角度着手，结合湿地公园景观生态特征及其地域文化特色进行再规划设计，力求经济效益与生态效益共同发展。

① 基金项目：培养应用型创新人才的展示设计教学方法改革研究（2020jyxm1418）；融入长三角区域合作背景下文博会展示空间设计研究（2020MTYSJ01）；环境设计专业教学团队（2017jxtd141）；媒介融合下国风视觉效果动画片的艺术创作研究（2019MTYSJ02）。

1.3 研究内容及方法与思路

研究内容：本文基于景观生态学理论的视角进行论述，结合生态旅游开发原则与基础，从湿地公园整体布局规划角度着手，在保存原有的合理基础设施上，对八里河湿地公园进行再规划设计，针对现场存在的问题进行改造，完善湿地检测与管理机制，方可保证湿地公园未来可持续发展。

研究方法：文献分析法，本文通过对景观生态学、旅游学等相关学科的文献进行查阅，综合归纳了湿地公园旅游开发原则及其方式、方法。实地调查法，去实地考察了解实际现状，集中掌握了该地一手及二手资料，作为本文分析论证的事实依据，根据现场存在的问题，进行一系列科学规划与改善。实证分析法，安徽省阜阳市颍上县八里河风景区为本文实例进行规划研究，在一定程度上具有地域代表性和典型性。与其他湿地旅游开发有极大的相似性，有其统一性与独特性，对其他相关生态旅游地开发有借鉴与启示作用。

研究思路：从景观生态学视角出发，以阜阳市颍上县八里河湿地公园为实例，针对该地发展生态旅游的现状及遗留问题，进行论证分析及规划，对该地环境污染进行改善规划，构建良好的湿地生态水网体系。在湿地旅游开发原则与基础上，阐述了景观生态学在公园规划过程中的重要性与必要性。

2 相关理论综述

2.1 湿地的定义

湿地生态系统是由湿地环境，栖息于湿地的动植物、微生物等构成的统一整体。湿地具有多种功能：为动植物的生存繁衍提供了场所，保护了生物多样性；调节径流，改善了水体环境；调节小气候，提供了旅游资源。

2.2 景观生态学相关概念论述

景观生态学的研究范围是整体景观，强调空间上的可持续发展，生态系统之间的相互作用，研究景观的格局美化，优化结构的学科，是许多学科的交叉点所构成的新兴学科，其研究主体为地理学和生态学，土地的合理利用与规划则是景观生态学的重要研究内容。

2.3 生态旅游的定义特征及功能

生态旅游指在一定的自然环境中有责任的旅游行为，其旅游观光的目的为亲近自然，了解当地历史文化和现存的自然文化景观。它是以可持续发展为理念，保护生态环境为前提，采取的生态友好方式开展的旅游方式。生态旅游的基本特征分为以下几个方面。①独特性：通过开展生态旅游可以达到保护生态的完整性，把经济价值与生态价值相结合，并不单一地追求其创造的经济效益。生态旅游者完全融入自然环境中，获得独特的生态旅游感受经历，有强烈的参与性。②小型化：指旅游规模小型化，使游人数量限制在一定范围内，不仅在一定程度上减轻环境承载压力，避免了造成生态环境破坏，同时提高了旅人的观光旅游质量，保障了生态旅游景区的长期可持续发展。③体验式：在旅游方式上更看重游人的参与性，在实际体验中领略生态旅游的奥秘，在直观体验下感受生态旅游的魅力所在，从而达到生态旅游的生态教育目的，使人们养成保护环境的自觉性，树立环保意识。生态旅游之所以成为当代旅游新型模式，越来越成为人们出游的主要选择，恰恰也正是因为其本身所具有的特性。④生态功能：为人与自然的和谐统一提供了平台和生态空间，实现了生态环境的可持续发展。⑤社会经济功能：创建服务于大众，为环境特色和独特的服务设施提供了广阔的交流平台，引导人们走近自然、亲近自然、爱护自然的同时，大大增强了区域竞争力，提高了区域经济发展水平。⑥文化功能：有利于促进区域文化交流与发展，有利于区域文化的发展与传扬，增强人们的区域历史文化记忆，为青少年的科普教育提供场所。

3 基于景观生态视角下发展生态旅游的湿地公园构成与分析

自然环境：八里河风景区是依托于自然原始资源的湖泊型水域风光，拥有卓越的自然环境、占地广阔的同时还拥有丰富的动植物资源，景区风光宜人，田园野趣，使光顾八里河有回归自然、返璞归真之感。旅游者：由于生态旅游景区的特殊性，要求旅游者在旅游观光过程中完全融入大自然中，不破坏自然环境，尽量减轻旅游活动对其造成的生态压力。景区可设立指示标语、文化展示区等进行科普教育，使旅游者在旅游过程中树立保护自然的意识，进而维护生态可持续发展。当地居民：当地居民既是旅游地的主人，同时也是一种特殊的旅游资源以及旅游业中的主要人力资源，在一定范围内对当地旅游业发展有着重要的影响作用。

文化景观：该区域更是管子故里，具有悠久的人文历史文化。其中以界首彩陶、阜阳剪纸尤为突出，地域文化丰富。同时还是国家非物质文化遗产花鼓灯分布在淮河以北的唯一形成代表。

4 基于景观生态视角下生态景观旅游规划的基础原则

4.1 自然生态安全原则

湿地具有脆弱性，因此在建设规划湿地旅游区时应注重保护湿地这一脆弱生态系统的完整性，同时也要充分发挥湿地的生态功能。统筹生态环境可以持续发展，不能一味只重视发展经济而忽略生态环境安全，达成人与自然和谐相处的生态秩序。

4.2 旅游经营策划原则

以市场为导向，精心选择客源市场。主题明确，区别创新不同于同等生态旅游景区，提高景区竞争力，提高对旅游者的吸引力。景点项目可提高旅游者的参与性，使其获得更直观的旅游感受，景区景点项目推陈出新，提高景区吸引力，刺激带动消费。充分利用当地特色文化，打造具有独特的地域性特色文化生态旅游，使其区别于其他旅游景区，提高景区竞争力。在开展生态旅游的同时，可以开展相关产业，为当地居民提供了就业岗位。建立旅游产业发展体系，适当发展农林水产等其他内容，提高当地居民收入，促进经济发展水平的提高。

4.3 社区发展受益原则

旅游社区即指依托旅游资源的社区。生态旅游项目的开展，不仅可以增加居民收入，改善生活质量，协调景区开发和居民之间的矛盾，也可以促使居民自愿、自发地参与到资源保护的行列中来，能够引起当地居民对保护生态环境的重视，从而更好地达到生态保护的目的。

5 景观生态学视角下湿地公园规划体系

5.1 八里河湿地公园规划理念及现存问题

开展城市湿地公园建设是人与自然和谐发展的根本目的，在保护生态环境的同时，依托其优越的生态环境发展其旅游观光项目的举措。随着城市发展水平的提高，湿地恢复与城市发展关系不协调，应在城市发展水平提高的同时，注重湿地环境保护机制，建立湿地圈层的保护模式，避免城市化进程的加快对其周围环境造成破坏。湿地的水源及水量不能得到保障，为应对这一现象，应采取构建湿地生态水网体系，提供多水源补给，构建内部水网体系等一系列措施。湿地景观呈现破碎化，部分区域的植被较为稀疏，对其进行补植栽种，减少区域的地表裸露面积。没有明确划分保护区和可利用区域，致使湿地自然区域受到严重的人为干扰，导致湿地功能退化，所以应明确划分保护区，以保障自然区域的正常发展。在展现生态效益的同时有力促进民众生态观念与意识的提升，使其树立保护环境的自觉性。

5.2 八里河湿地公园生态旅游资源评价

维持湿地景观格局多样化。在保存其自然景观的基础上，对呈现破碎化的景观进行修复，恢复景观植被的完整及其水域水体的连通，在一定程度上减少人工硬质铺装，减少人造景观建设，突出体现湿地景观特征。维护湿地物种多样性。在其原有的乡土物种基础上，适量、适当地引入外来物种，营造其动植物的多样性，使其完善湿地园区的生态系统，从而形成丰富的生物链层级。留存自然风貌，营造生态之美。尽量保存湿地景观的显著特征，如湿地中的浅水沼泽、缓坡，在丰富景观层次的同时可以为野生动物提供栖息地。此外，在保存八里河园区湿地景观特色的同时，建设适当的人工景点和部分景观、科研设施。以自然风光、湿地环境展示、科普探索为主要特色。

5.3 湿地景观功能分区及设计

根据其水体环境和水体深度变化，进行分区设计及规划，划分为生态游览区、核心生态保护区、改善生态恢复区以便进行分区设计。

湿地核心保护区的功能：保护湿地生态物种多样性，减少人为因素对其造成影响，可以为湿地动植物的生存繁衍提供良好的栖息环境。特色：在很大程度上可以保存湿地原有景观特色风貌，使游人领略感受自然之美，领略自然的奥秘。地形与水体改造：在动植物栖息繁衍的中部位置，保存其原有的景观特色，在一定程度上保持自然景观的完整性，在这个区域树立标识，减少人为因素造成干扰的可能性，对其污染水域或景观破碎区域进行生态恢复及修复。水生鸟类栖息地保护区：利用原有的地理环境，构筑符合鸟类生存繁衍的自然环境，并在其外围规划不干扰鸟儿生活的木栈道观鸟径、观鸟廊，配合标识系

统，为人们欣赏鸟类提供途径，为青少年科普教育提供场所，在核心保护区外围建立湿地系统展示区，用以展示湿地生态系统、湿地自然景观、栖息于湿地的动植物等有机整体，展开科普教育活动。湿地生态展示区应科学有序向游人开放，限制游览人数、游览时间等。人文景观展示区，在实施景观规划中应充分迎合其当地文化特色，如剪纸、彩陶等，打造具有区域文化特色的景观小品，与当地的文化特色相结合。水体景观设计，水是湿地生态系统中最核心的部分，同时也是湿地景观设计的重要元素，在原有的设计基础上，摒弃死板生硬的水岸线设计，以流动的曲线来表现水岸线，赋予其流动的生命力，使其看起来更加生动、自然。植物景观设计，在原有的植物物种基础上，适当引进外来物种，丰富园区物种，提高游人游览兴趣，为园区内动物提供休憩繁衍区域，在不同季节都可呈现不同的景观特色。利用植物的不同组合方式，打造疏密错落的感觉。在植被稀疏区域进行补植，修复景观破碎区域，减少地表裸露区域，建立生态缓冲区，减小生态压力。在近水区域种植根系发达植物，对岸边土地进行固土，防止土体滑坡对水体造成破坏。完善景区的环卫设施，使景区环境卫生可以得到保障，减少人为因素对景观生态造成破坏。

6 结语

城市湿地公园是国家湿地保护体系的重要组成部分，国内外许多学者都对其展开了研究，研究成果及其理论填补了此领域的空白，为其发展奠定了基础。生态旅游是湿地公园的主要功能，开展旅游项目所产生的社会经济效益是支持保障环境可持续发展的主要动力。因此，景观生态视角学下对湿地公园的研究与发展具有重要的探索意义。

参考文献

[1] 邬建国.景观生态学：格局、过程、尺度与等级[M].北京：高等教育出版社，2000.

[2] 王瑞山,王毅勇,杨桂谦，等.我国湿地资源现状、问题及对策[J].资源科学，2000（01）:9-13.

[3] 戎良.杭州西溪景观格局分析[D].杭州:杭州大学,2007.

[4] 崔保山,杨志峰.湿地生态系统健康的时空尺度特征[J].应用生态学报，2003（01）:121-125.

[5] 黄金铃.对《城市湿地公园设计导则》几个基本问题的解读[J].规划师，2007（03）:87-89.

[6] 俞孔坚.生存的艺术：定位当代景观设计学发表[J].建筑学报,2007（03）:12-18.

[7] 曾忠忠.城市湿地的设计与分析——以波特兰雨水花园与成都活水公园为例[J].城市环境设计,2008（01）:83-85.

[8] 黄时达.成都市活水公园人工湿地系统10年运行回顾[J].四川环境，2008（03）:66-67.

[9] 关午军,李路平.城市湿地生态景观营造探索[J].重庆建筑，2006（03）:43-47.

[10] 娄鹃,刘奕清.人工湿地子系统生态植物景观构建的研究[J].生态经济，2007（02）:24-27.

以用户需求为中心的小家电设计探究

龚巧敏，邵媛媛

（汉口学院，武汉 430212）

[摘　要] **目的** 居民生活水平的提高和小家电行业的迅速发展，要求必须以用户需求为中心对小家电产品进行创新设计，从而使用户深切感受到产品带来的人性化功能，提高用户的生活品质。**方法** 通过调研发现，以用户需求为中心的小家电设计当前呈现出注重造型的多样化、注重交互的智能化、注重技术的先进性、注重应用的舒适性 4 个趋势，为此在设计小家电过程中应当深切关切这些趋势，从造型、情感、色彩三个方面完善设计方法。**结果** 运用此设计方法，在市场调研和用户需求分析的基础上，仿生企鹅外形设计了"壶趣"仿生电水壶。**结论** 相比传统电水壶，该款产品在顶部接水口、壶嘴、底座、材质以及外观等方面进行了改进和完善，从而在避免漏水引流、减少杂音等方面具有比较优势。

[关键词] 用户需求；小家电；电水壶；造型；仿生

引言：近年来，随着居民生活水平的提高，小家电行业发展迅速，市场规模已达到 4 000 亿级别。尤其是新冠疫情发生以来，由于小区封闭式管理等疫情防控措施的影响，居民对小家电的需求更为强烈。据统计，2021 年 "6.18" 期间小家电较上年同比成交额上涨 180% 以上，在绝大多数行业呈现停滞的情况下做到了逆势前行和 "风景独好"，发展前景十分稳定广阔。

1 研究现状

然而，伴随小家电市场繁荣而来的是用户投诉与差评的快速增长，这已成为小家电发展的 "堵点" 和 "痛点"。总体来说，除快递因素外，用户意见主要集中在小家电的使用方式、设计造型、结构安排等方面。这具体体现在以下三方面：一是对交互设计不满意。一些小家电按键过多、界面复杂，用户极易误操作，难以满足用户对小家电操作方便、交互简单的心理预期。二是对结构设计不满意。由于国家对小家电有严格的安全标准限制，出于规避法律风险的考虑，大部分小家电生产企业较为保守，导致一些不合理的设计一直延续，如电水壶在倒水时存在水沿着壶嘴位置滴洒出来的情况。三是对功能设计不满意。随着外国多元化设计理念的传入，用户审美眼光日益提高，对小家电功能的需求从单一走向多样，期待小家电能够拥有人性化、系统性的功能，从而提升使用时的满足感。

小家电发展中的这些问题使 "用户需求" 成为 "关键词"。从市场角度看，小家电的市场需求取决于用户需求，生产企业必须不断融合用户需求，以用户需求为中心开展系统化产品设计，从而使小家电的产品印象从单一慢慢转为多样，从外在形象慢慢转为内在情感，简而言之即用户需要什么小家电企业就制造什么。实际上，基于用户需求设计小家电已成为潮流趋势，国外学界对相关技术、交互界面、人机互动等已进行了充分研究；相比国外，我国对家电用户需求的研究较多，但对小家电的研究较少，多集中在界面设计方面，对小家电的特殊性以及基于此种特殊性而应当采用的设计方法缺乏研究。

因此，非常有必要从用户的角度出发，以用户需求为中心对小家电产品进行创新设计。用户需求实质上是用户与产品之间的相互关系，智能化、人性化的小家电设计实质上是用户与小家电产品之间的一种"和谐状态"。要达到这一状态，不仅要在产品实用性的基础上注入现代科技制造技术，还要在外观造型设计上融入趣味性和情感化设计，从而使用户深切感受到产品带来的人性化功能，改善用户的情感和心理状态，提高用户的生活品质。

2 以用户需求为中心的小家电设计趋势

由于技术标准已较为成熟，小家电产品的基本功能和质量已趋于一致，为此，若要在激烈的市场竞争中占据一席之地，小家电生产企业就必须以用户需求为导向。用户需求包括消费需求和使用需求，前者是在购买产品过程中产生的态度，后者则是为了购买特定需要的产品而形成的想法。这一概念要求，在设计小家电过程中，必须在充分市场调研的前提下，重点分析用户对小家电产品的认识定位和使用需求，并据此创新设计思路，兼容智能化、信息化、人性化的设计功能，从而设计出契合用户心理特征和精神状态的小家电产品。具体来说，在实践中存在下述4个方面的趋势。

首先，注重造型的多样化。随着用户个性化需求的增多和家电制造新技术的发展，在设计小家电时设计师必须独具匠心，更加重视小家电外观和造型的设计，确保其颜色、形状、结构等造型均符合现代人对实用性和美观性的双重需求，甚至赋予小家电以"人格""使其具有情感、个性、情趣和生命"。

其次，注重交互的智能化。人工智能技术的高速发展和互联网行业的快速扩展使人类进入"智能化时代"，智能化技术向小家电领域的不断"渗透"促成了以小家电为重要支撑的"家庭智能化"新型生活消费业态，智能化小家电已逐渐成为生活中必不可少的组成部分。相比大功率电器，小家电机身体积较小，消耗能源较少，操作简单方便，而且便于携带，方便移动，小家电的这些特点使之能够更容易通过智能化设计优化人机交互，并通过智能化交互满足用户，特别是80后、90后用户的使用习惯，提升小家电使用的便捷性与易用性。

再次，注重技术的先进性。小家电虽"小"，但在生产过程中已逐渐向尖端科技靠拢，在生产制造时应用了很多先进技术，其"含金量"在不断提升。目前，自动检测技术、辅助设计技术、质量控制技术、程序控制技术已基本应用于全部小家电的生产过程中，通信技术、焊接技术、材料处理技术、检测技术也已在小家电制作过程中得到不同程度的运用；应用集成技术、计算机辅助制造、计算机辅助检测、柔性生产单元、喷雾机器人、物料搬运机器人以及数据收集和跟踪系统等最新技术也已逐步被应用于小家电的生产设计中。此外在低碳环保理念的引导下，二次设计方法、模块化设计方法以及配套技术也被逐步整合到小家电的生产技术中。

最后，注重应用的舒适性。用户在使用小家电过程中不仅关注小家电的基本功能，而且更重视体验，也就是说，用户在使用小家电时非常看重使用过程是否舒适、是否具有趣味性和时尚感，从而带来愉悦的情感体验。相比前三点趋势，舒适性更强调的是一种内在的情感交互，由于用户个性、行为方式、居住环境等存在差异，每位用户对同一小家电的舒适性存在差异化的认知。为此小家电设计中必须以人性化、个性化为基础，最大限度上兼顾各种情形，从而为使用者带来更好的产品体验。

3 以用户需求为中心的小家电设计方法

小家电设计的上述发展趋势对小家电设计方法提出了更新、更高的要求。相比传统强调单一功能性和安全性的设计思路，随着生产技术的发展和消费理念的更新，用户开始倾向于购买使用兼容功能、安全、情感、习惯等多种因素的"复合型小家电"，这对小家电产品的设计提出了更高的要求。通过以上趋势能够发现，基于用户需求的小家电设计必须更加重视造型、情感、色彩三个方面的设计方法。

3.1 造型方面的设计方法

由于产品的造型和外观设计"影响用户对产品的选择和后续对产品的使用体验"，因此产品造型是在设计过程中应当首先考虑的要素。就小家电产品的设计而言，其造型方面的设计方法应当着重考量三个因素。一是考量具体的设计手法。从小家电的功能定位来看，小家电的造型设计应当以人机工程为依据，按照构成原理进行恰当的外观和结构设计。在设计过程中，既要考虑对比、比率、均衡、节奏等常用表现手法，又要根据小家电自身特点并在确保安全性的前提下，对其固有的形态进行一定程度的扭曲变性和结构重建，从设计手法上进行创新。二是考量仿生设计。随着小家电设计方法逐渐增多，设计师发现自然界的一些动植物的功能特征是在进化过程中与环境交互形成的最优结果，因而能够在通过仿生学对其生物结构进行分析的基础上，借鉴到产品设计之中，从而使小家电产品更符合力学原理

和使用习惯。三是考量科技进步。目前小家电的技术标准、发明专利正在迅速更新，相关技术和材料的进步使原本在固有技术标准下难以实现的产品效果成为可能，从而为设计师造型的选择提供了更为广阔的空间。因此设计过程中必须密切关注相关技术动态，并以此为基础设计更为多样化和多元化的小家电造型。

3.2 情感方面的设计方法

从制造小家电的初衷看，小家电的定位经历了从满足用户基本生活需求到满足用户基本生活和情感双重需求的转变过程。一方面，小家电的质量、功能是小家电的设计重点；另一方面，人性化需求设计理念的引入使小家电承载了更多基本功能之外的情感功能，也就是说，通过小家电情感化的设计打破刻板印象，带给用户趣味性的体验，缓解用户因复杂外部环境而产生的心理压力。这一设计方法不仅要求在设计小家电产品前必须进行系统化的市场调研，对产品功能、用户认知、客观需求等有充分把握，而且还要求在设计过程中引入更多人性化元素和情感化表达，从而使用户对小家电有更为直观和感性的认识。实质上，"情感与价值判断相关"，对情感的重视也能够提高小家电在用户心中的价值，从而帮助生产者占领市场份额。因此情感化设计方法是"双赢"的办法——不论是对于小家电生产者还是对于小家电使用者。

3.3 色彩方面的设计方法

色彩是用户对小家电最为直观的感受，因此小家电设计必须符合用户的"色彩心理"。研究表明，色彩会让观察者的视觉、感觉以及心理产生反应。例如，红色会使人联想到热情、危险，黑色会使人联想到静谧、严肃。因此小家电的设计必须注意色彩搭配，从而让生产者、用户、小家电之间"建立共同的语境，以便唤起彼此趋同的联想"。具体来说，在设计小家电时，设计师必须在统筹考虑文化特征、使用场景、心理情绪

的基础上，针对不同的家电、用户、情境进行针对性的色彩搭配，满足社会个体对于小家电产品差异化的个性需求，从而通过色彩运用呈现产品魅力，展现人文关怀。

4 以用户需求为中心的"壶趣"仿生电水壶设计

为了使上述设计趋势和方法更为直观具体，考虑到电水壶的普遍性，笔者基于上述方法设计了一款"壶趣"仿生电水壶。当前，由于便捷性、易用性等优势，电水壶已然是大多数家庭的生活必备电器，市场上电水壶的造型设计、功能构造也在不断突破传统的单一模式。在这一背景下，笔者设计了一款融人性化、功能性、趣味性于一体的"壶趣"仿生电水壶，以期最大限度地满足用户需求。

4.1 用户需求分析

通过市场调研等方式，本文对电水壶进行了用户需求分析。经过分析发现，电水壶市场目前存在4点消费特征：电水壶已成为水电类产品的主力小家电，电水壶消费者遍布各个年龄层，对电水壶功能的需求与年龄大致成反比，不锈钢材质电水壶受到垂青。此外，虽然当前的电水壶设计越来越时尚、越来越个性化，但消费者依然非常重视其安全性，期待电水壶安全耐用、操作简单、能耗较低。

4.2 设计定位

使用群体方面，本款产品的目标人群以年轻人为主。之所以定位为年轻群体，是因为从需求看相比其他年龄段，年轻群体更追求电水壶的功能性和舒适性，更追求时尚简约有趣的产品外观，因而对多功能电水壶具有更高的接受度。消费心理方面，本款产品设计过程中始终贯彻"用户需求"的设计理念，在对电水壶的用户需求及消费目的等方面进行综合分析的基础上，尝试设计一款外形简洁流畅、功能丰富多样的电水壶吸引消费群体。审美趣味方面，本款产品强调满足用户的情感需求，让用户在与产品交互的过程中产生乐趣，提升用户的使用体验和生活品质。使用环境方面，本款产品不仅适用于家庭，而且适用于办公场所，能够满足多场景的使用需求。

4.3 设计方案

在综合考虑上述设计方法、用户需求以及设计定位的基础上，决定采用仿生设计，利用企鹅的形态设计趋近企鹅外观的"壶趣"仿生电水壶。之所以选用企鹅形态，是因为企鹅形态的稳定性较强，而且能够较好地解决电水壶普遍存在的漏水引流问题。

具体来说，相比传统电水壶本款产品在设计上有如下优点：①对于传统电水壶普遍存在的倒水时漏水引流的问题，本产品仿生了企鹅的嘴巴形态，给予壶嘴一个合理的弧度来抑制水流速度，控制出水角度，使水不是直接从壶嘴洒出，而是通过合理的几何学设计使出水速度更为缓和，角度更为平和，从而有效解决了家用水壶经常遇到的倒水过程中的漏水问题；此外，企鹅造型可爱时尚，对年轻用户具有很强的吸引力。②对于壶嘴由于频繁使用而产生水垢却不易清洗的问题，在产品下半部分的"嘴巴"位置设计一个弧度较大的槽，方便日常清理。③为了方便进水，顶部接水的部分采用按压式设计，轻轻按压即可轻松打开上盖。④对于普遍存在的电水壶底部容易沾水进而影响使用安全的情况，产品底座部分仿生企鹅的脚部形状，采取中空的设计方式，将线缠绕在底部，减少因底部潮湿而产生的用电安全隐患。⑤在底座部分设置时间定时功能，在保持恒温的状态下会显示时间，做到"一物多用"。⑥由于电水壶可能会在安静的办公场所使用，为了减少烧水产生的杂音，在电水壶内部采取最新技术制作的加热器、温度保护器与蒸汽式断电开关，最大限度上避免了烧水杂音。

⑦产品内胆采用耐腐蚀、耐热、强度高的不锈钢材质，保证水质安全；产品外部采用更为时尚简洁的塑料材质，使其色彩和造型更为出众。

5 结语

总之，面对日益饱和的小家电市场，以用户需求为中心已成为小家电生产企业寻求发展的必经之路。小家电生产企业只有对原有产品不断进行设计创新，研发符合用户需求的新产品并迎合用户需求，打造差异化、个性化的小家电产品，才能在竞争激烈的小家电市场中脱颖而出。

参考文献

[1]侯洁茹，牛岁清，刘娇娇.极简主义下小家电产品的情感化设计研究[J].科技与创新，2020（10）：49-51.

[2]曹木丽.基于个性化需求的智能小家电交互设计研究[D].北京：中国矿业大学，2017.

[3]高媛.小家电消毒类产品研发中人性化设计的应用研究[J].包装工程，2018（24）：221-225.

[4]陈学锋.基于MES的小家电总装品质信息系统的设计和开发[D].成都：电子科技大学，2017.

[5]樊敏达，黄军花."互联网+低碳"——小家电设计的新形式论述[J].美术大观，2020（4）：144-146.

[6]马方菁，曹鸣.慢设计在厨房小家电中的应用设计研究[J].设计，2020（5）：122-123.

[7]曹国忠，贺蕾，于晶晶.虚拟交互辅助产品外观设计流程研究[J].机械设计，2019（12）：134-139.

[8][美]唐纳德·A·诺曼.情感化设计[M].付秋芳，译.北京：电子工业出版社，2005.

[9]宋建明.色彩心理的学理、设计职业与实验[J].装饰，2020（4）：21-26.

[10]王慧.系统思维驱动的厨房小家电可持续设计研究[D].长沙：湖南大学，2019.

基于形态仿生设计下智能药盒的设计研究

赵睿，孙亚楠，韩畅，孙嘉彤

（大连工业大学，大连 116034）

[摘　要] **目的** 对仿生设计理论中形态仿生在智能药盒设计的运用进行研究，为产品设计提供更多思路。**方法** 通过调研分析等方法，确立了在形态仿生设计理论以及情感化设计理论的支撑下，以动物形态——"猫"为基础的形态仿生设计，从而总结出应用于智能药盒的设计理论与实践。**结果** 以智能药盒为例，阐述了基于形态仿生的具体设计流程，并赋予实践，打破了传统的智能药盒产品在形态以及结构方面的设计局限，实现了产品创新。**结论** 阐述了具体设计的流程，设计出满足用户在外观、交互、收纳等方面需求的智能药盒。

[关键词] 形态仿生；交互；智能药盒；收纳

引言：目前国内的药盒设计主要集中在药和试剂的分装上，多数结构简单，并不适合多种药物的放置与使用。此外，还缺少用户体验以及无法解决面对相应群体对使用医药类产品所产生的负面情绪等问题。根据上述问题，首先依据仿生设计中形态仿生理论，对智能药盒的外观以及结构进行设计，达到用户对产品外观上的喜爱以及各类药品收纳问题。在此基础上应用情感化设计理论，设计出一款可以和用户进行情感交互的智能药盒，抵消用户在使用药品时的负面情绪，与用户形成情感共鸣，从而增加实用性与体验性，使此次智能药盒设计更具有人文关怀。

1 基于"猫"的形态仿生设计

仿生设计属于仿生学的范畴，而形态仿生是产品外形仿生设计中最为常见的仿生形式，通过参照大自然某种生物特性来优化产品功能，在增加产品性能的同时也使产品更具有趣味性、亲和性和创造性。

通过查阅相关资料，我们发现在东京有一些著名的猫吧，很多猫咪在里面玩耍、散步，在猫的陪伴下人们能够放松心情，舒缓压力；同时据统计，在法国养猫的家庭达到 25%，其中 13% 的猫主人会向猫讲述自己内心的隐秘；在中国，也有很多人将猫视为朋友。很多研究都证明：那些与猫生活在一起的人拥有更好的心理健康状况，大约从 20 世纪 70 年代开始，"宠物疗法"便在国际上流行，猫、犬、鱼等宠物被运用到身体残疾者、心理障碍者以及老少病人。在它们陪伴治疗情况下，成为人们治愈现代人的情感心理变化和社会关系变革，给予都市青年更多内在心理的关怀的"治愈者"。

针对此次相关资料以及人们对宠物喜爱程度

进行分析，我们选用猫的身体部位——猫爪为主要形态，对智能药盒的外观以及内部结构等进行设计。一方面可以缓和用户情绪，给予用户阳光般的温暖，满足用户的情感需求；另一方面可以满足用户药粒分装、方便携带等功能需求。同时药盒的智能化也能够提醒工作繁忙的人按时吃药。

2 基于形态仿生的智能药盒设计的意义

随着现代社会的不断发展，基于人工智能等技术方面的智能产品的社会需求也逐渐旺盛，智能产品在现代社会有着广阔的应用前景。但是随着市场的不断开发，目前智能药盒的设计主要集中在简洁、柔和的设计方向上，不仅未能满足用户的审美需求，也无法解决用户对医药品所产生的负面情绪等问题。亚里士多德说过："一切创造都先源于自然的模仿"，而基于形态仿生的智能药盒的设计，不仅能够打破智能药盒在市场中的外观形态所带给用户冷漠、呆滞的直观感受，同时能够体现生物体的精神内涵，满足用户在使用过程中的情感体验。形态仿生设计与情感化设计理念的结合，能够为现代产品设计提供一种人性化的设计观，能够极大程度上唤起人与产品间的精神共鸣。通过对被仿生物形态、结构的分析和研究，在智能药盒设计中尝试融入形态仿生设计方法，可以增加智能药盒与用户的情感交流及亲和力，对未来智能药盒设计具有一定的借鉴意义。

3 基于形态仿生的智能药盒设计流程

3.1 研究流程

（1）通过用户研究方法对使用智能药盒的用户进行调研分析，确定用户需求及环境，并根据需求进行相关产品的市场调研，得到当前产品的优点与不足，并总结设计产品架构。（2）先以产品形态仿生理论为指导，对智能药盒的外观形态、内部结构等进行设计，同时用情感化设计理论对产品的颜色以及用户与产品之间交互心理进行研究。（3）根据调研的分析结果，用 C4D 等软件进行模型建立。

3.2 设计流程

首先，需要对仿生对象的整体形态、结构、色彩进行研究，从人文关怀的角度，提出对产品的创新方案，此次智能药盒设计外观形态上选取猫局部特征——猫爪，通过 CAD 建模来进行表达，达到美学评价的基本要求。其次，对已确定的生物进行整体或局部形态优化，并获得产品形态仿生的备选方案，达到以"形"传"意"的效果，使其展现的智能药盒产品形态更具写实性与生动性。最后，生成的整个设计方案能够通过仿生设计有效地向用户传达其情感特性，而此次设计的智能药盒整体设计思路是以便携式药盒作为出发点，具备结构紧凑、使用便捷、体积较小的特点，方便了药盒的开启和关闭，且便于随身携带，满足人员使用需求的优点，解决了在以后日常出行过程中不想携带较多的药物，增加重量且不易携带的问题。

4 基于形态仿生的智能药盒设计实践

4.1 造型结构设计

仿生设计不仅需要在形态上满足人们对产品趣味性、独特性的追求，同时设计风格等也要符合当前人们的审美情趣。在现代产品设计中，人们越来越追求一种简洁、朴素、实用的设计风格。但在智能药盒设计中，过于追求简洁，用户会产生对医药品使用的排斥心理，从而影响用户的身体健康。因此，在智能药盒外观形态的设计上不仅要将外观形态高度精炼，达到大众的审美需求，而且要运用情感化设计理论的支撑，传递给用户一种天然的亲近感、关怀感甚至可以从心理上缓解用户的压力和焦虑。

　　设计前期我们对被仿生物猫的爪子做了大量的深入研究：猫咪的前爪五指，后爪四趾，猫咪肉垫着地时可作为避震器，并有消音效果和缓冲效果，可使猫咪走路没有声音，猫咪的肉垫形状大致分为三叶草型、饭团型、鼻子型、富士山型以及米粒型，而不同形状的肉垫也显示出不同性格的猫咪。图1所示为智能药盒模型。这些元素为智能药盒整体形态设计提供了依据。在结构上，为了让用户与产品的交互过程中具有趣味性，在开启时，按下"猫垫"，智能药盒的盒盖就会以旋转方式自动开启，边缘上也采用磁吸设计。而且为了实现药物的收纳功能，在智能药盒内部结构根据猫咪的四趾进行隔断分层，可以使多种药物进行分类放置。模型结构及颜色方案如图2所示。

图1 智能药盒模型
Fig. 1 Intelligent medicine box model

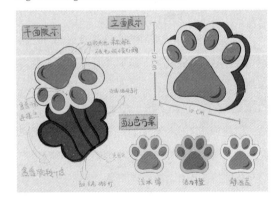

图2 智能药盒结构以及颜色方案
Fig. 2 Intelligent medicine box structure and color scheme

4.2 色彩搭配设计

　　人最直接的体感是视觉，视觉可以说是人的第一感知能力，而识别一件产品时，人第一眼看到的是色彩。色彩给人们带以不同的感受，也影响着人们对产品的选择和使用情绪等。在智能药盒的色彩搭配设计中，由于猫爪肉垫大部分是粉红色的，所以主要将粉色运用到内部结构以及猫爪"肉垫"，外部和充电口大面积使用白色，显得可爱，打破传统智能药盒颜色上的单调。而产品的配色上选用现代流行的莫兰迪配色，莫兰迪色系可以使颜色搭配呈现出不同的高级感，给人一种优雅别致的感觉。所以在配色上选用了浅水绿、活力橙以及静谧蓝，这些色系能够带给用户直观柔和的感受，也受当代人的青睐，如图2所示。

4.3 APP 交互设计

　　用户对智能药盒最基本的功能需求是完成"准时吃药"。而此次智能药盒设计，我们搭配了与此次药盒对应的手机APP，当APP界面打开后，系统提示打开手机蓝牙搜索智能药盒设备。用视听觉相结合的方式，提醒用户按时吃药。APP具有的功能：修改药物名称、设置吃药提醒时间、对吃药记录进行查询等，如图3所示。

图3 智能药盒APP界面设计
Fig. 3 Intelligent medicine box APP interface design

5 结语

　　随着现代社会的发展，人们对智能化、便携性、人性化的不断追求，智能药盒已成为一个很有现实意义和使用价值的电子装置。而此次智能药盒设计基于形态仿生设计，做到了药盒在外观上进行突破。药物的收纳对于保健药物使用者、病患者等人群来说是极为重要的部分，而产品的功能性是设计的基本原则，因此从产品结构上解决了药品的收纳问题，同时也方便药盒开启和关闭。智能药盒情感化设计，对于满足用户需求，改善用药习惯与心态，提高健康水平有很大的推动作用。而加入手机APP与之配合使用，使智能药盒更加智能化，可让智能产品更能体现出"人情味"及对用户的关怀，使用户正视医药与健康。这样也可以不断拓展智能药盒的消费对象，扩大消费适用人群，提升智能药盒的使用价值。

参考文献

[1] 徐珊珊,张微唯.分析莫兰迪色系在平面设计中的应用[J].艺术品鉴,2020（24）:81-82.

[2] 屈雅琴,张天海,资兰.基于形态仿生的共享移动电源设计研究[J].工业设计,2020（09）:155-156.

[3] 高晋.基于形态仿生设计的现代工业设计创新策略研究[J].黑龙江科学,2019,10（24）:116-117.

[4] 侯林飞,李天,高炳学.智能药盒情感化设计与实现[J].设计,2021,34（01）:74-77.

[5] 刘嵩雪.形态仿生设计方法应用于产品造型设计中的作用研究[J].产业科技创新,2020,2（21）:13-14.

[6] 潘延召,李妍,孟颖.基于3D打印技术的手机遥控智能药盒研究与设计[J].科技风,2020（33）:8-9.

[7] 许孝媛.作为媒介的猫:"吸猫"亚文化群体的传播联结与障碍[D].武汉:武汉大学,2019.

[8] 吕晓颖,陈沐夏,牛承伟.基于APP的智能提醒药盒设计[J].电脑知识与技术,2020,16（19）:17-18.

[9] 许永生,赵秦琨,支锦亦,等.基于生物形态简化优化法的产品仿生设计研究[J/OL].包装工程:1—6[2021-01-24].http://kns.cnki.net/kcms/detail/50.1094.TB.20200803.1809.016.html.

[10] 王妮莎.智能药盒交互概念设计报告[J].电子制作,2013（20）:180.

Research on the Application of Virtual Image Technology in Landscape Sculpture

Mingyan Wang, Donghui Hou , Danshi Luo

(Dalian Polytechnic University, Dalian, Liaoning, 116034, China)

Abstract

The virtual image uses its digital technology to intervene in the real field. Due to its characteristics of virtuality, space–time, conceptuality, freedom, and cross–border nature, the multiple construction methods make the artistic creation space more abundant expression possibilities. This is not only a continuous exploration and extension of the boundaries of sculpture, but also an artist's tribute to the times. Hegel believes that "the way of thinking is influenced by the advancing traditional trends of thought and the material conditions of the time." Then I think we might as well regard virtual images as the materials given to us by the times, which reflect the times because they are born in time. The certain nature of the characteristics not only contains the algorithms that can be achieved by modern technology and computer technology, but also implies the concept of the fusion in the torrent of the times. Landscape sculpture is a physical space with material substance, multidimensionality, touch and accessibility, and interaction with people, combined with virtual images as a virtual medium with diverse expression methods and great creative space, the two intervene in each other. The art form can bring people a full range of feelings–visual, auditory, tactile, multi–constructed sense of time, space, etc., so that people can break away from the state of being invisible enslaved by the online landscape to think and re–draw modern people from real life. The locality of the landscape sculpture itself also achieves the artist's purpose of intervening in the environment to communicate with the audience, opening a dialogue space for the unconscious group that exists in the landscape society.

Keywords:vitrual image technology; research landscape sculpture

Introduction

In the 1960s, the era of Western capitalist consumption came, and the proletariat gradually transformed into a middle class and constituted the mainstream of society. When material life was greatly enriched and spiritual entertainment was fully satisfied, people's ways to understand the real world were obscured. Landscape, originally meant to be a visual and objective scenery and scene to be displayed, but also means a subjective and conscious performance and show. Debord used it to summarize the new characteristics of contemporary capitalist society he saw.The dominant nature of contemporary social existence is mainly embodied in a kind of displayed vision. In Debord's theory, this social mode of enslaving people in the invisible is undoubtedly a cover for the true existence of society. As Debord said, "Today, images have become a material force in social life. Like economic and political forces, contemporary visual culture is no longer seen as merely reflecting and communicating the world we live in. It also creates this world."People seem to have reached a consensus in creating landscapes and consuming landscapes, and regard the covering of the real scenery as a stage for the meaning of life. Commodities, as a tool for capitalists to exploit the surplus value of laborers, have been greatly utilized in the spectacle society and multiplied indefinitely. In the early stage of capital society, the proletariat was only the object of squeezed surplus value, and there was no quality of life after work. Not to mention the right to freely choose goods. With the increasing economic development and the improvement of living conditions, coupled with the increasing growth of labor unions, the proletariat has gradually awakened, giving birth to a new type of capital game-laborers seem to have the identity of consumers and have full freedom to choose materials. In essence, it is still the object of consumption, just changed to a less naked model, and the surplus value is fully squeezed out of unconsciousness, even including their own leisure time after production. People's value is here. It is time to realize the production-consumption cycle of the landscape society. The controller behind creates such a scene to manipulate the public, but people are accustomed to it, numb and repetitive, sinking and even contented. Looking around, almost all the situations in every corner of life have been carefully sketched and designed.

The artistic expression characteristics of virtual images

Virtual image refers to the visual, audible and touchable things transmitted to the end of the user's sensory organs. They seem to come from the three-dimensional space around the user.

Virtual image is an intelligent terminal display form based on virtual reality technology and graphical interface. Virtual image is different from the traditional two-dimensional plane image. It is a transformation and fusion from two-dimensional plane image to three-dimensional space image. It aims to express virtual interface, holographic image and virtual human-computer interaction. It is a new visual form."Digital technology can be integrated into almost all new media art today, and digital technology has countless possibilities for graphics processing." Any visual image formed in the human brain can be generated by a computer to generate binary codes and be integrated, edited, and reorganized, which constitutes the material created by the artist. In contemporary society, due to the digital nature of information, the artistic thinking mode and exploration methods have undergone tremendous changes. When combined with digital technology, an information medium with infinite development space, the burst of creativity is immeasurable. Digital art is an art form with virtual characteristics. At this point, it expands the single operation mode and operation process of physical art into multiple constructive art creation processes. Through digital editing, artists can try a variety of expression effects that are difficult to achieve with physical art, thereby constructing an art form beyond the existing language model of physical art, such as Ann Jenkins' projection installation work "Untitled" in 1996. The projection of the blade across the palm of the hand and leaving blood on the hand; American media and performance artist Robert Whiteman projected the image onto the daily necessities, for example, in his 1996 work "Low Tide", the red image projected onto the bathtub water surface, the bathtub looks as if it is filled with blood. A woman climbs into the bathtub, and the blood fades on her body until it becomes menstrual; Paul Sermon (1994) In the "Telematic dreaming" series exhibited on-site at "Ik+de Ander" in Amsterdam, Netherlands. The artist uses a video camera to project an image of a person lying on a bed onto a double bed, and then uses a second video camera to put the The video projection of one person and video of the second person lying on the same bed are captured and transmitted to the monitor beside the bed for real—time playback.The aim is to replace the sense of touch with the sense of sight, and use the virtual characteristics of the image to bring substantial sensory experience.

Reasons and status quo of the involvement of virtual images in landscape sculpture

In contemporary sculpture space, the attempt to combine sculptures and images in addition to borrowing images to supplement and expand the entity of sculpture, such as using the sculpture as a curtain to give the sculpture greater expressive power in the way of projection, or embedding the image in a certain part of the sculpture to make it related to the sculpture There are some new attempts accompanied by modern technology, such as 3D modeling to reproduce virtual space in real space, or use AR (Augmented Reality), VR (Virtual Reality) operation to insert virtual space into real space to construct a real space with multiple appeal and interactivity, simulate real scenes with virtual space and even construct unreal scenes that can give people a super-real experience, in order to break through and expand the sculpture restrictions on expression in space and time. The above attempts are not only the continuous exploration and extension of the boundaries of sculpture, but also the artist's tribute to the times. The reconstruction and combination of cross—border elements such as sculpture, installation, video, sound, light and shadow, coupled with the exponentially increasing speed of media and technical means, have all become the source of materials and help for artists in their creation. Hegel believes that "the way of thinking is influenced by the advancing traditional trends of thought and the material conditions of the time."Then I think virtual images can be regarded as materials given to us by the times. just like mud and paint in ancient times, Virtual images is born in time, so it reflects a certain nature of the characteristics of the times, including algorithms that can be achieved by modern technology and computer technology, and it also implies the concept of mixing in the torrent of the times. From this point of view, the use of virtual images for artistic creation and sculpture creation is more expressive and logical and persuasive. As a material space that can interact with humans, landscape sculpture is undoubtedly a good medicine for inviting people to transcend existing lifestyles and viewing methods. The physical substance, multidimensionality, touch and accessibility of landscapes, combined with The narrative authenticity of the depiction of real objects in the virtual image and the reconstruction and transcendence of the artist's personal subjective world imagination enable the artist to produce an artistic effect that completely transcends its simple superposition in the process of comprehensive use of multiple elements. The virtual image medium the transformation and application in space is also inseparable from the participation of the audience. This kind of communication and interaction between people and the environment is the original intention of the landscape artist's creation. The model builder and the social changer is also the artist's intervention in the world.

The possibility of combining virtual images with landscape sculptures

In recent years, virtual images have become increasingly closely integrated with landscape sculptures, not only because images bring more free changes to the landscape, but also related to the dazzling needs of modern people. People in the city have become increasingly numb to images under the shining of billboards and neon lights, and they need colorful and dazzling landscape shows to attract attention. If landscape sculpture is regarded as a game of space, then virtual images are games that simulate spatial relationships on a plane. This is especially true in the past explorations of virtual image intervention devices, sculptures,

and landscapes. Artists mostly try to use virtual images to simulate changes in space and make the space variable. They often make virtual images exist independently on a plane or occupy a space, and radiate and influence the audience by simulating the real space in the virtual world. Make the image cover the sculpture to achieve a new visual impact. Using the sculpture as a curtain to give the sculpture greater expressive power by means of projection, or embedding the image in a certain part of the sculpture to make it have a relationship with the sculpture,which is the main form of virtual image combined with landscape sculpture. These two forms of combination are recombining traditional sculptures with light as a medium, and virtual images are also a kind of light medium. The medium is the information, and the optical medium is no exception. This combination form seems to use the sculpture as the paper for recording in writing, where the optical medium becomes the main body and the sculpture becomes the background. No matter how gorgeous the entire show is, it cannot conceal the fact that the sculpture has become an accessory facility here, losing its original meaning. In this scene, although the virtual image brings new forms and additional meaning to the landscape sculpture, the sculpture in this situation is like a three-dimensional projection screen. The virtual image becomes the subject and interpreter in the landscape. When the image disappeared, the whole landscape ended and appeared pale and tasteless. Therefore, how to balance the relationship between the landscape sculpture and the virtual image and make them the subject of each other is worthy of discussion here. (It should be emphasized that this kind of work should not be called a video work, but a kind of landscape installation.) Therefore, the author tries to make some breakthroughs in the creative exploration of the graduate study stage, trying to make the landscape sculpture and virtual the images achieve each other and each other.

Conclusion

In this era when people are about to be swallowed up by virtual life, the heavy sense of precipitation, the permanent sense of space and the real care of the landscape that can be integrated into the sculpture entity can make people temporarily escape from this fascinating being online. The state of invisible slavery of the landscape provides an outlet for communication between the real environment and the permanent spatial entities. Alandscape sculpture is just a moderator under the background of this era. The real landscape can arouse a comprehensive sensory experience. The solid earth, sunlight and wind are the eternal materials that shape the space in the rapidly changing urban environment, and are full of show culture. In the cramped urban space, everyone needs to stretch their minds and bodies, feel nature, sort out their thoughts, and return to reality. Landscape sculptures are multi-perspective, touchable, and accessible, with a sense of space and even a sense of time after being combined with images-these the omni-directional feeling not only makes people impressed, but also refreshes the real good memories in life. It can also re-narrow the distance between modern people and people and real life. The way to get closer is precisely. A way to combine landscape sculpture entities with virtual images. The audience's multiple sensory experiences, interesting intervention in the environment, real offline interaction, and the artist's subjective creation and guidance all make people withdraw from reflection, return to themselves, and return to nature from the commodity fetishism immersed in the landscape society. As a result, the contemporary landscape sculpture has a richer expression approach and presents a more comprehensive and wonderful appearance.

References

[1] Lin Yuan. Research on digital virtual landscape sculpture—Landscape Art and Digital Technology [J]. China Building Decoration, 2011,2（9）: 240-241.

[2] Lv Xiaohong, Sun Yu, Liu Ning. Application research of virtual imaging practice in medical imaging technology teaching [J]. Modern Distance Education of Chinese Medicine, 2020,18(13):15-17.

[3] Guo Yanlong, Zhang Yanxiang. Research on the application and Promotion of 3D stage virtual image technology in Huangmei Opera, Hui Opera and Animation Opera [J]. Science Technology and Innovation, 2017,6(2):11-12.

[4] Liu Ning, Lu Xiaohong, Zhang Xianglin. Research on the application of virtual teaching method in medical imaging technology teaching [J]. Chinese Continuing Medical Education, 2020,12(7):19-21.

[5] Qian Chunye, He Bai, Zhang Hui. Application and research of virtual instrument technology in medical imaging experiment course [J]. Value Engineering, 2012,6(25):242-243.

第四部分
Part IV

计算机图形和动画与仿生设计

新媒体设计中动态视觉的仿生拟态思路

张渊

（大连工业大学，大连 116034）

[摘　要] **目的** 为了给新媒体环境下的动态数字虚拟内容创作提供系统、可延续发展的理论基础，扩展动态视觉设计的表现形式与联想延展，增强新媒体环境下的视觉艺术生命力和媒介传播效果，研究通过仿生拟态思路进行动态视觉设计的基本方法和实现途径。**方法** 分析动态视觉与仿生设计的基本概念、构成范畴和存在特征，在文化生态的宏观视野下，将研究范围聚焦到新媒体设计环境中媒介传播途径中的动态视觉元素。通过分析动态视觉对人类信息获取和联想感知的引导与传递作用，总结借助仿生拟态思路来追求动态视觉创新效果的可行之道。**结论** 人类的感知来源于生活体验，通过对自然世界和人类社会的物理性质、自然形态、文明形态、情感形态等方面的视觉逻辑和技术原理的仿生拟态应用，可以为新媒体设计中的动态视觉创作提供内在逻辑体系与外在表现形式的重要依据。

[关键词] 新媒体设计；动态视觉；仿生；拟态

引言：随着数字设备和数字内容在社会生活中的广泛普及，动态视觉设计越来越多地应用在新媒体设计的诸多领域。如何使数字化生成的虚拟视觉内容能够更具艺术生命力，达到更好的传播效果，将塑造动态视觉美感的方法形成一个系统的、可延续的理论体系，是动态视觉设计师们亟待解决的问题。既要基于现实世界进行模拟，同时又要加以艺术性地重组与演绎。本文从仿生拟态的思路跨学科分析新媒体设计中的动态视觉设计方法，结合案例研究，从形式深入到动态构成来源，提取要素、化繁为简，从物理性质、自然形态、自然现象、社会形态等方面探索增强动态视觉设计艺术生命力的可行之道。

1 新媒体环境下的动态视觉

1.1 新媒体的时代背景与创新效应

新媒体的概念随着科技水平和媒体形式的不断进步经常被重新定义和改造，无法从理论上作出统一的范畴界定。我们有时从技术维度讲，有时又从符号属性或者文化用途上讲（Ryan，2006）。即便在当下，新媒体的表述也经常被混淆于基于网络传播的新媒体传播或基于数字媒体设计的新媒体艺术之间。总体来说，新媒体需要具备以下几个特点：①数字技术、网络技术等技术属性；②通过互联网、无线通信等方式进行传递、沟通的传播属性；③以手机、电脑、平板等为载体的交互终端属性；④通过视频、音频、图片、游戏等形式进行信息传输的内容属性。随着信息技术和网络媒体的飞速发展，以移动互联为代表的新媒体正持续冲击、影响和改变着人们的思维、观念和行为模式。新媒体的技术呈现与传播途径让人们拥有了更多的认知途径和表达方式，也促进了信息传播的速度与频率，扩展了人们的思想载体和情感寄托。

1.2 新媒体环境下的动态视觉

当代社会已经全面进入新媒体时代，智能手机、移动互联已经深入生活的各个角落。生活节奏加快，人类通过各种社交媒体可以随时随地与他人进行沟通交流，时间和事务都具备了鲜明的碎片化特征。快速、直接、高效的媒体传播形式更受当代人的欢迎，各大短视频平台的火爆发展正是因为适合当下的传播需求特征。并且借助大数据技术的强大数据计算能力以及精准的算法推送机制，用户在网络世界中的选择将更加偏狭化、片面化。随着5G、6G技术的逐渐普及，短视频、动画、游戏、动态UI等常规媒体将越来越重视动态视觉的创新应用，VR、AR、3D Mapping投影等创新的形式将更加注重具有统一内涵体系与外在形式创新的动态视觉设计。（图1）

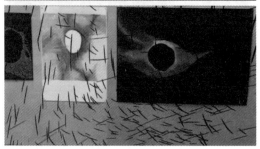

图1 安德里安和克莱尔
Fig.1 Adrien M & Claire B

1.3 文化生态视野下的媒介传播

新媒体时代是一个信息传播速度极快的时代，在新媒体的不断嬗变与发展中，文化生态的整体宏观作用极为明显。文化生态是将生态学的研究方法运用于文化现象的一个概念，通过对自然形态的仿生，使具体设计内容可以跨越不同民族文化间的鸿沟，激发受众的情感共鸣。在文化生态理论体系中，师从自然、传承文化、仿生设计是很重要的保持媒介传播活力与持续统一效果的有力途径。

2 动态视觉设计的信息传递与联想延展

2.1 动态视觉的构成

动态视觉与常规的视频、动画等影像作品有所不同，它的叙事目的不是首要的，通过具有设计感的元素将想要表达的信息顺利完成传达，才是最重要的目的。动态视觉与平面设计的形式特征较为接近，强调信息可视化。

由于数字设备的显像技术良好，能满足各种色彩和图形的显示需求，故数字动效设计中色彩和图形的设计实现容易，还原色彩和图形的性能优秀，因此色彩和图案是数字艺术形态中传达信息和形象的主要语言。但在动态视觉中，运动与速度是视觉构成的首要元素，基于运动与速度的其他附加属性，如音乐、快慢、强弱、加减速变化等都是增强动态视觉表现力的重要方面。一个静止画面中，当依据平面构图原则将各元素搭配平衡后，一旦有元素产生了运动，原有构图平衡即瞬间被打破，运动属性将超越其他所有属性，成为最主要的视觉中心。

2.2 信息传递与联想延展

动态视觉在当下新媒体环境中具有重要的传播优势。首先，动态视觉可以更快速、准确地吸引用户注意力，用更高效、直接的方式将信息进行传播，适合当下的信息碎片化特征；其次，动态视觉可以更好地结合声音、动效、交互、虚拟现实等现有多媒体手段，丰富用户的感官体验，更容易引起用户的情感共鸣；再次，动态视觉依托于视觉和听觉这些人类的基础感官，具有更好的延展基础和创新驱动力，更容易成为创新形式的基础载体。

人类的感知来源于自身信息获取经验和心理经历，世间万物的形态、结构、变化以及人类自身的情感、心理都通过各种感官体验让我们产生固有印象，当动态视觉触发这种固有印象时，就能够顺利地利用其进行联想延展。例如，3D Mapping 投影技术，通过对投影的校对和拼合，将影像内容投射到物体表面，可以使物体呈现出任意色彩、质地、结构等，突破固有想象力，作为观众的体验就是现实中出现了违背常理的视觉景象，看到了一种真实的奇观。

2.3 动态仿生设计

仿生设计是仿生学与设计学交叉渗透的一门边缘学科，涉及自然科学和社会科学的许多学科，被广泛应用于设计领域。传统的仿生设计大多是通过对生物的观察和想象，模仿生物原型的形态来设计和制造工具用品，如锯子仿生于树叶的叶齿。现代仿生设计已经从对生物体的表面化模仿扩展到对结构、功能、形态、色彩和意象等多角度、多层面的模拟。

在具体实施中，仿生设计作为一种设计方法，是"师法自然"的体现，通过概括、提炼和艺术夸张的手法将自然形态类似或上升为高于自然形态的艺术境界。这种设计方法同样适用于动态视觉领域，出现在视觉设计中的元素和样态，都可以按照仿生设计的设计方法加以转化。日常生活中有很多已经使用了动态仿生设计的动态视觉案例，如基于微软 Kinect 的体感游戏，就模仿了重力、惯性等自然世界的物理属性。

3 动态视觉中的仿生拟态思路

3.1 物理形态

人类的所有感受共鸣都来自对真实世界的感知经验，其中最基本的就是真实世界的物理形态，即描述物体物理属性的所有方面，如质量、密度、硬度等，同时还有导致物体运动的受力作用，如重力、弹性、摩擦力、阻力等，此外还有光线、阴影、反射、折射等其他属性。以上这些物理形态都是动态视觉的仿生拟态基础，通过模拟真实物理世界来造成体验通感，这样即便把视觉主体换成抽象图形，也同样可以营造出真实的物理感受。这种模仿属于动画运动规律的一部分。只要把握好物理形态的仿生拟态，那么在动态视觉的呈现上，既可以表现动画和电影中符合真实逻辑的运动，也可以单纯表现抽象的、概念性的运动形式，强调运动的节奏感和多变性。

3.2 自然形态

德国设计大师 Luigi Colani 曾经说过："设计的基础应来自诞生于大自然的生命所呈现的真理之中"。自然界存在着丰富多彩的地理和生物形态，都适合成为仿生拟态的对象。通过模仿、再现、重组自然界的运动形式和秩序，可以营造出更具生命力和想象力的视觉体验。鲜花、流水、狂风、飞鸟，各种形态都有各自的生命联想效应，既能为视觉的形式美提供直接参考依据，同时也可以为抽象感官提供间接联想依据。

3.3 文明形态

人类文明产生和发展的过程，本身就是对于世界认识和改造的过程。在这个过程中，随着不同文明的接触和交流，意识和文化得以传递，同时也创造了丰富灿烂的文明形态和文化体系。人类往往可以用特定的事物或形象，暗示另一个形象或某种特殊意义，在约定俗成的前提下，特定象征物与象征意的联结，会成为某一地域人们的集体意识而渗透到文化的各个方面。这种集体意识使对于文明的仿生拟态可以传达更高级、更深层次的信息与感受。如数学公式、文化符号等，都可以顺利延展出视觉背后隐含的文明形态含义。如经典电影《黑客帝国》中乱码雨水的形态，就是典型的对文明形态的仿生拟态设计。

3.4 情感形态

按照物理—事理—情理的递进层级，人类世界中自然形态的最高级形式就是情感形态了。其核心是对生命及生命活动的理解与呈现，是对于生命的通感。生命通感首先体现在跨越区域种族文化间的鸿沟上，搭建起一种共通的生命文化，这种文化以视觉的形式呈现出来。

4 结语

本文研究了在新媒体的时代特征和传播背景下，动态视觉的构成要素与联想延展，分析了仿生设计的基本概念和存在特征，将二者进行联系，结合文化生态理论和人类感知经验原理，提出了对于动态视觉的仿生拟态思路，并从物理形态、自然形态、文明形态、情感形态4个方面进行具体论述。本文的研究结论可以为动态视觉设计师提供视觉创作的内在逻辑体系和外在表现形式依据，使动态视觉作品更具内行统一性和创新延展性。

参考文献

[1]珍妮·基德.新媒体环境中的博物馆：跨媒体、参与及伦理[M].上海：上海科技教育出版社,2017.

[2]张倩.移动短视频的视觉景观与拟态重构[J].青年记者,2019（29）:14-15.

[3]杜军,张夫也,徐伯初,等.基于文化生态视域的阿尔瓦·阿尔托设计思想与方法[J].包装工程,2019,40（08）:217-222.

[4]佘春娜.动画艺术表达中的"拟态"与"超共生"——当代动画语言在重塑中的演变[J].当代电影,2019（07）:141-145.

[5]刘伟,史源,于菲,等.仿生设计中的功能创新研究[J].包装工程,2019（14）:186-191.

[6]袁雪青,陈登凯,杨延璞,等.意象关联产品形态仿生设计方法[J].计算机工程与应用,2014,50（08）:178-182.

[7]高文谦.动态图形之仿生运动研究[J].艺术与设计（理论）,2018（8）:76-78.

[8]陆冀宁.动态仿生设计手法初探[J].包装工程,2006（03）:176-177,186.

[9]徐红磊,于帆.基于生命内涵的产品形态仿生设计探究[J].包装工程,2014,35（18）:34-38.

仿生设计在数字艺术应用中的哲学内涵

陈旭锋

（广州美术学院，广州510261）

[摘　要] 目前在应用研究层面，对于仿生设计的讨论主要集中在产品、工业和建筑设计行业。**目的** 在信息化社会背景下，随着各个相关学科研究与应用的丰富，仿生设计需要进一步拓展其内容。事实上，仿生设计与其关注的人文、科技和以自然为主题的数字艺术创作，在物质和精神层面有高度的契合。数字艺术以数字技术为基础，将理性思维和感性思维融为一体进行创作，仿生设计在数字艺术领域早已有应用。**方法** 以生命和生态为主题，从微观和宏观视角分别切入研究。**结论** 首先，以微观"生命再造"的角度研究仿生观念在数字艺术作品中的实践。其次，以宏观视角即生态仿生角度研究人类社会与自然的关系问题，以明晰仿生设计在数字艺术和艺术语言的应用方式，并帮助人们理解自然，同时处理人与自然的关系。

[关键词] 仿生设计；数字艺术；生命再造；第二自然

引言：信息化社会给设计带来的冲击可能会彻底改变我们的设计文化形态，在科技和数字高速发展的时代下，除了改变着人类的生产方式，在生活方式上也发生着巨大变化。艺术形式的革新在现代主义艺术之后，艺术家发现艺术作品的价值在于引发观者的思考，此后的后现代艺术将艺术形式从架上绘画的形式中解脱出来。具有时代科技、媒介等特征的数字艺术作品与传统艺术作品在呈现风格上有着直观的不同。艺术创作者把科学技术带进了观者的视野，呈现出独特的艺术形式。

1 相关概念

1.1 仿生学与仿生设计

仿生学主要研究生物形态及相关的生命意义，向生物学习并利用自然科学成果是仿生学最核心的两个内容。仿生学作为一门独立的学科在1960年的美国仿生学会议中被提出，其目的是寻求生物学为材料设计和处理提供帮助。"仿生学经历了从'Bionics'到'Biomimetics'再到'Biomimicry'的变化，体现了人们对仿生的认识和态度由单纯的模仿到跨学科、集成性研究，再到重视创新性友好生态的转变"。仿生设计依托于仿生学的研究方法、技术和精神，是仿生学在设计领域的一种实践手段，是仿生学与艺术设计相结合的边缘性交叉学科。仿生设计在观察大自然的前提下，抽象、提取并模拟生物体或自然界的结构、功能、形态、色彩等物质和精神特征，进行创造性设计。仿生学的原理和研究成果常被用于工业设计、环境艺术设计、服装设计、平面设计等领域，帮助人们理解自然，处理人与自然的关系。自然生物是仿生思想的来源和方法，人工制品是仿生创造后的产物，也是"第二自然"的来源。

1.2 数字艺术

数字艺术是以计算机图像处理技术为核心，以数字技术为基础应用于艺术创作，将人的理性思维和艺术的感性思维融为一体的新艺术形式。数字艺术不仅具有艺术本身的魅力，而且作为其应用技术和表现手段，也是目前艺术设计领域中最具生命力和发展潜力的部分。数字艺术包括交互媒体设计、数字影像艺术、虚拟现实设计、新媒体艺术等。

1.3 仿生设计与数字艺术

数字作为媒介是在新的技术支撑体系下出现的媒介观念，数字艺术是具有视觉、听觉、触觉、生理、心理综合效应的作品。从仿生角度来看，数字艺术中的仿生设计是一种视觉仿生，以生物、非生物及生物现象为研究对象，将研究对象的形态、机能以及状态等进行视觉信息的提取，再通过媒介将图形、文字、色彩等视觉符号呈现给大众。仿生设计并不是对生物或生态的复制，而是对自然对象有选择性地提取形式语言的再设计。科学技术与数字艺术相结合的形式，使得数字艺术具备了数字技术特有的语言特征，通过这种语言进行叙事能带给感官全新体验，同时也丰富了题材表达和手法表现。以仿生设计为内容或表现手法的数字在强化作品的生态感的同时，也带来了关于数字与生态关系的思考。

2 虚拟生命体：生命再造

"人工生命的概念最早在 1987 年由兰顿（Chris Langton）提出，即在计算机虚拟环境中创造展示生命特征的人工生命的思想，随着第一届国际人工生命研讨会宣布一门新的计算机与生命学交叉的前沿学科的诞生，自 1987 年至今，包括数字生命在内的人工生命研究得到越来越多的计算机专家和生物学家关注"。人工生命的概念随即被前沿的艺术家带进了艺术领域，运用仿生设计手段将人工生命概念在艺术领域的实践和数字技术的引入给艺术带来更多可能性，给艺术领域注入了崭新的艺术风格，同时也激发观者的想象力。

数字化时代下的数字艺术主要特征是通过计算机数控技术结合输出端生成的虚拟生命体，呈现方式包括二维、全息投影和智能机械等各类新型科技特点的媒介。这些具体媒介必定给观者带来时代特征的情感体验，日本艺术家宫岛达男的作品《时间的瀑布》，将"人造时间"、生命和自然瀑布进行结合，作品《流动的时间》让观者沉浸于一片跳动的数字时间海洋。作品都将生命幻化作数字，以时间的形式去思考生命及自然。德国的 ART+COM 公司的动态雕塑作品《动力雨》，用仿生设计手段将一连串的 608 颗金属雨滴模拟自然生态的雨，将工业材料的秩序美感和自然雨的动态生命特征结合，运用数控技术可以实现作品动态的自动化，在作品动态表达上达到更为生动的"生命感"，从而产生具有科技美学和艺术价值的思考。

黑格尔认为："艺术美是诉诸感觉、感情、知觉和想象的。"艺术还有认识对象的主体的表象到思维层面，从西方格式塔派心理学看，在欣赏具有生命特征的视觉，观者的大脑皮层天生有一种对自然形态匹配的基本结构，即所谓的新物"异质同构"。仿生设计的产品通过人的视觉器官传到人脑，激活大脑皮层的相应结构，从而在刺激物和人的心理之间产生一种性质相异精神感受的体验。

仿生设计在数字时代下进行了新的实践和理论拓展，将新的"人造物"带来冷冰冰的陌生感进行调和、赋予生命特征。人工生命让我们重新审视生命的定义，对生命的组成形式由蛋白质和核酸的定律提出疑问，"活的数字生物"不仅可以复制自己繁衍，或许在未来也形成一个数字生态。

3 数字参与建构的"第二自然"

"第二自然"是相对于未经过人类改造的天然生态环境的"第一自然"而命名的，仿生设计通过不断模仿创造与大自然不同的"人造形态"。这些"人造形态"按照人类社会的发展需要通过科学技术的发展衍生出形形色色具有社会性的人造产物，从宏观角度看这些"人造形态"形成了以人类生存、发展为中心的"新生态"——第二自然。人类在创造"第二自然"的过程中伴随着陌生感而困惑，仿生设计是在解决这种困惑的过程中必然诞生的设计科学，仿生学中哲学层面的自然观无疑与我国古代智者"天人合一"思想契合。仿生设计目的不仅是模仿生物体本身，还再现一种自然环境系统生态。

在艺术问题上黑格尔认为，"第二自然"亦是由理性所建构的领域，也是最终成就人之自由的地方。因此，以法律以及其他普泛形式所建立的"第二自然"，正是黑格尔所孜孜以求的"现代伦理世界"。数字艺术作品中沉浸式空间体验让观者处于一个生态式空间包裹中与艺术作品进行对话，给观者强烈的五感刺激体验，五感是人类最直接的感受，是世界中物的立体角度，深度融入艺术创作者意图营造的氛围下去感受作品。日本艺术团队 TeamLab 的自然系列作品 *A Forest Where Gods Live*，利用 3D Mapping 技术和计算机实时运算技术，把色彩丰富的平面动画设计投射到夜晚深山中：不断繁衍生命的巨石、数字投影锦鲤河流与人共舞、树木上连续的生命等，营造出一个带有的自然奇幻风格的缤纷乐园。让观者与艺术作品进行实时互动并参与到艺术作品创作中，感受着人之自由的"第二自然"。

在维尔纳·沃尔夫（Werner Wolf）提出的审美错觉理论系统中对审美错觉的定义阐述："一种接受者接受再现文本或表演时所出现的愉快的认知状态。"由具体的艺术作品引起的感

知，是一种以不对称的矛盾心理为特征的复杂现象。而这种审美错觉状态是由艺术作品的引导而产生，且与接受者所受到的情景、文化背景等语境的影响。在数字时代下仿生设计是基于网络计算机技术平台，由比特为单位去组成数字生命生态，这种新数字自然观从系统的角度去仿生自然。数字艺术作品中仿生设计不只是服务于设计领域一样带着解决问题的最终目标去优化社会，同时也思考人与自然的关系问题，过程中的哲学性引起的重视使得在数字艺术中仿生设计折射着批判性色彩。计算机科学家的目标是制造"新生命"，数字艺术家致力于探讨数字时代下人类社会与自然社会的对话。通过仿生设计让艺术作品成为二者对话的桥梁，在作品里探讨具有时代特征的"第二自然"。

4 结语

人类最终问题是人与周遭的关系问题，从时间角度出发是对过去、现在与将来关联的探索，艺术家把这种困境通过作品进行探讨。人类无法脱离赖以生存的自然生态，并且现代科学的源泉也是自然生态，"第二自然"这个人类的艺术品会持续地和原生自然对话下去。

艺术作品的内容跟观者本身作为一个带有社会属性的人有着不可分割的关系。数字化社会给我们生活带来福利之余，也对我们的文化意识层面带来冲击，启迪人们不断思考人类与自然的关系，而这种由科技发展带来的意识困境在数字艺术作品的主题中常有体现，仿生设计是这类艺术主题创作的主要手段，又具有共同的目的。随着各个相关学科的研究拓展，仿生设计的内容及应用也与时俱进在拓展，带给数字艺术更多的表达方式与呈现方式的同时，也丰富了观者的观赏方式和体验方式，这让我们更关注到其哲学层面的思考。

参考文献

[1] 蔡江宇.王金玲.仿生设计研究[M].北京:中国建筑工业出版社,2013.

[2] 任晓明.数字生命的本质和意义[A].天津:科学前沿,2003（04）:104.

[3] 黑格尔.美学[M].北京:商务印书馆,1979:8.

[4] 钟雅琴.沉浸与距离:数字艺术中的审美错觉[J].学术研究,2019（08）:170-178.

[5] 陆凯华.第二自然与现代艺术——《小说理论》中的第二自然概念与"艺术终结论"[J].文艺理论研究,2020（1）:127-135.

[6] 邱松."设计形态学"与"第三自然"[J].创意与设计,2019（05）:31-36.

[7] 马立新.数字艺术与数字美学初探[A].山东师范大学学报,2006（04）:85-89.

[8] 李建会.数字生命的哲学思考[J].山东科技大学学报,2006（09）:1-6.

[9] 王姝彦.人工生命视域下的生命观再审视[A].太原:科学技术哲学研究,2015（04）:17-21.

[10] 袁亮,黄利.浅谈数字媒体艺术对动画设计的影响[J].电影评介,2009（1）:75.

仿生学于交互艺术创作理念中的应用

类维顺，李楚瑶

（吉林大学艺术学院，长春 130000）

［摘　要］交互艺术兴起，形成了多学科联合创作的新趋势。交互艺术创作理念，指导交互艺术作品的创作主题，影响交互艺术作品的表达形式。**目的** 在创作理念中应用仿生学，是为了在创作过程使交互艺术作品更加易于接受和理解，更加符合人机交互行为。**方法** 通过文献研究、观察法与个案研究相结合的方法，梳理仿生学在交互艺术创作过程中的发展过程，分析仿生学与交互艺术相结合的作品，阐述在交互艺术创作理念中，仿生学对交互艺术创作理念的应用情况，以及仿生学对交互艺术创作理念影响的变化。**结论** 通过对比分析及论述，以仿生学角度进行的交互艺术创作与表达，得出仿生学在交互艺术创作理念中的应用具有积极影响，并在传播方面对交互艺术作品具有积极影响与意义。

［关键词］交互艺术；仿生学；创作理念；影响

引言：交互艺术作为一种基于计算机技术兴起的艺术形式于仿生学领域也有隐性的应用。仿生学于交互艺术创作理念中的应用隐于交互艺术作品之中，勾连作品与受众、理解与传播。

交互艺术，兴起于 20 世纪中期，是从一种艺术创作理念，吸收计算机技术后，不断发展的一种跨学科、跨门类的艺术类型。早期的"交互"概念源于 20 世纪初期的立体主义和未来主义，不断吸收发展，形成了可以直接触摸并发生反馈的"交互艺术"。

在创作与表现形式方面，交互艺术与传统的艺术作品有着很大区别。

其一，艺术的创作主体发生了迁徙。传统艺术都是以创作者为中心，注重创作者和作品之间的联系并注重挖掘作品本身的含义；而交互艺术则是以浏览者为中心，艺术家转变成为一个艺术系统的缔造者，作品本身既是创作工具，又是艺术载体，浏览者需要理解艺术家打造的艺术系统并执行至完成，才能创作出整体的艺术作品。需要注重作品与浏览者的协调性。

其二，艺术的创作工具发生了从"看得见"到"不可见"的变化。交互艺术是从传感艺术、电子艺术，或沉浸艺术（Immersive Art）中走出来的。"看得见"是指在审美传统艺术时，观者是所见即所得。艺术家的艺术理念在头脑中形成，通过双手对具体的材料进行塑造，形成作品，是一种可控的直接创作。而交互艺术称为"不可见"艺术，主要由两方面原因造成。一是创作工具的不可见。交互艺术的蓬勃发展，离不开计算机技术的突飞猛进。大量的计算机技术与硬件被开发并应用于艺术创作，为交互艺术创作增添了新的灵感与可能。突破了以往传统艺术时间和空间上的束缚，从二元空间，即物理—人类（Physics-Human，PH）空间，演变为三元空间，即信息—物理—人类（Cyber-Physics-Human，CPH）空间，并进入到四元空间，即信息—物理—机器—人类（Cyber-Physics-Machine-Human，CPMH）空间，实现了数字化再生产的创作领域。交互艺术家在创作过程中大量引入了机械与计算机技术，这间接引入了一些看不见的信息参与创作，如物理世界的声音、温度、光、电等，还有计算机的数字信号。由于对这些物理世界与数码信息的采集，创作素材和艺术作品都有了一定的不可见性和不可控性。二是需要浏览者参与创作，将不可见的未完成的作品补充完整。甚至可以说，只有在浏览者开始参与互动时，创作才开始，艺术作品才开始完成。因此，没有浏览者，就没有作品，也造就了交互艺术作品的不可见性和不可控性。

也正是由于这种不可见性和不可控性，交互艺术的艺术作品，需要经过艺术家的二次加工转化。交互艺术家，不再局限于表达个人意志，同时也需要将如何引导浏览者参与纳入创作思考，合理引导浏览者理解作品的前半部分的观点诠释，并暗示作品后半部分如何由浏览者完成。

"艺术发展是一个不断由个人语言创新到转化为'公共性'的历程"。在艺术作品的创作过程中，艺术理念是创作的骨架，支撑作品整体走向。当代艺术的一个重要组成部分，不是绘画的笔触，也不是雕刻的纹理，甚至不是艺术品本身，而是艺术品给观众提出问题并产生强烈印象的过程。当代艺术往往更关注作品带给人们的影响及体验，甚至在某些情况下是观众在定义作品。由于交互艺术是基于浏览者与作品的强联系下共同创作完成的，因此相较于传统艺术，交互艺术更加渴望浏览者的理解与领悟。在艺术创作之初，也更加注重缩短艺术作品与浏览者的距离。交互艺术的互动性质，促使艺术家在创作理

念上要考虑浏览者的理解效果，在表达上要更加具象。因此也出现了数字交互艺术在表意和表现形式方面过于平铺直叙，缺少了艺术美。正如新媒体理论家列夫·曼诺维奇（Lev Manovich）在批评新媒体交互有点"快餐式的"即时反馈时写道："当代人类社会有一种趋势——想方设法将人类的内在精神活动外显化和具体化"。在《未来就是现在：艺术，技术和意识》（*The Future is Now: Art, Technology, and Consciousness*）一书中，作者提到"相比传统上的艺术将重心放在外表和个人情绪上，今天的艺术关心的是互动、转换和出现的过程"。

为了协调艺术作品与浏览者的距离，艺术家在创作过程中遵循了艺术审美的最原始手法——正如柏拉图对艺术的描述，艺术即模仿。在大量的交互艺术作品中，不难发现仿生学在交互艺术创作理念中的应用。

1 仿生学在艺术创作视觉展示与造型中的应用

仿生学是研究生物系统的结构、性状、功能、能量转换、信息控制等各种优异的特性，并把它们应用到各种学科领域以提供新思路、新技术、新方法。目前在工程仿生领域，以形态仿生、结构仿生、材料仿生为主。"模态"，即"感官"，多模态指通过文字、语音、视觉、动作、表情、触摸、嗅觉等多种方式进行多感官人机交互。多模态交互是通过自然通信模式与虚拟、物理环境进行交互，交互艺术利用各种类型的输入设备和传感器，作为感受器进行信息采集，进行融入仿生学的艺术创作。具体可分为具象仿生与抽象仿生。

1.1 具象仿生
计算机技术运用在交互艺术之初，艺术家们陶醉于科技之美，利用计算机技术与其交互功能

进行创作,在这个过程中,在艺术创作视觉展示与造型方面,常采用具象仿生的手法来提高理解效率。

例如,日本艺术团队 teamlab 的作品 *Proliferating Immense Life* 通过打造一个可以和浏览者互动的、沉浸式空间表达"五金绽放的宏大生命",于是选择了"花"这一具象的视觉形象来表达生命。

1.2 抽象仿生

在美国 Biomed Realty 大楼的中庭,近 400 只伞形挂件有规律地收缩与扩张,组合成了一个大型的公共艺术装置——机械仿生装置《会呼吸的伞》(*Diffusion Choir*)。该装置由 400 组可折叠伞形机械配件组成,每个元件都可以独立打开和关闭,由运行 Flocking 算法软件控制模拟飞鸟和鱼群的运动。艺术家利用生物种群的群体性行为,打造装置造型的合理性。通过抽象仿生给浏览者一种熟悉感,从而将更多的精力投入欣赏"伞的呼吸"。

2 仿生学在艺术创作表意中的应用

2.1 具象仿生

Extra-Natural,是一个由各种发光植物组成的葱郁花园。这样一部新奇作品的实现要归功于 Miguel 设计的可生成大大小小五颜六色的繁花生成器。有了这个生成器,每株植物都可以根据其独特的形态特征和发展周期来进化。装置中,虚拟植物随机地出现、怒放,然后消退,整个动态过程周而复始无穷无尽。凭借数字植物不规则的形态、惊艳的色彩,缔造了一个多样化的人造天堂。

2.2 抽象仿生

阿姆斯特丹的艺术组合 Studio Drift 艺术工作室,由艺术家 Lonneke Gordijn 和 Ralph Nauta 创立,在他们的作品 *Flylight* 交互装置中,

通过装置本身的特定现场照明装置与其周围环境直接互动。Studio Drift 对鸟群的研究及转化,采用分布式算法去模拟和找寻个体与群体之间的平衡,利用光线模仿一群飞行中的鸟类行为,象征着人类之间的冲突、群体的安全和个人的自由。

3 仿生学在艺术创作交互中的应用

计算机的发展的时间短,速度快。将计算机技术引入交互艺术中,消除浏览者与计算机交互时产生的陌生感,同样在创作过程中值得深思。

3.1 具象仿生

仿生机器人的出现很好地体现了仿生应用的理念。杰弗里·德雷克·布罗克曼(Geoffrey Drake-Brockman)是一名控制艺术家(Cybernetics Artist),他的作品 *Floribots* 是由 128 朵具有"蜂巢式头脑"特征的机器人折纸花组成,能够感知观众的动作并相应地调整其行为——当浏览者经过时,机器人折纸花会长出茎秆,开花。这种具象的仿生交互方式可以留给浏览者更多的时间去思考机械的魅力和作品背后的精神传达。

同样地,还有来自阿姆斯特丹的艺术设计团体 Studio Drift 制作的 *Meadow*。Studio Drift 将它称为"上下颠倒的风景"。*Meadow* 的主体包括 18 只花形机械骨架、织物组成的大小不一的花朵,受到夜蛾的生物学行为的启发,某些植物具有在白天开花并在夜间关闭花瓣的能力,故当观众从其下方经过时花朵会根据感应到的不同行动速度与轨迹,用不同节奏将自己打开、闭合循环往复……同时,在花瓣卷、舒的过程中,每朵花都在改变自身颜色,织物花朵以渐变色印刷,与彩色 LED 灯相协调,试图呈现黎明过渡到黄昏时天空景观变化的色调。站在大堂中央,仰视着自动升降错落有致的伞形花朵们起起落落,仿佛

以快进的状态看尽万物的变化与发展，感慨世间万物都随着季节变化和自然生长、发生改变，也正是无常的常态，试图找寻我们人类与赖以生存的地球之间的某种联系。

3.2 抽象仿生

《草皮莫娜》是一件当代机械装置艺术作品，其呼吸运动强度受当地天气和场地内人数的影响。莫娜会在阴雨天时异常活跃，同时，人类的接近会令莫娜警惕起来，令她屏住呼吸。在海洋污染愈演愈烈的情形下，莫娜的存在隐喻人类不知休止的过度扩张、资源浪费和损害其他生命体的行为。在这个作品中，仿生的不再是单独某一类动物，而是生物呼吸的特性，通过抽象的仿生方式，引导浏览者将机械装置看成一个活着的生物。因为《皮草莫娜》的一系列交互行为，只有在被赋予生命的意义时，才能显示出作品的价值。

4 结语

交互艺术伴随着计算机技术的发展，不断拓展其自身的表达方式和展现形式。交互艺术，是艺术化的科技，也是科技化的艺术，是艺术家与浏览者共同创造的艺术。仿生学在交互艺术创作理念中的加入，消解了新兴技术在交互艺术中的陌生感，推动交互艺术有序发展。

参考文献

[1] 吴朝晖.交叉会聚推动人工智能人才培养和科技创新[J].中国大学教育,2019（2）:4-8.

[2] 马钦忠.怎样超越索绪尔[J].江苏画刊,1996（12）:41.

[3] 胡津铖.当代艺术中的交互性研究[J].北京电影学院学报,2020（08）:34-44.

[4] [英]罗伊·阿斯科特.未来就是现在:艺术,技术和意识[M].袁小潆,周凌，译.北京:金城出版社,2012.

[5] Thomas. E.Wartenberg.The Nature of Art: An Anthology[J]. Cengage Learning, 2007.

[6] 任露泉,梁云虹.耦合仿生学[M].北京:科学出版社, 2012.

[7] 朱自瑛.基于耦合仿生的多模态交互设计方法研究[J].包装工程,2020,41（12）:99-105.

[8] Bourguet. Designing and prototyping multimodal commands[C]. Proceedings of Human-Computer Interaction（INTERACT'03）,2015（5）:717-720.

[9] 徐伯初,陆冀宁.仿生设计概论[M].西安:西安交通大学出版社,2016.

[10] 郑达,艾敬,刘晓丹.自然、传感器和互联: 后人类时代的智能化艺术[J].包装工程,2020,41（18）:12-21.

[11] 王国彪,陈殿生,陈科位,等.仿生机器人研究现状与发展趋势[J].机械工程学报,2015,51（13）:27-44.

计算机算法辅助超仿生设计的价值及应用解析

杨帆，罗百轩

（大连工业大学，大连 116034）

[摘　要] **目的** 人类始终于自然环境的更新中生存并摸索前行，随着智能科技的发展，数字化的进步，人类敢于超脱自然界的空间和时间限制，实现了对自然环境的全新认知。**方法** 通过数字化的手段反馈到现实生活中，可以对社会发展产生加速度般的影响和价值。1859 年达尔文提出的进化论便是人类着眼于仿生的开始，通过人脑对自然认知，对生物形态语意特征的提取与模拟，诞生出许多有深刻影响的仿生应用产品，但由于时间维度与认知的桎梏，人类的仿生能力止步于对自然界动植物的形态模拟与功能模拟。**结论** 在高度数字化的今天，仿生的核心更在于模拟自然界的生长算法，通过参数化的手段来实现从自然界本身的角度观察世界，更好地对动植物演化发展的未来路径进行模拟、推敲，从而跨越时间维度，增强仿生的能力和预判，进入超仿生主义的应用阶段。

[关键词] 智能计算；参数化；仿生设计；超仿生

1 仿生设计研究现状

1.1 仿生材料学

现代材料学发展的核心路径便是通过仿生来实现质的飞跃，从 1999 年开始，菲尔普斯借助鲨鱼泳衣夺取 22 枚金牌，鲨鱼泳衣这种由高科技材料仿生制作的产品也被迅速推向舆论浪尖，甚至最终被禁赛。利用现代高科技的仿生物技术制作的仿鲨鱼皮泳衣能在水中极大程度上减小使用者所受到的阻力（图1），同时引导使用者身边水流速度，辅助运动员获得更快、更强的使用体验感。

形似鬼针草的草球分正负两面，针面的倒钩可以轻易地挂在毛线的负面上，从而形成粘连在一起的效果，这种粘连十分紧密，根据此制作而成的魔术贴已广泛应用于各个领域，给生活带来了便捷（图 2）。

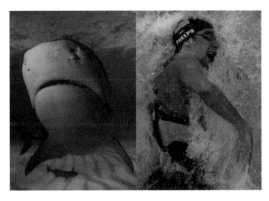

图1 对鲨鱼表皮进行拟生制作泳衣，减小游泳阻力
Fig.1 Make swimsuit by imitating shark skin to reduce swimming resistance

图2 对草球正负面模拟制作魔术贴，已广泛应用
Fig.2 It has been widely used to make velcro by simulating the positive and negative sides of straw ball

1.2 仿生结构学

自然界中的生物在亿万年的进化中，为了适应极端环境，生存延续下来，很多生物都进化出了具备相当强度与稳定性的特殊结构。这些精巧的结构特征正在不断地被人们认知并投以应用。鲸鱼鳍在出水和入水的过程中近乎不受力，我们针对鲸鱼鳍的生物学特点，通过科技材料进行模拟仿生制作出风力发电机的旋转桨，有效减小了其在工作中的受力，从而获得了更高的工作效率。（图3）

图3 对鲸鱼身形结构模拟制作风力发电机，减小阻力
Fig.3 Wind turbine is made by simulating the structure of whale body to reduce resistance

1.3 小结

在现阶段仿生研究过程中，对自然生物特征的提取与模拟让人类受益匪浅，从日常生活到高新科技领域，仿生的影子随处可见，"师法自然"

在不同的层次、角度上都对人类文明的发展进步产生了深远影响。

2 智能算法

2.1 智能算法

随着智能计算的飞速发展，设计师、工程师进行产品研发的综合能力获得前所未有的巨大提升。通过软件运行模拟，我们可以突破时间、空间的桎梏，赋予材料未来生物的特性，让材料具备更加鲜活的"生命体征"，获得自我生长的能力（图4）。

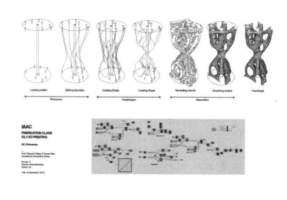

图4 智能计算仿生架构制作
Fig. 4 Making of intelligent computing virtual architecture

2.2 参数化

通过参数化的手段，我们能将时间、空间、力这些对设计对象产生难以把控的影响，以参数的形式具象体现出来，通过对参数的变量调节，可以实现对自然环境的预判推演，再将这些研究成果反馈于现实，从而对当下产生颠覆性的影响。比起从自然界中提取形态语意进行创作，通过模拟周边环境

来实现对物的演化无疑更贴近于生物进化的方式。简而言之，未来仿生不应限于模仿生物，而是创造环境，让产品在环境中"生长"出来。通过这种方式才能实现产品的超脱。而要想实现对需求环境的完美模拟，那么毋庸置疑，参数化算法将会成为构建"新世界"的核心（图5）。

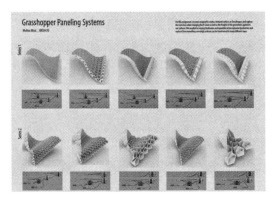

图5 参数化调整对外观形态产生的影响
Fig.5 Effect of parametric adjustment on appearance

2.3 小结

算法所代表的不只是一种全新的设计方法，究其根本更是全新的设计思维。超仿生时代更像一个新的域，在这个域中，设计不是局限于制作物本身，而是着眼于去创造符合需求的土壤，埋下种子，让产品从需求中生长出来。

3 超仿生

3.1 参数化建筑

通过在软件中对点线的编辑，对环境受力的模拟控制，以及对规划生长路径的捕捉而长出的参数建筑结构，不仅美观博人眼球，更符合于所在空间的需求特征。亚马逊在美国西雅图市中心的新总部 Spheres（图6）由三个透明玻璃球体组成，玻璃穹顶结构由钢框架与夹层玻璃构造，球体上面板的合理布局能够使热量从面板中反射出来，但允许适当波长的光通过，以允许植物生长。通过对特定光的编辑、使建筑同时在温度、光

照等方面满足了"热带雨林"式的工作室的需求。

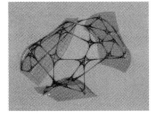

图6 亚马逊总部Spheres
Fig.6 Spheres, Amazon headquarters

3.2 成果交流

被誉为制造业未来的 3D 打印技术正在日趋完善，并逐渐步入商业化，和 Carbon3D、清风时代在基于光固化 DLP 技术（即通过特定强度光投射于液态光敏树脂上，使树脂快速固化逐层成型）。参数化设计也逐渐形成较为成熟的成果交流社群，在 AskNature.org—The biomimicry X Autodesk 网站就充满了对于智生形态的仿生设计种种形态的设想与模拟演示（图7）。以自然为导向，以自然为师的设计理念也逐渐走进现代设计的视野。

图7 AskNature.org—The biomimicry X Autodesk网站上的智生形态交流
Fig.7 AskNature.org—The biomimitry X: the communication of intelligent life form on the Autodesk website

3.3 小结

走进人们视野的仿生案例仅仅是超仿生的开端，在水面下隐藏的冰山随着高新技术的发展会逐渐浮现出来，其中蕴含的可能性对人们的生

产、生活方式都会产生颠覆性的影响。

4 超仿生设计价值

4.1 材料属性

当材料通过超仿生进行迭代升级时，那些存在于科幻电影中的场面便能逐步浮现。高新仿生材料不仅能极大地提高产品的核心能力，往往还能赋予产品像自我修复、结构生长等生命属性，获得令人惊讶的特殊能力。通过材料革新，工业发展也将进入一个更智能、更高效、更贴近自然规则的全新时代。

4.2 参数化结构工艺（3D 打印）

在建筑应用中，3D 打印往往可以针对依靠传统方式难以解决的问题提出有效的解决方案。类似自然风蚀地貌的条件，通过传统搭建技术无疑是难以实现的，而对于 3D 打印技术来讲，这只是在设计阶段就能调整完成的工作（图8）。在不规则的自然形桥梁搭建中，3D 打印的出现无疑成为这个棘手问题的最优解。3D 打印不仅可对设计进行快速调整，更可以实现对形态生长的参数模拟。也就是说，3D 打印机不仅可以独立

图8 通过3D打印模拟自然地貌
Fig.8 Simulating natural landforms by 3D printing

构建符合力学架构的形态，更可以依据现有条件寻求到最有效、合理的搭建方式。

5 结语

智能计算、超仿生的发展无疑能对人类未来科技起到至关重要的导向作用，超仿生是一种新的设计思维，更是一种新的科学发展观，它为科学纵向延伸提供一种更加贴合自然规则的方式。随着科学技术的发展，超仿生必将在未来出现更多的研究成果和实践探索。（图 9）

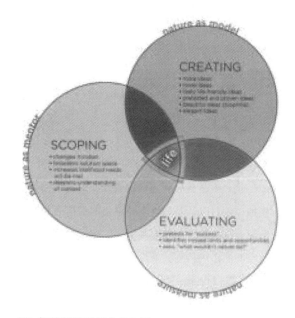

图9 智能创造引领未来生活
Fig. 9 Intelligent creation leads future life

参考文献

[1] Daniel Wangpraseurt, Shangting You , Farooq Azam,et al. Bionic 3D printed corals [J]. Nature Communications, 2020（3）: 5.

[2] 张雨，周恩玉，王超群.浅议仿生材料在产品设计中的应用 [J]. 文化周刊，2020（6）: 32-41.

[3] Arthi Jayaraman, Amish J. Patel. Molecular design and engineering of biomimetic, bioinspired and biologically derived materials [J]. Molecular Systems Design & Engineering, 2020（5）: 18.

[4] 锐盾纳米车膜.你听说过吗隐形车衣神奇的自我修复技术可以让大部分划痕消失 [N/OL].搜狐网.[2019-03-04]. https://www.sohu.com/a/298962483_120046102.

[5] 侯祥龙，雷建银，李世强，等.3D打印贝壳仿生复合材料的拉伸力学行为 [J].高压物理学报. 2020（1）: 72-78.

[6] 陈伟杰. 当代仿生建筑的空间组织与界面设计研究 [D].天津大学建筑学院研究生毕业论文，2014.

仿生概念在角色造型设计中的应用研究

梅琳[1]，刘昆[2]

（1.武汉理工大学，武汉 430000；2.泉州师范学院，泉州 362000）

[摘 要]动画、游戏中的角色以带有人物、动物、奇幻类角色特征的形象为主。其中奇幻类角色包括一些凭空想象的怪兽，科幻色彩的外星人等形象。奇幻类动画角色的形象独特、新颖，给人强烈的视觉冲击力和非凡的美感体验。国产动画中的奇幻角色形象往往以借鉴传统经典著作中的形象为主，以仿生理念而原创形象较为少见，在工业产品造型、建筑设计等领域，仿生设计是一个普遍的现象。动画、游戏中的形象中是如何体现的呢？**目的** 找出这些样本中采用仿生手段进行设计的痕迹和总结仿生设计的规律。**方法** 借助文本分析和问卷调查的研究方法，调查了近 18 年获得奥斯卡最佳长片动画中的一些奇幻类角色，分析了其中仿生设计的应用现状。**结论** 所调查的奇幻类角色的造型，绝大部分存在一些提取动物、植物、微生物的部分特征进行设计的痕迹，因此让这些充满奇特的现代感。

[关键词]动漫角色；奇幻类角色；角色造型设计；仿生

引言：由于生物和工程领域的结合日益密切，1960 年确立了"仿生学"这一学科，并逐渐发展壮大。"仿生设计学"则是一门新兴的边缘学科，探讨的是如何借鉴生物的形态、功能、结构、色彩等特征，以达到不同设计所寻求的目的。广义上的"动漫"设计包含了动画、漫画、游戏等领域的多方面设计。因此，有些仿生的设计理念也存在于动画的角色造型设计之中，若能将这些现象总结成一些规律，则可对未来的动画角色造型设计提供一些方法上的支撑。因此，本研究在梳理仿生在设计中的应用的基础上，提出动画角色是如何仿生设计的一问题，并针对该问题寻求一个结果，从而为未来动画中的角色造型设计带来一些新的启示。

1 仿生在不同领域中的应用

孙久荣和戴振东综述了仿生学在当前的发展状况，包括诱导动物运动的研究、神经工程学、机器人、生物物理等多个领域对仿生概念的应用。路甬祥综述了仿生学的研究对象，包括生物的结构、性状、行为原理等。其目的是为工程领域提供新思路，同时与物理、数学、化学、信息等学科交叉，为科技进步与人类解决诸多问题提供答案和方法。

宦茜玺认为与仿生相关的研究触角伸向情感、情趣的风格诉求，仿生学在产业领域应用呈现多元化，丰富化发展趋势。与仿生相关的研究在科学、工程等领域注重其功能性，而在心理学、视觉传达等领域则与情趣、情感具有直接的联系。心理学与视觉传达方向的学科与艺术设计的联系密不可分，因此在艺术设计领域，仿生设计同样具有一定的研究价值。

于晓红提到仿生设计学（Design Bionics），亦可称之为设计仿生学，是通过模拟生物系统的某些原理和形式，设计包含生物系统特征的一系列新的思维方法。仿生设计所研究的内容包括色彩仿生、结构仿生，可直接传达给受众一些新颖的理念。应用领域包括图案、服装、平面设计、立体设计等。蔡江宇梳理了仿生设计与自然观、生命哲学、符号学、语言学、心理学的关系，提出以物质现象层和精神内核层为基点进行仿生设计类型学的划分和考察，为相关专业的研究打开了全新的视野。姜现甲认为"象"作为仿生造物的思想是在《周易》的哲学语境中产生，在《考工记》中获得确立。所以"象"可理解为仿生设计的核心思想。这里的"像"可理解为一个仿生的设计应该包含一些所仿生对象的特征。景于在仿生设计中分析了仿生的5种形态——具象、抽象、结构、质感、色彩，并提出在形态仿生中的"简洁率"和"特征线"以及提出显色仿生和隐色仿生的提取规律。仿生的应用包括全方位、多角度的思考。孟思源认为仿生设计的灵感有的是直接源于自然界的真实形态，也有的是出于设计师理性思考的抽象和提炼。产品设计中的仿生设计行为，在丰富了产品形式语言的同时也凸显了个性的美感，他还提出仿生设计将产品与自然链接在一起，带来亲和力和艺术感。因此，仿生设计包含一些自然、亲和的艺术美感，设计师的主观表达影响着仿生设计的最终结果。刘伟提出仿生形态设计具有一定的自然意味和人情味，包含仿生设计理念的产品通过视觉的自然信息满足人们的情感消费，给人们亲近自然的机会，因此在产品中采用仿生概念同样是人的一种需求。阿里·古巴提以汽车为例，分析了形态仿生、结构仿生、功能仿生和色彩仿生在汽车造型设计中的体现，并提出一系列仿生设计的基本方法在我国汽车造型设计领域中的应用。周讯提到在园林规划中巧妙地利用自然界具有的生物形象进行设计，倡导了人与自然和谐共存理念的同时也推动了我国园林设计的发展。这从另一个角度说明了仿生设计理念在建筑、环境设计中也得到良好的应用。陈雅男通过对一些经典建筑的分析后提出，仿生设计在建筑、室内设计过程中应有选择地使用生物的某些形状、色彩、声音、功能等特征进行设计。

2 仿生在设计中的应用

薛曼龄和张玉花在研究儿童生理及心理的发展特征过程中提出4种提升儿童玩具造型生命力的方法，其中包括对仿生自然形态和动漫元素的使用。以上两种方法具有浓郁的情感色彩，也符合人们的心理需求。两者相结合可以应用于动画角色的造型设计中。王雪妍和侯锦分析了浮世绘中的众多妖怪形象，认为这些似人非人、似物非物的形象是一种仿生的行为，并将其象征寓意加以解释，动画、游戏中的诸多角色形象都是根据传统文化中的一些形象进行设计的。因此她的研究也为动漫设计中的一些角色形象设计提供了一定借鉴。黄敏敏从物质现象层、精神内核层的仿生行为进行研究，讨论了仿生与游戏设计之间的关系，阐述了游戏仿生的应用方法以及游戏仿生的应用范畴，提出仿生设计思想是人们对自然和生活美的一种追求，对游戏设计有着重要的研究意义和价值。因此无论在其他设计领域还是在以游戏为重要组成部分的动漫设计中，仿生的理念都将自然、物质生活和人们的精神世界连接在一起。

在以上关于仿生设计的研究中大部分学者提到，仿生设计为作品带来独特的魅力和亲和力，满足人对自然之美的情感、情趣意味的追求。所以，包含仿生设计的动画、游戏中的角色形象也传达给观众类似的审美体验。

动画、游戏中的角色呈现复杂化、多元化现象。有些动画、游戏中的角色以人的形象为主，有些角色是以动物的形象为主。另外，还有些是包含人或一些动物特征的"怪兽""外星人""机器生物"等角色。动画、游戏中的角色固然是根据一些故事改编而成，但在角色的造型设计过程中，角色设计者的主观成分在某种程度上决定了角色最终的面貌形象。那么，注入一些仿生概念的角色形象是否能得到更多的关注呢？然而，较少有研究者就现有动画中的角色形象的仿生进行深入的分析，既然生物的形态、结构、色彩、行为等特征均可以作为"借用"的对象，这些客观的生物特征又如何与动画角色的造型设计相结合呢？若能解决这两个问题，则可为过程动画的一些角色设计研究带来一些新的启示。

3 仿生设计在经典动画角色中的应用调查

本研究的研究方法以文本分析方法为主，结合问卷调查的方法进行研究。首先搜集了奥斯卡电影历史上 18 部最佳长片动画中的一些角色形象作为研究样本（表 1）。采用问卷调查的方法，调查了福建泉州在读的 120 名大学生对以上动画中角色的看法。根据调查结果的分析，解释了在"奇幻"类动画中的角色形象往往包含仿生设计的思维，且仿生的设计方法给角色带来新的活力，更能引起观众的好奇心理。

通过对样本进行筛选，得出三种动漫角色的类型，见表 1。

表1 动画角色样本
Tba.1 Animation character sample

1. 人物类	2. 动物类	3. 奇幻角色类

1. 人物类	2. 动物类	3. 奇幻角色类

1. 人物类	2. 动物类	3. 奇幻角色类

动画角色的分类主要以人物、动物、奇幻类角色为主。在所获奖影片中，以人物类角色为主的影片约 6 部，动物类为主的影片 5 部，奇幻类角色为主的影片占 11 部。其中有些角色类型兼有动物和人或兼有人和奇幻类角色形象的特征。仿生理念主要在哪类角色中更为突出呢？本研究针对该问题进行了问卷调查。

问卷调查了福建地区一所高校内的 128 名在校大学生，年龄约 20 岁，男女各半。在所调查的 128 人中抽取有效问卷约 60 份。

问卷中的问题涉及三个面向：

第一，关于不同类别的动画角色的喜好程度调查。调查结果显示：约 20% 的学生偏好人物类角色形象，约 40% 的学生偏好动物类角色形象，约 35% 的学生偏好奇幻类角色形象。

第二，对不同类别的角色仿生的印象进行调查。

（1）对人物角色的喜好：约 34% 的受访对象不确定，约 64% 的受访对象认为没有仿生的痕迹，约 2% 的受访对象认为有仿生的痕迹。

（2）对动物角色的喜好：约40%的受访对象不确定，约55%的受访对象认为没有仿生的痕迹。约5%的受访对象认为有仿生的痕迹。

（3）奇幻角色的喜好：约20%的受访对象不确定，约15%的受访对象认为没有仿生的痕迹。约75%的受访对象认为有仿生的痕迹。

从以上问题的调查结果中可以理解，在动画角色的各个类别中，奇幻类角色的造型设计中包含更多仿生概念的思考。

第三，在对奇幻类角色的进一步调查过程中，受访对象认为最具有创意含量的角色如下：

(1)《千与千寻》中的妖怪角色；

(2)《机器人瓦力》中的机器人角色；

(3)《疯狂动物城》中的动物头结合人身角色；

(4)《兰戈》中的蜥蜴结合人身角色；

(5)《玩具总动员》中的奇幻角色；

(6)《Coco》中的骷髅角色；

(7)《超能陆战队》中的机器人角色。

以上7部影片中，仿生痕迹最强的是《兰戈》中的蜥蜴结合人身角色，约70%的受访对象认为有仿生的痕迹。其次是《疯狂动物城》中的动物头结合人身角色，约60%的受访对象认为有仿生的痕迹。再次是《千与千寻》中的妖怪角色，约55%的受访对象认为有仿生的痕迹。以上三部影片受欢迎程度也排在7部影片的前4位。

4 中国与西方动画中奇幻类角色的比较

在好莱坞获奖的长片动画中，以奇幻类动画角色为主的影片获奖率约占2/5的比例，此类动画或许因其他原因得到获奖的资格，然而其中的动画角色形象无疑是其影片成功的保证之一。本研究发现，在这些影片中的奇幻类角色中包含了大量的大胆、巧妙的仿生设计痕迹。在这些角色的设计过程中，吸取生物的某些形态、颜色、局部相貌是常用的手法。例如，怪物史莱克的造型

提取了青蛙或某些其他动物、植物的颜色。《兰戈》中的蜥蜴是人和蜥蜴的某些特征相结合的仿生概念，这类的形体构成方式与我国传统文化中的孙悟空、猪八戒等角色的形象如出一辙。追溯中国动画的历史，中国动画题材中不乏以经典文化中的角色形象改编而成的动画，如西游记、山海经、白蛇传中的经典形象，然而像好莱坞动画中的机器人瓦力、兰戈，疯狂动物城中那些灵活、巧妙使用仿生理念的原创角色却凤毛麟角，此类角色的"新鲜感"是经典形象再改编而成的形象难以企及的。

5 结语

在其他设计领域，仿生设计的使用早已成熟。甚至在游戏设计中我们会看到一些新颖的原创奇幻类角色，它们往往是借鉴一些微小的生物的造型，或一些植物的色彩、局部进行塑造，从而得到出其不意的仿生效果。例如：把一个病毒放大很多倍，再加以变形、夸张即可得到一个怪兽的形象，这在宫崎骏动画导演的《风之谷》中曾有过相似的案例。因此，"仿生"作为角色造型设计的一个方法，应在国产动画的角色造型设计中得到更多的关注和深入的研究应用。

参考文献

[1]孙久荣，戴振东.仿生学的现状和未来[J].生物物理学报,2007,23（002）:109-115.

[2]路甬祥.仿生学的意义与发展[J].科学中国人,2004（04）:24-26.

[3]宦茜玺.我国仿生学的产业应用研究综述[J].现代商业,2019（9）:49-50.

[4]于晓红.仿生设计学研究[D].长春:吉林大学,2008.

[5]蔡江宇.仿生设计研究[M].北京:中国建筑工业出版社,2013.

[6]姜现甲. 通变成器-先秦造物之"象"的仿生设计美学研究[D]. 景德镇陶瓷学院，2012.

[7]景于. 形态与色彩的仿生设计研究[D]. 江南大学,2008.

[8]孟思源. 仿生设计在现代设计中的应用与研究. 科技信息2010.（07）:746-747.

[9]刘伟.灯具的仿生设计研究[D]. 济南：山东大学，2009.

[10]阿里·古巴提. 仿生设计在汽车造型设计中应用的内容分析[J]. 包装工程，2013（06）：55-58.

[11]周讯. 仿生设计在园林规划设计中的应用研究[D]. 南京：南京林业大学，2013.

[12]陈雅男. 进行中的仿生设计学[J]. 现代装饰:家居2012（12）：12.

[13]薛曼龄，张玉花. 论儿童玩具设计的造型策略[J]. 大观（论坛），2019（01）： 98-99.

[14]王雪妍,侯锦. 浅析浮世绘妖怪画中仿生图形艺术特征[J]. 艺术教育，2018，327（11）：188-189.

[15]黄敏敏. 游戏设计中的仿生应用探讨及研究[D]. 南京艺术学院，2016.

中国传统图形在新媒体艺术中的形态表现

隋因

（鲁迅美术学院，大连 116013）

[摘 要]**目的** 随着时代的变更，传统图形在不同历史阶段都会产生利于自身发展和变化的适应性。在保持原有特定艺术属性的同时，不断吸收新艺术和技术带来的变革和更新，调整自身的状态，从而在新的历史环境中生存和发展。**方法** 通过文献材料和设计案例，分析新媒体艺术的介入对传统图形的影响，以及在吸收新艺术形式后，传统图形产生的变化方式和表现形态。**结论** 新媒体艺术对传统图形的发展具有积极的影响力，在一定适用范畴内应用新媒体艺术可以提高和拓展传统图形的生存和发展空间，创新设计表现形式，强化民族的文化自信，进一步推动传统文化发展并传承传统艺术形式，激发传统图形的活力进而展现具有中国特色的独特艺术风范和魅力。

[关键词]传统图形；新媒体艺术；科技与艺术；传承与发展

引言：中国拥有完善的传统图形发展体系，其历史可追溯到原始时期、新石器时期出现的彩陶（绘有黑色和红色纹样的陶器），代表了中国原始社会工艺美术的最高成就。这些纹样是人们对生存状态的理解和表现，朴拙的形态和纯粹的色彩产生强烈的视觉和情感刺激，反映了质朴的审美价值和取向。随着历史的更迭，传统图形在不同历史时期呈现不同的历史特色，中国传统图形固有特色始终在发展的历程中保持自身的格调和风格，兼容并蓄，然和而不同。科技对当下物质文明和精神文明的推动促使了社会各个方面在不断进步，新媒体艺术对传统图形的传播和表现方式有着积极的推动作用。通过这种新的艺术形式可以为传统图形获得更为广泛的认知和认可，在国内以及国际舞台上得以广泛地传播和推广。

1 研究范围和方法

1.1 研究范围

以中国传统图形为研究对象进行分析，从新媒体艺术中的表现形态方式入手，探索传统图形在现代设计中的形态转变、特征表达和含义延展，对新媒体艺术方式介入之后传统图形的艺术传承和拓展进行思考。

1.2 研究方法

以中国传统图形相关的参考文献和图片为原始材料，对现有新媒体艺术相关的书籍、论文、杂志中对传统图形的认识和理解进行考察研究。对具有典型代表性的实例进行分析，观察传统图形在新媒体艺术中的表现形态，探索传统图形在现代设计中的生存现状和未来发展前景。

2 新媒体艺术

媒体也叫媒介，是指用以交流与传播信息的材料与工具。媒体有广义与狭义两层含义：①媒体的狭义含义相当于英文的 media，特指负载信息的介质，即记录、存储信息的物质材料，如刻字的竹简、石碑、甲骨，用于书写的丝帛、羊皮、贝叶，以及用于印刷的纸张，用于录音录像的磁带、数字化的光盘，等等；②媒体的广义含义相当于英文的 communications，泛指一切交流传播信息的工具、设施和机构，如书籍、报刊、广播电台、电视台、互联网等。作为信息传播的必备机制，媒体与人类同时诞生，共同发展。新媒体艺术是指在传统媒体基础上，以现代科技及现代艺术思想形态为基础形成的数字艺术形式，表现形式主要依托于电脑软件合成的实体和虚拟影像、音响设备、互动媒介等高科技媒体技术，在艺术相关领域中传达形态的审美情趣和价值体验。

3 新媒体艺术中的传统图形

中国传统图形在历史发展过程中已经形成相对完整的形态表达和象征体系。这些图形的传统表达方式主要集中在物质媒体上，新媒体艺术是在数字化的计算机媒介中展示设计形态。这种表现方式对传统图形设计来说是对几千年来固有的传统方式的转变，新的媒介需要新的思维方式和表达方式来适应和架构，从而建立现代设计群体中的个体形态价值体系。

3.1 传统图形新的载体——新媒体艺术

宗白华说："艺术是一种技术，古代艺术家本就是技术家（手工艺的大匠）。"自古至今，艺术与技术都是不可分割的一个整体。新媒体艺术对传统图形来说是一个新的表现载体，它带来的创造力和交流手段赋予传统图形与以往截然不同的设计实践。

3.2 新媒体艺术中的传统图形

在新媒体艺术的技术支持下，传统图形结构、构成、象征等要素经过分析、设计和后期处理形成的视觉效果，给予人们新的艺术感受和体验。

3.2.1 对感官系统的刺激

感官系统主要包括 5 种：视觉、听觉、味觉、嗅觉和触觉，人们通过它们来认识和感受外部环境。信息经过感官接受后，通过思维分析和加工，建立起一个感知结果的空间模型，人们通过这个模型来理解含义，得出相应的结论，并产生与之匹配的情感回应。

新媒体艺术对人的作用和影响主要是通过感官系统的识别来完成。当人的感官系统受到作品的刺激后会产生感觉、感情、情绪和相应评价等知觉体验，这些体验主要源于个人的知识结构和过往经验，包括情绪、动机、性格、信念、人生观、价值观和世界观等心理因素。当各项因素与艺术作品产生共鸣时，则作品实现了自身的艺术效果。Pentagram（New York, NY）设计公司为客户 Pace Development 设计了一个建筑外观项目，楼体的外部由 LED 屏幕构成，屏幕被分割成等比图形，用来系统化创造和组织内容，图像的比例在适当范围内可以延展或收缩。设计师用像素化的外观将整体建筑表面分解融入城市的天空，让人们产生自然与人之间和谐共生的感受。

中国人对中国传统图形的感知是一种扎根于灵魂深处的本能，对它们产生条件反射般的相应感知。当中国传统图形需要在更为广阔的地域文化中传播和应用时需要因地制宜、因时制宜、因人制宜。新媒体艺术能够对感官产生快速、便捷、立体的刺激，这种效果对传达传统图形的信息有重要的实践价值。中央电视台制作的文博探索类节目《国家宝藏》立足于中国文化资源，采用新媒体手段展示文物的历史背景和知识体系，将古人在艺术品中的文化和精神内核传递给今人。舞台美术中采用布景、灯光、服装、特效、道具等要素表现文物的艺术审美，在传统图形的表现方式上采用多层次三维立体的表现手法，用多种媒介建立图像形态美的体验。如在介绍《千里江山图》时，音乐、图像、色彩、对白、表演等表现形式通过媒体艺术处理后浑然一体，营造出气势磅礴的现场氛围，促使观众达到情感共鸣，从而充分理解和体会画作的美。

3.2.2 平面到空间

传统图形主要是附着在一定的物质载体之上，依托载体存在。如敦煌藻井图案，唐代时期的藻井图案的构图为方形套叠，层次丰富，布置合理，由忍冬纹、卷草、云纹及各式花卉逐层推进，一直到中心为止，构图有条不紊，造型工整而丰腴，其中宝相花的造型尤为典型，是敦煌传统图形杰出代表之一。图1、图2中动物形态以宝相花为原型，在二维空间内通过夸张、抽象、概括、同构等图形设计方法建立新形态。

图1 陆皓洁　　　　图2 袁冰
Fig. 1 Lu Haojie　　Fig. 2 Yuan Bing

三维空间图形设计是在建立图形时依靠图形设计方法以及数字软件技术。软件主要是通过计算机内部存储的几何数据经过运算得出结果，三维图形很多依赖于二维图形的运算方法，然后在运算的基础上添加肌理、照明、阴影等数据建立空间模型，再经过渲染（Render）生成最终图像。空间图形与二维图形相比会产生更加强烈的

视觉刺激效果，并具有更为真实的视觉体验。文字是交流、记载、描述等行为的书面载体，如书籍、报刊等，同时它也具有艺术性的表达，如中国的书法、古埃及的象形文字、古苏美尔人的楔形文字等。设计师 Huang Di 利 Sun Youqiang 发表于 Communication Arts January/February, 2018 上的字体设计与传统的文字截然不同，设计师在空间内设计文字的笔画和结构，给观众可以从三维空间内阅读文字的视觉联想。这种设计形式将人们从旧式平面阅读的思维模式中引导出来，用多维的空间概念为人们建立新的阅读手段，对阅读技术提出了新的研究命题，在未来艺术与技术发展更为成熟的条件下，使人们阅读方式的选择可以更为多变和多样。

3.2.3 图形从静态到动态的转变

现代的动态图形在科技的推动下拥有新的表现方式，主要通过数字技术来实现。动态图形设计源于英文 Motion Graphic Design 一词，Motion 意为"运动、动作、移动"，Graphic 通常解释为"图形、图表、图像"的意思。二者结合可直译为"会动（动起来）的图形"，或"随时间变化而改变形态的图形"，是一种融合了图形、影像和动画的语言表达。静态图形主要通过形态、时间和声音三个要素相互协调共同作用下形成动态图形。形态要素包括图形的元素、轮廓、结构、色彩、透视等；时间要素包括连续、循环、顺序、倒叙、间隔、休止等；声音要素包括音色、音调、音量等。

2014 年，故宫博物院借用网络平台发表了《雍正：感觉自己萌萌哒》动态组图，图形原素材为《雍正行乐图》，故宫人员通过数字技术让静态的雍正帝"活"了起来。图中，雍正帝或松下抚琴，或穿武士服与猛虎搏斗，或临河垂钓，图文搭配并配合轻松活泼的文字说明：朕就是这样的汉子。故宫博物院介绍，让文物古画动起来、活起来，是推动其传播、宣传的一种新方

式，更容易被年轻人所喜爱。动态图形是新媒体艺术对静态图形的一种处理方式，其优势是能够打破地域性和时间性的限制，在网络移动传播平台上快速传播，这对传统图形的推广具有积极的作用。

3.2.4 传统图形新媒体展示传播

"技术愈进步，我们愈接近大自然。"我们认为技术与自然并不对立，而是能与自然共存。新媒体艺术在信息传递和形式表达上为传统图形提供了新的思考方向。设计师为传统图形赋予的新内涵是吻合当下时代发展的特征，新的图形形态传达了时代赋予的意图和信息。这些艺术特征与当下社会发展的各个层面紧密相连，反映了设计对生存和生活的思考、探索、实践和展望。如中国传统图形设计制作的载体通常是实体的物质材料，材料的消耗和使用是图形展示的物质条件之一。新媒体艺术和展示的载体是数字平台，这种形式的操作可以重复修改和使用，对资源的占有和消耗相对较少，展示和传播过程中比传统也更为快捷便利。这样，传统图形形态在新媒体艺术中的表现形式既有传统艺术特征，同时也响应了科技的更新与变革，并体现了人与自然之间的和谐共存。

4 结语

现代设计与传统设计的不同之处在于现代社会、现代生产方式、现代流通方式、现代人的审美。目前，传统图形的形态表达在现代设计环境中大多依赖传统的构成体系，展示效果和传播手段缺乏技术支持，形态缺乏创新创意，表现形式也过于单一，为利其发展需要注入活力，对传统图形的形态表达思考并革新，变则通，通则久，久则能传承。新媒体艺术可以为传统图形带来新的活力，它是科技时代诞生的新事物，具有时代性、复合性和跨学科性的特征，它的存在符合艺术生存的需求。当它参与传统图形的设计时，这种创作行为打破了学科之间的壁垒，并在科技与艺术之间构架了桥梁进而形成一种综合性的艺术表现方式。在新媒体艺术中，传统图形形态从单一到多变，从实物到影像，从静态到动态，从现实到虚拟，以一种与时代设计潮流相呼应的姿态回归人们的视线，在传统命题的设计方案中创建了新的思维方式和实践案例，开拓了新的视角和领域，成为传统图形形态发展重要的动力之一。

参考文献

[1]回连涛，隋因，王晶宇，等.新民族图案设计教程[M].北京：人民美术出版社，2017：008.

[2]许鹏.论新媒体艺术研究的特殊内容与方法[J].中国人民大学学报，2007，01：149.

[3]周洁.新媒体艺术中传统图形元素的设计表达 [J].包装工程，2013，01：29.

[4]Pentagram. Environmental Graphics [J]. Communication Arts. 2017:156.

[5]Huang Di, Sun Youqiang.Environmental Graphics [J].Communication Arts, 2018:153.

[6]安娜，刘健.空间与时间—动态图形设计的基础性研究[J].艺术工作，2016.01：101.

[7]央视网. [N/OL].[2020-10-16]. http://arts.cntv.cn/2014/08/08/ARTI1407488430091848.shtml.

[8][日]原研哉.设计中的设计 [M]. 朱锷，译.山东：山东人民出版社，2006，10：173.

[9]王受之.世界现代设计史[M].北京：中国青年出版社，2002：46.

[10]张伊扬.新媒体艺术设计的发展与影响[J].长沙大学学报，2015，01：111.

计算机图形表现方式下的民族纹样与仿生设计

王佳琦

（沈阳工学院，沈阳 113122）

[摘 要] 民族的文化源于自然界，在一个民族发展的进程中，不自觉地师承自然、仿效自然，各族人民有效地将仿生学融合在民族的文化之中。**目的** 纵观我国传统民族花纹，都蕴含着当地的风俗、地貌等特点，使其具有地域本土性和仿生审美性，达到弘扬民族文化的目的。但是众多美丽花纹的传播都有一定的局限性，在传承和发展上并不是很顺畅。**方法** 通过计算机图形的处理手段，可以将各族人民在服饰、建筑、节日、工艺等诸多方面的民族纹样进行规范、传承、创新和应用。**结论** 计算机的图形处理方式能够快速使民族纹样系列化，并且在原始纹样的基础上进行打散、重组，增加民族纹样的多样性和应用性。当民族纹样通过新手段、新载体、新环境被应用时，可以将我国民族文化更好地传承和发展，使更多的受众了解民族地域中的仿生之美。

[关键词] 民族；仿生学；计算机图形；纹样

引言：民族纹样凝聚着各民族的文化内涵，它不仅记录着民族的过去，也肩负着民族的未来。纹样是人们劳动、生活与大自然中的模仿、碰撞而形成的。在数字化时代，纹样的仿生设计也面临着新的挑战和机遇，计算机处理手段能够更好、更快速、更准确、更仿真地呈现纹样的仿生设计表现。

1 民族纹样的概述

民族纹样具有深刻的审美内涵与文化价值，承载着我国各民族人民对美的追求，对生活的热爱，更是民族文化的主要载体与表现形式。随着社会各领域的快速发展，人们的生活水平已经得到基本满足，审美观念也发生了重大改变，因此在设计作品时也更加注重对传统文化元素的应用与创新。

1.1 民族纹样的起源与发展

中国是一个多民族的国家，56 个民族分布在全国不同的地域。民族纹样承载着民族文化习俗与自然环境交融所形成的特殊形态，表达着各民族人民对生活的向往与对美的追求。民族纹样来源于生活，通过对自然界中的元素提炼、概括得来。随着现代人审美需求的不断变化、全球化的文化冲击、传统与时尚的强烈对比，民族纹样在适应时代时面临着传承与传播受限的境况。如何使优秀的中国民族纹样被发现、被喜爱、被传承、被创新成了民族纹样发展所面对的首要问题。

1.2 民族纹样的特点

1.2.1 民族纹样是民族群体情感的寄托

不同地域造就不同的民族文化，体现着一个民族的精神文明和物质文明。在纹样中包含着各民族人民的自身价值追求和对美好生活的渴望，如蒙古族中最具代表性的云纹，被应用在服饰、建筑、乐器等日常生活用品上。蒙古族生活在广袤的大草原上，具有开放、多元的民族性格，花纹具有连续、对称、平衡、圆满的特点。云纹仿照自然现象中的云彩，代表长久和永恒，在图形形态上云纹对称且饱满，又与如意头形态相结合，无论在外形还是内在含义上都寄托了蒙古人民对幸福安康的渴望。

1.2.2 民族纹样是民族审美凝聚的视觉化表达

民族纹样折射各民族群众独特的审美观，这是民族纹样艺术美学文化的体现。纹样被应用在服饰、建筑、祭祀活动等物品中，是民族文化的凝练，包含着宗教、艺术、哲学等胚胎内的上层建筑。这些属于各民族地域的纹样既是一种审美，又不仅仅是审美。纹样的延续和发展是一种观念意识物态化的视觉化表达，是人们在自然形式里沉淀的社会价值和内容，而在这种感性自然中又积淀了人的理性性质，形成了审美意识的萌芽。

1.3 民族纹样的类型

作者将民族纹样划分为5类，分别是几何纹、植物纹、动物纹、人物纹和文字纹。几何纹在新石器时代占据着陶器的表面，常见的有曲线、直线、波浪纹、三角形等，以抽象的形式呈现着独特的美感。几何纹是民族纹样中最常见的一种表现方式，形状干练、对称，适用于不同的物品装饰，也可以辅助其他纹样的呈现，起到点缀或填充画面的作用。

如苗族服饰中的挑秀，运用了几何纹样进行绣制，形成色彩艳丽、视觉交错的纹样效果。

不同地理环境所生长的植物不同，因此各民族纹样中植物纹样最丰富多变。人们将常见的植物经过提炼绣制到衣物上、描摹在器物上，通过不同纹样的组合、变化，形成精美的民族特色花纹。

在民族纹样中，被赋予内涵最多的，表现手法最多变的莫过于代表民族图腾的动物纹样。大多数民族中代表性的动物都是有历史渊源的，包含着民族的文化甚至是种族的起源，象征着吉祥之意。如傣族常将孔雀和大象的图案绣在衣物上，孔雀代表吉祥，大象代表五谷丰登。

人物纹样常以描绘场景为主，有记录、叙事的含义，能够结合时代背景，还原当地当时的民俗特色和审美情趣。传统人物纹样种类繁多，不仅在服饰上居多，在青铜器、漆木器都有发现，意在传达吉祥寓意。如将虚构的神话人物"福禄寿"绣在衣物上，有祈福的意图。

文字纹样在传播中表达更加直接，字义与含义清晰明确。但在作为纹样的过程中，增加了民族特色，如调整颜色、笔画、装饰等。如蒙古族常将"福""寿"等文字变成蒙语的书写形式，装饰在各处，达到民族特色化和认同感。

2 仿生设计

仿生设计是一门基于仿生学理论展开的新型交叉学科，其中涉及生物学、数学、物理学、工程学、机械学、材料学、心理学、信息论、色彩学、美学、传播学、经济学等学科的知识，以自然界万事万物为研究对象，内容丰富多彩。仿生设计以自然万物为研究对象，应用学科广泛，设计平面、产品、建筑等领域。有形态、色彩、肌理、材料、功能、机构原理等内容的仿生，即使人与自然直接的联系更加紧密，又在自然寄予的财富上进行创新应用，更适用于时代的发展。仿生不仅在人类生活中被应用，甚至很多动物都有利用仿生的方式保护自己，吸引同类。如枯叶蛱蝶，翅膀仿照枯叶一般的形状、肌理，遇到危险时连飞行方式都模仿落叶的下落形态。仿生设计虽然是新兴学科,但是早已被应用在民族纹样之中了。原始社会时期,生产力低下,人们对自然界极度崇拜,将日月星辰归纳为太阳纹、云纹、雷纹等纹样装饰在服饰上,作为祈福的一种方式。

3 民族纹样与仿生设计

在众多仿生内容中,民族纹样仿生设计多以形态仿生、色彩仿生和肌理仿生为主。形态仿生是将大自然中的客观事物与人类审美需求的融合,在具象的外形下增加抽象的意识思维,寻求形态上的创新;色彩仿生是汲取天然颜色,寻找受众群体适应的色彩进行应用,寻求颜色上的认同感;肌理仿生是通过借鉴和模拟仿生对象表面的组织结构,将物体的自然美感和形态特征融入设计中,寻求质感上的丰富性。在设计创作中,艺术来源于生活而高于生活,这句话是对艺术与仿生的很好解释。经过设计思维呈现出的一切物化形态,都是基于大自然中所得的灵感,通过有意无意的联想思维而形成的。

民族纹样生长在民族特有的土地上,汲取的文化养料不同,仿照的自然生物不同,从而呈现的表达方式也有所不同。彝族人民地处高原,气温低寒,常以火镰纹装饰衣物,寓意逢凶化吉,火镰纹仿照火焰的自然形态,经过设计加工形成连续精致的民族纹样;壮族人民多沿江而居、伴水而筑,常将鱼纹装饰在喜爱的物品上,表达多子多福之意。可以在民族纹样中判断出这个民族的喜好、地域特色,仿生设计始终贯穿在纹样设计之中。

龙凤纹作为中国传统的吉祥纹样,也在遵循着仿生设计的艺术形式。在闻一多的《伏羲考》中曾指出,作为中国民族象征的"龙"的形象,是蛇加上各种动物而形成的。龙以蛇身为主体,增加了兽类的四脚,马的毛,鬣的尾,鹿的脚,狗的爪,鱼的鳞和须。即使是神话中的形象,也是来源于自然界中的物象。与龙相呼应的凤也是如此,具有鸟类明显的特征,集五彩于一身。一切体现传统文化和民族精神的物象都可以作为文化仿生的元素。人没有办法创造出完全不存在的事物,一切经过大脑加工创造的形象都来自大自然的仿生设计,龙凤纹如此,其余民族纹样亦如此。

4 计算机图形与民族纹样仿生设计

随着科技的进步,传播信息的媒介在不断更新,新媒介表现形式丰富、传播速度快、传播范围广。需要借助计算机处理技术将信息更有效更多角度地进行展示。计算机图形处理技术应用非常广泛,并且越来越便利。从操作设备到操作流程都更加便捷,设计师可以通过 AI、PS 等电脑软件,进行民族纹样的图形化表达。

通过计算机图形的处理手段,可以将各族人民在服饰、建筑、节日、工艺、祭祀等诸多方面的民族纹样进行规范、传承、创新和应用。计算机的图形处理方式能够快速使民族纹样系列化,并且在原始纹样的基础上进行打散、重组,增加民族纹样的多样性和应用性。

传统的民族纹样传播多数依靠手工艺、绘画等方式进行,其生产速度慢,传播途径少,表现方式陈旧,这些问题都会影响优秀民族纹样的传播与发展。计算机图形可以将民族纹样进行精确、快速、丰富的描摹,其优点如下。一是民族纹样仿生设计绘制更加规范。通过对弧度、线段粗细、色彩提炼、形状简化等方面的规定,将纹样处理得细致、准确,具有一定的设计标准,使设计具备规范性。二是快速系列化。计算机在对民族纹样更改颜色、调整大小上更加便捷,能够快速地将一种纹样系列化展开,形成一套风格统

一、充满变化的民族纹样组。在现代设计中系列化有利于设计的呈现，无论是在文创产品、包装产品、界面设计等领域都更加适应。三是融合现代元素。很多传统民族纹样都与手工艺结合在一起，传统工艺在传承和传播上受众面窄。随着人们审美需求的不断变化，传统民族纹样需要结合现代的设计元素，在图形、色彩、造型、材质等方面增加新元素。计算机能够快速实现新的设计表现手法。四、更有利于民族纹样仿生设计的呈现。计算机可以模仿很多自然界中的肌理、形态，在民族纹样的仿生设计塑造中能够快速准确地呈现设计师需要的效果，更有利于设计意图的传达，提高设计作品的品质，增加受众的视觉体验，更好地传播中国的民族文化。

但在民族纹样的仿生设计上要注意两点。一是遵循文化背景。民族纹样艺术作为民族文化的重要组成部分，记录着民族文化的各方面，是民族精神的凝练。在民族纹样提炼的过程中，要遵循民俗、尊重文化。如苗族仿照青叶而制作的图案进行悬挂时，代表丧事；而布朗族悬挂青叶团时则表示家族添丁进口，禁止进入"月子房"的意思。只有了解民族文化的背景和禁忌，才能设计出具有文化内涵，能够广泛传播的民族纹样仿生设计。二是不能为了形式，失去纹样原有的特色。民族的地域特色是民族文化的起源，是自然条件与人文条件的综合体现。随着全球国际化的发展趋势，中国传统文化受到外国文化的冲击和碰撞，受众的审美需求变得更加多元。在传承民族纹样的过程中，要明确民族文化的内涵，总结民族纹样的精髓，保持纹样原有的仿生之美特色，才能够使纹样具有生命力、传播力、竞争力。

5 结语

综上所述，仿生设计是民族纹样的灵感来源，通过内在升华，凝聚成为具有地域特色的民族纹样；通过计算机图形的表现形式，吸收创新，达到文化传播的目的。民族纹样承载着民族的文化，是传播优秀中国文化的有效途径。在新媒介传播时代需要不断创新，用新的技术手段和表现方式跻身在众多文化领域中。通过计算机图形的处理手段，结合时代背景，保持民族特色，只有这样才能够更好地弘扬我国优秀民族纹样的仿生之美。

参考文献

[1] 刘牧原.民族传统纹样在视觉传达中的运用探讨[J].贵州民族研究,2018,39（12）:92-95.

[2] 柴娟,崔荣荣.传统民间服饰中人物纹样研究[J].武汉纺织大学学报,2016,29（04）:13-17.

[3] 邓欢琴.论灯具设计中的仿生学[J].设计,2012（02）:50-52.

[4] 苏俊杰.可持续发展观下仿生设计的现代设计观[J].艺术品鉴,2019（24）:257-258.

[5] 徐娜.仿生设计在产品设计中的应用研究[J].美与时代（上）,2017（01）:16-17.

[6] 唐婕.新媒介下西南少数民族纹样创新应用研究[J].喜剧世界（下半月）,2019（12）:20-22.

[7] 李泽厚.美的历程[M].北京:三联出版社,2009:9.

[8] 纪佳莹,阙凤岩.浅析仿生设计之美[J].工业设计,2020（07）:100-101.

[9] 王乔乔.民族纹样艺术的文化内涵[J].贵州民族研究,2018,39（03）:119-122.

[10] 岳瑾.西南少数民族纹样在新媒介中的创新应用研究[J].艺术品鉴,2020（15）:76-77.

计算机图形动画与仿生设计的应用研究

林梦娇

（东北大学，沈阳 110819）

[摘 要] **目的** 研究计算机图形动画与仿生设计的应用。**背景** 随着互联网技术的飞速发展，计算机技术为仿生设计带来了优越的条件，不仅使仿生设计有了良好的质量保障，而且有效地减少了错误的发生。计算机图形与动画应用于仿生设计的主要目的是给仿生设计带来更多的意义和启发，解决在仿生设计上出现的不能解决的复杂问题。**方法** 依靠计算机设计师与仿生设计师的有效默契结合，作出合理的改进，进行最优化的处理，得到成功的仿生设计成果。凭借计算机模拟的方法，以更直观的方式观测到实物模拟看不到的微观形态，弥补平面图纸的不足。**结论** 通过各种计算机模拟软件与仿生设计的完美融合，实现产品形态的突破与创新，不仅满足大众物质上的需求，更满足大众对自然、艺术、美学、个性相互融合的审美追求。

[关键词] 计算机；图形与动画；仿生设计；研究

引言：计算机技术的飞快发展为仿生设计提供了有利条件，计算机图画模拟作为仿生设计的重要方法，通过各种图画模拟软件的产生为设计师呈现出优于图纸的观察形式，为良好产品的设计提供了有力保障。学术界对于仿生设计和计算机图画模拟的研究还比较少，通过对仿生设计相关理论概述、计算机图画模拟理论概述、计算机模拟技术应用于仿生设计的重要性、计算机与仿生设计的融合等的总结阐述，找到影响计算机仿生模拟发展的因素，探讨计算机仿生设计的发展前景，充实理论基础，促进仿生设计朝着更好的方向发展。

1 仿生设计与计算机图画模拟理论概述

1.1 仿生设计的界定

仿生设计是一门新兴的边缘学科，是一门将仿生内容与设计内容相结合的综合学科，涉及心理学、材料学、经济学、生物学、数学等多学科。它的研究对象主要包括自然界万物的"声音""形状""色彩"等，在设计中有选择地应用这些特质，结合前人的研究结果，设计出更符合人类生活的产品。仿生设计并不是对生物结构、功能等的简单模仿，需要根据具体设计的需求，有目的地从仿生对象中提取整合、归纳分析，从中选择最符合、最贴切设计的点来应用。仿生设计作为自然界与人类社会生产活动的桥梁，促使人类社会与自然达到了高度统一，逐渐成为设计发展过程中的闪光点。

总而言之，仿生设计是综合前沿性的学科，表现出人类向自然靠近的诉求。它借鉴模拟、抽象归纳或者理性分析生物体的结构、形态、肌理、材质、颜色、功能等多个方面，从中提取出最优的元素融入设计，以求实现更好的产品设计。现阶段，仿生设计的应用非常广泛，尤其是在工业设计方面，大到航空航天、机器设备，小到儿童玩具、生活用品，极大地提高了人们的生活质量。

1.2 计算机图形动画的界定

计算机图画模拟就是指利用计算机软件技术将以二维图纸形式呈现的设计产品转换成三维立体的一种科技，就是指在电脑上将仿生产品的结构制成模型，这个模型可以与仿生模本进行对比、分析、设计、归纳、整合等。相比起二维图纸，建立模型更加逼真，能够帮助设计者更直观地观测产品，及时发现产品存在的问题，确保设计实施的科学有效性。

计算机图画模拟一般有两个工作步骤，先是模型的建立，接着是对模型进行剖析研究对比。模型的建立是一个难点，要求最后呈现的模型要有良好的空间感，因此设计师要根据产品的特性以及个人喜好选择最合适的软件操作，以确保科学性、有效性、系统性，为下一步的分析打好基础。模型分析就是指将仿生产品的模型放置在实际情况中分析的过程，通过观察、预测产品在实际环境中的情况，充分考虑产品在生产、应用等方面可能存在的问题。找到问题所在地，及时制定出正确的解决方案，在模型的基础上进行修改调整，避免后期不必要的花费，为生产阶段节约成本资金。

除此之外，相似模拟法也是仿生模拟的一个重要方法，相似模拟法就是指按照仿生模本即自然界仿生生物模本建立出一个与其一致的模型，通过对模型的研究掌握仿生模本的规律、性质、结构、材质等属性，这样可以更便捷地观察自然界生物模本所具有的特点，将其应用到仿生设计产品身上更方便。在建立仿生模本的过程中，要特别注意模型与生物模本本身的相似程度，相似程度直接关系着后续产品设计的发展，相似程度

越高，研究结果将越贴切生物模本。相比之前，计算机模拟技术的出现使仿生设计的发展更加顺利，未来将会有更多类似模拟的方法出现，相信仿生设计会随着科技的进步进入发展的新高度。

2 计算机图形和动画与仿生设计的关系

2.1 计算机图形动画应用到仿生设计的重要性

随着互联网科技的飞速发展，计算机技术的不断更新进步为仿生设计的发展提供了优越的条件，运用仿生设计的领域范围也不断扩大，人们对于仿生设计的关注度逐渐提升。用计算机图形动画来模拟的方法，就是指将仿生设计产品与仿生模本在结构、形式、属性等方面进行分析，以此来实现最优的结合。这样不仅能够提高设计师的设计效率，而且有效地避免了设计错误在源头的发生。

在仿生设计过程中，依靠计算机图形动画模拟的形式，可以将仿生产品360°无死角地呈现在屏幕前，为设计者提供了更多的启发和灵感，便于设计师对方案作出合理的改进，并且进行最优化的处理；依靠计算机模拟的形式可以帮助设计者在产品生产之前发现出现的问题，减少研究成本的浪费，提高设计的经济效益和效率；除此之外，凭借计算机模拟的方法，以更直观的方式观测到实物模拟看不到的微观形态，弥补平面图纸的不足，解决在仿生设计上出现的不能解决的复杂问题。因此，计算机图画模拟的方法为仿生设计提供了极大的便利，是仿生设计持续健康发展的有力保障，设计者应该通过不断研究学习模拟软件，实现仿生设计与计算机图形动画模拟更深层次的互动交流。

2.2 计算机图形和动画与仿生设计的融合

人与自然是能否和谐共生相处一直就是人们最担忧也是最令人关注的问题，人类为了生存和发展做出了太多对环境不利的事情，仿生设计通过模拟大自然生物的形态、结构、功能、色彩等因素进行了大量设计活动，目的是重新回归到自然，倡导与自然的和谐统一，而计算机技术的发展恰好为仿生设计提供了技术服务。

当仿生设计师根据自然中的生物在脑海中有设计灵感时，会将设计想法在图纸上呈现出来，接着会对图纸中的设计进行优化，确定产品的比例尺寸，最终确定产品设计的图纸稿。这种图纸形式的产品稿并不能看出它真实存在的问题，设计师只是按照经验来思考产品在实际情况中运行可能会发生的问题，并不真实，也不科学。而计算机图画模拟技术可以解决这些问题，它可以按照实际情况或者按照所需要的样式对图形进行可视化，能够约束图形的结构，因此仿生设计师运用一些仿生建模软件，如 3D MAX、UG、CAD、CATIA、Creo、Rhino、Sketch up、Maya、Zbrush 等，将图稿制作成三维立体的形式，建立起 360°无死角的产品模型，便于设计师清晰观察。接着分析仿生模型，通过观察模型各变量之间的相互变化，确定其是否合理，对不合理的因素及时进行修改，最终得出最优化的仿生设计方案。最后再将其应用到仿生制品的生产制作中，不仅节约了时间、资金，而且保证了仿生产品科学、准确、无误地生产。

这一设计过程充分表明了仿生设计与计算机图画模拟的融合，通过双方的彼此合作最终实现了仿生产品的生产。除了计算机模拟之外还有很多实现仿生设计的方法，但是计算机模拟是最重要的方法，随着科技的发展，软件编程员将会设计出更多便捷的软件应用于计算机图画模拟行业，为与仿生设计更深度的融合提供有利条件，

为仿生设计的发展开辟前景。

3 计算机图画模拟与仿生设计未来发展趋势

3.1 计算机图形与动画的未来发展趋势

计算机模拟技术在仿生设计中的应用越来越广泛，科技的发展推进计算机技术不断完善优化，使仿生设计已经逐渐在工业设计、航天航空、医学领域、建筑领域、服装行业、生活服务等方面广泛应用。

计算机图画模拟技术的未来发展方向主要表现在网络化共享化和制造技术的虚拟化两个方面。第一，网络化共享化。计算机模拟技术开发出来的软件产品具有巨大的优势和潜力，可以帮助建立起与仿生产品更贴合有效的模型，再加以其他软件的辅助渲染，使仿生产品具有很大的效益提升空间。但是现在很多高级计算机图画模拟软件及其辅助软件并没有实现兼容共享性的原则，大多正版软件的下载是需要支付费用的，虽然计算机技术网络化的实现可以弥补这些不足，但是未来计算机模拟技术的共享化模式将会是发展的一种趋势。市面上模拟建模软件众多，很多软件的功能是大体相似的，应该避免重复开发，避免不必要的成本浪费。第二，虚拟技术在未来将会大规模被应用。虚拟制造技术是一种前沿制造技术，即可以对产品从设计到加工出厂等过程提供一条龙似的管理，既能够实现全方位的检测又能提高效率。

3.2 仿生设计的未来发展趋势

仿生设计在未来主要朝着三个方面发展：产品设计越来越具有生命力，产品设计越来越具有亲和力，产品设计越来越具有趣味性。随着时代的发展，大众开始反感数字化所带来的冷漠感、机械感，更渴望具有人性化、生命力的产品

形式，呆板的产品已经满足不了大众的需求，人们渴望能与自然亲近相处，渴望具有亲和力的产品，希望能够与产品之间形成互动。自然界中动植物的有趣形态给设计者带来了丰富的灵感，将这些运用到设计产品中，给人类枯燥而繁忙的生活带来些许生机，因此仿生设计产品将会向着更具生命力、更能体现与环境相融的方向发展。

当然，在未来仿生设计发展过程中将会与计算机图画模拟技术实现更深层次的互动融合，为仿生设计从灵感构思到初步图稿再到后期的建模、生产等过程提供更便利的方法，为产品的有效实施提供更切实的保障。

4 结语

首先对仿生设计与计算机图形动画模拟的相关理论等进行阐述，再对计算机图画模拟与仿生设计融合关系进行分析，总结出计算机模拟仿生技术的影响因素以及在未来的发展趋势。世界在永不停歇地发展，科技也在飞快地进步，计算机图形和动画模拟技术对于仿生设计有着极大的帮助意义和启发意义，在未来将会有更便捷的模拟技术取代计算机模拟技术，使更多的仿生设计手稿变成真实产品，会实现与仿生设计更深度的融合。自然界万物的形态一直都是设计创新的源泉，在未来仿生设计的发展将会更加丰富人们的生活，为人类与自然环境的和谐共生相处贡献力量。

参考文献

[1]于秀欣.论仿生设计的原创性方法在现代创新设计中的应用[J].艺术百家,2006（2）:93-95.

[2]王蕾.仿生设计的理论与实践研究[D].保定：河北大学,2007.

[3]张家豪.论文创产品设计中的仿生设计手法[J].美术教育研究,2020（16）:74-75.

[4]杨晴雅.论计算机模拟在仿生设计中的应用[J].艺术科技,2019,32（12）:75-77.

[5]王前进.复杂系统降阶相似模拟方法及应用研究[D].广州：中南大学,2013.

[6]张天明.计算机仿真技术的应用趋势[J].湖北农机化,2020（08）:9.

[7]王志伟.计算机仿真技术的应用及其发展趋势[J].内燃机与配件,2018（07）:198.

[8]薄其芳.浅析形态仿生设计产品的发展趋势[J].美与时代,2010（07）:78-80.

以动画电影为例的数字科技与媒介融合研究①

刘晓欧

（东北师范大学美术学院，长春 130117）

[摘　要] 数字科技的出现和普及顺应了当代快节奏的生活态度和需求，也体现这个时代的特征和大众的生活态度，人们的思维方式以及群体关系都因此而发生着变化。交流方式一改往日对纸质媒介的依赖，而走向多渠道、多层次和多元化，强互动性和媒体的融合化都在这样的数字科技环境中得到充分的发展。**目的** 以影像为代表的数字文化产品借助媒介融合提供的全新平台适时地走进了快速发展的轨道，并获得了新的发展契机。以动画电影为例对数字科技与媒介融合之间的关系进行探究，明晰了科技为动画电影带来的无限发展。**方法** 在此基础上，采用举例、对比等多种研究方法，解析科技发展让动画电影迎来了视觉变革，也让大众通过多种媒介方式得到艺术和文化的双重享受，动画电影的创作和推广方式也走向了多元和包容。**结论** 媒介融合不仅体现着传媒理念的创新，同时也是传播技术在实践上的巨大进步，特别是借助大数据的优势，让动画电影有了更多的发展可能。

[关键词] 数字科技；媒介；动画电影；多元化

引言：数字科技促使媒介环境的发展日新月异，传统的各自独立的媒介方式已经不能满足受众对纷繁信息的多层次需求，传媒、信息、文化、经济及其他生活领域之间的界限和壁垒被逐渐打破；而传播手段和形态也因为数字科技的大跨步发展走向无形化、丰富化，诸多行业由于正在和将要使用数字科技作为发展基础和支撑而不断转型并走向融合。而这一变化给动画电影领域带来的影响尤为明显。

1 数字科技的发展推动传统媒介转型

20 世纪末期，数字科技的产生和发展引发了人类社会自工业革命后最为重大的变革，提供和获取信息的方式和途径呈现多样化的面貌，随之而来的是人们的生活方式在悄无声息中发生着改变。作为以信息传递为生存基本的行业，传媒产业也在这场数字革命中走在了转型的最前沿。

1.1 数字科技的广泛应用是媒介融合的技术支撑

媒介融合指的是传播形态的融合，这一概念

① 本文为吉林省教育厅"十三五"社会科学研究项目"儿童文学的影视化研究"的系列成果，项目编号为 1605024。

最早是由美国马萨诸塞州理工大学的伊契尔·索勒·普尔教授在 1983 年提出的。加拿大多伦多学派学者麦克卢汉提出"媒介即讯息"的观点中也强调数字科技力量对媒介发展及改变有着极大的促进作用。数字科技让 PC 客户端和移动互联网成为人们生活中不可或缺的物品，同样二者的广泛应用也促使传统媒介由各自独立逐步转变为互相融合并走向大平台化；特别是手机等移动终端的普及，给新媒体平台带来了更多交换、互联与合作发展的可能性。可以说，媒介融合就是建立在数字科技发展基础上的传媒产业新趋势，它不仅改变着信息传播和反馈的模式、媒介的功能和结构等要素，也打破了传统媒介和受众间单纯的定向传播关系。信息传递以数字形态进行不仅是 21 世纪的"大事记"，也引发媒介发生了质的变革。以通信和信息传递为例，传统平面性纸质媒介物的"独领风骚"已经转变为多种媒介并存的多元化样态，而由此衍生出多形态的新媒体让原本被动的受众有机会成为传播者，并逐步参与、影响和改变着传播环境，这也体现了传播技术的推陈出新。因此，有研究者提出这样的规律：传播技术的变革必然推动传播媒介的变革，从而影响传播环境的整体变化。社会发展的事实也正在逐步印证着这一推论。

1.2 数字科技使媒介融合趋向立体化

早在 1987 年美国麻省理工学院媒体实验室的创始人尼古拉斯·尼葛洛庞蒂就指出，未来几十年中计算机工业、印刷工业和广播电影工业三者交叉、叠加和重合的区域"即将和正在趋于融合"，并将成为成长最快、创新最多的领域。正如他所言，从新世纪开始，传媒业正逐步走向与通信业、信息业等相关产业之间的相互融合交织、重新整合的"大传媒业"方向。

2000 年 1 月，全球第一大互联网络服务公司和最大的传媒公司——美国在线和时代华纳宣布正式合并，成为美国时代华纳集团，并对旗下

产业进行重组。这两个耳熟能详并在各自行业内占据霸主地位的名字联合在一起，成了融通信、媒体、娱乐等服务内容为一体的世界巨头，这一举动也成了国际视野里有关媒介融合的标志性事件。媒介融合起始于数字科技领域的突破，最终阶段是产业层面的融合，这种融合不仅是横向上的传媒技术融合，更强调了纵向的文化融合、行业融合、政策融合和内容融合等，也体现出当下多层次、多视角、多跨界的社会发展趋势。2012 年 8 月，国内最早的视频网站土豆网和国内最大的视频网站优酷网正式合并，这两家公司拥有的客户群占中国网络用户的 1/3，合并后进行了技术融通、资源整合和目标群体的精细梳理等工作，更加完善地将资讯、影视及综艺等视频内容通过电视、移动和 PC 三大终端为客户提供便捷、多元且高品质的服务。2015 年 11 月，全球最大的零售交易公司阿里巴巴集团宣布并购优酷土豆，成立中国第一家多屏娱乐和媒体公司，这也是全球首家融电子商务和文化娱乐两大生态为一体的商业摩尔，多元化的媒介体验、多屏互动和日常生活需求、文娱教育及虚拟现实等各种应用服务都可以在这个新媒介平台上完成。

2 媒介融合促使动画电影的包容性更强

当下，新的三维制作数字科技手段和途径的发展给动画电影艺术带来了空前的发展机遇；同时，融合性媒介平台所拥有的多层次、高覆盖率的发行渠道和营销手段不仅为动画电影的推广提供了广阔的媒介支持和渠道，大媒介平台便利的信息传递方式也促使其创作形式和内容更加丰富。

2.1 数字科技打造动画电影完美的视觉感受

简单来说，数字科技和媒介对动画电影的影响可以这样理解：首先是传播途径发生了变

化——新媒介的出现和兴起，如交互技术和网络媒体等；其次是促进了数字CG技术的发展和革新，如仿真技术和动作捕捉等。据统计，在2016年上半年的全球电影票房排行前十名中出现了三部全数字动画电影，分别是第三位的《疯狂动物城》（9.9亿美元）、第四位的《奇幻森林》（9.1亿美元）和第十位的《功夫熊猫3》（5.1亿美元）。而前十名中只有两部电影属于真人实拍电影，其他八部影片都或多或少地用到了数字动画技术合成影像。由此可见，数字动画技术不仅是动画电影的制作手段，更加成为电影视觉效果的主要打造方式。

2014年上映的电影《阿凡达》以27亿美元的票房位列全球电影票房历史第一，仅用17亿美元就成为全球影史票房最快过十亿美元的影片。这部电影有超过60%的镜头都是CG技术打造，三维技术支撑的真人动作捕捉在这部电影中完美地得到了展现。影片从前期摄影到后期渲染创造了五项前所未有的革新技术，更是为其超凡的视觉效果提供了最有力的支持，由此也改写了动画电影拍摄和制作方法。令人惊叹的是，这部电影几乎看不到一丝动画制作的影子，导演卡梅隆用了15年时间等待数字科技的逐渐发展和成熟，将数字科技、媒介传播手段和各种高性能机器有效地结合运用在这部历史巨作中，从而达到了令人赞叹不已的视觉效果。借助IT和CG技术以全数字形式出现的数字媒介不仅成为动画电影创意的推动器，更为动画电影的表现形式提供了最强大的技术支撑，由此拉开了数字动画电影的火爆大幕。

2.2 媒介融合为动画电影提供多元化的展示舞台

有学者提出，当下正处于景观社会，其对影像的依赖也形成了一种社会化现象，影像已经超越纯粹的审美范畴，成为经济发展的核心。进入21世纪，新媒体的发展在文化产业的经济转型过程中起到了重要的影响作用。这种"非真实影像"

带来的"虚拟真实感"，在数字媒介的助力之下成了当代动画艺术的魅力所在。同时这种"非真实影像"本身所具有的强大的超越真实空间能力的审美价值，使动画艺术具有独特的价值。

随着数字媒介技术的发展，大众已经从单纯的技术享受向追求审美体验转变。动画艺术的审美价值与数字媒介的存在价值在服务大众审美中可以得到最大化的统一，各自的社会效益和使命感也能够得到最大化的彰显。网络媒介与动画艺术在反映当代审美趋向并引导大众审美消费中起到了积极的社会作用。并且，在数字媒介不断革新强大的数字科技支持下，在大众的广泛参与中，动画制作可以不拘泥于传统内容和形式，迸发出前所未有的生命力和多样性。

3 大媒介平台为动画电影发展带来新契机

3.1 广泛的媒体互动加深了动画电影的影响力

国际电信联盟在最新发布的《衡量信息社会发展报告》中说，到2016年末，估计全球手机用户已达47亿人，而中国手机用户几乎与欧洲人口总数相当。越来越多的受众选择使用更加便利的移动终端和数字设备，通过互联网和社交媒体来接受不同层次和内容的新闻与信息。可以说，数字科技正在逐步打破旧的媒介途径，建立新的模式，数字化的制作与存储、播放形式被逐步替代，更加宽范围、深层次的媒介传播手段和数字科技给文化产业带来了前所未有的繁荣景象和经济利益。2014年暑假上映的动画电影《大圣归来》以9亿人民币的票房打造了国产动画电影的记录。中国社会科学院新闻与传播研究所姜飞教授指出，从文化角度来看，移动互联时代的数字科技应用将阶段性加剧文化的区隔，长期性加强文化的认同。数字媒介时代，动画电影不仅是在媒介平台传播，同时也承担了当代图腾的仪式功能。

3.2 抓住大数据时代提供的新机遇

根据统计，截至2016年年底全国新增数字银幕9 552块，涨幅超过30%，总数达到4.1万块，并超过美国而成为全球电影银幕最多的国家。2018年中国数字银幕数量突破6万，达到60 079张，2019年达到69 787张。根据直属于中华人民共和国工业和信息化部的中国电子信息产业发展研究院（赛迪集团）统计数据，2019年中国数据中心数量大约为7.4万个，大约占全球数据中心总量的23%。2016—2019年中国数据中心机架数量逐年上升，2019年数据中心机架数量达到227万架。2016年的中国动画电影市场以年末上映的俄罗斯动画《冰雪女皇之冬日魔咒》和国产动画《超级幼儿园》为止，一共上映了60余部，总票房达到68亿，比2015年的45亿增加30%；并有13部票房过亿，超过了去年的8部。由此可见，动画电影已经具备与实拍电影共分"票房蛋糕"的实力。就国内的大数据营销来讲，目前已经初步投入应用的数据来源主要集中在以下几个地方：第一是搜索平台，如百度、搜狗等；第二是社交平台，如微博、人人网、豆瓣等；第三是电商平台，如网票网、美团网、淘宝网等；第四是视频网站，如优酷土豆、爱奇艺、乐视网等。还有一些综合性数据像百度指数、新浪微指数、淘数据、优酷指数等，都是提供各种数据统计和分析的服务。大数据不仅为动画电影提供了相应的票房数据分析，同时还可以利用大数据的数字科技优势，做好影片的客户群体预测；整合传媒资源，结合线上线下的各种营销活动和手段进行进一步的推广。

4 结语

可以说，媒介发展走向数字信息模式，不仅

让交流沟通方式变得简易，更增强了互动性。在媒介革命和数字科技革命的双重推动下，数字科技给动画电影的画面表现带来更多的可能性，从二维的无纸化绘制到三维的虚拟现实打造，各种超写实和仿真的画面让大众的视觉体验达到前所未有的丰富化。动画电影在媒介融合的浪潮中奏响了快速发展的凯歌，相信在不远的将来，动画电影一定会探索到更多的发展空间，吸引更多的观众走进影院，展现其无穷的魅力。

参考文献

[1] 王瑜.媒介融合影响下的传播环境变迁[J].中国广播电视学刊,2013（8）：65-67.

[2] 刘汉文，陆佳佳.2015年中国电影产业发展分析报告[J].当代电影,2015（3）：25-31.

[3] 李清.中国电影文学改编史[M].北京：中国电影出版社.2014.

[4] 曾华国.媒介的扩张[M].广州：南方日报出版社,2004.

[5] [美]大卫·波德维尔.克里斯汀·汤普森著.何超，译.观照电影：艺术、评论和产业的观察[M].北京：世界图书出版公司,2014.

[6] [英]利萨·泰勒.媒介研究文本机构与受众[M].吴倩,黄佩，译.北京：北京大学出版社,2004.

[7]卢斌.动漫蓝皮书：中国动漫产业发展报告（2014）[M].北京：社会科学文献出版社,2014.

[8]李家国.中国动漫产业结构优化研究[M].南京：南京大学出版社,2012.

[9] [美]约翰·M.德斯蒙德，彼特·霍克斯.改编的艺术——从文学到电影[M].李升升，译.北京：世界图书出版公司,2016.

[10] [美]大卫波德维尔·克里斯汀汤普森.电影艺术：形式与风格[M].曾伟祯，译.北京：北京联合出版公司,2015.

VR+会展与仿生设计结合下的沉浸式体验研究

白春岳，赵婧含

（鲁迅美术学院，大连 10178）

[摘　要] 作为计算机图形和动画的一种，虚拟现实技术实际上是一种交叉式技术，它是建立在人类对虚拟的感知性和真实性基础之上的。通过计算机作为媒介来建立虚拟的三维图像，然后生成模拟的环境，让人类的视觉和听觉乃至嗅觉等结合起来对虚拟的画面进行感知和体验。随着虚拟现实技术的不断发展，虚拟现实技术受到越来越多人的认可，使人在操作过程中得到环境最真实的反馈。设计者也更能发挥想象，在会展展示应用中实现自己想表达的设计理念。**目的** 探讨融入仿生设计理念的 VR+ 会展将是一种怎样的体验。结合计算机图形和动画中的虚拟现实技术和仿生设计的介绍，阐述虚拟现实技术与仿生设计结合的现状，**方法** 通过文献研究和个案分析等方法，分析 VR+ 会展的发展过程，归纳为理论依据。**结论** 得出仿生设计理论在 VR+ 会展中的优势和存在问题等。

[关键词] 虚拟现实技术；仿生设计；会展展示；用户体验；VR+ 会展

引言：2020 年注定是不平凡的一年，受新冠疫情的影响，艺术世界正面临着挑战，米兰艺术博览会、巴黎艺术博览会、柏林艺术博览会等接连宣布取消或延期，这也预示着艺术市场即将到来的寒冬。后疫情时代的到来，线上云会展已经成为会展主办方和参展商在展会上不可或缺的展示方式。作为实现资源配置效率最大化的方式之一，参观者可以通过网络快速获取相关展览的信息。在 5G 发展的大背景下，疫情虽然关闭了各国之间的交流往来，但我们却可以在线上获得所需的更多信息。同时，仿生设计与虚拟现实技术的结合能否给线上会展的参与者带来一种全新的体验？这种沉浸感的体验可以体现在哪些方面？这种新形式的线上会展能否代替线下会展？疫情下它能否成为艺术会展的出路之一？

1 什么是虚拟现实技术和仿生设计

1.1 虚拟现实技术

虚拟现实技术（Virtual Reality）是一种可以创建和体验虚拟世界的计算机仿真系统，它利用计算机生成一种模拟环境，是一种多源信息融合的、交互式的三维动态视景和实体行为的系统仿真，使用户沉浸到该环境中。沉浸式虚拟现实是一种目前以虚拟现实艺术项目为主要呈现形式的技术，旨在让用户沉浸在一个人工环境中，获得同现实中一样的感觉。

1.2 仿生设计

仿生学这个名词来源于希腊文"Bio"，具有生命之意。1960年美国学者J.E.Steele首先提出仿生的概念。仿生学（Bionics）就是以生物为研究对象，研究生物系统的结构性、功能性、工作方式和控制原理的一门科学。当艺术思维和设计理论与仿生学相遇时，仿生设计（Bionic Design）应运而生，作为仿生学的延续，它是包含生物学、艺术学、设计学、人体工程学、心理学、计算机学、数学、物理学等多学科的新型交叉学科。在500多万年的人类自然进化历程中，人类一直在不断地模仿自然、"接近"自然，提升劳动生产的能力和技术。仿生设计可应用于VR空间中的研究领域十分广泛，其中包括空间自身的形态、色彩以及人体自身的心理和生理研究。

2 VR+会展与仿生设计的结合

VR+会展是虚拟现实技术与会展结合的"虚拟展会"模式，近年发展势头强劲。VR对会展行业而言，最大的价值在于延长了会展的生命周期，升级会展线上产品业态，增强会展品牌价值与影响力。在5G迅猛发展与"疫"常时代来临的大背景下，其前景更是一片乐观，当VR+会展给使用者带来沉浸式体验的同时，仿生设计的加入又能带来什么？

2.1 VR+会展发展情况

VR+会展在国内最早可以追溯到2010年上海世博会的网上世博会。场馆分布广、展示内容多、时间跨度大，无法通过电视直播或连续实况转播展示给观众的世博会，但通过VR技术将世博会最精彩的一面呈现出来。其实2010年我国VR的技术仍不成熟，其交互性不足、参与度不高等问题显露出来需要大大改进。

2016年的ChinaJoy（中国国际数码互动娱

乐产品及技术应用博览会）展会上VR体验火爆全场，参会者通过VR技术搭建出来的虚拟空间了解展会发布的新产品与新技术，实现了游戏内外真正的互动与交流。这次展会展现的VR技术虽然在沉浸式和交互性上有了重大提高，但其高昂的设备成本和极高的硬件要求以及行业内容开发的缺乏并不能在维度上吸引用户。

近期《国家宝藏》节目受到火热关注。在让这些国宝"活"起来、"动"起来的同时，运用VR技术，以国宝为桥梁，引领参观者穿梭于中国上下五千年的历史长河中，通过文物背后的故事，充分展示文物的魅力，充分激发参观者的兴趣，增强国人的民族自豪感与文化自信心。目前VR技术应用已经十分广泛，但因为缺乏VR技术的相关标准，带给客户的体验质量无法得到保障。

2.2 VR+会展与仿生设计结合

随着VR发展至今，硬件设备不断成熟，虚拟空间的建构水平也趋于完善，使其与仿生设计的结合成为可能。作为交叉学科的仿生设计与未来的VR+会展的结合将成为一种新型课题。当VR+会展与仿生设计融合时，将会带给观展者前所未有的体验。仿生设计理论在VR+会展中所体现的方面笔者归纳为三类，分别是对人心理感觉上的仿生（意识仿生）、虚拟空间所呈现的色彩视觉仿生（色彩仿生）以及对人的生理感官体验上的仿生（生理仿生）。

2.2.1 意识仿生

2019年北京大兴国际机场《归鸟集》互动装置，运用中国宋代花鸟画的视觉语言营造出一幅精妙灵动的数字花鸟长卷，作品在宏大的现代建筑中创造一种富于人文精神的自然景象，画面中形态各异的飞鸟以意趣盎然的方式来迎接远道而来的宾客，同时也蕴藏归鸟回乡之意，映照出人们身心的回归与安宁，饱含着"山气日夕佳，飞鸟相与还"的诗情画意。当行人经过《归鸟集》时，与现实不同，画面中的鸟儿将聚集在行人身旁，让人在心理和生理上与自然世界形成共鸣。未来 VR+ 会展的仿生设计沉浸体验上同理可以借鉴此类设计思路，让参与者在进入一个全新世界的同时得到一种新的感受。在虚拟现实系统的立体影像沉浸感中体会到仿生交互元素的存在，并与其互动使他们更加沉浸在 VR+ 会展所带来的新奇空间感受中。

2.2.2 色彩仿生

产品形态色彩心理试验表明，观众观察事物时，在前 20 s 内，色彩成分占 80%，2 min 后，占 60%，5min 后，色彩和事物形体各占 50%，由此看出造型和色彩能使人产生强烈的视觉心理体验。VR+ 会展的色彩在沉浸式体验下具有别样的艺术气息，因此，设计师在研究自然界中的动植物以及自然现象等方面进行有选择地仿生，例如雨水、火焰效果能激活人体一种幻想式的感官印象，这些视觉色彩环境会欺骗大脑，触发相关联的感觉，给线上会展空间带来与线下传统会展不同的灵动视觉体验。

2.2.3 生理仿生

从用户的角度来看，身体真实的物理运动对于在虚拟沉浸环境中实现物理反馈也是至关重要的。1991 年的作品《大脑之家》将虚拟环境转化为一个类似于荣格的集体无意识概念的原型世界，也因此创造出一种全新的公共空间形式。我们依然需要重新学习如何走路、如何移动、如何看、如何听。当我们适应了这种新技术带来的陌生感，各种外部感觉与本体感觉达成一致时，就能获得全新的交互与沉浸体验。施特劳斯指出《大脑之家》是一个能够实现多感官和互动性体验的'形态模拟空间'，互动媒体可以支持身体的多感官机制，从而扩展了人类的游戏和行动空间"。艺术作品对这些自由形态的运动，能产生差别细微又具有表现性的反应，为此，交互的美学依据是真实世界的生物仿生。作为一种沉浸式艺术，若能使参与者将自身的本体感觉与虚拟世界打造的外部感觉结合起来，如触感和气味等感官信号，将会获得更加真实的沉浸体验。

3 VR+BD 新型线上会展的发展前景

虚拟现实＋仿生设计（Virtual Reality+Bionic Design，VR+BD）新型线上会展在虚拟现实体验上融入了仿生设计理论，将使参与者在生理和心理上获得更真实的沉浸体验。如今艺术与科学的结合正成为全球新趋势，VR+BD 线上会展也许将成为未来会展行业发展的新趋势。

3.1 VR+BD 线上会展的优势

5G 的快速发展成了 VR+BD 线上会展发展的优良契机，保证了线上虚拟空间的庞大数据快速下载，使未来参与者可以足不出户，无须亲身到达展会地点就可以通过线上对设计师或艺术家所构建的场景进行自由的互动，这些数字虚拟访客可以从 VR 设备中获得更私密、更直接和一对一的参展体验。同时仿生设计理论的加入，也为这个虚拟空间带来更多发展空间，让参与者得到更沉浸、更真实、更具有艺术与科技的体验。

3.2 VR+BD 线上会展存在的问题以及解决方向

从技术上来看，目前 VR 技术还不能成熟地做到全方位的人体感受，当参与者进入计算机所建立的虚拟世界中时，视觉和听觉的感官得到刺激，但在触觉、味觉等感官的体验感是欠缺的。单靠参与者自身在虚拟空间中所触发的幻想式印象仍远远不够，因此需要研发者重视其全方位的虚拟现实交互设备的开发。从人与艺术的角度来谈，这种会展的出现将疏离人与人、人与社会之间的本原关系。如何利用数字艺术媒介手段重塑社会的链接，或许更是艺术者需要反复思考的问题。

4 结语

后疫情时代改变了世界和人们的生活方式，

随着疫情常态化，线上会展的虚拟空间未来几年内都将成为必然。当代艺术与科技的结合将越来越紧密，融入仿生设计的VR+会展能否成为一种新的时代课题？让我们拭目以待。不过透过VR+BD会展本身，我们发现其背后的问题不再是科技能为艺术做什么，而是艺术本身如何通过科技再次生成新的美学价值。

参考文献

[1]孙峥.从边缘天空到"疫常世界"——第22届悉尼双年展纵览[J].世界美术，2020（03）:2-9.

[2]N.约瑟夫.沉浸式理想/临界距离[M].拉普·兰伯特学术出版，2009:367-368.

[3]管玥.建筑与仿生学[J].建材与装饰，2018（20）:73-74.

[4]邱玉泉,王子旭,王宽,等.仿生机器人的研究进展及其发展趋势[J].物联网技术，2016（08）:58-59.

[5]范佳宇,郭涛,德格金,等.VR技术对会展业发展的影响及对策研究[J].教育现代化,2017,4（51）:305-306.

[6]谢淑娟,高斐,陆洲.VR技术在文物展览中的应用及标准研究[J].中国标化，2020（09）：136-139.

[7]费俊.个体如何以艺术与科技的跨学科方式成为碎片化世界的强链接者？——费俊谈数字媒体艺术[J].设计，2020（06）:40.

[8]王旋,杨永发,毛松.形态和色彩在美化天线造型设计中的应用探讨[J].设计，2013（06）:42-43.

[9]赵宏伟.沉浸体验中的本体感觉[J].世界美术，2019（02）：006-010.

[10]O.Grau.虚拟艺术[M].麻省理工学院出版社,2003:219.

[11][美]安德鲁·布拉夫,安德鲁·约翰逊.《造物:交互》:一个混合现实的社交玩耍空间[J].刘海平，译.世界美术，2017（04）:23-27.

现当代动画电影新表现主义绘画语言研究

孟楠

（鲁迅美术学院，大连 116034）

[摘 要] **目的** 在研究新表现主义动画电影的过程中，通过翻阅资料，发现国内对新表现主义与动画电影结合研究的文字资料匮乏。分析其原因：①对新表现主义的理解不够全面、深刻，与表现主义区分不够彻底。②研究新表现主义风格的多为纯艺术方面尤其是油画专业，而动画电影方面的极少运用。③新表现主义注重创作中的情感突发和即兴处理，注重内心的情感，忽略对描写对象形式的模仿，其对实验动画电影创作的影响较大。**方法** ①调查法；②跨学科研究法；③文献考证法；④图像学法；⑤比较学研究法。**结论** 传播与创新我国动画电影行业兴起，在保留中国传统动画电影表现形式的基础上，丰富并完善其表现形式。加强软实力的竞争，从而提升艺术品质。希望通过研究新表现主义构图语言在动画中的应用，为动画电影创作提供一些新思路。

[关键词] 新表现主义绘画；构图；动画电影；观念性

引言：与其他艺术不同，动画是一门综合了绘画、漫画、电影、音乐、数字媒体等多种艺术门类于一身的年青艺术。动画电影起源于 19 世纪的英国，埃米尔·雷诺向观众放映光学影戏标志着动画的诞生。动画艺术经过 100 多年的发展，已经有较为完善的理论体系和产业体系，并以其独特的艺术魅力深受人们的喜爱。动画电影指以动画制作的电影。动画电影通过声音、图像等方式传递信息，以多变的形式表现出现实感染观众，动画电影不仅具有娱乐性质与商业性质，更具有文化传播性质。

动画电影流派众多，新表现主义类型的动画电影从本质与属性上与其他动画电影一致，但更能直接表现出人性与人类的情感。新表现主义是 20 世纪 70 年代末 80 年代初从德国开始的一个新流派，它以表现主义为楷模，以表现自我为主旨，在画面、笔法、情调等方面显示了对 20 世纪初的表现主义的回归倾向。但由于两者发生的时代不同，故在艺术思想、题材选择、表现手法上并不同。随着新表现主义艺术思潮的发展，新表现主义动画电影脱颖而出，并且不断发展，最终形成了具有独特美学价值与文化价值的艺术表现形式，成为动画电影中重要的风格类型，对动画行业的发展有着一定影响。

1 新表现主义绘画的构图特点

1.1 从表现主义到新表现主义

新表现主义在理论上支持存在主义的哲学观念，实践中遵循表现主义的艺术传统，在艺术创作中注重的美学风格是一种粗犷、自然、原始的简单形式，倾向于个人情感的即时宣泄，在题材、观念、表现形式等方面都还原出画作的真实面貌。通过新表现主义作品来体现创作者追怀民族传统的悲观情绪，有些作品表现社会中的丑陋现象，有些作品则充满自嘲。

1.2 新表现主义绘画的风格及精神内涵

德国新表现主义的艺术本质精神和意识，是在表现主义基础上发展而来的。美国极少和后极少主义、意大利的贫困艺术与德国的新潮艺术对欧洲艺术的走向都产生了相当的影响。从20世纪80年代开始，产生于德国的新表现主义绘画作品中，开始向往最自然、原始、粗犷的风格，作品重新回归到对画面与形象的研究，着意于使作品与社会现实密切相关，进而推动绘画艺术步入新的时代。悲凉的民族传统思想和对战败历史的反思，都是新表现主义绘画着意表达的主题，例如在画家安塞尔姆·基弗（图1）的作品中蕴含的历史沧桑感与对现实社会的无力感；在画家马库斯·吕佩尔茨（图2）的"二战"题材系列作品充满了对战争残酷的控诉与反思，强调作者内心情绪的表达和情感的宣泄。

图1 安塞尔姆·基弗与其作品
Fig.1 Anselm Kiefer and his work

图2.马库斯·吕佩尔茨与其作品
Fig.2 Markus Lupertz and his work

新表现主义绘画对题材无固定限制，自由联想，表达真情实感，注重层次组织在绘画上的使用，其画面的象征性与观念性非常强烈，绘画风格表现为大胆、粗犷、原始。

1.3 新表现主义构图特点

新表现主义构图具有以下特点：首先，新表现主义绘画在构图方式上自由灵活，变化丰富，不是古板地固定于某个空间不变，不再使用简单的三维空间模式。画家把脑海中想象出的不同空间元素，按照自主编排布置，打造一个完全能表现自己理想的作品，不但注重虚实的结合，同样也不会放弃两者的对比，实虚相交，实现画面构图对主题表达的强化。其次，在新表现主义绘画中，根据创作内容的需求，画家会将不同的时间、空间都压缩于同一时空内，实现同一时空中多种内容的呈现，这种是新表现主义绘画中常见的空间分割构图方式。再次，在新表现主义绘画的构图中，常采用的"疏密聚散"的布局手法同样是丰富多变的构图方式之一。"密与聚""疏与散"分别指的是画面上的实处与虚处。"疏可跑马，密不通风"这样的表现构图手段，就是为了让那种剧烈的节奏感跃然画上，使画中情绪喷涌而出，引起观者共鸣。

新表现主义绘画构图方式包括三分法构图、平面化构图、框架式构图、观念构图、特殊构图等。

1.4 新表现主义绘画的延伸

新表现主义从美术领域开始，随后迅速扩展到戏剧、建筑、音乐等不同的艺术门类，就连发展初期的电影艺术都被纳入其中。新表现主义电影是指在新表现主义绘画基础上衍生出的新的电影艺术表现形式，起始于1919—1924年间德国慕尼黑的表现主义电影流派。新表现主义在表现主义的基础上形成，对表现主义进行了创新和延伸。新表现主义艺术家在创作作品时，尊崇艺术存在的本来面目，喜欢自然原始的装饰性美感，注重主观创作，对理性不予考虑，只在乎直接感受，发挥脱离现实的想象，力图打造一个极致单纯的精神空间。

2 动画电影构图如何借鉴新表现主义绘画

2.1 以三分法构图表现画面张力

三分法构图能够有效地表现出画面的张力。三分法构图（图3）是指将画面横分三份，每一份的重心为主体物所在位置，根据保持画面的平衡性，右端画面的交叉点一般被认为是最适合的地方，但这也不是绝对的，有时在左边的三分之一的地方，也能把趣味中心安排在此。主体与配体可以使用三分法安排，这种方法还适用于横画幅与竖画幅。画面能够更好地展现出张力。三分法构图能表现出空间对象的大小，还能反相选择，把这种构图用于多形态平行焦点的主体，能表现得更加鲜活明了，并且简单、有力度，可以用在近景和多种景别类型。

另外，常规的构图方式，如框架式构图、引导线构图等都具有强烈的画面张力，并且都频繁出现在新表现主义绘画与新表现主义动画电影中。框架式构图为动画影片段落主题和人物内心情绪定下了基调。凡是框架式构图下的人物和场景，其基调一定是压抑的、沉闷的、悲伤的、消极的，符合新表现主义的精髓。引导线构图则可以把观者引向兴趣点，并突出主体、烘托主题，使画面充满美感，使近处和远处的景物相呼应，有机地支撑起动画中的每一帧画面，同时增加立体空间感（纵深感）。

图3 三分法构图
Fig. 3 Rule of thirds

2.2 以平面化构图突出画面表现力

新表现主义动画电影在对画面的构图中，色彩与线条的形状变化得到较好的控制。并且将较多粗又壮的线条与规则不同的斜线用于多数场景中的楼梯和路灯建筑上。人们心中的平衡被构图方式的倾斜破坏掉，主观想象出来的疯狂世界被加入这种虚幻的构图中来，成为一种新表现主义全新电影构图的重要特征。

平面化构图能够突出画面的表现力，美术大师赫曼·沃姆认为，平面艺术将成为影响电影表现的一种艺术。通过平面化构图的方式将立体空间平面化，从而调动观者的感观，画面构成形式会更大程度地得到发挥，也在不知不觉中让观众与主题共鸣。平面化的构图设置，使新表现主义动画电影的表现力得到提升。在创作者的世界里，任何事物都可以是现实中不存在的，如街道的低洼不整、地面水平线的莫名消失、房屋的倾斜扭曲，等等。在新表现主义电影中，通过平面化构图使所有事物都显得压抑、怪异和与众不同，从粗犷的线条到绘制的具体环境、道具上，只能找到少许相似之处。当然，新表现主义动画电影需要风格化的构图，平面化的构图已不再是唯一的理想。

2.3 以特殊的构图表现作品个性语言

新表现主义动画电影不同于现实主义动画电影，它是德国艺术精神与哲学思想的体现，它使人们感受得更为深刻。在新表现主义动画电影中，观众能够从中看到选题上的奇幻多姿，人们可以通过新表现主义动画电影里暴露出的死亡、性、幻灭、暴力等不同的人性，感受到新表现主义的时代精神。

3 新表现主义构图在动画电影中的运用

3.1《至爱梵高》中新表现主义构图语言的应用

《至爱梵高》（图4）是由一幅幅油画和木

图4 《至爱梵高》作品截图
Fig. 4 *Loving Vincent* screenshot

刻板画组成的优秀动画电影作品，特点鲜明且富有新表现主义绘画风格，其独特的背景与色彩令人称赞不绝。影片中人物最常见的背景通常是画在画布上或木板上，这使得整个二维空间都充斥着三维空间立体深邃的感觉，而这种效果得益于画布和木板上的各种不规则或无法理解的底纹肌理。电影的每一帧都让观影者有进入绘画作品的感觉，让人无法言说，这也正是《至爱梵高》的形式与色彩这些构图表现语言的魅力。这些布景有明显的装饰性趣味。在无正常透视的情况下，时而简单时而复杂的抽象形象，不是具体写实的，力图还原一种粗犷、自然、原始的状态。

在《至爱梵高》的宣传海报中，表现方式以绘画为主体，海报即一幅幅新表现主义的绘画作品。其中包括夸张而又扭曲的动画人物表情，变形的环境变化，抽象的人物造型以及独特的色彩应用。

《至爱梵高》采取一般动画电影很少采用的特殊拍摄角度，扬弃惯用的影像形态，选用歪斜、颠倒的影像，使画面呈现出巨大的明暗反差。采取大量夸张的特写镜头，同时为增添戏剧性，也使用了很多富有象征意义的空镜头；其中对人物行为和灵魂的"解释"可以看作是通过对环境的渲染来展现，试图以此解释影片中人物行

为背后的社会因素；通过这些特别的构图语言在扭曲的、阴暗的世界中寻找素材，在现实社会隔绝且封闭的世界中发掘人物心底最深的孤独、残忍、恐惧以及狂乱恍惚的精神状态。

4 结语

绘画的艺术观念和风格直接影响动画的发展，动画语言的创新也能给绘画艺术带来新的灵感。动画电影艺术为绘画语言创作出时间维度，它们相互影响并产生艺术化学反应，继而突破、创新和发展。新表现主义绘画语言为动画电影创作带来了新的形式。这种形式以动画为载体展现，产生了新的活力。动画艺术只有从绘画等艺术领域的发展中不断吸取营养，才能使动画艺术的发展充满活力。

目前，中国的动画电影处于发展初期，处在积极探索的阶段。对于民族元素的应用比较熟悉，但忽视了从其他艺术领域中吸取经验，摸索适合自己发展的途径。本文以动画电影《至爱梵高》和两部实验动画影片为例，对其中的构图与美学进行总结，期望通过对新表现主义语言的分析，揭示新表现主义美学的起源，体会情感的变化趋势、对人性的关怀，以及思想的表达和交流。在数字时代，纯粹的民族化视觉形象缺乏时代特点，且不利于全球精神文化的传播。必须尝试突破动画电影创作中传统思维模式的束缚，发扬批评和颠覆的精神。

新表现主义的构图语言给作者的毕业动画创作带来了启示，希望在实践创作中将水彩绘画语言与新表现主义中的特殊构图理念相结合，传达艺术观念与情感诉求，创作出具有强烈的艺术风格的实验动画短片。了解新表现主义动画电影的外部形式的内在根源，并理解它带来的审美概念和美学效果，从而提升艺术品质。希望通过研究新表现主义构图语言在动画中的应用，为动画电

影创作提供一些新思路。

参考文献

[1] 陈虹.表现主义绘画在动画和电影中的运用[J].科研,2017:162

[2] 周从景.德国新表现主义绘画语言特征研究[D].渤海大学,2014.

[3] 武书成.浅谈新表现主义绘画[J].美术教育研究,2016(17):29

[4] 夏云朝.解读欧美新表现主义绘画的风格特征[J].艺术品鉴.2017(2X):196.

[5] 米丘.新表现主义绘画[J].外国文学,1986(10):95-2.

[6] 胡宗祥.框架式构图的技巧[J].摄影与摄像,2011(11):124-125.

[7] 蒂姆·加塞特,张晓舸,张晓帆.框架式的构图[J].大众摄影月刊,2005(7):52-53.

[8] 蒋跃.绘画构图学教程[M]北京:中国美术学院出版社,2003.

[9] 鲍玉珩.钱同琦.艺术是表现:德国表现主义到新表现主义[J].电影评介,2008(21):77-78.

[10] 王瑞芸.新表现主义[M].北京:人民美术出版社,2003.

[11] 龚浩.解读欧美新表现主义绘画的风格特征[J].美术大观,2010(9):254-255.

[12] 王洁,德国新表现主义绘画产生的背景及其艺术风格[J].教育与教学研究,2007,21(1):124-125.

[13] 赵刚,浅析德国新表现主义绘画的肌理探求[D].济南:山东建筑大学,2014.

虚拟现实设计中建筑漫游动画的意象化

于小雨

（大连艺术学院，大连 116600）

［摘　要］**目的** 让建筑漫游动画与意象化之间从形式到内容，从局部到全部，从现象到本质全方位地思考和汇集，融合理性与感性，从而积极去体会蕴藏于其中的文化深意，作为虚拟现实设计内容之一的建筑漫游动画，现在已成为设计研究极其重要的一项。尤其是在数据信息时代空前发达的今天，人们的关注及背后巨大的前景也推动着这一学科的研究发展。**方法**首先对虚拟现实设计相关理论概念和特征进行了解，然后对中国建筑中的意象的相关理论进行阐述，并对意象范畴和意象化相关理论进行简单介绍。**结论** 研究如何在建筑漫游动画的意象化中，更好地表达建筑意象化所要表达的特征和表现意图，在论述过程中通过对具体实例的诠释和阐述，并在章末对建筑漫游动画的意象化做出了具体实例分析和总结。

［关键词］虚拟现实；意象；互动；建筑漫游

引言：虚拟现实设计是当代最前沿的设计方式，而建筑漫游动画就是将虚拟建筑的整体、内部的装饰、园林的设计规划等进行演示。其意象化的发生，就是思想文化对设计者面对建筑实物的精神反映，给创作者与观者良好的互动交流方式，无论设计的手法发展到何种高度，也无论设计师通过何种技术真实地去模仿，建筑漫游动画的意象化也都会激发观者的审美情感，启发我们积极去体会蕴育其中的文化含义。

1 虚拟现实技术介绍

1.1 虚拟现实技术理论的概念与特征

虚拟现实技术是一种综合计算机图形、多媒体、人机交互、传感器、人工智能、仿真技术等多种学科而发展起来的计算机系统，以虚拟仿照的形式为观者和参与者制作一个及时反映实物的

变化与互动作用的三维图像空间，使参与者能够直接参与所处的虚拟环境中，好像置身于一个虚幻的空间中。

虚拟现实技术主要有三个突出特点：交互性、沉浸感、多感知性。交互性是指物体在虚拟环境中自然与人类的实时反应；沉浸感是指一种人为虚拟现实的经历，该虚拟环境是通过电脑程序中编程形成的一种三维虚拟数字模型，然后在电脑的程序中产生真实的效果，让参与者产生一种沉浸其中的感觉；多感知性是虚拟现实技术应具有和人同样的多种感知功用，如听、味、力、视、触觉等。

1.2 虚拟现实技术的应用

伴随着虚拟现实技术不断发展的应用，前景是十分广阔的，但同时也对一些技术领域有一定的影响，如在建筑方面，可以给予建筑策划一种新的具有信息时代技术特征，还可以模拟出逼真

的外形、色彩、质地、灯效来装饰建筑的特点，使设计更加完美。

例如，虚拟建筑漫游动画是虚拟现实技术的首要分支，是由一系列场景连续在一起构成的虚拟现实，当用户点击虚拟建筑漫游动画欣赏这些场景时，仿佛在现实中从一个场景走到了另一个场景，让观者宛如置身其中，大大强化了虚拟现实的真实感，是一种前景非常好的技术领域，突破全面的图形设计的局限性，让三维动画技术在其中，使用生动的形状、颜色、纹理，让所有的模型都可以像真实的物体一样，通过交互的环节，让参与者亲临其中，进行交互和交流，实现人与虚拟环境的合一。

2 中国建筑中的意象

建筑和其他艺术的表达是相似的，通过情境的印象和收集整合，体验建筑概念的形象思维。作为一门艺术，建筑设计有因可循，"立意造象，以象尽意"的方法已经触及人们的精神感染力。当建筑明确其存在目标，并为文化的、社会的等建构秩序浸染其中后，外在表现就具备了一种秩序、一种思维，因此一种深刻归纳的意识现象开始构成。

2.1 意象的基本概念

"意象"是中国美学中的一个重要范畴，源于《周易》，是中国古代文学中的一个重要概念。所谓意象，是客观物象经过创作主题，产生独特的感情活动而创造出来的一种艺术现象，是主观心灵与客观形象融合成的情感。前人认为意是表达一种内在的抽象的心意，象是一种外在的具体物象，两者是相辅相成的，它们之间的融合会产生一种艺术技术手法。

2.2 中国建筑中意象的范畴

中国建筑中的意象主要以美为对象，以哲学思想层面与文学层面作为建筑意象的基本背景。

而建筑作为意象中的一个元素来构建，它的生成是多方向地吸收意义、多元化的汲取意象的过程，它的意与象应该是有机的统一，是具有很强的艺术美感和感染力的，是一种形而上的升华。

建筑意象是指引导建筑师的设计理念和对艺术意象境界的追求。随着人们对建筑意象的不断要求和其自身的不断发展，在精神文化层面上对建筑的追求越来越多，通过对建筑设计者的不断引导，能够对建筑实体产生出物质的反应。

无论何时何地、何种观念都是具有双重意义的，如在中国画的绘画中有意在笔先或是意在笔后，前者强调的是要先有一定的思考意韵及想法，后落笔进行创作，而后者强调的是先进行笔墨的阶段，再进行统一的意韵表达。同样建筑也是如此，这两种技法都是相辅相成的，都是围绕着意象进行表达的，它们是艺术的生命灵魂。

2.3 中国建筑的意象化

意象是结合外部自然的人化和内在本质的人性化的组成，建筑的意象化是最高实现其本质。所谓的意象化是指意象在综合建筑自身的生命力、审美精神境界和人类品格的思维情感中所具有的最高概括性的表达方式，在建筑中典型地渗透其中，是产生建筑意义和独特价值的根本途径。建筑的意象化是直觉、情感、活动行为的导向，理性认识和特定对象的融合。

所以建筑设计，意象是情感发展的线索，而想象是意象提升的动力。一个好的设计作品，必须经过时间的考验，在设计的思想把握上应该具备跨界和融合的精神，不要太独立在某些方面，应被视为一个系统工作来处理。以哲学为基础，理性与感性的融合，赋予建筑意象生命。

3 建筑漫游动画的意象化

3.1 建筑漫游动画的意象化特征

审美体验是建筑漫游动画的意象化的主要特

征。它是为了提高人们对艺术参与性和互动性的表达，是对观者在心灵和视觉的体验的一种感情表达方式，丰富了观者的交流互动性，给人一种可以享受空间体验、虚拟体验，来实现自己的梦想的独特性。

这种艺术是一个新的刺激下所追求的审美体验，在视觉上的冲击、心灵的震撼以及触觉、感觉之间的互动，使审美主、客体在审美体验的距离更近了，让感染美的生命力也更明确、直接、生动，这种审美体验是当下年轻人表达自我的生存方式、节奏与观念的再现。

建筑漫游动画生成的三维建模图像，来创建一种审美体验，使参与者不再是一个外在的观察者，而是需要参与其中身临其境，可以得到一种自由的审美意识，这就是把欣赏文化背景的审美和艺术修养的程度降低到最低限度，尽管这种审美体验是不真实的，但它是这种可能的生活直觉和经验，即使预演未来的生活、人们生活的理想，也能更全面为人们提供审美体验。

3.2 建筑漫游动画的意象化表现

建筑漫游动画的意象化是一种改变人的各类从生活经验中获得的对建筑意义和美的重要心理判别要素，从情感到了解，从知觉到联想，错综交汇，不断深入建筑规律性的核心的建筑境象想象。任何建筑都只具备详细的有限形象，依附着意象构想的实力，我们令这形象更具深度而精炼。

无论在观看或是设计何种建筑漫游动画时，都会情不自禁地陷入动画中或是明快或是阴暗或是温暖或是寒冷的光影中，光影在我们的生活中具有极其重要的位置，之所以会被其吸引和感动，就是因为这光影中的变化方式也会往往情不自禁地触碰到我们心里深处的某个角落，触及伤感或愉快的回忆，光影的千变万化会产生各种千奇百怪的造型，不同角度的光影会折射出不同的氛围，它的这种方式会激发起我们对整个作品的无限期待和遐想，所以说是光影赋予了整个作品

的生命力和活力。

在建筑漫游动画方面，它的互动也是指如何在虚拟的建筑动画中让参与者足不出户，得到实际想要的真实体验过程，它也是在了解参与者的心理、情感的特征，并在实际的操作中给予参与者最完美、最有趣味性的体验。在互动中，注重的是人与设计之间的联系和交流，设计者可以通过对建筑自身的旋转、改变颜色和材质、更换背景音乐、第一人称视角漫游等虚拟演示来增加作品的趣味性和游戏性，让人参与其中，感受互动的乐趣，也赋予了活力，让它能与人们进行自然的互动交流。

4 建筑漫游动画的意象化分析

一件设计作品，之所以能感人，首先取决于情感和形象符合美的意象，作品中的意象作为其灵魂，在建筑创作与建筑欣赏中起决定性作用，"艺术创造的中心是意象的生成"，而享受艺术还是意象形成的过程。

4.1 建筑漫游动画的创作构思阶段

建筑漫游动画的创作构思需要运用推理、判断方式以对材料构造、物理性能等进行分析，即抽象的逻辑思维，然而，现在运用的设计方法是以组织、调度空间，分析规划布局、塑形造象、能动地安排现实生活内容，并造就物质形态以体现创作者的思想感情为主，这需要靠具象的形象思维。如此一切又都集中在创作者所创造的整体意象上。

构思阶段也是意象的基础和初始状态，以外在事物作为依托和对象，并通过认知主体的作用使意和象有机地结合，将心象用构图（图纸或模型）的形式表现出来，这就需要很好地考虑理想与现实的融会贯通，这需要更精确的模型，更逼真的照明，更复杂的材料，更逼真的特效，更精确的运动等，以井井有条、简单洗练的当代设计

语言，创造出一个有"起、承、转、合"的完备而富有转变的空间序列，这都是在想象世界中不断积累而创作出来的。

4.2 建筑漫游动画的意象化表达

我们在谈论或欣赏一种美好的东西时，都在强调一种美好的意象表现，强调美好意象的生成、回忆、体会，所传达给人的一种精神上的观感，一种心灵上的慰藉。大学校园是一个特殊的社会环境，是相对独立的，既有城市社区和城市住宅区的特点，又不同于普通的城市环境要素。它具有校园文化的主要功能和学习特点，成为校园环境的典型形象，因此校园建筑有一个特定的文化色彩。

4.2.1 建筑漫游动画的造型艺术

建筑漫游动画的意象化表达中造型艺术是一个很重要的因素，它的表现要聚集不同的模型元素，特定的场景元素意象化组织构成了整体环境，是形式和特征意象化表现的根本方式。

设计前脑海里时刻设想出来的各种写实画面和再现场景，在无形中就组成了一个有机整体，确定建筑物以及每个建筑物所处的位置。形成在效果上利用组织形成的具有某种深度意义的意象化，对于学院不同的地形特点来建造不同的造型，要有所主次地进行建模造型，哪块是重点，哪块次之，哪块需要精致处理，哪块需要粗略造型，对划分区域进行外观景物建模时，还要注意景观环境的烘托，这样可以使之更有意趣和艺术性。

4.2.2 建筑漫游动画的色彩艺术

色彩在漫长的社会发展过程中逐渐积淀了民族与地域的文化内涵。在本文的色彩表现方面，行政办公楼与教学楼的建筑形体一般都是左右对称的，氛围较为庄重、端雅。建筑外表面的色彩以棕红色系色调居多，而棕红色又可称为特征色。表面材料多为红砖或涂料等。在建筑照明的整体用光上，应尊重其左右对称的格局，在光色

的选用上，以尊重建筑的原色为原则，由于校园建筑的表面色调多以暖色调为主，所以在光色上应以暖色光为主，一方面是建筑载体的特征，同时也是校园文化意象表现的要求。

4.3 在意象中追求人与自然的和谐统一

以我的建筑漫游动画设计为例，把意象作为设计中的一种思维方式，结合自然地理条件、建筑材料、装饰细部等，符合人与自然的和谐统一，并把这种方法自觉地运用到建筑设计中，而"意象"是在整个设计中必须考虑和追求的，从其作用来看，它不仅仅是人们学习的地方，同时也将是人们心灵的净化、精神的家园，寄予情感的母校。在设计画面的浏览中，或是以大自然的背景或是以某一自然之景出现，让观者在审美体验中无限遐想，仿佛进入了人的内心，给人以回归自然的体验，或是反复出现的意象化的"树"，都是大自然的象征，也是人内心渴望的那抹绿色，给人留下的是自然而然的清新和宁静。

建筑设计中一个永恒不变的思想理念是注重人与自然的和谐统一。道家思想强调的是天人合一、自然和谐的观念，大自然是人类的摇篮，也是设计者们取之不尽用之不竭的资源和创意的源头，鸟巢的设计犹如我们见到树梢上的小鸟们用草和树枝等编织而成窝一般，而且它的外形与周围如流水般自然起伏的坡地相互依存，浑然一体，体现一种"天人合一"的境界。

5 结语

首先对虚拟现实设计的相关理论进行了解，然后对中国建筑中的意象设计相关理论进行分析，并对意象化相关理论进行陈述，研究了如何在建筑漫游动画中表现意象化的特征、方式和风格化，通过对具体项目的阐述，诠释研究的价值和意义，最终在文章结尾对意象化的表达做出具

体的分析。

虚拟现实设计中建筑漫游动画课题的研究，已成为在数据信息时代空前发达的今天，人们的关注及背后巨大的市场也推动着这一学科的研究发展，我们期待有朝一日，它能成为一种强大的系统，成为日常生活中不可或缺的部分。文中还有诸多未能充分诠释、理解的地方，望老师、同学和业界同行多多指正，希望我国及世界的图标设计行业可以越走越远，越走越好。

参考文献

[1] 曾建超，俞志.虚拟现实的技术及其应用[M].北京：清华大学出版社，1996.

[2] 胡小强.虚拟现实技术[M].北京：北京邮电大学出版社，2005.

[3] 李勋祥.虚拟现实技术与艺术[M].武汉：武汉理工大学出版社，2007.

[4] 曹戍.论身临其境的艺术设计——虚拟现实艺术设计研究[M].北京：清华大学出版社，2004.

[5] 蒲震元.中国艺术意境论[M].北京：北京大学出版社，2003.

[6] 王天锡.建筑的美学评价[M].北京：中国建筑工业出版社，2001.

[7] 鲁道夫·阿恩海姆.艺术与视知觉[M]滕守尧，译.成都：四川人民出版社，2001.

[8] 张晓红.建筑与意象[M].太原：山西教育出版社，2001.

[9] 吴庆洲.建筑哲理、意匠与文化[M].北京：中国建筑工业出版社，2005.

[10] 毛兵.混沌：文化与建筑[M].沈阳：辽宁科学技术出版社，2005.

[11][美] 凯文·林奇.城市意象[M].项秉仁，译.北京：华夏出版社，2001.

虚拟现实动画的镜头语言创新研究

张译桐

（国民大学，首尔02707）

[摘　要] 以虚拟现实动画为切入点，分析虚拟现实动画与其镜头语言的运用。传统动画中的镜头语言可以运用在虚拟现实动画中，而并不能完全适用于虚拟现实动画。**目的** 研究镜头语言在虚拟现实动画中如何创新及其设计方法的使用。**方法** 通过探讨以下5个方面：①虚拟现实动画是动画在媒介发展进程中的结果；②虚拟现实动画相对于传统动画镜头语言的变动；③虚拟现实动画是在传统动画的镜头语言基础上发展，景别运用、拍摄手法、画面转场、蒙太奇等角度上的推陈出新；④以虚拟现实动画观众的立场为基准点，从设计心理学层次思考镜头语言的设计；⑤以虚拟现实动画的审美角度，结合艺术性和传统文化思考镜头语言的设计。**结论** 虚拟现实动画镜头语言的创新是虚拟现实媒介发展的必然结果，虚拟现实动画将成为动画的主流表现形式，从镜头语言的角度优化虚拟现实动画作品具有重要意义。

[关键词] 虚拟现实；镜头语言；动画；设计

引言：虚拟现实动画能够将观众融入其中，或以一名角色的身份，或在动画世界里面穿梭，戏剧冲突也就直观地在观众身前、身后发生，因此对镜头的把握尤为重要。传统动画的镜头语言可以用于虚拟现实动画但并不完全适用于虚拟现实动画，因为虚拟现实动画涵盖虚拟现实技术特点，具有沉浸性、交互性、多感知性等特点，若想在动画作品中要求观众有置身虚拟世界的沉浸感，必然应当把握好镜头语言的创新性。目前虚拟现实动画作品的数量和质量都处于上升发展趋势，虚拟现实作为媒介融入艺术、融入动画是科技与艺术的完美结合。虚拟现实动画的镜头语言创新研究的目的是创作更好的虚拟现实原创动画作品，传承、创新和发展，真正践行文化自信。

1 虚拟现实动画镜头语言的新变

传统动画中，导演在荧幕上设定了取景框，其意义和分镜头手稿边框相同，锁定了镜头范围，边框线以外的地方是观众所看不见的，画面需要观众的主观想象。而虚拟现实动画是全景动画，需将整个动画场景的空间渲染并展示给观众，当然导演对于主体画面和其他场景的渲染应当有差别区分，对镜头画面感的把控应当主次分明，即使场景中出现的细节和彩蛋也是趣味性的，用意不能超过主线本身。因此导演运用的镜头需要适当地改变。

1.1 线性与非线性

该概念本属于哲学范畴，其定义的区别是是否具有叠加性质。在传统动画中，镜头语言在空间中的组合运用只是单独作用的简单叠加，这种关系就是线性的。反之，在虚拟现实动画中会因为空间变化的因素导致镜头语言的幅值有所变化，这种关系或可以说是非线性的。"非线性特点是横跨时间和空间，存在于各个专业，渗透于各个领域。"大多数的虚拟现实动画不论在叙事方式、信息呈现形式或是镜头语言中都是运用非线性的逻辑，叙事方式的非线性可以体现在观众通过交互形式触发不同的故事情节；信息呈现形式的非线性表现在与传统动画相比具有维度空间性；镜头语言的非线性显示在改变传统动画时间和空间顺序上的编辑方式。

1.2 视野差异

虚拟现实动画相对于传统动画的视野差异在于视角的增广和视点的变更。传统动画观众所能观看的视角仅限于导演设定的构图画面内，而观众可以戴 VR 眼镜等设备观看的虚拟现实动画视角就是整个全景的虚拟现实空间，视觉角度也是和现实世界中正常的人眼视度，在视角极限范围内可以给观众带来极大的临场性体验。视点是透视概念，指的是观众观看动画时眼睛的位置，传统动画中观众的视点在镜头画面外，虚拟现实动画则完全与之相反，观众的视点和观众一样也在整部动画作品中。

2 虚拟现实动画镜头语言表达方式

虚拟现实动画镜头语言的表达方式与传统镜头语言相符，都是从景别、拍摄、画面转场、蒙太奇等方面衡量。在传统镜头语言中，依然存在能够适用于虚拟现实动画的镜头语言，以及通过一定的创新更好地应用于虚拟现实动画的镜头语言。

2.1 动态景别运用

虚拟现实动画影片取消了传统动画的取景框，为观众提供了 360°自由视角的"无框"环境画面效果。在其创作过程中，最常见的是制作好封闭完整的虚拟现实动画场景，选取适宜观众

环视观看体验的视点并放置摄像机，根据动画的剧情走向调整摄像机的机位。全景镜头塑造出多角度观看的动画影片场景，打破了传统动画的场景局限和观众思维的空间局限。"镜头语言在 VR 电影中应用通过叙事赋予了其空间性的特征，观者在观影时以影片角色的身份进入影片中，更为真实地体验影片的故事情节，在理解导演创作思想的基础上创造性地对影片故事情节进行深度思考。"360°的全景镜头所塑造出的虚拟现实动画空间巧妙地成为导演与观众，设计与思维的共通点之一。

特写镜头是近距离拍摄，一般范围是人物从头顶至肩部以上或身体的某个局部，具有放大、指向、强调和暗示作用。动画 *Henry* 的片段，在 Henry 许下生日愿望后，被赋予生命的气球狗旋转跳舞的过程中，摄像机设置的观众视点是给气球狗的特写镜头，其镜头不是为了刻画细节，是利用气球狗的突然出现在观众眼前塑造空间效果，达到了强烈的视觉冲击目的。

2.2 拍摄方式

平滑性地运动镜头。在传统动画中，镜头的运动方式分为推、拉、摇、跟、综合运动，而这些运动镜头在虚拟现实动画影片的镜头运用中普遍处于失效状态。虚拟现实动画中的运动镜头最为常用的是中等程度且平缓匀速的运动镜头，因为略高强度的运动镜头中突然的变速运动、高速剧烈的加速运动镜头以及镜头方向的多次变化等大幅度的运动镜头会给观众造成生理上的不适感。而且在摄像机设定视角的同时，观众的自身运动也会有视线范围的变化存在。在虚拟现实动画中除动画中所包含的场景、人物等物体的变换外，还叠加观众视线的运动变换，因此导演在对运动镜头的把控上更应选择平滑性的镜头。

第一人称拍摄角度带给观众更强烈的临场感、交互感。观众可以作为动画的中心体验者，一切故事以体验者为圆心在周边展开，推进。虚

拟现实动画《地三仙》中，观众将以一个"萝卜"的角色进入到虚拟动画世界，完全融入故事中。动画剧情中，萝卜叔叔讲恐怖故事的过程中会和观众进行对视，如同人与人交流过程中互相看着对方的眼睛一样。动画故事中对话台词多次提到"你"，如"你头上在发光""他抓住你了"就是对着观众视角叙述的内容。而观众在北京电影学院出品的《离你一个头盔的距离》这部虚拟现实动画作品中则是以男主角"摩托车头盔"的身份视角观影。这样的拍摄视角让观众既能看到男主角又能站在男主角的角度体验这段动画内容，思维沉浸在动画中，同时情感上产生共鸣，使得动画情境更为真切，将观众更完美地拉入虚拟现实动画情节中。观众从观看者变为体验者，被赋予角色和存在的理由，成为故事的参与者，并始终以第一人称视角观察周围，这一特点在作品的架构表现过程中起到了决定性作用。

2.3 镜头画面转场

硬切镜头转场即利用黑白场次将上个画面结尾与下个画面开头无技巧地相连接。*Pearl* 中大多使用此镜头转场方式，但是画面衔接并不显生硬，因为该动画影片的场景具有特殊性，始终设定于车内，通过人物、背景、灯光等变化表现场景切换变化。硬切镜头转场较适用于少数虚拟现实动画影片或在影片中少次使用，否则将会显得枯燥，稍显无趣。

场景元素转场则是利用虚拟现实动画中的某一主要元素，如物品、微生物等实现转场目的。*Allumette* 是在安徒生童话故事《卖火柴的小女孩》基础上的重新改编。影片中像魔法棒一样的火柴就是转场的场景元素，通过火柴点燃将观众带入下一个场景，"火柴"不仅作为转场用途的场景元素，还如同"导火索"一样串联故事情节。这种利用场景元素的转场方式更加自然流畅，在虚拟现实的媒介之下表现更为贴切，能够被观众接受。

模拟眼睛闭合转场即模拟眨眼效果，较为简单且效果很好地增强了观众在虚拟世界的感观沉浸体验感。虚拟现实动画对观众来说整个体验是连续的，转场最重要的是制造感官体验。对于模拟眨眼这一转场方式的合理运用可以是被怪兽扔石头砸过来，观众的"眼睛"闭合，搭配低频耳鸣的声音效果，观众再睁开"眼睛"到另一个场景；还可以是被坏人绑架，观众的视线被套上头套，搭配一段汽车发动机行驶的音效，然后被摘下头套观众恢复可视范围到达另一个场景。《地三仙》中，观众在动画世界作为一个"萝卜"被男孩从地里拔出时用的就是眨眼的转场方式，画面中代表观众视觉感观的"眼睛"几次闭合就从地下到了地上，模拟眼睛闭合转场方式的应用巧妙且合理。虚拟现实动画中观众视觉的"眼睛"闭上就是全黑的画面，是观众在动画中短暂失明的状态，这个瞬间也是留给观众对下一个场景的充分期待和思考的空间。

长镜头内部蒙太奇。虚拟现实动画打破了传统电影蒙太奇的应用方式，不再是单一角度镜头画面，而是开放式的全景空间，在这个全景空间内以长镜头的画面通过拼接多个不同角度单一画面进行了内部蒙太奇应用。长镜头（Long take，或称为一镜到底、不中断镜头或长时间镜头）是一种拍摄手法而言的，它是相对于剪接式（蒙太奇）的拍摄方法。结合《自游》导演引导观众视线的方式，整个男主角运动路线的过程、拍摄的方式即长镜头剪辑蒙太奇，长镜头的连续性、统一性和完整性能够让观众在虚拟现实动画中更身临其境地体验故事情节，同时表现了蒙太奇的应用并没有消失而是以长镜头的内部蒙太奇形式应用于动画中。

3 虚拟现实动画镜头语言设计策略

在虚拟现实动画中，观众成了故事中的角

色，因此导演应当站在观众的立场去思考：如何设计动画才能够让观众拥有更好的体验。观众思维方面以《设计心理学 3：情感化设计》一书中提到的设计的三种水平代表三个层次："本能的、行为的和反思的"为出发点。审美取向则是从侧面表现虚拟现实动画作品的总结。通过以上几点归纳导演在设计虚拟现实动画作品时需要深度思考的点。

3.1 从观众思维出发

本能层次的设计更多强调虚拟现实动画给观众的初步印象，指视觉上的画面、听觉上的音效等，如同人与人见面对外貌的评定。因此动画中角色的造型、场景中的色彩以及其他外观性元素都是能够影响到观众体验的本能层次设计。观众是虚拟现实动画中的一部分，能够近距离、全方位地观察动画中的角色和场景，导演通过创造有吸引力的角色和场景激发观众对动画内容的兴趣，使观众沉浸在动画故事中从而获得更好的体验。

行为层次的设计是指观众在虚拟现实动画情景中的游历和体验，更加强调感受，强调以人为本的设计理念，是情感化设计概念的体现。导演可以将具有情感化的元素融入人物、场景。观众对元素的主观选择、观众的联想共鸣和情感满足，使观众沉浸在动画的同时留下深刻印象。导演对观众行为层次的设计可以体现在动画中角色与观众在动画中视角的眼神互动，如同现实生活中人与人交流时的对视，动画角色通过面部表情变化、神态向观众传递情感。通过眼神交流，观众能够感受到角色的情感，产生心理上的共鸣。

而最重要的是反思层次的设计，反思层次设计的前提是铺垫好以上两个层次的设计。在此基础上的设计才是对人脑的存在意识，是对观众的思维触动，是思想和情感的完全交融。反思层次是导演针对观众在观看动画的第一印象、产生情感共鸣之后的大脑思考的设计，是导演留给观众

自由思考空间的设计，借由空间变化带来的感受变化，与空间设计相关联的情感表达等。但虚拟现实动画中导演并不能完全把控对观众的反思层次设计，因为观众的文化背景、理解能力、自我思维不同都会造成不同的影响，形成不同的反思层次设计结果，所以导演需要注意的是设计中存在反思层次过程，存在唤起观众潜意识的感动和需求。

3.2 审美的趋向

虚拟现实动画作品的美术风格同样具有多样性。带有浓烈艺术感的代表性作品之一就是由能够让观众感受到每一笔手绘线条力量的 *Dear Angelica*，使观众如同进入一幅超现实主义的动画水彩插画开启奇幻旅程。它的艺术性来自它的镜头画面元素，女主角 Jessica 进入的梦境是她妈妈 Angelica 作为演员时记忆的 4 个场景，奇幻、公路、超级英雄和科幻类型。因为场景的基础是梦境，这样的场景塑造更符合逻辑，以梦幻感替代真实感。母女亲情和生离死别作为叙事的线索串联更加为观众铺垫了情感体验的台阶。它以虚拟现实的模式借鉴，扩充，并致敬了电影艺术。

将中国的传统文化元素和具有中国特色的故事融入虚拟现实动画。《烈山氏》的创作灵感来源于中国上古神话故事"神农尝百草"，其美术风格、人物塑造、视听效果等方面为观众带来了蕴含浓厚中国风的沉浸式视觉盛宴。从中国传统中医的典故角度出发，观众随着炎帝神农的脚步在森林中找寻草药，因吃下有毒的幻毒草"莨菪"而产生幻觉坠入幻境，与妖兽战斗、觉醒。《烈山氏》还结合了舞狮和中国功夫让动画更具有中国传统美感，同时，在场景画面设计、音乐视听配合上也充满了中国韵味，令人惊喜。虚拟现实动画新的审美偏向应当如同《烈山氏》一样善于将中华优秀传统文化的有益思想、艺术价值与时代特点和要求相结合，运用丰富多样的艺术形式进行当代表达。富有中国传统文化的虚拟现

实动画对观众而言有着很大的吸引力，虚拟现实动画也是艺术与科技结合的产物，而将具有中国特色的传统文化融入其中，更是将中国推向世界科技舞台的直接手段。期待更多优质的中国风虚拟现实动画作品的出现。

4 结语

虚拟现实动画的创新镜头语言体现于镜头的创新表达方式：创新的景别运用、全新的拍摄方式、特别的画面转场以及新的蒙太奇运用。导演对于虚拟现实动画创新镜头语言的设计重点在于考虑对观众思维方式的思考，考虑本能行为反思的设计层次，考虑观众对虚拟现实动画审美的趋向，考虑将艺术与传统文化融入其中。以上对于虚拟现实动画镜头语言的研究能够引起虚拟现实动画创作者一定程度的思考，对制作优质的虚拟现实动画作品起到一定作用。

参考文献

[1]郑益安，金红.非线性理论在安全管理工作中的应用[J].电力安全技术,2009（5）：47-49.

[2]Tompkins, Joanne.Virtual recreations of historical theatres How VR meets theatre history[M]. The University of Queensland, 2009.

[3]吴南妮.沉浸式虚拟现实交互艺术设计研究[D].北京：中央美术学院,2019.

[4]涂旷怡.伯格曼电影的美学特征[D].南昌：江西师范大学，2014.

[5]唐纳德·A·诺曼.设计心理学3：情感化设计 [M].北京：中信出版社，2015.

[6]中共中央办公厅、国务院办公厅.关于实施中华优秀传统文化传承发展工程的意见[Z].广电时评，2017（2）.

解读和剖析暗黑系动画在日本的发展态势[①]

李明

（阜阳师范大学信息工程学院，阜阳 236037）

[摘　要] **目的** 为我国的同类型动画发展提供一个全新的视角，从而促成我国动画多元化发展。**方法** 着眼于存在的问题和现状，将日本暗黑系动画作为研究对象，进行对比探究。**结论** 需要辩证地去看待日本暗黑系的动画作品，虽然会让人产生种种负面情绪，但是其中也包含着对整个社会发展独一无二的文化作用。

[关键词] 日本动画；暗黑系；多元化；文化差异

引言：日本的动画产业一直处于世界领先地位，其丰富多元化的题材给世界各地的观众带来了新鲜刺激的感官体验。而暗黑系动画作为其中的一个分支，它血腥暴力的镜头、对人性阴暗面毫无避讳的展露让人不禁担心起日本暗黑系动画会不会给社会带来巨大的负面影响。

1 初探日本暗黑系动画

1.1 暗黑系动画的概念及创作背景

暗黑系动画片具有不平稳、写实、眩惑等的视听语言特征。它是动画类型的一种，也遵守了一般动画的规律，动画作品不会是从生活中直接照搬而来的，不再只是某些事物的标记，它会表达出一种崭新的形式。暗黑系动画作品中的镜头语言，会把大脑里的画面通过设计的镜头转变成动画场景。暗黑系动画的场景都比较简单，并没有太多大场面，基本上是发生在狭隘的空间内，这种场景会在影像上传递给观众一种紧张压抑的空间感受。

进入 21 世纪的日本，仍然是亚洲唯一一个发达国家，也是世界动画发展的领导者，全世界的动画爱好者基本上都认可它多元化的动画题材。但是日本社会目前正面临一个严峻的社会问题，尽管它一直给外界一种高素质文明强国的感觉，但日本的青少年犯罪率正在不断上升。在寻求方法解决这个问题时，人们很容易就注意到青少年平时在收看的动画作品。

1.2 日本暗黑系动画的创作特性

明确暗黑系动画的创作特性有助于更深刻地了解日本文化，也可以给予中国动画一些借鉴。本文从以下三点来解释日本暗黑系动画的创作特

① 基金项目：媒介融合下国风视觉效果动画片的艺术创作研究（2019MTYSJ02）；融入长三角区域合作背景下文博会展示空间设计研究（2020MTYSJ01）；2019 校级精品课程（2019FXJK04）；培养应用型创新人才的展示设计教学方法改革研究（2020jyxm1418）。

性。第一，目标性。它着重角色在从事这种行为时的心理机能是损伤对方和自身，也就是说那些以侵犯客体造成损伤为目标而进行的行为，这种行为寄托着动画角色行事强烈的目标性，它也被称为阴暗行为。第二，危害性。它特别指对某种生物在生理机能上的伤害、对物品的损伤，也包含对它们的直接胁迫（心理侵害以及洪水之类的天灾除外）。对于受害者而言，不是事发时的情景呈现，也算作是阴暗行为。第三，公开性。它指的是使用动画技术对阴暗行为或者现象的公开描绘，并在节目内容中以画面的形式真实地再现，它赤裸裸地向观众呈现了一个阴暗的世界，让观众能够直面他人以及自己本身的阴暗内心。

2 日本暗黑系动画的价值体现

日本暗黑系动画的艺术价值：日本暗黑系动画具有其他艺术所不能涉及的意义，回顾整个动画艺术发展史，暗黑系动画大都描绘日本战时人们生活的水深火热，以及疾病的大规模爆发导致的人口急剧减少，当然还有表现人性的险恶和宗教的残忍，令观者毛骨悚然，或同情，或愤愤不平，更甚者会失去生活的希望。

日本暗黑系动画的社会价值：暗黑系作品是打开黑暗世界大门的敲门砖，它能令生活幸福美满的人践踏人性的阴暗角落，能够使人深层次地挖掘自己，从而更好地展现自己的个性。与此同时，适宜的负能量能够提高人们的心理承受能力，在纸醉金迷的当今社会，暗黑系动画仍然在发出特殊的光芒，它像是一面陈旧的镜子，折射出人类心中的阴暗角落。

日本暗黑系动画的商业价值：去年美国从日本进口的动画作品加上副线产品已经达到40多亿美元，以4倍之多的优势高于从日本进口的钢铁。从中散发出的巨大商业能量，也进一步加快了日本的产业化升级。作为日本动画的一种，暗黑系动画的商业影响力不仅仅展现在版权和音像制品销售上，还体现在线下衍生品所带来的多元化的商品销售途径产生的利润，从日本暗黑系动画代表作者伊藤润二每年全球巡回举办的恐怖元素展览就可以一窥究竟，其中产生的利润不言而喻。

3 暗黑系动画的架构解析

3.1 暗黑系动画的社会观构成

社会观的构成通常被称为人对完整世界和自身与世界关系的总体想法和意见。暗黑系动画的社会观架构系统是以真实世界为依据来进行的视觉传达，其中也包含社会大背景、社会的价值取向、社会的生存法则等，这些能够使暗黑系动画的情节更加合理化、有条理性，从而人们能够通过社会观的架构得到自身心理上的赞同。

3.1.1 亡灵时空

死亡一直是人们心灵深处最隐秘的恐惧，人类所有恐惧的根源都来自对自己的生命一定会终结的思想感触，逝者的世界总是充满着神秘与魄人的吸引力，在日本暗黑系动画中，关于逝者灵魂的叙述与研究经久不衰。如《尸体派对》中主人公晕倒后，醒来发现自己在一个古旧的小学教室里，这个被人遗弃的学校四处封闭，恐怖诡异，随后出现一个个受害者的亡灵，还有《尸鬼》中扰乱村民生活的尸鬼，以及《地狱老师》中的邪灵，该片中甚至出现了人们与灵界交流的通讯机等。

3.1.2 特异功能的常规化

日本暗黑系动画中的角色大多是由于不可预知的力量而将自身陷进事件中心。不管是不明病毒的伤害，还是意外收获超越常理的能力，有些甚至还可能发生基因突变，这些给主人公埋线的特殊属性伏笔都是很难被猜测的。通过对比发现，一般这种角色的特殊属性被分为两种情况：第一种是主人公与生俱来便有着超能力。《黑之契约者》中的男主人公就是这个情况，他不仅天生具有电击的超能力，还可以发动量子水平使物质变换的能力，且能通过星陨状的流体幅度在特定空间内创造不可侵入的空间。与之不同的第二种情况则是主角在一些特殊巧合的作用下获得了一种神秘力量。

3.2 角色类型归类

（1）身心缺陷者。这类角色总体来说就是这种人会伤害打击自身和其他人，而且特别会展现在肉体伤害方面。暗黑系动画把这类人诠释出来后会引发观众的恐怖感，其中有一至关重要的原因是这些角色是在现实生活中人类身边随时可能会出现的。所以当暗黑系动画里出现这些难以预料的恐怖景象时，会给观众带来深深的危机感。如《死亡笔记》中的魅上照，过度厌恶罪恶的正义感，使他的心理产生了扭曲从而产生一些危险的行为。

（2）无实体的未知力量。假使暗黑系动画中引起剧中人物以及观众恐惧感的是一个无具象的物质，我们便可以将它概括为无实体的未知力量。该类型的力量可以导致人发生一整个系列的变异，也许会改变人的思考方式，也许会改变人的身体构造，使肉体或思想变成一种极端的攻击武器。如《亚人》中突然出现了一个无实体的幽灵军队，取得大捷，其中的人物在情绪波动时可产生一种叫作MBI的黑色物质，人物通过大脑连接这一无实体物质凝结成人形就可以进行战斗。

（3）非人类物种。日本有大量的暗黑系动画片都展示了特殊生物对人类进行的毁灭性肆虐和打击。非人类的生物可能在大自然中本身就有，却因为环境问题而过度衍生从而对人类造成伤害，它也可能是因为基因突变而产生，在科学研究中加入了类人化思想制造出的物种也算是其中一类。

4 分析日本暗黑系动画的发展现状

4.1 对比我国同类型动画

中国的种种思想文化经常和政治捆绑在一起，使动画作品总是带着抹不去的教化之味，而且我国的动画大多不从商业价值出发，而是直接把教化作为动画设计的本质思想，使中国的动画片异于日本的动画片，从而具有强烈的说教意味。但是，近年来暗黑系动画总体发展态势呈上升状，因此在网络上中国对于此类动画的研究和体制运营也渐渐稳固。腾讯动漫专区的《尸兄》点击率已经高达100多亿，该专区其他作品也拥有极高的点击率，其中包括《妖怪的名单》《中国惊奇先生》《王牌御史》等的中国暗黑动画代表。这些作品的内核多是环绕"阴暗"元素，而且它们都是由人气漫画改编而来的，还有着"黑色幽默"的共通点。这类动画无论是从可谈论性还是画面构造等都已经得到中国网络大范围浏览者的肯定。

4.2 两国同类型动画的文化差异

4.2.1 故事核心差异

中国暗黑系动画作品大多是以经典的志怪诡事作为故事核心，其中较经典的作品包括民间志怪小说、《山海经》《聊斋志异》、隋唐传奇等，里面大多含有鬼怪妖魔和珍奇异兽等角色，《阴阳师》和《茅山道士》等所使用的降魔招式已经在一定程度上成了中国动画的历史明珠，而道家法术在历史更迭中也表现出更为吸引人的光芒。而日本暗黑系动画的故事核心则围绕着社会以及人性阴暗面，它扎根于整个日本民族的社会生活，在它特有的耻感文化前提下。虽然经过动画的不同角度诠释，它在一定程度上表现出了负面的价值体系，但这也维稳了道德平衡，使观者直面自己的阴暗内心与负面情绪，知耻之时也提高了道德的约束力水平，这是一种特殊的文化约束力，值得中国同类型动画学习与借鉴。

4.2.2 受众面差异

从《尸兄》等一系列网络动漫可以看出，中国的暗黑系动画更能被年龄介于 18 周岁以上的，熟悉网络的年轻人所接受，很多都是同龄人间口口相传而被熟知，而且这些作品全部都没有电视化，所以受众面基本局限于在校大学生。日本的动画作品往往将观众范围定在 35 岁以下的人群，有的还可能是集体人民。这主要体现在两个方面：一是作品风格切合现实性，表达出真情实意的感受；二是正能量作品与阴暗元素这两种题材能被所有人接受。而且进一步考虑受众差别，在日本基本上就只有两个分法：是否是御宅族（沉迷于动画，亚文化不能自拔的人）、是否是御宅族世代（家里几辈人都是御宅）。

4.3 角色类型差异

4.3.1 主角定位

主角无疑是整部动画片中最关键的存在，无论是风格走向，还是故事开展，主角的定位深深地影响着整部动画作品。而中日两国暗黑系动画的主角定位也存在着巨大差异。中国的暗黑系动画片大多是降妖除魔的主题，所以主角大多在片中是绝对正派的存在，相较处于黑暗之中的邪恶之物，他们是光明的代表，这些角色基本上都有着良好的人缘和开朗的性格。而日本的暗黑系动画片善于挖掘人性的阴暗面，很多主角的定位都是在黑暗与光明的灰色地带，亦正亦邪。他们大多生来就背负着沉重的十字枷锁，命运的不公让他们厌恶自己所处的世界，这些角色的性格阴沉、忧郁，令人难以捉摸。

4.3.2 角色造型

因为故事设定，中国暗黑系动画的角色造型围绕着斩妖除魔的中心来设计，他们大多配有一把自己特有的古代兵器（剑、长矛、鞭子等），服装以长衫、改良的汉服搭配现代饰品为主。《尸兄》男主白小飞就拥有武士伞和长刀等返古武器，他在进化后会成为一个身着古代长袍，额

间画符的白发僵尸形象。日本因为"明治维新"等历史原因，在很多暗黑系动画中，角色造型都偏向欧美风格，阴郁的哥特风也是屡见不鲜。例如，《黑执事》中的管家塞巴斯蒂安，长相俊美，服装大多是复古的燕尾服，低调又华丽。

5 正视当今日本暗黑系动画的发展

5.1 中国应警惕日本的文化渗透

虽然暗黑系动画只是其中的一个分支，但在政府的支持下，这类动画也在世界各地广泛传播，以其独特的思维影响着各国人民的思考方式。日本将隐藏着军国主义的动画作品传播到中国的未成年中，这一系列有害的社会思想理念深深地影响着他们的价值观念、心理态势、思维逻辑等几个方向的引导。但当这些暗黑动画让人渐渐对虐待和杀戮失去危机感，无法分辨黑白，对蛮力和强权开始产生认同的情绪之时，就是藏匿于这些动画片中的日本军国主义荼毒中国青年人价值取向和世界观之时。

5.2 促进中国动画设计的多元化发展

作为一个拥有五千年历史的古国，我国的文化原本就深刻地影响着世界文化发展进程。所以中国动画创作者应秉持着"扬弃"的精神对包含中国传统戏曲在内的众多美术风格进行继承和发展，在此基础上尝试融入更多丰富的题材让中国动画在世界动画领域显得不再那么单调。当我们不再执着于带有明显民族特色的中国风动画设计，开始真正去探究多类型的动画片发展时，中国的动画设计才能真正地走出国门，让更多国家的人领略中国动画的魅力。

6 结语

日本暗黑系的动画作品，虽然会让人产生种种负面情绪，但是其中也包含着对整个社会发展

独一无二的文化作用，这类作品之所以将阴暗世界无所顾忌地表达出来，就是为了对社会敲一记警钟，越是阴暗，钟声越刻骨铭心。

参考文献

[1]王旅波.先秦湖湘神话中恐怖情愫在动画创作中的应用[D].北京:北京大学,2008.

[2]王力博.中西方动画对儿童心理的预设及成长导向[D].烟台:鲁东大学,2014.

[3]黄多多.日本动漫文化外交研究[D].广州:暨南大学,2014.

[4]牛晶晶.动漫中的暴力内容及其对初中生攻击性的影响[D].开封:河南大学,2009.

[5]李旸酒路.中国传统文化元素在平面设计中的应用研究[J].大舞台,2012（11）:169-170.

[6]李泽慧,殷俊.国产动画新崛起——《魁拔》蜕变之路的思考[J].新闻世界,2015（4）:179-180.

[7]陈梦然.论惊悚片的特质及美学价值[J].理论与创作,2007（4）:107-110.

[8]龚珏,汪玥.抽象到具象——分镜头故事版课程教学重点探究[J].艺海,2014（11）:127-128.

[9]陈思迪.浅析动画角色塑造在动画片中的作用[J].大众文艺,2013（18）:204-204.

[10]王红兵.法律价值取向的生态化[D].武汉:中南民族大学,2003.

科幻电影角色设计中的仿生应用研究

王玥琦

（鲁迅美术学院，大连116650）

[摘　要] 在电影角色的设计中，仿生设计是一种十分重要的手法，是角色塑造过程中不可或缺的灵感来源。**目的** 旨在梳理科幻电影角色设计中的仿生设计元素，为科幻电影艺术创作提供新的可能。**方法** 从科幻电影角色设计方法和应用案例着手，探索仿生设计在科幻电影角色设计中的应用要素，开拓电影角色设计与仿生设计相结合的道路。**结论** 科幻电影将仿生设计的理念赋予高科技中，这是艺术与科技的完美结合，科幻电影中的仿生设计应用不仅表现了当今科技的飞速发展与进步，也道出了人与自然和谐相处的哲学思想。

[关键词] 仿生设计；科幻电影；角色；艺术；科技

引言：在现如今的电影艺术中，仿生设计是电影艺术视觉搭建的重要灵感来源；大多应用于电影场景、电影角色、电影道具等方面。其中，在电影角色设计中运用仿生设计的手法来增添角色共情的案例也较多，其设计灵感大多源于自然生物。在电影艺术中塑造一个好的角色，既可丰富电影本身，又可给观者呈现出一个真正的仿生世界。

1 仿生设计的概述

1.1 仿生设计的概念

仿生设计是一种交叉学科，是仿生学和设计学相结合的学科，同时也与诸多学科相关联，如色彩学、美学、伦理学、经济学、数学、生物学等。作为仿生设计的主要研究对象，其中包括自然生物的色彩、形态、结构、功能等，在创作设计的过程中，有选择性地以一种新的设计方式与新的设计思路呈现在大众面前。

由古至今，源源不断的创作灵感都来源于大自然，大自然一直在为人类的创作发明助力。大到宇宙飞船、航空母舰，小到一砖一瓦、一针一线，这都是大自然给予人类的恩惠。几十亿年的地球历史，生存的物种随着时间的推移而不断进化，这是具备了高度适应性和合理性的生命结构系统。设计新作品的灵感来源和科学依据由它们的色彩、形态、结构、功能等元素所决定，这为作品的合理性、科学性、审美性等因素提供了保障。

1.2 仿生设计的意义及价值

作为一种创造性的行为，包含多学科因素于一体的有机统一体，仿生设计集艺术、科学、美学等学科于一身。仿生设计的作品既能满足人们的精神需求，又具有一定的审美价值。动物系统、植物系统、微生物系统、自然系统等作为仿生设计的灵感来源，科学研究、产品开发、艺术表现等方面均受益于仿生设计对这些系统外形色彩、形态、能量转换、化学原理、内部结构等方面的影响，这在人类发展的历史中起到了重要的作用。

在生活节奏如此快的今天，随着人们的心理压力变大，人们常常会感到疲劳、烦躁，使如何释放生活中的高压变得非常重要。具有"亲和力""人情味"的仿生设计，会使人们的身心得以放松，压力得以缓解，会给人们单一乏味的生活添加乐趣，提高生活水平。

作为仿生设计研究的对象，自然生物是所有系统中最为重要的个体系统，其影响与演变的科学理念是环境学与生态学，这使仿生设计正积极、不断地探究自然与人类的关系，促进自然与人类长久的和谐共存，探究社会长久可持续地发展，平衡生态自然的长久存在，开创新的未来。

2 电影角色设计

在电影作品中，电影角色设计是十分重要的。提到电影角色设计，挖掘其根本，其实就是电影角色和镜头语言的另外一种表现方式。电影角色设计的重要性，表现在其可以充分展示出角色的心情与形象，也可关联与引导故事剧情的发展。

我国影视行业正在高速发展之中，随着人民生活水平的不断增长，电影故事与情节的精彩程度已经不能满足人们对于电影的关注，越来越多的电影角色设计已然成为人们茶余饭后的话题。由此看来，电影角色设计已然成为电影创作的关键之一，完美的角色设计不光是停留在简单地对角色外貌进行改变，如何使角色的内在表现走入人们的心中是更为重要的探索。

1902年，法国导演梅里爱拍摄的《月球旅行记》的出现，标志着第一部真正意义上的科幻电影的诞生。此后各国纷纷效仿，拍摄了大批情节奇幻、充满想象的科幻电影。科幻电影中的角色设计一般都会给观众留下深刻的印象，出现这

种现象的原因是其角色设计富有创意。在科幻的大背景下，设计师充分发挥自身的创造力与想象力，设计了一个个迥异的角色，因此，观众在观赏之余也会对角色设计印象深刻。创意思维的存在是科幻电影长盛不衰的一个最主要原因，可以说，创新是科幻电影在前进路上不竭的动力支持。首先，创意是创作的核心，没有创意思维就没有科幻电影，可以说，创意是科幻电影的灵魂，因此具有创意思维的角色设计在科幻电影中就显得尤为重要。其次，创意思维在角色设计上要遵循一定的原则，这样才能把科幻电影中的科幻发挥到极致。角色设计的创意思维是科幻电影中的核心，它维系着整部电影情节的展开，是一部科幻电影能否成功的关键所在。

3 科幻电影角色设计的仿生设计应用

3.1 科幻电影角色设计的造型仿生设计

仿生设计作为一种新的设计方式，主要通过人造的手法表达自然生物的生存技能与形态，电影艺术借由仿生设计在角色设计中的融会贯通来满足观众的视觉与心理需求。人们对生活的深刻体会是电影的内容来源，电影中角色的设计占有很重要的比例，角色设计作为电影艺术中的主要方面，使人们对电影留下非常深刻的印象。

彼特，作为科幻电影《蜘蛛侠》中的主角，在被一只转基因蜘蛛叮咬后，获得了超越蜘蛛的敏锐感官能力与非凡敏捷的身手，使其平凡而普通的人生发生了巨大的变化，彻底改变了他的命运，从此他的心中树立起坚决对抗邪恶势力的信念。

电影中男主角的形象是以蜘蛛的造型为灵感，外形夸张，颜色鲜艳，衣服紧贴身体。其中仿生元素的应用在于造型的整体表达并不是追求蜘蛛的逼真外形，设计模仿了蜘蛛的特征和韵

味。在图案上运用蜘蛛网为装饰纹，以线和面手法，不仅满足人体手臂穿着舒适、活动自由的功能，也完美地把蜘蛛特征与人物造型相结合，给观众一种庄周是蝴蝶、蝴蝶是庄周的浑然天成之感。

科幻电影《变形金刚》通过拟人化的表现手法，赋予外星物种和汽车人拥有了人类的形象特征与情感。电影中栩栩如生的威震天、擎天柱、红蜘蛛、大黄蜂、声波等形象都那么真实，他们都拥有迥异的拟人化脾气与性格。外星的机械生物都被赋予了人类的举止与思维，拥有丰富且各不相同的性格，这种仿生角色设计使观众获得情感上的共鸣，丰富的科幻角色设计带给观众目不暇接的感受。

3.2 科幻电影角色设计的功能仿生设计

科幻电影《蝙蝠侠》中的男主角是个在黑夜里拥有先进设备的人物。全身黑色紧身衣、披风、面具，全城抓捕邪恶势力。仿蝙蝠的面具设计生动简洁，给人无限神秘的想象空间。仿生设计手法运用于紧身衣的设计上，这其实并不是毫无更改的仿生原型，而是一种对生物本身的象形化模仿。比如蝙蝠的翅膀张开后很大，在蝙蝠侠服饰设计中便应用此特点进行了再设计，从衣服的袖子下摆到袖口形成一条近似于直线的造型，这就是在角色设计中所应用到的仿生设计元素。

发信器是在电影中男主角所使用的一种特殊武器，其特殊之处在于可以定时发送某种特定的信号，这种信号对于人类或是其他生物来说是没有任何影响的，却能够把大批的蝙蝠吸引过来。开启系统后，随着大批蝙蝠的飞来，立即会在所在场地中产生巨大的噪声，蝙蝠侠可借助这件装备让敌人受到干扰，并能戏剧性地脱离现场，这都是在功能上仿生蝙蝠而产生的特殊效果。

3.3 科幻电影角色设计的情感仿生设计

情感仿生主要用于在科幻电影中表达机器人与人类的情感，在人类生活中机器人成了重要组成部分。现实生活中，随着科技的快速发展，科学家们梦想给智能机器人赋予人类的情感，也许在未来，现在科幻电影中的画面真的会成为现实。

科幻电影《人工智能》中的机器人主角获得了与人类相同的情感，机器人具备情感且仅有一次生命，自从情感大门打开后，机器人的爱就再也无法停止，并且这是一个无法关闭的能力，机器人便也无法交易给其他人，送回公司销毁是唯一的脱离方法。冰冷的机器人也变得与现实生活中的人类一样渴望爱与被爱。主人公大卫对电影中母亲怀有非常真挚的爱，电影角色设计中的机器人也有着和人类一样的情感需求，电影主角的这位机器人小男孩为了得到爱的那颗心深深地温暖并打动了观众。

在这里不得不提到另一部也是关于机器人情感仿生题材的电影——《机器公敌》，在电影中机器人已经成了人们日常生活中的一种代劳动产品。机器人充分得到了人类的信任并被人类重用。在电影中，机器人角色尼森拥有着和人类一样的情感，他与其他的机器人不同，他有着自己的主观情感概念及思维模式，并且独立于任何系统，机器人角色的设定不仅富有人类的情感概念而且最终拯救了人类。

4 结语

仿生设计的意义其实就是把人类社会与自然生态紧密地联系在一起，用自然生物的外形或生存特点，通过人为的手段还原再展现，以此来满足人们对于视觉艺术的需求。仿生设计的设计源泉来自大自然，仿生设计是对于自然的反映，在转换的过程中取得一个相对平衡的点。在科幻电影角色设计中，仿生设计其实就是在自然环境中提取设计元素，再将其反映到角色设计中，用人造物来替代本原，使之出于自然，又反作用于自然。来自科幻电影角色设计中的仿生设计可以直接被观众所理解，这样也更易于被观众所接受。仿生设计将在未来的科幻电影甚至于整个行业领域都有更广泛的设计体现。

参考文献

[1] 姚梦园，周俊良.浅谈当今电影中的仿生设计[J].电影评介,2012（4）：38,44.

[2] 臧晓静，袁惠芬，吴昊.仿生设计在游戏角色服饰中的应用探析[J].皖西学院学报,2015（8）:123-126.

[3] 黄敏敏.游戏设计中的仿生应用探讨及研究[J].南京艺术学院,2016.

[4] 蔡江宇，王金玲.仿生设计研究[M].北京：中国建筑工业出版社,2013.

[5] 郑子龙."仿生电影"：打破虚拟与现实的边界[J].中国电影报,2019（12）.

[6] 范晓多.仿生设计在游戏服装中的运用研究[D].北京：北京舞蹈学院,2014.

[7] 许琪晨.仿生设计在服装中的趣味性研究[J].西部皮革,2019，41（19）：66-67.

[8] 张雨.仿生设计在服饰造型上的应用[J].西部皮革,2019（17）：112-113.

[9] 王斐.仿生在服装设计教学中的实践与研究[J].才智,2019（08）：28.

[10] 马孟超.游戏角色服饰设计研究[D].太原：太原理工大学,2013.

新表现主义实验动画中非具象语言重构研究

赵颖

（大邱大学，大邱 38453）

[摘　要] **目的** 以新表现主义的表现精神为内容要素，实验动画为表现手法的情况下，探讨仿生科技等附加元素的影响与表现形式。**方法** 从视觉表象出发，分析非具象元素的视知觉的作用；从实验动画的艺术特点出发，分析感知与意识的作用；从新表现主义精神出发，对新表现主义和仿生科技实验动画这两种艺术形式结合的发展形式进行分析。**结论** 新表现主义和实验动画中所包含的非具象设计元素，与仿生科技结合会产生一定的艺术促进效果并衍生更多的动画艺术表现形式。其中，非具象设计是以感受的世界为主导，通过实验动画的符号语言对潜意识的艺术形态进行重构。动画和科技在组合和创造的同时，只有发挥最大价值的主观意识，才能让创作具有主观精神价值的独立性，进而在动画艺术中体悟对生命的理解。

[关键词] 非具象；意识；灵感；游戏；语言

引言：新表现主义是把突发的灵感应用于实践，实验动画是通过多元化游戏的形式让灵感再现于思维之中，两者的关系看似不甚紧密，却又有着异曲同工的契合之处。通过思考产生的不同表现形式的非具象语言，让塑造的情感从画布上转移到空间里，从而使艺术成为创造，而不是模仿。无论是实验动画的艺术特点还是新表现主义的精神追求，都是对艺术进步行为的实质探讨。

1 动画中非具象语言的分析

我们在现实中见到的具象事物会对动画的形象创作产生影响，其创作的产生是对现实的脱离与想象，是对非客观感受的一种主观再现。把客观外在因素吸收进来的同时，在主观意识的引导下抓住潜意识中的内质，以非具象化的形式进行重现。当正方形画布中出现正放置和斜放置的其他正方形时，会让观者认为斜放置的正方形似乎正在运动，而并非静止。这是大脑的视皮层对眼睛接收到的图像进行了生理上的处理，并形成一种视觉上的幻觉，即视觉上的相对静止与相对运动。当我们把这个特点运用到动画的视觉形象创作时，就要考虑到该形象的内质中要具有怎样的运动元素，或者通过基本的夸张、变形等手法，把单个元素作为运动元件放置在画面中，实现由单个带动整体的运动。

动画的乐趣在于游戏，在随机的游戏中去发现和创造，并且没有绝对的局限。席勒说："等到想象力试图创造一种自由形式时，他就最后从这种物质的游戏跃进到审美的游戏了。""自由游戏的冲动最后完全和需要的枷锁割断关系，于是美本身就成为人追求的对象。"动画中非具象元素的语言设计其实和游戏的随机性基本是一致的。在潜意识的推动下，开发出多元素的结合，并且把这种结合通过主观意识的拼贴以一种新的符号形式表现出。对于动画中的非具象语言来说，潜意识的主导让作品的语言设计空间更为广阔和自由。

2 实验动画的艺术特点

实验动画的剧本创作和文学上的写作或者是诗词的创作，从精神层面来说是一致的。苏珊·朗格说："由诗创造的基本幻像是一种完全经验的历史。"在实验动画中，这种通过精神臆想出来的内容，在主观因素作用下会被一定程度地简化并提炼，且通过一种虚拟架构的方式作用于作品的叙事结构中。把想象和感知作为主导元素，让自身介于现实和虚幻之间，把感知意象化，意识具象化。席勒说："只有当人充分是人的时候，他才游戏；只有当人游戏的时候，他才完全是人。"当人作为单独的个体参与到游戏中时，才能在这种不受外界影响的情况下达到自我精神的享受。

对可见形状或非可见形状的感知，让自身在对情感的塑造和理解中，多方面地在创作中发挥想象。泰戈尔说："采着花瓣时，得不到花的美丽。"在面对审美对象时要感知整体，把握整体中特殊的美的存在并感性地去解读。新表现主义的实验动画虽然是非具象形式下的再设计，但也是从生活中汲取艺术之美的元素，并把感知到的审美通过主观想象的加工进行再现。从整体过程来看，需要对客观存在的元素进行组合并和其他记忆进行拼接，从而达到对意识中已形成的非具象元素进行再设计的效果。

3 新表现主义形式仿生科技的非具象设计

新表现主义作品中的符号元素和动画中的表现元素在思想层面上是相似的，同时和仿生科技中非具象的表现形式可以互相融会贯通，且都是以主观意识和个人情感为主导。新表现主义作品中的非具象设计元素是在潜意识的作用下，通过对视觉元素的处理进行抽象化的表达。在感性的思维和情绪表达中，把非具象元素的精神主旨再次进行强化，突出作品的情感表达。当外界的诸多附加元素对这种非具象设计产生影响时，会让这种附加元素在意识和潜意识之间产生改变，并把这种变化反向应用于设计的表达中。在非具象元素的视角下，作品中的附加元素会一直存在且处于伴生状态，因此不得不从主观情感出发去评价这种非具象化的视觉表现，这也让非具象元素的语境对大众来说更加充满吸引力。

动画中的非具象仿生虚拟设计，与一般动画中的形象设计和场景设计不同，这种仿生虚拟设计出来的非具象符号具有非正常化的拟像现象，这种结合的形式是具有动态价值的。在具有新表现力的元素出现时，着重从主观角度去理解，注重精神和一时的体现，更多地注重于创作的精神过程而不是创作所处的附加环境。当实验动画中运用新表现主义的元素时，让其艺术形式特点通过动画的画面进行展现，并通过仿生科技的虚拟现实手法与其进行技术上的创造与结合，并在非具象元素的符号象征下，实现科技与情感的艺术碰撞并衍生出更多艺术形式发展的可能。有时需要的不是叙述一个行为，不是表现一个行为，而是行为本身。心理学认为"想象是在头脑中改造记忆中的表象而创造新形象的过程，也是过去经验中已经形成的那些暂时联系进行新的结合的过程。"在我们用非具象的元素符号通过实验动画与仿生科技的技术结合进行艺术的表现时，已经不仅仅是一种新技术上的展示，更是对已有的情感和新意义的符号的期许和展望。在主观因素的引导下，我们可以发现客观技术和新表现主义实验动画结合后更多元化的艺术表现。新表现主义中的非具象元素的实质也是这种主观想象的过程，是艺术思维的产物。

实验动画的多样性可以完全容纳新表现主义类型的仿生科技的表现形式。当代美国哲学家 H·M·卡伦说："因此，屡见意志自由和艺术自由表现出无差别的特征。"自由的灵感迸发带动游戏一般的实验，进而诞生创新性或具有创新意义的作品。新表现主义所提倡的自由的思想，在实验动画中可以得到更好的发挥的同时，跳跃的艺术思维与当下的仿生科技结合，让技术也具有了自由的艺术元素，从而变成新的艺术派生符号。在以主观感受为主导的非具象设计的影响下，仿生科技的新表现主义实验动画让观众更能从艺术的角度去理解科技，也能从科技的角度去欣赏艺术。马列维奇说："我已经将自己转化为零并将其超越。"在艺术创作的过程中，不断地去其糟粕，让潜意识回归到最开始的游戏本能，从自身本能的感知出发去感受艺术对生命的理解。

新表现主义的仿生科技和动画的结合就是这种意识形态，刚开始时会觉得动画就是有具体叙事故事。其实不然，两者的互相作用能让作品以意识形态和情感价值做类比分析。所以，以新表现思维为主导时，仿生科技的虚拟动画的实验作品初始会让人无法理解，这就会产生非艺术性元素。当思想意识无法达到统一或者共鸣点时，就会提出怀疑和抗拒，这是正常的现象。因为我们会受环境等其他附加因素的影响，没考虑到把个人完全当作个人。所以，这种新表现形式的仿生科技虚拟实验动画是组合创新的产物，是一种提倡艺术进步的表现形式。

4 结语

新表现主义精神，即艺术的自由灵魂是不能从作品主旨中脱离的。仿生科技虚拟动画与新表现动画的新形式融合，增加艺术作品的多元性、多样性和包容性，为学术研究提供了新的方向。非具象设计语言在新表现主义类型的动画中，以符号的形式意义而存在。非具象的设计艺术象征在作品中艺术语言的丰富性，需要跟作品本身的表达精神联系在一起才能解读。所以，作为非具象艺术语言的新表现主义符号，在实验动画中的意义是不同于寻常形象符号的。我们要关注非具象设计的实践性，提高对艺术设计语言的内质精神探讨，加强非具象设计的艺术包容性，来提高对新表现主义类型动画的延展性的探讨。

参考文献

[1] 古典文艺理论议丛委员会.古典文艺理论译丛:第5辑[M].北京:人民文学出版社,1963.

[2] 苏珊.朗格.情感与形式[M]. 北京:中国社会科学出版社,1986.

[3] 席勒.审美教育书简:第15封信[M].冯至,范大灿,译.北京:北京大学出版社,1985.

[4] 泰戈尔.飞鸟集[M].郑振铎,译.上海:上海文艺出版社,1959.

[5] 曹日昌.普通心理学上册[M]. 北京:人民教育出版社,1980.

[6] HM.卡伦.艺术与自由[M]. 张超金,黄龙保,刘子文,等,译.北京:工人出版社,1989.

[7] 卡西米尔,赛文洛维奇,马列维奇. 非具象世界[M].张含,译.北京:中国建筑工业出版社,2015.

生态电影的叙事模式与审美样态

徐辉

（大连工业大学，大连 116034）

[摘　要]**目的** 旨在通过对生态原词义的分析、生态批评的介绍，来界定生态电影的概念与其惯用的叙事模式及审美样态。生态电影理论的建构以生态批评为基础，把生态批评与电影的特点与功能相结合，来达到以电影作为载体的对人与自然关系的探讨与反思。**方法** 结合案例分析法、理论分析法与比较分析法，通过对生态批评理论不同维度的解读，结合具体的案例对生态电影的叙事模式和审美样态进行细致有效的分析。**结论** 得出生态电影的主要叙事模式基本围绕"家园叙事"展开，"家园叙事"以人及其所生存的环境作为研究对象，对二者之间的关系进行反思与探讨，推导出回归家园的母题。而生态电影在其审美样态上的经典类型是纪录片，但近年来的发展趋势是在以类型片为主的剧情片中融入生态主题，依托成熟的类型创作模式进行生态电影的探索与创新。

[关键词] 生态批评；生态电影；家园叙事；人类命运共同体

引言：关于人与自然的关系，人类自诞生之初就从未停止探讨。早期的人类渺小且无助，出于对自然的恐惧与崇拜，发明了宗教和诸神，历史长河中的那些神要么掌管自然要么就是自然本身，比如中国古代掌管雷电的雷公电母、灶神火神祝融和印度神话里的雷电之神鲁陀罗、火神阿耆尼，希望通过颂扬他们的威力，得到他们的保护。随着工业与科技的发展，人类逐渐摆脱了刀耕火种、茹毛饮血的原始生活，自身的强大催生了人类中心主义思想的萌生，早期对自然的崇拜也随着能力的增强而转向对自然的支配。不惜利用自然甚至破坏自然以谋取一己私利，过度的砍伐与开垦、工业废料的肆意排放、动物的大量捕杀，而当我们醒悟之时，自然已经无声地向我们展开了报复，翻滚的海啸、融化的冰川、污染的水源、连绵的荒漠、遮天蔽日的黄沙、伸手不见五指的雾霾，人类的生存环境已经岌岌可危，继续恶化下去没有人能够全身而退，人们必须开始反思与重新审视我们与自然之间的关系。

1 生态电影的概念与叙事模式

从词义上说，英语中"生态"（Eco-）源于古希腊语"oikos"。"oikos"又源于"οικοσ"，原意就是指"住所"或"栖息地"，按照海德格尔的解释，也就是"家园"。1978 年，威廉·鲁埃克特发表了一篇题为《文学与生态学：生态批评的实验》的论文，第一个使用"生态批评"这个词。生态批评最初用来研究文学和自然环境之间的关系。生态批评的产生和发展主要体现在人与自然的关系上，这种关系在不断变化。在生态批评的指导下，我们意识到要抛却人类中心主义的精英意识，不能一味自视甚高、夜郎自大，人与自然是一个整体，互为依存，一切凌驾于自然之上的任意妄为必然会遭到反噬。

电影是以声音和画面为主要载体的综合性艺术，相较于文学有更直观和冲击力的表达能力。作为重要的大众媒介，其重要的功能之一是审美认知与教育，通过作品向观众输出正确的世界观、人生观与价值观，从这一点来看，生态批评与电影媒介的融合成为必然。生态电影衍生于文学的生态批评，将电影批评的关注焦点从"人"转向与人生存紧密相关的空间环境，以期通过从人类中心到生态中心的视点转向重建失衡的价值观念体系。2004年，美国学者斯格特·麦克唐纳（Scott MacDonald）在《建构生态电影》（*Toward an Eco-Cinema*）一文首提了"生态电影"（Ecocinema）的概念，确立了生态思潮和电影批评的联系。鲁晓鹏在其《中国生态电影批评之可能》中，对生态电影作了如下定义："生态电影是一种具有生态意识的电影，它探讨人类与周围物质环境的关系，包括土地、自然和动物，是一种从生命中心的观点出发来看待世界的电影。"生态电影将自然与社会双重交叉的生态维度承纳于戏剧化情节结构中，在理想生态空间与现实生活空间之间延展着复杂的生态视域，指出了大量人类社会的现实生态问题，迫使观众重新思考人与人、人与自然的命运共同体关系。如前所述，生态的词根本身就是家园的意思，地球是人类共同的家，没有一个国家和地区可以袖手旁观、置身事外，随着环保意识的提高和人类命运共同体共识的达成，生态电影开始出现在多个国家和地区的电影创作中，着力于"家园叙事"的主题，对当下的生存环境和人与家园的关系进行自反性的内向审视与思辨。生态电影消解人类中心主义，提倡生态整体利益，以不破坏生态系统的稳定和动态平衡、保护物种的多样性作为最基本的价值判断标准，把生态系统的整体利益当作最高利益和终极目的。

2 生态电影的主流样态

早在生态电影概念正式出现之前，已经有了具有生态电影主题与特征的纪录片。如1936年美国导演帕尔·洛伦兹拍摄的《开垦平原的犁》和两年后的另一部作品《大河》，分别以沙尘暴和洪水灾害为主题，反映过度开垦和土地滥用等原因导致的人类生存家园遭到破坏，反思人类的贪婪所带来的恶果。法国人雅克·贝汉年轻时是一位优秀的演员，1966年曾凭借《半个男人》获得威尼斯电影节最佳男演员，1988年他开始把目光转向了自然界，继《猴族》后，相继推出了《微观世界》《迁徙的鸟》《海洋》《地球四季》等优秀的纪录作品，皆旨在关注自然、探讨人与自然的关系。《微观世界》中提到，"观众从影像内获取生态的普世化信息，自我认同感使他们对生命充满敬意"。除此之外，《地球脉动》《我们诞生在中国》等大量优秀的纪录影像作品使我们足不出户便能够观古今于须臾，抚四海于一瞬。BBC出品的《荒野间谍》依靠高科技手段制作出真假难辨的"动物间谍"，打入了动物群体内部，不仅近距离旁观了小伙伴们的真实生存状态，甚至被接纳为家庭的一员参与了族群生活，更有甚者因为其超强的互动性被当成"竞争对手"。"间谍小猴"无意中的坠落和由此引发的机器故障，竟然引发了猴群集体的沉默与哀悼，他早已被接纳为群体的一员，动物们无私的信任与包容令人动容与汗颜。影视艺术的审美认知作用在潜移默化中传递给了观众。生态电影设定了强烈的观照自然的主题，通过电影这一媒介对连续性时空的选择性捕捉，从视听上营造出情境的真实感，从而加深观众对自然的整体感知；文本自身也因其植根的文化土壤，需要主体不同程度地卷入与参与，最终呈现出生态价值取向的逐渐明晰的与生态审美意境的共同建构。

虽然有《海豚湾》等大胆揭露捕杀恶行的作品，但实际上对于电影生态美学的探讨并不是纪录片的专职，剧情片同样适合反思人与自然的关系。在充满矛盾冲突的、戏剧化的叙事情节中建构起自然生态与社会生态双重交叉的维度，在生态乌托邦与日常生活世界之间延展着空前丰富和复杂的生态视域，指涉着大量人类社会现实生态问题。尤其是科技的进步，技术手段的革新，为生态电影的美学探索提供了更多的可能性。《阿凡达》（Avatar）是卡梅隆斥巨资打造的 3D 科幻大片。Avatar 来自梵文 avatarana ，字面意思是"下凡"，引申为神灵的"化身"，在印度教中，每到人世遭遇无法解除的困难时，神都会化身为不同的形象降临人间以拯救人类，其中最著名的便是护世之神毗湿奴的 10 个化身，尤以《罗摩衍那》的主人公罗摩和《摩诃婆罗多》中著名的精神领袖黑天被广为传颂。电影《阿凡达》中的 Avatar 是人类基因与当地纳美部族基因结合创造出的"阿凡达"混血生物。这样的身体注定了操纵他的人类具有了超能力，仿佛强大神灵的化身，能力越大责任越大，强大不意味着掠夺与占有，如同神降临人间是拯救而不是破坏，所以影片依循着"家园叙事"的母题，正义战胜邪恶，痛斥人类的贪婪与自私，呼唤对自然的尊重与敬畏，拯救与维护生灵与家园。正如 Levin Josh 所言："3D 技术与生态思想的融合，在电影艺术传播中首次成功地塑造灵气十足、充满智慧的万种生态物，在创影史的票房成绩的同时，也极大地促进了生态中心主义文化在世界范围内的传播。"

《宝莱坞机器人 2.0：重生归来》围绕手机辐射扼杀鸟类为叙事线展开，呼吁保护生态，关注信号辐射对鸟类生存的灾难影响，同时劝诫人们戒掉手机依赖症，不要被科技捆绑和物化，多陪陪身边的人。同样作为科幻生态电影，该片充满了浓郁的印度特色。深度挖掘印度传统、神话中的诗性内涵，发挥天马行空的想象力，融入民族特色、民族风格。化身于万物有灵的思想在本土继续得以彰显，鸟类教授幼时被神化身成的麻雀所救，从此立志要保护鸟类，而他死后的怨气所化为的怨灵的复仇行动，又继承了印度因果循环、业报有偿的哲学观。色彩运用方面，以片中插曲为例，黄色色调的画面让回忆充满了温暖的味道，蓝色冰冷的钢铁与黄色温暖的小屋对比，群鸟振翅的壮观场面讴歌了蓬勃的生命力，鸟儿昂首、振翅的动作频率随着音乐与剪辑的节奏跳跃，大自然的美丽与壮阔呼之欲出。配合上歌词"你可以自由地飞翔，如果你愿意，任何地方都是你的家。即使世界被大面积毁灭，保护你的欲望也会汹涌而出"一位立志保护自然与鸟类的老教授形象跃然于银幕之上。

对于中国生态电影来说，《可可西里》《美人鱼》等都对"家园危机"做出了自己的思考。值得称道的是被誉为中国科幻电影里程碑作品的《流浪地球》的横空出世。"带着地球去流浪"的主题反映了中华文化中的传统情感内核——"家园情节"，将人与自然放置于同一体系中去考量，跳脱出西方二元对立的世界观设定，同时也强调了在人类命运共同体意识下的协作精神，对中国生态电影的语境开拓与主题阐释做出了重要贡献。

3 结语

人与自然，从来都不是敌人，生态电影理论的建构脱胎于生态批评，因而，"完整的、动态的、持续联结世界的生态话语体系的建立与审美维度的建构"，对于生态电影的发展至关重要。同时，在生态电影的创作方面，作为中国来说，虽然现有的作品可圈可点，但仍旧有极大的上升空间。中华民族优秀的文化传统为我们的实践提供了丰富的精神指引，道家思想中"天一合一""道法自然""天地与我并生，而万物与我为一"的思想千百年来指导着我们的行动实践。有理由相信，在人类命运共同体思想的指导下，秉持人与自然可持续发展的理念，中国生态电影的发展未来可期。

参考文献

[1] 李启军 . 生态电影的家园叙事 [J]. 广西民族大学学报（哲学社会科学版），2019（2）:9.

[2] 熊珂 . 电影《2012》的生态批评解读 [J]. 卷宗，2020（4）:368.

[3] 卞祥彬 . 生态电影的叙事机制与文化认同 [J]. 电影文学，2020（5）:137, 140.

[4] 鲁晓鹏 . 中国生态电影批评之可能 [J]. 文艺研究，2010（7）:93.

[5] 高兴梅 . 中国生态电影发展 30 年 [J]. 电影文学，2017（21）:34.

[6] 严楚晴 . 生态电影的几种传达维度 [J]. 东莞理工学院学报，2018（4）:103, 105.

[7] 刘艺 . 生态电影类型化的突围 [J]. 鄱阳湖学刊，2019（5）:99-100.

[8] 宋眉 . 对当代中国生态电影的批评的反思——基于中西方比较下的思考 [J]. 当代电影，2017（11）:167.

[9] 严楚晴 . 生态电影的几种传达维度 [J]. 东莞理工学院学报，2018（4）:105.

微观视域下仿生图像的视觉设计应用

刘诗韫

（沈阳音乐学院，沈阳 110818）

［摘　要］**目的** 古往今来，人类一直没有停止过对自然界的模仿。近年来，仿生设计作为一个新兴的艺术形式被更多人关注。随着科学技术的进步，微观世界进入大众视野，因为我们有越来越多的途径看到原本看不到的图像。**方法** 使用高倍放大镜、显微镜、×光等，观察肉眼不易观察到的生物、微生物、细菌、细胞、血管甚至生物电波。微观世界中的缤纷万物拥有最多样繁密并且具有美感的花纹色彩。这些无疑能给予艺术家无尽的设计灵感。对微观世界的仿生不仅仅是形态的模仿，更在于结构与秩序的写意，在这个过程中越是深入体会挖掘，似乎越是通透到可以找到一些生命和时间的哲学答案。微观世界中的形形色色，发展与湮灭，流动和扩散，包裹与对抗……这一切都保持着平衡在自然中鲜活地交融在一起。**结论** 可以通过对自然秩序的观察模仿与提炼加工，发掘出视觉设计的更多可能。

［关键词］微观；仿生；视觉设计；微观视域；图像

　　引言：现在，人们越来越关注自然生态的保护、自身健康与有机的生存状态。人们从未放弃在自然中探求灵感，效仿自然界的动植物等自然形态来进行创作，宏观意义上的自然世界不断被人类探索，相应地宏观仿生设计也蓬勃发展，涌现出了众多优秀的设计作品。伴随科学和技术的飞速发展，各行各业的进步和探索都跟随时代的洪流进行着，艺术和科技的跨界融合也慢慢让人们可以通过更多的视角去观察和理解这个世界。多元化审美意识和对自身生存状态的深层次思考让人们对微观世界的秩序、结构中蕴藏的生命密码充满好奇，微观自然存在的时间要远远超于人类，微观自然生物所拥有的结构、形态、色彩、纹理的复杂程度以及数量远超我们的想象。微观世界是如此的神秘，而人们在观察微观世界的有机形态时似乎可以感受到一种天然的联结，这种联结是生命是秩序是融合。深入研究自然世界中的微观生物，并提取微观元素秩序感进行仿生设计的创造和呈现。在惊叹他们的美之余可以引发我们关于生命的思考。

1 微观视域图像的提取

　　图像是非常重要的视觉符号元素。我们可以通过这种对客观对象的视觉化写真描述来认识客观对象。微观视域下的图像提取与传统肉眼观察事物外观轮廓形态不同，我们借助现代科学仪器进行观察和描绘，提取到的微观图像兼具科学价值和美学价值，同时在视觉设计中是非常好的设计素材。微观图形的提取是非常重要的，是我们设计素材和参考材料的直接来源。

1.1 借助光学显微镜直接提取

人眼跟随科学仪器进入微观视域后，我们可以观察到微观世界的生物及生命的样态结构和色彩肌理。常用的方法是使用光学显微镜，光学显微镜使用可见光照射样品，并使用一系列玻璃透镜放大样品的图像。通常需要标本很薄，因为我们希望光线穿过它，以便可以看到内部细节。这通常意味着切割样品的切片，但是根据样品的不同，切片的厚度可能为 1 ~ 20μm。然后通过计算机与显微镜相连接，将观察到的细胞和组织图像记录下来（图1）。而仅仅是通过简单记录的方式，往往就能够得到美轮美奂的图形形态，以植物为例，植物切片在光学显微镜下呈现的植物细胞拥有非常美丽的色彩和结构，细胞的大小、形状、疏密、聚集，组合在一起的轮廓，个体细胞与聚合产生的组织感，细胞间连接产生的形的视觉秩序感，以及稳定的坚实感。我们能够发现这些细胞组织既有秩序又有偶然，看起来相当复杂且有层次，所以很多时候可以实现视觉信息的直接转化。

1.2 微观图像的概括提取

通过科学仪器提取到的微观图像并不是都可以直接用于设计，通常还要对它们的视觉语言进行提炼。微观视域下生物微观图像的样态、结构、色彩承载了从自然而来的生命信息。它蕴含了生命的规律和法则，它们的存在是优胜劣汰的结果，是为了自身生存发展与周围已经出现和将来可能出现的环境变化对抗的最优解。小小的微观世界能够反映物质与能量的循环和转化，总的来说生物微观图像的内容是符合多样与统一、矛盾与平衡的形式美法则的。我们将观察记录下来的微观图像进行分析、概括、提炼。找到其中的组织结构规律，将形态含有随机性的秩序感以视觉传达设计的方式进行重新架构，形成可以传达更丰富内涵的设计作品。具体有多种表现形式，如图像形态的模仿、简化、形象的抽象重构等。不仅要充分认识其"形"，更要表其"意"。

1.3 微观色彩的提取

微观图像的色彩主要有两种：原生色彩和人工染色。原生色彩的存在是自然界生物生命存在的特征和需要。动植物的色彩不是凭空出现，而

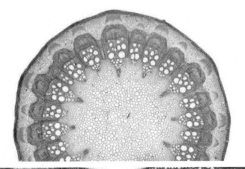
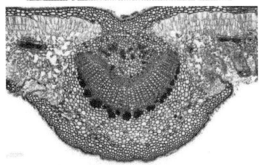
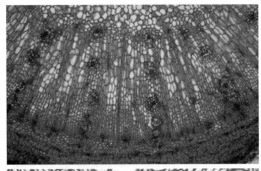
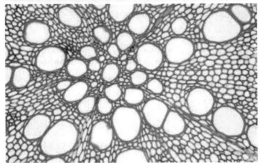

图1. 光学显微镜下的植物组织切片

Fig.1 Plant tissue section under light microscope

是具有功能性的、自然选择的结果。比如植物的颜色丰富多彩是因为植物体内的一些有机分子（色素）在阳光的照射下，内部的电子会发生一系列振动跃迁的现象。由于各种植物的电子活跃度不同导致对光的吸收具有选择性，从而表现出不同的颜色。而人工染色是为了方便观察人为添加的色素。在色彩的提取方面主要着眼于生物的原生色彩。提取微观视域下的生物色彩进行仿生，可以为我们的设计提供更多的色彩表现形式和视觉设计灵感。

2 微观仿生图像的视觉设计

通过观察和概括等方法提取到微观图像后，既可以进行二维化设计也可以用三维软件进行有空间感的设计，既可以是静态的也可以是有动感的。在生物图像中我们会发现不存在绝对的直线，所有的有机形状全部都由曲线构成。这些曲线存在于对细胞壁对细胞核、细胞质的包裹和多个细胞紧密聚集挤压出的中间缝隙中，由于组织结构疏密不同产生的透明感，都可以在视觉设计中表现出来。仿生图像既可以作为画面的主体，也可以作为画面的"配角"出现，再结合视觉设计的要素组织画面形成完整的视觉设计作品，如图2所示。

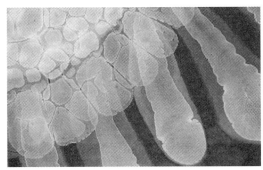

图2 BRUCE RILEY根据微观图像的仿生创作的作品
Fig.2 BRUCE RILEY's bionic creation based on microscopic images

2.1 微观仿生图像的静态视觉设计

图像在视觉设计中是不可或缺的元素之一，

微观视域下生物图像中的形状、色彩和肌理组成了非常丰富的视觉形态。在仿生图像的二维化设计方面，巧妙地使用图像元素可以使作品拥有强烈的视觉冲击力。我们从之前提取到的微观生物图像中挑选适合的图像当作视觉设计的主体直接使用，或是运用微观仿生图像中的抽象结构组织视觉元素，利用抽象微观生物个体形态丰富画面。根据采集到的色彩，结合色彩心理学要素巧妙融合在设计作品中。

通常观察到的图像是一个个平面图形的组合，是静态的，没有三维感受的。可事实上在原生状态下每个细胞都是立体的，其组织结构是有层次的。所以可以使用三维软件对个体元素进行建模，模仿细胞的组织结构、其本身密度、其随着时间发展和干瘪的自然状态对它们的位置、大小、透明度、形状进行排列和调整，创造一个有立体感和空间感的时空。

2.2 微观仿生图像的动态视觉设计

现在，在视觉设计中动效、动画往往会作为重要的组成部分融入其中，甚至在有些设计中元素已经完全"动画化"，所以微观仿生图像的视觉设计也要与时俱进、紧跟趋势、拥抱变化。

随着视觉媒介传播途径和方式的不断扩大，现代城市中的电子屏幕无处不在。街道两旁的楼体LED屏幕、公交车、地铁站、电梯等众多公共区域可以看到多媒体传播媒介，手机的普及更使得电子屏幕仿佛时刻在我们身边。人们花费大量的时间通过社交网络、手机app或是网站在网上浏览各种信息，这让动态化视觉设计的广泛传播成为可能。不论是品牌标志的动态化延展，还是将文字、图形、声效影像合为一体，都意味着视觉设计的呈现形式越来越多样，已经不再局限于平面和静态。微观视域下仿生图像的视觉形态呈现也应随之向动态化方向发展和变化。传统表达方式与互联网覆盖下的快速传播使微观图像的设计可以以更多的角度和形式被传播和展示，加上越来越多的人对自然的理解不断加深，敬畏感不断增强，更让视觉设计的动态化呈现拥有更广受众面，这就要求微观仿生向形态多元化、样式动态型的方向发展。

3 结语

微观视域下的世界神秘、美丽、变化无穷，是设计师创作灵感的不竭源泉。微观视域下的仿生图像在视觉设计中扮演的角色越来越重要，我们用观察的方法提取微观视觉图像，或是概括提炼仿生元素运用视觉传达设计的基本方法组织画面。微观仿生图像除了对静态视觉设计的启发外，在动态视觉设计上也可以灵活运用，微观图像的仿生使设计更具生命的张力，可以引起人类对自然和生命的思考。

参考文献

[1] 张颖. 基于结构仿生设计的建筑装置艺术研究[D].杭州：浙江工业大学,2019.

[2] 刘琳.微观仿生设计在现代家用纺织品中的运用[J].棉纺织技术,2019,47（05）:77-80.

[3] 张祯.动态视觉传达设计在数字媒体中的应用及发展方向[J].传播力研究,2019,3（06）:27.

[4] 桓坡. 植物细胞图案在室内空间中的装饰设计研究[D].杭州：浙江理工大学,2018.

[5] 杨凝谊. 微观图像在视觉设计中的转化与重构方式探索[D].广州：广州美术学院,2016.

[6] 李旺. 仿生元素在产品视觉设计中的应用[D].曲阜：曲阜师范大学,2015.

[7] 王云川,王安霞.洞观自然微观之道——对有机视觉图像的探索[J].美与时代（上）,2014（05）:105-107.

第五部分
Part V

仿生设计理论

仿生学在产品包装设计中的应用研究

刘金福[1, 2]

（1.华侨大学，泉州 362021；2.澳门城市大学创新设计学院，澳门 999078）

[摘　要] **目的** 研究仿生学理论在产品包装设计中的应用，为产品包装仿生设计提供理论指导。**方法** 通过调研分析、案例分析和逻辑论证等方法，展开仿生学与产品包装设计之间的关联探析，论证仿生学在产品包装设计中的应用价值，并探究仿生学在包装设计中的应用原则。**结果** 研究发现仿生学与产品包装设计存在很深的内在关联性，仿生学在产品包装设计中存在多方面设计应用价值，并在此基础上提出了 4 个方面的应用原则。**结论** 仿生学在产品包装设计中的应用具有悠久的历史，仿生包装设计具有独特的价值，已逐渐成为现代产品包装设计的重要发展方向之一。在将仿生学理论与方法应用于产品包装设计中时，需要遵循一定的设计原则，才能发挥并展现仿生包装设计的最大作用与价值。

[关键词] 仿生学；产品包装；仿生设计；包装；设计

引言："仿生"一直伴随着人类历史与社会的发展进步。原始社会时期，先民们模仿动物跳舞，制作兽形器皿；文艺复兴时代，意大利人达·芬奇也试图模仿鸟的飞翔动作，制造扑其机。这些行为与创造活动无疑是人们对大自然的模仿与再造。随着经济社会的发展和理论技术等条件的成熟，"仿生学"应运而生。"仿生学"一词最早是由美国学者斯蒂尔在 1960 年提出的。自此之后，仿生学逐渐受到各国重视，不同领域的专家纷纷展开了系统研究。现如今，仿生学理论与研究成果已被应用于各个领域，涵盖了力学仿生、物理仿生、分子仿生等，其中也包括了仿生设计。仿生设计是在仿生学的基础上发展起来的，它研究自然界生物体的结构、形态、色彩、功能等方面，根据经验有选择地将其原理应用在设计中，设计出不仅功能优良，而且形态、色彩、材料、表面装饰等视觉感受方面都合理的人造物。在现实生活中，不难发现许多优秀的仿生设计案例，比如说育儿箱是模仿袋鼠的育儿袋制成的，越野车是模仿袋鼠的跳跃动作打造而成的。值得注意的是，仿生设计中的实用、自然、生态观与绿色设计和可持续设计的发展理念不谋而合，近年来，越来越多的产品包装逐渐引入仿生设计，引起人们越来越多的关注，并且也获得了消费者和市场的普遍认可。

1 仿生学的内涵及其与产品包装设计的关联

仿生学与设计学都属于新兴学科。虽然仿生学的历史可以追溯到许多世纪以前，但通常认为 1960 年全美召开的第一届仿生学讨论会是仿生学诞生的标志。而现代意义上的设计学学科的发展时间也比较短，中国的设计学 2011 年才上升为一级学科，属于近年来社会需求较高的一门新兴学科。关于仿生学的定义，路甬祥院士曾指出："仿生学是研究生物系统的结构、性状、原理、行为以及相互作用，从而为工程技术提供新的设计思想、工作原理和系统构成的技术科学。"可见，仿生学研究的对象是大自然、生物生命及其规律，以便更好地服务人类社会经济的发展。而设计学研究的对象是设计活动、设计作品和设计现象等，目的是探寻设计的本质和规律，从而指导设计创作，为人们提供优质的设计服务。因此，仿生学与设计学虽然属于不同的学科领域，它们的研究对象不同，但是二者的研究目的具有相同性——为人们提供更好的解决方案。

仿生学与产品包装设计存在着一定的内在关联，因为从古至今的产品包装设计实例中，或多或少都有仿生观念的影响与注入。早在新石器时代，人们就已具备仿生设计意识，模仿自然形态设计创造了许多动物形包装容器，如中国仰韶文化时期的人头形器口彩陶瓶（图1），其瓶口独特的圆雕人头像设计，造型生动，使人记忆深刻，加之陶瓶的精美彩色装饰和储水功能，使之成为一件实用与审美相统一的优秀陶器包装。而在清朝雍正时期，流行一种来自西洋的吸烟方式——鼻烟，由此产生了一种盛装鼻烟的瓷器包装——鼻烟壶。故宫博物院所藏的葫芦形鼻烟壶（图2）正是模仿葫芦形态进行的仿生包装设计，十分精美且别致。到了现代时期，随着科学技术的发展，仿生设计的手段已大为改进，仿生设计与包装设计的结合越来越多，此类包装设计是设计师通过丰富的想象力和设计能力，模仿自然生物的外形、结构和色彩等特征，将其运用在产品包装中的一种创新设计方法。由于仿生包装设计的独特创意十分吸引人们的目光，其形式不断创新，给人以特别的消费体验。因此，产品包装仿生设计正逐渐成为包装设计中的新亮点。例如，哈萨克一位设计师设计的 ZEN 香水瓶包装见（图3）

正是采用了多种材料和工艺手段，设计创作了三款灵感来自大自然形态的独特香水包装，具有鲜明的时尚感和前卫感。

图1 人头形器口彩陶瓶
Fig.1 Ancient chinese humanoid pottery

图2 清朝葫芦形鼻烟壶
Fig.2 A gourd-shaped snuff bottle from the Qing Dynasty

图3 ZEN香水瓶包装
Fig.3 Perfume packaging of ZEN

2 仿生学在产品包装设计中的应用价值分析

2.1 创新价值

仿生设计是研究和探讨生物体机制，仿照它们进行设计创造的方法。在仿生学理论体系指导下所产生的仿生设计，不是简单的模仿，而是科学理性地运用仿生学理论诠释于设计之中，为设计师指明了一条新的设计方向。因此，在产品包装设计中引入仿生学理论和方法，往往会给人一种全新的设计观感，以及眼前一亮的设计效果。例如，美国 Kimberly-Clark 设计的 Kleenex-

Slice of Summer "夏日切片"面巾纸包装（图4），创造性地将仿生设计理念引入包装设计中，对橙子、西瓜和青橘进行了设计仿生，十分符合"夏日切片"的心理感受，与市场上其他的面巾纸产品包装形成了鲜明的对比，成功地吸引了更多人的目光，这便是仿生设计的魅力之一。

图4 "日切片"面巾纸包装
Fig.4 Packing design for slice of Packing

2.2 经济价值

近几年，在食品、化妆品和日用品的包装容器上出现了大量优秀的形态仿生设计，获得了市场和消费者的普遍认可。究其原因在于两个方面：一是仿生包装设计有助于设计出个性化的产品包装，设计感强；二是仿生包装设计能够迎合消费者不同的消费心理。所以，优秀的产品包装仿生设计，不仅能构造差异化设计，避免同质化现象，同时还能进一步激发消费者的购买欲望，从而促进产品的销售，为品牌和企业提升经济收入。这从蜚声国际的 Pentawards 全球商业包装设计大赛中也能得到印证，该奖创办于 2006 年，参赛投稿的作品主要是已上市销售的产品包装设计，近几年该项赛事的获奖作品中仿生包装数量逐年增加，侧面印证了仿生包装设计市场需求的不断扩大。

2.3 社会价值

仿生包装设计不仅能够突出产品包装个性，提升产品经济价值，而且还具备一定的社会价值。这主要体现在生态价值与社会影响方面，具体展现在运用仿生包装材料进行产品包装设计中，尤其是天然环保材料的使用更能凸显这一特点。诸如竹子、木头、叶子等天然包装材料，是可自然降解的材料，将其运用于产品包装设计中，不仅给人很强的亲和力，而且不会对生态环境造成不可逆的破坏。例如，亚美尼亚的Backbone 工作室设计的"蜂蜜包装"（图5），便是基于仿生学的概念设计的，整体外包装采用了天然木质材料对蜂窝进行了仿生，并由粗麻绳贯穿而成。整体设计十分符合蜂蜜产品的内涵与特点，同时也降低了对环境生态的影响，从而赢得了消费者的良好口碑。而且，随着此类仿生包装的不断推广使用，也有助于生态环保理念逐渐深入人心。

图5 蜂蜜产品仿生包装设计
Fig.5 Bionic packaging design for honey products

3 仿生学在产品包装设计中的应用原则

设计原则是设计行为的导向。仿生学在产品包装设计中应用需要遵循一定的设计原则，主要体现在 4 个方面：一是个性化；二是人性化；三是经济性；四是技术性。

3.1 个性化

随着社会文明的进步，人们生活水平的提高，精神需求的日益增加，新产品的设计开发越来越追求"个性化"。个性化是仿生包装的最大亮点所在，所以仿生包装设计首先需要考虑到个性化特点与原则。但是，在应用个性化原则之时，需要注意"因地制宜，因产品而异"，不能为了求个性而进行个性化设计。也就是说，在进行设计时需要做充分的设计调研与论证，根据不同产品的特点与文化内涵进行针对性的设计。

3.2 人性化

任何设计都必须考虑到人的需要。产品包装设计的最终目的是给人使用，不考虑人的需求显然是不切实际的。因此，人性化设计已成为现代设计的一个重要理念。在应用人性化设计原则时，应注意提前了解消费者的喜好、使用习惯，充分考虑人的需求，从而设计出令人满意的产品包装。例如，为儿童食品进行仿生包装设计时，就需要充分了解儿童的心理需求和认知习惯，在进行色彩搭配时可选用明确且丰富的配色，在进行包装插图设计时可选择可爱活泼的风格，以此适应儿童的行为特点和使用需求。

3.3 经济性

经济性原则是进行产品包装设计不得不考虑的原则之一，因为产品包装设计的重要目的之一便是促进销售。而经济成本的支出对于商业效益和经济收入均有一定的影响。因此，控制经济成本，实现更大收入，一直是企业非常重视的方面。所以，在进行产品包装仿生设计之前，应根据企业方预算、设计预期、设计成本等因素进行综合评判，与此同时，也要将仿生产品包装设计的潜在价值考虑其中，如此方能保证经济性原则的合理运用。

3.4 技术性

仿生学在包装上的应用不仅要考虑设计，还要使之可行化，如加工工艺是否可以达到预期期望。科学技术是保障产品包装设计顺利实现的重要工具，如果没有打样、印刷、制作和贴膜等印制工艺，仿生包装设计则无法顺利实现。特别是仿生包装设计方案往往比普通纸盒包装设计要相对复杂一些，或者工艺多一些。因此，在进行仿生产品包装设计之前，设计师应该先了解设计方案的可实现性，需考虑到用何种材料制作以及用何种工艺制作等技术性条件。因此，技术性原则也是仿生包装设计必须考虑的重要原则。

4 结语

仿生学理论为产品包装设计指明了一条新的创新之路。随着生态文明观念和可持续发展理念的深入人心，仿生包装设计将日益受到人们的欢迎。仿生学在产品包装设计中的应用，不仅能提升产品包装的设计审美和品质，还能刺激消费者的购买兴趣，促进产品销售，在实现更高经济价值的同时，还能在一定程度上保护生态环境，传播生态保护理念，促进人—社会—环境的和谐发展。而在应用仿生学与产品包装设计过程中，需要注意个性化、人性化、经济性和技术性等方面的原则，实际应用时需综合考虑与选择应用，如此方能展现仿生包装设计的独特作用，进而设计出令各方满意的独特包装设计作品。

参考文献

[1] 方胜.仿生学简介[J].生物化学与生物物理进展,1977（3）：48-50.

[2] 谷博.现代包装仿生设计的时代需求研究[J].包装工程,2011（6）：112-115.

[3] 生鸿飞.仿生学在产品设计中的应用[J].艺术科技,2013（4）：200.

[4] 路甬祥.仿生学的意义与发展[J].科学中国人,2004（4）：22-24.

[5] 赵子夫.仿生设计创造法[J].发明与革新,1999（2）：9-11.

[6] 时晓霞.包装容器的自然形态仿生设计[J].包装工程,2015（22）：51-55.

[7] 唐济川.艺术设计学导论[M].北京:中国轻工业出版社，2011:72-73.

[8] 王美娜.仿生学的发展为产品设计带来新契机[J].艺术与设计（理论）,2010（5）：193-195.

[9] 王唯茵.现代消费心理下的包装仿生设计[J].包装工程,2012（24）：91- 94.

[10] 袁磊,张艺.现代包装设计与仿生学[J].湖北第二师范学院学报,2015（12）：54-56.

原始陶器的仿生艺术特色

熊真

（南京艺术学院，南京 210013）

摘 要：原始陶器的仿生艺术朴拙而生动，它们多数直接来自对大自然物象的模拟和改进，是人类仿生意识和行为的最初体现，也可以说是现代仿生设计的起源和雏形。**目的** 梳理分析原始陶器的仿生艺术特色，方法是以原始陶器典型、突出的造型特征和装饰纹样为视角点，结合文物背后的文化寓意进行解读分析，感受原始先民早期的宗教崇拜和万物有灵的思想在早期仿生艺术中的体现。这些原始陶器多以造型仿生和装饰纹样仿生为主要艺术特色，**结论** 我们可以从中窥探出原始先民创造性的仿生设计智慧，他们对现代陶艺设计以及诸多设计领域的影响是直接和深远的，对原始陶器仿生艺术的研究分析，有助于在不同设计领域的造型与装饰设计中得到一些启发和设计灵感。

[关键词] 原始陶器；仿生；造型；装饰纹样

引言：仿生设计（Bionics Design）作为一门新型的交叉学科，诞生于 20 世纪下半叶，是以模仿大自然及其自然生物系统的形态、肌理、色彩、结构、功能等特征，进行创造性的设计，它们多数直接从自然界中吸收大量的灵感，结合用途需要对大自然的物像进行模拟和改进。人类在与自然的相处过程中，为了满足基本的生存与需求，逐渐适应和具备了与自然相依相生的生存技能，他们通过观察丰富多彩的自然界生物，一步步开始了对自然界的参照和模仿，制造出了简单的劳动工具，在这个漫长的锻炼过程中，他们也展现出富有创意性的仿生设计能力。从人类最初制作的不同形状的木棒工具来看，多数来自对牛羊角和动物爪牙的模仿，通过对鱼刺的形状模拟制作出骨针和装饰用具，还有大量的不同类型的原始陶器的仿生品，朴拙而生动。这些人类早期创造性的模拟行为，无不取材于自然，仿生于

自然，是人类仿生意识和行为的最初体现，可以说是仿生设计的起源和雏形。在今天看来，人类早期的仿生设计虽然粗糙、简陋，但却是我们今天仿生设计得以发展壮大的基础。下面以原始陶器的造型仿生和原始陶器的装饰纹样仿生两种方式来探讨原始陶器的仿生艺术特色，从中窥探出原始先民创造性的仿生设计智慧。

1 原始陶器的造型仿生

原始陶器的起源与人类最早使用工具有关，其起源有几种说法：一是人们在编织的篮子上涂上泥巴，经过烧制成为早期的陶器；二是说原始人受到鸟巢、葫芦、瓜果等造型的启示制成陶器。从以上两种说法可以推断出早期的陶器造型是人们模仿自然界的形态制作而成的，是最早的仿生设计产品。原始人借助自然界的植物、动物

的造型制成陶器，此造型不仅仅是外形轮廓的仿生，也涉及自然物的功能、体积等器形的仿生。从出土的原始陶器文物来看，多数仿生陶器是以造型传神来达到仿生自然的效果，造型生动地展现了自然界的相似物像。原始陶器的造型从大小、高低、胖瘦等不同类型上多停留在拙朴、简洁的弧线仿生制作，并且多是小弧线以对称、均衡的方式组成。这一方面与当时的烧制技术有关，另一方面也揭示出早期的陶器仿生是以模拟直观、外形相似的植物造型居多，大多以植物的叶茎、果实等为仿生对象。

目前对原始陶器的仿生器形主要分为以下三种类型：一是以陶器主体仿生某种植物或动物形象；二是以陶器的功能模拟相似植物、动物的造型；三是以自然界植物、动物等形态模拟出陶器的某个局部造型，如把手、陶盖、陶口、陶器装饰物等。就目前出土的原始陶器制品来看，仿生自然界植物的造型多以瓜果、叶脉为主。对动物的模拟相对植物来说要复杂一些，比如动物的嘴巴、尾巴等部位如何与陶器相结合，需要有一定的取舍与设计，加上动物的身体造型复杂，难以掌握。所以原始动物仿生陶器的制作在陶器制作上是一个进步和提升，动物多以模拟猪、羊、狗、鸡的造型，代表作品有山东胶县三里河出土的陶狗，大汶口出土的兽形陶。河姆渡文化的陶器的鸟和猪，多数猪的图像均见于黑陶器上，以浙江余姚出土的河姆渡猪纹黑陶钵最为典型。还有模拟鹰、麻雀等鸟类以及各种鱼类造型，如陕西华县太平庄出土的陶鹰鼎等，对人物的模拟主要是以独立的器皿外形为主，例如出土的红土女孩陶壶。如上所述可知，这些陶器仿生造型多是通过模拟、夸张、变形动植物的外形、功能等的某些部位，如足部、腹部、头部、嘴巴、耳朵、尾巴等作为陶器的支撑部位，如西安半坡出土的陶鸟兽形陶盖把手、河南庙底沟出土的鸟头型陶把手，还有通常把动物鸟类等嘴形制作为陶器的

口部造型，或者模拟嘴形进行陶器的引流。

从以上三种陶器形的分析来看，原始陶器整体上还具有以下两个常见的造型形态：一是器身几乎所有表面部分，皆呈现一定的曲面形弧度，甚至包括器底，少有平底器，多为圆足器底或支足器底；二是直形口沿较少，多为敛口器或敞口器，其口沿多呈现一定弧度。这两个特征在早期的原始陶器中特别多见。这样普遍的造型特征恰恰与一个泛文化母题——"葫芦"造型密切相关，以葫芦形仿生原始陶器容器基本造型特征。在物质条件和生产技术匮乏的原始社会时期，葫芦是原始先民容易获取并经常使用的天然容器。而上述原始陶器的两个造型特征，可推测为对天然葫芦的仿生。原始陶器的不同容器造型，可看成对葫芦不同部位的解剖与模仿。原始陶器中的实用容器，除了取象于外界的葫芦，亦可尚象于女性的身体。如同葫芦，女性身体作为形似圆容器、可孕育生命的象征性容器，亦被视为原始陶器的仿生原型。如陕西洛南出土的仰韶文化红陶人头壶，造型呈现人头葫芦身，人仰头面带笑容，饱满浑圆的壶腹隐喻着女性丰腴身材和生育机能。红陶人头壶是一件盛容器，壶背后有一根截面呈扁圆形的管道，若向壶内注水，人头的眼睛和嘴巴则可流水，好似女性的眼泪，象征着人类孕育的最初痛楚。

2 原始陶器的装饰纹样仿生

原始陶器的器面、器里、器底等都有一些不同类型的纹样装饰，除了少量人形纹、动物纹、植物纹以及日月纹等装饰外，多数是以三角纹、直线纹、圆圈纹、圆点纹等抽象几何形纹样仿生为主。

仰韶文化时期半坡型陶器中最常见的动物纹样为鱼纹，也是原始人对自然熟悉仿生的一种形式，带有很强的装饰特征和象征性。如写实鱼

纹、变体抽象鱼纹、人面鱼纹，其中以人面鱼纹盆最为典型。半坡文化虽是典型的北方农耕文化代表，但半坡人在河谷阶地营建聚落，过着以农业生产为主，兼营采集和渔猎的定居生活。长期的渔猎活动使鱼成为半坡人生活不可或缺的一部分，鱼早已超越食物来源的生命意义，更具半坡人图腾崇拜对象的原始宗教意义。半坡文化中鱼身人面纹的图像，仿生于人与鱼的组合，代表着人与鱼你中有我，我中有你，共生共存，能力"互渗"，具有作为氏族神被尊崇的图腾意义。若从造物思想的角度来讲，鱼纹或者人面鱼纹的出现，是半坡人"渔猎生活"的真实写照，亦是半坡人观象后再创造的结果。三角纹是半坡类型彩陶早期阶段十分流行的花纹形式，彩陶花纹中的鱼纹、鸟纹也都经历了向三角纹——弧边形 三角纹的演变与过渡。三角纹向弧边形三角纹的形式过渡，在马家窑文化彩陶形成了向旋涡纹——螺旋纹的发展与演变。马家窑文化半山类型彩陶三角纹，还以连续排列组合形式，形成多种形式的、盛极一时的锯齿纹图像。彩陶花纹形式繁多，但任何一种花纹形式都还远未能有如三角纹形式如此地富于变化和影响。三角纹的众多形式及其在花纹形式中的重要地位，有其深厚的生活基础与历史根源。

陕西华县柳子镇出土庙底沟类型一个陶器上绘有一圈带纹，带纹上又加绘一只展翅飞翔的鸟纹，寓意以"太阳鸟"形式展示太阳周而复始不断轮回的意象内涵。

总之，原始陶器无论是造型仿生还是装饰仿生，都有一定的图腾崇拜和万物有灵观的思想在引导，远古人把对自然的敬畏和热爱——仿生在生活的陶器中。原始陶器中的图腾仿生装饰纹样十分丰富，在古代神话中还能找到与之印证的某地区氏族图腾的痕迹证明。这样一种图腾信仰在艺术设计中得到最为生动的反映，比如良渚文化玉璧"立鸟祭坛"上的立鸟神器。无论是单一象

征性地从葫芦造型还是图腾崇拜的纹饰，无不是近取诸身或远取诸物，皆仿生、尚象于自然。当深入研究原始陶器这些仿生设计行为及其背后的造物思想和观念时，我们可"身临其境"地感受到原始先人顽强的生命意识、万物有灵的思想以及早期的宗教崇拜。

3 对现代陶器造型设计的启示

"禽之大者则有鸡凤，小则有雀。故制爵象雀，制彝象鸡凤"郑樵在此是对青铜器造型和纹饰具象性的"观象制器"之解读，由此可折射出上古时代造物哲学仿生设计的造物思维。原始仿生陶器艺术对后来陶瓷造型的影响是直接和深远的。在这些原始仿生陶器中，往往一眼就能看出其仿生的原物，易于识别，也易于受到传播和影响。这些陶器仿生造型样式直接影响了以后陶器造型的发展，奠定了中国陶器造型的基本风格。

远古的原始陶器艺术品在仿生设计的理念下为我们的现代设计注入了无尽的思想源泉，在对自然界的模拟过程中，可以锻炼和强化我们的仿生能动性，提取出符合形式和功能完美统一的仿生造型。自然界丰富多彩的物像为我们提供了宝贵的设计资源，而仿生设计就是一项最原始、最适合的设计方式。人类与大自然的万物息息相关，以仿生设计的形式去感知大自然丰富动人的魅力，让仿生设计拉近人们与大自然的互动，启发后来越来越多的设计师去从大自然的微观世界、宏观世界寻找触动人心的灵感。

参考文献

[1] 杨永善. 说陶论艺[M]. 哈尔滨：黑龙江美术出版社，2001.

[2] 田自秉. 中国工艺美术史[M]. 上海：东方出版中心，2010.

[3] 王伯敏. 中国绘画通史[M]. 北京：生

活·读书·新知三联书店，2018.

[4] 彭莉. 中国传统陶器仿生造型的特征研究[D]. 景德镇陶瓷学院，2007.

[5] 袁浩鑫. 新石器时原始陶器的造型 [J]. 装饰，2006（1）：29-30.

[6] 冯杰. 史前山东地区陶器造型艺术初探[J]. 山东陶瓷，1985（1）：51.

[7] 尹干. 最原始的造型艺术是对自然形态的模仿——谈我国新石器时代的动物陶器造型[J]. 山东陶瓷，1999（1）41-45.

[8] 高进，张亚林. 谈中国原始陶器中的仿生造型 [J]. 中国陶瓷，2005 :89-91（6）.

[9] 杨柳粤. 观象制器：原始陶器的仿生设计及其造物思想 [J]. 陶瓷研究，2018（5）:55-59.

数学在仿生设计中的应用①

唐杰，陈烨

（北京理工大学珠海学院，珠海 519000 ）

[摘　要]**目的** 数学在现代仿生设计中的重要性以及数学逻辑思考在设计基础教学中的重要性。**方法** 从分析大自然物体的形态案例到衍生出其中包含的数学定理和公式，以数学的逻辑关系在仿生设计中呈现的案例讨论其间的内在因果关系，且如何通过数学的逻辑思考将其运用在现代设计的各个方向和领域里，总结在现阶段的仿生设计中。虽然传统的具象仿生设计和抽象仿生设计的手法占据了主要的设计手段，但是基于数学基础上的仿生设计能让设计变得更加科学与理性。**结果** 在未来的仿生设计手段中，可以借鉴数学的逻辑思考进行设计的深入研究。**结论** 数学逻辑思维是设计思维中不可缺少的一部分，在高校的设计基础教学中也需要大量的数学逻辑思维的课题练习。

[关键词]自然形态；数学逻辑；设计思维；设计基础教育

引言：有史以来，自然界给予了人类各种科学技术原理及重大发明的启发，自然界的个体差异由于生存竞争的压力而进行了自身漫长的进化，从而具备了适应自然界变化的能力。人类运用观察、思维和设计等能力，开始模仿这些生物并通过创造性的思考和劳动制造出简单和实用的工具，增强了自身与自然界斗争的本领以及生存的能力。我国对于仿生设计最早的描述是在《淮南子·卷十六·说山训》里："见窾木浮而知为舟，见飞蓬转而知为车，见鸟迹而知著书，以类取之。"早期人类工具的出现都不是凭空想象出来的，是对自然中存在的形式或某种构成的方式进行直接的模拟，虽然制作过程比较表面与简单，但另一方面也佐证了仿生设计的起源和雏形已经存在于人类初级的创造阶段里，这也是我们

今天的仿生设计得以发展的基础。随着人类文明的进步，人类对仿生设计的研究也越来越广泛和深入，所以近代诞生了一门新的学科——仿生设计学，它虽然是建立在仿生学和设计学的基础上，但研究范围与内容不但广泛而且丰富，同时涉及自然科学和社会科学等，其中包括数学、生物学、材料学、机械动力学、设计心理学、色彩学、美学等众多的相关学科。

1 仿生设计的方法

从宏观的角度上看，仿生设计学是仿生学的延续和发展，而在仿生设计的发展过程中可以将其大致分类为直接仿生和间接仿生两类。

---

① 北京理工大学珠海学院校科研发展基金项目（XZ-2019-01）

1.1 直接仿生

通过观察自然界万物的形态，直接进行自然形态上的模仿，这样能够让人非常直观地认知到事物的原貌，从而达到一目了然的效果。直接自然仿生形态是具有物理属性的，同时可以运用物理几何的手段将生物的具体形态展现出来。在直接仿生设计的成果中，日本设计师深泽直人与艺术家铃木康广的作品一直是大众津津乐道的。

设计师深泽直人的果汁肌肤系列的包装设计是以自然形态的外衣质感为前提，重现自然水果表面的纹理和组织结构，并最大限度地发挥产品的识别性和实用性，同时还原最原始的用户体验。

日本艺术家铃木康广先用纸将圆白菜造型复制出来，再用聚酮相对精确地去塑造圆白菜叶子的造型，之后又被制造成纸碗。正因为所有圆白菜的叶子单独拿出来后都能被当成一件容器使用，并且造型与真的圆白菜几乎一样甚至其质量也相仿，所以人们使用这种纸碗时能够体验到不一样的质感。

1.2 间接仿生

间接意象的形态仿生也是仿生设计的主要形式，它是在具体实践的过程中，将直观的事物转化为抽象的一种形态表现形式，人们可以通过这种抽象化的形态感知到设计背后其事物的具体形态并产生一定的联想，这也是间接仿生的魅力之处。

日本的新干线高速列车的车头非常长，就像鸟喙一样，这是 20 世纪 90 年代日本工程师中津英治在观察翠鸟的时候发现的，翠鸟在高速飞行的过程中潜入水中却不溅起大量的水花。于是他模仿翠鸟喙设计出新干线子弹头列车，在车头上的设计中参考了其翠鸟喙的结构，这种结构设计不仅降低了火车的噪声，而且更加符合空气动力学原理，能让火车在隧道里更加平稳地行驶，以及可以在降低能耗的同时提升车速。

2 设计中的数学逻辑性和理性

哲学与数学是人类历史上最古老的两个学科，并且许多人认为哲学是所有学科的思维基础，所有学科最终走向的还是哲学，是哲学引导人类的思考和探索。在西方，数学是所有学科之首，并且整个西方社会的历史和发展都是建立在数学的基础上。古希腊哲学家柏拉图曾在自己的"柏拉图学园"门口写下了"不懂几何者不得入内"，而这几何代表的就是今天的数学，另一方面也证明了数学在古希腊时期就已经得到广泛的认可和重视。仿生设计在历史的发展历程中也和数学一直有着千丝万缕的关系。

2.1 数学对古希腊建筑的影响

很多西方的数学家对黄金比例非常着迷，古希腊数学家欧几里得在公元前 3 世纪撰写的《几何原本》里论述了黄金分割，这也成了最早有关黄金分割的记载。古希腊人甚至认为数学是世界运行最根本的逻辑，他们不但学习并运用这些逻辑在建筑设计领域里，如在帕台农神庙的比例上就严格遵守并使用这一逻辑。

2.2 向日葵中的数学

向日葵是大自然中一种非常有趣的植物，它会一直追寻着阳光而转动自己，艺术家梵高也留下了不少关于向日葵的画作。同时，向日葵在数学界也是一种非常出名的植物，因为数学家们在向日葵圆盘中葵花籽的排列顺序发现，其呈现的方式与斐波那契数列非常吻合。而现代的数学家们利用电脑设备，用圆点代替葵花籽进行了模拟电脑实验，经过不断验证发现发散角必须是 $137.5°$ 的黄金角，因为发散角无论是大于或者小于 $137.5°$，圆点间都会出现间隙。这样的验证结果让很多设计师因此获得不少灵感，将斐波那契数列的原理用在了设计领域中，如小米公司推出的迷你音响。

2.3 仿鲨鱼皮泳衣

国际泳联从 2010 年起禁止在比赛中使用高科技泳衣，这里的高科技泳衣指的就是仿鲨鱼皮泳衣。通过生物学家的研究发现，鲨鱼之所以在水中的速度非常快并且是海洋的霸主之一，是因为其皮肤表面粗糙的 V 形皱褶可以在很大程度上减少水流的摩擦力，让包围其身体四周的水流不但快速且能高效地流过，而仿鲨鱼皮泳衣的超伸展纤维表面就是仿造鲨鱼皮肤结构而制成的。在比赛中最后一代高科技泳衣的科技研究上，设计研发人员让高科技泳衣减少 3% 的水阻，而运动员利用这种优势创造大量赛事的新纪录，这就让以公平竞赛精神的奥运会变成了高科技的竞争，所以国际泳联不得不禁止仿鲨鱼皮泳衣在比赛中出现。虽然高科技泳衣被禁止了，但我们从中不难看出，数学和流体力学都在这款泳衣的设计中作出了巨大的贡献。

3 数学逻辑与设计思维

"三大构成"是我们许多高校设计学科的基础启蒙教育板块，这是源自日本的设计基础教材，而"三大构成"又是来自现代设计发源地——德国包豪斯学校的"二维与三维基础"课程。正如前文所提到的，西方的社会发展是建立在数学的逻辑思考上，所以当年包豪斯学校的"二维与三维基础"课程更多包含的是对数学逻辑性和理性的思考。在设计基础理论的学习中，包豪斯的学员们不仅仅是对视觉感性的理解，更多是学习对比例、对称、几何美学等理性认知的把控。所以，在许多西方现代设计主义风格的作品里，理性的数学逻辑思维都占据了设计思维很大一部分内容。

3.1 数学逻辑

正因为数学作为西方社会发展和进步的首要学科，数学思维中的观察、比较、分析、实验、抽象、猜想、综合与概括等逻辑思考都出现在西方人群的日常生活中，并且他们善用归纳、类比和演绎进行逻辑推理。当这样的行为反过来作用于其他学科时，也能让其他学科在思考的过程中变得更加合理与理性。

3.2 设计思维

在设计的理论中常常提到比例、对称、几何等专业词汇，都是源自数学学科，所以在设计思维中其本质的思维方式也应该是数学逻辑思维。其次哲学代表的是对事物整个面的思考能力，而数学代表是对事物具体点的解决能力，在设计解决问题的思考过程中不也正是如此吗？

4 数学逻辑与设计基础教育

许多高校的设计学科中并不是很重视哲学与数学的思考训练，甚至没有开设相关课程，所以很多设计思考都难以有更好的设计思维拓展。例如在仿生设计课程中，大部分学生只会使用直接仿生设计的方法，且表现效果不尽人意。现代设计教育的重要奠基人之一——王受之教授多次提到过，设计是为他人服务，艺术只是个人的情感表达，所以大部分学生对设计的理解还停留在个人的感性表达上，难以有哲学与数学的概念融入学习中。古希腊以毕达哥拉斯学派为起始点，提出了"美是一种数的和谐"的理念，从古希腊雕塑到 19 世纪新古典主义里最核心的美学原则基本上都立足于这一理念，甚至包括了现代主义设计对设计之美的思考与实践。凡事都需要逻辑，而数学代表了生活中最基本的逻辑思维，拥有数学逻辑思考的设计不但能让其变得更加科学与理性，而且也能让设计呈现永恒的数学之美。

5 结语

在技术日新月异的今天，仿生设计学科已经

可以被称作跨专业学科，设计师每一次灵感的汲取与造型的分析都需要有相应的技术作为支撑。而每一次技术的进步又要求仿生形态更进一步地纵深发展，我们不但需要借鉴数学的逻辑思考进行设计的深入探索与研究，还可以利用其他学科的优势将其发扬光大。

参考文献

[1] 代菊英.产品设计中的仿生方法研究[D].南京：南京航空航天大学，2007.

[2] 曹馨元.设计何以感人——探究深泽直人的设计思想及作品内涵[J].美术教育研究，2017（10）：65-67.

[3] 宋硕.折纸形态在产品设计中的运用研究[D].景德镇陶瓷大学，2019.

[4] 陆颖钰,周祺,等.折纸形态在产品情感化设计中的应用[J].设计,2019,32（01）:129-131.

[5] 陆冀宁,徐伯初,丁磊,等.3种不同的高速列车头车造型仿生设计[J].包装工程,2017（02）：26-30.

[6] 张传英.基于形态仿生的高速列车减阻仿真研究[D].成都：西南交通大学,2015.

[7] 孙重冰.斐波那契数列与平面设计[J].设计,2014（11）:109-110.

[8] 马付良,曾志翔,高义民,等.仿生表面减阻的研究现状与进展[J].中国表面工程,2016,29（01）:7-15.

[9] 陈岩.从包豪斯的基础课程看当代三大构成教育[J].艺术与设计（理论），2010（09）：146-148.

[10][德]克劳斯·雷曼.设计教育 教育设计[M].赵璐，杜海滨，等，译.南京：江苏凤凰美术出版社,2016.

[11]王受之.设计的本质还是发现问题解决问题[J].设计,2019,32（02）:69-71.

形象仿生在现代绘画中的体现

栗微

（东北师范大学人文学院，长春 130117）

[摘　要] **目的** 随着生活水平的提高，艺术逐渐成为人们关注的焦点，涉及绘画领域的研究，无论是内容还是深度有明显改善。近几年，持续发展的现代文明，使生态失调问题变得越发严重，在此背景下，各领域艺术家纷纷加入对新出路进行找寻的阵营。**方法** 利用仿生设计为现代绘画提供指导，不仅为创作者提供了创新思维逻辑、视觉及造型表现手法的平台，还促使越来越多创作者将深层探索仿生设计含义视为主要研究方向。以现代绘画为落脚点，首先对形象仿生意义进行了介绍，其次围绕其思维表现展开了探究，最后结合现代绘画代表作用，从色彩、形态等方面，对形象仿生的应用进行了归纳。在强调多元发展的当今社会，对绘画作品进行创作时，仿生设计给创作者所带来的影响主要体现在色彩、形态等方面。**结论** 以形象仿生为核心的仿生设计，既为现代绘画提供了创作可用的视觉表现形式，还使现代绘画拥有了不同以往的前进方向。

[关键词] 现代绘画；形象仿生；思维表现；色彩表现；形态表现

引言：第一届仿生设计与科技学术研讨会于 2020 年 12 月 27—29 日在辽宁大连召开。在强调多元发展的当今社会，对绘画作品进行创作时，仿生设计给创作者所带来的影响主要体现在色彩、形态等方面，可以说，以形象仿生为核心的仿生设计，既为现代绘画提供了创作可用的视觉表现形式，还使现代绘画拥有了不同以往的前进方向。在此背景下，围绕形象仿生展开的研究不断深入，研究成果也使绘画领域的发展拥有了源源不断的动力。

1 形象仿生的意义

近几年，持续发展的现代文明，使生态失调问题变得越发严重，在此背景下，各领域艺术家纷纷加入对新出路进行找寻的阵营。20 世纪诞生的现代绘画，主要强调的是画面的平面化及单纯化，通过凸显画面装饰性的方式，将空间概念、视觉规律打破。利用仿生设计为现代绘画提供指导，不仅为创作者提供了创新思维逻辑、视觉及造型表现手法的平台，还促使越来越多创作者将深层探索仿生设计含义视为主要研究方向。此外，在现代艺术和现代科学均朝着多元化方向前进的现在，利用仿生设计相关理念，对现代绘画进行创作，还可使现代绘画表现出更加突出的前卫性与包容性，这与社会追求的"自然和人类共处"的目标高度契合。将仿生设计及现代绘画相融合，既要考虑形式的创新，还要将不同形式的内涵纳入考虑范畴。

结合国内外关于仿生设计学所展开的研究

及现有结论可知，仿生一词的由来已久，而持续发展的科技又为仿生提供了更加丰富的内涵，可以说，虽然仿生一词存在的时间较长，但始终做到了与时俱进。以鲁班（春秋）为例，在设计并发明锯子时，鲁班便借鉴了带齿草叶表现出的形态特征，这便是仿生设计的应用，该发明也使鲁班成了我国最早诞生的仿生设计师之一。而公元1500年时，达·芬奇对鸟翅进行了仿生，在绘制飞行设备草图的基础上，对相关模型进行了制作，为日后直升机的出现奠定了基础。

上述内容均表明造物现象与仿生思想密切相关，而仿生设计所提倡的观点，主要可以被概括如下：由整体向局部过渡，再由宏观向微观过渡，确保研究者对形态表现有更加准确的了解，使创作者拥有极为广阔的空间，用来对自身创造力、想象力和思维能力进行全面表现。随着仿生设计的深入，创作者所获得的灵感也更加丰富，这便是现代绘画得以持续发展的主要原因。由此可见，在创作现代绘画的过程中，对强调形象仿生的仿生设计加以应用，既有利于故步自封状态的打破，还为科技和艺术的结合及渗透提供了支持，本文所研究课题的现实价值有目共睹。

2 现代绘画中形象仿生的体现

下文重点探讨了形象仿生资源和创作者思维的结合，以期能够获得相应体会或经验，使现代绘画所适用艺术语言对应的表现范畴得到拓展。

2.1 思维表现

仿生设计强调以自然界独有形态特征表现出的原生状况为依据，利用现有材料与设计手法，通过全方位模仿的方式，使该形态的造型及生命得到完美结合，从而展现出一种和谐的自然之美。现代绘画能够达到的最高境界，通常可被概括如下：其一，文为画之先；其二，画乃文之极。由此可见，现代绘画所倡导的美学思想，主要是自然和人类充分融合而产生的天人合一。在天人合一思想的引导下，现代绘画被打造成自然和人类的契合点，旨在使自然和人类达到和谐且统一的高度。

受上文所提及审美观点的影响，现代绘画领域的创作者纷纷选择将造型意象、具体形象与仿生设计相结合，这也是对现代绘画进行创作独有的方式。对处于创作阶段的创作者而言，形象仿生的作用主要是为自己提供独特观察点，在仿生思维习惯养成后，以思维为依托，对仿生设计意向进行强化处理，再经由绘画的方式，将强化后思想进行完整呈现。研究表明，仿生思维能够快速形成的原因，通常与现代绘画所用表现形式密切相关，创作者能够凭借该思想体系，将个人风格倾向及创作意图进行含蓄表达，这与中华民族特有的文化内涵和底蕴不谋而合。但要明确一点，对仿生设计而言，可供应用的思维形式较少，要想使表现形式朝着更加多元的方向前进，最有效的方法便是欣赏前辈作品，通过深入讨论的方式，获得富有个性化的创新思维，以表达创新思维为前提，强化自身对新形象进行再现的能力。事实证明，这样做可使创作者的激情得到充分激发，其创新能力自然可得到一定程度的提高。

2.2 色彩表现

若以绘画发展历程为研究对象，不难看出，传统绘画转变为现代绘画的过程通常可分为三个阶段，即印象主义、立体主义和现代主义。而后工业化时代的来临不仅改变了人们的生活方式，还转变了人们的思想认知，在强调"返璞归真"的尼采的带领下，大批创作者选择以弗洛伊德思想为指导，对现代绘画进行研究。而研究结果表明，传统绘画语言对个人情感的表达并不完整，只有对艺术语言进行创新，从更多方面对艺术意蕴和本质进行思考，才能避免不必要问题的形成。这便是仿生设计被用于现代绘画的背景，对其加以应用时，色彩仿生也是不容忽视的部分。

色彩仿生所研究的内容，通常以自然界生物特有的色彩功能为主，在对色彩功能进行提炼并加工的基础上，以创造性思维为指导，充分利用解析后的色彩，高质量完成作品的创作。对现代绘画而言，色彩仿生并不等同于直接仿制自然界颜色，而是利用现有艺术加工手段，确保事物极具美感的部分可以得到重现，这点应当尤为注意。我国的抽象表现主义代表画家是孔宁，通过对孔宁的代表作进行分析可知，在色彩仿生方面，孔宁主要是以几何抽象、抒情抽象形式为依托，将原始色彩作为仿生对象，确保作品能够呈现出加速运动的效果，从而使后人对"行动绘画"有更加直观的认知。在现代绘画中，色彩仿生的对象主要有孔雀开屏的美颜羽毛、蝴蝶翅膀的绚丽花斑等。科学提炼并加工上文提到的大自然颜色，不仅可使作品拥有更加多变的层面，还对图形组织、色彩装饰价值的发挥有积极作用。综上，创作者对现代绘画进行创作时，可以利用现有媒介和工具材料，通过色彩仿生的方式，使色彩语言得到精准表达，真正做到自然和人类的充分融合。

2.3 形态表现

众所周知，绘画艺术给欣赏者带来的第一印象通常与形态相关，这也表明对造型语言所涉及要素而言，形态始终占据着重要地位，现代绘画更是无形不立。形态仿生研究的内容，主要是自然界物质、生物体特有外部形态，还有不同形态的象征寓意，在此基础上，对可用于现代绘画的艺术手法进行归纳。由此可见，形态仿生能够使创作者对生物形态和结构有更加全面的认知，在创造性思维的引导下，将原型向独特造型及元素进行转换，确保源于自然的艺术形象，拥有高于自然的艺术价值，通过融合现代理念与表现手法的方式，真正做到利用优美、巧妙且夸张的手法，对自然和谐、时尚现代的感受加以表现。事实证明，形态仿生的出现不仅使现代绘画拥有了

更加丰富的语言，还为创作者、欣赏者搭建了沟通的桥梁。

20世纪至今，现代绘画所展现出的特点始终为千姿百态、流派迭起，只有以代表作为依据，对形象仿生的体现加以分析，才能使所得的结论具有普适性，相关人员应对此引起重视。以《带鸟的步兵》（毕加索）为例，作为现代绘画的代表作品，毕加索选择对人的形象、鸟的形象进行仿生，利用变形和扭曲的手法，将意象中人和鸟的造型完美融合，从而达到突出强调"和谐相处"主题的目的。另外，对形态仿生加以利用的现代绘画代表作还有《三个女子》（莱歇），在创作过程中，莱歇对螺钉、铆钉和管道形态进行了大量应用，以人物形象为参考，通过仿生的方式，使物体的几何形态得到归纳与浓缩。而出现在这幅作品中的三位女子，面部没有过多表情，宛若机械一般呆滞，即便如此，仍然被视为十分宏伟的英雄人物形象，通常被用来对工业大生产背景下，人类所处地位及作用加以表现，这也是这幅作品的意义所在。由上文提到的两幅作品可知，无论是相对抽象的仿生模拟，还是相对具象的形态模拟，均要对结构与形态进行模拟，在此基础上，通过加入哲学和人文因素的方式，确保意境得到全面提炼及升华，只有这样才能使其经过时间的沉淀，成为文化价值的一种。

2.4 肌理表现

对现代绘画而言，肌理所强调的内容主要是出于使某种艺术效果得到直接表现的考虑，综合利用不同手段及材料，达到客观模仿物体形态传递审美价值的效果，可以说，虽然客观物体表面有诸多视觉形态存在，但最直观且最具代表性的形态就是肌理。以《父亲》（罗中立）为例，在仿生父亲脸部的肌理时，罗中立便对微观肌理进行了应用，而微观肌理的特点主要是无笔触存在，这样做可以确保父亲脸上的毛孔均能够对深层次内涵加以体现。纵观国内外现代绘画代表作

不难发现，在肌理仿生方面，现代艺术作品所用手段相对集中，通常以人造砂砾、树皮皴法和泼洒沥青为主，上述手段均可使肌理表现力得到增强。综上所述，深入分析并总结肌理仿生适用的表现形式，有利于创作者对肌理审美价值和必要性有更加全面的了解，为现代绘画的发展助力。

3 总结

由上文所叙述内容可知，对现代绘画呈现多元发展趋势的当今社会而言，能够给现代绘画色彩、形态与肌理带来直接影响的因素为仿生设计，可以说，正是由于仿生设计被提出，现代绘画才拥有了更加丰富的表现形式，由此而衍生出的表现语言自然不同往日。这也表明，在未来一段时间内，仿真设计仍将是研究的主要内容，有关人员应对此引起重视。

参考文献

[1]邓尚,金妹.实体与空间:现代艺术传播范式的流变与哲思[J].现代传播（中国传媒大学学报）,2020,42（04）:95-99.

[2]宁可沁.综合材料绘画的材料美感与绘画表现研究[J].美与时代（中）,2019（09）:40-41.

[3]杨丹妮,杨雨霏.中国传统艺术精神在西方现代绘画中的阐释——以"气韵""意境"为例[J].美与时代（下）,2019（06）:51-53.

[4]陈雄军.器法自然,仿形象生——陶瓷形态设计中的仿生学运用[J].美术教育研究,2019（04）:38-40.

[5]程凌云.浅谈仿生设计在现代绘画创作中的体现[J].艺术与设计（理论）,2008（07）:195-197.

[6]尹少泉.科特曼水彩画的理性图式研究[D].北京:中国美术学院,2016.

[7]石毅.浅谈西方基础绘画和传统绘画在陶瓷绘画中的作用[J].陶瓷研究,2014（04）:96-98.

[8]吴勇.纸与绘画艺术[J].纸和造纸,2012（08）:69-71.

[9]马超.传统绘画数字化挪用创作探研[D].南京:南京艺术学院,2017.

[10]张慧梅,冯淑莹.3D打印技术在电子电路板制造中的应用探究[J].江西化工,2020（04）:115-176.

仿生设计在电影造型中的应用

王佩佩

（吉林艺术学院，长春130000）

［摘　要］**目的** 现阶段电影行业高速发展，使得电影的数量和规模都在不断增长中。面对激烈的电影市场环境，为了能够提升自身影片的吸引力，很多电影都在不断进行想象力的拓展，能够对生活中的众多物体进行观察和模仿，进而从大自然中获得艺术的创作灵感，在影片中为人们呈现良好的视觉感官。**方法** 此研究主要就电影造型中，造型仿生、功能仿生、情感仿生的方法及仿生设计的具体应用进行分析。**结论** 就是在于能够从生活设计角度出发，将人类的生活生产与自然界进行统一协调。同时也是进一步帮助人们进行观影的过程中产生良好的观影效果。

［关键词］仿生设计；电影造型；造型仿生；功能仿生

引言：所谓仿生学，就是对于一种特定生物进行本领的模仿，通过对生物结构以及功能的原理进行研究，在机械或者使用各种新技术对其进行展现和利用。人们以及在生活生产的诸多领域中，广泛地应用了仿生设计，利用潜水艇、声呐、蛋壳式建筑等类型，为人们提供了大量具有高效益的物品。

1 仿生设计

1.1 宏观概念

仿生设计不同于传统的仿生学成果应用，在研究的过程中，需要将自然界中的各种事物，从"形""色""功能"以及"结构"方面进行研究，并且有选择性地在设计的过程中将这些特征原理进行合理设计，同时在设计过程中需要融合仿生学成果，从而在呈现出来的设计作品中应用新的设计思想、原理以及途径。从另一方面来看，仿生设计是仿生学的一种发展方向，是在常年的仿生研究过后，在人类生活中的一种具体展现。同时仿生设计也是一种人类与自然界进行交叉连接的重要体现，能够让人类在生活生产中与自然界实现高度融合，因此成为现阶段在设计领域中重要的研究方向。

1.2 电影造型仿生

长期以来，人们都是生活在各种植物和生物周围，这些不同种类的生物，有着各自独特的本领或者技能，以及只要人们不断地进行模仿和学习，便可以成功地在生活中设计出符合人们生产和生活的工具或者能力。而对于电影造型而言，长期的电影发展使人们对于传统的服饰或者刀具缺乏新鲜感，因此需要在进行造型的过程中充分结合仿生设计，从而能够在进行电影设计的过程中为人们呈现出良好的感官体验。

2 电影造型中的仿生设计

2.1 造型仿生

在设计领域，仿生设计是一种全新的设计方向，在设计过程中需要充分对自然界中的各种生物从形态以及生存技能方面进行良好的模仿。这种通过人造的手段将其展现出来的过程，就是仿生设计。而在电影中，仿生设计与电影技术相结合后，能够极大满足人们的观影需求。在电影的内容来源上，更加符合人们对生物的深刻体会，在电影中，人物塑造是电影成功的关键所在。往往一部优秀的电影，在进行电影叙事的过程中，无论是视觉表现还是场景描绘，都需要服务于人物，以此能够给人们在观影的过程中留下较深刻的印象，让人们可以与影片中的人物产生强烈的共鸣。

例如，在超级英雄电影《蜘蛛侠》中，主角所获得的超能力的来源，就是通过一个被试验所辐射到逃跑蜘蛛在意外的条件下所咬，使其拥有近似于蜘蛛感官的能力，在拥有较强能力的前提下，身手十分敏捷。让彼得帕克原本平凡的生活，一下发生了明显的变化。

在电影仿生设计的过程中，其在造型上的整体表达上，不仅仅对模仿对象的原型在外形上进行设计，同时也需要在特征以及内在精神上有所设计。在电影中，彼得帕克的人物造型上完全采用了蜘蛛的形态特征，其外形设计得十分夸张，同时颜色也十分显眼。采用紧身衣的方法下，在服装的团上采用蜘蛛网的装饰，并加以线或者面的手法。这样的造型使人物可以在运动时大幅地进行舒张，同时很好地进行自由活动，在服饰上，就已经将蜘蛛的外形特征，同人物形象有机地融合到了一起。在观众进行观影的过程中，可以清晰地感觉到人物与蜘蛛的关联，是一种丰富人物形象的优秀设计造型。

2.2 功能仿生

在电影《碟中谍》中，其电影系列由于出众的视觉特效，以及各种特技动作，深受人们的喜爱。在影片中，有一段主角攀爬迪拜阿利法塔的桥段，主角戴着一种特制手套，该手套可以帮助主角进行楼梯外墙壁的攀爬，为观众带来了极大的视觉冲击。该手套的设计过程中，基于壁虎在野外进行攀爬的过程中所展现的攀爬原理，进行了特种手套的设计。壁虎在墙壁上时，由于其掌心由特殊颗粒组成，形成一个稳定的摩擦面，使在进行攀爬的过程中会有较大的黏附性，同时在爬墙的过程中，手掌平贴就可以产生较大的摩擦和阻力，以此可以实现垂直平面的攀爬。

而在另一部超级英雄电影《蝙蝠侠》中，其主角蝙蝠侠每当夜幕降临时，就会身穿特制的黑色紧身衣，头戴面具，在行侠仗义的过程中，利用各种高科技技术，实现惩治恶人的目的。在这样的影片中，为人们塑造出了鲜明的人物形象。对其蝙蝠侠进行造型设计的过程中，大量借鉴蝙蝠的外形特征，无论是外衣披风的设计，还是蝙蝠侠头盔的设计，都是参考蝙蝠的实际外形特征。同时在设计的过程中，其披风能够很好地起到帮助蝙蝠侠进行降落的缓冲，既可以符合蝙蝠的实际外观形象，又能够在这样的外观表达上结合其高科技形式。蝙蝠衫的袖子肥大，使在行动的过程中会在袖口到下摆之间形成一个弧线，以此在服饰的造型上形成较高的美观度。

在影片中，主角所使用的武器是一种神秘的信号发生装置，在使用过程中能够发射一种特定的信号，使对于人或者其他物体不会产生强烈的影响，但是对于蝙蝠有着一定的吸引力，能够召唤过来许多蝙蝠。在启动系统后，会有大量的蝙蝠涌来，并且会在场地中心制造出大量的噪声。因此蝙蝠侠可以使用这种设备进行战斗。这样的造型设计，既可以符合人物的形象，又可以充分推动剧情的发生，让观众觉察不到人物造型的尴尬，极大地增强了戏剧效果，在观众观看的过程中，有着较强的代入感，以此提升电影的艺术价值。

2.3 情感仿生

在电影的叙事过程中，其情感仿生的设计，主要是对于人类与机器人之间的情感设计，在未来的某天，机器人将会与人类社会有着密不可分的联系，成为人类生活的必须存在基础。随着科学技术的不断进步发展，在未来的某天，有可能科学家将机器人赋予人类的情感，这样就使机器人一定程度上出现了人类情感的仿生设计。因此众多的科幻电影都在探讨在未来的某天里，机器人在赋予了人类情感之后，对于人类社会所带来的影响。

在一部阐述人类与人工智能之间的影片《攻壳机动队》里，其人工智能与人类"灵魂"之间的关联，一直都是影片想要探讨的话题。在影片中，素子从原本的实体化人类渐渐成为数字化的形象，这种数字化的人格表达为观众带来较为深度的思索，以此形成人类人格的数字化仿生设计，让人们在观影的过程中进行了人类精神文明领域的思索和研究。

3 总结

综上所述，仿生设计的重要价值就在于其能够从生活设计角度出发，将人类的生活生产与自然界进行统一的协调。同时也是进一步帮助人们在观影的过程中产生良好的观影效果，是一种现代电影叙事过程中的主要设计方向，为人们在观影过程中塑造出各种新奇和具有创新意义的作品。

参考文献

[1]任坤.仿生设计在工业设计领域的困境及策略[J].现代工业经济和信息化,2020,10（08）:42-44.

[2]傅彩虹,唐文献,吴文伟.浅谈仿生技术在机电产品设计中的应用[J].内燃机与配件,2020（16）:200-201.

[3]张建,朱本义,黄晨.均布外压作用下蛋形仿生封头屈曲特性[J].船舶力学,2020,24（08）:1047-1054.

[4]刘付勤,杨熊炎,韦枚.北部湾疍家旅游纪念品仿生设计及语意学评价[J].西部皮革,2020,42（15）:29-30, 32.

[5]周李阳.仿生"莲"橱柜设计方法研究[J].大众文艺,2020（07）: 88-89.

[6]李伯阳,刘文海.基于铜官窑动植物元素的陈设陶瓷形态仿生初探[J].家具与室内装饰,2020（03）: 44-45.

[7]淡雅静.仿生设计在儿童木制玩具设计中的应用[D].呼和浩特：内蒙古师范大学,2020.

[8]潘奕.电影画面造型的视觉美感与叙事功能[J].电影文学,2014（01）:41-42.

[9]魏靖,李涤尘.试论电影美术及其发展流变[J].芒种,2013（12）: 215-216.

[10]周鸣勇.中国电影中的美术设计探析[J].大舞台,2013（05）95-96.

颜文字交互媒介

孙 青

（大连工业大学，大连 116034）

［摘 要］信息时代的飞速发展使网络社交成为现代生活中不可或缺的内容，语言符号为了适应网络交流的需要，其表现形式不断变化。**目的** 颜文字就是诞生于这种虚拟沟通的一种视觉符号。与文字相比，颜文字能够更高效传达情绪、营造气氛，能让双方迅速理解对方要表达的观点。**方法** 通过对颜文字被广泛使用的原因进行研究，了解当代视觉符号媒介所具备的传播特性。近年来，我们对颜文字的基础概念、传播功能有了一定的认识，随着颜文字的应用领域不断拓宽，其内在的视觉文化价值在不断增强，这一领域的研究也就有了更新的意义。**结论** 在相关理论与实践探索的基础上，介绍了颜文字的兴起、演变及发展。分析颜文字的视觉内涵以及仿生科技等特有的交互机制，其被广泛应用的根本原因。探究颜文字的传播模式、受众心理特征，解读颜文字的语境构建和语用价值。

［关键词］颜文字；视觉传达；仿生设计；交互媒介

1 选题背景与意义

20 世纪 70 年代至今，互联网的诞生、发展与普及使全球范围内人们的生活状况发生了巨大改变，它成了连接虚拟网络和人们真实生活的纽带，正在潜移默化地改变着人们的生活和社交方式。

颜文字诞生于美国，随后这种用符号来传达情感的视觉交流形式发展到世界各地。基于不同民族、语言和文化背景等因素，颜文字的演变和发展产生了不同的视觉形式。如今，多媒体信息技术不断发展，使颜文字作为一种网络文化的视觉化符号，已经成为人们在网络互动中必不可少的视觉文化之一。

社会的日益信息化和虚拟的网络平台满足了人们生活中必不可少的社交需求，而颜文字作为网络衍生出的图像符号，可以帮助人们在虚拟交流时补充文本内容、构建语境，达到传情达意的效果。通过对颜文字被广泛使用的原因进行深入探究，可以帮助我们了解社会互动过程中，成功的视觉符号媒介应该具备哪些特性。无论在艺术还是商业领域，颜文字的形态演变因素、视觉语言、文化内涵、社会互动机制，对我们在视觉传达领域的创作手法都具有启发和指导意义。

2 颜文字的基础研究

2.1 颜文字的概念

颜文字的叫法源于中国，日文罗马音为"Kaomoji"。通常来说，颜文字是指由标点符号、各种文字、字母和数字等组合成可以表现人类面部表情及肢体动作的特殊表现形式。颜文字是一种非传统的词汇语言，它是通过多种语言符号中的象形元素结合而成的一种视觉艺术，在虚拟的网络平台中起着传达自身情感的特殊作用，同时也成了一种网络极简主义的艺术现象。

2.2 颜文字的起源与发展

早在中世纪的艺术作品以及更早的史前石刻艺术中，就已经存在概括复杂的面部表情的艺术作品，这可以看作是颜文字的雏形。

真正的颜文字诞生于 1982 年，是由美国卡内基梅隆大学的史考特·法尔曼（Scott Fahlman）教授在计算机科学电子布告栏（BBS）打出的"—）"符号，用来在聊天中建立开玩笑的语境意义。后来，这种模拟表情的符号组合在线上聊天和邮件中广泛地应用发展，并被命名为"Emoticon"，即情绪（Emotion）与小图标（Icon）的结合词。

互联网技术的不断发展使美式颜文字"Emoticon"在日本迅速兴起，在充分利用日语系统文字特点的前提下，将日文文字符号注入单一的侧视颜文字符号中，由此变成了今天我们所熟知的日式颜文字（Kaomoji）。

基础符号元素组合而成的颜文字加入了其他国家和民族的语言符号后，在视觉表达上有了更加丰富的样式。"1998 年，腾讯微博应用开发者创制了由多语言横排符号组合的颜文字体系。对表情和动作的展现也更加生动，如（ ˆ ﻭ ˆ）◆、٩(ᐖ)۶、(๑•̀ㅂ•́)و 等。"

颜文字的视觉形态逐渐丰富，由其演变而来的视觉符号绘文字成了越来越多的人进行网络沟通的工具。绘文字又名 Emoji，是由日本设计师栗田穰崇（Shigetaka Kurita）所创作，它是基于 Unicode 编码所创造的意形符号。这种符号将表情、动作、事物等，通过视觉图标的形式进行艺术化创作，通常以一套统一视觉风格的图标集的形式出现在大众日常的聊天软件中。

近几年兴起的聊天软件为颜文字的持续演化提供了基础环境。随着大众表达情感需求的激增，颜文字在虚拟交流场景中的视觉形态得到进一步升级，出现了表情包这种符号形态。表情包除了一般的字符型颜文字和符号型颜文字以外，还包括图片、GIF 等多媒体形式，许多网民也参与到创作表情符号的队伍中来，丰富了网络交流平台的情感表达方式。

3 颜文字的视觉语言分析

颜文字在虚拟的网络沟通中，因为其独特的视觉形态，能比纯文字信息传达更生动和细腻的情感。颜文字的视觉形态颇为丰富，有从简单地对表情和肢体动作进行提炼，然后组合形成的字符型表达；也有更加直观的图标和图片等数字媒体的视觉表现形式。在创造这些视觉形态时，往往会加入艺术化的造型手法，让颜文字表达出的情感更加强烈并能够迅速引起共鸣，或者让颜文字表达出大众很难用文字描述的细腻情感。除了丰富的视觉形态和艺术化的造型语言，颜文字之所以能在沟通环境中被双方迅速理解，是因为颜文字的视觉内涵源自大众对特定社会文化的认同和感知。

3.1 颜文字的造型渊源

通常人们在面对面交流时，情绪的输出主要依靠表情和肢体语言的流露，所以研究面部表情也是研究情感表达的最佳途径之一。"对表情的系统性研究最早可追溯到达尔文，他通过对人类和动物表情的认真总结，在整理他人的研究记录并作出人类的表情源于动物祖先的各种适应行为的结论基础上，写出了《人类和动物的表情》一书，开启了表情识别研究这一全新的领域。"颜文字在造型渊源上也是依据人的面部表情和肢体动作等特点，直接表达人们的心理状态与情感。通过一定的造型手法和修辞手法的运用，颜文字能够帮助人们在表达观点的同时规避虚拟对话中的冷漠和刻板。

人类的视觉本能与飞速发展的数字化信息时代催生了网络视觉文化的产生，同时读图时代的到来让我们更依赖视觉表达与识别的过程，人们对表情和肢体语言的识别有助于分析其情感的流露。在面部识别过程中，人们主要以眼部的识别过程为主要依据，眼部信息的表达更有利于人们在视觉上认知情绪。这也是颜文字的造型进一步演变与发展的因素。

3.2 颜文字的象似性视觉形态

人与人之间互相交流时信息的传达大致可以分为"语言传播"与"非语言传播"，颜文字在应用的过程中通过对情绪的表达，让对方在非语言传播时也能充分获取信息，弥补网络虚拟交际中的不足。被誉为现代语言学、符号学之父的索绪尔指出语言成分基本分为能指（signifier，即语言符号）与所指（signified，即意义）两种，二者之间的关系是任意性（arbitrariness，即任意武断性、规约性）。"语言服务于人的思维交流，进而可以折射出外部世界的特征，语言结构与人的经验结构相联系，即柏拉图自然主义语言观认为语言符号具备象似性特征。"颜文字与一般的符号意义不同，它并不是一个单独符号的呈现，而是通过符号的象似性视觉形态，进一步相互组合设计传达情绪。

颜文字也是依据对表情和肢体动作的外形轮廓的视觉概括，运用视觉符号的外形特征拼凑出想要表达的语言情绪，让人们认知颜文字所传达的意义，达到互动交流的目的。我们可以以此依据认为颜文字在形态上具有象似性的视觉特征。

3.3 颜文字的视觉化形态

颜文字经过30余年的演变与发展，其多样化的视觉表现力使它逐步发展为一种独特的艺术形式，多方位地融入人们的生活中。大众交流模式转移到虚拟的即时通信平台时，人们仍然具有传达和认知彼此的情绪的需求，因此衍生出一系列系统化的表情图标，它们涵盖了人们日常生活中的各种肢体语言符号和文化符号。为了顺应用户的使用需求，无论是即时通信还是网络社交，颜文字的设计形态逐渐发展为以系统化为主要方式的视觉表达。

颜文字的视觉表现形式从纯文本符号逐步发展为以图片为载体的信息形式，逐渐融合了读图时代的视觉特征。就颜文字的图片化可从局部图片化、整体图片化、图文结合三点进行视觉处理。局部图片化是融入多种语言文字符号的颜文字在面部表情及肢体动作，甚至在描绘事物构建场景上，对细节的刻画愈加形象与细腻。整体图片化的表情符号不再将颜文字表情作为面部表情的主要特征，而是将人物直观的表情图片放在其中，在外形加以轮廓，简单线条的组合更能清楚地表现肢体动作和信息内容。图文结合，图片与文字配合的视觉形态是信息传播最直观的表现形式之一。颜文字随着近年来的演变和发展已经脱离了纯符号化的表现手法，图文并茂是人们对情感表达和审美需要的产物之一，它是综合图像和文字，配合使用时下流行的网络词汇。例如，通过结合"友谊的小船说翻就翻""萌萌哒""蓝瘦，香菇"等流行词汇，加以夸张的表情，相互配合语境，增强内容与情感的意义表达。

颜文字的视觉样式越发丰富，就越受到人们的青睐和认可。颜文字视觉形式从ASCII编码系统的艺术字符演变为独立的一体化象形图标Emoji，到以图片为载体的辅助交流工具，再到多媒体的视觉表现，网络表情不再只是单一静止的画面，而是通过多种信息传播方式有机地结合，如图形、文字、影像等，综合地刺激人们的感官，都是颜文字在视觉传达设计上一步步发展的阶段。当今，电子通信的飞速发展使得手机走进千家万户，手机的方便携带大大提高了人与人之间的沟通效率。颜文字、绘文字及其他表情符号的出现在手机平台上得以飞速发展与应用。

4 颜文字的社会互动过程

4.1 颜文字的传播模式

颜文字是网络普及的文化产物，是网络交流中传达情绪和态度的利器。颜文字让虚拟的网络对话变得更加高效和生动，这要归功于它特有的信息传播模式和传播特点。传播是人们通过符号、信息，传递、接收与反馈信息的活动。传播的目的是通过信息的传递，与接受者共享信息、思想或态度。

美国传播学家威尔伯·施拉姆（Wilbur Schramm）认为大部分的传播不都是通过言词来进行的，一个姿势、一种面部表情或者八角形停车标志牌，这一切都携带着信息。颜文字作为网络交流中的视觉符号，它的传播模式包括符号、信息或图像的非语言传递，使传播者与接受者通过视觉信息的传递达到网络会话中情感共享的效果。信息从传播者传达到接受者，接受者根据接收的信息进行解读再反馈给传播者，这一系列信息交换的过程即编码与解码的过程体验。

传播者使用颜文字进行情感表达时，需要先将要发送的情感或情绪进行编码（Encode），得到有一定情绪态度的信息，再通过媒介的平台发送给信息的接收者。发送过程中的编码，是传播信息的重要环节。为了让接收者理解信息的含义，传播者需要根据当下的语境状态，将要表达的观点或情绪转化为双方可以理解的颜文字符号，即对自己的心理状态进行编码。接收者接收信息后，才可以通过分析与推导意象化的颜文字符号，理解传播者要表达的观点和情感，然后进行反馈，以完成整个互动交流的过程。

4.2 颜文字的认知模式

从传播学的角度来看，接收是对传播者发出的信息的接收，并没有达到对信息进一步处理的程度。而"认知"则是从心理学的角度出发，将信息分析、理解与反馈。如此，传播的终端即受众接收视觉信息从而反馈，与受众将信息进行解码再反馈，二者相比较可知，"认知"是受众对信息这一程度的处理。在交流互动过程中，颜文字作为信息内容的载体，接收者要想了解传播者的发送内容，则需要"认知"具象化的符号表达，与文本内容或上下文内容相联系，获得发送者传播信息的内涵，达到交流互动的目的。

相较于传播过程中信息的发送针对传播者，信息的接收与认知则是针对接收者而言的。接收者在接收发送的信息后，需要进一步认知与理解，也就是颜文字的解码（Decode）过程。它在传播过程中与传播者的编码信息过程相反，需要在当时的语境下进行分析，将颜文字符号进行意象化处理，然后将意象化的含义根据自己生理上的感知和心理上的认知转化为对传播者心理状态的解读。

无论是符号、图形还是文字，人们在形成了一定心理定式之后，受众在对内容的解读上会依照自己的方式、习惯与经验，不仅仅是视觉上对内容的感知，还有心理上的主观解码。心理定式取决于接受主体早先积累起来的信息，即以经验以及信息接受态度、情绪、需要、价值等这些个人因素，它的作用影响着接受主体对信息的接受角度。颜文字的认知同样受接受者心理定式的影响，在对传播内容进行解码时，接受主体会根据自己之前对符号的认知进而分析发送的内容，无论是视觉上对符号意象化的经验，还是心理上对符号所代表含义的理解，这些主观因素一部分决定了对信息的解码认知。

终端接受者看到发送过来的内容时即代表接受了信息，当用户想进一步了解内容的具体含义时，会对文本或颜文字进行解码，根据传播过程的语境与氛围、心理与经验主观地把颜文字代表的内容还原成自己理解的信息，重新编辑发送内容建立含义，以达到自己理解的程度，继而产生反馈，完成整个传播互动的过程。

4.3 颜文字的语境构建与语用价值分析

颜文字的语境构建在虚拟交流中具有重要作用，创作语境即前文我们分析到的信息编码过程，而接受者对颜文字所蕴含的阅读语境的解析即对信息内容的解码过程。在交流中，当信息传达给接受者时，接受者会根据内容蕴含的语境进一步分析信息，语境是接受者在解码认知上重新组合信息的重要依据。在认知语境的重新组合时，接受者会根据自己的文化基础、心理经验等一系列因素理解内容，当接受者与传达者在语境的构建中有着相似的经验，或者在交流之始已经存在大的语境构建，就能提高双方交流信息的接受程度。

我们通常会通过表情、语言或动作等一系列要素达到面对面沟通的目的。当人们非面对面交流时，则会以文本的形式表达观点，以颜文字传达情感，从而营造真实的交流场景。颜文字作为时下网络流行的辅助交流工具，突破了网络会话的交流局限，在交际运用中存在不可小觑的功能和语用价值。

参考文献

[1] 沉碧.颜文字的前世今生[J].初中生学习（博闻）,2015（01）：53.

[2] 张子斌.颜文字的创意设计与文化传播研究[D].上海：上海师范大学,2015.

[3] 王娟娟，刘爱华.有关面部表情识别的跨文化研究综述[J].金田,2014（09）：474.

[4] 张子斌.颜文字的创意设计与文化传播研究[D].上海：上海师范大学,2015.

[5] 苗方方.信息时代的视觉设计——由网络表情看视觉传达[J].科技资讯,2006（28）：223-224.

[6]陶冶.视觉传达设计中图形信息的传播研究[D].天津：天津工业大学,2007.

[7] ［美］威尔伯·施拉姆,［美］威廉·波特.传播学概论（第二版）[M].何道宽，译.北京:中国人民大学出版社,2010.

包装仿生设计中朴拙之美的应用研究

郑晶晶，王靓

（齐鲁工业大学，济南 250301）

［摘　要］**目的** 构建以仿生设计为基础的朴拙之美设计模型，探讨朴拙之美在包装仿生设计中的应用，使其更好地服务于包装仿生设计。**方法** 首先探索了朴拙之美的起源，归纳总结了朴拙之美的特征及内涵，接着借鉴仿生设计流程，构建了朴拙美学在包装仿生设计中的应用设计模型，并分析包装仿生设计所表现出的朴拙之美所带来的价值。**结论** 仿生设计是寻求自然与人类社会生活的结合点，为朴拙之美的表达提供了天然的载体。通过构建朴拙之美在包装仿生设计中的设计模型，可以更好地将抽象的拙朴美学应用于包装仿生设计中，同时也为拙朴美学的推广提供了借鉴和参考，帮助设计者快速达到带有朴拙之美的包装仿生的设计目标。不仅如此，朴拙之美应用于包装仿生设计中，同时也赋予了包装设计东方美学的意蕴，使产品包装更具市场针对性，增强竞争力。

［关键词］仿生设计；包装设计；朴拙之美；自然之美

引言：随着社会经济的发展，生产力不断提高，人们对于包装的需求早已不再局限于最初的自然属性，当人们将品质与内涵作为新的消费导向时，怎样在这个过程中融入东方美学的智慧，不禁成为每个设计师应该思考的问题。拙朴美学作为中国传统美学概念之一，逐渐成为设计领域新的亮点，其自然属性与环保话题相吻合，将其应用于包装仿生设计中，让自然之美和人文内涵相结合，让设计推动消费，让师出于自然的美去吸引消费者，让产品包装在更具市场竞争力的同时具有环保意义。

拙，是对生命率真性的表达。有研究者从绘画、书法、书籍装帧设计、包装设计等方面对朴拙之美进行研究，更多的是对它的应用意义和美学价值进行阐述，分析朴拙之美的应用所带来的文化内涵和独特韵味。经分析发现，当前的研究中，没有对朴拙之美与现代科学相结合提供具体的方法与借鉴。仿生设计是师法自然，追求和自然的和谐共生，朴拙之美对自然的回归和对本质的表达，从某种意义上讲，仿生设计是抽象的朴拙之美进行表现的天然载体。本文尝试总结朴拙之美的外形特点与内涵，参考仿生设计流程，构建带有朴拙之美的包装仿生设计流程图。

1 研究现状与研究方法

朴拙之美来自中国传统美学思想，朴，是追求事物的本质，拙，是藏巧于拙，超越机心的

2 朴拙之美的含义及特征

2.1 朴拙之美的含义

朴是道家思想中所出现的美学观念，在《道德经》里，朴的本义是"没有雕琢的大木头"，它是天然生成的，是合乎自然规律的产物，引申为真实、纯粹、诚恳、俭朴、朴素等含义。庄子曾说："朴素而天下莫能与之争美。"朴并非没有修饰，而是一种质朴、朴素的生命本初之美，推崇自然、朴素、简约的美。去除多余元素的堆砌，保留本真的意义和作用。

老子提出"大直若屈，大巧若拙，大辩如讷"。拙并非笨拙。巧是人工的巧，拙是天工之巧。道家认为技巧的发展是天性的压抑，工具的巧只能带来生活的便利，并不能带来心灵的涤荡。拙是自然状态，没有经过人为加工，它保留着原始的道心，呈现出自然朴拙的状态，具有对象从里到外的原生性，而且是表里如一、全体大用的原生性。它是经过人工雕琢又不见斧凿之痕，装饰点缀后又无迹可寻的大美之境。正如傅庚生在《中国文学欣赏举隅》说过"所云拙，古拙也，非于工之中仍残余其拙也，特于工巧之后又能反于古拙耳"。朴拙之美轻再现而重表现，以有限的画面体现无限的意蕴，给予鉴赏者更高的精神享受与想象空间。

2.2 朴拙之美特征

2.2.1 精简

朴拙之美追求自然的美感，没有多余的雕琢，朴拙之美与现代主义美学主张也高度契合。现代建筑大师密斯·凡德罗提出"less is more"（少即是多），是现代主义设计的核心思想理念，它的特点与此处的精简有异曲同工之妙，少不是空白，而是将烦琐的装饰去除，强调设计与自然的融合，简化造型，提升质感。朴拙之美亦然。剔除层层装饰，直达本心，用有限的形去表达无限的意，是极尽心意又看似空无一物的精巧。太

烦琐会限制人的思维，充分调动情感与想象，给人回味和想象的空间。

2.2.2 素净

天人合一的思想是中国传统价值观的重要组成部分，它指出了人与自然的辩证统一的关系，在美学范畴也有深远影响。朴拙之美追求自然之色，追求"朴素而天下莫能与之争美"的高级审美境界。庄子认为朴素美是一种高级美，是来源于生活和自然之中的美，是一种单纯的美。自然之色与留白之美交相呼应，给人素雅之味。朴拙之美不注重复杂绚丽的点缀，而是对物体本真的颜色进行归纳总结，是对"心"的表达。

2.2.3 留拙

留拙是一种不完美之美，是自然率真之美，如器物上有意识地留下加工的痕迹，或是保留材料本身的质感，或是造型上一些瑕疵的处理，这种自然流露给人舒适生动的美。留拙与日本侘寂美学中的残缺美有许多共同点，残缺是指将突破受众心理的平衡坐标形成一种冲突与矛盾，从而使视觉和心理都具有强烈的震撼感，形成一种向外四射的张力与魅力。虽然残缺本身是不完整之意，但在设计中又重新赋予了它新的意义。它展现的是一种意犹未尽之美，是通过对细节的处理，体现出设计的亲切感与人情味。留拙所呈现的美感在高技术的现代生活情境中倍显其审美价值。

3 带有朴拙之美的包装仿生设计

3.1 包装仿生设计

仿生设计学是工业设计与仿生学结合的产物，他吸收了来自自然的智慧，并将其与人类的社会生活联系起来，是目的性和规律性的集中体现。德国设计师克拉尼也是仿生设计的理论倡导者，他曾说："设计的基础应来自诞生于大自然的生命所呈现的真理之中。"这句话更道出了仿

生设计师从自然的核心。

包装仿生设计是设计师将自然生物的形态、结构、色彩、肌理、功能经过提炼与整理，找到与产品特性的契合点，然后进行艺术加工，使其呈现在包装设计中。自然生物经过几十亿年的演变，生物的自我保护所呈现的多样化形态为包装设计提供了用之不竭的灵感源泉。包装仿生设计不仅可以使设计更贴近自然，更增加了产品的趣味性，使产品更具竞争力，为我们的生活带来种种便利。近年来包装仿生设计成为包装设计中的新亮点。

3.2 带有朴拙之美的包装仿生设计模型

从上文的分析可以看出，仿生设计学是向自然学习的学科，朴拙之美亦是师从自然的智慧，因此，以自然为灵感，以包装仿生设计为路径，可得到一种使抽象的朴拙之美具象化应用的方法。如图1所示，首先要分析产品概念，用来选取与目标相符的仿生对象，这一步需要设计师去观察生活，发掘自然中特征相仿的对象，对仿生对象的特征进行归纳提取，仿生对象的特征选取主要包括形态、色彩、肌理、结构几个方面。分析其主要特征和次要特征。总结出的特征还保留自然之态，因此要对其进行抽象化、几何化处理，然后应用特征进行设计，并在这一步加入朴拙之美的特征。最后对设计方案进行细化并进行绘制。由此得到具有朴拙之美的包装仿生设计。

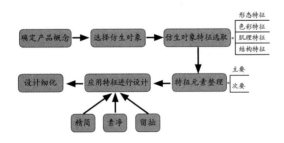

图1 带有朴拙之美的包装仿生设计模型
Fig.1 Bionic design model of packaging with the beauty of simplicity

4 包装仿生设计中朴拙之美的应用价值

4.1 文化价值

朴拙之美根植于中国传统文化中，人们常说，"文如其人"，将朴拙之美应用于包装仿生设计中，在体现品牌的修养与风度的同时，使中国传统美学在现代设计作品中得以体现，使产品包装不仅在外形上清新独特，更重要的是在有限的造型中所体现的思想内容上的价值。对品牌而言，朴拙文化与包装仿生设计二者的结合，使产品、包装、设计师、制作者、消费者形成贯通一体化感知系统，以传统美学制造出高层次的虚中求实，朴中有韵，空无一物，即有万物的想象空间。对消费者而言，在当今较快的生活节奏下，淡雅且有新意的包装仿生设计可以让他们得到短暂的放松，从而对品牌产生好的印象。对于当下社会发展而言，朴拙文化在仿生包装设计的应用，是科技与文化的碰撞，是文化自信在设计领域的表现。

4.2 环保价值

工业化的进程给人类带来了丰富的物质与便捷的生活，但随着钢筋混凝土滚滚而来的还有地球的满目疮痍。因生产力提高而引起的竞争压力增大，商家开始在产品包装上做文章，从而引起过度包装，造成自然资源的浪费以及环境的污染。20世纪80年代以来，以保护环境、保护人类自身健康，实现可持续发展为目标的"绿色浪潮"在全球兴起。日本设计师原研哉先生提出"RE-DESIGN"——世纪的日常用品在设计。设计是可以促进消费引导消费的，将朴拙之美应用于包装仿生设计中。在环保的浪潮中，用东方美学智慧与科技的结晶去践行绿色环保的设计理念，让设计师法自然又服务于自然，同时方便人类自身。

5 结语

众所周知，自然是最伟大的设计师，自然仿生设计给予包装科学的借鉴，朴拙之美则是对于自然之美的回归，二者结合带给设计者无穷无尽的创新空间，设计师应培养绿色设计能力，从国家经济状况、产品包装本质、消费者需求、设计材料选用各方面考虑。运用科学的方法，融入文化的内涵，让传统美学在当代设计中焕发新的色彩，服务于可持续发展策略。应当引导消费者认识到绿色包装的必要性，真正引起人们对自然之美的关注，对生命本真的思考，对环保的重视。

参考文献

[1] 冯鸣,杜书.探寻朴拙设计之美[J].科技信息,2009(35):132.

[2] 王向峰.老庄的美的形态论[J].社会科学辑刊,2000(2):126-132.

[3] 傅庚生.中国文学欣赏举隅[M].西安:陕西人民出版社,1983.

[4] 吴余青.朴拙之美:包装设计中传统文化元素的创新与应用[J].食品与机械，2017(8):111-113.

[5] 周承君,孙晓雅.大成若缺,大巧若拙——浅析招贴海报中的残缺美[J].大众文艺,2020(06)：95-96.

[6]孙宁娜,董佳丽.仿生设计[M].长沙:湖南大学出版社,2010.

[7] 李闯.传统手工艺中"拙"文化在包装设计中的应用[J].湖南包装,2020(35):85-87.

[8] 原研哉.设计中的设计[M].济南：山东人民出版社,2010.

[10] 罗莹,马瑞敏,闫润媛,等.绿色发展理念下的化妆品包装设计研究[J].产业与科技论坛2020,19(10)：72-73.

东方文化与仿生设计

杨滟珺

（大连工业大学，大连 116034）

[摘　要] **目的** 通过对东方文化精神的研究，丰富仿生设计的内涵与外延，对仿生设计提供全新的思路。**方法** 通过理论研究与现场测试对东方文化影响下的设计实践作出结果评估。**结论** 仿生设计如果注入东方文化精神，将会呈现更开阔的思维状态，也会为人类创造更多的有利于身心健康的设计作品。

[关键词] 仿生；天人合一；易经；空间磁场；自然节律；生长

引言：目前国内对于东方文化在设计上的应用多数停留在形式上的研究，对于东方文化精神的理解也往往偏于形而上的层面，所以我们想通过案例与设计实践来说明东方的文化精神不仅具有神采的飘逸灵动，还具有体的明晰。磁场、能量等不可捉摸的东西通过设计是可以在器具与空间中呈现并被大多数人感知的，希望东方的文化精神为仿生设计带来新的思考。

1 东方仿生设计概述

生物在千万年的进化过程中，为了适应环境而不断完善自身的组织结构与性能，不断地自我更新从而得以顽强地生存与繁衍。那历经亿万年甚至更久形成的自然构造、组织功能、内在规律等都给仿生设计极高的启谛。当下仿生设计已经不仅仅是对自然界的直接模仿，还包括人类为了与自然生态环境相协调，使人的身心与自然界生命体的节律同构而作的努力和探求的方法。仿生是师法自然的一种设计方法，而师法自然正是东方文化的精神。所以，对于东方文化精神的研究

不仅会丰富仿生设计的内涵与外延，也会对仿生设计提供全新的思路。

1.1 东方仿生设计中对生物的结构与功能的模仿

对生物的结构与功能的直接模仿是现代仿生设计的主要方式，东方的仿生设计也有这种方式，早在公元前 4 世纪中国人就受鸟类飞行的启发发明了风筝。等到公元 6 世纪末就成功地制造出足够大的风筝，其气动性能足以承受一个普通大小的人的重力。后来有人干脆拆掉风筝的线，这种拆掉线后的风筝就是我们今天说的悬挂式滑翔机。能工巧匠鲁班还发明了一种更精密的飞行器——木鹊。据说这是一种以竹木为材的战事侦察工具，能在空中飞翔三日不落。这种仿生设计方法从自然生物的结构中寻找灵感，侧重生物本身的形态、结构、功能等物质层面的模仿，也是现代仿生设计常用的方法。

1.2 东方仿生设计中对动植物外形的模仿

东方的仿生设计中对动植物外形的模仿是有自己独特的文化呈现的。中国的器具尽管对尺

度的把握纤毫入微，但也不会局限于对它们外在形象的客观摹写，总以传递器物的灵机生动为核心。荆浩在《笔法记》中说："度物象而取其真"，形神关系历来被画家重视，这种关系并不局限于书画，我们在很多传统工艺品门类如木雕、瓷器、玉雕、铜炉等的仿生形象中都可以窥见这种文化精神的呈现。《洞天清禄集·怪石癖》有记："东坡小有洞天石，石下作一座子，座中藏香炉，自变量窍，正对烟云之状。"这种对自然景观的生动模仿呈现了一种无声之沉醉的静穆之美令人动容。古代匠人善于从自然万物中汲取美的元素运用于器物中总是有着不一样的巧思妙想，宋代工匠将生活中常见生物的一些形态特征运用在陶瓷制作上，生产出了新颖且别致的器物。植物的枝叶、花朵、果实和各种动物都被匠人们用来做仿生设计，它们形态各异，或意趣，或精美，或优雅，无一不令人爱不释手。它们既可以作为日常把玩使用，又可以用来欣赏，为生活带来诸多乐趣。

1.3 东方仿生设计中对自然景观的模仿

对自然景观的仿生也是非常具有东方文化特色的，东方的仿生是忽略物我的对立，站在一个更大的生态观基础上的，我们熟知的东方园林设计就是对大自然的仿生，在园林中漫步，与其说是漫步在自然与人工完美合一的环境，不如说是漫步在心灵的环境。中国有自己独特的崇尚"天人合一"的自然观，把人与自然融汇为一，以一而观之。这已经不是单纯地模仿大自然，而是完全把人体、空间、自然当作同一个生命体来寻求彼此的和谐关系。在中国传统园林中亭、台、楼、阁这些有实用功能需求的建筑融入以山、水及植物为主的自然元素中，人工与自然在中国传统园林中和谐互补。园林不是单纯的视觉游赏空间，而是生活的容器，是具有诗意的生活方式的重要组成部分。

2 东方文化精神的应用实例

"天人合一"的文化精神不仅追求神采的飘逸灵动，还具有体的明晰。在东方"天人合一"的文化精神下，人体是个小宇宙，宇宙如同一个大人体。把握了这种规律就可以应用于各行各业。《易经》《黄帝内经》已经清晰地阐述了宇宙万物流转变动的规律。这些书既适用于治国安邦、行军布阵、治病救人，还适用于设计器具、设计空间等。

2.1 东方文化精神在器具设计上的应用

中国古代有一件令西方科学家琢磨不透的神奇的发明"鱼洗盆"，就是根据易经的原理设计的。"鱼洗盆"表面看与一般的铜盆没有多大区别，不同的是，它的左右两边各有一个金属材质的"耳朵"，它的特殊之处在于，在盆里放入适量清水，当用手轻轻摩擦它两边的耳朵时，会形成浪花和迸溅出水珠，力度把控好的话，还会形成几十厘米的水柱，让人叹为观止。不仅如此，摩擦的同时还可以听到"黄钟之音"。美国、日本的物理学家，运用先进的仪器和手段，对"鱼洗盆"进行深入研究，却没有弄清"鱼洗盆"的制造原理，于是给鱼洗盆产生的效应起了个名字为"易经效应"。在20世纪80年代，曾经有美国的科学家仿制出"鱼洗盆"，但是摩擦盆两边的耳朵时，既不能产生壮观的水柱，也没有"黄钟之音"。现代科学虽然慢慢由线性往非线性过渡，但是无论经典力学、电磁理论还是量子力学，其理论模式都建立在线性逻辑的基础上，但是真实的世界、真实的大自然更多的情况下是非线性而混沌的，并不符合线性原理。这样的局限性是没法解释自然属性的阴阳"鱼洗盆"何以能喷水的，也没法理解它的构造原理。

2.2 东方文化精神在空间设计上的应用

其实，中国运用易经原理建造的宅院、村落是很多的。安徽的古村落呈坎就是一个典型的案例。它是以先天八卦与人文八卦相融合布局形成的，被称为中国古村落建设史上的一大奇迹。村落周边矗立的八座大山，自然形成了八卦的八个方位。村内的龙溪河呈"S"形——自北向南穿村而过，形成八卦阴阳鱼的分界线。呈坎以它的独特风水布局成为徽州著名的风水宝地。安徽还有一个古村落宏村，尽管是以牛形村出名——因为村子的构造很像牛而得名。事实上，当时建造它更主要的也是考虑风水布局：背靠祖山、少祖山、主山，左右是左辅右弼的沙山——青龙、白虎，前有流水。建筑大多数朝向气口，通过街巷、水系等线条空间及广场、水口、桥等节点串联、围合和发散，使整个村落空间结构并然有序。这样的空间以人为的设计达成与天地的合一，是更开阔意义上的仿生。这种设计能充分利用天地的能量场，借天力补人力。通过设计使空间成为纯正的能量场，在这种场能的影响下，人的身心自然安泰，作为一体的外物也自然和顺。设计的过程中往往把空间当作活生生的生命来调节，调节的过程如同中医给人体调病，不断化解空间的郁结，使气息更加顺畅和顺，聚散有度。并通过设计引来天地的正能量场来补充空间能量场，最终达到"天人合一"的妙境。

3 东方文化精神为现代仿生设计提供新的思路

我们不妨把"天人合一"看作是中国人特有的仿生观。既然天、地、人、物是一体的，那么能不能说人类和生物本身就是宇宙的仿生？假如仿生建立在这样的理论依据上，那么设计空间、设计器物便如创造一个生命的诞生。以空间设计为例：假如把空间看作一种有机体，设计这个空间的过程就像参与自然生物的成长过程。空间中多一道墙或家具，都会影响空间的能量场。在一个整体中，器物不仅各自有各自的状态，而且互

相之间又能起着生助而制约的作用，使各自原本为一的状态，通过融合化为一个大整体。使原本单一的能量运行方式，转为更有效的综合能量体的释放方式。天地之气是如此，人是如此，万物都是如此，并且这种融合和流通是可以通过具体的方式落实的。我们小主体除受天地大环境的影响外，对我们有更重要影响的是自己居住的小环境，这个小环境的能量流动状态时时刻刻影响着我们的能量补给状态，并且可以被适当调整、改善来更好地帮助我们。

4 东方文化精神在现代仿生设计中的应用

当下，要把东方的文化精神落实在设计作品中，使器物或空间合于自然的节律，产生正能量场，有利于人的身心健康。这听起来似乎很玄妙，容易让人纳入神秘主义的范畴，但事实上是有规律可循的。只要把握其中的规律，并不神秘也并不难实现。实现的方式也是多种多样的，并且可以有实验、有结论、有测试。徐晓宁老师致力于这一方面的研究多年且成果显著。他设计的能所原力板可以将需要转化的酒、茶或者咖啡、水等放置上面经过 2～5min 就可以体验到口感更加绵软醇厚。使用他设计的能量枕会感觉身心都很放松，人放松了以后妄念和情绪都很容易消散，很快就进入梦乡。他设计的空间对抑郁症等各种心理问题都有疗愈作用。前几天，作者刚参与了他的一个空间实验：在一个空间内通过特定方式的调整，空间的磁场会发生变化，这种正能量磁场可以调节人的心情，可以化解不良磁场的干扰，甚至可以改变食物的味觉体验。我们用葡萄酒对调节后的空间进行了测试，同样的葡萄酒，在调节好的空间内喝和在未调节的空间内喝，竟然味道相差很大。其中到底发生了什么？为什么会出现这样的结果？恐怕也不是现代科学

能解释通的，但是效果却是有目共睹的。

5 结语

在东方的文化观念下，空间、器具都具有能量流动的特性，通过设计可以灵活使用这种特性，缓解、疏通、整合空间或器具的有利或不利因素，使整个人居环境得以充分改善，以利安住。所有这些方面的独特设计，都是在帮助我们更好地完成与大自然、周遭环境、内心世界的融合，这种设计与其说是对大自然的仿生不如说是与天地人之间沟通而合一。我相信未来的仿生设计如果注入东方文化精神，一定会呈现更开阔的思维状态，也一定会为人类创造更多的有利于身心健康的设计作品。

参考文献

[1] [德] 雷德侯.万物：中国艺术中的模件化和规模化生产[M].张总，等，译.北京：生活·读书·新知三联书店，2012.

[2] 潘启明．周易参同契[M].章伟文，译，北京：中华书局，2014.

[3]艾克哈特·托尔.新世界：灵性的觉醒[M].张德芬，译.海口：南方出版社，2008.

[4]赖声川.赖声川的创意学[M].桂林：广西师范大学出版社，2011.

[5]黄仁宇.中国大历史[M].北京：生活·读书·新知三联书店，1997.

[6]吴清源.中的精神：吴清源自传[M].王亦青，译.北京：中信出版社，2016.

[7]艾伦·鲍尔斯.自然设计[M].王立非，刘民，王艳，译.南京：江苏美术出版社，2001.

[8]迈克尔·苏立文.中国艺术史[M].徐坚，译.上海：上海人民出版社，2014.

[9]陈振濂.书法美学[M].济南：山东人民出版社，2006.

[10]杨钧.中国古代奇技淫巧[M].北京：群众出版社，2012.

新工业产品背景下的传统文化仿生设计研究

周春丽

（东北大学，沈阳 110819）

[摘 要] **目的** 通过研究得出一套以传统文化为核心灵魂、以仿生设计手法为手段的设计方式。背景 在科技飞速发展的当代，人们需求层次逐渐得到提高，互联网、大数据、人工智能等时代背景下催生了许多新工业产品，基于"文化支撑科技发展，科技发展实现文化传承"理念，如何在当代新工业产品背景下更加完整化、合理化、科技化，对传统文化进行创新性传承将是当代设计需要解决的重大问题。**方法** 通过案例分析、逻辑推理、文献综述等方式进行传统文化仿生设计理论研究。**结论** 以新工业产品为输出载体，实现理性与感性的综合，文化传承与科技创新协同发展的新时代设计发展理念将是创新当代设计理念、开拓新型文创、实现文化活性传承的重要途径。

[关键词] 新工业产品；传统文化；活性传承；仿生设计

引言：推动和发扬中国传统文化，以仿生设计为主要途径，通过计算机系统对可仿生传统元素进行整理归纳并建立数据样本库。配合多种设计手法及交叉学科特色进行传统文化的当代性、过渡性、未来性仿生设计创新，对设计对象元素及其内涵等深入剖析，用设计的方式将传统文化中可视与不可视的可仿生元素运用在新工业背景下的产品设计过程中。以期在工业4.0全面到来之前从设计阈内出发，以奔赴未来设计为宗旨，形成兼具活性传承与文化时代创新的传统文化仿生设计圈，让设计与时代并进。

1 传统文化仿生设计概述

在现代设计领域中，仿生设计一直是最新鲜、最具活力，同时又是具有鲜明个性特征与色彩的设计理念与创新方法。其涉及数学、生物学、电子学、物理学、控制论、色彩学、美学、传播学、伦理学等诸多学科领域。当前研究中，一般会将仿生设计分为形态仿生、肌理仿生、质感仿生、结构仿生、功能仿生、色彩仿生、意象仿生等不同的方面。这是人类坚持自然世界已知与未知的好奇心去不断探索自然，反映客观自然形象的体现，也是我们承接与创造的新契机。而传统文化仿生设计是针对我国传统文化，在仿生设计领域通过特定多元手段进行设计的以文化传承为目的的新型仿生设计焦点，具有文化传承与前瞻性创新双重特质。

1.1 传统文化仿生设计现状

仿生设计通过对造型仿生、功能与结构仿生

等综合应用从而满足用户对产品个性化与风格化追逐的思想途径，从设计角度体现出了人与自然

差异对照分析法主要分为对象设定、差异分析、综合设计三个阶段（图1）。第一阶段对

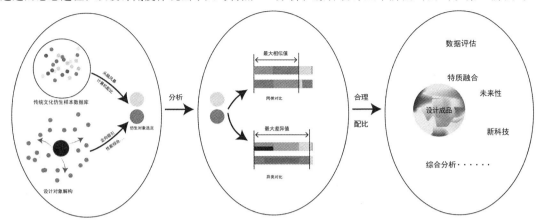

图1 差异对照分析法原理展示图
Fig.1 Schematic diagram of the DCA method

平衡及科技与艺术融合的理想状态。新工业产品时代，运用传统文化进行新型仿生创新的设计手法未能得到普遍运用，所幸出现了受大众喜欢的提取故宫建筑、色彩、纹样等为途径进行的故宫文创产品的设计，这是当代设计者对传统文化关注度的体现，是在工业4.0即将到来的时刻，设计过程中多元化对传统文化以设计的手法进行常态化活性传承显得尤为重要。

1.2 传统文化仿生设计特点

传统文化仿生设计是在仿生设计理念基础上以转移关注点的方式对仿生对象进行合理调整，从我国传统文化中的语言、图形、建筑等多方面出发进行的设计，将关注点放在人—产品、产品—自然、产品—社会、人—产品—自然、人—产品—社会、自然—产品—社会等设计关系中，与多种设计方式相结合，使所设计对象具有生动形象、情感丰富、内涵突出、前瞻性强、素材来源广、未来性强等特点。

2 传统文化仿生设计在新工业产品中的应用方式

2.1 差异对照分析法

所设计对象进行分解，根据其特点从传统文化中探寻合理仿生对象，最终依据配比程度选定仿生对象。第二阶段用差异分析方式对仿生对象及设计对象进行同类对比与异类对比，以得出两者最高共性值与最高差异值为主要目的，从而加强对设计对象与仿生对象的整体数据化认识，可更加精准确定后续设计合理性与成功可能性。第三阶段在前两阶段基础上进行整体综合设计分析与评估，使传统文化仿生设计手法与新工业产品同步创新成为可能，并在一定程度上对这一设计创新方式提供相关数据。

2.2 分解提取融合法

以设计对象为中心，依托传统文化仿生数据库，根据元素定点寻找的方式从传统文化中发现仿生对象并对仿生对象与设计对象进行元素分解融合（图2）。元素分解主要围绕产品设计过程中对色彩、材质、工艺、造型、肌理、结构、内涵等方面要求进行精准解构，通过造型仿生、功能仿生、结构仿生等各种仿生类型进行系统综合，采用稳固的三角形法则确定设计的主要创新点，以三角形端点元素为微型主体进行仿生对象锁定并进行特质融合与简化形成微型仿生子系统。再由多个子系统围绕设计主体融合成主系统，形成

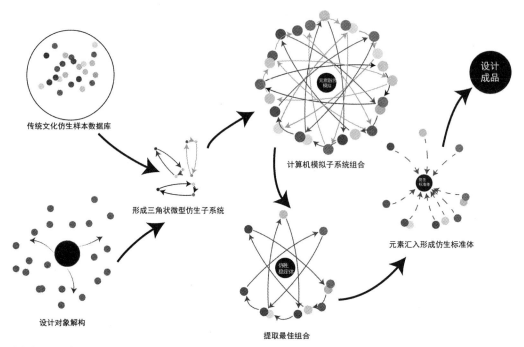

图2 分解提取融合法原理展示图

Fig.2 Schematic diagram of the decomposition and extraction fusion method

对象解构—对象锁定—对象融合—终极设计的设计模式，从而形成从微观到宏观的传统文化仿生设计产品生命圈。

2.3 科技生物冲击法

人工智能、大数据等飞速发展使产品设计亦愈趋智能化。因此，运用仿生设计方式从传统文化中提取元素对相应产品进行情感造型等的设定非常必要。主要有以下三个方向。第一，进行科技生物大脑情景设定，将研发机器人等科技生物过程中使其"失控"的程序误差降到最低，通过对场景模式的调控去控制机器人等科技生物的运行轨迹，限制其大脑阈值，催生出"过去—未来"式科技生物控制系统。第二，通过传统文化中自然物进行仿生运用，进行"有温度的艺术创作"，将科技生物圈的冰冷感降到人类能接受的最低阈限，构建人类与未来科技生物良好交流新通道。第三，通过科技生物冲击探寻新方向、新

理念及具前瞻性的设计手段与审美风格，用未来的方式对传统进行传承是将传统带去未来的新方式与新契机。

2.4 组合排列设计法

对仿生对象与设计对象相关元素特征进行归纳整理，运用数学学科领域中排列组合的方式及进行类型组合，得到并形成基数充实、特征突出的传统文化仿生设计样本库，为设计者提供导向性选择库，在保证元素来源广度的同时为设计者规范化设计精度，提升设计对象综合设计效果（图3）。融入符号学内容，将表达产品本身功能的符号与体现使用者精神需求和象征消费文化的符号进行整体分析。整个设计过程通过对元素分解排布并按照排列组合式进行重组，增加设计可能性与趣味性，从设计方法设定的角度确保整个设计过程中设计基础元素的多样参考性，并根据数学理论依据挑选出最合适的设计结合点，增加整个设计过程的稳定性。

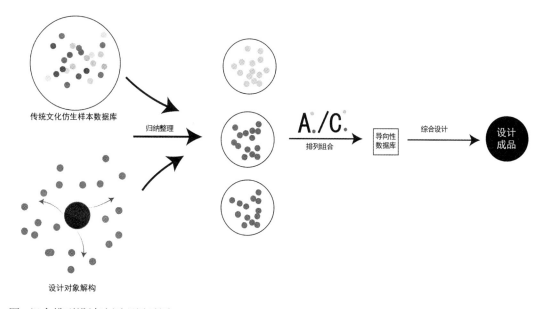

图3 组合排列设计法原理展示图
Fig.3 Schematic representation of the combinatorial arrangement design method

3 传统文化仿生设计在新工业产品中的实现路径

3.1 学科理念创新教育奠定层基

学科理念创新教育在传统文化仿生设计中的定向理念培育是从教育宏观层面为传统文化活性传承进行理论奠基的过程。根据分类培育的方式将设计者人群分为学生群体、相关从业者群体及其他群体三部分。其中，学生群体培育主要从高校学科课程体系建设、学科特色优化、学生理念创新等角度出发，以教师教学、文案传播、媒体互助等方式为媒介培养学生以独特视角主动了解艺术现代性追求与文化现代性建构的关联以及当代大众传播制度对于文学艺术活动、文学艺术作品的效果影响以及这种影响的实现过程和美学意义的理解等。相关从业者群体培育则以其从业方向及相关组织机构风格特色，对应用户群体及公司等发展方向为重要导向因素进行定向培育，使其设计手法与对象内涵更丰富稳定。其他群体培育则在前两者基础上对周边进行文化灵晕扩张，以"类无意识"方式有意识对相关理念进行传播，为建设宏观传统文化仿生设计生态系统奠定基础。

3.2 "交叉模拟"平稳进阶

对产品设计各个阶段合理协调是保证产品平稳落地的基本要求。传统文化仿生产品设计过程中，合理调试可大程度保障产品公众接受率及市场存活率。交叉模拟主要以科技发展为导向，电子信息仿真系统为手段进行阶段化模拟，依据模拟对象与模拟内容的差异将其分为设计对象本体模拟、设计对象邻近模拟、设计对象系统模拟三个阶段。第一阶段为设计对象本体元素与仿生对象元素之间的比对模拟，得出产品最佳色彩、结构、材质、造型简化度等多方面的和谐性，扩展产品整体张力。第二阶段为设计对象本体与邻近产品间的比对与调和模拟，从功能与造型两个角度出发，从本体与他体两方向综合预估并导出差异参数，通过参数调控控制产品功能与造型配比最佳舒适区，稳定产品整体效能。第三阶段从传统文化仿生角度与其他角度进行系统性检测，运用参数与算法合理调试，保证产品综合性能优良度。这是从中观角度让传统文化仿生设计生态系

3.3 "系统跟踪"保驾护航

"系统跟踪"系统是对传统文化仿生设计的全程数据监控，以传统文化仿生设计为源头，以数据控制宏观调控为媒介，是确保仿生设计产品整体合理性的重要保障。通过对传统文化样本库分类导向式统计、仿真匹配度模拟、性能终极考察等进行全程跟踪等方式，确保准确提取仿真元素、提高元素与被设计对象高融合度、降低模拟全程误差等，完善产品设计流程，从细节到局部再到整体，全程跟踪指导，形成稳定的以传统文化仿生设计为主要导向的设计跟踪与评估系统，其以电子产品为媒介，通过电脑对传统文化仿生元素样本库的建立与输出，根据设计者个人爱好个性化设定、功能用途进行数据类比设定。帮助设计者迅速了解相关领域最新设计趋势，便于产品精准定位与合理创新，为整个设计保驾护航。

4 传统文化仿生设计在新工业产品中的应用意义

4.1 创新当代仿生设计理念

仿生设计是工业城市化发展背景下人们精神领域向自然与人性回归的物化表现。而传统文化仿生设计的提出是仿生设计领域的理念创新，通过对传统文化的解读与传播，探索生命本能及本质属性，关注人性与情感需求，注重人文精神沉淀及再造，运用工业与艺术、文化、科技和谐共生的关系，从人性关怀、物尽其用理念出发，帮助人们运用设计手段实现对传统文化的现代化设计，促进实现传统文化中自然物与人类精神领域重组重生、艺术与现代科技并进式发展。从源头上进行理论冲击与观点提出，通过当代科技手段对其进行保驾护航，这将有助于形成多元化时代设计特色化美学新观，在工业4.0到来之前用设计的方式进行创新，完美衔接信息化逐渐向智能

化过渡裂缝进程中对传统文化的设计传承。

4.2 开拓新型文创设计方法

科技背景催生了很多文创产业，但受限于设计大环境在我国仍处于低迷的状态，文创产业的发展目前仍十分缓慢。从传统文化中汲取语言学、符号学、工艺美术学等多方面文化内涵深入剖析，通过仿生的手段配合"隐喻设计"及"叙事设计"，运用简化、抽象、夸张等艺术手法将仿生对象特征运用到产品外观，提取生物体元素。立足当代新型产品设计内容及工业4.0逐渐到来，各种生活学习及科技产品等愈趋智能化的特点，将两者合理融合，探寻出一条集古今与未来为一体的仿生设计方式，拓宽文创设计方法，可助力文创设计前瞻性发展开辟新道路的同时助力新工业产品背景下设计在经济、文化等方面起到有效促进作用。

4.3 实现传统文化活性传承

将传统文化生物系统中的优越结构和物理学特性结合，从而在性能、形态、结构上得到比自然物更优化的设计，以仿而超之的手段达到"超越仿生"的目的，使用观物—取象—制器的理念，并分析"观象制器"造物思想在传统器物设计和现代产品设计上的发展过程和具体体现，对人与自然、人与社会、人与科技之间的关系进行思考。并借鉴生物局部特征及其整体结构甚至系统工作原理，评定其机能关系及适应、生存和演进方法。但无论是对传统文化中的"实体物"进行未来性仿生产品设计还是对传统文化中的"虚构物"进行"可视化—仿生化"的设计，都是以当代人思维方式在对传统文化物已有认知的基础上进行的创新与活性传承，更是在现有基础上创造具有民族特色与文化内涵的未来物的新方式与途径。

5 传统文化仿生设计发展趋势

学习和利用自然界生物的外观形态逐渐成为

技术革新的新方向。仿生设计体现了人类对人与自然共生这个哲学命题的认识和思考，是工业产品设计的潮流和趋势，也是保持生态环境可持续发展的方向。而传统文化仿生设计属于仿生设计的一种，具有边缘性、交叉性、创新性特征，当代传统文化仿生设计将具备以下三阶段发展趋势。第一阶段依赖系统科学支撑，达到构建形成当代背景下传统文化仿生设计新理念、新方向的目的。第二阶段在技术与人文并重的层面于工业4.0完全来临之前对现有产品过渡性创新。第三阶段用仿生设计手段追求人与自然和谐共存，真正践行在精神上追求传统与现代、自然与人类、艺术与技术、主观与客观、个体与大众等多元化的设计融合与创新，体现辩证、唯物的共生美学观，形成科技生物圈中的传统文化仿生圈，以一种持续性发展的方式前瞻性发展。

6 结语

全面智能化时代即将到来，科技生物圈的形成已成必然。以差异对照分析法、分解提取融合法、科技生物冲击法、组合排列设计法等方式为手段，以学科搭建、交叉模拟、系统跟踪等方式为媒介，以聚焦传统文化进行前瞻性仿生设计为目的的模式实现当代手法对传统文化的活性传承。全程以仿生样本数据库建立为依托，进行元素提取、焦点融合、结构设计等多方面综合。从源头上解决仿生对象定位不准确、设计对象特点难锁定、设计内容难梳理等问题，站在为全面智能化到来前进行过渡性设计的角度对传统文化中的可仿生对象进行定性认知与研究，是助力传统文化仿生设计前瞻性发展的重要手段与必经途径。

参考文献

[1] 于帆.仿生设计的理念与趋势[J].装饰,2013（4）:25-27.

[2] 陆冀宁,丁磊.仿生设计的目的性分类研究[J].装饰,2016（2）:138-139.

[3] 鞠思远,徐力.从未来工业4.0展望工业设计[J].设计,2015（17）:82-83.

[4] 郑刚强."仿而超之"——游艇仿生系统设计原理及应用研究[J].装饰,2013（4）:93-94

[5] 杨菲.设计符号学在产品设计中的应用[J].大众文艺, 2015（18）:125.

[6] 聂晴晴.《文艺美学如何可能》评介[J].美育学刊, 2020（1）:74.

[7] 郑林欣,卢艺舟.产品设计中的动作隐喻[J].新美术,2016（7）:125-127.

[8] 许永生,吴尤荻.产品形态仿生中的叙事设计研究[J].设计,2019（13）:86-88.

[9] 王婧文."观象制器"造物思想在产品设计上的体现[J].设计,2019（13）:80-82.

[10] 薄其芳,宋玉凤.浅析形态仿生设计产品的发展趋势[J].美与时代,2010（07）:78-80.

中国古代与近现代工艺美术仿生设计探析

黄钰博[1]，张舸[2]

（1.湖南大学，长沙 410000；2.吉林大学，长春 130000）

[摘　要] **目的** 从古至今，人们都崇尚"天人合一"的造物思想，因此工艺美术设计中的仿生设计都是通过对人、动物、植物等自然界万事万物的形态、结构、肌理、色彩等特征进行模仿与借用或者意象联想。古代工匠与近现代设计师所运用的仿生观察方法和采用的设计方法虽相去无几，但近现代的仿生设计方法依托产品语义学、色彩理论以及认知心理学等理论，更为系统化。**方法** 以古今工艺美术设计品的纹样、造型作为探析的主要对象，通过文献分析进行相关理论整理，结合古今工艺美术设计实例分析研究其仿生设计的具体方法。**结论** 论述了不同时期中国工匠及设计师的仿生设计思维方法。

[关键词] 仿生设计；中国工艺美术；艺术美学；造物思想

引言：我国工艺美术设计发展有着漫长的历史，纵观中国工艺美术史发展轨迹便可以发现，古人早已踏上模仿自然生态的设计道路。在不同时期，仿生设计的应用使器物散发出与众不同的个性魅力与耐人寻味的美。本文将以古今工艺美术设计品作为探析的主要对象，论述中国工匠及设计师的仿生设计思维方法。

过对人、动物、植物等自然界万事万物的形态、结构、肌理、色彩等特征进行模仿与借用或者意象联想实现的。工匠和设计师们留心观察自然，取物于自然，将自然之美通过工艺美术融入人的生活，创造人类社会与自然的高度和谐。应用仿生设计观念的器物，其内在蕴含了人与自然和平共处的生态设计观。

1 "天人合一"

师法自然的仿生设计是"天人合一"造物思想的体现，它让设计回归到自然，使人与自然的联结变得更为紧密。

从古至今在工艺美术设计中，工匠和设计师们在设计思维方法上都崇尚"天人合一"的造物思想。因此，工艺美术设计中的仿生设计都是通

2 古代工艺美术仿生设计

2.1 仿生纹样

在中国古代工艺美术中，仿生纹样生物形象纹饰多具有象征性内涵，人们会把生物形态、自然现象抽象成为与生活息息相关的、具有多重寓意的纹样，这种寓意仿生与当时人们的价值观、宗教信仰、生活环境等因素密不可分，有些表达

的是对平安喜乐、吉祥如意的憧憬，有些表达的则是对神灵的敬重与祈求。如石榴寓意着多子多福、儿孙满堂，因此贵州少数民族地区的妇女们会将石榴纹绣在衣袖之上（图1），以表达美好的心灵祈盼。其纹样取材于自然却又超于自然，一方面带给人真实的美感，另一方面纹饰不是如实地描绘，而是具有了装饰的美感，与此同时，整

图1 清代贵州雷山地区石榴纹戳纱绣衣袖片（图片来源：笔者拍摄）

Fig.1 Pomegranate embroidery sleeve pieces in Leishan area, Guizhou Province in the Qing Dynasty （Photo source: taken by the author）

幅绣片的纹样构成也有着独具地域特色的韵律与节奏。由此也可见，少数民族民间仿生造物实质上蕴含着颇具哲学文化内涵的仿生造物手法，即"天人合一"。植物仿生设计常出现在金银器物中，如双鸾葵花镜造型多为八出葵花形，其葵瓣造型圆润饱满、弧度自然，有着意寓吉祥、健康长寿之意，多受世人喜爱。

2.2 仿生造型

自然界是极其丰富的造型资源宝库，历史学家们在分析古代工艺美术器物形制时，常用"象生"或"肖形"来形容仿自然生态的器物。古代陶瓷器、青铜器、玻璃器、编织器等器物中都会有仿生设计的身影。主观经验和客观信息通过联想、想象后联系起来，能引起其他人更广泛的联想，增加了它的趣味性。仿生造型手法主要包含单一具象仿生和组合式仿生。

2.2.1 单一具象仿生造型

单一具象仿生是指把某一具体的自然动植物形态运用到器物造型设计上，通过器物可以清楚地展现所模拟对象的整体造型或局部造型。如形状作野公猪的商代豕形铜尊（图2），外形惟妙惟肖，四肢十分粗壮，两耳竖立，獠牙外露，整体造型敦厚雄壮，具有狞厉之美。华盖把手造型为

图2 商代豕形铜尊（图片来源：湖南省博物馆官网）

Fig.2 Shang Dynasty rag-shaped bronze zun （Photo source: official website of Hunan Museum）

一只蓄势待发的凤鸟。猪是财富的象征，同时也代表生活安定。此类单一具象仿生的古代器物代表还有黑陶鹰尊、双羊尊、彩绘木雕鸭豆等。在仿生设计过程中常采用夸张或形态简化等手法，以简明扼要的造型手法进行器物的塑造，让观赏者、使用者更为真切地感受到仿生对象的原型特征。简化处理的手法有规则化、条理化、秩序化、几何化等。具象形态的仿生设计完美地体现了"观物取象"中的"观"。用眼睛和大脑观察自然物象，对自然事物从外形上进行模仿，对自然中的植物或者动物的形态进行组合构造，创造出一个全新的形象。

2.2.2 组合式仿生造型

早期的仿生设计源于自然，注重表现人类对自然万物生灵的敬畏与崇拜，不仅寓意深刻而且以物传情、借物言志，充分地表达人类的审美愿望和情感志向。当时的工匠、设计师会以多种动物形象或植物形象甚至于神话形象进行组合设计，而创造出为人们见所未见、闻所未闻的全新器物形态（或纹样图案）。如在人们传统的宗教观念中，动物具有强大的生殖繁衍能力以及生命力，因而基于这种自然崇拜，民间手艺人仿照生活中所见的各种动物，揉合它们不同部位特征，创作出千奇百怪的"泥狗狗"。其造型多为奇禽异兽或是人兽同体，给人以离奇、幻化的视觉感受。

3 近现代工艺美术仿生设计

近现代的工艺美术仿生设计方法则依托了产品语义学、色彩理论以及认知心理学等理论，已涵盖了生物学、材料学、工程学、艺术美学等诸多学科，从形态、功能、结构、肌理、色彩、意象等诸多方向进行设计研究更为系统化。近现代设计师也继续从自然生物中汲取创作灵感，较之古代更多地运用到材料替换或是意象概念转换等设计手法。充分运用联想法，对仿生对象展开丰富的想象力，挖掘仿生元素，并进行归纳、提炼、升华、总结。仿生融合的方法主要有设计师根据设计原则和审美取向的融合和借助计算机算法的融合。

在器物设计中，因为不同肌理表现会给人以不同的心理感受，所以人们往往利用生物肌理的特性赋予肌理语言的功能，通过对器物材料表面纹理方向的加工来提示使用者的操作功能。古代工艺美术器物中也有部分肌理仿生，但多数只停留在器物表面的质感层面，模拟生物表面肌理一种自然属性，传达器物造型材料的表面组织结构、形态和纹理等审美体验和视觉效果，如光滑与粗糙、肌理形态结构的变幻、纹理的排布状态等。从自然中获取灵感与仿生设计方法，探寻生物奇特的组织结构和肌理，从而研制出新的材料与工艺，可以指导人类社会的可持续之路。例如，天然纳米纤维素高性能结构材料（简称CNFP）综合性能优异，而强度、韧性均超过传统的合金材料、陶瓷。

应用于近现代工艺美术的仿生设计结合了电子学、物理学、机械学、动力学、色彩学等多类高科技知识和技能。随着科学技术的不断发展，近现代设计师越来越多地开始进行仿生物表面肌理与质感的设计，而且不仅仅停留在视觉或触觉这些表象层面，还突出强化其某种内在功能的需要。设计师要能够从使用者的心理角度出发和考虑，使设计在心理上谋合人们的欲望，情感上满足人们的需求。

4 结语

基于自然与人性回归的仿生设计思想理念，意在寻找人、自然和社会三者的契合点，探索、尝试和形成更自然、更人性的生活方式，实现人类社会与自然高度的和谐和一致。仿生设计通过自然媒介将内在功能、形式与审美恰当地融合在一起，追求与自然统一的生态观，这是现代艺术发展的趋势和理想，更是整个设计领域不断追求的目标。工艺美术仿生设计以大自然为依托，遵循"天人合一"的哲学造物思想，在人与自然和谐共处的可持续发展大环境中，设计师们会在自然中捕捉规律与灵感，轻松地实现主体感知的替换，不断创造出更多神形兼备的作品。

参考文献

[1] 罗仕鉴,边泽,张宇飞,等.基于形态匹配的产品仿生设计融合[J].计算机集成制造系统,2020,26（10）:2633-2641.

[2] 高雪华."观物取象"在产品设计中的应用研究[J].工业设计,2020（09）:68-69.

[3] 张家豪,权威,任新宇.论文创产品设计中的仿生设计手法[J].美术教育研究,2020（16）:74-75.

[4] 饶胜.妙极神工的盛唐花式铜镜[N].中国文物报,2020（006）.

[5] 董甲莹.中国传统器具中的仿生设计[D].淮北：淮北师范大学,2018.

[6] 王丽梅.唐代金银器造型仿生设计范式研究[J].包装工程,2016,37（02）:34-37+43.

[7] 李娜.自然睿智的启示[D].杭州：中国美术学院,2013.

[8] 于帆.仿生设计的理念与趋势[J].装饰,2013（04）:25-27.

[9] 田保珍.仿生设计方法探析[J].艺术与设计（理论）,2009（03）:169-171.

[10] 代菊英.产品设计中的仿生方法研究[D].南京：南京航空航天大学,2007.

仿生设计与食品包装的设计应用分析

王楠

（东北大学，沈阳 110819）

[摘　要]**目的** 对食品包装中所蕴含的仿生设计进行分析研究。**方法** 中国自古以来就善于利用仿生设计来进行包装，师法自然的形态不仅具有经济性，而且结构合理，形态美观。随着现代设计的不断发展，仿生设计的包装更加符合人们在情感方面的需求。基于国内现有的仿生设计包装，通过文献研究法、案例分析法，细致分析仿生设计和食品包装设计之间的融合方式。**结论** 仿生设计和包装设计相结合，对于包装设计本身的发展具有很大的促进作用。食品的包装更加具有亲和力，满足了人们如今回归自然的愿望，拉近了商品和消费者之间的距离，同时也使设计师的情操在整个设计过程中、在对自然的感悟中得到陶冶。**意义** 对食品包装中的仿生设计进行研究，可以给包装设计注入更加新鲜的血液，是不断探求如何达到人与自然、自然与设计相和谐的必经之路。

[关键词] 仿生设计；食品包装；包装设计；现代

1 仿生设计的起源与国内外发展现状研究

1.1 仿生设计的起源

所谓仿生设计，也就是模仿自然界生物的设计。1960 年 9 月，美国的俄亥俄州空军基地召开了第一届仿生学会议，在这次会议上将仿生学定义为：模仿生物原理来建造技术系统，或者使人造技术系统具有类似于生物特征的科学。许多科研者在技术上遇到的瓶颈和问题，在生物界中早就出现类似的情况，并且随着物种的不断进化已经被解决。例如，第一次世界大战时，潜艇的上浮下沉功能采用的是铅块来进行增重减重，而鱼类的鱼鳔可以通过增减氧气含量来使自身自由沉浮。王受之在《仿生学纵横谈》说道：仿生设计以仿生学为基础，仿生设计是仿生学的一个分支。仿生设计的内容十分宽泛，可以有很多角度来进行分析和探讨，本文着重以艺术设计的角度去进行理解分析。

1.2 仿生设计的国外发展现状研究

随着工业革命的发展，工业革命带来了技术上的创新，英国开始了工艺美术运动，如威廉·莫里斯在 1883 年创作的《玫瑰织物》，充分应用了自然界中树叶、花卉、藤蔓的元素，构成了仿生艺术设计的雏形。随后进行的新艺术运动，在继承工艺美术运动对于自然界的崇尚的基础之上，更好地融合了自然界和工业产品的创作。20 世纪 20 年代兴起的装饰艺术运动，其所涉及的自然界的元素更加宽泛，不仅仅是植物、花卉、藤蔓、鸟类等，还出现了阳光放射型、闪电型、星星型等自然装饰元素。最著名的仿生设计大师路易吉·柯拉尼说："我所做的无非是模仿自然界向我们揭示的种种真实。"他的设计作品不仅融合了仿生元素，也跳出了传统的理论逻辑设计束缚，设计出了大量的自由度很强的产品，甚至融合了人体工程学的内容，这对于后来的仿生设计发展产生了极大的影响。

1.3 仿生设计的国内发展现状研究

中国自古以来就善于利用仿生设计来进行包装。我们的祖先在几千年前就开始模仿鸟类进行筑巢，见飞蓬草随风旋转而做出了车，见雄鹰翱翔于天际便造出了风筝，见鱼类遨游江河湖海而造出了船。由此可见，国内的仿生艺术设计所蕴含的文脉是十分丰富的，在今天依旧有十分强大的生命力。国内仿生设计的研究在食品包装中虽然有很多研究方向和视觉角度，如研究包装中的色彩仿生、肌理仿生、图案仿生等，但是仿生设计在国内的研究时间并不是很长，在短短的30年内，这门新型的边缘处交叉学科已经引起学界的广泛关注，并且有越来越多的学者去探讨研究仿生设计在不同领域内的应用成果。

2 现代食品包装中的仿生设计

2.1 现代食品包装中的功能仿生设计

功能包装指的是包装设计的安全性、便携性和储藏性，设计师在进行设计的过程中，需要考虑产品从生产到包装、运输、储藏、营销、携带、拆卸整个消费过程。通过对自然界生物所具备的功能学习，设计师们进行了多种尝试，针对变色龙对环境变化而产生的颜色变化，设计师们将此功能拓展到其他领域中，如可以感知温度变化而产生变化的水杯。当温度过高时，水杯便会逐渐褪去原来的颜色；当温度变低时，水杯又会变回最初的颜色。这种设计形式，一经上市便吸引了消费者的目光，表现出了极高的商业价值，商家同样可以通过技术将照片、图案、纹理印制在水杯上，使消费者拥有了更多的选择。

2.2 现代食品包装中的结构仿生设计

自然界中生物的结构也不是一成不变的，而是为了适应生存而不停进化，总体分为内部结构和外部结构。外部结构就是我们所能在表面见到的，如动物的四肢结构，植物的茎叶、果实。而内部结构则是需要人们进行探索和研究的。例如，蜂巢的结构就是由无数个小型的六边形构成，一端闭合，一端开放，并且闭合端也是由菱形构成，每个菱形的钝角为109°28′，锐角为70°32′，相邻的两个菱形的夹角成120°，每个小蜂巢的体积都为0.25 cm³。这种结构不仅能够最大限度利用空间，节省材料，同时还具有十分强大的稳定性。这种蜂巢结构在食品包装设计中被极其广泛地应用，最经典的案例就是禽蛋的包装。将纸壳制作成蜂窝结构的容具，在运输和售卖的过程中，可以堆叠起来，蜂巢的结构可以确保禽蛋在运输过程中不会因为颠簸而导致破损，还可以充分利用空间。同时，包装材料采用的是纸质材料，可以进行循环再利用，纸质材料的使用也增加了食品包装的人文关怀性，纸质质感淳厚，使人倍感亲切。两者的结合，将环保性、设计性、仿生性完美地融合在一起，可以说是仿生设计中的经典。

2.3 现代食品包装中的形态仿生设计

形态指的是事物在一定条件下所表现出来的形体和状态。它是由内部和外部统一起来的，同时对于形态的识别还涉及人的心理感受方面，是理性与感性的结合，既有主观方面又有客观方面。现代食品包装中的形态仿生设计比较有辨识度的就是具象仿生，具象仿生就是将要进行模仿的对象的形态直接应用到包装设计中，根据产品的特性进行调整，但整体形态还是显而易见的。例如，这款2017年发售的牛奶，采用的是奶牛的形状进行包装设计，在整体的形态上简化了奶牛的头部和四肢，只保留了生产牛奶的哺乳部分，在对奶牛形象进行提炼的同时，也增加了产品的稳定性。

地位、品味、层次感。

3 食品包装中仿生设计的文化内涵

3.1 食品包装中仿生设计的绿色可持续发展

科技的快速发展给人们的生活带来了极大的便利，同样刺激着设计行业的快速运作，在设计为人们带来物质上的满足时，也对环境、能源造成了巨大的伤害。绿色可持续设计是现代消费思想上的一次革命，绿色可持续设计的出现，使市场上出现了新的设计风格，越是环保的设计越是好的设计。在材料的选择上，更加贴近自然的材料可以帮助消费者感受到自然的气息，如纸张、树叶、木材等材料，这种新型材料既体现了食品包装的自然性，又有一种原生健康的感觉。同时对于自然材料不做过多的加工，在满足食品包装的基础功能后，尽量减少雕刻和装饰，引导消费者去主动感受和自然之间的联系，不仅是视觉上的感受，商品的触感、重量感和温度感等感官上的感觉也变得十分重要。

3.2 食品包装中仿生设计的人文关怀的特征

德国包豪斯的创始人纳古曾说："设计的目的是人，而不是产品。"设计最终的归属是人。在食品种类日渐丰富的时代，人们已经体会到物质上的即时满足，但是精神上一直处于延时满足的状态。因此，设计师通过细致的观察，发觉仿生设计的包装可以增加食品的亲和性，满足消费者渴望自然、解放、自由、放松的心理诉求。仿生包装设计是将食品包装的材料、形状、结构都变得自然和简洁明了，并且重新赋予产品新的表达方式和文化内涵，在繁杂的商品中凸显出自身的个性，以此来吸引顾客，满足消费者求新、求异的心理，并且通过仿生包装设计的食品，减弱了其商业气息，更多表达的是理念和追求。因此，更加能够彰显消费者的社会

4 结语

综上所述，仿生设计虽然在国内外都拥有十分丰富的文脉价值，但是在现代仿生设计研究并没有很长久的时间积累，多数的研究方向皆是为了战争，而涉及食品包装领域，研究更是少之又少。通过本文的研究分析，认为食品包装中仿生设计是绿色可持续的设计，人是自然界的组成部分，如今和自然界相互依存，人类从自然界中提取灵感，最终设计出来的仿生设计产品包装服务于人类，而后又重新归属到自然界中，这是一个十分稳定的循环，也是未来仿生设计的发展之路。

参考文献

[1]于帆陈. 仿生造型设计[M]. 武汉：华中科技大学出版社，2005.

[2]邵海忠. 仿生学纵横谈[M]. 南昌：江西人民出版社，1981.

[3]张欣. 仿生艺术设计及其美学[D].武汉：武汉理工大学,2005.

[4]辛华泉.形态构成学[M].杭州：中国美术出版社，1999.

[5]赵婷婷. 仿生设计在食品包装中的应用研究[D].北京：北京交通大学,2012.

[6]顾慧钟. 纸质包装设计[M]. 上海：上海书店出版社，2008.

[7]郭茂来. 视觉艺术概论[M]. 北京：人民美术出版社，2000.

[8]陈磊. 包装设计[M]. 北京：中国青年出版社，2006.

[9]李立新. 设计艺术学研究方法[M]. 南京：江苏美术出版社，2010.

[10]王受之. 世界现代设计史[M]. 北京：中国青年出版社，2002.

"和谐共生"理念仿生设计的发展研究

吴慧敏，石春爽

（1.大连工业大学，大连 116034）

[摘　要]中国传统文化提倡世界万物"和谐共生"，即万物不皆为相同，却可以和谐共生。在大自然优胜劣汰的残酷法则之下，众生物各有其生存、发展的道。**方法** 我们在尊重自然万物的前提下，以自然中的各种生物包括动物、植物以及微生物为灵感源，通过观察、模仿生物的外部基本形态、肌理、构造或是研究这些结构产生的内在条件和其存在的外力因素等，以这种方法进行延展设计。**目的** 将提取到的生物的外形结构和功能等运用于仿生设计中，便利人们的生活，解决生活中的难题等，传播自身的设计风格与"人与自然和谐共生"的设计理念。仿生设计改善我们的日常生活，我们一直进行仿生设计最终以实现可持续的、和谐共生的发展为最终目的。**结论** 在发现世界、创造生态世界的过程中，还有许多要向大自然借鉴学习的细节，而最需要做的就是睁开眼睛。

[关键词]仿生设计；自然；高效；生态

引言：仿生设计跨越了生物学、化学、数学、美学等学科，对自然界中的各种生物进行形态、结构、功能、色彩以及肌理的仿生，由最初简单的外部形态模仿，到科学与设计思维的融入，仿生设计在社会生活中愈加起着不可估量的作用。它早已成为新的设计方向，并将引领着未来的发展趋势。

1 仿生发展历程

"仿生"即模仿自然界中的生命体，通过观察研究自然界中各种生物的形态，以科学技术为表达手段，创造新生物，最终解决人们日常生活中的难题。仿生虽是一个新词汇，可我们人类的仿生之路却早已开始。

1.1 人类仿生历史悠久

原始时期，自然环境恶劣，人类生存面临各种考验，古人只能向生物学习生存发展之道，以便更好地生存。渐渐地演变为模拟生物的行为制造生存工具，积累实践经验，掌握独特的生存方式。这便是人类初始的仿生活动。

前有木工鲁班模仿草的边缘缺口制成了锯子；后有古人观察到鸭子可在水上自由地游动，于是观察了鸭子的形态和鸭子漂浮游行的生活习性，以鸭子的形体造出了木船；观察鱼类的游水习性，仿造鱼鳍设计出了木桨。这样木船便具有了简单的转弯功能，后经反复实践，设计出了橹，船的行进速度增快，转弯的技能也越发娴熟，木船成了人们出海行走的好帮手。又如文艺复兴时代，意大利艺术家列奥纳多·达·芬奇对小鸟进行深入的解剖分析，研究鸟类身体的构造，观察鸟类生活与飞行的习性，最终制造出了世界上第一架人造飞行器。

这些简单的生物外形与功能的模仿设计，皆是仿生设计产生的开端。

1.2 人类仿生的发展

随着对自然的了解加深，以及科技的成熟，我们认识自然以及模仿自然的方式也在不断更新，我们着手于系统地分析自然界的功能与其运行模式。人工智能与计算机语言科技的发展，使人类不再局限于对生命体的外部形态进行简单的模仿创造，而是开始借助计算机语言进行科学的数学分析，科学家开始了系统计算仿生的发展模式。

航空之父凯利的设计灵感皆来自自然界的动植物，他根据蒲公英的形态发明了锥形降落伞，根据枫树的果子发明了螺旋桨，但凯利并没有简单地复制动植物形态，他借助系统化的计算改良设计出了"流线型"的构造，这种减少阻力的外形结构启发后人设计出了滑翔机等。

2 仿生设计

仿生设计综合了仿生与设计两门学科，此外还涉及生物学、心理学等其他学科，相比仿生学，仿生设计更加注重设计思维与设计理念的传达。仿生设计致力于寻求人类与自然，科技与发展间的和谐共生。

生物学家海德尔曾说："自然界的美与伟大是无穷无尽的宝藏。"亿万年前地球上就开始有生物存在，在这亿万年间，大自然中形形色色的动植物都经过了自然法则的洗礼，为了适应环境，更好地生存发展，它们不断完善自身的组织构造与身体机能，形成节能高效、不断更新的完整的自我体系，也形成了各色各样的外形和身体机能。由此可见自然界的伟大，它是人类创造、发明或革新技术的源泉，自然不断地赋予设计师灵感，设计师观察研究生物的外部形态、结构、

色彩、功能、肌理等，运用自身特有的思维模式，对自然进行有选择的模仿创造，进而发明高效便捷的产品。通过对自然的学习，将艺术与科技更好地融合，来传达设计师自身的理念，促进发展。

3 和谐共生理念对仿生设计的影响

在人类的发展过程中，自然界中的各种生物形态始终是设计师设计的首要选择。我们对自然持有保持好奇、憧憬并敬畏的态度。

3.1 天人合一理念下仿生设计的发展

人类早期的仿生设计显示出我国传统文化中"天人合一"的理念。这一时期，我们敬畏自然，将天看作万物生长的源点，万事依赖自然，靠天吃饭，非常注重人与自然的和谐统一关系，强调在自然可承受的范围内合理运用资源进行创造，这样既可以满足人们的需求又可以促进自然本身的发展。我国先民很早就具有人和自然和谐共生才可以持续发展的观念，古人造物自始便和自然联系紧密。

3.2 人定胜天理念下仿生设计的发展

随着工业革命时代的到来，该理念由西方最先兴起，这一时期，有许多惊为天人的创造。但同时，我们贪婪无度地向大自然索取资源，认为人类、科技无所不能，盲目自信"人定胜天"，高效、实用成为仿生设计的主要目的。计算机、人工等促使仿生设计愈加成熟，社会在高速发展，生活水平也急剧上升，但与此同时，我们面临着前所未有的生存困境，生态被破坏，环境质量恶化……

3.3 和谐共生理念下仿生设计的发展

此时已由高速发展的碳基时代转向注重可持续发展的生态文明时代，人与自然对抗发展的关系是不可取的，我们还需承担原来所犯错误带来的后果。于是我们重新思考人与自然的关系，回归古时"和谐、共生"的发展理念，以"节能、

高效、可持续"为发展目标。此时"自然""绿色""生态"成了设计的主旋律，绿色与可持续已经成为探索追求的生活方式，我们开始重新认识自然、了解自然、向自然学习，改变自我。在设计中，重新关注自然与人类、艺术与技术的和谐共生，将艺术设计与仿生科学相融合，在造物中阐释和谐美，以达成人、物、境的和谐共生。

4 仿生设计的未来发展

仿生设计一直以自然生态为研究目标，未来也不会狭义地局限于动植物原型所带来的设计，而是更多地模仿自然界生存运行的过程、生物的科学原理来建造设计人造系统。

例如，自然风干的叶子，下雨后，雨滴会在叶面上滚动，带走叶子上的脏东西，雨水起到了清洁作用；为了能更有效地找到食物源或住所，我们可以学习蚂蚁或蜜蜂间的交流方式，并将这些方式运用于车辆运行中的交流。这就是模仿自然界的过程。设计理论家维克多·帕帕奈克认为设计可以引用新元素，带来新变化，当下借助大自然的力量改善现今的恶劣环境是最好的方式。如今，我们都在追求循环利用地发展经济，任何事物都可以产生循环利用的价值。生态环境在这方面值得我们借鉴。森林里生长有各种树木，树木孕育生长着菌菇，菌菇被小动物吃掉，而小动物会被老鹰捕食，这是自然中完整的循环体系。我们的仿生设计也必须着眼于整体，同时考虑生物系统内部的相互关系与整个生态系统的存在形态关系。

未来的仿生设计将会以"和谐共生"为发展理念，用绿色科学的观念探索人与自然高度和谐的发展模式，影响人们的生活方式以及价值理念[10]。

5 结语

仿生学的发展带领我们走向一个新的时代，

在这个时代，我们可以充分发扬自我创意，借鉴自然的发展模式进行各式各样的新发明，这些发明创造可以改善我们的生活品质，改良我们的生活环境，简约、节能、智能成为日常生活的主旋律，追求"和谐共生"的可持续发展道路。未来的仿生设计也会更加注重自然与人类、艺术与科技的和谐共生，不断寻求自然界与人类生活的平衡，力图人类与自然高度和谐共生。

大自然进化发展的这些时间都值得我们深入观察研究，创造世界的我们还有很多方面要向大自然学习借鉴。我们尊敬自然，向其学习，而我们最需要做的就是睁开眼睛观察、认知、创造。

参考文献

[1] 边婷婷.基于仿生学的小型太阳能船舶结构的研究[D].厦门：集美大学,2016.

[2] 荆其敏，张丽安.设计顺从自然[M].武汉：华中科技大学出版社, 2012：5-18.

[3] 王兴宏,邵洪兴.试论"天人合一"的历史蕴涵及其现实影响[J].天府新论,1998：42-46.

[4] 蒙培元.中国的天人合一哲学与可持续发展[J].中国哲学史, 1998:3-10.

[5] 戴丽莎."人定胜天"观念的现代反思[D].长沙：湖南师范大学,2011.

[6] 刘华荣.儒家教化思想研究[M].兰州：中国社会科学出版社,2019：3-8.

[7] 位士燕.基于群智能和人工生命的蜂群行为的研究[D].上海：华东理工大学,2014.

[8] 徐邵陵.基于蚁群算法的计算机辅助药物设计研究[D].成都：电子科技大学,2016.

[9] 刘棋.儒道释家生态整体观研究[D].哈尔滨：哈尔滨工业大学,2017.

[10] 于晓红.仿生设计学研究[D].长春：吉林大学,2004.

仿生设计与人类发展的关联性意义

史清芬,杨滟珺

(大连工业大学,大连 116034)

[摘 要]**目的** 自然界充满了各种"优良设计"案例,蕴含了无尽的设计宝藏,仿生设计是以自然界万象万物为研究对象,通过寻找、发现、研究和模拟不同生物体的典型特征,包括生物的外部形态、内在原理、行为结构、功能等,形成一种新的思考模式,设计师通过对自然生物分析模仿,有选择地在设计中应用这些原理进行设计,为设计提供新的思想、方法和途径,架起了科技和自然之间的桥梁,仿生设计更重视人与自然的和谐发展,注重对环境的保护,使设计和自然达到高度的统一,体现了对自然的理解与尊重。**结论** 通过对仿生设计的合理应用,能够更好地解决人类进程中的问题,推动社会稳定快速的发展。如今对仿生设计的应用已经涉及人类社会活动的各个方面,在满足人们物质需求的同时,最大限度地满足精神需求,符合绿色设计、天人合一的时代主题。

关键词:自然;仿生设计;和谐共处;生态平衡

引言:仿生设计是研究自然界各种生物特征及其原因,并有选择地将它们应用到人类的各种设计中,实现了消费时代人与自然的结合,满足人们回归自然的精神需求。随着时代的发展,仿生设计的范围也逐渐拓宽,出现了仿生物功能、生物结构、生物质感与表面肌理,以及仿生物色彩和形态的设计。当下与人类生活最贴近的仿生设计就是食品包装设计,在结构、肌理以及颜色上进行仿生,满足大众追求自然、求新求变的消费心理,是人与自然和谐共处的重要方式之一,倡导了绿色环保的理念。

1 仿生设计的起源

仿生设计无论在古代还是现代都占据了重要的地位,仿生设计的应用可以追溯到石器时代,

人类在最初什么都不认识的情况下就知道了对大自然进行模仿,最早使用的石斧和木棒,都是来自大自然,这些工具的创造是对大自然中所存在的事物本身结构、原理、功能的模仿创造。石器时代是人类对自然模仿创造的时期,它们虽然是比较简单粗糙的,但却是仿生设计得以发展的基础。

2 仿生设计的发展

到了近代,动力学、电子学、生物学等学科的发展极大地促进了仿生设计学的发展,使仿生设计取得突飞猛进的进步,人类对大自然的探索也不再浮于表面,出现了仿生物功能、结构、表面肌理与质感、色彩和形态的设计,仿生设计充当了人类社会与自然界沟通的纽带,使人类和自

然达到一种动态的平衡。

2.1 仿生物功能的设计

仿生物功能的设计主要研究生物的内部特征与原理，对于一切生物体，我们应该用客观的态度去对待，人人畏惧的蝙蝠，它也给人类带来了好处。蝙蝠启发了人类的雷达发展技术。以往，人类十分好奇蝙蝠为何能够在一团漆黑的环境中自由活动，随着科学的发展，人类发现这种生物体本身具有声呐导航系统，能够制造出超声波，而这些超声波在遇到障碍物之后会发生反射，蝙蝠就是依靠反射回来的超声波来实现定位的。人类根据这个原理，为飞机安装了雷达设备，使飞机在夜间也能安全飞行，同时对盲人导航手杖的发明也提供了巨大的帮助。

2.2 仿生物结构的设计

结构的变化是自然选择与生物进化的必然要求，也是决定生物种类与生命形式的主要因素。撒哈拉森林计划是一个意愿美好的项目，目的是把这块最不适合生存的区域转变为一片繁茂而高产的绿洲，"海水温室"是其中的一个计划，这些"温室"可以将沙漠变成食物和淡水的加工厂。这个温室的灵感来自骆驼的鼻子，骆驼的鼻子有着独特的构造，与人类相比，骆驼的呼吸道较长，且布满弯弯曲曲的气道，当消耗的水分过多时，会在鼻腔内形成硬膜，这样呼出的水蒸汽大部分就会储藏在鼻腔里，即使在极度缺水的条件下，也能利用鼻腔内的水生得更久。科学家正是借助骆驼鼻子的这一特征，从地底抽出海水，并且充分利用地表水，在卡塔尔干旱的沙漠区打造一片绿洲。结构仿生是对生物更深层次的研究与剖析，通过由外而内的认知，结合不同概念与目的进行设计创新，使设计具有更深层次的生命意义，仿生设计的发展改善了人类的生存环境和生活方式，促进了人与自然的和谐共处。

2.3 仿生物质感与表面肌理的设计

自然生物的质感与表面肌理，不仅是对视觉或者触觉这种外在形态的模仿，它更重视的是生物内在功能的需求。斯坦福大学的一位教授在进行机器人设计时考虑到，如果不用吸盘这类效率低下的工具，如何才能使机器人像蜘蛛侠一样在光滑的表面活动，从而想到了壁虎，带着这个问题开始对壁虎进行研究，最终发明了一种"黏性机器人"。他从壁虎脚趾密密麻麻的毛发上提取了元素，制成了一种速干胶，将这种速干胶应用在机器人身上，使它可以附着在任何垂直光滑的表面，且不会掉落，同时又能够像挂钩一样方便挂取。肌理在自然界是服务于功能而存在的，仿生物质感与表面肌理的设计，是对生物体表象和内在、视觉和功能的有机统一。

2.4 仿生物色彩和形态的设计

色彩仿生是指设计师通过对自然色彩或生活色彩的提取，运用不同的手法创造出崭新的产品或者色彩环境。在适者生存的自然条件下，为了更好地保护自己，各种生物会进行有利于自身繁衍生息的进化，形成自身的优势。如生存在丛林中的斑马和变色龙，为了更好地适应生存环境，它们衍化出了一种保护色，黑白条纹的斑马和跟随环境变化的变色龙，能够让它们更好地隐藏自己，设计师根据它们的纹路特征原理，设计出了迷彩服应用到军事上，能够使军人在实战中更好地隐藏保护自己。当下色彩仿生也被广泛地应用到各类包装中，尤其是在食品包装中占据了举足轻重的地位，古语有言"远看颜色近看花"，就是因为色彩具有先声夺人的视觉效果，在食品包装中运用自然生物的色彩，通过不同的色彩体现不同的口味，消费者可以通过视觉感受味道，展现出了色彩的识别性和象征性，同时又可以刺激消费者的视觉感知，激发购买欲。

仿生物形态通常会提取生物体一个标志性特征作为主要元素，让人一眼看出所模仿的生物种类，但又不会太过于具象，寻求对产品形态的突破与创新，通过人与自然的关系来增加人与产品之间的联系。仿生设计在家居设计中应用，能够使家庭更温暖舒适，将人与自然更加紧密地联系起来，从而给人一种回归自然的情感需求。

3 仿生设计的现状及发展意义

随着时代的发展，仿生设计已经成为设计发展进程中一个独特的闪光点，仿生设计的核心是"合理有序"。存在即合理，在自然界中每一个生物的存在都是合乎逻辑的，好的设计是有序的，是造物主——大自然所赋予的，自然万物是仿生的起点，需要设计者细致地观察、体会和总结，并且通过多种设计方式将设计灵感进行糅合碰撞，融入科技、文化、价值和思维方式，仿生设计真正使人与自然高度契合，如今对仿生设计的应用已经涉及人类社会活动的各个方面，在满足人们物质需求的同时，最大限度地满足精神需求，符合绿色设计、天人合一的时代主题。

大自然是我们灵感的最大来源，我们源于大自然，也必将回馈于大自然，仿生设计代表着我们关于设计的最高领悟，在现阶段，仿生设计更重视人与自然的和谐发展，注重对环境的保护，通过对仿生设计的合理应用，能够有效地推动环境的可持续发展，更好地解决人类进程中的问题。一直以来我们都在对大自然进行无度的索取，机械化生产对环境造成的破坏已经无法挽回，当下面临的全球变暖、冰川融化、"生命禁区"的珠穆朗玛峰也已经发芽、古老的病毒正顺着海洋流向人类，如何使自然生态平衡是一个长久又艰巨的任务，每个人都在为保护环境付出自己的努力，参加绿色出行、绿色购物等活动，科研工作者也在想尽一切手段，试图去减缓冰川的消融速度，在这种情况下，如何利用仿生设计去寻找人与自然的平衡，去帮助生物体更快地适应当下的生存环境，是需要为之努力的方向。

参考文献

[1]张静，蔡红，罗倩倩.益智童装中仿生设计的创意探究[J].辽宁丝绸，2014（1）:8-9.

[2]杨先艺，曹献馥，张欣.论仿生设计之美[J].装饰，2005（11）:88-89.

[3]钱皓，姜范圭，陈虹儒.仿生设计在沙发设计中的应用研究[J].艺术研究：哈尔滨师范大学艺术学院学报，2014（04）: 168-169.

[4]伍东亮.从生态环境保护谈人与自然的和谐发展[J].陕西教育（高教），2008（08）: 124-124.

[5]屈新波.现代新材料在产品设计中的应用研究[D].北京：北京服装学院，2010.

[6]赵昊，王振华.浅谈仿生设计在伞具中的应用和发展[J].大众文艺，2013（24）: 105-106.

[7]陈为.产品形态中的仿生设计及其应用[J].包装工程，2010（08）: 46-49.

[8]丁启明.产品造型设计中的形态仿生研究[D].合肥：合肥工业大学，2007.

[9]冯达伟.工业设计中仿生设计的运用[J].工业设计，2017（08）: 65-66.

[10]吴乾炜.Affordance理论在产品设计中的应用研究[D].杭州：浙江理工大学，2018.

仿生设计在文创产品中的运用

敬婷婷

（东北大学，沈阳 110819）

[摘 要] **目的** 随着设计行业的不断发展与壮大，仿生设计因其独特的美感而逐渐被运用得越来越广泛，仿生设计无论是在包装设计中的运用还是在城市公共设施中的运用或者是在产品设计中的运用都具有一席之地。在此背景下基于仿生设计在文创产品中的运用，将仿生设计与文创产品设计进行更加优质的有机结合，使仿生设计的发展更加具有实用价值和情感化，同时希望在仿生设计相关学科与文创设计等方面给予思路参考。**方法** 在此基础上对仿生设计的概论、发展历程及意义进行探索，分析了仿生设计在文创产品设计中目前的运用状况以及出现的部分设计方面的问题等。运用文献调查法和比较研究法等研究方法。**结论** 在可行性的基础上提出了仿生设计在文创产品设计中功能、审美、内涵以及形态等 4 个方面的优化应用策略。

[关键词] 仿生设计；文创产品设计；优化设计；设计运用

引言：时代在不断地飞速发展，人们对产品不再只是简单的功能需求，还要求产品满足他们的情感需求、审美需求以及兴趣需求等。仿生学是人们为适应自然生活而诞生的一门学科，仿生设计将自然与人们的生活联系起来，是自然与工业社会的纽带，通过仿生设计将自然界的生物的各元素进行一定的模仿进而展开产品设计。近些年国家和社会大力推动文创设计，将文化与设计结合，一方面将我国优秀的传统文化进行一定的传承保护，另一方面促进产品的推出。将仿生设计与文创产品设计两者进行结合不仅能使仿生设计这一优秀设计方法运用广泛，还可以将文创产品设计发扬光大。本文对目前仿生设计在文创产品设计中的运用提出几点策略，希望随着仿生设计与文创设计的融合发展能够做出更多优秀的作品，以及更多的设计师加入仿生设计与文创设计这个大潮之中。

1 仿生设计理论概要

1.1 仿生设计概念

仿生设计是仿生学与设计学结合起来形成的一门学科，是现代产品设计中新兴的一种设计类别。仿生设计又称仿生设计学，其内容涉及数学、生物学、美学和材料学等诸多学科。仿生设计主要是运用工业设计的艺术与科学相结合的思维方法，从人性化的角度出发追求传统与现代、艺术与科技、个体与大众等多元化的融合创新设计，体现辩证的共生美学观。简言之，仿生设计主要是指在设计过程中根据客观世界中生物的部分功能和结构进行有选择的模仿，将其一部分元素进行分解和重组来完成设计作品，最终达到客户需求的一种设计方法并给设计赋予更加自然的意义。

1.2 仿生设计发展

早期的仿生设计是技术和人文的结合，人类为了生存模仿自然界的生物而创造生存工具，这都是古代人民智慧的结晶。仿生设计的发展离不开生物学、电子学和动力学等学科的推动与促进。19世纪，莱特兄弟对鸟是如何飞行的进行了一定的研究，将对鸟的研究结果与设计技术等相结合便发明了现在常用的交通工具飞机。仿生学作为一门独立的学科是在1960年时在美国俄亥俄州召开的第一次仿生学讨论会中诞生的。在此之后，仿生设计的运用获得了突飞猛进的增加，同时仿生技术获得了飞跃性的进步。直到现在，仿生设计的运用都在我们日常生活中随处可见，仿生技术也在不断发展，各个国家研究人员与设计工作者也为仿生设计在现代的发展给予了大力的支持。

1.3 仿生设计意义

仿生设计是促进人与自然和谐发展统一的一大重要助推力量。仿生设计将自然界的美通过设计使其存在于人类的生活之中，将人与自然十分紧密地联系在一起，这已经变成现代社会发展的必要条件。通过对自然界存在的生物元素进行借鉴和提炼，不仅可以降低一定的难度还可以设计出更加符合人类和社会发展的作品。仿生设计是模仿自然界中生物的特征进行设计的，一定程度上可以增强产品与人类的感情和沟通，消除与高科技产品的冷漠和生疏。因此设计师将自然界多样化的元素和设计技术进行有机结合，不断推陈出新，不仅可以使设计作品增强趣味性、交流性和情感性等，还可以使人类和自然达到更高度的和谐与统一。

2 仿生设计在文创中的应用及问题

2.1 仿生设计在文创中的应用状况

文创产品设计是指以文化为背景和主题，根据产品的实际情况再加以创意表达的设计。通过将仿生设计与文创产品设计结合可以促进人与产品之间的感情交流，仿生设计与文创设计是相通的，仿生设计通过对大自然中的生物的元素进行提炼和选择，再运用到产品设计中，旨在加强产品与消费者之间的联系与亲密感，提升设计的层次，文创设计是以文化和创意为载体进行设计创作，旨在深化产品主题意义、传达产品所蕴含的内涵和促进与消费者之间的情感交流等。仿生设计与文创设计都是以创意为核心，在此基础上赋予文化及元素的概念，使产品的内在价值潜在上升。

仿生设计在文创产品设计中的形态塑造运用较为常见。造型和形态是进行文创产品设计时的一大考虑重点，好的造型设计会让人感受到耳目一新，会加强视觉体验，形态仿生是在设计中常用的一种方法，自然界中的生物丰富多彩，且各自拥有自己的生存特点，这些特点为造型设计提供了很多想法和灵感。比如文创产品"磨盘"卷笔刀的设计是根据我国传统的石磨进行设计的，石磨是我国古代的发明，是古代劳动人民智慧的体现，设计师将传统石磨与卷笔刀进行结合的创意不仅唤起了人们对传统人们智慧的赞叹，同时还赋予了这款卷笔刀更深层次的价值。仿生设计将提取的生物元素再加上设计师自身的创意，巧妙地赋予了这些文创产品更生动有趣的意义，也提高了文创产品的内在价值。

仿生设计在文创设计中的色彩运用有效地促进了文创产品设计的发展。视觉色彩的感受能在一定程度上起到影响人们心情的作用，好的色彩运用可以提升视觉体验与审美价值。仿生设计的色彩运用主要是指在人们对色彩的客观认识下，提取自然界生物的色彩并按照一定的艺术手法、表现形式运用到文创产品设计之中。故宫文创的设计便运用了故宫建筑里的经典故宫红和代表皇家黄等经典色系，因传统文化的熏陶和影响，采用经典的故宫代表色会使消费者产生直接联想进而增强对文创产品的联系。从色彩的角度出发可以加深对文创产品的印象，从而增强产品与消费者之间的情感联系。

仿生设计在文创产品设计中的意象仿生的运用赋予了其强烈的象征意义。意象仿生即在仿生形态中侧重于自然界生物神态特征以及象征意义的提取，用高度概括的手法将生物的神态特征提炼出来，用于产品设计中。意象仿生通过强调自然界生物的形态美感和神韵产生的联想与社会经验和知识相结合，使产品产生与自然界的共鸣，具有极强的象征意义和情感表达。比如中国的竹子是正直、刚正不阿和谦虚的象征，在中国文人的世界里，竹子也是具有品质的象征，以竹制笔，将竹的优良品质在书写中得到传承，在触摸竹制的笔身和闻到竹淡淡的清香时也会时刻提醒大家要做到谦虚与正直，同时也赋予产品一定的文化价值。

2.2 仿生设计在文创中应用的问题

（1）对仿生设计的认识停留在表面。许多设计师对仿生设计的认识不够全面，在进行文创产品设计时虽然运用和学习了仿生设计，但实际所用的手法和方式都相对比较简单和分散。对仿生设计的理解不到位会导致在进行文创产品设计时使用片面，文创产品设计中的形态、功能、和肌理等属于可以结合仿生设计的范畴，但是在实际设计中，大多数设计师都只是简单地进行了形态造型的仿生设计，而忽略其他方面的仿生设计。

（2）过度关注造型而忽略实际功能。诸多设计师在进行仿生设计时受时代潮流和发展的影响，经常会过于关注文创的外观造型设计而忽略功能的体现，割断了外观造型与功能的联系，忽略了文创产品自身所带的功能和属性，这样便容易导致文创产品的设计被贴上"不实用"的标签。比如我国的部分旅游文创产品设计只是一个与当地文化或历史有关的人物摆件设计或者明信片设计等，除了欣赏功能便没有其他的实用功能。

（3）直接照搬自然界生物的元素。在倡导人与自然和谐相处和保护环境等理念的引导下，设计师越来越多地运用仿生设计将产品等设计与自然进行有机结合，以提升产品的内在价值和意义。比如在花草树木等元素的运用设计上，设计师直接将其造型、颜色、纹样和肌理等元素添加到文创产品上，不加以任何修改与添加和二次设计，这样的文创产品设计往往会出现融合不恰当而导致的违和现象，文创产品的形象反而会大打折扣且产生负面影响。

3 仿生设计在文创中的应用策略

3.1 功能策略

目前市面上出现的众多文创产品设计都具有同质化的现象，通过仿生设计在文创产品设计中的运用可以从不同的角度出发使文创产品设计体现出自己独特的优点。创新对于文创产品设计而言相当重要，仿生设计的功能创新策略在文创产品设计中运用可以有效地解决同质化的问题，并体现出自己的独特魅力。比如故宫文创设计的朝珠耳机，一经推出便成为炙手可热的潮流产品，朝珠是古代朝服上所佩戴的珠串，在古时是身份和地位的象征，将朝珠与现代常用的时尚单品耳机结合设计，既体现出一定的实用功能，还有着当下时尚界所追寻的复古感，具有造型简约同时富有生活情趣的特点。

3.2 审美策略

在这个追求美的世界里，无论是在衣服的挑选上还是日常用品的使用上都要求具有一定的美感。具有一定的审美是作为设计师必备的要求之一，审美是感性的，在一定程度上可以驱动消费者的消费心理。将具有美感的仿生设计在文创中进行运用，可以将文创产品的潜在价值极大地提高。比如广州地铁推出的文创设计时尚挎包，其中一款是以广州一号线为原型进行仿生设计的，整个包身以地铁的车身为灵感进行设计，且在两侧运用刺绣技术加入了车头、车尾的刺绣插画，使大众的体验感更加真实，在美感的设计上也进行研究设计，同时配色采用了经典的黄色与红色搭配，具有较强的视觉冲击力。广州地铁文创设计一方面传播了广州地铁文化，另一方面以符合时尚潮流的方式将文创产品融入人们的日常生活之中。

3.3 内涵策略

文创设计是文化创意设计的简称，是设计与文化的融合发展而产生的设计，文创设计追求的不只是造型和美感，其产品背后还需承载一定的内涵和故事情怀。有内涵的文创产品设计不仅让人们对产品会产生一定新的认识和理解，还可以将其内涵背后的故事进行一定的宣传，增强产品与人们的情感联系和寄托。比如故宫文创在2018年推出的口红系列设计，在发布当晚便预定超过1 000支，故宫文创之口红系列设计便运用了仿生设计中的文化仿生策略，将现代时尚潮流单品与我国传统的故宫文化元素进行结合设计，口红是时尚界的必备单品，其设计之后蕴含着的是我国优秀的传统文化内涵。两者的结合不仅满足了消费者对口红的需求，还极大地促进了我国传统文化的不断创新发展，具有深厚的意义。

3.4 形态策略

形态仿生的方法在文创产品设计中常有出现。文创的造型设计会首先进入人们的眼帘，因此好的造型设计能在第一时间吸引人们的注意力，形态仿生通过模仿自然界中生物的造型，运用夸张变形的手法进行具象或抽象的设计，会使商品具有一定的趣味性，同时会加强产品与人之间的沟通与交流。比如日本设计师深泽植人早期设计的果汁包装盒，它通过模仿各种水果的造型、颜色和质感等来进行设计。这款果汁包装设计被称为最诱人的设计，因为一看到包装盒便会联想到各类水果，同时其包装的触感也模仿了实际水果的触感，会让人感觉拿到的就是一个水果，会让大家的味蕾产生一定的化学反应。

4 结语

综上所述，仿生设计在文创产品设计中的运用可以从功能、审美、内涵和形态4个角度出发

探索和运用，但是在运用过程中要注意适度和结合，不能一味地模仿生物的功能或形态，也不能单纯地直接模仿生物，应该根据文创的文化和内涵对自然界生物的元素进行有选择地模仿，并且要注意将这些元素与设计师的创意进行结合，打造具有内涵的文创产品设计。仿生设计是当下设计师都需要学习和运用的一个设计方法，将仿生设计运用到文创产品设计中，不仅有利于设计效率的提高和文创产品设计的优化，还有利于增强文创产品设计与人之间的情感交流与联系以及文创产品的潜在价值。

参考文献

[1] 纪佳莹,阚凤岩.浅析仿生设计之美[J].工业设计,2020（07）:100-101.

[2] 祝莹,曹建中,韦艳丽.汽车造型设计中的形态仿生研究[J].合肥工业大学学报（自然科学版）,2010,33（10）:1458-1461.

[3] 刘伟,史源,于菲,等.仿生设计中的功能创新研究[J].包装工程,2019,40（14）:186-191.

[4] 张家豪,权威,任新宇.论文创产品设计中的仿生设计手法[J].美术教育研究,2020（16）:74-75.

[5] 童晗笑,权威,任新宇.仿生设计方法在现代产品设计中的应用现状研究[J].艺海,2020（03）:70-71.

[6] 刘德喜,李鹏.仿生设计在产品设计中的应用探讨[J].家具与室内装饰,2018（11）:68-69.

[7] 苏静,王玮.浅谈非物质文化遗产在家居产品中的运用[J].戏剧之家,2018（26）:126-127.

[8] 王新亭,方雪,张峻霞,等.基于情感仿生的交互设计方法研究[J].包装工程,2017,38（20）:136-142.

[9] 康乐.仿生设计在陶瓷产品设计中的运用[J].美术教育研究,2017（08）:68.

[10] 吴潇园,韩春明.仿生设计在紫砂茶具中的应用研究[J].包装工程,2014,35（24）:39-41,67.

儿童产品仿生包装设计应用与研究

类维顺[1]，史爽[2]

（1.吉林大学艺术学院，长春 130000；2.吉林大学文学院，长春130000）

[摘 要] **目的** 分析总结了儿童产品仿生包装设计的表现形式，研究儿童产品包装设计中仿生设计的意义与前景。**方法** 对相关专业文献资料进行综合整理，回顾性总结儿童产品包装设计的基本原则。**结论** 儿童由于年龄小，对于事物本身的认知程度较低，处在人生发育的初级阶段，从生理和心理上都处于成长期，仿生设计为儿童产品包装设计提供了更适合儿童成长需求的设计形式。儿童产品仿生包装设计的表现形式主要有功能仿生、形态仿生、肌理仿生、色彩仿生、结构仿生等。儿童产品包装的仿生设计可以增加儿童产品的趣味性、益智性、教育性，随着科技与经济的发展，儿童产品包装设计也越来越受到消费群体的重视，对于包装的要求与需求也越来越高，仿生设计的产品包装受到儿童及家长的青睐，在包装理念到材料应用上都迎来了新的包装革命。

[关键词] 仿生；儿童；包装；表现形式；展望

引言：儿童产品包装的仿生设计使儿童在娱乐的同时，可以让儿童接近大自然，了解大自然，更重要的是可以让儿童在玩的同时学到很多有用的知识。因此，儿童产品包装的仿生设计是儿童产品设计的发展趋势，是家长与儿童信赖的儿童产品，为了迎合这种社会需求，设计师应该把儿童产品的设计思路更多地转向仿生设计，结合美学、产品语义学赋予儿童产品美的特征。

1 儿童产品包装设计基本原则

儿童由于年龄小，对于事物本身的认识程度相对来说较低，处在人生发育的初级阶段，不能对即将发生或者有可能发生的危险做出准确及时的判断，因此在进行儿童产品的设计过程中要把产品的安全性放在最重要的位置，其中包括产品结构与功能的稳定性、材料的安全环保性、符合儿童的心理思维特点、人性化设计等。产品的稳定性应该考虑的儿童年龄小，天生好动，喜欢对一些小巧怪异的东西产生兴趣，往往这些零碎的东西容易被大人忽略，从而产生一定的危险。材料的环保安全性主要从儿童喜欢用手抓、用牙齿咬的行为习惯出发，杜绝使用有害的化学合成物及相关的化学产品。人性化设计要求设计人员在设计儿童产品时把个人情感乃至本身的情感融合到产品中去，着重考虑儿童在使用产品时的亲身感受，尽量抓住每一个细节，精细完善每一道工序，使设计出来的产品更适合各个年龄段的儿童使用，且更加人性化与智能化。例如，材料的选择方面考虑易碎性问题，避免扎伤；产品边角进行抛光处理来避免将儿童碰伤；简化零部件的数量及加强零部件的牢固性，预防儿童误吞误食等。

2 儿童产品仿生包装设计的表现形式

为了让儿童产品包装形状更加生动形象，给儿童带来幽默、快乐、充满活力的感受，设计师要仿照生物的形态、色彩、结构、效果等进行仿生设计，以此来满足消费者的需求，主要表现形式如下。

2.1 功能仿生

功能仿生设计在儿童产品包装设计中的运用越来越受到人们的重视，功能仿生设计主要研究的是自然界存在的事物和生物已存在的功能原理，且运用这些原理去改进原来的技术，发展新型技术，以此来加快产品的更新换代。

2.2 形态仿生

形态仿生设计就是在设计的过程中，设计师把所仿生对象的明显形态通过抽象、夸张等手法运用到设计中去，让设计的包装外观和被仿生的对象在一定程度上产生某种联系。儿童在购买东西时，不会像大人一样看文字说明等，因此儿童产品的外包装就显得格外重要。儿童产品包装要具有一定的想象力，越夸张越好，这样才会引起儿童的注意。儿童产品包装的形态仿生设计是以自然界的事物为发展原型，加上设计师自己的理念，设计出各式各样的产品包装形式，增加儿童产品包装的趣味性，让包装更有亲和力和感染力。

2.3 肌理仿生

肌理仿生设计是设计师模仿自然事物的表面纹理和其组织结构来进行的设计。将外界事物中比较自然的肌理运用到产品包装设计中，不仅能够体现自然界事物的美，还能利用这些材料创造一种让人意想不到的效果，如仿照水果表面的肌理设计的饮料盒包装，运用橡胶材料，充分表达出了各种水果的口味。

2.4 色彩仿生

色彩仿生设计就是把自然界中的色彩运用到食品包装设计中，研究色彩的规律和功能，让食品包装设计具有协调的美感。儿童对色彩的感觉不像成年人一样富有想象力，对儿童来说，每种颜色都象征着一种事物，儿童会将其和现实中的事物进行一些实际的联想，绿色相当于森林，红色相当于太阳，蓝色相当于海洋等，要是掌握了色彩的作用将之成功地运用到儿童食品包装设计中，不但可以提高儿童的认知度，还能提高儿童食品包装设计的品质。

2.5 结构仿生

结构仿生设计就是设计师结合一些不一样的设计目的，研究自然界事物内在的结构，将事物的内在结构和食品包装设计间一点微妙的联系紧密地结合在一起，从而模仿生物的结构。包装的结构说白了就是包装的骨架，它不是直接展现给世人看的，而是支撑整个包装设计，通过包装的打开方式、具体使用方法等体现出来。在儿童食品包装的设计中可以分析生物的整体和个体间的结构特点，在设计时充分进行模仿，创造出更加具有人性化的包装设计，根据儿童的需要，不断地调整设计中存在的问题，让其具有良好的舒适性。

3 儿童产品仿生包装设计的意义

仿生设计对于儿童产品来说意义重大，儿童从小就需要学习人类的文明成果，感受世界的奇妙，探索未知的世界，仿生设计可以带给儿童产品趣味性、益智性、教育性等功能特性。

3.1 趣味性

趣味性不仅给儿童产品带来了新颖的造型，还可以带给孩子视觉、听觉、嗅觉等感官器官的快乐体验。提升孩子的感官灵敏度，增强孩子对大自然的喜爱之情。如夜晚发光的萤火虫吊灯、蘑菇造型的卷笔刀、会发出响声的布艺玩偶等。

3.2 益智性

仿生儿童产品可以开发儿童的智力，增强

儿童的记忆力，培养孩子的情商。儿童喜欢玩游戏，仿生式儿童产品可以将儿童拼图赋予动物形象，这样儿童在进行拼图的同时既锻炼了思维能力、观察能力与想象能力，也加深了对各种动物的认识，在玩的过程中学会了许多知识。

3.3 教育性

仿生儿童产品也可以充当教育孩子的工具，通过故事的形式向儿童讲解产品的功能特点与原仿生物的生活习性等，加深了儿童对大自然生物的理解与认识，激发儿童探索大自然的求知欲望，让孩子接近大自然，认识大自然，树立保护大自然的意识。

4 儿童产品仿生设计的前景与展望

儿童是家庭的核心，儿童的成长发育牵动着每一位父母的心，聚焦着社会各界的关注，我国人口基数大，儿童数量多，再加上二胎政策的放开，儿童数量会直线上升，仿生形态的儿童产品一直受到儿童的喜爱与家长的青睐与信任。儿童产品仿生设计的发展趋势主要如下。

4.1 迎合社会需求

设计师应该把儿童产品的设计思路更多地转向仿生设计，调查研究儿童的生理与心理需求，使产品符合人机工程学、心理学等理论基础，结合美学、产品语义学赋予儿童产品美的特征。

4.2 研究新材料

许多科学技术的成果就运用在儿童产品包装中，由以前单纯的自然材料、物理加工材料，发展到现在的先进复合材料、仿生材料、智能材料，通过研究和利用这些天然生物材料的特性，将制造出适合现代儿童需求的优质材料。

4.3 研究适应时代的仿生理念

儿童产品的包装要体现国家倡导儿童发展理念，如国家提倡节约粮食、节约资源、创建绿色环保城市、尊老爱幼等，在儿童包装上可以通过仿生形态设计来实现，儿童幼小的心灵通过最简单、最直接的方式接触和熏陶，潜移默化地学到知识、受到教育，提高儿童产品自身的价值。

5 结语

随着社会经济发展速度的加快，儿童产品包装设计也得到飞速的发展，设计师在设计儿童产品包装时，既要满足儿童的心理需求，也要注重产品包装的保护功能。产品包装通过仿生材料、设计的应用，可以创造出更符合儿童需求的、更加艺术化的、生活化的儿童产品包装。

参考文献

[1]童晗笑,权威,任新宇.仿生设计方法在现代产品设计中的应用现状研究[J].艺海，2020（03）:70-71.

[2]韩静华,马丽莉.儿童数字读物的界面设计风格探析[J].包装工程,2014,35（20）:83.

[3]鞠海涛.儿童食品包装设计特点及发展趋势研究[D].北京:中国人民大学,2008.

[4]黄湿菲,范旭东.基于仿生设计学的儿童用品设计研究[J].艺术教育,2016（05）:196-197.

[5]邱丽.儿童产品包装中的仿生设计应用[J].艺术品鉴，2018（20）:198-199.

[6]Marry Polites.The Rise of Biodesign[M].同济大学出版社,2019.

[7]张丽丽.浅谈儿童产品包装的结构与造型[J].中国包装工业,2014（02）:12-13.

[8]汪丹丹.儿童产品包装设计的趣味性研究[J].科技咨询,2016（01）:75.

[9]马小丽,任工昌.关于儿童产品的包装设计与研究[J].机电产品开发与创新,2012（04）:58-59.

[10]罗东然,徐雷.仿生设计在产品中的美学分析[J].美术教育研究,2020（08）:71-72.

共生美学观下产品形态仿生的普适性应用

高华云 ，杨帆，郭亚男

（大连工业大学，大连 116034）

[摘　要] **目的** 论证以装饰审美为应用目的的形态仿生在产品设计中普适性应用的价值及设计流程和创新方法。**方法** 以共生美学观为指导思想，引用代表案例分析了产品形态仿生设计中功能需求与审美需求之间既对立又统一的辩证关系，提出仿生元素需在产品主形态中占主导和制约地位、功能需求应在产品副形态中起主导和反制作用、副形态应保证与主形态的视觉连贯性三项设计原则，据此将产品形态仿生的设计流程分解为前期处理与后期融合两部分工作，本着普适性应用的目的，完成了功能框架先行、仿生形态先行两款不同用途的产品设计案例加以验证，并分别指出其中的重点创新环节及处理方法。**结论** 仿生形态因其符合人与自然和谐共生的终极目标依然有肯定的普适性应用价值，在设计流程中通过对不同用途产品的功能框架与仿生元素之间的妥协和取舍，能够实现相应的创新和功能提升。

[关键词] 共生美学；形态仿生；产品设计；普适性

引言：产品形态仿生由来已久，从远古人类参照鱼刺、兽牙制作骨制品，到工业革命后模仿飞鸟或鱼虫设计出机翼、车船的造型，师从自然的形态仿生一度成为物理结构参考和装饰审美应用的主流，自新艺术运动后期简洁直线风格兴起后，逻辑几何造型给自由的仿生形态带来一定冲击并影响至今，以装饰审美为应用目的的形态仿生在产品设计中是否具有普适性应用价值，有何原则，如何创新，是本文的主要研究目的。

1 产品功能与仿生审美的辩证关系

产品形态与生物形态在认知规律上有一定的共性，二者都是由主形态和包括细节在内的副形态构成，但在设计之初，产品的形态首先要考虑功能结构的需求，满足其严谨内在的数理集合，生物的审美特征却是大自然的产物，是自由外在的视觉表象，此时两者呈现出并不对应的矛盾关系。在共生美学观看来，这种既对立又统一的关系不仅是普遍的客观存在，也制约着产品形态仿生的设计原则。

2 共生美学观对形态仿生普适性应用的价值肯定

共生美学观首先从宏观角度上肯定了形态仿生在产品设计中普适性应用的价值，基于辩证唯物主义的共生美学观肯定了世间万物相生相克、协调共生的客观状态，在这个前提下，人与自然需要相互依存，自然元素理应体现在人造物中，即便是最严谨理性的专用产品也应该或多或少融入对人与自然共生的考量。

3 基于共生美学观的产品形态仿生原则

3.1 仿生元素在产品主形态中的主导和制约地位

在共生美学观下，系统的整体特征是由其内部高级系统决定的，次级系统必须服从。依据这一观点，仿生元素应在产品的主形态中占据主导地位，使产品从整体上具备一目了然的仿生特征，这就意味着产品的主体功能框架要向仿生形态做出适当的妥协和让步。典型案例如 VW（大众）汽车公司的 Beetle（甲壳虫）汽车，在 80 多年间历经三代的设计，通过后排乘客空间的适当牺牲，使最具甲虫流线型特征的侧面轮廓始终保持未变，车子整体具有鲜明可辨的仿生特征（图 1）。

图 1 VW（大众）汽车公司的历代 Beetle（甲壳虫）汽车侧面轮廓特征
Fig.1 Profiles of the VW Beetle in 3 generations
（图片来源：作者自绘）

3.2 功能元素在产品副形态中的主导和反制作用

在共生美学观下，高级系统要适当妥协于后者的反制，从而达到整体的统一和平衡。在处理产品的副形态时，应转向以功能为主的考量，将仿生元素减弱或适当舍弃。同样以甲壳虫汽车为例来观察，可以发现诸如车灯、后视镜、保险杠、门把手等细节部件自身并不具备明显的仿生特征，而是更多地满足人机工程学、安全性、包括成本控制等方面的需求。

3.3 副形态与主形态的视觉连贯性

副形态会受到主形态视觉连贯性的制约，当人们整体观察一个仿生形态时，会产生将副形态一并识别和认同的心理，对副形态的宽容度会有所扩大。由于共生美学强调各系统之间要保持一定的相互协作关系，副形态与主形态之间的位置、比例、表现手法应尽量符合原生物对象的基本特征，符合视觉认知上的连贯性，以免影响用户对仿生形态的整体识别。

4 产品形态仿生的设计流程与创新环节

基于上述设计原则，产品形态仿生的设计流程可以分为前期处理与后期整合两部分。

4.1 前期处理——功能框架的可视化与仿生素材的准备

产品功能框架的可视化搭建需要基于功能需求的层次分析，确定目标产品实现各级功能所需的物理架构和尺寸，以便和简化后的仿生形态进行比对。功能需求层次分析可以在前期调研的基础上，通过诸如 KANO 模型、AHP 层次分析法等计算方式得到量化描述的结果，在这个以理性分析为主的过程中，产品的主要功能和次要功能依次由模糊变为明朗，物理结构和尺寸逐渐明确。最终所形成的各层级功能框架应该是尽可能简单的几何模块的集合，以便于后期可以灵活地搭配组合。

仿生素材的准备需要日常的观察与积累，是对各种自然生物形态的抽象与归纳，将自然生物的原始形态由表及里逐步简化和取舍，直至得到极尽简练的抽象符号（如轮廓线型），这一过程以感性思维为主，需要设计师具有一定的艺术审美素养，通过写生、装饰变形、简笔画、泥塑等传统训练方法，结合数字化计算手段（如各种图像滤镜）来提高对仿生形态的简化与抽象能力。简化提取的结果要具有较好的易识别性，以及尽量简单的逻辑几何作图规律，适合与产品的功能框架进行搭配组合。

4.2 后期整合——产品形态仿生的创新环节

用途明确的专业化产品往往有着严格的技术要求，需要从功能框架先行出发展开形态设计；用户宽泛的大众化产品则可以从装饰审美先行出发展开设计。本文作者分别完成了两款代表性案例来配合说明其中的创新环节。

4.2.1 鱼形切管器——功能框架先行展开设计

该案例是一款专门为 HPLC 高效液相色谱分析行业开发的专用切管器，供实验人员在实验室使用，满足苛刻的功能参数指标是产品的首要定位，具备海洋生物特征的外观是次要目标，如何确定切管器的主形态成为辩证妥协的重点和难点，在设计之初围绕刀片的种类、裁切原理等进行了多种不同的变换组合，绘制出各自的可视化功能框架，最终方案通过将刀片顶杆更换为中置圆柱形，使得产品轮廓形成两处凹陷，以此为突破口继续完善，最终使得产品主形态得以接近鱼形的外观。

案例中作为产品副形态的操作拉杆并未设计成鱼鳍的形状，而是考量实验员的操作习惯设计成圆柱形，最终的评估表明多数实验员依然认为看上去像鱼鳍（图2），说明在功能框架先行展开的产品形态仿生设计中，通过功能模块的变化组合使产品主形态尽可能向仿生形态靠拢，是重点

图2 鱼形切管器的最终外观
Fig.2 Final style of the fish-pipe-cutter
（图片来源：作者拍摄）

创新环节。

4.2.2 猫掌型减压按摩器——仿生形态先行展开设计

该案例是一款从仿生形态的装饰审美先行出发、适用于大多数人的情趣类减压产品。首先产品以适度简化的猫掌为基础作为主形态，在柔软可以任意按捏的硅胶外壳内部预留出较宽余的空间，可以嵌入红外加热、蓝牙、电池组等功能模块，而如何通过副形态的调整"画龙点睛"、扩展产品功能带来更丰富的用户体验，就成为必要的创新环节。通过将猫爪设计为四枚浑圆的金属按摩钉，使得产品具有更广的用户适应面（图3）。该案例说明在仿生形态先行展开的设计中，重点创新环节在于通过产品副形态的调整，在延续视觉连贯性的同时考虑如何实现功能上的提升。

图3 带有金属按摩钉的猫掌型减压按摩器
Fig.3 The cat-claw-massager with anodized metal nails
（图片来源：作者拍摄）

5 结语

在产品设计外观造型语言多元化的当下，仿生形态因其符合人与自然和谐共生的终极目标依然有肯定的普适性应用价值，在设计流程中通过对不同用途产品的功能框架与仿生元素之间的妥协和取舍，能够实现相应的创新和功能提升，这既是产品形态仿生区别于传统艺术表现中单一线性"模仿论"的所在，也是体现其普适性应用价值之所在，文中所附的两个设计案例提供了一定的应用参考，并期待更多的研究成果做更深层次的支撑和验证。

参考文献

[1] 柳冠中.共生美学观——对当代设计与艺术哲学的初探[J].装饰,2008（S1）:58-59.

[2] 侯敏枫.汽车车身形态仿生设计研究[D].长春:吉林大学,2012.

[3] 向泓兴,杨瑷伊.仿生设计在产品设计中的应用分析[A].中国环球文化出版社,华教创新（北京）文化传媒有限公司.2020年南国博览学术研讨会论文集（一）[C].中国环球文化出版社,华教创新（北京）文化传媒有限公司:华教创新（北京）文化传媒有限公司,2020:4.

[4] 王朝侠,徐从意.仿生设计在产品趣味性设计中的应用[J].包装工程,2017,38（14）:193-197

[5] 许永生,赵秦琨,支锦亦,等.基于生物形态简化优化法的产品仿生设计研究[J/OL].包装工程:1—6[2020-10-22].http://kns.cnki.net/kcms/detail/50.1094.TB.20200803.1809.016.html.

[6] 许永生.产品造型设计中仿生因素的研究[D].成都:西南交通大学,2016.

[7] 徐红磊.拓扑性质约束下产品形态仿生设计研究[D].无锡:江南大学,2015.

[8] 王卫东.逆向工程在产品仿生设计中的应用研究[J].包装工程,2011,32（10）:36-39.

[9] 赵祎乾,吴天宇,李清晨,等.产品功能层次结构模型构建——适老化多功能床设计[J].装饰,2020（05）:116-119.

[10] 宋兴格,万浩,妥世花,等.面向模块化设计的产品多层次创新设计策略研究[J].机械设计与制造工程,2018,47（03）:91-96.

返璞归真造物思想在仿生产品设计中的应用

刘妍

（大连科技学院设计艺术学院，大连 116019）

[摘　要] **目的** 发扬中国传统造物思想，探知造物思想在仿生设计中的应用模式，了解造物思想不能脱离自然界创作灵感而独立存在，分析造物思想具体内涵，分析"返璞归真"具体解析，思考造物过程、造物思维、造物依据对当下仿生产品设计的影响。**方法** 围绕造物思想的解读，结合相关领域仿生学创新方法和产品设计专业特点，开拓从方法论视角观察、解读、分析仿生设计的设计方法。**结论** 大力倡导仿生设计的返璞归真，以造物思想为理论依据来构建未来具有科技时代的仿生设计方法。

[关键词] 返璞归真；仿生设计；造物；象征语意

引言："返璞归真"造物思想依托中国传统创作器物的方法，对不同时期的造物演变有着历久弥新的影响。造物思想的认知基础中经典文化符号的提取在当今的仿生产品设计中依然具有良好的借鉴意义。仿生设计是将深入人心的情怀，人性的回归反哺于人们内心需求和精神慰藉，将借物思情之感融入设计中，通过象征性、审美性、情感性的自然形态元素设计赋予当代产品设计，能够更好地展示文化特色背景下的创新设计。使人与自然、人与设计、设计与社会能够更好地激发人们造物创新和反思设计的意义。

中国古代美学一贯崇尚自然，以自然为美，仿生设计作为产品设计的重要分支，就是从大自然中获取灵感，参照自然界动植物形态、或直接取其形，进行造型、功能、色彩等设计构思，使设计出来的产品回归自然，体现"自然美"。仿生产品设计，依托大自然寻求设计灵感，从中提取造型、功能、色彩等进行整合设计，使产品回归自然，体现"自然美"，将"返璞归真"的造物思想表现得淋漓尽致。

1 "返璞归真"造物思想原发性价值

返璞归真，也叫"返朴归真"，属于道教教义，生命回归最初状态要经过自身的修行，才能展现人性最初本性的淳朴和纯真。通过心性和生命返回到纯真质朴的状态。但是，人的欲望会为了满足自身需求进行不断探索和学习。从原始社会到现代社会，从原始艺术到现代艺术，生命意志的理念传达寄托在"质朴"的艺术上。"璞"更多的意义体现在稚拙纯朴的表象，"真"更多地引申为纯真的本性意志，"璞"与"真"相互融合才得以更纯粹地认识真正的世界。中国古代造物艺术的发展从先秦诸子的治世观念中获得用之不竭的源动力。"返璞归真"的造物思想在古代摄取了儒、道、墨、法诸家对于道与器、义与利、心与物、天与人等范畴各自的阐述以及不同观点。这些思想相互碰撞、兼收并蓄地组成了中国古代造物艺术的精神内涵。

《周易·系辞上》其中写到"《易》有圣人之道四焉：以言者尚其辞，以动者尚其变，以制器者尚其象，以卜筮者尚其占"。描述早期器物创造来源于卦象，即仿效自然现象或仿效自然界中的形象，或者仿效人发明的其他事物，从而创造出新器物。在中国早期的原始造型艺术中，模仿人体的形态或是自然中形态来进行创造的较多。通过观察"人"来造物就是取形象于人类自己、人体、人的生活形态等，从中汲取灵感进行创造。例如，彩陶人头器口瓶，为仰韶文化庙底沟型彩陶，是中国早期"返璞归真"造物思想的体现，其器物的整体造型为两头尖的长圆柱体，器物的瓶口处制作成人头像造型，既是模拟又是效仿于人，直观地表现事物诠释生命理念，从而呈现认识世界的一种新的表现形式。

圣人凭借卦象造物的事例在《周易·系辞下》中有所描绘，如伏羲氏制作罗网的来源是发明编结绳子的方法，从而进行猎兽捕鱼；黄帝和尧舜用树木制成船只，削制木材作为船桨，通过舟楫的使用，使人们经水路可以到达远方，便利天下。事物到极尽之处就会变化，变化就能通达，通达才能长久发展，表明"返璞归真"造物思想要随着时代发展不断地更新。

2 造物思想在仿生产品设计中"有"和"无"

《老子》阐述："三十辐共一毂，当其无，有车之用。埏埴以为器，当其无，有器之用。凿户牖以为室，当其无，有室之用。故有之以为利，无之以为用。"老子通过车辆、器皿、房屋案例分析造物理念中"有"和"无"的关系，三十

根辐条汇聚一根毂中的孔洞当中，有了车毂中的"无"，才有车的作用，车才能运转。陶土揉和成器皿，有了器具中空的地方，才有器皿的作用，"无"的部分也是可容纳空间"有"的部分。开凿门窗建造房屋，有了门窗四壁内的"无"的部分，才有房屋的作用。所以，"有"给人便利，"无"发挥了它的作用。《老子》的造物思想由此可以引申出：产品的结构包括"有"和"无"两部分，功能展示来自"无"的部分。

2.1 结构归"真"
产品结构在设计中有举足轻重的作用，在建筑物中进行承重支撑，在房屋中进行样式的构造，各个元素之间进行合理配合。工匠技艺随着社会发展逐渐提高，器物的制作灵感来源于生活，尤其是人形灯造型在战国时期根据当时人们生活的场景动作姿态进行设计，材料选择青铜材质，结构属于对称形式，双腿站立两手能够保持平衡。战国人俑灯的执灯方式多样化，与此同时也十分具有代表性，跽坐人铜灯背部较挺，双手前伸，执灯胸前，结构稳定符合当地执灯人的专有特点。材质表面肌理与质感仿生，再现生物结构的触觉表象，具有深层次的生命意义，通过对生物表面肌理与质感的设计创造，可以更突出仿生设计产品形态的功能表现力。

2.2 形态归"真"
产品形态在设计领域中被赋予形状和造型两方面。仿生设计是形态类型之一，形和态是单一问题的两个方面，密不可分，是产品设计塑型的特征表现。形和态中也存在着差异性，"形"更倾向于产品外观属性，具有静止的感官体验，而"态"更强调物件的动态表现和整体感知，能更直观地让受众体会不同物体的神态和灵魂。形的仿生能够更直接地作用于人的视觉，它是决定仿生存在的直接依据，在仿生产品设计的语境中，它也是功能的载体，这种功能的载体通过仿生之形具体传达出来，"长信宫灯"中宫女的设计很好地体现了这种形态仿生。两手持灯跽坐的

宫女，一只手托灯，另一只手的衣袖和灯融为一体，人物身体里可以进行注水，用来吸附油烟，在仿生设计的同时也考虑了功能的合理性和科学性。随着贸易往来的增多，产品仿生形态设计也逐渐增多，形态变化也多样化，以更多地融入中西方文化的发展，掐丝珐琅人形双耳盖炉，双人形象设计采用西方人面孔，盖炉形象具有中国创图腾纹样，整体技法从制作工艺角度分析较为复杂，表现出工匠的技艺高超。

3 造物语境在仿生产品设计中的表现手法

早期人们借鉴大自然赋予的材料开始制造工具，满足人们对于不同工具的需求，现代的设计也围绕"返璞归真"的设计理念进行元素采集。时代的发展以及人类生活和工作的需要都围绕事物发展规律进行，解构自然形态，捕捉深层次内涵，用自然赋予的特色材料去诠释仿生产品设计。

3.1 元素概括性解构

"返璞归真"造物思想在现代仿生学的应用十分广泛，如飞机的创造来源于对天空飞行的鸟类进行观察与模仿。ALESSI公司设计的鸟鸣壶，最大的特点就是壶嘴处提取小鸟造型，水烧开时仿佛小鸟在唱歌，生动形象的设计之处来源于对鸟鸣的观察，符号的提取与概括增强了设计趣味性、情感性以及仿生产品设计的独创性。仿生蜘蛛椅设计，制作时考虑到椅脚的可交叉性，突出强调它的实用性，外观很具有视觉冲击力，灵感是来自黑蜘蛛。从蜘蛛的形态提取结构元素进行设计解构，将仿生产品设计表现得更富有生机和活力。

3.2 意象语言传达

仿生产品设计中象征语意成为指称功能的符号，将产品的使用功能并列其中，仿生产品作为物质载体，将结构功能赋予新的语意。"返璞归真"中"璞"承载的仿生造物内涵也同样是作为象征功能的面貌出现的设计形式。"璞"一方面在继承中有发展，另一方面在继承中获得了自我独立。将"璞"的象征寓意性传递在仿生产品设计的功能表现形式之上，并在产品的具体设计制作上获得相应的融合，从而实现"真"的哲学语境向造物语境的转换。

4 结语

仿生产品设计主要是在传统造物思想之上运用工业设计的艺术与科学相结合的思维与方法，从多样化的角度追求传统与现代、自然与人类、艺术与科技、主观与客观、个体与大众等多元化的设计融合与创新，体现思辨以及唯物的美学观。

参考文献

[1]黄寿祺,张善文.周易译注（下册）[M].上海:上海古籍出版社,2007:390-406.

[2]徐飚.成器之道:先秦工艺造物思想研究[M].南京:江苏美术出版社,2008:137-138.

[3]耿明松.中外设计史[M].北京:轻工业出版社,2017:22-23.

[4]刘玉琪.基于《周易》哲学的产品设计理论研究[D].合肥:合肥工业大学,2017:39-45.

[5]凌继尧.《周易》的艺术学思想[J].东南大学学报,2011:77-81,127.

[6]陈致宇."观象制器"在设计中的重要启发[J].现代装饰（理论）,2017:164-165.

[7]马炜琳,苟秉辰,张微雪.浅析现代产品设计中文化特征的符号化[J].设计,2018:100-101.

[8]杨先英,李伟湛.传统文化在产品设计中的应用机理[J].设计,2019:92-93.

[9]曹勇.探析中国古代造物之道[J].现代装饰,2013:105-106.

[10]胡飞.中国传统设计思维方式探索[M].中国建筑工业出版社,2007:150.

仿生设计在现代设计中的应用与发展趋势

吕莹

（东北大学，沈阳 110819）

［摘 要］**目的** 研究在现代设计中仿生设计的应用与发展趋势的现状与前景，展开针对现代多种设计中仿生学的广泛使用，对仿生设计在各设计中面临的短板问题进行调查，并且对问题提出相应的解决办法。**方法** 首先对仿生设计进行系统的概述，通过理念、特征、原则等基础方面对仿生设计进行分析；其次，利用文献调查法、走访调查法等对仿生设计在现代设计领域的现状进行调查，总结出仿生设计在现代领域面临的问题并且提出解决办法，并举例说明仿生设计在现代设计中的运用以及未来发展趋势。**结论** 仿生设计在现代设计中的应用总体呈现出欣欣向荣的发展势态，现代设计越来越看重仿生设计对人的精神世界的积极作用，随着人们对精神世界的关注日渐增加，仿生设计未来的发展趋势将会更加明朗，仿生设计发展的前路将会更加开阔。

［关键词］仿生设计；发展趋势；仿生应用；现状调查；解决办法

引言：随着社会的发展以及人们对于精神世界更高的追求，仿生设计作为一门新兴的学科迅速成为当今社会举足轻重的设计方式，仿生设计成为促进现代设计进步发展的重要渠道。通过系统深入地探讨仿生设计在现代设计中的发展现状，结合仿生设计自身的理念、原则和特征，与现代设计中仿生设计的发展相结合，探讨仿生设计在现代设计的发展中遇到的不足与弊端，并提出可行的解决方案。将仿生设计的未来发展与先进技术相结合，开展创新设计，深入挖掘仿生设计规律，提高仿生设计的亲和力、趣味性、生命力，作为仿生设计未来发展的方向。为仿生设计继续向前发展奠定良好的理论基础，确保仿生设计在现代设计中的地位，以仿生设计满足人类社会未来越来越追求精神世界的要求。

1 仿生设计概述

1.1 仿生设计概念的提出

随着社会科学技术的进一步发展，1940 年以来，人们逐渐认识到仿生设计是推进科学技术发展的主要途径之一，并且将自然界中的设计元素作为各种科技创造的源泉。人们运用当时现有的所有技术手段和科学知识对自然界生物系统开展深入的研究，促进了仿生理论在现实社会中的应用。现在，在设计中运用自然界设计元素已经不是难以实现的想象，而成了可以实现的事实，当时社会的学者、科研人员开始从自然界获取新知识改善旧的或创造新的科学技术工程，仿生学从此踏入各行各业技术个性和技术革命的先例。

仿生设计最早诞生于 20 世纪中叶的美国，是一门基于仿生学和设计学发展起来的新兴边缘学科。仿生设计的出现为现代设计提供了新的方法、新的思想和新的途径，仿生设计作为人类与大自然的契合点，使人类实践与自然元素实现了高度的和谐。仿生设计将设计中的艺术性因素与科学性条件有机结合在一起，实现设计的人性化要求，在物质上，以及在精神层面上追求人类社会与自然界设计元素的结合。

1.2 仿生设计发展历程

在人类文明的早期，人类不得不对自然界动植物生活习性以及各种自然现象进行观察学习，相传早至春秋战国时代，人们就已经开始从事仿生设计，如鲁班上山途中被茅草划破手指，受此启发，发明人类第一把带有锯齿的锯子。两千多年前的墨子带领众多弟子，耗费众多人力、物力，制成一只"会飞的木鸟"。古今中外不乏模拟鸟类尝试将人类送上天的人士，但都没能成功的原因在于，当时的人们不懂鸟类能够飞行的生物原理，以及人们不具备能够飞行的生理条件。此后，莱特兄弟成功制造出飞机、法国化学家德贝尔尼戈·夏尔多内成功将硝酸纤维素制成硝酸纤维，都体现了仿生在人类生活中的应用，但这些项目犹如人类进程中的点点之火，一闪而灭，未能形成一门独立的学科。在 20 世纪 40 年代前，人们对仿生设计只局限于模仿的阶段，但这一阶段大量仿生现象的出现为后续的发展积累了相当多的经验。到 1940 年以后，一些科学家开始逐渐发现，生物与工程技术在一系列问题的处理上具有相同之处。此时，一位年轻的美国科学家提议建立一门叫作"信息论"的学科，随着大量研究工作的进行，在对工程技术与现代生物科学进行大量类比后，"信息论"继续向前发展，1949 年，美国科学家维纳出版《控制论》一书，随着这两门学科的结合与发展，人们逐渐为自己的技术发展找到了一条新道路——仿生。1960 年，在美国俄亥俄州召开了美国第一届仿生学讨论会。仿生的诞生为人类社会提供了无限的创新理论和方法，使人类从一个崭新的视角发展科学技术。

1964 年前后，仿生设计开始踏入中国这片土地，自此国内许多学科和部门对仿生设计投以高度的重视，陆续开展了大量的研究工作。至 1990 年期间，仿生设计已经渗透至人类社会科学技术的各个领域，它的研究方法也已经纳入各个领域的研究工作之中，各行各业科研人员对仿生设计倾注了相当高的热情。到现在，这已经成为一场在仿生设计领域内的全球竞争，为了进一步适应我国科学技术创新的需要，2003 年在中科院香山科学院召开了"仿生学的科学意义与前沿"学术讨论会，全面体现了仿生设计在科学技术发展中的创新作用。透过仿生设计发展的轨迹，可以清晰地看出仿生理论的发展已经渗透到人类社会科研的方方面面。

1.3 仿生设计意义

纵观几百年的人类发展历史，高速发展的工业使人们的生活环境变得喧闹，人们越来越普遍感受到工业化带来的另一方面烦恼，并且开始对工业化带来的标准化、刻板化生活感到烦闷。仿生设计的意义从此体现了出来，仿生设计由于全面协调了人与自然的关系，而更加贴近人们的生活，为沉浸在乏味生活的人们带来了自然的享受。大自然的魅力之处在仿生设计中体现得淋漓尽致，设计师巧妙地将大自然中丰富多彩的设计元素，通过仿生设计进行展现，为人们乏味的都市生活带来新鲜的生命力。仿生设计将多种多样的自然美呈现在现代社会人们的审美意向前，将生物肌理能够引起人们对自然强烈感受的图案运用到现代设计中，人的创造力是有限的，通过仿生设计，人们的创造力可以是无限的，仿生设计使现代设计不断创新发展，从而丰富人类的生活。

仿生设计的运用极大地丰富了社会的物质文明，仿生设计在当代社会环境下的运用，将自然界中常见的设计元素运用在人们日常的生活环境中，让人们享受到与自然更加贴近的接触，把自然的属性带入人们的日常生活中，极大地满足了人们渴望回归自然的愿望。仿生设计将自然界中的形态、变化、色彩都借鉴应用在现代设计中，各种自然的形态能够极大地丰富现代设计造型设计的语言。仿生设计来源于自然界和人类生活中，但也体现了再次为人类社会服务的目的，艺术家与仿生设计的相遇，实现了既尊重自然环境，又将之与人文环境做到协调统一。

2 仿生设计在现代设计领域的现状调查

2.1 仿生设计在现代设计领域的现状

仿生设计的起源是相当早的，在中国古代就已经出现仿生设计的身影，古人观察自然，通过自然界的各种现象进行合理的设计，充分地便利自身的生活，从古至今，通过仿生设计的产品一直都存在。随着现今科学技术水平越发地向前发展，人们根据自然界的设计实现了进一步的提高，推动了现代设计的发展。在设计高速发展的今天，仿生设计无论从形态上还是造型上，都为设计师提供着最合理、最有效的自然形态。仿生设计最早应用在医学和工程领域方面，发展到今天，仿生设计已经在我国很多行业都有相当广泛的使用，通过仿生设计，我们实现了设计水平的全面提高，从自然界中获得了较高的灵感。仿生设计对现代设计具有非常大的价值，为设计师提供更多的设计选择、设计灵感，使产品的造型更加丰富多变；在进行相关设计时，通过在自然界中学习动植物进行仿生设计，可以更快地确定设计的本质，解决人力、物力，大幅提高成功的概率，实现更大效率地优化产品功能结构；增加产品的文化内涵，在人与自然共处的相当长时间以来，自然界中很多形象已经被赋予丰富的精神象征，仿生设计的产品可以增加民族内涵，使设计

的产品更加具有象征意义。

仿生设计发展至今，常用的手法包括具象仿生、抽象仿生、功能仿生、结构仿生、材料仿生等。具象仿生是最简便、最常用的设计手法，将自然界中自然存在的形象按一定比例改变外形应用到设计中去，此类的仿生产品在使用效果上具有一定的优势；抽象仿生则要求设计师对仿生对象形象具备深刻的认识，提炼出隐含在生物形象背后的特质和精神，将这些元素运用到设计中去，赋予作品相当的文化内涵和象征意义；学习自然界生物特有的特点，并将这种特点运用到自己的设计中去，便是功能仿生；结构仿生则是对生物结构进行观察，将观察到的生物结构进行优化并在自己的设计中加以运用，是设计师最常用的仿生设计手法；材料仿生是对于所使用的材料进行的仿生设计和改变。

2.2 仿生设计在现代设计领域存在的问题

仿生设计在现代设计领域应用得非常广泛，但在设计实践中，由于多方面因素的影响，导致仿生设计在现代设计领域存在着诸多问题，如对仿生设计理解不够深刻、仿生设计应用认识不足。在将仿生设计运用到现代设计中，很多设计师对仿生设计理解的深度不够，进而出现仿生设计在现代设计中应用得 比较片面的问题。在进行设计时，要求设计师对各学科知识融会贯通、综合运用，但就目前情况来看，设计师对于相应知识理解得比较片面，甚至无法进行有效的使用；进行仿生设计时只简单地注重外形模仿。在现代设计领域运用仿生设计时，由于设计师未能清晰地掌握仿生设计的系统学科知识，致使具象仿生、抽象仿生等设计方法没能取得良好的效果，出现在仿生设计时，只有产品的外形有单纯的模仿。受到设计师设计思想的制约，仅仅模仿动植物的外形，将生物外形进行简单缩放运用到现代设计中，而没有使设计产品具有仿生功能，

从而失去了仿生设计的价值，传统的单纯模仿外形的观念使设计师在仿生设计时片面地理解为只是对生物外形的模仿。

仿生设计应用在现代设计中，使设计产品性能、功能符合仿生设计要求，但是由于长久以来仿生设计没有统一的标准，设计人员只是单纯地进行外形和材料的仿生，再通过夸张的营销手段影响消费者盲目使用产品，实则影响到用户的使用效果，很大程度上限制了真正好的仿生设计产品的发展。同时，在现代设计中广泛应用的仿生设计中，产品同质化相当严重，这些产品没能很好地突出仿生设计的价值，从侧面影响了仿生设计继续扩大影响范围。

2.3 解决仿生设计应用于现代设计领域弊端的方案

在现代设计领域运用仿生设计，应该制定一套标准的、客观的、系统的应用标准，用来提高仿生设计在现代设计中的系统性和标准性。将仿生设计融入仿生设计中，可以进一步丰富现代设计的内涵和价值，使现代设计呈现出丰富多彩的发展特点，并且在进行现代设计时必须通过不同的视角考虑问题，一方面要使设计的产品的形态、结构及外形贴近大自然的实际生物，另一方面可以有效地提高资源的配置，增加资源利用率，得到良好的实用价值。例如，在进行交通工具设计时，可以运用仿生设计方法对生物日常运动形态进行细致的观察，通过观察得到的生物行为特点和独特的仿生功能，系统地运用到设计产品中去，从而大大提高交通工具的实际应用能力。同时，提高仿生设计在现代设计中的应用比例，要求推进仿生设计涉及的多门学科共同发展、融合研究。现阶段，许多涉及仿生设计的行业、部门都在积极地推进多学科的融合发展，在设计中通过协调各门学科知识技术共同推进。一方面可以通过系统的知识在源头避免仿生设计中可能出现的缺陷，实现仿生设计体系的优化和完善；另一方面，可以提高现代设计的创新能力，促进仿生设计的创新发展。

3 仿生设计在现代设计领域的应用

3.1 仿生设计在儿童玩具设计中的应用

儿童玩具行业是一个历史非常悠久的行业，随着我国生产力的发展，基于劳动力众多、市场丰富等优势条件。如今，我国在儿童玩具国际市场的影响力越来越大，为适应国际社会大发展，儿童玩具设计中越来越多地涉及仿生设计，其中最为常见的手法是应用形态的仿生，即玩具外形的仿生设计。儿童玩具外形的仿生设计主要借鉴于大自然中的生物和自然物质的形态，加以简化、提炼、升华，而后应用到儿童玩具的外形设计中去，从而达到满足玩具的视觉效果，提高玩具视觉价值的目的。同时，被赋予了生动形象的儿童玩具，可以更好地吸引、激发儿童的好奇心和积极性，潜移默化地培养儿童的认知能力和共情能力，优秀的、仿生的玩具外观设计也可以保证儿童玩玩具时愉快的体验。相比于成人，更能吸引儿童的是鲜艳亮丽的颜色，将儿童玩具与自然界绚丽多彩的自然颜色相结合，设计出能够使儿童感受到自然美的玩具，提高儿童的审美能力以及对色彩的感知能力等。

随着社会生活水平的不断提高，人们在设计层面更加追求产品的人性化和对情感的慰藉，仿生设计依据儿童的多方面因素进行形象设计，使儿童不仅仅是在玩耍，更是与大自然建立起紧密的联系，更好地亲近自然，培养儿童建立起乐观、阳光的性格，仿生设计在儿童玩具中的应用，促进儿童与自然更加紧密地联系，激发对未知事物的向往，同时又能激起孩子们的求知欲望和动手能力。仿生设计与儿童玩具的结合，大大增加了儿童玩具的表现形式，仿生设计也更加重视儿童玩具设计中的人性化成分，玩具中的教化成分所占比例也在逐渐增加。随着更多的父母对孩子各方面发展的重视，能够与儿童进行情感交流、拓宽儿童视野、刺激孩子求知欲的儿童玩具成为当代父母挑选儿童玩具的先决条件。使儿童玩具与仿生设计有机结合，设计出更加生动、与儿童实现智能互动、被赋予自然语言的儿童玩具更具有价值。

3.2 仿生设计在现代服装设计中的应用

经过多年的发展，仿生设计已经成为服装设计形式表现的一种重要方式，以自然界的形态、形象、颜色直接或间接地应用于服装造型、颜色设计上，如宽松的蝙蝠袖和端庄的燕尾服等。服装设计中的仿生设计主要体现在款式仿生、色彩仿生、图案仿生等几个方面。在款式仿生中，最常见的也是最典型的基础款式便是羊腿袖，羊腿袖顾名思义，在袖子的上端敞开，靠近手腕处收紧，无论是丝绸、丝织等各种材质的上衣都会运用到这种款式。女装中应用得相对广泛，在服装形态的表现上营造出一种高贵典雅的气质，具有独树一帜的特点和价值；在色彩仿生中，灵感来源于大自然中的色彩属性，中国传统蜡染艺术运用靛蓝色体现人们追求本真的审美趣味，同时在西方的洛可可时期也通过花朵写实色彩印染的服装上，体现浓郁奢华的异域风情。如黎巴嫩著名设计师品牌艾丽·萨博，设计师借用自然之色，运用其自身的智慧将大自然色彩元素进行关联性的设计，同时强调属于自己的审美特征，赋予了仿生色彩在服装设计中独树一帜的强烈个性。在图案仿生中，通过模拟自然界中的动植物的形态进行设计和创作，如我国少数民族水族世代传承的马尾绣中，常使用几何图形和花鸟鱼虫以及植物图案等，经典的自然图案与仿生布艺刺绣图案相结合，体现丰富的层次和效果。在人类的进化和演变过程中，服装从最开始发展到今天拥有无穷的应用价值。服装的仿生设计打破传统意识形态的禁锢，色彩艳丽、夸张性强，将仿生设计服装的想象力以千姿百态的形式呈现出来。

3.3 仿生设计在家具设计中的应用

仿生设计的设计方法为家居设计提供了归于自然的设计灵感，使家具设计在发展进程中更加符合当代人的美学体验，更加满足当代人的生活品质，设计师的设计灵感来自大自然的设计元素，将所借鉴的大自然设计元素提炼、融入家具设计中去。仿生设计为传统的家具设计注入了许多新鲜的色彩，使家具设计的形式逐渐被重视起来，设计师将传统的工业生产技术与自然形象相结合，所设计的家具不仅具有新颖的外观，而且鲜明的自然形象也能使人们在情感上产生共鸣。经过仿生设计的家具，具有强烈的视觉冲击性，使家具富有观赏性和趣味性，这样的家具摆在人们的面前，没有人能够抵抗内心中油然而生的愉悦之情。以自然界为灵感来源的仿生家具设计满足了广大消费者的需求，同时，改善了传统家具在室内空间中冷冰冰的单一状态，为现代家具添加了感情色彩。

家具设计中的仿生形态设计分为具象和抽象两种类型，具象是对生物具体形态的模仿，抽象是指针对生物特征意象方面的模仿，体现着生物的某种意义。具象的仿生设计要素运用到家具设计中最直观的效果是可以家具的形态实现多种样式的丰富，而抽象形态设计则更加针对的是用户心理情感的变化，仿生设计以家具为媒介，将理念和情感融合其中。如著名设计大师汉斯·维格纳的孔雀椅子，优美的线条和自然的材质赋予椅子独特的魅力。肌理和质感仿生运用在家具设计中，采用的是对自然界生物外表和材料模仿的方式，肌理的仿生设计在家具设计中起到的作用，可以增加家具感官上的多样性变化，在用户的体验过程中增加更多新奇的感受。肌理仿生运用于家具设计时，设计师必须考虑家具本身的特质，以及特殊材质是否便于清理等问题，这些问题要求设计师对自己所使用的肌理必须有充分的了解和认识。总的来说，在家具设计中使用仿生设计的技法，不仅可以满足家具基本的使用需求和功能，更能提升家居的审美，一改传统家具冰冷单调、缺乏感情因素的现状。

4 仿生在现代设计中未来的发展趋势

4.1 与先进技术结合，进行仿生形态创新

随着社会的发展，科学技术发展水平也日渐提高，更高的技术水平也就意味着，对于仿生设计技术水平的要求也越来越高，因此，设计师必须提高自身的科学技术水平，将仿生设计与先进的技术进行结合。当今的时代更是一个数据爆炸的时代，设计师必须认识到，将仿生设计与大数据技术有机地结合在一起，可以更好地实现设计方案的制定与实施。同时，随着现如今更多新型技术手法的应用与成熟，仿生设计是万万不可以故步自封的，这些蓬勃发展的科学技术能够为仿生设计提供更加便捷、更加真实、效率更高的设计环境。在未来，必须实现仿生设计与其他多种先进科学技术相结合，实现仿生设计更高效率、更多层次地在现代设计中的应用，为设计工作的进行提供更加便利的条件。

影响仿生设计的另外一个重要因素是生物外形和设计产品外形的结合，两者的有机融合影响着设计产品的创新程度、设计效果和设计质量。生物外形和产品外形的有机结合需要建立新的匹配模型和映射关系，实现两者之间的和谐和系统性。为此，设计师需要极大力度投入仿生设计产品外形的创新发展，同时在仿生设计中综合进新的、符合时代发展要求的知识和技术，需要设计师为现代设计产品的仿生设计建立有力的创新环境，以此提高仿生设计的工作效率，以实现仿生设计与社会发展的和谐，保障仿生设计的系统性、整体性、实用性、有机性。

4.2 增强仿生设计生命力、趣味性和亲和力

继功能主义之后，社会环境中充斥着精确而冷漠的机器，发展至今，社会上已经出现强烈的反刻板化、反冷漠乏味的倾向，人们需要的是更加具有生命力的现代设计作品。而其中的生命力不是指生物意义上的生命，而是一种以自然主义为基础的设计理念，人们已经相当厌倦过度平淡、过度数字化的设计，人们期待的是富有生命力，能够帮助人们自然有机融合的设计媒介。因此，仿生设计的现代设计产品越来越让人激动，仿生设计也被期待更加富有生命力，更加连接起人与自然之间的桥梁。

人作为独立的个体，有快乐生活的需要，因此，现代社会的设计不仅仅要做到合理有用，更要实现令人喜悦的要求。在仿生设计中，自然界中丰富的设计元素为现代设计提供了无穷无尽的设计灵感，为产品投入了不同的情感因素，增强了设计作品的趣味性。在未来发展仿生设计的道路上，要将增加仿生设计产品趣味性作为重要因素，以仿生的手段进一步增加作品中的趣味性。趣味性的设计能够为本来平平无奇的生活增加一点异彩，所以说增加设计的趣味性是未来仿生设计发展的一个重要趋势，仿生设计就是实现增加设计趣味性的一个相当有效的方式。随着社会的车轮向前滚动，人与人之间的隔阂变得愈加深刻，由此而来的是人与人之间的距离和无视。因此未来的仿生设计应该旨在打破人与人之间的隔阂，积极促进人与自然的关系，仿生设计同样需要变得更加具有亲和力，成为愈发紧张的人际关系的润滑剂。

4.3 深入挖掘现代设计的仿生设计规律

规律是世间万物的必然联系，现代设计的仿生设计是设计师对自然规律的运用和借鉴，将

自然的、野性的、自由的设计元素变成社会的形态，同时赋予设计高于自然的艺术价值和商业价值。掌握仿生设计的规律，设计师在开展设计工作时便可以更加得心应手、游刃有余。现代艺术仿生设计的规律和特征研究一直都是艺术设计界的热点话题，也是重点的研究内容之一。仿生设计的基本规律主要是指人与自然的和谐，但随着近些年来人们对人和自然的和谐的重视程度越来越高，仿生设计如何将自然生物与人类社会相融合、与用户要求相契合，都成为仿生设计能否继续向前发展的重要研究内容。深入挖掘现代社会中仿生设计的规律，既可以有效地促进设计活动的高效进行，又可以实现仿生设计经久不衰的向前发展。

5 结语

综上所述，仿生设计在现代设计中的应用广泛，未来发展呈现出向上的势头。仿生设计在现代服装、儿童玩具、家具等各行各业中的应用相当广泛。不仅如此，现代设计与仿生设计的有机结合，实现了现代设计的进一步向前发展。虽然仿生设计在当今社会发展背景下面临着一定的弊端，但随着科学技术的进步以及人们思维方式的转变，仿生设计目前所面临的困局将会在不久的将来迎刃而解，实现仿生设计向前的大跨步发展。在未来，依靠设计思维和设计方法的转变、进步，仿生设计将成为影响未来设计方向的重要因素，成为影响未来设计思维的首要前提。

参考文献

[1] 刘福林.仿生学发展过程的分析[J].安徽农业科学,2007（15）:4404-4405,4408.

[2] 冯卓茹,覃大立.仿生在陈设艺术设计中的意义[J].美术学报,2013（04）:107-110.

[3] 高睿.现代产品造型中仿生设计的原则及要点探究[J].艺术科技,2015,28（08）:161.3

[4] 马泽群,苟锐,黄强苓.仿生设计在工业设计领域的困境及策略[J].包装工程,2013,34（20）:111-113,128.

[5] 任坤.仿生设计在工业设计领域的困境及策略[J].现代工业经济和信息化,2020,10（08）:42-44.

[6] 罗莹奥.仿生设计在工业设计领域的困境及策略[J].山东工业技术,2018（12）:199.

[7] 权威,张家豪,翟天宇,等.论儿童玩具设计中的仿生设计手法[J].戏剧之家,2019（36）:119-120.

[8] 燕倩,王琪,王子禹.仿生设计形式在现代服装中的应用研究[J].山东纺织经济,2020（07）:25-27.

[9] 管家源.仿生设计在家具设计中的运用与研究[J].科技与创新,2020（03）:140-141.

[10] 薄其芳,宋玉凤.浅析形态仿生设计产品的发展趋势[J].美与时代（上）,2010（07）:76-78.

[11] 张博凯.产品外形仿生设计研究现状与进展[J].内燃机与配件,2020（10）:250-251.

[12] 罗仕鉴,张宇飞,边泽,等.产品外形仿生设计研究现状与进展[J].机械工程学报,2018,54（21）:138-155.

基于圆觉三观视域下的仿生设计

王雪婷

（大连工业大学，大连 116034）

[摘 要] **目的** 从观、言、思等觉官维度理解仿生设计理论，将其情感表达、外形塑造、功能扩展等多维度与仿生设计有机结合，使仿生设计更具文化性、情感性以及实用价值。**方法** 通过对设计案例与相关文献进行研究分析，并在仿生设计理论与设计思维的梳理与总结基础上提炼不同视角对艺术与科学的天然感知，强调从圆觉三观视域下知晓仿生设计的发展脉络。**结论** 基于圆觉三观角度，将生物形态进行简化优化，从而将其体验心得应用于仿生技术中，为仿生技术理论奠定坚固的核心基础，同时为设计师提供更多新奇的设计思路，进而打开仿生设计未来发展的大门。

[关键词] 思维；仿生设计；圆觉三观；觉官维度；自然生命体

引言：仿生设计提取大自然中一切生物与自然存在物的元素，其功能、结构、形态、色彩、纹理等特征在视觉上带给我们一种全新的设计理念与想法。仿生设计作为一门新兴边缘学科，其研究涉及的学科领域非常宽泛，为了更好地通晓仿生设计，作者将以圆觉三观为切入点深入剖释仿生设计理论。

1 仿生设计理论的基本概述

仿生设计是以自然界中的"形""音""色""结构""功能"等多个维度为研究对象，并以仿生学和设计学为基础发展起来的边缘性交叉学科，同时也是 20 世纪过渡到 21 世纪以来人类科学发展的新方向和新成果。

在某种意义上，仿生设计具有生命意义与自然造化相契合产生的独特自然生命能量体。仿生设计将人与自然万物的关系进一步深化和融合，提取自然界中具备各种奇异本领的生物体，充分调动自然资源和生命元素两者之间的联系，促进人与人工环境和自然环境的和谐共生、共荣、共存。

"人法地，地法天，天法道，道法自然"，尊重自然与顺应自然是道家思想文化的精髓所在，仿生设计则遵循了"师法自然"这一美学立场，在不断为人类创造人文性、功能性的双重价值和丰富人类物质文明的同时，也增添了人类与大自然的亲切感，力图达到人类与自然生命体浑然天成的境界。

1.1 仿生设计的起源与发展

随着人类文明的发展，工具的创造和使用不断成为人类文化的重要组成部分，工具的创造和生活方式的选择都不是人类凭空想象出来的，是物竞天择、适者生存的自然法则的影响和人类智慧进步的结果。

从古至今，仿生设计不但是人类精神文明的寄托和归宿，还是人类的一种文化现象和生存方式，古代的仿生设计可以追溯到传说设计于春秋时代的"木鸢"以及相传制作于大禹时期模仿鱼类的形体造船：以木桨仿鱼鳍、以橹和舵仿鱼尾等仿生设计，都足以证明中国人民早期充满着智慧之光的仿生思想意识与对应的实践活动，并为人类光辉灿烂的古代文明创造出卓越的成就。21世纪以来，我国科技革命不断向更高的阶段迈进，仿生设计领域也正迎着新世纪的曙光蓄势待发。就目前来看，我国仿生设计在工业生产领域、生物遗传和生物医学领域产生了巨大的影响，比如蝙蝠的耳朵为机器人感应技术和无人驾驶汽车设计注入无限灵感，又如可以模拟人体器官给未来人们身体健康带来福音。

1.2 仿生设计的当代价值

人类经过数千年仿生活动和仿生创造，从传统农业文明走向创新工业文明。随着信息化时代的到来和当代化设计的发展，不断地冲击瓦解设计文化形态，现代人不论是在思想上还是在视觉上对仿生设计都有了全新的认知，进而引起了设计理念和方法的重构，保留其致力于人类生活方式和生存环境的本质，促使其进入超越性发展的阶段。

仿生设计与一般产品相对比，其造型具有极为个性化的趋势，设计作品整体上以人为尺度，以人文性为方向，通过各种充满人情味、生物趣味的设计作品，向大众传播人性的温暖，在适用性的基础之上还强调人性化的效果，因而创造出适合人类可持续发展的人机环境。

2 圆觉三观角度下的仿生设计

"圆觉"指的是佛家修成圆满正果的灵觉之道，而在仿生设计中也需要对自然万物有觉悟之感，才能够真正将大自然的产物转化为符合人类发展的新需求。在我看来，圆觉三观所代表的是"观""言""思"这三个觉官维度，即观摩前辈们的设计产品与现今发展动态，用自己的语言阐述仿生设计的综合性、协调性与人文性，思索仿

生设计的未来发展趋势。

2.1 以"观"为角度思索仿生设计

从古至今，许多大自然中的生物都会依靠着它们自身的力量去与恶劣的环境进行对抗，人类从中受到这种力量的影响与启发，依照所处生活区域的生态环境，将自然因素运用到日常生活所需的物品当中，顺应了时代发展的需求和人类生存的需求。在现代化境遇下，设计作品时不管是在形态上还是在造型上，设计者们都在不断地探寻最为合理、最为有效的自然形态，以便在视觉上设计出功能与结构相辅相成的设计品。

我们现如今要做的就是去充分感受自然万物的智慧源泉，仔细看看究竟是经过怎样的过程才能够设计出如此人性化的作品。在对自然对象进行仿生设计之前，需要先对其进行深入的理解和认识，在观察自然对象的过程中，受外界各种不确定因素的影响会刺激设计者的感觉器官和设计者大脑对自然对象的观想，从而对自然生物形态形成一个系统的构架，最终提炼出与自然对象相仿的设计作品。比如说，新石器时代的彩陶、汉字的发明、兵马俑的逼肖以及水墨画都有学习、模仿、提炼、融合自然万物的痕迹，甚至国外在汽车设计上也取材于美洲虎的速度与野性的特点，还有取材于鱼类在水中自由沉浮设计而成的潜水艇，从而实现"水中畅游"这一构想。

2.2 以"言"为角度思索仿生设计

仿生设计顾名思义是围绕人类、被设计物与环境三者来进行设计构思的，人类与被设计物两者之间并不全是需要解决最基本工具性、功利性的问题，而是要在作品的设计风格、传播途径以及使用过程中贴合人们的身心感受，填充人们内心情感的遗憾。被设计物与环境两者之间既有物态性，即承载被设计物的生命象征和自然意象，又有非物态性，即被设计物可以传达出人们想要回归自然、返璞归真的气息和愿望。

仿生设计师在设计作品时需要去遵循一系列的道德规范，才可以充分利用自然环境的馈赠，

不能过度破坏自然环境与丑化污染视觉环境。在进行仿生设计创作时，不同的设计师对同一自然对象会产生不同的想法，如对"鸟儿"的领会，有的设计师会选择它准备起飞时的形态构成台灯的灯头、灯杆和灯座三个部分，而有的设计师则会抽取它准备降落时的样态制作成水龙头，打破视觉上不平衡的形态，产生新的动态效果。

不论怎样，仿生设计正在逐渐从单一使用功能需求向全面的、综合的功能体验需求转变，更高层次地满足人们精神层面上的情感体验和人文关怀，完善大众对全面身心感受的追求，协调人类、被设计物与环境之间的关系。

2.3 以"思"为角度思索仿生设计

伴着现代仿生设计突飞猛进的发展，仿生设计作品也逐渐暴露出许多问题：为了仿生而仿生以及过度的仿生设计，从而促使仿生设计作品与社会精神文明发展不能同步，甚至会出现倒退的现象，与此同时自然环境遭受严重的破坏，地球生态遭遇前所未有的危机，能源枯竭将成为全球人类需要面临的难题。人类重新认识自然、探讨与自然和谐共存的任务高度紧迫，也需要认识到仿生社会学对人类未来发展的重要性，这也就是所谓的"思"。

人类将无生命的和未加工的自然对象创造成仿生作品，并赋予它们从未有的非物质性含义，这就是人类的创造性思维。随着时代的不断进步，设计师对仿生设计的认知、象征、指示和表义等符号的表达有了全新的领悟，进而仿生设计作品也成了这个时代文化趣味和心理效应的缩影，这便是对仿生设计的创新性思索。通常人类喜爱借用仿生作品传达对自然景物的情感与抒发对未来社会的憧憬，在这个基础上增加仿生作品的适用性和便利性，使仿生作品承载着人类对仿生设计的人性化思考、情感和经验，这即对仿生设计的适用性思考。

3 结语

仿生设计通过借用和参照自然对象凝结成新

时代自然美，为人类创造了充满实用性和秩序感的物质生活、精神理想和情感指向。我们在对仿生设计理论进行剖析时，不论是基于圆觉三观中的"观""言""思"哪一个角度，都能够更好地去理解它。

仿生设计作品突破自然的束缚，通过视觉、触觉和听觉更加完美地诠释自然界的产物，赋予其新的生命力，再现自然物的个性化特征。所以我们要在现代化脚步不断加快的今天，观摩仿生符号所传达的内容，为我们提供创新思维灵感来源，在遵循大自然规律的前提下，结合对自然对象的文化趣味和情感意象，用自己的言语归纳和总结对仿生设计的情感体验和人文关怀，最终设计成一件契合新时代社会精神文明的仿生设计作品，并传达出仿生设计作品东方内涵的精神与气质。

参考文献

[1] 孙宁娜,张凯.仿生设计[M].北京：电子工业出版社,2014: 4.

[2] 文舍.简述"师法自然"的美学蕴意[J].信阳师范学院学报,1986, 6（3）：93-98.

[3] 张龙.结构仿生在大跨度建筑设计中的应用研究[D].天津：河北工业大学,2014.

[4] 袁三省.形态仿生设计造型应用研究[M].重庆：重庆大学,2014.

[5] 蔡江宇,王金玲.仿生设计研究[TB].北京：中国建筑工业出版社,2013:38-39.

[6] 赖永海.圆觉经[B].徐敏,译. 北京：中华书局出版社,2010.

[7] 董甲莹.中国传统器具中的仿生设计[D].淮北：淮北师范大学,2018.

[8] 陈健.多波动鳍仿生水下航行器创新设计与分析研究[D].长沙：湖南大学,2019.

[9] 于帆,陈嬿.仿生造型设计[M].武汉：华中科技大学出版社,2005.

[10] 卢威.基于仿生的产品协同创新设计方法的研究[D].福州：福州大学,2018.

基于动物辅助疗法的自闭症交流产品语义设计

农飘燃，周祎德 ，韦家珂，杨姝雅，陈驰

（昆明理工大学，昆明 650504 ）

[摘　要] **目的** 当前自闭症儿童数目逐年增长，患有自闭症的儿童具有严重的社会沟通障碍，且当前关于这方面的教育产品不多，为了能够更好地帮助自闭症儿童康复训练，锻炼沟通交流能力，缓解家长的压力，同时也为自闭症儿童能够正常地参与学习生活而设计。**方法** 通过查找资料了解自闭症儿童的心理特征、行为特征、目前行之有效的动物辅助疗法以及仿真设计的相关知识，从符号学理论的视角分析动物辅助疗法中动物形态和行为特征传递的信息对自闭症儿童社会沟通能力的影响，对自闭症儿童沟通教育产品设计做出指导，另外结合目前已有的一些自闭症儿童教育产品进行综合分析出帮助促进自闭症儿童锻炼沟通能力的仿真产品特征语义，促进动物辅助治疗，从而达到进一步提高自闭症儿童沟通能力的作用。**结论** 这些符号语义包括造型符号、色彩符号以及功能特征，为自闭症儿童的产品设计提供新的设计思路。

[关键词] 自闭症儿童教育产品；动物辅助疗法；仿真设计；产品语义

引言：根据美国 CDC 统计，世界范围内，自闭症的发病率为 1/59 ；在中国，0—17 岁少年儿童中，自闭症患者超过 450 万，而和这个庞大的数字相比，针对自闭症儿童的培训资源却非常稀缺，全国最大的自闭症儿童培训机构一年能够提供的学位不足 1 000，全国范围内能够给自闭症儿童的培训机会不到 3 万个。面对如此严峻的事态，国家也积极采取措施，颁布相关的法律政策，提出要加强特殊儿童教育，建立多部门合作机制，促进医教结合。目前关于自闭症患者的康复教育产品并不多，大多数还是通过最简单的玩具加上教师的引导、绘画等方式来教育自闭症儿童对社会环境的认知和与人交流。面对教育辅导产品缺乏的条件，我们应该如何利用现有的有效的康复教育方式去设计特殊教育产品，促进自闭症儿童与人沟通？文章通过对相关文献资料以及自闭症儿童治疗方式的整理，得出促进动物辅助疗法的仿真产品设计要点。

1 自闭症儿童产品设计问题

1.1 促进自闭症儿童交流沟通的目的与意义

自闭症是一种神经系统失调而导致的发育障碍，患者主要表现为社交障碍，与人交流困难，行为刻板，会出现局限的重复行为等。自闭症儿童缺乏与人沟通交流的能力，会严重影响儿童的总体发展和社会适应性，随着时间的推移，他们对社会的理解力会越来越差，会出现社交困难。促进自闭症儿童与他人沟通交流能够帮助他们了解如何社交，主动开口交流，参与社会活动，对于改善自闭症有极大的帮助；与此同时，这对于具有自闭症患者的家庭来说能够提升家庭幸福感，缓解家长的压力。另外设计促进自闭症儿童沟通交流的产品有助于特殊教育机构提升教育效率，帮助孩子在课余时间也能进行康复训练，从而提升教育效果。

1.2 自闭症儿童康复教育问题

面对自闭症儿童这一特殊人群的需求，国外的教育措施发展较为全面。在美国创建了一个关于自闭症儿童教育数据库，为美国自闭症教育组织提供了一个沟通交流的平台，同时也提供了咨询服务。英国也非常重视自闭症儿童教育康复，从组织与管理、课程教学、师资力量、辅导机构、康复机构等5个方面具体分析，打造全面的康复模式。综合来看，国外各国都是以特殊教育学校为平台，综合医疗、教育、政府、家庭多方面的支持和合作，优化力量，整合资源，全方位，多领域，从早期干预到后期巩固，对自闭症儿童进行教育引导。

国内对自闭症的研究相对较晚，是从1982年南京陶国泰教授发表的《婴儿孤独症的诊断和归属问题》报道了中国最早发现并确诊自闭症儿童开始研究的。我国关于自闭症儿童的教育模式和国外的相似，但是关于这方面的教育资源和技术还是很薄弱。

尽管人们对于自闭症的治疗越来越重视，教育理念和方式也越来越先进，但是市场上关于自闭症儿童教育的产品仍然是空白。对于自闭症产品设计领域还需要更多的理论进行指导，以设计出真正能够帮助自闭症儿童正常沟通交流的辅助产品。

1.3 自闭症儿童产品设计难点

通过市场调研得知，对于自闭症儿童的教育产品分为4大类，主要包括感觉统合训练、情绪监测、认知教育和社交互动类（表1）。

表1 自闭症儿童的教育产品分类

产品类型	产品名称	功能描述
感觉统合训练	羊角球	通过弹跳的方式，让孩子自主寻找身体的平衡，这种方式有助于训练孩子的前庭觉，决定着孩子的知觉趋于正常发展的能力
情绪监测	Reveal智能手环	测量使用者对于焦虑的反应，帮助了解"行为崩溃"前的行为模式，让照看者的人或佩戴者在自己事情变糟前舒缓情绪
认知教育	宝宝巴士	目前这一系列已经有超过个App，按照年龄设计了不同的学习重点：1—2岁注重基础认知；2—3岁注重生活习惯的养成；3—4岁注重社交培养等。例如，宝宝学水果、宝宝学蔬菜可以练习配对、跟读
社交互动	治疗性音乐平台	通过自闭症儿童和陪护者共同协作进行游戏，提高自闭症儿童的社交和沟通能力

1.3.1 国内外设计研究案例

我国设计的一个关于帮助自闭症儿童呼吸训练，为语言训练做准备的智能产品"逐光"，用轻智能的方式为自闭症儿童提供一个趣味化的呼吸训练体验，为呼吸训练带来愉悦感，使孩子能够主动坚持训练，孩子也可以利用平稳的呼吸来协调心态。

由卢森堡公司设计开发的QTrobot，是一个富有表现力和吸引力的人形机器人，旨在帮助教授自闭症儿童必要的社交技能。QRbort能够通过清晰的视觉系统传达各种各样的情绪，使自闭症患者更容易识别，也能通过言语和动作与自闭症儿童进行交流，锻炼他们的沟通能力。治疗师可以定制每个疗程的内容，以满足不同程度的自闭症儿童的教育需求，使教育更加个性化，增加了孩子的注意力和参与度，减少自闭症儿童的焦虑和破坏行为。设计出发点：实验证明，患有自闭症的儿童对于机器人的喜爱和正常的孩子一样，机器人在帮助自闭症儿童方面特别有利，机器人因为不像人类所以显得不那么畏惧它，能够提供一次又一次的可预测响应，而且不会感到沮丧和疲惫。

1.3.2 自闭症儿童产品设计难点

综上对市面上已有的产品进行分析可以发现当前针对自闭症儿童教育的产品不多，且多为一些简单的自主游戏的玩具，没有增加陪护者的参与度，同时 APP 类产品也有相同的设计痛点，陪护者起到引导的作用，却没有真正地和患者交流。尽管各国目前针对自闭症患者所研制的产品不少，但是能够帮助孩子社交互动的产品少之又少，目前研究出来的智能机器人成本较高，一些普通家庭根本负担不起，所以提升自闭症儿童社交、沟通的能力是当前急需解决的问题，也是一个难点。

2 自闭症儿童特征与设计分析

儿童的世界本该是欢乐天真的，而自闭症儿童天生存在着行为、认知、心理方面的缺陷，不能正常参与到社会成长中，但是他们也希望被人理解、被人陪伴，通过对自闭症儿童的行为、认知、心理方面的特征进行整理，归纳分析出新的产品设计思路。

2.1 自闭症儿童特征分析

自闭症儿童缺乏社会互动能力，主要表现为无法通过目光交流、面部表情、身体姿势和手势与他人进行互动；不能自发地和他人分享情绪、兴趣和成就；无法进行社交和情绪反馈，不能根据周围的环境状况调整自己的行为。

沟通能力有缺陷主要表现为语言能力发育迟缓或存在缺陷，无法通过手势或其他代表性的表达来补偿口头表达；发起或维持对话的能力存在明显的缺陷。

重复刻板的行为主要表现为着迷于某一项游戏或兴趣爱好；会出现刻板和重复性的行为癖好，如扭转手指或其他复杂的全身动作；存在着组织能力方面的缺陷，无法辨别什么是值得关注的，什么是需要忽略的。

攻击性行为和自伤行为：攻击性行为表现为用手敲打，谩骂，损坏东西；自伤行为表现为用手和其他身体部位敲打头部，咬，用东西打头，用头撞东西等。

2.2 设计分析

2.2.1 自闭症儿童认知促进

认知理解分为三个层次，第一层次是具体的、客观的内容；第二层次是逻辑思维能力，最主要的是因果关系；第三层次是情感方面的，关乎情感的认知和表达。

自闭症儿童在认知方面的缺陷表现为推测他人的想法、感情、意图时存在困难。他们对于正确理解他人行为和周围发生的事情方面有困难，容易出现自我专断的错误理解。

自闭症儿童对记忆方面也存在着优势，他们一般是以图片的形式对知识或者生活细节形成记忆，并且能够做到短期内将信息原封不动地封存在记忆里。通过这一优势，我们所设计的产品可以包含一系列插画绘图，起到对自闭症儿童记忆的巩固以及记忆的联想和因果联系，锻炼患者认知的第二层次。另外设计的一个要点还包括信息的重复出现，锻炼到患者认知的第三层次。

自闭症儿童对自己感兴趣的事物会表现出超常的关注度，有可能还能发展成为专业型的人才，所以可以考虑设计一系列功能对口的产品，对自闭症儿童起到个性化的教育，减少他们焦躁的情绪，增加具有成就感的情绪反馈，从而使找到自己的价值。

自闭儿童在认知方面的进步一般是通过思考经历过的场景同相应的语言结合起来的方式来思考语言的意义，自己经历过，所以理解了。针对这一特点，我们的智能产品可以将老师或父母所指导的内容或行为进行场景重现，自闭症儿童对于熟悉的事物会表现得安心和愉悦，他们会更愿意静下心去体会。

2.2.2 自闭症儿童心理影响

自闭症儿童特别害怕别人的注视，即使身边有很多人的陪伴，但是自闭症儿童的内心还是孤独的，因为不能理解周围人的行为，就像周围人不能理解自己的行为一样；自闭症儿童遇到稍微在意的事情，会无限度的放大，考虑很多。最重要的一点是，他们的内心特别渴望被认可，这会让他们觉得自己是重要的，会更有勇气去学习和模仿。

东田直树在他的自传中说过，自闭症哭的时候是为了将"希望你帮帮我这一信息传达给别人"，希望得到别人的关怀，所以在日常生活中，面对自闭症儿童哭闹，不论是产品还是陪护者，都应该给予充分关怀的回应，让他们体会到无论怎样的自己都会被别人接受，这对他们的成长是非常有帮助的。

3 产品仿真设计促进动物辅助疗法

相关研究发现，动物辅助疗法对自闭症儿童具有显著的治疗效果，动物以其特殊有趣的形象能让自闭症儿童放松戒备，主动和它们交流互动，从动物辅助疗法出发，对产品设计进行相关仿真语义的研究，能够帮助自闭症儿童锻炼沟通能力，也能进一步促进巩固动物辅助疗法。

3.1 动物辅助疗法介绍

动物辅助疗法可以溯源到1699年，约翰·洛克发现孩子们在照顾小动物时会激发他们的关怀、爱的情感和责任感，这对治疗缺乏自我控制能力的自闭症患者有很大帮助，一般采用猫、狗、绵羊和山羊作为辅助对患者进行治疗，后来勒文森在他的著书中表示一个交流困难的儿童更容易和宠物建立信任，动物对于患者来说可以发挥社会催化剂的作用，促进自闭症儿童与社会接触，从而增强沟通能力和社会感知能力。20世纪70年代后，外国开始将动物辅助疗法运动到社会学、医学、心理学等相关治疗领域，并进

行大量的研究。现在动物辅助疗法已经开始被大家普遍接受，利用患者容易对动物产生亲和感的特征，进行辅助治疗。

在英国有一家面向自闭症教育的机构，叫作"小探险家活动俱乐部"，这家俱乐部里面有两只侏儒山羊 Smurf 和 Surph 作为自闭症儿童陪护员，它们负责陪患有自闭症的儿童做游戏，除了山羊之外，这里的陪护员还有马、缅因猫、兔子等小动物。临床医学证明，仅仅是站在马的身边，就能改变人类的心情，和这些动物在一起的时候，人类会变得更加专注和冷静，在这里没有压力，孩子们逐渐学会了信任、如何交往。另外，和这些特殊陪护员在一起玩耍的过程，会促进孩子的大脑分泌一种叫作内啡肽的物质，这对于那些经常挣扎于情绪失控的孩子来说，内啡肽能给他们带来镇静的情绪。

但是目前动物辅助疗法治疗费用昂贵，且机构缺少，所以我们可以考虑利用动物辅助疗法的相关知识进行产品设计，让孩子在家里使用产品也能起到一定的疗效，且也能对动物辅助疗法起到促进和巩固的作用，也算是产品设计促进动物辅助疗法，使治疗效果更加明显。

3.2 动物辅助疗法在促进自闭症儿童交流沟通方面的优势

动物趣味性比较强，增加了自闭症儿童与他们沟通的动机。对于自闭症儿童来说，动物具有很强的亲和力，他们很愿意和动物亲近，由此便减少了自闭症儿童对于治疗师的戒备心理，形成良好的治疗氛围。对于缺乏社交的自闭症儿童来说，动物的出现让他们觉得安心，更为他们提供了一种特殊、有趣的社交渠道。

动物能够帮助自闭症儿童调节情绪，主动融入社会生活。动物以其有趣可爱的形象，以各种方式向人们传递友善和愉悦，能够使自闭症儿童放松身心。在与动物互动的过程中能帮助自闭症儿童控制情绪，情绪的调节是社会沟通中非常重

要的一部分，能够帮助自闭症儿童提高社交的兴趣，帮助他们交友和学习。

最后，动物能让自闭症儿童增强爱和责任感，从而，他们的内心会觉得自己是主人公，是可以帮助别人的，会具有很强的成就感。这也是他们愿意和动物交流互动中最重要的一点。

3.3. 动物影响自闭症儿童交流沟通的特征分析

动物辅助疗法之所以对自闭症儿童疗效如此明显与它们自身的特点是密不可分的，通过对具有明显疗效的动物的外貌、行为特征的分析，总结出特点，从而对教育产品设计作出指导。

3.3.1 行为特征

自闭症儿童对动态的物体有视觉偏好，动物的蹦跳、转圈对于他们来说是一种视觉吸引，这种动态行为可以锻炼自闭症儿童眼神注视。动物和自闭症儿童互动的过程中可以缓解自闭症儿童焦虑暴躁的情绪，这对于他们的沟通能力有很大的帮助。他们和动物进行身体上的接触，如拥抱、触摸等行为，可以让他们觉得愉快和安心。

动物能够给予孩子及时回应。自闭症患者多以一种非语言的方式和外界进行沟通，这对他们的社交沟通来说是非常不利的，由于人们不知道自闭症儿童一些行为及言语表达的意思，不能及时做出反馈，这让患者感到暴躁，而小动物能够对人们与它交互时及时做出反应，这能够帮助自闭症患者缓解自己的情绪，学会了相互关怀，激发自己的责任感与主人公意识。

3.3.2 外观特征

动物自身可爱有趣的形象能够吸引自闭症儿童主动接近和关注。实验表明，以马、狗、猫、豚鼠等动物作为干预对象对自闭症儿童社会沟通能力具有显著的效果，而将海豚作为干预对象则不能起到积极作用，有时还会增加自闭症儿童的焦躁情绪。

3.4 促进动物辅助疗法的自闭症儿童教育仿真设计产品符号语义总结

基于动物辅助疗法对自闭症患者交流治疗具有显著效果，笔者以此为出发点，结合动物自身特性对产品设计要点做出总结，对自闭症教育产品设计做出指导，不仅能够起到促进动物辅助疗法的作用，而且能够降低治疗成本，帮助到更多的家庭，通过促进动物辅助疗法，从而对自闭症患者的社会沟通能力进行训练。

3.4.1 产品造型符号

在进行自闭症患者交流教育产品的设计中，要以动物作为仿真设计，最好是马、狗、猫、豚鼠等经过实验证明对自闭症儿童交流有效用的动物，切忌乱用仿真对象。另外对于动物形态的提取也不可以过于抽象，这样有利于自闭症儿童进行识别，能够让他们增加熟悉感，缓解情绪，愿意去亲近。

3.4.2 产品色彩符号

自闭症儿童对于视觉更为敏感，对色彩方面有明显的偏好，相比单一的色系，自闭症患者更喜欢多彩的样式，研究发现自闭症患者对蓝色和紫色的识别能力高。Shareef 和 Farivarsadri 通过研究室内环境中色彩和灯光的搭配情况，发现自闭症儿童长时间地观看蓝色、绿色等冷色灯光后生理和情绪控制能力都有所提高，观看橙色、红色等暖色灯光无明显影响，这对仿生设计提供了很大的指导，在设计中应尽量避免对自闭症患者起刺激作用的色彩。

3.4.3 产品功能特征

基于动物辅助疗法中动物的相关行为特征，以及自闭症儿童对动物的责任感和主人公意识，笔者总结了给自闭症儿童的仿真设计应该包括以下原则：特殊教育产品的服务对象是自闭症儿童，所以针对这个群体的产品设计需要注意安全性原则、耐久性原则。同时为了促进自闭症儿童提高沟通能力，产品设计也要注重交互性、及时反馈性。其次在功能方面也应该注意产品简单易学性、娱乐性，可以吸引自闭症儿童主动去接触。最后，由于自闭症儿童无法将各段记忆联系起来，导致了认知缺陷，对他们的沟通能力带来了很大影响，所以应当考虑功能具有重复展示、益智和启发提示性，最重要的是，该产品能够激发孩子的主人公意识，激发他们的成就感。

基于安全性的原则，可以进行产品材质方面的思考。自闭症儿童在脾气暴躁的时候会敲打自己的头部，所以在材料的选择上可以考虑使用轻质塑料，或者是一些质地柔软的材料。

基于交互性、及时反馈的原则，在仿真产品设计中可以加入一些灯光、声音、动画、动作等进行辅助，让自闭症儿童在游戏的过程中能够及时得到相应的反馈和提示，这会增加他们的成就感。在声音方面可以考虑加入仿真动物对象的声音特性对自闭症儿童行为和互动进行反馈，同时为了进一步帮助他们认知社会懂得沟通，智能产品利用显示屏展示画面并结合语音提示对自闭症儿童交流作出指导，这些画面展示可以从父母日常交流出发，向自闭症儿童展示并记录他们的回应。产品给予儿童的回应可以从动物的跳跃、旋转特征方面考虑。

基于易学性原则，设计的产品应该具有充分的指示性，功能方面也应该尽可能简单，可以针对他们某一方面的缺陷进行训练。

基于娱乐性原则，给自闭症儿童的仿真设计产品不必过于抽象，同时也应该具有亲和感。在设计中可以放大该动物某一方面的特性，这类特性取自动物的有趣和可爱之处，可以从眼神、造型姿势方面出发，增加娱乐性。另外，由于动物的亲和性会让自闭症儿童增加社会责任感，我们可以利用动物通过摇尾巴、跳跃、旋转等友好行为特征，融入产品设计中，让孩子从特殊教育学校回到家能觉得很安心和熟悉。

基于益智性原则，帮助自闭症儿童沟通的产品设计可以从最基础的交流开始，但是为了帮助孩子们主动思考，在治疗后期可以增加难度，从最初的模仿学习到后面的主动思考联想。

基于主人公意识的原则，我们的产品可以通过记录自闭症儿童平时的行为特征，通过场景重现的方式引导自闭症儿童主动表达，展开话题，这样的方式可以提升他们的成就感。

4 结语

当前针对自闭症儿童交流的产品并不多，这方面的进行主要是通过特殊教育机构的老师指导来训练的，但是这些机构一般来说费用都比较昂贵，一般的家庭也负担不起，通过对资料的分析和思考，从产品造型、色彩、功能方面对自闭症儿童交流的仿真产品设计语义进行了总结，为自闭症教育产品设计作出理论指导，不仅仅是为自闭症儿童带去帮助，同时也能够给自闭症儿童家庭减轻负担，父母也能尽量回归正常工作和生活。最重要的是将动物辅助疗法普遍化，也能够促进动物辅助疗法，提高治疗效果。

参考文献

[1] 王媚雪,程洪磊.基于AHP-TOPSIS法的自闭症儿童依恋产品设计研究[I].工业设计,2020,41（3）：453-460.

[2] 宋玲，王雁．动物辅助治疗与特殊儿童的身心发展[J].心理发展与教育，2006，022（002）:89-93.

[3] 刘小雯,曹诗瑾,刘妮.基于ASD儿童形状偏好特征的产品设计研究[J].包装工程，2020（11）：14.

[6] 赵玉婉,张丙辰,李闯，等.基于视觉偏好的自闭症儿童训练图卡设计研究[J].设计,2020,33（12）:117-119.

[7] 宿淑华,赵航,刘巧云，等.特殊教育学校

自闭症儿童教育康复现状调查[J].中国特殊教育,2017（04）:60-65.

[8] 陈丽伶,王妍,田雅芳.针对自闭症儿童的早期干预治疗产品设计[J].工业设计,2020（04）:89-90.

[9] 李永翠.例谈提高自闭症学生互动交流能力的策略[J].中小学心理健康教育,2021（10）:72-74.

[10] 贺晓霞.自闭症学生青春期问题行为的功能分析与辅导[J].中小学心理健康教育,2021（08）:40-43.

[11] 桂佳佳.自闭症儿童语言训练交互设计研究[D].合肥:安徽工程大学,2020.

[12] 汪秀.自闭症儿童手眼协调康复教具设计研究[D].广州:华南理工大学,2020.

[13] 赵雨涵,曾勇.促进自闭症儿童交流的产品设计探讨[J].工业设计,2020（04）:61-62.

[14] 徐林康,王翠艳.动物辅助疗法在自闭症儿童社会沟通行为中的应用[J].绥化学院学报,2020,40（04）:98-101.

[15] 杨黎明,沈淳,涂梦璐.近十年国外动物辅助疗法干预自闭症儿童社交功能研究的回顾与展望[J].三峡大学学报（人文社会科学版）,2019,41（06）:99-104.

[16] 刘斌志,王李源.动物辅助疗法:基于人与动物关系的社会工作机制[J].西南石油大学学报（社会科学版）,2019,21（02）:33-42.

第六部分
Part Ⅵ

国外文章

An Information Theory Application to Bio-design in Architecture

[1] Provides Ng   [2] Baha Odaibat   [3] David Doria

1, 3 UCL, Bartlett School of Architecture 22 Gordon Street, Bloomsbury

London, WC1H 0QB, UK

1 provides.ism@gmail.com

2 baha.odaibat@gmail.com

3 arq.david.doria@outlook.com

Abstract

Bio-design is an interdisciplinary study between fields of biology and design; one of the fundamental problems concerning both fields is the understanding of the relationship between an 'individual' and its environment. For architecture, individuality is the quantitative measure to which designers consider and assess the impact of a design relative to an individual occupant that, in turn, guides the design strategy. To biology, there are common assumptions on individuality, with diverging views on its identification. The exploration to which— using information theory — transforms the discipline from a biology-of-things to a biology-of-processes. This enables us to apply mathematics as a language for describing complex systems and their emergence — from organisms to organisations — and potentially be able to capture them computationally. This paper translates info-biological principles into the design

of architecture; more specifically, it reviews the use of the Gestalt approach and Free Energy Principle (FEP) in bio-design, and supports its argument with examples of experiments at two scales of building — components and systems — form-finding for carbon nanotube (CNT) backed solar cells and personalised space-sharing.

Keywords: information theory, bio-design, architecture, Gestalt approach, FEP

1. Introduction

In many of the generative algorithms that architects use today, theories of collective computation (e.g. agent-based modeling, network theory) are deeply embedded (Schumacher, 2016). These theories arise through studies of aggregation and its elementary constituents— they seek to encode the relationship between individual entities and their immediate environment to model the complexity of emergent phenomena in our socio-biological world. Emergence in biology refers to collective entities that are observed to have dynamic properties, which its constituent parts do not possess but give rise to through interactions (Krakauer, et al., 2020). It studies an individual through its spatial and temporal properties that are manifested in the form of information transmission.This drives a biology-of-things to a biology-of-processes, where we may start generating sets of questions or testable rafts of hypotheses using information theories that conform with the same principles (Friston, 2019). More specifically, the Gestalt approach and FEP use information theory to hypothesise the 'identification of individuals at all levels of organization from molecular to cultural' (Krakauer, et al., 2020).

The earliest record of the use of the word 'information' was in the 1300s. It is derived from Latin through French by combining the word 'inform', meaning to give a form to the mind, with the ending "ation", which denotes a noun of action (Simpson, 1991). Even though the word 'information' is a noun, in fact, it is a process — a human construct that arises in the process of trying to understand our complex environment. What are the processes that create information? How should we create information? Is information a form of energy or a pattern extracted from stochasticity? In raising these questions, this paper wishes to translate info-biological principles into the discipline of architecture, where we may better understand our tools for design— generative algorithms and predictive analysis. This paper introduces the aforementioned theories and illustrates their prospects in architecture with two design experiments.

2. Methodology

This paper consists of two parts — a literature review and a design research. First, it reviews research from the Gestalt approach in biology and FEP, led by Krakauer (2020) and Friston (2019) respectively, by introducing their similar and differing attitudes, and identifies how such theories become applicable from natural to social sciences. Then, this paper proposes possible architectural applications at two scales: building components and building systems. It will give specific examples by presenting initial results from two experimental design research conducted at each scale: form-finding for CNT-backed solar cells and personalised space-sharing with information feedback systems.

3. The Gestalt Apprpach and FEP

There is an increasing number of biological research on the use of information theory in analysing and predicting the autonomous organization of emergent systems. More specifically, the Gestalt approach and FEP study how information is feedbacked between the interior and exterior of a system in an iterative manner. The former argues that 'individuals are aggregates that preserve a measure of temporal integrity, i.e., "propagate" information from their past into their futures', where we may begin to describe the performance and qualities of an individual by their variation 'in the degree of environmental dependence and inherited information'— a measure of entropy (Krakauer, 2020). The latter argues that individuals have access to information on their individuation. The 'consideration of how an individual maintains the boundary that delimits itself' — Markov blanket - is the key to studying self-organisations (Ramstead, et al., 2018). Thus, biological systems tend to minimise entropy— the average level of disorder or surprises in the information— through active inference (Friston, 2012).

These understandings are built upon Schrodinger's (1944) prescient book *What Is Life?*, which states that all living beings, unlike the non-livings, tend to export entropy, thus, are negentropic. This is based on the 'assumption of set members (individual) and a set complement (environment)', where information is encoded in the internal states of an individual (e.g. genotype, phenotype, psychology, knowledge.) and can be transmitted inter- and intra-systems (Krakauer, et al., 2020). Both theories employ Markov (2016) processes to measure how information is propagated forward in time to predict the system's future states.

The Gestalt approach can be seen as first-order cybernetics — 'the study of observed systems'. While FEP can be seen as second-order cybernetics — 'the study of observing systems' — taking into account the observer as part of the system (von Foerster, 1992). The former 'is analogous to figure-ground separation ... or computer vision. The background of an image carries as much if not more information than the object, and the challenge is to separate the two ...'; hence, Krakauer (2020) hypothesised three types of individuality: organismal, colonial, and environment-driven, each differs in their level of dependence on the information that is transmitted from external states. This approach puts emphasis on nonlinear power scaling, which can be used to describe and analyse social phenomena. For instance, West and Brown (2005) stated that biological systems are observed to have an economy of scale

embedded- the larger the organism, the less energy it needs to metabolise for survival (~¼ less), and the pace of life (e.g. heart rate.) is systematically slower with increased size. This proposes an entropy limit that can be used to guide the development of urbanism. Theoretically, the bigger the city, the less energy it should consume per capita — a 50% savings should be achieved everytime a city doubles, and growth should be 'sigmoidal reaching a stable size at maturity'; unfortunately, we are consuming superlinearly with an average exponent 1.15 in real life (West & Brown, 2005).

The FEP took the study of observed systems one step further, and emphasises on the communication of the system to itself — 'explaining the observer to himself' (von Foerster, 1992). Using the Markov blanket, Friston (2019) hypothesised how an individual delimits oneself while having access to information on one's environment; thereby, generates predictions and minimises errors in one's predictions by influencing one's environment — 'by acting in ways that maintain the integrity of those expectations over time, the organism defines itself as an individual apart from its surroundings'. This minimises variational free energy in a system through iterative feedback — a negentropic process. Friston (2019) stated that such processes are analogical to machine learning, where an optimisation is achieved through maximizing marginal likelihood. This provides a means to set apart biological entities from non-living systems, like hurricanes, out of information flow (Ramstead, et al., 2018).

4. DESIGN RESEARCH

The authors briefly summarize three main points of design implications: negentropy, preemption, and network. Negentropic design thinks about the conservation of energy through the creation of order, where order is not the cartesian grid but how energy is transformed from one form to another, and is manifested and quantifiable in the transfer of information. Through defining the statistical boundaries of interacting systems over time — the Markov blanket — enables an individual to predict and influence its immediate environment via iterative feedback, where information ensures one's first right to act in order to minimise errors — preemptive design. All of which operates on network design, with which we may be able to hypothesise optimals in the communication of information through topologies, which can be translated or compared to physical constructs, from architecture to infrastructure.

4.1 Form–finding For CNT Backed Solar Cells

CNT is structurally 'distinct as a cylinder fabricated of rolled up graphene sheet' made with carbon-bonded materials (Eatemadi, et al., 2014). It's outstanding mechanical and electronic properties make it a prospective material for solar cells. CNT can be fabricated as transparent and flexible conductive films, which is ideal to be layered over buildings, linear or nonlinear facades alike, as light-harvesting material to achieve self-sufficient and self-organising energy systems (Urper, et al., 2018). In this sense, form-finding is important to optimise three aspects: photovoltaic modulation, energy efficiency, and smart system.

Photovoltaic panels have visible grid patterns, such 'gaps are necessary to allow for thermal expansion of the cells when the panels heat in the sun', whereas the fingers and busbars are electrical conductors (IWS, 2017). There is much research on multi-busbar designs and panel arrangements to raise performance in silicon-based solar cells, but such attempts are rare in CNT (Braun, et al., 2013). In which case, form-finding for optimal patterning and coverage, while leveraging aesthetic concerns and indoor microclimate, like light diffusion and sun shading, is essential. Our design took 'crown-shyness' as an inspiration, which is a phenomena when 'each of the tree crowns was formed without overlapping or touching due to the reportedly sensitive shoots', thus, resulting in unique mosaic cauliflowers formations (FRIM, 2019). This can occur inter- and intra- tree species; such adaptive behaviors are assisted by photoreceptors in the plants, which senses the proximity of neighbouring plants by the amount of backscattered far-red (FR) light and induces shade-avoidance responses with blue (B) light (Rebertus, 1998). Thus, the crown-shyness is not only aesthetically satisfying, but also has potential in assisting energy efficiency and smart systems that are adaptive through bio-sensors and information transfer between individuals.

Based on this, we considered possibilities of global geometries that are self-standing, so the panels can be made available not only to new buildings, but adaptable to existing ones at low structural costs. Tan (2018) proved that a golden ratio spiral arrangement can generate 10%—26% more power, but their physical prototype is aesthetically dissatisfying. Premised on their findings, we proposed a solar swarm structure based on the Hadley cell, which 'transports energy polewards, thus reducing the resulting equator-to-pole temperature gradient' for more equal distributions in energy transport (UCI, 2016). A vector approximation is performed to resolve issues in fabrication. Possibilities of backscattering is considered by layering CNT on one side and reflective materials on another, to which the global geometry and the crown-shyness patterning can absorb tension created by heat expansion of the two different materials. As such efficiency is enhanced by the arrangements and orientations of solar cells, the routes to which electricity circulates, and a more equal energy distribution from patterning and reflection.

The solar swarm and crown-shyness growth algorithms can be coupled with stochastic Markov models and solar data to simulate various microclimate scenarios to predict optimal patterning and coverage at different times of the day and year — a smart energy system. CNT can be electrochromatic — 'change colour in response to a wide variety of environmental stimuli, including changes in temperature…' (Peng, et al., 2009).

Such adaptive designs would require self-sufficient (i.e. perpetual) networks that 'will live unattended, just thanks to the energy they scavenge from the environment, would cut down their maintenance cost' (Miozzo, et al., 2014). The immediate advantage is a reduction in energy absorption by the power grid, which is usually obtained from carbon fossil, thus, becomes environmentally friendly. Architects often test their designs with deterministic models, 'seldom, the actual energy production process … has been linked to that of real solar sources'; using 'stochastic Markov processes for the description of the energy scavenged by outdoor

solar sources' and biosensors like small-LTE cells to sample solar data, we would be able to pre-simulate entropy variations under realistic scenarios (Miozzo, et al., 2014). This will be a smart system that is not reactive to climatic conditions, but preemptive — acts before the conditions are realised. (Fig.1)

4.2 Personalised Feedback System for Space-sharing

The authors expanded such frameworks from building components to building systems to predict and preempt supply and demand in space-sharing to optimise logistics. 'Smart logistics may help traditional logistics to transform and facilitate the booming demands from ecommerce', which experienced an average 200% expansion since the pandemic; but 'traditional warehouses are designed for wholesale operations and not suited to ecommerce logistics, which demands responsive measures at shorter time-scales, flexibility of

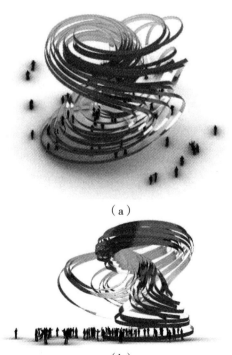

（a）

（b）

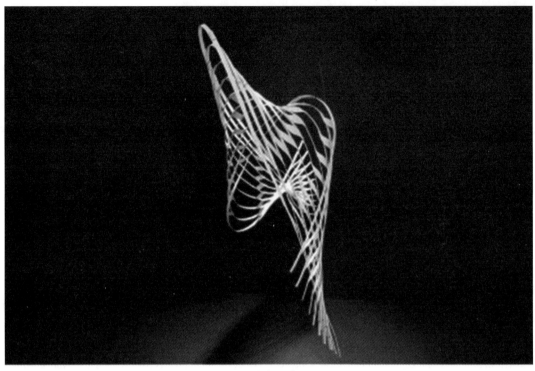

(c)

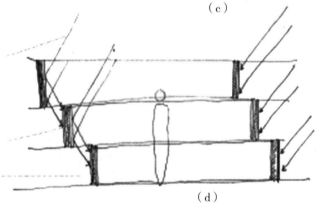

(d)

Fig. 1 （a），（b）Rendering of CNT solar cells arranged in a solar swarm structure;（c）Physical model;（d）Sunray diagram

services, and diversified storages for their broader range of goods' (Provides, 2020). In which case, negentropic and preemptive designs may help to manage the scattered and rapid ecommerce exchanges, to which a personalisation algorithm is needed to tackle the information overload problem by comprehending iterative feedback between a network of users and IoTs. Such predictive analytics minimise information entropy in socio-economic agencies, where designers have to identify system boundaries.

The project began by modularizing nine non-repeating multimodal logistic units encoded with voxels: 1) vertical connection；2) large item storage；3) medium item storage；4) small item storage；5) office/livestream；6) office/showroom；7) fulfillment/distributing；8) packaging/backend；9) standard units. Then, a problem was posed, based on the physical constraint of unit supply, to the algorithm that inferred a solution by recursion and backtracking using a sudoku game-play, which has a 9×9 grid. Instead of trying all possible solutions, which would be computationally heavy and slow in run-time, the combinatorial algorithm goes for the most possible solution based on probability distribution by wave-function collapse. Every time a user submits a query or change for unit-rental means adding a piece of information in the system, which will trigger recalibration for changes that cascade down the building. This poses new problems to the algorithm to be solved using interconnected sudoku grids, and provides flexibility to add/remove buildings to facilitate system growth/decay. Thereby, the system is able to consider pricing and time factors to provide different organisational strategies for different games. The sum of the grids presents a hierarchical order in price/time structure, which prepares all transaction data for analysis using Markov models and visualisation to users with colour labelling in real-time.

This has potential to go beyond ecommerce, and can be applied to a wide spectrum of spatial configuration problems, such as office spaces, especially during times of pandemics, where individual units of work space are constrained by distancing parameters, and users can rent units according to changes in schedule by week. When coupled with the CNT smart solar systems, this would facilitate a coherent information system that better suit fast-pacing governing strategies during crises to facilitate a responsive and adaptive personalised system, where real-time data streams can be used to train Markov models to preempt energy demand relative to density in work spaces.

5 Discussion

This paper presented sets of preliminary results that would need evaluation. Herein, the authors discuss means to simulate the designs using the info-biological principles.

The CNT project would need to test physical boundary conditions at different scales and intelligence levels of smart systems with different solar conditions and plant topologies. We would also consider placeholder functions for smart glass — electrochromic glass — and models of vegetation that have reactive extend and retract motions, like shy grass or corallite. This will help to extend the use of stochastic Markov models, where solar facades can react to stimuli, such as human needs in glass opacity or permitting more/less diffused lighting into building interiors at different times of the day/year relative to sampled microclimate data. Diversifying the use of plant topologies may also help to design solar products that are specific to local climates, such as having coral topologies for underwater structures. Meanwhile, coordinating iterative feedback between buildings, which might be shading or reflecting light to one another, can improve collective performance of power grids in a targeted urban area to achieve self-organisation and improve light harvesting and energy saving. As such, the entropy limit will have to be calculated at each instance.

The space-sharing project identifies one optimal solution, which is being considered as a 'good game' in sudoku, in arranging the multimodal logistics units based on parameters given. This is the benefit as well as the limitation to the algorithm, where more than one solution is not possible (in real life, multiple solutions should be offered to facilitate decision-

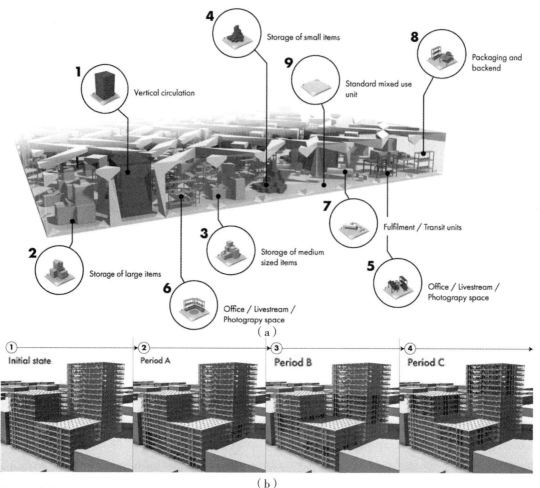

Fig. 2 （a）The 9 non–repeating multimodal logistic units; （b）User decisions cascade up interconnected buildings

making processes). Thus, the next step of the project is to swap 1-player games with multiplayer games to enable dynamic emergence of the system. A live-streamed multi-agent game-play can also benefit the interfacing between a large population of users, where every time a user makes a move in renting/trading units/time slots, the display of the board adapts to real-time data feeds. This pushes space-sharing to be tested under extreme conditions, such as high frequency trading. For instance, the ground floor in high-rise logistics towers are, theoretically, the most expensive due to demands on product transit; peak-hours for self-selected last-mile delivery is usually Saturday 8–10 am and any day between 5–8 pm. In Germany, they offer "pay per slot" revenue opportunities to consumers — €2.50—5 extra in delivery fees (Wyman, 2014). Such economic logic extends space-sharing to time-sharing, where the differences in pricing on certain floors/time enables future/option trading to leverage agility. Keep in mind that any such kinds of high velocity trading would demand protocol provisions to prevent extensive financial speculations.

6 Conclusion

This paper discussed the use of info-biological theories with the aim of translating existing models in nature to channel emergent systems in architectural design. More specifically, it considered how the Gestalt approach and FEP define individuality through information transfer, which helps to analyse relationships between individual entities and their environments as an emergence. With which, this paper argued three main points of design implications that emphasised on the circularity of information in a system — negentropic, preemptive, and network strategies — which were then applied at two scales of individuality: building component and building system.

The paper exemplified its argument with two projects at each scale. The first one set its context in product design, which aimed at using complex geometries modelled from nature to enhance efficiency in CNT-backed solar cells, while leveraging aesthetic concerns. Through thinking about the boundary of a building system according to internal/external climatic demands, the project tried to identify optimal surface patterning and coverage for CNT-solar cells. Since the form was found by defining how solar cells can be uniformly modular, while adaptable to a broad range of nonlinear global geometries, the parametric model can be easily plugged into Markov models to predict external/internal climatic needs, and become a self-sufficient energy system — an unattended smart energy system. The next step of the project would be simulating various solar contexts and comparing different options.

The second project aimed at formulating a space-sharing building system using sudoku game play. The context was set in e-commerce logistics, which require high adaptability to real-time socio-economic demands. Such a rule-based approach translates individual decisions to a game, and may help to achieve personalisation that preempts supply and demand of spaces to facilitate agility for rigid physical buildings. Individuality is also taken at the scale of building clusters, where if the game of one building is flipped according to data input (e.g. when a 3PL company changes data in the system), the decision cascades down to trigger new configuration — an ecology of buildings where the system adapts itself.

These projects were merely starting points that narrowed down to specific problems in architectural design. Negentropic, preemptive, and network strategies can be translated to a wide spectrum of info-biological projects to help us revise critically our practices of using generative algorithms, and begin to raise questions like: how can the growth algorithms we use to form-find be coupled with power scaling in our socio-economy to enhance energy efficiency? The proposed strategies have to be actively tested to evaluate their feasibility, which would demand interdisciplinary collaborations with information scientists, biologists, physicists, designers, and many more.

References

[1] Braun S., Hahn G., Nissler, R., et al. The multi-busbar design: an overview [J]. Energy Procedia, 2013 (43): 86−92.

[2] Eatemadi Ali, Daraee Hadis, Karim Khanloo et al. Carbon nanotubes: Properties, synthesis, purification, and medical applications [R]. Nanoscale research letters, 2014, 9 (1): 393.

[3] FRIM. Forest Research Institute Malaysia - Shorea resinosa: Another jigsaw puzzle in the sky. 2019-02-09. [2020-11-23]. https://frim.gov.my/colour-of-frim/shorea-resinosa-another-jigsa w-puzzle-in-the-sky.

[4] Friston. K.A Free Energy Principle for Biological Systems [J].Entropy, 2012,14(11): 2100-2121.

[5] Friston K. A free energy principle for a particular physics [J]. Intermountain Wind & Solar - Why Do Photovoltaic Panels Have Grid Lines? [2020-11-23].https://www.intermtnwindandsolar.com/why-do-photovoltaic-panels-have-grid-lines.

[6] Krakauer D., Bertschinger N, Olbrich E, et al. The information theory of individuality [J]. Theory in Biosciences, 2020:1–15.

[7] Markov, A. A. An example of statistical investigation of the text Eugene Onegin concerning the connection of samples in chains, trans. into English by G. Custance and D. Link [J]. Science in Context, 2006,19(4): 591–600.

[8] Miozzo M., Zordan D., Dini P., et al SolarStat: Modeling photovoltaic sources through stochastic Markov processes [C]. 2014 IEEE International Energy Conference: ENERGYCON, 2014: 688–695.

[9] Peng Huisheng, Sun Xuemei, Cai Fangjing, et al. Electrochromatic carbon nanotube/polydiacetylene nanocomposite fibres [J].Nature nanotechnology, 2009.

[10] Provides N. Applying Satoshi's Vision to Brownfield Sites Revitalisation in Hong Kong [R]. International Forum on Urbanism 2020.

[11] Ramstead M. J. D., Badcock P. B., Friston-K. J. Answering Schrödinger's question: A free-energy formulation [J]. Physics of life reviews, 2018, 24: 1–16.

[12] Rebertus, A. J. Crown shyness in a tropical cloud forest [J].Biotropica.1996, 20 (4): 338–339.

[13] Schrödinger, E. What is life? [M]. Cambridge Univ. Press, 1944.

[14] Schumacher, P. Parametricism 2.0: Rethinking architecture's agenda for the 21st century [M]. London: J. Wiley, 2016.

[15] Simpson J. A. The Oxford English dictionary [M]. Oxford: Clarendon Press, 1991.

[16] Tan Denis, Benguar Alliah Nicole, Casiano Phillip et al. GOLDEN RATIO APPLIED IN THE ORIENTATION OF SOLAR CELLS IN A GOLDEN SPIRAL SOLAR PANEL [J/OL]. International Journal of Development Research, 2008: 20416–20420.

[17] UCI. University of California, Irvine - How does the Hadley Cell help spread energy around in the global climate system? [EB/OL]. [2020-11-2] https://sites.uci.edu.

[18] Urper O., Çakmak İ., Karatepe N. Fabrication of carbon nanotube transparent conductive films by vacuum filtration method. Materials Letters, 2018 (223): 210–214.

[19] Von Foerster H. Ethics and second-order cybernetics [J/OL]. Cybernetics and Human Knowing,1992, 1. (1): 40–6, www.flec.kvl.dk/sbr/Cyber/cybernetics/vol1/v1– 1hvf.htm.

[20] West,G. B., Brown J. H.. The origin of allometric scaling laws in biology from genomes to ecosystems: towards a quantitative unifying theory of biological structure and organization [J].Journal of experimental biology, 2005, 208(9), 1575–1592.

[21] Wyman, O. Disruptive logistics the new frontier for e-commerce [EB/OL]. https://www.oliverwyman.com/content/dam/oliver-wyman/global/en/2014/sep/MUN-MKT20101-011_screen12.pdf.

Overcoming the Limits of Parametric Biomimicry through Architectural Biodesign

Guilherme Kujawski

Escola Britânica de Artes Criativas PC: 05012000   São Paulo, SP, Brazil

+55 11 988638763 kujawski@gmail.com

Abstract

This article takes as its starting point the debate on the distinction between biomimicry and biodesign in the field of architecture, taking sides of the latter and pointing out its technical adequacy to the challenges of the third millennium. Benefiting from the remarkable evolution of digital parametric technologies, biomimetic architects assume, through computational formalism, the efficiency model present in nature. The critical question we need to ask ourselves is: why imitate only forms, and ignore other ecological qualities, such as dynamism, mutualism, metabolism, resilience and so many others? And why resort to imitation when it is possible to incorporate them directly into the project? At this point biodesign comes into play, linked to proposals of co-evolution and connaturality, which translates into the coexistence between nature and technology. It can be said, in the scope of biodesign, that there would be two branches, one of vitalist nature, and the other, more experimental, of animist strain. The second declares certain limits of approaches that take biological ontology as an assumption, seeing the inanimate as subject to empirical investigation in the context of the process of building environments.

Key words:biomimicry, biodesign,architecture and sustainability

1. Introduction

An eventual dispute between two forms of biocentric architecture was revealed, albeit discreetly, in a review of the book *Architecture follows Nature: Biomimetic Principles for Innovative Design*, by Ilaria Mazzoleni and Shauna Price (CRC Press, 2013), a text written by British scientist Rachel

Armstrong for The Architectural Review.[1] In it, the author discusses the distinction between biomimicry (formal imitation of nature) and biodesign (incorporation of living materials into design), denouncing the former as a "parametric snake oil". Furthermore, according to the article, biomimetics would be hostage to a purely aesthetic compulsion, favoring aspects of nature more akin to western canons of beauty. For all that, the two modes of practice, despite their differences, propose to change dogmas deeply rooted in modern architectural practice, seeking to act horizontally — not "against" or "on" — with nature and, at the same time, revising the scientific paradigms of human domination that have been providing prescribed formulas to designers (i.e. efficiency is inherent in nature).

2. Biomimicry

The formal imitation of nature in the design of architectural objects dates back to 19th century Art Nouveau, and its symbolic model, among others, is the South American water lily (Victoria amazonica), a plant whose sternness inspired the glazed ridged vaults in the Crystal Palace (1851). It is possible that the technical needs of applying cast iron in construction have determined the forms of the new international style. Biomimicry took root in that period, we speculate, because the transformation of raw material into construction elements, in the case of iron, was more "organic", more homogeneous, different from the relationship, for example, between rough and carved stone, or wood and beam [2]. And the inspiration did not come only from living sources; take the Großes Schauspielhaus (1919) as an example, the Berlin theater designed by Hans Poelzig, with its domed space decorated with stalactite-shaped ornaments, a translation of geological-cavernous patterns into architecture. One can notice the biomimetic frenzy unfolding until today, when we bear witness to the Belgian architect Luc Schuiten who, in partnership with the association Biomimicry Europe, designs buildings (and even cities) that have the ability to adjust to the climate and to the atmosphere, just like vegetables.

The biotic-inspired parametric design reinterprets nature from the lens of digital universe. By controlling complexity through the manipulation of variables arranged in a data set, the algorithmic process outputs an idealized and abstract version of the natural world, a "sanitized" adaptation. It removes the "misfit variables", as architect Cristopher Alexander called it, who, averse to using computers in architecture, did not intend to bring in more complex forms to the world, but rather to unveil the complexity of design problems. Following the agenda of Parametricist Manifesto has its limits, and apprentices must eventually gain autonomy regarding their source of mastery, Mother Earth. Lean on computational procedures, without a dose of self-

① R. Armstrong. "Rachel Armstrong on Biomimicry as Parametric Snake Oil". The Architectural Review, last modified, July 11 2013. https://www.architectural-review.com/essays/rachel- armstrong-on-biomimicry-as-parametric-snake-oil.

②W. Rybczynski. "Parametric Design: What's Gotten Lost Amid the Algorithms". Architect — The Journal of the American Institute of Architects, last modified, 11 July 2013. https://www.architectmagazine.com/Design/parametric-design-whats-gotten-lost-amid-the-algorithms_o.

containment, can serve as crutch, if not become a technical scam. Municipalities, for example, are urged to stop commissioning Santiago Calatrava's ubiquitous fish skeletons, due to the risk of tectonic fallibility.[①] This parametric solution actually distances the built environment from nature. What it intimately ignores is a structural coupling offered by biodesign.

3. Biodesign

What is the biodesign we are dealing with? The objects that stem from it certainly have mechanical aspects, without validating the mechanistic philosophy that, having as models the clock and the hydraulic mill, prioritizes the efficient cause. Furthermore, the object of biodesign, the composite of artificial and natural machines, dispenses with the spontaneous finalism included in Kant's organismic epistemology. To illustrate this hypothesis, we refer to Dupuy's golden triangle (Fig. 1), which the author conceives in order to demonstrate the dangers of a purely natural machine, a metaphor that admits the deism of the suspicious intelligent design. Considering the three vertices of the figure, we have the art-techné side as the concept of artificial machine (man-made); and the techné-nature side, as the concept of natural machine. It is the "Kantian" side (art-nature), according to the French philosopher, who keeps the natural and the artificial apart, autonomous; ignoring this side, that of nature's immanent purpose, separation collapses, making the notion of a fully natural machine

disappear. In biodesign projects, the natural and the artificial machine aggregate and act in a cooperative way.

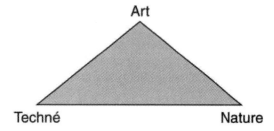

Fig. 1 Dupuy's golden triangle

Rachel Armstrong contrasts the reductionist biomimesis — present in both architecture and art, especially sculpture, which seeks not to imitate nature, but to create the illusion of life — with the practice of biodesign, the convergence of nature productivity and human making. The most significant examples come from Terreform ONE office, which invests in housing projects that blur the boundaries between structure and operation. Along these lines, it is noted that there are certain trees that develop forms of built environments, such as the Amazonian Samaúma (Ceiba pentandra), whose sapopemba (roots) are geometrically shaped as compartments, which are transformed into dwellings by indigenous people. Thus, one can consider a low impact technology that conditions the rootlets to be structured in "prefab" compositions. This argument leads us to lastly suggest that there are, in the realm of biodesign, two primordial strands, one so-called vitalist, and another, more experimental, of animist flavor, inclined to operate "transformative materialities that conjure invisible realms, embrace change, provoke uncertainty, take risks, create hybrids and are formed from hypercomplex materials

①A. Walker. "Why Cities Need to Stop Commissioning Calatrava's Fish Skeletons". Gizmodo, last modified 17 March 2014, https://gizmodo.com/why-cities-need-to-stop- commissioning-calatravas-fish-1543063363 like fur, soil and felt".①

3.1 A. Vitalistic Biodesign

We propose, firstly, as a counterpoint to the parametric biomimetic architecture, a vitalist-oriented mode of biodesign. And vitalism here is understood in its original philosophical sense, in terms of objects imbued with vital elan or Aristotelian entelechy, the latter term meaning the actualization of potential inscribed in nature. Still according to Burnham, "vitalism is a preeminently poetic view of life, a celebration of the natural condition, while organicism is a beautiful view of the utilitarian evolution of systems, both biological and non biological." In this sense, it can be believed that Fab Tree Hab, a project conceived by American architect Mitchell Joachim (partner of Terreform ONE), due to its biocentric character, is a vitalist (rather than organicist) biodesign project, for applying a legendary gardening technique — grafting, or inoculating the contiguous vascular systems of two or more plants — in housing construction. He thus introduces into architectural praxis the communion of the implicit poiesis of nature and the artificial poiesis of human technique.

Let us also consider that, when using a CNC milling machine to model the scaffolding that serves to "train" air plants to innervate in geometric patterns, generating coatings and roofs that behave like "mechanical organisms", Joachim challenges the opposition between mechanism and vitalism through a cybernetic approach. Moreover, the project goes back to the ideals of vitalist sculptors, such

as Moore and Arp, who sought not to reproduce nature in their carvings, but to make them "grow", "acquire life", as natural organisms. Joachim's "veggie" dwellings are the fulfillment of the vitalist dream in art: infusing inanimate objects with life—even though we know that a flower carved from a malachite stone only "appears to be alive", in the resigned observation of Danilo, the artisan of the film The Stone Flower (1946), by Aleksandr Ptushko. Joachim's living "sculpture" transcends the symbolic vitalism of vitalist sculptors because it is situated in the territory of scientific vitalism. In effect, there is no imitation; there is, if anything at all, a search for functional examples in the natural world.

3.2 A. Animistic Biodesign

Before addressing the issue of animistic biodesign, it is necessary to briefly describe this ontology, studied mainly by anthropology. First, it is worth remembering that animism is a worldview that opposes naturalism, a modern posture that distinguishes nature and culture by establishing a physical continuity between beings (uniform nature) and their internal discontinuity (multiple souls, or cultures). Thus, the soul coherence is denied. Every form of non-human life, for example, must be seen as a bête machine governed by the laws of mechanics, according to Descartes. Amerindian peoples, on the other hand, place themselves at the extreme opposite, because they understand that the world is neither unique nor equal for all beings: the external is multiple, rich, varied, while the internal reality, the inner world, is equitable; all beings, animate species or inanimate objects, would share, so to speak, the

---

① R. Armstrong. "Experimental Architecture: Designing the Unknown" (Abstract). Newcastle University's ePrints. https://eprint.ncl.ac.uk/239363.

same spirit. Except for the fact that she focuses on the relationship between ubiquitous computing and animism, Brenda Laurel recognizes that "there are in the natural world many entities within entities—like mitochondria or chloroplasts within cells—each with its own individual perception-representation-action loop." Let us assume, then, an expanded perspective in the field of architecture: that of a biodesign that admits the agency of materials.

The question is: would it be possible an animistic biodesign? If so, it is necessary, first, to draw the path that leads from the inorganic to the organic, and then carry it out inversely. For Goethe, such task is impossible: "In the world of mineralogy, the most beautiful is the simplest; in the organic world, the most complicated. Hence it can be seen that both worlds have entirely different tendencies, and there is absolutely no way to progress gradually from one to the other". The objective view on life, however, advances incessantly, taking new forms throughout the history of science. Stuart Kauffman, for example, defines it as "emergent property of an autocatalytic set of chemical reactions that is self-reproducing and capable of performing at least one thermodynamic work-cycle". For example, Rachel Armstrong's experiments with protocells, fatty vesicles that behave in a way that could only be described as "alive". They may even, in the near future, replace reinforced concrete, forming "shells" around buildings, plates produced by the absorption of carbon dioxide.

But to better understand an architecture grounded on animistic biodesign, we invoke the philosophy of Philip Beesley, summarized in his lecture given at the Human– Computer Interaction Institute at Carnegie Mellon University, in 2019.[①] In it, the Canadian architect updates the Vitruvian triad, converting utilitas into metabolism, venustus in information and, most critical, firmitas in compartment, a word that could be inserted in a new organicist paradigm, in which one begins with a temporary niche that unfolds in other niches, less closed, but with greater capacity to exchange with the environment. Duration and perpetuity, sacred elements for classical architects, would give way to entropy, understood not as dissipation and decay, but as a factor of material renewal. It is this philosophy that guides Beesley's structures, a mesh of trusses, shells, suspended frames, Penrose tiles, that is, open structures that expose "dispositions" against borders, open to interactions with the environment, even under the imposition of turbulence. The architect suggests that these frameworks value maximum articulation in exchange for efficiency, since they are vulnerable. It is here that the sense of potency of such constructions points to a type of biodesign in which the prefix "bio" is correlative to quasi-living matter, hylozoic arrangements valued for their living systems properties.

4. Conclusion

What is proposed here is certainly the radical change of technological paradigm by means of questioning, first, the universalization of variables contained in parametric procedures observed in projects of biomimetic architecture and, broadly,

---

① See HCII Seminar Series:Philip Beesley. https://scs.hosted.panopto.com/Panopto/Pages/ Viewer.aspx? id=c061857a-ae89-4b29-a09f-ab3e00f863ce.

the Enlightenment project of universalization of all techniques, substantiated in current trends of algorithmic procedures and digitization processes that have been taking architectural practice by storm. One can see, in the reflection on the two types of biodesign, an inclination for combining different techniques (for example, gardening techniques added to digital printing; artificial life and ecodesign); in short, an openness to the multiplicity of techniques, or cosmotechnics, in the concept created by Yuk Hui. As the Chinese philosopher explains, technical facts emerged in different geographical coordinates and ethnic groups put forward completely different knowledge systems, which can evolve in different ways, because they have "different ways of being, of not being, different ways of conceiving the world, to understand the matter".[①] The current moment of crisis demands radical solutions in architecture, especially those that face the complex relationships between humans, non-humans and technologies.

References

[1]J. Burnham. Beyond Modern Sculpture: The Effects of Science and Technology on the Sculpture of This Century [M].New York: G. Braziller, 1968: 52.

[2]W. Benjamin, W. Bolle. Passagens [J]. Editora da Universidade Federal de Minas Gerais, 2006. 196.

[3]J-P. Dupuy. The artificialization of life: designing self- organization [J]. In: S. Campbell & P. W. Bruno. The Science, Politics, and Ontology of Life-Philosophy[M]. London, New York: Bloomsbury Academic, 2013: 79–91.

[4]Y. Hui. Recursivity and Contingency[R]. Rowman & Littlefield International, Limited, 2019: 80.

[5]Y. Hui. The Question Concerning Technology in China: An Essay in Cosmotechnics.[M].Falmouth: Urbanomic, 2016 : 22–26.

[6]B. Laurel. Designed animism. In: T. Binder; J. Löwgren; L. Malmborg. (Re)Searching The Digital Bauhaus. Human- Computer Interaction Series[M]. London: Springer, 2009: 252–274.

[7]J. Peter Eckermann. Conversações com Goethe nos Últimos Anos de sua Vida (1823–1832) [M]. São Paulo: Editora UNESP, 2018: 443.

[8]H. Peter Steeves. Information, self-reference, and the magical realism of 'life'. In: S. Campbell & P. W. Bruno. The Science, Politics, and Ontology of Life-Philosophy [M].London, New York: Bloomsbury Academic, 2013: 67–77.

[9]R. Armstrong. How protocells can make 'stuff' much more interesting[J].Architectural Design, 2011: 68–77.

① J. Fontevecchia. "Yuk Hui: 'La cosmotécnica no es nacionalismo, no es fascismo, no es una identidad política'". Perfil.com, last modified 17 October 2020. https://www.perfil.com/periodismopuro/yuk-hui-la- cosmotecnica-no-es-nacionalismo-no-es-fascismo-no-es-una- identidad-politica.phtml.

Reflections on the Creative Process of the Sculpture Árvore das Almas

Irene de Mendonça Peixoto

Escola de Belas Artes

Universidade Federal do Rio de Janeiro

Av. Hor á cio Macedo, 2151, Espaço EBA

Rio de Janeiro – RJ – Brasil

（55 21） 98761–2277 irenepeixoto@eba.ufrj.br

Abstract

This article presents the creative process in the development of Irene de Mendonça Peixoto's garden sculpture Árvore das Almas (Tree of Souls) as a three–dimensional unfolding of an artistic fabulation—starting with illustrations of the same name—which culminates in a combination of the artist's experiential immersion in nature, as a result of the social distancing and isolation that coincided with the Covid–19 pandemic, and the haps of poetic intuition.

The analysis here of this creative and bioinspired process proposes an investigation of artistic processes from an intuitive and oneiric perspective, in which communication takes place in a sensory and mimetic way as occurs in nature, but moving in more complex evocations, unfolding the meanings of matter without losing the connection between the perceived and the imagined. In contrast, this work will also discuss the analysis proposed by the artistic creativity model based on Palle Dahlstedt's processes, in which the notion of negotiation between concept and material representation is fundamental to better understanding the supposedly random and subjective mechanisms of artistic processes.

Key words: art; nature; creative process; art studies

1. Introduction

By breaking with our firmly entrenched and deeply–rooted routines, the pandemic and the subsequent social isolation has caused a radical discontinuity in the temporality of global life. Societies and individuals have been obliged to experience the "auto–synchronous reference point" mentioned by Bachelard, which is to live our internal time disconnected from the surrounding social life.

This procedure refers to the intimate vastness implied in poetic time, an instant of vertical intensity that, according to the author, is "solemn, great as space, without divisions of minutes or seconds, an immobile hour that is not marked by clocks" ①.

The experience of such an unusual moment, one ironically longed for by artists and poets, takes on cruel and frightening undertones in the context of a deadly pandemic. In the vertical time of the poetic instant, we live the abstract ambivalence of life and death; we no longer know if the heart beats joyously or painfully in light of the present and the foreseeable future.

The pandemic has brought a more acute perspective to existential questions. In addition to inhabiting time differently, we have been forced to perceive the world around us in a broader way. Nature has imposed its rhythm on us and has put on full display its relevance to human societies, communities, and individuals now so profoundly isolated.

The creative process presented here of the Árvore das Almas (Tree of Souls) garden sculpture is the result of this urban and social distancing that has compelled the artist to retreat into nature and reflect on the plant world. These beings, anchored in the ground and still so incomprehensible to us, have always been a source of inspiration. As creatives, many of us envy the cooperative architecture of the plant world, its infinite forms that carry out functions so elegantly and with such charm—we are inspired by its energetic resistance in the face of the adversities imposed on it, many of them the result of human action or inaction.

Our intention with the analysis of the creative and bioinspired process of the sculpture *Tree of Souls* is to discuss the appearance of the poetic instance through creative strategies capable of perceiving and creating bonds between different worlds, reinventing qualifications under the aegis of the imaginal and the fabled. By perceiving her surroundings through the optics of this imaginal domain, the artist rescues, in the constitution of her own thinking, hidden or latent ideas, allowing the poetic content of events to emerge. This is the manifestation of a secretly syntonic world in which things can join in the most contradictory ways and show unsuspected affinities. This sensitive and mysterious dimension is frequent in poetic intuition, in which communication begins in a sensorial and mimetic way. Once again the plant world is responsible for teaching us a lot about mimetic communication and its countless counterpoints.

Another aspect of the present analysis of processes at the intersection of human creativity and an influence of/on nature intends to combine the apparently erratic mode of poetic intuition with the model of artistic creativity based on processes, as proposed by Palle Dahlstedt . This article will work with the notion of negotiation between concept and material representation to reflect on the comings and goings of creative processes in the construction of a physicality that guarantees its materialization in the world in line with its poetic sense.

---

① "All quotes from texts titled in Portuguese in the references section were translated by the author of the present article."

2. The Discourse of Similarities

According to Mancuso, when "a living being emits a signal of any kind (visual, olfactory, auditory...) to the other, in order to influence the latter's behavior in favor of the former, we are facing a mimetic phenomenon". Mimesis is seductive in principle, so it makes sure to resemble that which is different in order to be more convincing. More precisely, it imitates that which is unique to something else. This communication between different species also happens with plants, which are capable of a series of extraordinary adaptations so that they can survive in adverse conditions. There are incredible examples in the plant kingdom of species capable of simultaneously modifying the shape, size, and colors of their leaves to fit in inconspicuously among the shrubs and trees on which they grow. The question here is less about how plants can change their shape, and more how they know what needs to be imitated. For Stefano Mancuso, a possible explanation for the mimetic and changing behavior of plants is that they are endowed with a "rudimentary form of vision". One can also consider this particular form of vision a mysterious mimetic faculty to engender similarities.

Benjamin, in his text Doctrine of the Similar, warns that more important than identifying similarities is to look carefully at the reproduction of the processes that engender such similarities. For the philosopher, nature is full of this mimetic engendering, as is man, allowing us to say that all of our most superior functions are "decisively codetermined by the mimetic faculty". However, with modernity, this faculty of mimesis has been weakening and its domain, which in antiquity entailed the mysterious "relationships between the micro and the macrocosm" is now in a fragile state.

Benjamin maintains that the magical correspondences, brought about by the similarities, are no longer readable by modern man, becoming unimportant in our daily activities, because over time we have lost our capacity for extra-sensory perception, natural intuition, and magic which included reading and interpreting the signals emitted by nature. However, in artistic practice, the complex discourse of art seeks unthinkable bonds, harmonic counterpoints that produce imminent and different meanings. If art includes everything in its discourse, it is because, in line with the untamed nature that surrounds us, it remains knowing how to decipher the meaning of correspondences, synesthetic, extra-sensory similarities that once guided men to live in harmony with the natural world and to follow its lead.

Nature's harmony is marked by a melodic simultaneity, what one might call counterpoint. According to Deleuze, the song of a bird has its own harmonious relationships and, therefore, it can function as "counterpoint, but it can find these relationships in the song of other species, and it may even imitate these other songs as if it were a question of occupying a maximum of frequencies. The spider's web contains "a very subtle portrait of the fly," which serves as its counterpoint...The tick is organically constructed in such a way that it finds its counterpoint in any mammal whatever that passes below its branch, as oak leaves arranged in the form of tiles find their counterpoint in the raindrops that stream over them. This is not a teleological conception but a melodic one in which we no longer know what is art and what is nature".

If nature and art mix to the point of confusing us, it is because both dominate the discourse of conjunctions in every way, a complex discourse whose principle is to engender similarities, to look for unusual bonds that produce unsuspected sensory reactions and teach us how to decipher the multiplicity of extra-sensory similarities that make it possible to relate the world of sense perceptions to that of the imagination.

3. Immersion in Nature and Creative Processes

The creative process of the bio-inspired sculpture Tree of Souls began long before the intention to materialize the work. The advent of the pandemic compelled the artist and author of this article to move from the urban center of the city of Rio de Janeiro to a rural site located in the middle of the Atlantic forest on the Brazilian coast. Her new daily life immersed in the shapes and sounds of her exuberant natural surroundings significantly influenced her artistic work.

According to Palle Dahlstedt, creative ideas do not suddenly appear as they seem in the public eyes; on the contrary, "they are gradual processes, combining and elaborating previous knowledge into new thoughts, until the conditions are just right for them to surface." .

The title Tree of Souls refers to a group of illustrations (see Fig. 1), a fabulation in an oneiric

mode, of birds attached to the stems of a plant, needing to detach in order to take flight. This image establishes a poetic counterpoint with the narrative of the Brazilian writer João Ubaldo Ribeiro about the incarnation of souls in living beings. The souls, perched like birds on trees, launch themselves at newborns of all species to gain a corporeal existence. This initial imaginal compound, in Dahlstedt's words, constituted a first conceptual representation, a brief image of the work in "in terms of ideas and generative principles" . For it to reach its final form, becoming an effective manifestation of a "material representation," it will be necessary to go a long way through the choice of materials and the application of appropriate tools, configuring "a dynamic, iterative

Fig.1 Illustration from the Tree of Souls series, from the artist's book titled Reverdecer （Revegetate） （2020）

process that navigates the space of the theoretically possible (in the chosen medium) following paths defined by what is practically possible (by the tools at hand)".

The development of the idea, initiated in drawings, that informed the sculptural work happened by chance when, on a walk around the region, the artist found an iron object (see Fig. 2), at random, that, curiously, resembled the idea of the drawing. The object was not only incorporated into the group of images called Tree of Souls, but also became the poetic trigger that pointed to another material possibility, another expressive means, for the idea of the work. We have here not only an example of articulation of and coordination between the perceived and the imagined based on extra-sensory similarities, but also of the artistic creativity model based on Dahlstedt's processes, whereby the introduction of a new material space affects artistic expression.

Fig.2 Found object made of iron by unknown artist

In this model, the creative process operates in a field of innumerable unknown possibilities; however, it is not entirely left to chance. Artistic achievement is largely guided by an artist's prior knowledge, vision, references already seen and rearranged, diverse conceptions, and mainly by the tools one knows or feels one is capable of using.

Therefore, within this model of creativity, the creation of work exists in these two forms simultaneously: the material representation and the conceptual representation. Since "the focus of the creative process continuously changes between these two forms, and requires mechanisms to translate from one into the other, in both ways", Dahlstedt adopts the term implementation when moving from concept to material and reconceptualization whenever the concept is recreated using material different from that previously used. For the author, "the discrepancies between the two representations, and the imprecision of the translation in both directions fuels the creative exploration, embeds qualities of human expression in the work, and imprints a trace of the creative process onto the work itself".

In Peixoto's case, the found iron object clearly influenced and modified not only her initial conceptual representation, but also—and consequently—the material representation, which until then had been two-dimensional (sketches and watercolors on paper). Its reconceptualization took on a three-dimensional shape (Corten-steel sculpture) on a much larger scale (3m × 3m) than the design area (40 cm × 60 cm).

The introduction of a new focus on the creative process implies new conceptual and material representations, opening different questions and negotiations until the final completion of the work. Thus, the material representation in Corten steel belongs to the corresponding material space and includes "the application of different tools in succession, since they all operate in the same space". This space is a theoretical construction that contains all possible instances for the use of the material, in this case, corten steel. In this reconceptualization, the chosen instances are the laser cutting tools for birds combined with the use of hammered rebar for the stems.

The idea expressed in the conceptual representation of birds found an almost immediate correspondence in the new material representation of steel. The outline of the initial design, applied to the metal, has not undergone any relevant changes in the laser cutting (Fig. 3). The stems, which in the

Fig. 3 Illustration superimposed on the corten steel sculpture

drawing would attach the birds to the trunk of a tree or shrub as if they were branches, did not achieve the same correspondence. The introduction of rebar led the artist to rethink the original conceptual representation. The rebar curiously caused a return to an early sketch (see Fig. 4), the drawing of a bouquet of birds in which the birds seemed to be on the verge of taking flight. In this case, the rebar material (shape, weight, and movement) was decisive for yet another reconceptualization of the work.

Fig. 4 Preliminary sketch of the drawing Tree of Souls adapted for application in the sculptural design

Another important issue in the transition from the two–dimensional form of the first implementation of the work to the three–dimensional was the fact that the surroundings of the illustrations are the empty surface of the paper itself, in contrast to the more elaborate and detailed outline for the idea of the Tree of Souls sculpture. The surroundings of the sculpture in the garden are much more complex, since the garden dialogues with nature and its immense variety of forms (see Fig. 5 and Fig. 6). In this case, a formal simplification expressing the essence of the idea would be much more impactful than simulating the details of a living plant where there was already so much plant life. Therefore, instead of the literal representation of branches and stems, the artist opted to express the movement of these branches and stems that abstractly would also evoke the flight of birds. The question then was how to express the similarities of movements between plants and birds by means of iron rods (see Fig. 6). In contemplating this question, the artist considered how bouquets and floral arrangements behave, how the branches of bougainvillea bend, the fronds of palm trees, and the relationship between and distribution of weight and size of a leaf and its stem, so that the scale of the steel stem would support the bird with a similar elegance.

Fig. 5 Overview of the Tree of Souls sculpture

Fig. 6 Detail of the sculpture Tree of Souls

After countless tests with different curvatures and different thicknesses for the rebar, the outline of the bird bouquet gained shape and weight in the garden, and at its base, mixed with the iron stems, the artist engendered a living, green arrangement making it look like the steel stems had sprouted from the plant life placed at the base of the sculpture (see Fig. 5).

4. Final Considerations

The isolation imposed by the pandemic drove artist Irene de Mendonça Peixoto's to an unexpected and sustained immersion in nature. This coexistence with such varied exuberant volumes and forms so different from daily life in urban, geometric, and planned settings—usually observed through apartment or car windows or the screens of digital devices—influenced the artist to create a garden sculpture instead of her usual two-dimensional works.

The model of artistic processes proposed by Dahlstedt based on his own creative practice as a musician has proven applicable to other fields of art. Even though the Dahlstedt's intention is the controversial application of his model in research on creative software for works of art generated by computers, what interested the author of the present work—the artist herself—was the systematization of processes considered intuitive and subjective without disregarding the fundamental poetic dimension of artistic practice.

Every artist knows from experience, something of which the lay audience is often unaware—the distinction established by medieval theologians between "creare ex nihilo, which defines divine creation, and facere de matéria", which defines human creative faculties. An artistic work is the result of a laborious effort to imagine the unimaginable and give shape to unprecedented creations with the tools and materials at our disposal via the complex creative processes that lead to the realization of a work.

References

[1] G. Bachelard. A intuição do instante[M]. Campinas: Verus Editora, 2010.

[2] P. Dahlstedt. Between Ideas and Material: A Process–Based Spatial Model of Artistic Creativity, in Computers and Creativity, J[M]. Berlin; New York: Springer, 2012: 205–233.

[3] S. Mancuso. Revolução das plantas: um novo modelo[M]. São Paulo: Ubu Editora, 2019.

[4] Benjamin, Walter. Magia, técnica, arte e política: ensaios sobre literatura e história da cultura[M]. São Paulo: Editora Brasiliense, 1994.

[5] G. Deleuze, F. Guattari. What is philosophy? [M]. New York: Columbia University Press Books, 1994.

[6] J.U. Ribeiro. Viva o povo brasileiro [M]. São Paulo: Editora Alfaguara, 2008.

[7] G. Agambem. O fogo e o relato: ensaio sobre a criação, escrita, arte e livros[M].São Paulo: Editora Boitempo, 2018.

Clay–mycelium Composite

Using Mycelial Growth as Fibre Reinforcement for Unfired Clay

Julian Jauk[1], Hana Vašatko[2], Lukas Gosch[3]
Ingolf Christian[4],
Anita Klaus[5] and Milena Stavric[6]

1,2,3,6 Graz University of Technology, Institute of Architecture and Media, Graz, Austria

4 Ortwein Master School for Art and Design, Graz, Austria

5 Faculty of Agriculture, Department for Industrial Microbiology, Belgrade, Serbia

Corresponding author: +43 316 873 4735, julian.jauk@tugraz.at

Abstract

This paper presents the first results of a basic research on a new composite made of inorganic and organic material by using unfired clay and mycelium, the vegetative part of mushrooms that grows on bio–waste. The use of cement in the building industry has a high significance in global greenhouse emissions, is resource–intensive and has an unresolved disposal problem. Finding sustainable alternatives to reduce the need for cement is one of the major global challenges. Our composite called "MyCera" has exhibited notable structural properties that open up the possibility of implementing this composite in the building industry. Our scientific contribution is the successful development of a bio–processed material mixture which is suitable for digital fabrication and facilitates the natural process of mycelial growth on low–cost raw materials. The 3D printed samples of this mixture show a notable increase of tensile strength compared to the same mixture without mycelial growth by enabling fibres to connect on a micro scale and act as a fibre reinforcement. This material shows potential to be a viable alternative to constructions that relies on mortar and deserves further research.

Keywords: composite material, clay, mycelium, bio–waste material, 3D printing

1. Introduction

In the last couple of years, several artists and designers have developed mycelium–based materials and designed prototypes for exhibitions. Also, some alternative products such as leather, foam, packaging material, furniture or acoustic dampers had become commercially available. Applied projects in the field of architecture were developed at various universities, e.g. IAAC Barcelona , ETH Zürich , CITA and Vrije Universiteit Brussel . University projects were frequently a part of experimental design studios. Based on those results, there is currently a tremendous interest in research of mycelium as sustainable material in the building industry.

In architecture, clay is mostly used in the form of bricks, tiles or sanitary appliances. In terms of digital planning and digital fabrication, the clay industry is not as technically advanced as concrete or steel industries are. The production and application of bricks has not fundamentally changed since the beginning of using dies in piston extruders in 1855. In masonry brick production, firing and drying are the most energy consuming phases. The use of mortar results from correcting production tolerances and ensuring the stability of the single elements within a wall component. However, mortar poses another issue, as it leads to a high fossil CO_2 emission due to the production process of cement and resource procurement. As for recycling, fired clay could be used as a chamotte for new products, but since the separation of clay and mortar remains challenging, the two materials usually get discarded as one compound after a building fulfills its life expectancy of approximately 60 years.

With this research, a combination of clay and mycelium is explored, where mycelium acts as a reinforcing component within/or between individual unfired clay elements.

2. Methodology

The methodology of this research was carried out through experiments and design studies. A series of novel composite material mixtures was created, as well as samples with different geometries that have the aim of elaborating different properties based on the respective material and fabrication process. The research was conducted in three phases: (1) experimentation with material, (2) setting up hardware and software and (3) testing and measurement.

2.1 Material experimentation

The composite material "MyCera" consists of inorganic parts—clay and water, and organic parts —mycelium and substrate. The main challenge in the material experimentation phase was finding an optimal substrate type and optimum ratio of organic and inorganic material with the following requirements:

1) Using as much organic material as possible to achieve enough nutrition for homogeneous mycelial growth that influences higher porosity left by the organic components after the firing process.

2) The mixture must retain the required viscosity and elasticity for the 3D printing fabrication process.

A decision was made to use black clay, type Nigra 2002 of company Sibelca to ensure a better visual distinction between clay and mycelium. The material is composed of 65.50% SiO_2, 1.10% TiO_2, 21.50% Al_2O_3, 8.9% Fe_2O_3, 0.30% CaO, 0.80% MgO, 1.80% K_2O, 0.10% Na_2O, 0.4% Mn.

The goal of the first set of experiments was mixing clay and different substrate types to choose the one optimal for mycelial growth. Those substrates were sawdust, along with bleached and unbleached cellulose.

Two types of mycelium strains were used in the beginning, Pleurotus ostreatus and Ganoderma lucidum. After several experiments, Ganoderma lucidum was abandoned due to contamination problems. The naming system (Table 1) used for the samples is determined as followed: material composition – inorganic component – organic component – mycelium strain – sample number (MM mixed material, CP clay powder, FS sawdust, CS1 bleached cellulose, CS2 unbleached cellulose, PO Pleurotus ostreatus).

Tab.1 Samples with Mixtures of Clay And Three Substrate Types in Seven Different Ratios

CP:MM volume	CP:MM weight	sawdust size <2 mm	bleached cellulose size 1-4 mm	unbleached cellulose size 1-4 mm
1:8	1:4	M M - C P - FS-PO-01	M M - C P - CS1-PO-01	M M - C P - CS2-PO-01
1:6	1:3	M M - C P - FS-PO-02	M M - C P - CS1-PO-02	M M - C P - CS2-PO-02
1:4	1:2	M M - C P - FS-PO-03	M M - C P - CS1-PO-03	M M - C P - CS2-PO-03
1:2	1:1	M M - C P - FS-PO-04	M M - C P - CS1-PO-04	M M - C P - CS2-PO-04
1:1	2:1	M M - C P - FS-PO-05	M M - C P - CS1-PO-05	M M - C P - CS2-PO-05
2:1	4:1	M M - C P - FS-PO-06	M M - C P - CS1-PO-06	M M - C P - CS2-PO-06
4:1	8:1	M M - C P - FS-PO-07	M M - C P - CS1-PO-07	M M - C P - CS2-PO-07

After a series of experiments and elaboration of mycelial growth, sawdust was chosen as a substrate. In order to prepare this material for printing, a series of different experiments was done to find optimal material viscosity for the 3D printer with a 4 mm nozzle.

For the final material mixture, sawdust was sieved to ensure a particle size <2 mm to not block the nozzle of the 3D printer. Both components were mixed in a dried and pulverized state to achieve a homogeneous distribution and were then blended with water by a mixing machine. The weight ratio of the final mixture from clay to sawdust is 7:1. 35% water was added for printing, measured from the weight of the mixture. In the final step of material preparation, the wet mixture was filled into the material tanks, closed airtight to prevent any moisture loss, each containing a material volume of up to 4 600 cm³. The chosen geometry was 3D printed and inoculated by distributing the mycelium spawn on the 3D printed samples.

2.2 Setting up hardware and software

To 3D print the composite mixture, customizing the standard hardware and developing new software for direct transmission of Rhino 3D Geometry into G–Code was necessary. New material tanks of hard anodized aluminium and a rastered printing bed were added to the 3D clay printer Delta WASP 40100.

A custom Grasshopper script for Rhino 3D was developed to use the 3D printer in the most flexible manner. This way, designing and providing machine data is directly connected within one software and allows an efficient workflow.

2.3 Testing and measurement

The following experiments refer to the paste–based extruded material mixture stated in A. All tests were conducted at the Institute of Technology and Testing of Building Materials at Graz University of Technology. Two kinds of tests were performed: 1) tensile strength along the extrusion axis; 2) binding force between the printed layers. Additionally, an experiment was carried out to observe the growing depth of mycelium through clay.

2.3.1. Tensile strength along the extrusion axis

Samples for testing tensile strength along the extrusion axis were printed from the material mixture described in A in dimensions $60 \times 170 \times 15$ mm. They were then dried and sterilized and half of them were inoculated. The incubation was terminated after 14 days and the samples were dried once again. Finally, all samples were sanded to have identical dimensions before testing.

The test results show an increase of the average maximum tensile strength of 66.62% for the samples

Name	Maximum_Kraft	Maximum_Dehnung aus Strecke
Parameter	Gesamter berechneter Bereich	Gesamter berechneter Bereich
Einheit	N	%
12	178.37	0.14748
13	112.52	0.17075
14	83.08	0.16744
15	92.84	0.17746
16	146.21	0.18079
Durchschnitt	122.60	0.16878
Standardabweichung	39.4234	0.01303
Bereich	95.2900	0.03331

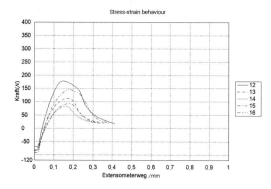

Fig. 1 Load curves regarding tensile strength along the extrusion axis of the individual samples without mycelium

with fungal growth.

Samples without fungal growth showed an average maximum tension of 122.60 N (Fig.1) with a top value of 178.37 N, while samples with 14 days of fungal growth showed an average maximum tension of 204.28 N with a top sample of 278.30 N (Fig.2). There is no significant change of elongation behavior in these samples.

2.3.2 Binding force between the printed layers

The hypothesis proposes that printed layers reinforced by mycelium have better binding connection than the 3D printed layers without

mycelium. This assumption was based on the fact that mycelium acts as an additional binding agent that connects two adjacent layers.

Name	Maximum_Kraft	Maximum_Dehnung aus Strecke
Parameter	Gesamter berechneter Bereich	Gesamter berechneter Bereich
Einheit	N	%
12	278.30	0.25744
13	254.81	0.20419
14	178.70	0.20085
15	162.05	0.18413
16	147.52	0.15081
Durchschnitt	204.28	0.19948
Standardabweichung	58.5057	0.03869
Bereich	130.780	0.10663

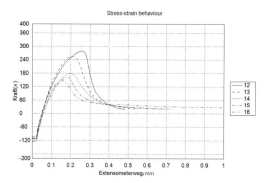

Fig. 2 Load curves regarding tensile strength along the extrusion axis of the individual samples with mycelial growth

To evaluate the increased strength of the consolidated layers, samples in a cylindrical form were prepared. The printing path consists of three concentric circles per layer, each with alternating starting points. Further on, those are randomly shifted per layer to avoid a weak seam along the object. The samples have a height of 40 mm, a diameter of 45 mm and a void with a diameter of 20 mm, thus a wall thickness of 12.5 mm.

For testing, the central void was filled with a wooden cylinder and the whole volume was capped with a piece of acrylic glass, which was glued only to the ceramic surface. An anchor was drilled into the wooden piece to transfer the force on the acrylic glass once it is being pulled. The samples were tested using a Shimadzu AG-X plus testing machine (Fig. 3).

Fig. 3 Cylindrical test samples

The test results confirmed the hypothesis of an increased average maximum tensile strength of 32. 34% in favour of specimens with mycelium. Samples without fungal growth showed an average maximum tension of 83. 80 N with a top value of 93. 14 N, while samples with 14 days of fungal growth showed an average maximum tension of 110. 90 N with a top sample of 174. 82 N. The fracture at maximum tensile force occurred between the top two layers

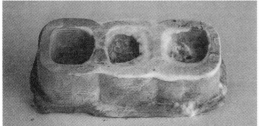

Fig.4 Some of the samples to test maximum growth depth into clay

at all samples. There is no significant change of elongation behavior in these samples.

2.3.3 Observation of growing depth

To evaluate the maximum wall thickness of clay that mycelium can grow through, samples with wall thicknesses ranging from 2.5 mm to 9.5 mm have been produced and infiltrated by mycelium (Fig.4).

Pieces of 10 mm were broken out and taken from different positions within the previous samples. To observe the superficial growth of mycelium on clay, an Eschenbach stereo light microscope with a maximum magnification of 90 was used. Successful mycelial growth through a 3D printed clay wall of 9.5 mm is evident.（Fig.5）

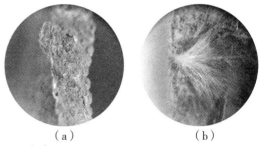

（a）　　　　　　　（b）

Fig. 5（a）20×magnification of mycelial advancement after growing through a printed sample and reaching out for nutrients；（b）Superficial mycelial growth on a printed sample

3. Conclusion

A composite material consisting of clay and sawdust was prepared for 3D printing and subsequently inoculated with mycelium. After a sufficient growing process, the elements were fired, whereby all organic elements burned up leaving an effective porosity through a branching inner structure in the ceramic. In the second phase, the single chambers of the elements were again filled with mycelium. Multiple elements were then assembled in a state where mycelium still continues to grow (Fig.6). The elements are connected through the expansion of the hyphal network, until they fully dry out under atmospheric conditions. In this manner, the mycelium fibres form connections, which are able to transmit forces between adjacent elements by penetrating the inner structures of the fired elements as a fibre reinforcement.

Fig. 6 One of the structures bound by mycelial growth

The composite "MyCera" shows notable structural properties when compared to the same material mixture without mycelium. This has been proven on a set of samples tested for tensile strength along the extrusion axis, as well as between the 3D printed layers. It can be concluded that mycelium enhances tensile strength along the extrusion axis by 66. 62% and the connection between the single layers by 32. 34%. It is assumed that the high increase of tensile strength is caused by the growth process which takes place after printing. This kind of intelligent fibre distribution could not have been achieved with a non–growing material.

4. Future work

To verify the assumption of an intelligent fibre distribution, a comparison of grown mycelial fibre reinforcement and common fibres that are used to increase tensile strength, such as basalt and glass fibres, is planned. The future work will include creating a multi nozzle system for working with different material qualities within one element, e.g. cellulose and lignin as addition to clay. (Fig.7)

Fig.7 First promising example with cellulose and single nozzle

For further examination of mycelial growth on a microscopic scale, samples will be scanned with an electronic microscope. Implementing growth as a design parameter in 3D software is being prepared for the next research phase. This way, simulating and visualizing mycelial growth will be possible. Furthermore, a comparison of fired clay with and without mycelial infiltration will be examined.

Acknowledgements

The authors gratefully acknowledge the support by the Austrian Science Fund (FWF), project no. F77, SFB "Advanced Computational Design", subproject SP9.

References

[1] http://www.iaacblog.com/programs/claycelium.

[2]https://block.arch.ethz.ch/brg/project/mycotree–seoul–architecture–biennale–2017.

[3]https://royaldanishacademy.com/news/forskere–skal–skabe–levende–svampearkitektur.

[4] https://www.vub.be/arch/people/elise–elsacker.

[5] F. Händle, Extrusion in Ceramics [M]. Heidelberg: Springer–Verlag, 2009 : 102.

[6] K. A. Baumert, T. Herzog, J. Pershing, Navigating the Numbers[J]. Greenhouse Gas Data and International Climate Policy, 2005 : 4–5.

[7] W. Kleiber, J. Simon, Verkehrswertermittlung von Grundstücken [M]. Köln: Regovis Fachmedien, 2002 : 2123.

[8] R.M. Grennan, P.J. Naughton. The strength of fibre reinforced clays [J]. La force de l'argile renforcées par des fibres, 2017.

HyperPlant

Creating Smart Bonds between Humans and Nature

Maria Natalia Kong Yi

Interactive Design Master Program （MAEDI）, Faculty of Architecture, Design and Urbanism （FADU）,

University of Buenos Aires （UBA）

Intendente G ü iraldes 2160, Ciudad universitaria, Pabell 6 n III,

Ciudad Aut 6 noma de Buenos Aires, Argentina

（+54） 11 5285−9200 nkongyi@gmail.com

Abstract

Humans have become a major environmental threat, because of their contemporary lifestyle. Design and science are joining efforts on interdisciplinary research, incorporating more sustainable solutions on production processes, inspired on nature, developing biomaterials and energy−saving technologies, working together with management and local supply chain policies. Nevertheless, on consumption pattern matters, end users reflect a less consciousness and holistic perspective about their decision's environmental impact.

This article presents my research on interaction design applied to bond building for promoting more balanced relationships between human and nature, in this case represented by plants, in an intelligent living space framework. The conceptual proposal is based on the intersection of virtuality and reality, having both a virtual and a real plant, linked together by a wearable device for real houseplants and a digital interface. The interface is a translation tool, for the character of the related virtual plant. The real−time data, collected by the wearable device, is used to make the benefits of living with plants, regarding air quality, become visible and measurable, in order to change the significance of the plant as a pet in the user's imaginary for a plant−mate. Emotions, care needs, growth and community are some of the features considered for HyperPlant.

Examples of some recent artificial pet and smart plant products have been studied as a background for product design. Some mobile applications for smart homes and air quality control systems have been studied as interface references. To obtain better results on the impact on air quality, plant species have been selected from existing phytoremediation studies.

Key words: human−plant interaction, air quality, intelligent living−spaces, IoT, emotional design, behavioral design

1. Introduction

The contemporary lifestyle, determined by consumerism, leads to unsustainable production models and consumption patterns, affected by the modern paradigm of dissociation between culture and nature. This inheritance is based on the vision of the humankind conquest of nature and the misconception of unlimited availability of resources, which have as consequences pollution and ecological degradation.

Since the decade of 1960, there is an increasing awareness of the environmental problem and its negative effects on biodiversity and public health. In product design, there is an interdisciplinary seeking for more sustainable approaches, less invasive practices, and bio-inspired solutions. Thus, biomimetics acquires greater relevance, offering functional and morphological alternatives, based on the emulation of nature's patterns and strategies .

However, plenty of users are immersed in the consumerist society and still far from including more planet-respectful patterns in everyday life. Therefore, to have a solid sustainable impact, design must aim to re-signify the dichotomy between culture and nature from a holistic thinking, but also related to the user's specific context, needs and desires.

On the one hand, this environmental philosophy suggests a dynamic relational field in constant change, due to the movement and interactions among the coexisting organisms, and requires an inter- and transdisciplinary comprehension . On the other hand,

considering the user's functional and experiential points of view, it drives to a stronger sense of attachment and perceived value.

In the following sections, we introduce the topics and references examined to create the conceptual proposal of HyperPlant, a wearable device for indoor houseplants, with a bonding digital interface that shows the user the plant's needs and its impact on air quality. The bond principle is defined within a systemic perspective, in terms of complexity, and an interdependency relationship between subject and object.

According to Kusahara's notion of subjective reality, studies about Japanese digital pets were extrapolated to analyze the app My Tamagotchi Forever, a contemporary digital version of the original Tamagotchi device. As the interactions for HyperPlant are conceived mutually in virtual and physical spaces, we identified 5 relational features to trigger an integral sense of reality.

Regarding physical bonding and interactions in smart living spaces, we examined the device and interface of Natede to comprehend morphological and mechanical requirements for adding a technology-enhanced air phytoremediation utility to the HyperPlant device. Scientific studies about air quality problems and phytoremediation process were examined to identify best plants for improving air quality in interior spaces.

We reinterpreted the concept of expanded field , as a hybrid place beyond physical boundaries, and applied it to body limits. As a result, virtual and physical interactions were combined through the digital interface, with a narrative proposal, created to rethink nature in terms of coexistence. Screens are included to present this narrative.

2. Building Bonds through Artificial Interactions

From a psychoanalytical perspective, Puget defines bond as the indivisible binomial of two different yet interdependent parts in constant exchange, that share a sense of belonging, determined by a virtual space in between them. Additionally, we consider that the nature of their interactions must be based on reciprocal benefit to maintain tension among them, along time, and to be able to build stronger bonds.

Regarding interactions with artificial life devices, Kusahara suggests that the concept of virtual pets and robots is to provide entertaining communication with users. The level of engagement depends on their capability to create a sense of reality, linking the cultural background and behavior patterns that can be easily recognized or associated with reality, despite using non-realistic aesthetics. Finally, the sense of responsibility of pet caring and customization utilities through specific functions or interaction patterns, related to learning behaviors and intelligence, increase personal attachment.

In 2018, Bandai released the app My Tamagotchi Forever, a new version of the original Tamagotchi(Tamagotchi was a portable digital pet device, introduced in November 1996. By May 1998, it had sold 40 million pieces.). This version introduces the sense of reality in terms of interface and environment, with haptic interactions evoking

tickles and the possibility to be in the same virtual space with your pet, using augmented reality and the mobile screen. In addition to pet caring functions, the app includes embedded games, evolution processes and a level map. Customization, social dimension and community interactions are also considered.

Unlike previous artificial pets, the main concept of HyperPlant is to mediate and re–signify the interactions between two real subjects: the user and the natural plant. According to the background of bonding and subjective reality, we established some notions to achieve an integral sense of reality within the articulation of the device and digital interface of HyperPlant:

2.1 Connecting the user with a natural houseplant

A wearable device for plants, that turns existing plants into subjects of interaction, revealing the systemic scheme of interrelations between the plant, the user and environment.

2.2 Environmental approach in mutual benefit interactions

Based on the plant natural mechanism of phytoremediation, enhanced and measured by technology.

2.3 Monitoring and visualizing real–time data

Giving to the user precise information about the plant needs, the environment and air quality.

2.4 Customization and Avatar Plant narrative

Humanized plant that changes over time. with hybrid interstices of interaction and flexible boundaries between virtuality and reality.

2.5 Attachment and sense of belonging

Georeferenced tools for local holidays customized doodles and finding near users' utilities for community interaction.

3. Bio-inspired Device for Better Smart Living Spaces

More than 55% of the world's population lives in urban areas and by 2050 this number is projected to increase to 68%. In cities, air pollution is a major concern because of its negative impact in public health, related to cardiovascular diseases, respiratory problems and lung cancer. Urban population expend most of the time in interior spaces, where air quality is compromised by exterior air pollution and indoor pollutants .

In the decade of 1980, NASA discovered the presence of more than 300 volatile organic compounds (VOC) affecting air quality in spaceships and initiated a research on ecological systems to improve air quality in hermetic spaces with plants. It was based on phytoremediation, a mechanism by which plants extract pollutants from a medium (air, soil or water) and transforms it into innocuous elements. Air phytoremediation process works on a rhizomatic sphere, where pollutants are fixed to the soil and degraded by microorganisms. Different species of houseplants were analyzed, regarding their phytoremediation of air capacities linked to specific compounds and additional benefits, related to environmental humidity balance.

On traditional markets, air purifier devices combine assisted ventilation, a physical filter and additional artificial technologies with germicidal or gas removal properties, in some cases. Only a few air purifier devices, developed on the fields of art or design, use phytoremediation.

Natede is a smart air purifier plant pot, enhanced with a photocatalytic filter for remaining VOCs and an air flow system directed to the roots under the clay substrate. The user can get directly connected to the digital interface or use it with any smart hub, to visualize air quality and activate the device, with customized programs. It has a self-watering system with a 4-weeks water storage capacity. Natede is a design object, focused on functionals and aesthetics aspects, offering to improve air quality naturally with minimal plant cares.

Pursuing an environmental approach, HyperPlant offers an alternative to traditional plant pots obsolescence, with a device that acts as an add-on wearable and can be moved or reused in other pots. Automation features are not included since the interaction with the plant is the core of the proposal.

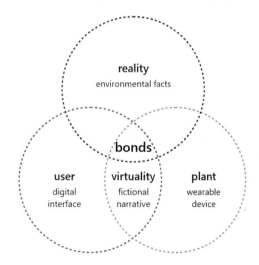

Fig.1 HyperPlant bonding concept

In terms of creating a sense of reality, there is no need to seek for hyper-realistic resolution because reality is introduced by the subject of interaction itself, by using an existing plant that belongs to the user, is placed in the home quotidian space and is part of the routine, through habits. The air phytoremediation utility and the environmental data visualization within the digital interface consolidate the bond, since the user comprehends that air quality is improving because of the plant and the plant needs the user's cares to stay alive. Nevertheless, we considered the use of dynamic avatars, with a fictional narrative that evokes growth, according to the time factor of reality.

After examining other design cases['Andrea' (Air purifier design object by Mathieu Lehanneur), Urbie (smart natural air purifier) and the Active Modular Phytoremediation System (AMPS— interior green wall invented at the Center for Architecture, Science and Ecology).], we drafted preliminary sketches of the device prototype. We conceived it as a wearable for pot plants that will be placed in the rhizome sphere level and built with a rigid water–resistant material, as a permeable case for assisted air flow. A fan will inject air into a non–compact substrate to enhance the phytoremediation process. On the contrary, environmental sensors will be placed on the top of the device, above the substrate, to retrieve data of temperature, relative humidity, substrate humidity, lighting and the presence pollutants, such as carbon dioxide, benzene and alcohol. (Fig.2)

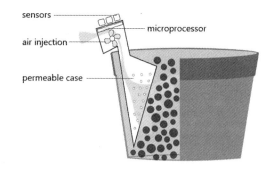

Fig.2 HyperPlant device components

Based on Wolverton studies about plant species for air phytoremediation in interiors spaces, we created a shortlist of 5 species to design the avatars for the interface prototype. The main selection criteria considered were air quality impact, local temperatures (The prototype will be tested in Lima, Peru.) , resistance to insect infestation, ease of growth and maintenance, to keep the focus of the prototype in the design, instead of plant care needs. These plants are Spathiphyllum sp., Schulumbergera bridgesii, Dendrobium sp., Sanseviera trifasciata and Brassaia actinophylla. Other plants will be considered on further developments, with AI tools and features.

4. Fictional Narrative for Expanded Bodies

McEwen and Cassimally use the analogy of enchanted objects and fictional design to explain the new functions and possibilities that IoT adds to the original conception of an object, through connectivity. Accordingly, the relevance of a current quotidian objects relies on the capability to send and receive information, and the number of interconnected objects increasing the collective intelligence below.

Internet establishes connections and networks beyond physical boundaries, converging or even overlapping distant objects or subjects into a mutual virtual space. Therefore, retrieving the concept of expanded field , the boundaries are transformed into a hybrid flexible space. This suggests that the interaction among the user and IoT object might happen exclusively in a virtual dimension, a real dimension or in both either.

Regarding the different notions of virtuality analyzed by Nusselder, we define an approach that invites the subject to rethink reality from a different point of view, standing in an interstice prior interaction with reality. It refers to a fictional imaginary that represents reality, complementing it with other virtual characters and re-signifying the original perception of reality. This perspective of virtuality is dynamic, adaptative and multidimensional, including new interaction modes by switching among virtual and real dimensions through the interface.

On the one hand, the sense of reality is introduced into the digital interface with an avatar of the plant, under the notion of an enchanted object, enabling a communication channel where the avatar's emotions reflect the level of satisfaction of its needs. The plant-mate has a name, anniversary and grows in a dynamic virtual environment that changes according to the sensor readings. The environmental information retrieved brings to the user an expanded artificial hyper-sensibility based on Iot. (Fig.3)

Fig.3 HyperPlant virtual narrative

On the other hand, georeferenced tools are used to link the avatar with the user cultural background, to improve the attachment and the sense of belonging. Avatar's doodles introduce the user's local holidays by disguising the avatar appearance with thematic accessories.

Community features were thought in two levels: for plants and for users. If the user has more than one plant and device in the same room, a HyperPlant garden (Fig.4)can be created to monitor their interactions and the plants impact on the modified environment. Interactions between users will be considered with chats, forums and a genealogy system through sharing cuttings with other users.

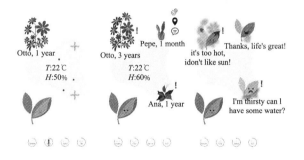

Fig.4 HyperPlant garden

5. Last Considerations

Through this paper, we have presented a synthesis of the strategies behind HyperPlant, from virtual and physical perspectives. The device is used both as an extension the plant, improving its phytoremediation capability, and as an extension of the user, by sensing environment with an enhanced sensibility rather than human capacity.

Virtual narrative for digital interfaces is a powerful tool for modelling mediated interactions, with non-human subjects, based on an emotional approach that builds bonds along time. Digital interfaces and Iot help transitioning from the modern inheritance to an environmental holistic perspective based on data visualization tools.

Acknowledgements

The research presented in this paper was developed by the author as part of her thesis project in the Interactive Design Master Program (MAEDI), at the University of Buenos Aires (UBA). The author would like to thank the following people for their advice during the research: Ilaria La Manna (Thesis Director), Martín Groisman (Program Director), Alejandro Papa (Program Coordinator).

References

[1] Noguera, A. P. The re-enchantment of the world [M]. Manizales: National University of Colombia.

[2] Benyus, J. M.,2004. Biomimicry: Innovation inspired by nature [M]. New York: William Morrow.

[3] Kusahara, M. The Art of Creating Subjective Reality: An Analysis of Japanese Digital Pets[J]. Artifical life,2001, 34 (4)：299–302.

[4] Bandai Namco Entertainment.My Tamagotchi Forever (6.1.0) [E/OL]. https://apps.apple.com/pe/app.my-tamagotchi-forever/id1267861706.

[5] Vitesy. Natede — More than an air purifier[E/OL]. https://vitesy.com/natede.

[6] Krauss, R. Sculpture in the Expanded Field [M].Camvridge: MIT Press,1979：30–44.

[7] Puget, J. Instrumental and epistemologic meaning in bond–object relation [J]. Psychoanalysis Association of psychoanalysis of Buenos Aires 1995, XVIII(2): 415–427.

[8] United Nations, Department of Economic and Social Affairs, Population Division (2019). World Urbanization Prospects 2018: Highlights (ST/ESA/SER.A/421). [EB/OL]. https://population.un.org/wup/Publications/Files/WUP2018–Highlights.pdf.

[9] Royal College of Paediatrics and Child Healthy Royal College of Physicians . Every breath we take: the lifelong impact of air pollution[M]. London: Royal College of Physicians. https://www.rcplondon.ac.uk/file/2912/download?token=rhEZPBDl.

[10] Yang H. y Liu, Y. Phytoremediation on Air Pollution. In: The Impact of Air Pollution on Health, Economy, Environment and Agricultural Sources. Rijeka, Croacia: IntechOpen, 2011：281–294.

[11] Wolverton, B.C. How to Grow Fresh Air[M]. New York: Penguin Books,1996.

[12] Environmental Protection Agency. Residential Air Cleaners. A Technical Summary. Washington, D.C.: Environmental Protection Agency [EB/OL].https://www.epa.gov/sites/production/files/2018-07/documents/residential_air_cleaners_-_a_technical_summary_3rd_edition.pdf.

[13] McEwen, A. & Cassimally, H. Designing the Internet of Things [M] .West Sussex: Wiley,2013.

[14] Nusselder, A. Interface Fantasy: a Lacanian Cyborg Ontology[M] .Cumbridge: MIT Press，2009.

Conceptualizing a Neuropositive Building and A Bio-active Building Algae Envelope

Krystyna Januszkiewicz

Faculty of Architecture, West Pomeranian University of Technology in Szczecin,
Żołnierska Street 50, 71–210 Szczecin
Szczecin, Poland
+48 694 538 812 and E–mail: krystyna_januszkiewicz@wp.pl

Abstract

This paper explores the possibilities of architectural design to benefit the human condition in big polluted cities. Biomimicry approach is used as a design strategy. The first part of this paper presents the main negative and positive factors affecting mental health in large metropolises are presented and their correlation to mental depression. The second part presents the results of the research program (Climate Change Adapted Architecture and Structure) undertaken at the WPUT (West Pomeranian University of Technology by author. Two bio–inspired concept designs such as the Neuropositive building and the bio–active building Algae envelope are presented here. These designs contain a systemic solution to the problems of health security in high–urbanized areas. The conclusion emphasizes that the capacity for building to support its users health actively is critical to the future of its envelopes design.

Key words: bio–inspired design, human health neuropositive building, algae envelope

1. Introduction

Climate change impacts human lives with its effect on health, economy, and ecology in different ways. It threatens the essential ingredients of good health, clean air, drinking water, food nutrition, and safety of shelters. It has the potential to undermine decades of progress in global health. One of the fastest growing diseases in recent years with a global reach is depression, a psychological disorder . There are 350 million people that live with depression today. It affects people of all nationalities and ages regardless of social status. The number of people suffering from depression is constantly growing and the

World Health Organization estimates that in 2030 it could be the most widespread disease in the world. This increasing number is harmful to humanity, declines economic activity, increases social costs and suicides.

2. The Depression in Big cities

Depressive disorders appear for different reasons: genetic, neurobiological or environmental. Today, most neuroscientists agree that the biological determinants of this disease are associated with disorders of the brain or nervous system. Neurotransmitters whose disorders especially affect proper working of human endocrine are serotonin (hormone of happiness), melatonin, and norepinephrine. Despite scientific knowledge and self–awareness about depression, therapies used by doctors are short–lived and not effective. They heal only the human body but do not affect the environment in which we live, which significantly contributes to disorders of human endocrine. The right level of hormones mentioned above is dependent on the inputs that the organism is getting from environment.

2.1 Environmental factors influencing the depression

Every day we are witnessing mass transportation (highways, public transport), consumption (fast food, shopping centers) and high concentrations of people in one area. The environment requires a fast pace of life, causing stress and chemicals responsible for the endocrine balance in the body are not fully metabolized. Restoration of normal hormonal balance can be achieved by the creation of a friendly environment and developing structures that will have a positive impact on people.

Major factors that significantly affect the mood and human endocrine can be divided in 4 categories:

1)Sunlight—one of the most important factors that affects hormonal balance.

2)Natural environmen—information from cities are bombarding our work memory and the brain has no chance for rest. Chemicals in our body are not fully metabolized resulting in low serotonin levels.

3)Sound — everyday people are exposed to continuous noise, which attacks the nervous system. Even sounds from 35 to 70 dB prove quite toxic to human health and may cause adverse effects such as nervous system exhaustion.

4)Smell — scientific experiments have shown that sense of smell is necessary for happiness and lack of fragrance can lead to severe stress.

3. Research

The research program (Climate Change Adapted Architecture and Structure) undertaken by authors at WPUT was focused on adaptive buildings and building envelopes in cities under rapid development at the time of Climate Change processing. The building should have adaptation strategies to anticipate exterior environmental variations as well as interior activities and their interactions with inhabitants. With the use of parametric and multi–criteria optimization tools, buildings and building envelopes can be designed to respond to the requirements. Cities produce much more energy e.g. sounds, smell, friction and others, that is not used again, so it is worth widening the range of storage inputs.

4. Results

The capacity for building skin to actively support building function is critical to the future of building design.

The presented proposal of building and a building envelope prepared by the Digitally Designed Architecture Lab at WPUT in Szczecin shows the possibilities of how to use elements of existing environments and process them into a friendly habitat using the latest technology with buildings envelops.

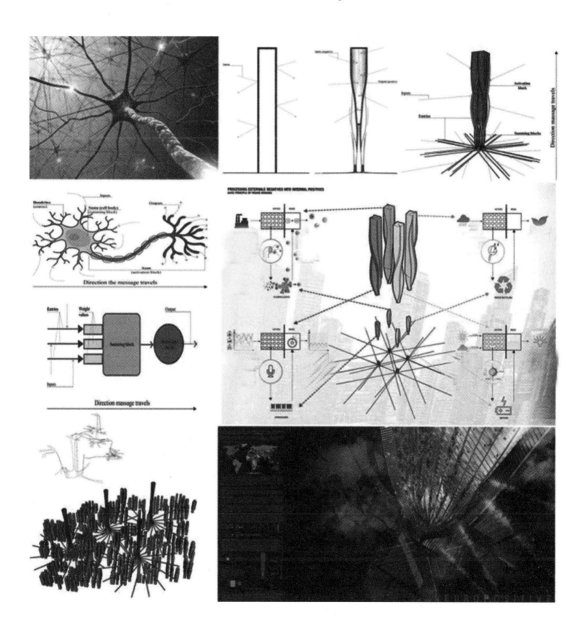

Fig.1 Neuropositine building for big cities inspired by the basic principle of how a natural neuron works — concept design

4.1 The noeuropositive high rise building

The proposed building would be responsible for the exchange and process of information of the exterior with the interior and change external negatives into internal positives (Fig.1).

The working principle was inspired through the basic principle of how biological neuron works. Each of the environmental factors could be collected or processed by a personalized system. Inputs gathered from surroundings would be processed and released to the building interior with a new value. Similarly, the stages of information processing through the building can occur using three elements: the external envelope, which wraps the building and spreads to the city streets by collecting inputs from the environment. Information gathering is mostly processed negatives in summing blocks located at the building base and released as positives into the interior by an outer envelope. The intensity of released outputs could be controlled or manipulated by internal needs. It also could be combined in various ways to create the best-expected microclimate.

Depending on the location and needs of society, the Neuropositive building could be public or residential space; even the vertical city could combine private and public functions. Buildings also could create networks with each other, such as a neuron network. In a big metropolis environment, stimuli can be very different in each part of the city .

Natural formation sea algae on rocks

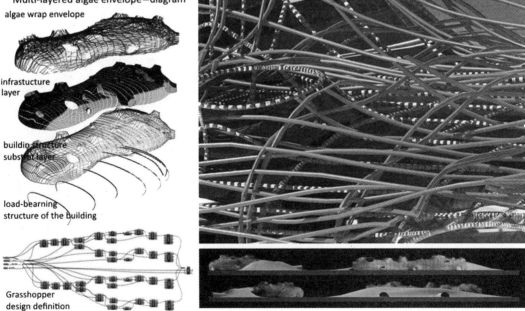

Multi-layered algae envelope–diagram
algae wrap envelope

infrastucture layer

buildin structure subst al layer

load-bearning structure of the building

Grasshopper design definition

Fig.2　Bio-active building Algae envelope, the city swimming pool in a wild city garden ── Concept design

Fig.2 Bio-active building Algae envelope, the city swimming pool in a wild city garden — concept design（continued）

4.2 Bio-active building Algae envelopes

The presented concept design with using an algae biomass aims to create synergies by linking different systems for building (Fig.2). The envisioned algae envelope is able to execute the sustainable façade system characteristics (i.e., customizable for optimum energy performance; aesthetically in innovative using geometric variations and color). The algae envelope also can be implemented in both high rise buildings and city service buildings to enhance sustainability in the built environment.

The biomass and heat generated by the algae wrap envelope is transported by a closed loop system to the building's energy management centre, where the biomass is harvested through floatation and the heat by a heat exchanger. Because the system is fully integrated with the building services, the excess heat from the photobioreactors can be used to help supply hot water or heat the swimming pool or stored for later use.

Microalgae can be cultivated in flexible, transparent tubes that wrap around a curvilinear envelope of the building. The system biomass produced will be transferred to an underground anaerobic digester, producing biofuel. Wastewater of the case study building will also be transferred to this digester for purification purposes.

The algae wrap envelope can result in the creation of a thermally controlled microclimate around the building, resulted in noise reduction as well as provided dynamic shading. Despite the outstanding contribution of biomass as a clean energy producer, its integration into architecture is relatively modest and still in its initial phases. This proposal responds to the urgency of improving the environmental quality of our cities. Algae envelope admit specific daylighting spectrum such as green, blue or red light into interior spaces, depending on what colors the algae retains, which can be utilized for color therapy or supplementing building programs.

5. Conclusions

The presented designs are an attempt to

introduce new qualities for architecture within urban tissue. The "vein–like" structure of the building would be connected with the surroundings, unlike it is today, where most of the buildings aim to protect human health from external factors. Designers and scientists should take more research into the improvement of building in terms of impact on the urban environment of their users. The capacity for building skin to actively support building function is critical to the future of building envelopes design. Climate change policy is often presented as a choice between mitigation and adaptation, where "mitigation" refers to efforts toward reducing the accumulation of greenhouse gases in the atmosphere and "adaptation" refers to adjusting to the impacts of a warming world through enhancing an ecosystem's resilience. This is a false dichotomy, and to address climate change we need to begin the process of writing both mitigation and adaptation strategies into our building codes and standards, inputs, that the city creates every day.

Acknowledgment

The author would like to thank WPUT Szczecin students (Master Program): Sylwia Gudaczewsska, Piotr Orłowski, and Paweł Grabowski (Poznan University of Technology) also PhD student: Natalia Paszkowska, Konrad Zaremba for their contributions to this work as well as for their efforts and enthusiasm throughout the WPUT Szczecin research program.

References

[1] World Federation for Mental Health. Depression: a global crisis [J]. Nature, 2012：6–17.

[2] B. Nemeroff, W.W. Vale, The neurobiology of depression: inroads to treatment and new drug discovery [J]. Journal Clin Psychiatry 66, (suppl 7),2005：5–13.

[3] K. L. Ebi, et al. Analyses of the effects of global change on human health and welfare and human system, Report by the U.S. Climate Change Science Program and the Subcommittee on Global Change Research, U.S. [R] Environmental Protection Agency, Washington DC：2008：1–11.

[4] U. Confalonieri, et al. Climate Change 2007: Impacts, Adaptation and Vulnerability[R]. Contribution of Working Group II to the Fourth Assessment Report of the Intergovernmental Panel on Climate Change, Cambridge University Press, Cambridge UK , 2007: 391–431.

[5] C. G. Morris, et al. Psychology: An Introduction [M] . Prentice Hall, 2001: 37–40.

[6] K. Januszkiewicz. Climate Change Adopted Building Envelope as A Protector of Human Health in the Urban Environment [R].IOP Conf. Series: Materials Science and Engineering,2017：245 052004.

[7] K. Velikov, G. Thün, Responsive Building Envelopes: Characteristics and Evolving Paradigms. In Design and Construction of High Performance Homes[M].London：Routledge Press：75–91.

[8] K. Januszkiewicz, N. Paszkowska. Climate change adopted building envelope for the urban environment. A new approach to architetcural design[C]. International Multidisciplinary Scientific Geoconference SGEM 2016, Book 6, Nano, Bio and Green Technologies for a sustainable Future, 2016 （III） ： 515–522.

[9] H. W. Poerbo, et al. Algae façade as green building method: application of algae as a method to meet the green building regulation[R]. OP Conf. Series: Earth and Environmental Science 2017 (99) 012012.

[10] N. Biloria, Y. Thakkar, Integrating algae building technology in the built environment: A cost and benefit perspective,Frontiers[R]. Architectural Research，2020（9）：370–384.

[11] P. Nowicka–Krawczyk, et al., Silver nanoparticles as a control agent against facades coated by aerial algae—A modelstudy of Apatococcus lobatus (green algae), Plos One 2017:12(8), e0183276.

Exploring Parametric Design of Daily Wearables to Increase Resilience to COVID-19

Dr. Maycon Sedrez, Yanhan Wang, Xingyu Xie

University of Nottingham Ningbo China 199 Taikang East Road

Ningbo, Zhejiang, China maycon.sedrez@nottingham.edu.cn

Abstract

Due to Covid-19 pandemic, people adopted a series of devices to help with preventing transmission of the virus, such as face mask and goggles. Effects of using face masks for long periods include pain in the back of the ears and constant foggy lens for those using glasses. Applying parametric design, we propose three daily use accessories that can minimize some of the inconvenient of using masks for long periods. The design is inspired by circles, which are one of the most common natural shapes; circles are known to protect and generate in nature. Based on these ideas, the proposed devices are a glass frame, a mask extender and a necklace, inspired by the organic geometry of Actinoptychus senarius, a type of algae. The designs are still prototypes, but we believe that the use of parametric tools could help to increase people's resilience to the effects of using protective gear, as a flexible parametric model can easily adapt to different needs of people dealing with the pandemic.

Key words: parametric design, wearables, COVID-19, 3D Printing

1. Introduction

In 2020, Covid-19 quickly spread all over the world causing many deaths. This highly contagious virus compelled people to wear face masks to reduce the possibility of transmission via air. One of the most common wearables to avoid spreading the virus is the face surgical mask made of fabric, metal and elastic band. Face masks are designed with two loops to fix behind the ears, which might be short or long according to a person's face features. The use of medical and N95 face masks is effective on reducing the spread of particles in the air, but can cause discomfort to the person using it, for instance, marks on the nose and cheeks' skin. Other effects of using masks for long periods include pain in the back of the ears, which can lead to headaches, and constant foggy lens for those using glasses.

These problems do not cause major stress for short periods, however, certain groups performing essential tasks must wear masks for consecutive hours, for instance, cooking and serving food, security, delivery, supermarket, and pharmacy staff. The full professional medical protection apparatus used in hospitals is not the focus of this research. The aim of this research is to explore parametric design to help with increasing resilience to Covid-19's side effects of using daily wearables.

Parametric design is evolving since the 1960's with the creation of the innovative MIT Sketchpad, a touch screen interface to generate geometric and parametric designs. In the last decade, the invention of Grasshopper — a plugin for Rhinoceros — which allows computational programming using visual components in combination with textual (Python, C#), facilitates the generation of forms in architecture and design.

Reference identifies properties of bioinspired research, for instance, porosity and materiality. The application of bioinspired solutions to design (an emerging field) in combination with parametric aims at optimizing models and designing with complexity ; or at opening possibilities to identify new design strategies. An example of parametric bioinspired design is the design of protective gear that is flexible. Parametric generated shapes can be easily fabricated by digital fabrication machinery, such as 3D printers and CNC machines.

Recently, fabrication with 3D printing technologies achieved high levels of performance. Digital fabrication promotes collaboration and sharing of files, which is helping the dissemination of designs. 3D printing technology has been applied on the printing of

human cells or food to the manufacturing of building parts or entire buildings. The popularization and dissemination of 3D printing continues to develop, as printers become cheaper and more accessible to individuals who wish to design and manufacture their own devices.

2. Methods

We propose three daily use accessories applying parametric thinking (in this study we use Grasshopper) in its design: two can minimize some of the inconvenient of using mask for long periods and one intends to identify a person's body temperature. Moreover, we rethink design of accessories to perform differently midst the Covid-19 pandemic. This research adapts on exploratory method to investigate how a parametric model can perform different functions, and to describe the challenges and potentialities of such design.

Grasshopper is the main tool used in this research as it allows parametric flexibility to the design. This means that the input parameters to generate the shapes can be easily adjusted. The generated shapes are then 'baked' to Rhinoceros, refined when needed, and a STL file is generated for 3D printing. This process requires multiple interactions between different methods of design and interfaces.

3. Results

Circles and spheres are the most common natural shape. These shapes are known to protect and generate in nature(Fig.1). Based on these ideas,

Fig.1 Mask extender, glass frame and necklace

we proposed three devices: a glass frame, a mask extender and a necklace, inspired by the organic circular pattern of Actinoptychus senarius(Fig.2), a

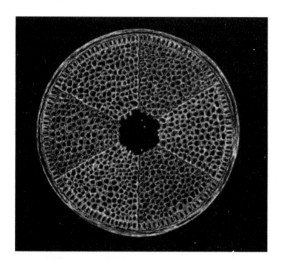

Fig. 2 A section of Actinoptychus senarius

type of algae. The circular shapes in this organism form a porous pattern connecting each neighbor part. The inspiration came from the observation of the pattern distribution on a surface.

We build a single Grasshopper definition for the designs that distributes and fits an initiator geometry on a surface. The design is generated by using control curves in Rhinoceros that can be easily modified. The control curves are the input geometry to Grasshopper to generate a surface by creating a loft between curves.

The loft surface is then subdivided in segments forming a grid. We use the Grasshopper native components: twisted box, bounding box and morph box to deform and fit a circular initiator to each cell of the grid. The circular initiator is also generated parametrically to allow control of its shape. Each design uses the same Grasshopper definition on different projected surfaces.

In the proposed designs, the porosity of the circle inspired to solve the problem of foggy lens (when using face mask and glasses), and make the devices lighter. The porosity of the glass frame allows better flow of air. The mask extender design offer pins and several options of hooking and adjusting the masks' loops making it more comfortable, plus a central circular trim can adjust to people with long hair or using hair protection. After testing the printing and solving problems related to size and definition, we incorporated assembling elements in the glass frame (Fig. 3) aiming at a more refined prototype.

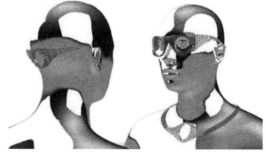

Fig.3 Glass frame detail after revision of the design and incorporating assemb

Finally, a necklace is proposed to be fabricated with material that change color according to body temperature as a common symptom of Covid–19 is fever. The printing material needs further studies. This device does not replace the tests to diagnose the disease, however, it can add to the range of methods already in place.

Currently, we are running printing tests of the wearables in a 3D printer (Dreamer). The results so far show the need to adjust scale of devices, its circular initiators, and specified material. The 3D printer generated STL needs support material, which demands delicate cleaning of extra material.

4. Conclusion

The presented designs in this research are still prototypes, but we believe that the use of parametric tools could help to increase people's resilience to the effects of using protective gear, as a flexible parametric model can easily adapt to different needs of people dealing with the pandemic. This research is important to provide solutions that are adaptable and accessible. Further fabrication tests are necessary to develop more refined prototypes.

References

[1]A.A. Chughtai, H. Seale，C.R. Macintyre. Effectiveness of cloth masks for protection against severe acute respiratory syndrome Coronavirus 2[J] .Emerging Infectious Diseases，2020，26(10).

[2]R. Woodbury. Elements of parametric design, [M] .Taylor and Francis, 2010.

[3]R.L. Ripley, B. Bhushan, Bioarchitecture: bioinspired art and architecture—a perspective[J] . Philosophical Transaction A, 2016.

[4]F. Dutt , S. Das, Computational design of bio inspired responsive architectural façade system, IJAC, 2012,58(10).

[5]D.A.T. Diaz, Bio-inspired parametric textures application in academic design projects[J] . SIGRADI, 2018.

[6]M. Connors, et al. Bioinspired design of flexible armor based on chiton scales[M]. Nature Communications, 2019.

[7]J.M. Jordan, 3D Printing [M].Lambridge：MIT Press, 2019.

[8]H.W. Kang, et al. A 3D bioprinting system to produce human—scale tissue constructs with structural integrity [J]. Nature Biotechnology, 2016（34）：312–319.

[9]B. Kolarevic, Architecture in the digital age: design and manufacturing [J].Taylor and Francis, 2005.

[10]J. Wagensberg, Understanding Form [R] .Biological Theory, Vol. 3(4), 2008：325–335.

[11]C. Brodie, Geometry and Pattern in Nature 1: Exploring the shapes of diatom frustules with Johan Gielis' Superformula, Microscopy UK, 2003. [M/OL]. http://www.microscopy-uk.org.uk/mag/indexmag.html?http://www.microscopy-uk.org.uk/mag/ artapr04/cbdiatom2.html.